Informatik-Fachberichte 301

Herausgeber: W. Brauer
im Auftrag der Gesellschaft für Informatik (GI)

O. Günther H. Kuhn R. Mayer-Föll
F. J. Radermacher (Hrsg.)

Konzeption und Einsatz von Umwelt-informationssystemen

Proceedings

Springer-Verlag

Berlin Heidelberg New York London Paris
Tokyo Hong Kong Barcelona Budapest

Herausgeber

Oliver Günther
Franz Josef Radermacher
FAW Ulm
Postfach 2060, W-7900 Ulm

Helmut Kuhn
Roland Mayer-Föll
Ministerium für Umwelt Baden-Württemberg
Kernerplatz 9, W-7000 Stuttgart 1

CR Subject Classification (1991): J.1-3, H.4, H.5.1

ISBN-13: 978-3-540-55158-4   e-ISBN-13: 978-3-642-77296-2
DOI: 10.1007/978-3-642-77296-2

Satz: Reproduktionsfertige Vorlage vom Autor

33/3140-543210 – Gedruckt auf säurefreiem Papier

Vorwort

Wer Umweltpolitik betreibt, benötigt schnell umfassende und klare Information: Umweltinformation ermöglicht Umweltvorsorge. Da solche Information nur mit Computerhilfe verfügbar gemacht werden kann, arbeitet das Land Baden-Württemberg derzeit intensiv am Aufbau eines *Umweltinformationssystems (UIS)*, bei dem in vielen Bereichen Neuland betreten wird. Zahlreiche für das UIS erforderliche Softwarekomponenten sind am Markt nicht erhältlich und müssen in enger Kooperation zwischen Land, Herstellern und Forschungseinrichtungen entwickelt werden.

Die Umweltinformatik ist ein neues Anwendungsgebiet der Informatik, das sich mit der Verarbeitung und Speicherung umweltrelevanter Daten beschäftigt. Umweltdaten heben sich durch eine Reihe zentraler Charakteristika von Daten aus konventionellen Informatikanwendungen (wie z.B. Buchhaltung oder Textverarbeitung) ab. *Erstens* sind Umweltdaten in vielen Fällen geokodiert, d.h. Informationen sind einem gewissen Punkt oder einem gewissen Bereich des Raumes zugeordnet. *Zweitens* sind die Datenobjekte häufig mehrdimensional und müssen mit Hilfe komplexer geometrischer Objekte (wie z.B. Polygone oder Kurven) repräsentiert werden. *Drittens* spielt die Verarbeitung von statistischen Daten und Methoden sowie von unsicherem Wissen in der Umweltinformatik eine wichtige Rolle. *Viertens* muß ein komfortabler Zugriff des Benutzers auf verteilte heterogene Datenbanken möglich sein. Schließlich sind *fünftens* Umweltdaten fachübergreifend zu bewerten und darzustellen; sie müssen dazu oft aus einer fachbezogenen Primärdatenbasis abgeleitet werden.

Aus diesen Charakteristika ergeben sich unterschiedliche Anforderungen an die Informationsverarbeitung. Zunächst empfiehlt sich die Einbeziehung von geometrischen Datenstrukturen und Algorithmen, von räumlichen Datenbanken sowie insbesondere von modernen Geo-Informationssystemen und wissensbasierten Systemen. Darüber hinaus sind Methoden der Entscheidungstheorie sowie Techniken aus der Evidenztheorie in Betracht zu ziehen. Schließlich gibt es zahlreiche Querverbindungen zur Frage heterogener Datenbanken, zur natürlichsprachlichen Datenverarbeitung sowie zu zahlreichen Nachbarwissenschaften wie z.B. der Fernerkundung, der Analytischen Chemie oder der Forstwissenschaft.

Forschung und Entwicklung im Bereich der Umweltinformatik ist eine der zentralen Aufgaben des Forschungsinstituts für anwendungsorientierte Wissensverarbeitung (FAW) in Ulm. Ungefähr ein Drittel der FAW-Forschungsaktivitäten beschäftigt sich mit Themen aus diesem Bereich. Von diesen Arbeiten wird wiederum knapp die Hälfte vom Umweltministerium des Landes Baden-Württemberg finanziert; die darüber hinausgehenden Mittel werden von den Firmen Hewlett-Packard, IBM und Siemens Nixdorf sowie den übrigen Stiftern des FAW aufgebracht.

Im Rahmen dieser engen Zusammenarbeit zwischen Umweltministerium und FAW, die in diesem interdisziplinären Themenfeld von besonderer Bedeutung ist, hat im Oktober 1990 auf Schloß Reisensburg bei Günzburg ein mehrtägiger Workshop zum Thema *Umweltinformatik* stattgefunden. Über 70 eingeladene Fachleute aus dem In- und Ausland, sowohl aus dem Umfeld der Wissenschaft wie dem der Anwendung, diskutierten in einem interdisziplinären Kreis, wie Informatikmethoden für den Umweltschutz sinnvoll eingesetzt werden können.

Besonderes Interesse richtete sich dabei auf Methoden der künstlichen Intelligenz und deren Nutzung für die Analyse großer Mengen von Umweltdaten. In den FAW-Projekten wird unter anderem versucht, Expertensysteme zu bauen, mit deren Hilfe die Auswertung von Satellitenaufnahmen der Erdoberfläche oder die Untersuchung von Wasserproben teilweise automatisiert werden kann. Ziel soll sein, die damit beschäftigten hochqualifizierten Wissenschaftler von Routinaufgaben weitgehend zu entlasten.

Ein weiteres Thema war die Frage des einfachen Zugangs zu Umweltdatenbanken für jedermann. Dies kann insbesondere Informationen über den Zustand der Umwelt, aber auch Angaben über umweltfördernde oder -belastende Vorhaben beinhalten. Neue EG-Richtlinien sehen einen freien Zugang zu derartigen Umweltinformationen vor. Auf dem Workshop wurde daher intensiv diskutiert, wie auf die entsprechenden Datenbanken ohne die Verwendung komplizierter Programmiersprachen zugegriffen werden kann. Ferner wurde auch das zentrale Thema der Integration unterschiedlicher Daten- und Wissensquellen in verteilten Anwendungen, eines der zentralen Forschungsthemen für wirklich flächendeckende Lösungen, angegangen. Eine derartige Integration ist auch im Hinblick auf effiziente Informationssysteme für die strategische Führungsebene der Umweltverwaltung von großer Bedeutung.

Wir möchten an dieser Stelle allen Teilnehmern des Workshops für Ihre Mitwirkung danken und ebenso den Stiftern des FAW und dem Ministerium für Umwelt Baden-Württemberg für die Förderung dieser Veranstaltung. Besonderer Dank geht an Carmen Stebisch und Rudi Rapp vom FAW Ulm sowie an Frau Reck und ihre Mitarbeiterinnen auf Schloß Reisensburg für die ausgezeichnete Tagungsorganisation.

Ulm und Stuttgart, im September 1991   Die Herausgeber

Inhaltsverzeichnis

Umweltinformationssystem Baden-Württemberg

Grundlagen

Wissensbasierte Systeme für die Fernerkundung

Geo-Informationssysteme

Expertensysteme in der Umweltanalytik und im Umweltschutz

Umweltinformationssystem
Baden-Württemberg

ZUR RAHMENKONZEPTION DES
UMWELTINFORMATIONSSYSTEMS BADEN-WÜRTTEMBERG

Roland Mayer-Föll
Ministerium für Umwelt Baden-Württemberg
Kernerplatz 9, 7000 Stuttgart 1

Zusammenfassung: Umweltaufgaben sind komplex; zur Lösung werden
die Fachkenntnisse vieler Experten benötigt. Das Umweltinformationssystem (UIS) ist der aufgabenorientierte informationstechnische und organisatorische Rahmen für die Bereitstellung von Umweltdaten und die Bearbeitung von fachbezogenen und fachübergreifenden Aufgaben im Umweltbereich der Landesverwaltung. Das Ministerium für Umwelt, die Landesanstalt für Umweltschutz und an
der Umweltpolitik beteiligte Ressorts haben gemeinsam mit dem Beratungsunternehmen McKinsey eine umfassende Konzeption für das
Land Baden-Württemberg erarbeitet. Das UIS wird als Teil des
Landessystemkonzepts Baden-Württemberg entwickelt, realisiert
und betrieben.

1. Einführung

1.1 Vorbemerkung

Die Qualität der Umwelt als Lebensgrundlage für Mensch,
Tier und Pflanze ist in den letzten Jahren nicht zuletzt
aufgrund einiger gefahrenträchtiger und spektakulärer Um-
weltereignisse zunehmend in den Mittelpunkt des Interesses
von Öffentlichkeit, Politik und Verwaltung gerückt. Physikalische, chemische, meteorologische und biologische Daten
mit Raumbezug beschreiben Zustand und Geschehen in der Umwelt. Die große Bedeutung der Informations- und Kommunikationstechnik (IuK) für eine wirkungsvolle Unterstützung von
Umweltaufgaben wurde erkannt. Die Vielfalt und Menge von Informationen läßt sich nur mit IuK-Einsatz bewältigen und

überschauen. Umweltprobleme sind komplex. Wer sie lösen
will, braucht die Fachkenntnisse vieler Experten. Diese
Fachkompetenz ist notwendigerweise auf verschiedene Umweltbehörden verteilt.

Mit dem UIS wurde eine neue Phase der Umweltpolitik begonnen. Parallel zum Aufbau einer leistungsfähigen Forschungs-
infrastruktur werden die administrativen und technischen
Voraussetzungen für die Erfassung, Zusammenführung und Umsetzung umweltpolitischer Erkenntnisse geschaffen.

1.2 Aufgaben und Ziele

Das UIS ist ein wichtiger Schritt für eine koordinierte und
vorsorgende Umweltschutzpolitik. Es unterstützt das Umwelt-
management, die Umweltbeobachtung und -überwachung sowie
Umweltplanungen auf allen politischen Ebenen und Verwal-
tungsebenen.

Die vielfältigen Aufgaben und Ziele des Umweltinformationssystems können in fünf Punkten zusammengefaßt werden:

- Information von politischer Führung, Landtag, Verwaltung
  und Öffentlichkeit
- Ermittlung, Analyse und Prognose der punktuellen und
  landesweiten Umweltsituation
- Unterstützung der Bewältigung von Not- und Vorsorgefällen
  insbesondere durch Nachrichtenübermittlung und -verarbei-
  tung
- Einsatz der Informationstechnik zur effektiveren Erledigung von Verwaltungsaufgaben mit Umweltbezug
- Koordination und möglichst Integration der vorhandenen
  Verfahren zur Umweltinformation.

1.3 Erstellung der Konzeption

Der Ministerrat beauftragte am 23.06.1986 das frühere Er-
nährungsministerium, das damals für seinen Geschäftsbereich

konzipierte Umweltinformationssystem zu realisieren und auf
seiner Grundlage bis Ende 1988 eine ressortübergreifende
UIS-Konzeption auszuarbeiten. Diese Aufgabe ging am
01.07.1987 auf das neugebildete Umweltministerium über.

Die Landesverwaltung Baden-Württemberg und die Unternehmensberatung McKinsey haben gemeinsam das umfassende UIS-Kon-
zept in fünf Phasen erstellt, weiterentwickelt und bereits
teilweise umgesetzt. Die Untersuchungsphase I - Bestandauf-
nahme und inhaltliche Konzeption - konnten am 29.04.1988
fertiggestellt werden. Die Phasen II - Systemkonzeption -
und III - Umsetzungsplanung - sind am 15.12.1988 beendet
worden. Die Phase IV - Weiterentwicklung der Rahmenkonzeption - wurde am 29.09.19989 und die Phase V - Umsetzung
der Rahmenkonzeption - am 29.06.1990 abgeschlossen. Der
Ministerrat hat in seinen Sitzungen am 23.06.1986,
24.10.1988, 05.06.1989 und 18.06.1990 die Konzeption ge-
billigt und das Umweltministerium und die berührten Ressorts mit deren Umsetzung beauftragt.

1.4 Nutzen und Leistung

Das Umweltinformationssystem des Landes Baden-Württemberg
soll die Umweltaufgaben auf allen Ebenen von Politik und
verwaltung und - soweit sinnvoll und technisch möglich -
die Bewältigung von umweltrelevanten Schadenserreignissen
unterstützen. Aufgabe des UIS ist es insbesondere auch,
Systeme, die primär der Informationsversorgung der Führung
dienen, mit Systemen für den Vollzug zu koppeln.

Die im UIS vorhandenen Daten werden dem Landtag, dem kommunalen Bereich und der Öffentlichkeit zugänglich gemacht werden, soweit sie fachlich geprüft, bewertet und wo nötig ano-
nymisiert sind. Hierzu bedient sich das UIS möglichst des
Landesinformationssystems (LIS) beim Statistischen Landesamt Baden-Württemberg. Die Umweltverwaltung greift bereits
heute über das Landesverwaltungsnetz (LVN) auf umweltrelevante statistische Daten des LIS zurück.

Das UIS birgt einen hohen Nutzen für den Vollzug und die
Führungsebene in Politik und Verwaltung. So können mit Hilfe des UIS Schwachpunkte, die heute noch bestehen, bei der
Wahrnehmung von Aufgaben mit Umweltbezug zumindest teilweise ausgeglichen werden. Bei entsprechendem Einsatz kann das
UIS Umfang und Qualität von Umweltinformationen verbessern,
eine schnellere Datenbereitstellung gewährleisten und der
Verwaltung eine insgesamt effizientere Aufgabenerledigung
ermöglichen.

2.   Regelung und Standards, Systemkategorien

Da das UIS als fach- und ressortübergreifendes Informationssystem angelegt ist, sind Regeln und Standards erforderlich, die die einzelnen Komponenten des UIS verbinden und
ein reibungsloses Zusammenspiel zwischen ihnen ermöglichen.
Diesem Zusammenwirken wird zum einen durch die Entwicklung
eines durchgängigen Berichtswesens, zum anderen durch eine
abgestimmte Systemarchitektur für alle UIS-Komponenten Rechnung getragen.

- Ein Leitgedanke der UIS-Berichtsphilosophie ist der Grundsatz der Führungsorientierung: Informationen für Führungskräfte sind situations- und bedarfsgercht zur Verfügung
  zu stellen, d. h. es sollen nur diejenigen Informationen
  bereitgestellt werden, die zur Lösung einer Führungsaufgabe unbedingt notwendig sind. Das Berichtswesen ermöglicht ein zielorientiertes Erkennen von Handlungsbedarf
  und unterstützt die laufende Erfolgskontrolle von Umwelt-
  maßnahmen. Es erleichtert Rückkoppelungen zwischen Legis-
  lative und Exekutive sowie zwischen verschiedenen Führungsebenen der Verwaltung. Berichtsinhalte sind alle
  umweltrelevanten Informationen vno der politischen Vorgabe über administrative Maßnahmen und technische Umsetzung bis hin zur Auswirkung auf Schutzgüter und Lebewesen
  (technologisch-ökologische Wirkungskette).

- Grundlegende Architekturmerkmale des UIS sind die Durchgängigkeit von Daten- (der "vertikale Zugriff" auf Daten
  innerhalb der Verwaltungs- und Systemhierarchie) und ihre
  Verknüpfbarkeit (die Möglichkeit "Horizontaler Verschnei-
  dungen" von Daten gleicher Aggregationsstufen) unter einer benutzerfreundlichen Bedieneroberfläche. Verknüpfbarkeit und Durchgängigkeit setzen einen einheitlichen Aufbau von UIS-Komponenten im Hinblick auf Anwendungssoftware, Datenmodell, systemnahe Software und Hardware voraus.

Daneben ermöglicht es die Systemarchitektur, Ergebnisse aus
Forschungsarbeiten, wie sie beispielsweise beim Forschungsinstitut für anwendungsorientierte Wissensverarbeitung
(FAW) in Ulm in enger Kooperation mit dem Land und den Stifterfirmen vorangetrieben werden, schrittweise in das UIS zu
integrieren. Hier finden bereits im Vorfeld der Forschungsarbeiten enge Abstimmungen statt.

Hervorzuheben ist, daß die Systemarchitektur speziell im
Hinblick auf die Wahrnehmung von Umweltaufgaben eingerichtet wurde. Damit ist das UIS weitestgehend offen für mögliche organisatorische Veränderungen im Zuge des vom Umweltministerium in Gang gesetzten Projekts "Überprüfung der
Organisation der Umweltschutzverwaltung" im Rahmen des Re-
formvorhabens "Verwaltung 2000".

Das UIS unterscheidet generell drei System-Kategorien:

- übergreifende UIS-Komponenten
- UIS-Grundkomponenten und
- Basissysteme.

Diese werden nachfolgend beschrieben.

3. Übergreifende UIS-Komponenten

Übergreifende Komponenten des UIS sind Systeme mit aggregierten Umweltdaten sowie mit umweltpolitischen, technisch-naturwissenschaftichen fach-, ressort-und landesübergreifenden Umweltinformationen, die für die Dienststellen und für die umfassende Unterstützung der politischen Planungs- und Entscheidungsebene von Bedeutung sind. Informationen der übergreifenden UIS-Komponenten werden im wesentlichen aus den Daten der UIS-Grundkomponenten und der Basissysteme abgeleitet.

In den Phasen II und III wurden exemplarisch fünf Schwerpunktprojekte ausgearbeitet und in den Phasen IV und V weiterentwickelt und realisiert. Sie sind "Kristallisationskerne" für die schrittweise Umsetzung der gesamten Rahmenkonzeption.

3.1 Das **Umwelt-Führungs-Informationssystem** (UFIS) versorgt die Führung der Ministerien des Landes mit bedarfsgerecht aufbereiteten Informationen über den Zustand von Schutzgütern, die Technosphäre und die Wirkung von Maßnahmen in allen Umweltbereichen. UFIS entwickelte das Umweltministerium im Prototyping gemeinsam mit den Firmen McKinsey und Digital Equipment in der Landesverwaltung. Ein zweiter Prototyp befindet sich bereits im Praxistest.

3.2 Das **Arten-, Landschafts-, Biotop-Informationssystem** (ALBIS) soll die mittlere Führungsebene der Referats- und Dienststellenleiter des Umweltministeriums, des Ministeriums für Ländlichen Raum und der LfU sowie der Regierungspräsidien bei ihren Führungsaufgaben im Bereich Arten, Landschaft und Biotope unterstützen. Die Konzeption sieht vor, daß ALBIS in einer ersten Ausbaustufe Bindeglied zwischen dem UFIS (für die Führungsspitze) sowie den Systemen der Bezirksstellen für Naturschutz und Landschaftspflege (BNL) und der LfU auf Amts- bzw. Sachbearbeiterebene ist. Dadurch soll ein durchgehender IuK-gestützter Datenpfad von den Grundkomponenten des Vollzugs bis zur Führungsebene entstehen. ALBIS wird derzeit vom Umweltministerium zusammen mit der Unternehmensberatung Mummert + Partner und dem Ingenieurbüro Schaller realisiert.

3.3 Das **Technophäre und Luft-Informationssystem (TULIS)** dient - wie ALBIS der mittleren Führungsebene im Bereich Luft. Auch hier wird ein Bindeglied geschaffen zwischen dem Informationssystem für die Führung und den Abwicklungssystemen auf Amts- bzw. Sachbearbeiterebene. Das im Aufbau befindliche Informationssystem der Gewerbeaufsicht wurde bei der Erarbeitung der Konzeption als Grundkomponente einbezogen, um auch solche Maßnahmen durch IuK zu unterstützen, die in der Technophäre ansetzen. TULIS wird vom Umweltministerium zusammen mit der Unternehmensberatung Roland Berger und der Fa. Digital Equipment entwickelt.

3.4 Das **UIS-Informationsmanagement** wird zur Pflege eines einheitlichen Informationsbestandes und zur laufenden Versorgung der Führung und der Facheinheiten mit geeigneten Informationen wird im Bereich der Umweltverwaltung aufgebaut. Zu dessen Aufgaben gehört auch die Verfolgung von Maßnahmen und Programmen hinsichtlich ihres Abwicklungsstandes und ihrer Wirksamkeit. Die datenbankgestützten Hintergrundinformationen, die das UIS den Nutzern zur Verfügung stellt, ergänzen bei der Wahrnehmung von Umweltaufgaben anfallende Fachinformationen. Hintergrundinformationen sind meist "Nachschlagewerk" - ähnliche Informationen zu Gesetzen, Verordnungen, Forschungsergebnissen usw. Sie können weitgehend über Schnittstellen zu externen Datenbanken bezogen werden.

3.5 Das **Räumliche Informations- und Planungssystem (RIPS)** ist das Herzstück des UIS. Ein großer Teil des UIS-Nutzens ergibt sich erst aus der Verknüpfung von Fachinformaitonen mit räumlichen Informationen. Die Graphikanwendungen im Umweltbereich werden im "Räumlichen Informations- und Planungssystem" (RIPS) zusammengefaßt, welches auf der Basis

des landeseinheitlichen Graphikkonzeptes entwickelt wird.
Die Nutzer des RIPS finden sich in allen Ressorts und auf
allen Ebenen der Landesverwaltung, wobei auf den Führungsebenen die Informationsanwendungen, auf den Ausführungsebe-
nen die operativen, interaktiven Planungsanwendungen größere Bedeutung haben.

Die große Schnittmenge gleicher raumbezogener Informationsbedürfnisse der einzelnen Aufgabenträger und die Notwendigkeit der Verknüpfung von Informationen machen ein koordiniertes Vorgehen beim Aufbau graphischer Informationssysteme erforderlich. Das Räumliche Informations- und Planungssystem besteht aus dezentralen Graphikanwendungen und
zentralen Komponenten, die sich in ein Gerüst organisatorischer und technischer Regeln einfügen.

Umweltrelevante (alphanumerische) Fachinformationen können
mit Hilfe der dazu definierten (graphischen) raumbezogenen
Basisinformationen visualisiert werden. Nur diese raumbezogenen Basisinformationen (Geometrie-Informationen) und die
zu ihrer Verknüpfung mit Fachinformationen notwendigen Ver-
knüpfungsmerkmale ("Identifikatoren") sind Inahlte von
RIPS, nicht jedoch die Fachinformationen selbst. Damit die
Forderung nach einer Austausch- und Verknüpfungsmöglichkeit
von geometrischen Informationen unterschiedlicher Graphikan-
wender erfüllt werden kann, müssen Regeln für schlüsselsy-
steme und Objektidentifikationen definiert und die geometrischen Bezugsräume vereinheitlicht werden.

Kern des RIPS ist der Aufbau eines Informations-Pools für
wichtige, von einem größeren Kreis von Nutzern (auch außerhalb des Umweltbereiches) häufiger benötigte geometrische
Informationen. Das RIPS ist vorrangig ein Regelwerk zur logischen Datenhaltung. Das Informationsangebot des Pools
soll die seitens der "Arbeitsgemeinschaft der Vermessungsverwaltungen der Länder der Bundesrepublik Deutschland" konzipierten Systeme Automatisierte Liegenschaftskarte (ALK,

großmaßstäblich) und Amtliches Topographisch-Kartographisches Informationssystem (ATKIS, kleinmaßstäblich) erweitern.

Die RIPS-Feinkonzeption wird zur Zeit von der Landesverwaltung und dem Ingenieurbüro Schleupen erstellt.

4.   UIS-Grundkomponenten

Grundkomponenten des UIS sind im wesentlichen System zur Unterstützung der einzelnen Aufgaben mit Umweltbezug wie die Meßnetze für Boden, Wasser, Luft und Radioaktivität, die informations- und kommunikationstechnischen Verfahren in Fachbereichen wie Wasser- und Abfallwirtschaft, Gewerbeaufsicht, Lebensmittelwesen, Veterinärwesen, Flurbereinigung, Naturschutz und Landschaftspflege, Landwirtschaft und Forsten. Diese Systeme haben einen sehr unterschiedlichen Bearbeitungsstand. Ihr Aufbau erfolgt teilweise seit vielen Jahren.

Die erforderliche Weiterentwicklung von Luftmeßnetz, Bioindikatorenmeßnetz, Emissionskataster, Radioaktivitätsmeßnetz, Kernreaktorfernüberwachungssystem, Bodenmeßnetz, Bodenbelastungskataster, Bodendatenbank, Grundwassermeßnetz, Grundwasserdatenbank, Gewässergütemeßnetz, Trinkwasserdatenbank, Wasser- und Abfallwirtschaftliche Arbeitsdatei, Altlastenkataster, DV-Flurbereinigung und sonstigen Umweltdatenbanken und Verfahren zur Umweltinformation erfolgt zügig unter Zugrundelegung der UIS-Systemarchitektur.

Beim Aufbau neuer Komponenten z. B. in der Gewerbeaufsicht, in Naturschutz und Landschaftspflege, im Veterinärwesen werden die Vorgaben aus der UIS-Konzeption von Anfang an beachtet. Die UIS-Grundkomponenten sind einerseits die wichtigsten "Datenquellen" für die übergreifenden Komponenten, andererseits nutzen sie die Informationen der Basissysteme.

5. Basissysteme

Basissysteme für das UIS sind Systeme, die neben der Erledigung von Umweltaufgaben auch anderen Aufgaben dienen. Obwohl diese Basissysteme überwiegend nicht durch das UIS initiiert wurden, sind sie notwendige Infrastrukturvoraussetzungen für das UIS, wie beispielsweise das Amtliche Topographisch-Kartographische Informationssystem (ATKIS), die Automatisierte Liegenschaftskarte (ALK), das Automatisierte Liegenschaftsbuch (ALB), das Landesverwaltungsnetz mit Dokumentenverwaltung (LVN), das Informationssystem Ländlicher Raum (ILR) und die Büroautomation in den Regierungspräsidien. Die mehrfachen Nutzungsmöglichkeiten der Basissysteme tragen wesentlich zum wirtschaftlichen IuK-Einsatz bei.

6. Weitere Umsetzung der UIS-Rahmenkonzeption

6.1 Planung

Die vollständige Umsetzung der UIS-Rahmenkonzeption mit ihrer Vielzahl von Komponenten ist eine "Generationenaufgabe". Besonders aufwendig ist - neben der Entwicklung der übergreifenden UIS-Komponenten, UIS-Grundkomponenten und Basissysteme die Erhebung, Aufbereitung und Fortführung der vielfältigen und großen Datenmengen im Umweltbereich. Dabei muß teilweise technologisch Neuland betreten werden. Wissensbasierte Systeme sollen die Entscheidungsfindung und Maßnahmenfestlegung verbessern helfen.

Die Schwerpunktprojekte des UIS sind so angelegt, daß sie schrittweise jeweils innerhalb von drei Jahren umgesetzt werden können. Die Systementwicklung erfolgt in der Regel in Pilotprojekten bzw. im Prototyping.

- Für das UFIS wurde inzwischen eine zweite Version entwikkelt. Noch im Jahr 1990 soll UFIS auch bei der LfU zum Einsatz kommen.

- ALBIS und TULIS sollen bis Anfang 1991 in einer Prototyp-
  version vorliegen.

- RIPS, UIS-Informationsmanagement und der Aufbau der notwendigen Basissysteme sind über Jahre sich erstreckende
  Vorhaben, die bereits in Angriff genommen wurden.

- Ab 1991 sollen übergreifende UIS-Komponenten zur Wasser-
  und Abfallwirtschaft, zum Boden, zur Laborautomation, zum
  Lebensmittelwesen, zur Gesundheitspolitik und im Veterinärwesen konzipiert und umgesetzt werden.

- Die UIS-Grundkomponenten in den Fachbereichen wie Wasser-
  und Abfallwirtschaft, Gewerbeaufsicht, Naturschutz und
  Landespflege, Bodenschutz, Lebensmittelwesen, Veterinärwesen, Flurbereinigung, Landwirtschaft, Forsten und die
  Systeme und Meßnetze der Landesanstalt für Umweltschutz
  werden zügig ausgebaut.

Der jährliche Gesamtaufwand für die Umsetzung der UIS-Rahmenkonzeption hängt insgesamt ab von dem Umfang und dem Tem-
po der Umsetzung der einzelnen Systemmodule.

Zwar wachsen mit jeder Realisierungsstufe Leistungsfähigkeit und Nutzen des UIS. Soll jedoch das jeweils mögliche
Potential erschlossen werden, so müssen wichtige Voraussetzungen geschaffen und auf Dauer aufrechterhalten werden. Dazu gehört, daß für das UIS ein bedarfsgerechtes Budget zur
Verfügung steht. Ebenso muß das Engagement der Führungs-
spitzen in Politik und Verwaltung diesem Großvorhaben gegenüber erhalten bleiben.

6.2 Organisatorische und personelle Rahmenbedingungen

Um die herausragende Stellung, die das UIS im Hinblick auf
Konzeption und Anspruch einnimmt, auch bei der Realisierung
zu gewährleisten, wurde eine Reihe von organisatorischen

und personellen Voraussetzungen geschaffen bzw. soll noch
geschaffen werden.

Die Einzelvorhaben werden in einer Projektorganisation mit
UIS-Projektgruppe, fachbezogener Arbeitsgruppen und ressortübergreifenden UIS-Kernteam und Lenkungsausschuß - also
nicht "nebenbei" in der Verwaltungsorganisation - umgesetzt. Dazu sind die Beschäftigten fortzubilden und neue
qualifizierte Mitarbeiter zu gewinnen. Anreize z. B. in
Form von leistungsorientierter Bezahlung sollten geschaffen
werden.

Die Einführung neuer Techniken erfordert eine vertrauensvol-
le Zusammenarbeit mit der Personalvertretung. Nur eine
rechtzeitige Beteiligung sichert die Akzeptanz bei den Betroffenen. Eine Dienstvereinbarung soll das Nähere regeln.

UIS-Projektgruppe und Arbeitsgruppen werden bei Entwick-
lungsaufgaben und beim Projektmanagement durch Externe unterstützt, um von dort vorhandenen Spezialwissen zu profi-
tieren und deren Personalressourcen zu nutzen.

Aus der früheren Datenverarbeitungsstelle der LfU und aus
Teilen der Datenverarbeitungs- und Entwicklungsstelle des
Ministeriums Ländlicher Raum und des Umweltministeriums bei
der Forstdirektion Suttgart wird das Informationstechnische
Zentrum gebildet. In diesem ITZ-MLR/UM werden die Produk-
tions-, Entwicklungs- und Beratungsaufgaben gebündelt. Dabei sind Synergieeffekte zu erwarten, die künftigen Perso-
nal- und Sachmittelbedarf verringern helfen.

Der Betrieb von Grundkomponenten kann teilweise privati-
siert werden. So wurde eine Gesellschaft für Umweltmes-
sungen und -erhebungen gegründet, die das Luftmeßnetz des
Landes betreibt und später auch Messungen in den Bereichen
Radioaktivität, Boden und Wasser übernehmen soll.

Vereinbarungen sind erforderlich für den Datenaustausch sowie für die Abstimmung mit Umweltplanungen, -maßnahmen und -informationssystemen anderer Länder, des Bundes und der Europäischen Gemeinschaft sowie des kommunalen Bereichs.

Damit schutz- und interpretationsbedürftige Daten nicht weitergegeben werden, muß bei Bedarf jeweils geklärt werden, welche Informationen in welcher Form den Nutzergruppen (Politik, Landesverwaltung, kommunaler Bereich, Öffentlichkeit) überlassen werden können. Der Abgleich zwischen Verfügbarkeit und Schutzwürdigkeit von Informationen und damit das "Management von Transparenz" wird im Umweltbereich zu einer sehr wichtigen Aufgabe.

Entscheidende Voraussetzung für den fach- und ressortübergreifenden Aufbau und Betrieb des Umweltinformationssystems ist - neben der Bereitstellung der Infrastruktur im Rahmen des Landessystemkonzepts - die ständige und engagierte Zusammenarbeit aller beteiligten Ministerien, Dienststellen, Beratungsfirmen, Ingenieurbüros und Forschungseinrichtungen.

Quellen

1. Arbeitsgemeinschaft Diebold-Dornier-Ikoss: Erstellung eines Landessystemkonzepts für einen rationellen und wirtschaftlichen Einsatz der Informations- und Kommunikationstechniken in der öffentlichen Verwaltung des Landes Baden-Württemberg, 12.1984

2. Baumhauer, Werner: Grundsätzliche und politische Aspekte raumbezogener Informationssysteme, Mitteilung des DVW-Landesverein Baden-Württemberg, Mai 1989

3. Baumhauer, Werner: Umweltpolitik in Baden-Württemberg am Bespiel des Umweltinformationssystems, Forum BDVI Nr. 3/1989

4. Dokumentation der Landesregierung Baden-Württemberg über die Auswirkungen und Maßnahmen zum Kernkraftunfall in Tschernobyl, März 1987

5. Döring-Kuschel, Schmidtke, Schmitt-Fürntratt, Schmullius: Untersuchung über die grundsätzlichen Mgölichkeiten zur Nutzung von Fernerkundungsdaten im Umweltbereich sowie in der Land- und Forstwirtschaft, März 1988

6. Dornier GmbH: Vorstudie zur technischen Integration der Meßnetzte und sonstiger apparativer Ausstattung in das Landesverwaltungsnetz Baden-Württemberg. Ergänzende Untersuchung zum Umweltinformationssystem, 30.10.1986

7. Heiland, Karl: Umweltinformationssystem im Rahmen des Landessystemkonzepts Baden-Württembeg, Agrarinformatik, Band 13, Verlag Eugen Ulmer, Stuttgart

8. Henning, Inge: Das Umwelt-Führungs-Informationssystem Baden-Württemberg, Informatik-Fachberichte Nr. 228, Springer-Verlag 1989

9. Jaeschke, A. und Page, B. (Herausgeber): Informatikanwendungen im Umweltbereich, KfK 4223, März 1987

10. Kämpke, Radermacher, Forschungsinstitut für anwendungsorientierte Wissensverarbeitung (FAW) Ulm: Höhere Funktionalitäten in Umweltinformationssystemen, Bericht
einer Tagung auf Schloß Reisenburg, 09.1988

11. Kämpke, Radermacher: dito: Höhere Funktionalitäten in
Umweltinformationsssystemen, Studie, 09.1988

12. Landtag von Baden-Württemberg, Drucksache 9/1580:
Antrag der Abg. Günther Oettinger u. a. und Stellungnahme des Ministeriums für Ernährung, Landwirtschaft,
Umwelt und Forsten zum Aufbau eines Umweltinformationssystems des Landes, 09.05.1985/12.07.1985

13. Landtag von Baden-Württemberg, Drucksache 10/101: Antrag der Abg. Günther Öttinger u. a. und Stellungnahme
des Ministeriums für Umwelt zum Umweltinformationssystem (Zwischenbilanz) 22.06.1988/21.10.1988

14. Landtag von Baden-Württemberg, Drucksache 10/2081:
Mitteilung der Landesregierung zu Beschlüssen des
Landtags, Nr. 1 Umweltinformationsystem,
29.08.1989/22.09.1989

15. Landtag von Baden-Württemberg, Drucksache 10/3272:
Antrag der Abg. Günther Oettinger u. a. und Stellungnahme des Ministeriums für Umwelt zu Meß- und Analyseka-
pazitäten im Bereich des Umweltschutzes
30.04.90/31.08.90

16. Landtag von Baden-Württemberg, Drucksache 10/3581: Antrag der Abg. Günther Öttinger u. a. und Stellungnahme
des Ministeriums für Umwelt zur EG-Richtlinie über den
freien Zugang zu Informationen über die Umwelt,
29.06.90/23.08.1990

17. Mayer-Föll, Roland: Fachtagung 1986 der Flurbereinigungsverwaltung Baden-Württemberg: Zielsetzung und Entwicklungsstand des Umweltinformationssystems Baden-Württemberg, 01.07.1986

18. Mayer-Föll, Roland: Umweltinformationssystem/Landessystemkonzept Baden-Württemberg, Planungskartographie und rechnergestützte Kartographie, 17. Arbeitskurs Niederdollendorf 1988, Kirchbaum Verlag

19. Mayer-Föll, Roland: Das Umweltinformationssystem Baden-Württemberg, Zeitschrift für Vermessungswesen (ZfV) 07./08.1989

20. Mayer-Föll, Roland: Konzeption des ressortübergreifenden Umweltinformationssystems Baden-Württemberg, Informations-Fachberichte Nr. 228, Springer-Verlag 1989

21. Ministerium für Ernährung, Landwirtschaft, Umwelt und Forsten Baden-Württemberg: Konzeption für das Umweltinformationssystem Baden-Württemberg, 09.05.1986

22. Umweltbundesamt Berlin/Page, Bernd: Studie über DV-Anwendungen in den Umweltbehörden des Bundes und der Länder, UBA-Texte 35/86

23. Umweltministerium Baden-Württemberg/McKinsey and Company, Inc.: Konzeption des ressortübergreifenden Umweltinformationssystems im Rahmen des Landessystemkonzepts Baden-Württemberg, Phase I: Bestandsaufnahme und inhaltliche Konzeption, 29.04.1988

24. Umweltministerium Baden-Württemberg/McKinsey and Company, Inc.: dito, Phasen II/III: Systemkonzeption und Umsetzungsplanung, 15.12.1988

25. Umweltministerium Baden-Württemberg/McKinsey and Company Inc.: dito, Phase IV: Weiterentwicklung der Rahmenkonzeption, 29.09.1989

26. Umweltministerium Baden-Württemberg/McKinsey and Company Inc.: dito, Phase V: Umsetzung der Rahmenkonzeption, 29.06.1990

27. Umweltministerium Baden-Württemberg u. a./Mummert + Partner GmbH: Konzeption des Informationstechnischen Zentrums des Ministeriums Ländlicher Raum und des Umweltministeriums bei der Landesanstalt für Umweltschutz, 30.03.1990

28. Umweltministerium Baden-Württemberg/Landesanstalt für Umweltschutz: Umweltbericht 1987

29. Umweltministerium/Landesanstalt für Umweltschutz: Umweltdaten 89/90 Baden-Württemberg

Integration von Hintergrund-Informationen in der Konzeption für das Umwelt-Führungs-Informationssystem (UFIS) des Landes Baden-Württemberg

Andree Keitel

Ministerium für Umwelt Baden-Württemberg
Referat Information und Kommunikation, Umweltinformationssystem
Kernerplatz 9, 7000 Stuttgart 1

1. Das Umwelt-Führungs-Informationssystem (UFIS)

Entwicklung

Seit Herbst 1988 gemeinsam entwickelt vom Umweltministerium Baden-Württemberg und der Digital Equipment GmbH als eine übergreifende Komponente des ressortübergreifenden Umweltinformationssystems (UIS) Baden-Württemberg; seit Juni 1990 als Prototyp 2.0 im Testbetrieb.
Realisiert auf der Basis eines ER-Modells in objektorientiertem Design unter Nutzung des KI-Tools "MERCURY"; implementiert auf DEC-Workstation unter DEC-VMS und DECwindows.

Anwenderprofil

Führungskräfte der Ministerialebene (Minister, Staatssekretär, Ministerialdirektor, Abteilungsleiter), d.h. Entscheidungsträger auf der politischen und der höchsten Verwaltungsebene.
Die Nutzeranforderungen wurden auf der Basis von Interviews ermittelt, durch Zwischenberichte und Prototyp-Demonstrationen konkretisiert und sollen anhand des Prototyps 2.0 durch ein gezieltes Prototyping mit den Anwendern weiter präzisiert und fortgeschrieben werden.
Auch wenn die Nutzung während des Prototypings oder auf Dauer an Mitarbeiter deligiert wird, bilden die Anforderungen des originären Nutzerkreises den Maßstab für die Entwicklung.

Inhalte
Medien-, ressort- und problemübergreifender Zugang zu Daten aus den Umweltbereichen Wasser, Boden, Luft, Lärm, Abfall, Radioaktivität, Lebensmittel, Natur/Landschaft sowie Recht/Ökonomie; teilweise Direktzugriff auf aktuelle Meßdaten.

2. Hintergrund-Informationen

In der UIS-Konzeption wird zwischen anwendungsspezifischen Daten, Berichtsdaten, Basisinformationen und Hintergrundinformationen unterschieden.

Als Hintergrundinformationen werden alle umweltrelevanten Informationen bezeichnet, die nicht aus Quellen der Umweltverwaltung selbst stammen, auf deren Inhalt, Form und informationstechnische Ausprägung die für das UIS verantwortlichen Dienststellen keinen unmittelbaren Einfluß ausüben und auf die daher nur lesend zugegriffen wird.

Diese Informationskategorie umfaßt sowohl öffentliche Datenbestände bzw. Datenbanken der Länder, des Bundes und der EG als auch kommerzielle Datendienste.

3. Anforderungsprofil

Aus dem Anwenderprofil und den geforderten Funktionen ergeben sich folgende Anforderungen an das UFIS:

Beherrschbarkeit	*	extrem einfache Bedienbarkeit (keine Kenntnisse in der Datenverarbeitung vorauszusetzen)
	*	selbsterklärend (keine naturwissenschaftlich-technischen Spezialkenntnisse vorauszusetzen)
Schnelligkeit	*	eine Anfrage muß schnell formuliert werden können
	*	die Antwortzeit einschließlich Bildaufbau muß im Bereich einer bis weniger Minuten liegen
Flexibilität	*	zeitlich möglichst aktuell
	*	räumlich differenziert (bis auf Gemeinde-, ggf. bis auf Anlagenebene) - Stichwort: "Wettbewerb der Institutionen"
	*	inhaltlich differenziert - Bezugsbildung (z.B. je Einwohner; pro km^2) - Höchstwerte, Mittelwerte etc. - Vergleichsdaten (Grenz-, Richtwerte etc.)

* differenzierte Darstellung
  - graphisch (Businessgraphik)
  - kartographisch (Übersichtskarte)
  - tabellarisch ("harte Zahlen")

4. Erste Lösungsvoraussetzung: Anwender-Leitsysteme

Dem Anwender sind Leitsysteme zur Verfügung zu stellen, die es ihm ermöglichen, seinen Informationsbedarf gezielt und ohne fremde Hilfe zu befriedigen:

Hilfefunktionen   *   Bedienungshinweise für den Arbeitsplatz

                    *   Inhaltliche Hinweise
- Begriffserläuterungen in lexikalischer Form
- Erläuterungen über die Interpretierbarkeit der gewünschten Daten

Problem: Datenspezifische inhaltliche Erläuterungen sind äußerst aufwendig. Soweit Hintergrunddaten erläutert werden sollen, ist dies zumeist nicht ohne Mitwirkung der Datenbankbetreiber möglich.

Übersicht über   *   Übersichtliche, strukturierte Anordnung der Informationsinhalte
den Datenbestand   - Stichwort: Umwelt-Datenkatalog

(Meta-
Informationen)   **Problem:** Für verschiedene Hintergrund-Datenbanken existieren verschiedene Datenkataloge bzw. Thesauren. Eine Vereinheitlichung bei öffentlichen Datenbe-ständen wird im Rahmen des Bund-Länder-Arbeitskreises Umwelt-Informations-systeme angestrebt, ist aber sehr zeitaufwendig. Bis auf weiteres wird im UFIS der vom Land Niedersachsen entwickelte Umweltdatenkatalog verwendet.

                    *   Meta-Informationen über den aktuellen Zustand der verfügbaren Datenbestände (Stammdaten etc.)
- Umfang, Aktualität, räumlicher Bezug, Bewertungskriterien, Zugang etc.

Problem: Während bei Daten aus den UIS-Grundkomponenten (Meßnetzen, Sy-stemen der Fachverwaltungen etc.) die Dokumentation von Meta-Informationen grundsätzlich vorgegeben werden kann, ist dies bei Hintergrunddaten nicht mög-lich. Wenn dies nicht durch Vereinbarungen mit dem Betreiber der Datenbanken gelöst werden kann, müssen diese Meta-Daten unter hohem Aufwand nachträg-lich erhoben werden.

Menüführung   *   Die Menüführung muß selbsterklärend sein, aber so flexibel, daß alle vorhandenen Daten ohne detaillierte Kenntnisse der Datenbestände zugänglich sind.

Der Zielkonflikt zwischen "einfach, überschaubar" und "flexibel" ist grundsätzlich. Unter Umständen müssen für einzelne Benutzer bzw. -gruppen verschiedene Menüführungen mit individuellen Nutzersichten entwickelt werden.

* Die Menüführung muß schnell zur Formulierung der gewünschten Fragestellung führen.

Zur Beantwortung von "Standard"-Fragen müssen Default-Einstellungen schnell zu einer vorläufigen Antwort führen. Erst wenn der Benutzer darüber hinausgehende, speziellere Informationen benötigt, muß er sich, durch Änderung gesetzter Parameter, in komplexere Menüstrukturen hineinbegeben.

Einen vereinfachten Überblick über die UFIS-Menüführung gibt Bild 1.

5. Zweite Lösungsvoraussetzung: Informationsmanagement

Das Informationsmanagement im engeren Sinne muß den Zugang zu den Daten und die Datenhaltung organisatorisch regeln und datentechnisch realisieren. Für die Nutzung von Hintergrundinformationen erfordert dies einen hohen Abstimmungs- und/oder Anpassungsaufwand.

Zugang zu Daten,   *   Direktzugriff aus der Anwendung heraus
Datenhaltung

- In Echtzeit durch Programm-Programm-Verbindung oder spezielle Netzwerk-Software - Idealfall, der bei Hintergrund-Datenbanken wohl eher die Ausnahme bleibt.
- Durch Filetransfer im Hintergrund.

Problem: Die hierbei entstehenden Antwortzeiten entsprechen in der Regel nicht den Nutzeranforderungen !

* Datenübernahme auf Datenträgern
- Führt zu redundanter Sekundärdatenhaltung, ist aber trotz des organisatorischen Aufwands bei nicht zeitkritischen Daten realisierbar. Wird derzeit bei ausgewählten Datenbeständen aus der amtlichen Statistik praktiziert.

Problem: Bei großen Datenmengen nicht praktikabel.

*   Direkterfassung durch die Anwenderbetreuer

- Bei kleinen, zeitkritischenen Datenbeständen, die nicht in angeschlossenen Datenbanken verfügbar sind, im Ausnahmefall notwendig und praktikabel.

Problem: Konsistenzsicherung erfordert hier sorgfältige Dokumentation, d.h. eindeutig geregelte Metadaten-Erfassung.

6. Hintergrund-Informationen in UFIS - Sachstand und nächste Schritte

Die bei weitem wichtigsten Hintergrund-Informationen für das UFIS sind die Daten aus der Struktur- und Regionaldatenbank (SRDB) des Statistischen Landesamtes. Aus diesem Datenbestand sind im UFIS-Prototyp 2 derzeit Informationen aus folgenden Umweltbereichen verfügbar:

*   Einwohnerstatistik - auf Gemeindeebene

*   Flächenverteilung (z.B. Waldfläche, Verkehrsfläche etc.) - auf Gemeindeebene

*   Abfallwirtschaftliche Daten - auf Gemeinde- und Kreisebene

*   kleinere Datenbestände aus der Naturschutz-, Verkehrs-, Energie- und Emissionsstatistik.

Die Daten wurden auf Datenträgern zur Verfügung gestellt und auf die lokale UFIS-Datenbank übernommen. Der Aktualisierungszyklus beträgt ein oder zwei Jahre, so daß der Update-Aufwand akzeptabel ist. Die bisher in dieser Form verfügbaren Daten stellen allerdings nur einen Bruchteil des insgesamt benötigten und grundsätzlich auch zugänglichen Datenbestands der SRDB dar. Eine redundante lokale Datenhaltung dieses gesamten Umfangs in UFIS ist in jedem Fall ausgeschlossen.

Derzeit wird eine Kommunikations-Software entwickelt, die Filetransfers zwischen dem Statistischen Landesamt und anderen Dienststellen über das Landesverwaltungsnetz ermöglichen soll. Es wird sich zeigen, inwieweit diese Lösung direkt für das UFIS nutzbar gemacht werden kann.

Diese Filetransfer-Lösung kann aber nur der erste Schritt sein, die umfangreichen und für Führungsentscheidungen relevanten Hintergrund-Daten aus der amtlichen Statistik für UFIS-Nutzer unmittelbar zugänglich zu machen. Langfristig sind hier Lösungen denkbar, die im Rahmen einer übergreifenden Konzeption "Zugang zu verteilten heterogenen Datenbanken" zu entwickeln sein werden.

Nicht gelöst wird dadurch das Problem, den in bezug auf die Interpretation statistischer Daten nicht speziell ausgebildeten UFIS-Nutzern mittels Hilfe-Funktionen inhaltliche Erläuterungen zu den Daten zur Verfügung zu stellen. Hier könnte mit einem noch zu entwickelnden Metadaten-Konzept eine wesentliche Verminderung des Aufwands erzielt werden. Angesichts des Datenumfangs dürfte aber diese nutzerspezifische, inhaltliche Informationsaufbereitung auf lange Sicht den begrenzenden Faktor für den Leistungsumfang des Umwelt-Führungs-Informationssystems darstellen.

Umwelt–Führungs–Informationssystem Baden–Württemberg (UFIS)

Inhaltliches Leitsystem

Inhaltliche Abgrenzung des Parameters
– NO_2 – Emissionen gesamt *– NO_2 – Emissionen der Quellengruppe Verkehr*

Zeitliches Leitsystem

Zeitbestimmung	
Betrachtungsbreite **(darzustellender Zeitraum)**	**Betrachtungstiefe** **(zeitliche Auflösung)**
– 1970 bis 1990 *– Januar bis Juli 1989*	*– Jahresdaten* *– Monatsdaten*

Räumliches Leitsystem

Raumbestimmung	
Betrachtungsbreite **(darzustellendes Gebiet)**	**Betrachtungstiefe** **(räumliche Auflösung)**
– ganz Baden–Württemberg *– Kreis Böblingen*	*– alle Kreise* *– alle Gemeinden*

Analysen– Leitsystem

Inhaltliche Analyse		
Aggregation **(Mittelwerte,** **Höchstwerte etc.)**	**Bezugsbildung** **(Quotientenbildung)**	**Angabe von** **Vergleichsdaten**
– Mittelwert *– Maximum*	*– je Einwohner* *– pro km^2*	*– Grenzwert* *– Zielgröße*

Darstellungs– System

Darstellungsform		
Business-Graphik	**Karte**	**Tabelle**

Bild 1 : UFIS – Menüführung   *kursiv: Beispiele*

7. Literatur

Umweltministerium Baden-Württemberg und McKinsey & Company, Inc. : Konzeption des ressortübergreifenden Umweltinformationssystems (UIS) im Rahmen des Landessystemkonzeptes Baden-Württemberg. 12 Bände, Stuttgart 1988 - 1990.

Stabsstelle Verwaltungsstruktur, Information und Kommunikation Baden-Württemberg (Hrsg.): Umweltinformationssystem Baden-Württemberg. Verwaltung 2000, Bd. 6, 51 S., Stuttgart 1991.

Datenmanagement im Umweltinformationssystem Baden-Württemberg

Johannes Lamberts
McKinsey & Co. / FAW Ulm

1. Einleitung

In den Phasen I bis IV zur Konzeption des Umweltinformationssystems Baden-Württemberg (vgl. die Vorträge zum UIS in diesem Band) lag der Schwerpunkt der Arbeiten auf der Entwicklung der UIS-Rahmenkonzeption sowie der Formulierung von Regeln und Standards zur Umsetzung dieser Rahmenkonzeption. In verschiedenen Projekten werden nun einzelne Systeme bis zur Implementierungsreife entwickelt.

Mit fortschreitender Entwicklung und Komplexität der einzelnen UIS-Systeme wird die Zahl der verfügbaren Daten drastisch ansteigen, weitere Nutzerebenen werden erschlossen. Dabei muß verhindert werden, daß wegen fehlender Transparenz Daten doppelt erhoben werden, wegen fehlender Verknüpfbarkeit bzw. Zugreifbarkeit vorhandene Datenbestände nicht genutzt werden oder wegen mangelnder Qualität Daten nicht als Entscheidungsgrundlage herangezogen werden. In Phase V wurde daher die Grobkonzeption eines professionellen, UIS-Komponenten-übergreifenden Informationsmanagements erarbeitet, das den Datenaustausch zwischen Datenquellen und Nutzern regeln und die Akzeptanz des UIS gewährleisten soll (Schaubild 1).

Aufgabe des Informationsmanagements ist es, für den notwendigen Datenaustausch zwischen Datenquellen und Nutzern zu sorgen. Das Informationsmanagement ist damit einerseits für die Datenbeschaffung von den Datenquellen und die Datenbereitstellung für die Nutzer verantwortlich, andererseits muß es, um seiner Aufgabe nachkommen zu können, Informationen über diese Daten verwalten (Datenmanagement). Das Informationsmanagement ist insofern Oberbegriff über Datenbeschaffung und Datenbereitstellung (Datenaustausch) sowie Datenmanagement. Im folgenden werden nur die mit dem Datenmanagement verbundenen Aufgaben skizziert; für eine ausführliche Darstellung und die Aufgaben zum Datenaustausch sei auf den Bericht zur Phase V der UIS-Studie verwiesen.

Um den Datenaustausch zwischen Datenquellen und Nutzern zu erreichen, müssen im Rahmen des Datenmanagements Informationen über diese Daten gehalten und gepflegt werden. Die Aufgaben des Datenmanagements lassen sich mit Hilfe eines Schalenmodells beschreiben (Schaubild 2). Die Schalen des Datenmanagements korrespondieren mit den Schritten beim Aufbau einer Datenbank bzw. mit den Schritten bei der Pflege einer Datenbank. Während beim Aufbau das Schwergewicht auf dem Entwurf liegt, geht es bei der Pflege primär um die Einarbeitung von Änderungen. Dieser logische Zusammenhang der Schalen impliziert jedoch keine zeitliche Abfolge beim Aufbau des Datenmanagements. Das Schalenmodell dient vielmehr dazu, die im Datenmanagement anfallenden Aufgaben abzuleiten und zu strukturieren. Die einzelnen Schalen werden im folgenden näher erläutert.

2. Individual-Datenmodelle

Aufgabe des Datenmanagements in der innersten Schale des Modells ist es, sich einen Überblick über die einzelnen Datenbestände bzw. Anwendungen zu verschaffen. Zu diesem Zweck werden die Daten nach einer einheitlichen Methodik beschrieben. Durch die Vorgabe einer einheitlichen "Sprache" können die Systeme sozusagen untereinander kommunizieren, ein Vergleich der Datenbestände wird hiermit erst ermöglicht. Als Methodik zur Beschreibung wird das sogenannte Entity-Relationship-Modell gewählt.

Die Individual-Datenmodelle und deren Anwendungen müssen hinreichend genau beschrieben sein, damit das Informationsmanagement Aussagen über den dargestellten Sachverhalt und die zugehörigen Daten machen kann (Schaubild 3). Die Beschreibung sollte so detailliert sein, daß das semantische Datenmodell algorithmisch in ein Datenbankschema umgesetzt werden kann. Die Möglichkeit einer Fehlinterpretation muß weitgehend ausgeschlossen sein.

Um diese Anforderungen zu erfüllen, wird der Sachverhalt in einem Entity-Relationship-Diagramm mit Objekten und Beziehungen dargestellt. Die Beziehungen werden mit Angaben zur Komplexität versehen, z.B. daß jedes Objekt von einem Objekttyp an genau einer Beziehung teilnimmt, oder daß ein Objekt von einem anderen Objekttyp an beliebig vielen Beziehungen teilnehmen kann. So kann es beispielsweise zu jedem Meßwert einen Parameter und eine Meßstelle geben, zu einer Meßstelle aber beliebig viele Parameter und Meßwerte. Die Objekte und gegebenenfalls auch die Beziehungen werden mit Attributen versehen, zu denen darüber hinaus noch die Wertebereiche und beispielhaft Ausprägungen angegeben werden. Für Meßstellen in Baden-Württemberg können die Gauß-Krüger-Koordinaten (Rechts-/Hochwerte) beispielsweise nur in einem klar definierten Bereich liegen. Die aufgeführten Elemente sollten möglichst genau dokumentiert werden, wie z.B. eine Meßstelle in der Schlüsselliste zum Meßstellenverzeichnis. Weitere Zusatzangaben ergänzen die Beschreibung: So sollten Integritätsbedingungen angegeben werden, mit denen die Richtigkeit von Änderungen überprüft werden kann. Die Angabe von Operatoren auf den Objekten, Angaben zu dem Kontext, in dem das System angewandt wird, und natürlich Beispiele ermöglichen dem Informationsmanagement einen genaue Aussage über den dargestellten Sachverhalt und den zugehörigen Datenkörper.

Da nur in wenigen Fällen bisher eine derartige oder vergleichbare Methodik in der Landesverwaltung beim Aufbau von Datenbanksystemen verwendet wurde, kann auf vorhandene Modelle nicht zurückgegriffen werden. Zum Aufbau eines Entity-Relationship-Modells sind drei Vorgehensweisen denkbar (Schaubild 4, vgl. ausführlichere Erläuterungen und Beispiele im Anhang zur Phase V der UIS-Studie):

- Neu-Modellierung mit Reorganisation bereits vorhandener Datenbestände ("Grüne-Wiese-Ansatz"),

- Ableitung eines Entity-Relationship-Modells aus dem Datenwörterbuch des Datenbanksystems bzw. den vorhandenen Schemainformationen ("Reverse Engineering"),

- Bedarfsgesteuerter, schrittweiser Aufbau eines Entity-Relationship-Modells.

Eine Datenmodellierung ist gerade für komplexe Systeme mit erheblichem Aufwand verbunden und dürfte sich aus UIS-Sicht nicht für jedes System lohnen. Daher ist für Systeme, deren Datenkörper zum Großteil nicht relevant für das UIS sind, eine schrittweise Modellierung vorzusehen; nur bei konkretem Bedarf wird der entsprechende Ausschnitt des Systems modelliert. Nach und nach werden die UIS-relevanten Datenkörper so in einem Entity-Relationship-Modell erfaßt.

Bei Systemen im Verantwortungsbereich des Umweltministeriums ist zu prüfen, wie hoch die bereits getätigten Investitionen sind. Handelt es sich um ein funktionsfähiges, im Einsatz befindliches System, so würde mit einer Neumodellierung unabhängig von den tatsächlich realisierten Strukturen ein Datenmodell und damit ein Datenbankschema aufgebaut werden, das nicht mit dem bestehenden System verträglich wäre. Die Datenbestände müßten reorganisiert und die Anwendungsprogramme neu programmiert werden. Die Investitionen wären damit zumindestens teilweise verloren. Da dies aus Gründen der Wirtschaftlichkeit nicht akzeptiert werden kann, muß hier der Ansatz des Reverse Engineering gewählt werden: Zu dem bestehenden System wird nachträglich aus vorliegenden Schemainformationen ein Datenmodell abgeleitet, das dann als Grundlage einer Verfeinerung und "Nachdokumentation" dienen kann.

Bei Systemen mit bisher begrenzten Investitionen ist der "Grüne-Wiese-Ansatz" vorzusehen; die Modellierung kann sich optimal nach den Anforderungen der Anwendung ausrichten.

3. Gesamtdatenmodell

In der zweiten Schale des Datenmanagements wird aus den Individual-Datenmodellen ein Gesamtdatenmodell gebildet. Soweit es sich um überschneidungsfreie Datenmodelle handelt, die unterschiedliche Sachverhalte beschreiben, ist dies relativ unproblematisch. Überschneiden sich hingegen die Datenmodelle, so sind sie - wenn unabhängig voneinander entwickelt - in der Regel inkompatibel. Im Datenmanagement müssen nun die inkompatiblen Individual-Datenmodelle angepaßt werden, so daß derselbe Sachverhalt eindeutig beschrieben wird. Durch Bildung des Gesamtdatenmodells werden auch Inkonsistenzen zwischen den Individual-Datenmodellen deutlich, die dann bereinigt werden müssen.

In einem konzeptuellen Schema eines Entity-Relationship-Modells müssen die Stellen der Individual-Datenmodelle, die denselben Sachverhalt beschreiben, durch Substitution der einzelnen Elemente ineinander überführt werden. Dabei bestehen prinzipiell beliebige Substitutionsmöglichkeiten zwischen den Elementen eines Entity-Relationship-Modells. Diese Substitutionsmöglichkeiten werden genutzt, um die Individual-Schemata schrittweise anzugleichen. Beispiele und genauere Überführungsregeln finden sich im Anhang zur Phase V der UIS-Studie.

4. Datenstrukturen und Metadaten

In den einzelnen Phasen beim Datenbankentwurf werden Datenstrukturen abgeleitet, die mit sogenannten Schemadaten beschrieben werden. Zusätzlich fallen noch weitere Informationen an, die den modellierten Datenkörper beschreiben. Wie bei den Schemadaten handelt es sich hierbei um sogenannte Metadaten, die nicht mit den eigentlichen Daten zu verwechseln sind, sondern nur Daten *über* die eigentlichen Daten sind. Im Datenmanagement müssen in erster Linie diese Metadaten verwaltet werden (dritte Schale des Modells), die die Grundlage für die Informationsbereitstellung durch das Informationsmanagement sind. Ein wichtiges Hilfsmittel hierzu ist in allen Phasen des Datenmanagements bzw. des Datenbankentwurfs ein Datenwörterbuch.

Die mögliche Struktur eines erweiterten Datenwörterbuchs läßt sich mit ihren einzelnen Elementen ("Metadaten") wie folgt beschreiben (Schaubild 6): In der Vertikalen wird zwischen Anwendungsbereichen, also der fachlichen Sicht, und dem DV-System, der IuK-technischen Sicht, unterschieden. In der Horizontalen wird die Struktur nach Prozeßressourcen, der Ressourcenverwertung und den Datenressourcen unterteilt. Den so entstehenden Feldern werden Modelle zugeordnet: Als Prozeßressourcen werden im Funktionsmodell z.B. Aufgaben, Vorgänge und Aktionen abgebildet. In der Ressourcenverwertung werden im Organisationsmodell z.B. Organisationseinheiten, Arbeitplätze und Stellen dargestellt. Die Datenressourcen werden im Datenmodell beispielsweise als Objekte, Attribute und Integritätsbedingungen beschrieben. Aus IuK-technischer Sicht finden diese Modelle ihre Entsprechung in den Programmsystemen, den Systemabläufen bzw. der Datenspeicherung.

Wesentliche Schnittstellenelemente sind außerdem die Elementarfunktionen als kleinste und zentrale Einheit der Prozeßressourcen, Datenelemente als kleinste Einheit zur Strukturierung von Daten auf der Seite der Datenressourcen und schließlich die Komponente der Datennutzung, in der nutzerspezifische Datensichten angegeben werden können.

Bei Realisierung dieser Struktur im UIS-Datenmanagement sind folgende Prioritäten vorzusehen (Schaubild 7): Erste Priorität hat die Erhebung der Datenelemente als einer Art Thesaurus, um eine frühzeitige Transparenz der UIS-Systeme zu erreichen. Mit zweiter Priorität werden die Einzeldatenmodelle und das Gesamtdatenmodell erhoben bzw. aufgebaut, um eine verständliche und einheitliche Beschreibung der Datenkörper zu erreichen. Die Aspekte der IuK-technischen Datenspeicherung haben dritte Priorität, hier sollen datentechnische Zugriffsrestriktionen erfaßt werden. Vierte Priorität haben schließlich Aspekte der Datennutzung, also insbesondere Zugriffsrechte auf bestimmte Datenelemente.

5. Datenhaltungskonzept und Technik

In der vierten Schale des Datenmanagements wird das Datenhaltungskonzept festgelegt und die technische Systemumsetzung geregelt. In der UIS-Phase IV wurde eine Methodik beschrieben, mit der geeignete Datenhaltungskonzepte für Datenkörper abgeleitet werden können (Schaubild 8): Hierbei wurde zwischen den Dimensionen Aktualität, Geschwindigkeit und Konsistenz unterschieden. Unter Aktualität ist der zeitliche Abstand zwischen Daten der realen Welt und den im System abgespeicherten Daten zu verstehen. Geschwindigkeit gibt die Zeit an, die ein System benötigt, um dem Nutzer die angeforderten Daten zu liefern. Konsistenz beschreibt, ob logisch zusammengehörige Daten oder Daten, die denselben Sachverhalt beschreiben, zueinander passen. Die Darstellung dieser Dimensionen in einem Dreieck verdeutlicht den Zielkonflikt, daß eine Priorisierung zweier Dimensionen zu Lasten der dritten Dimension geht. Ein geeignetes Datenhaltungskonzept läßt sich entsprechend ableiten: Eine Priorisierung der Aktualitätsanforderungen deutet auf eine On-line-Vernetzung hin. Eine Priorisierung der Konsistenzanforderungen spricht für eine koordinierte Datenhaltung z.B. in *einem* Datenbanksystem, eine Priorisierung der Geschwindigkeitsanforderungen für eine redundante Datenhaltung (Beispiele siehe Abschlußbericht zur UIS-Phase IV). Diese schematische Darstellung kann dabei nur als Gerüst für die im allgemeinen gültigen, wesentlichen Faktoren dienen. In Ausnahmefällen können Spezialanforderungen wie besondere Schutzwürdigkeit oder Zugriffssicherheit dominieren und somit zu anderen Schlußfolgerungen führen.

Bei der Anwendung des Datenhaltungkonzeptes auf einen Datenkörper werden die Daten hinsichtlich ihrer derzeitigen Konsistenz-, Geschwindigkeits- und Aktualitätseigenschaften bewertet; sie werden sozusagen im Datenhaltungsdreieck positioniert. Danach müssen diese Daten hinsichtlich der Nutzeranforderungen im Datenhaltungsdreieck positioniert und mit dem Ist-Zustand abgeglichen werden. Die erforderliche Priorisierung wird damit aus der Positionierung im Dreieck abgeleitet.

Außerdem wird in der vierten Schale des Datenmanagements die technische Systemumsetzung der Datenkörper erfaßt und verwaltet. Aufgabe des Informationsmanagements ist es in erster Linie, die Zugreifbarkeit auf einzelne Systeme zu beurteilen und den Aufwand für die Realisierung einer Schnittstelle einzuschätzen. Ein Gerüst zur Überprüfung der technischen Randbedingungen wurde erarbeitet (Schaubild 9). Die Matrix dient als Grundlage für die Erarbeitung einer detaillierten Checkliste: Für jeden Datenkörper bzw. für jedes relevante System kann dann die eingesetzte Technologie abgefragt und mit gegebenenfalls vorhandenen Industrie- oder UIS-spezifischen Standards abgeglichen werden.

6. Organisatorische Regelungen

In der fünften Schale des Modells geht es um organisatorische Regelungen, die die Verwaltung der Metadaten betreffen. Um die für das UIS-Datenmanagement relevanten Daten zu identifizieren, ist es zweckdienlich, auf die Datenklassifikation aus der UIS-Phase IV zurückzugreifen (Schaubild 10):

-   <u>Hintergrunddaten und raumbezogene Basisinformationen</u>: Daten, auf die von zahlreichen UIS-Anwendern lesend zugegriffen wird, insbesondere aus externen Datenbanken und für kartographische Darstellungen in Abstimmung mit der Lenkungsstelle für graphische Datenverarbeitung beim Landesvermessungsamt,

-   <u>Berichtsdaten</u>: Daten, die durch Verdichtung anwendungsspezifischer Daten entstehen und einem breiten Nutzerkreis zur Verfügung stehen, z.B. Umweltkenngrößen und aufbereitete Fachdaten,

- <u>Anwendungsspezifische Daten</u>: Daten, die bei der Wahrnehmung von Umweltaufgaben entstehen bzw. verändert werden und primär dem individuellen Anwender vorbehalten sind, z.B. Einzelmeßreihen, Anlagenverzeichnisse einzelner Firmen, Besuchsprotokolle von Betriebsrevisionen.

Diese drei Datenklassen bilden zusammen die Gesamtmenge der UIS-relevanten Daten. Für das Datenmanagement ist darüber hinaus eine Aufteilung in globale und lokale Daten sowie in Metadaten und "eigentliche" Daten erforderlich. Die Unterscheidung zwischen globalen und lokalen Daten entspricht der Einteilung in Hintergrunddaten und raumbezogene Basisinformationen sowie Berichtsdaten einerseits und anwendungsspezifische Daten andererseits. Für das UIS-Datenmanagement sind in erster Linie globale Metadaten von Interesse. Lokale Metadaten können relevant werden, wenn z.B. auf eine Nutzeranforderung hin neue globale Daten zu identifizieren sind, die bisher lokalen Metadaten also zu globalen Metadaten werden. Zu einem geringen Teil sind im UIS-Datenmanagement auch globale Daten von Interesse: Daten, die das Informationsmanagement selbst zur Aufgabenerfüllung benötigt, oder Daten, die immer wieder nachgefragt werden, aber nicht von anderen Systemen abgedeckt werden.

Diese Unterscheidung soll an einigen Beispielen verdeutlicht werden (Schaubild 11): Ein Verzeichnis von Gemeinden mit Städtenamen wie "Karlsruhe" und "Stuttgart" oder eine Parameterliste mit Ausprägungen wie "Schwefeldioxid" gehören in die Klasse der Hintergrunddaten und raumbezogenen Basisinformationen. Die im Datenmanagement abzuspeichernden Metadaten sind "Gemeinde" und "Parameter", die eigentlichen Daten "Karlsruhe", "Stuttgart" und "Schwefeldioxid" sind in diesem Zusammenhang irrelevant. Das Datenmanagement kann dann keine Angaben zu bestimmten Gemeinden machen - oder ob diese Gemeinde überhaupt existiert -, kann aber über das Metadatum "Gemeinde" angeben, wo diese Information zu erhalten ist.

Eine Kenngröße zur mittleren Schwefeldioxidbelastung, die häufig nachgefragt wird, ist ein Berichtsdatum. Das globale Metadatum ist dann "Kenngröße". Wenn kein anderes UIS-System zur Verwaltung von Kenngrößen vorgesehen ist, muß im Datenmanagement zusätzlich als globales Datum die Information vorgehalten werden, daß eine Ausprägung einer Kenngröße der Begriff "mittlere Schwefeldioxidbelastung" ist. Der eigentliche Wert und der Ort, für den diese Kenngröße vorliegt, ist wiederum ein Datum, das nicht das UIS-Datenmanagement, sondern das entsprechende Quellsystem liefern muß. Die Ausarbeitung eines Kenngrößensystems bzw. die Auswahl eines Umweltthesaurus bleiben einer Feinkonzeption vorbehalten.

Das UIS-Informationsmanagement benötigt für seine Arbeit eine Liste der UIS-Nutzer. Das globale Metadatum lautet "UIS-Nutzer", darüber hinaus sind im Datenmanagement die Namen wie "Meier" und "Müller" als die "eigentlichen" globalen Daten abzulegen.

Ein Beispiel für ein anwendungsspezifisches Datum ist eine Erhebung des Graureiherbestandes im Stadt- und Landkreis Karlruhe. Der eigentliche erhobene Wert ist ein lokales Datum, das zugehörige Metadatum ist "Graureiherbestand". Dieses Metadatum ist solange für das UIS-Datenmanagement nicht interessant und wird nicht abgespeichert, bis neben dem Quellsystem ein weiterer Nutzer dieses Datum benötigt. Erst dann muß das Informationsmanagement versuchen herauszufinden, ob ein solches Metadatum existiert und wo die entsprechenden Daten liegen.

7. Datenschutz und Rahmenbedingungen

Zuletzt muß im Rahmen des Schalenmodells die Einhaltung von vorgegebenen Normen und Rahmenbedingungen überprüft werden. Ein Aspekt ist dabei das Datenschutzgesetz und die Frage, ob im Datenmanagement datenschutzrechtlich problematische Daten verwaltet werden.

Im UIS-Datenmanagement liegt der Schwerpunkt auf der Verwaltung und Verarbeitung von globalen Metadaten, teilweise werden auch globale Daten verwaltet (Schaubild 12). Laut Bundes- und Landesdatenschutzgesetz ist es Aufgabe des Datenschutzes, *personenbezogene* Daten vor Mißbrauch bei Speicherung, Übermittlung, Veränderung und Löschung zu schützen. Personenbezogene Daten sind danach "Einzelangaben über persönliche oder sachliche Verhältnisse einer bestimmten oder bestimmbaren natürlichen Person (Betroffener)". Die im Datenmanagement verwalteten Metadaten sind also nicht vom Bundes- und Landesdatenschutzgesetz betroffen, da sie im Sinne des Gesetzes keine personenbezogenen Daten sind. Metadaten enthalten höchstens Angaben *über* personenbezogene Daten, z.B. beim Metadatum "Betreiber" die Angabe, wo diese Daten liegen und welche Attribute (z.B. Adresse) in welchem Format zugänglich sind. Durch die Metadaten ist aber keine natürliche Person bestimmt noch bestimmbar.

Anders verhält es sich mit den "eigentlichen" globalen Daten, die im UIS-Datenmanagement verwaltet werden. Beispielsweise muß für eine Namensliste der UIS-Nutzer geklärt werden, ob und wann es sich um schutzwürdige Einzelangaben handelt. Werden als globale Daten umweltrelevante Kenngrößen abgelegt, so müssen diese allgemein genug sein, daß sich aus diesen keine Einzelangaben über eine bestimmte natürliche Person ableiten lassen. Die rechtlichen Konsequenzen für das UIS-Informationsmanagement müssen im Hinblick auf konkrete Datenkörper noch detailliert untersucht werden.

Das UIS-Informationsmanagement soll im übrigen nicht die Aufgabe eines Datenschutzbeauftragten übernehmen. Es kann aber bei einigen der Kontrollebenen, die in der Anlage des Bundes- und Landesdatenschutzgesetzes aufgezählt werden - und für die das Informationsmanagement selbst verstärkt Schutzmaßnahmen durchführen muß -, die Nutzer beraten: Dies gilt für die Zugriffskontrolle (Gewährleistung des Zugriffs ausschließlich durch berechtigte Personen), die Übermittlungskontrolle (Gewährleistung der nachprüfbaren und kontrollierten Übermittlung) und die Auftragskontrolle (Weiterverarbeitung im Sinne des Auftraggebers). Außerdem kann es als Stelle mit systemübergreifendem Anspruch bei der Organisationskontrolle (innerbetriebliche Organisation entsprechend den Anforderungen des Datenschutzes) behilflich sein.

8. Zusammenfassung

In dem vorliegenden Beitrag wurde ein Aspekt der vom Umweltministerium Baden-Württemberg und McKinsey erarbeiteten Konzeption zum Umweltinformationssystem (UIS) vorgestellt, nämlich aus dem

Teilprojekt "Informationsmanagement" das Thema "Datenmanagement". Die hierbei anfallenden Aufgaben wurden anhand eines Schalenmodells strukturiert:

- Die innerste Schale gibt an, welche Anforderungen an die Individual-Datenmodelle und die Beschreibung ihrer Anwendungen gestellt werden. Weiterhin wird festgestellt, wie diese Datenmodelle aufgebaut bzw. aus bestehenden Strukturen abgeleitet werden können.

- In der zweiten Schale wird beschrieben, wie aus den Individual-Datenmodellen ein Gesamtdatenmodell gebildet werden kann und wie gegebenenfalls Unstimmigkeiten zwischen den Individual-Datenmodellen beseitigt werden können.

- In der dritten Schale wird angegeben, wie die entsprechenden Datenstrukturen und Metadaten verwaltet werden. Metadaten sind "Daten über Daten", also Informationen, die nicht ein einzelnes Datum, sondern eine Datenklasse beschreiben. Hierzu zählen z.B. Schemadaten, Integritätsbedingungen, Zugriffsrechte, Ansprechpartner oder inhaltliche Themen. Insbesondere geht es in dieser Schale um die Verwaltung der Metadaten mit einem Datenwörterbuch.

- In der vierten Schale werden Aspekte der Datenhaltung aufgegriffen; die im Informationsmanagement tätigen Mitarbeiter müssen beurteilen, ob die Daten den Nutzeranforderungen hinsichtlich der Datenhaltung gerecht werden. Mit Hilfe eines Rahmenkonzeptes, das erarbeitet wurde, können außerdem die systemtechnischen Randbedingungen auf Vollständigkeit überprüft werden.

- In der fünften Schale werden organisatorische Regelungen behandelt, die die Verwaltung der Metadaten betreffen. Insbesondere müssen Metadatenänderungen der Quellsysteme koordiniert werden.

- Die sechste Schale betrifft vor allem datenschutzrechtliche Rahmenbedingungen und zeigt, wie die Daten im Datenmanagement hinsichtlich ihrer Schutzwürdigkeit klassifiziert werden können.

Für eine ausführliche Behandlung sei auf den Bericht und den Anhang zur Phase V der UIS-Studie verwiesen.

Literatur

Umweltministerium Baden-Württemberg/McKinsey UIS-Projekt, Phasen I-V; insbesondere: Phase V, Teil "Grobkonzeption des UIS-Informationsmanagements".

Ortner/Söllner: "Data Dictionary - ein Werkzeug des Information-Resource-Management", in: Information Management 3/88.

Das UIS-Informationsmanagement sorgt für den notwendigen Datenaustausch zwischen Nutzern und Datenquellen

KOMPONENTEN DES INFORMATIONSMANAGEMENTS

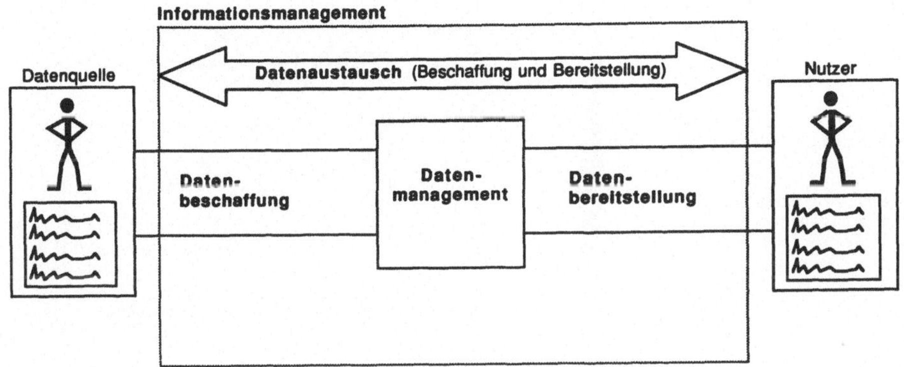

Quelle: Umweltministerium Baden-Württemberg/McKinsey UIS-Projekt, Phase V

SCHAUBILD 1

Das Datenmanagement läßt sich in sechs Schalen beschreiben, bei denen zwischen Aufbau und Pflege unterschieden werden kann

KOMPONENTEN DES DATENMANAGEMENTS*

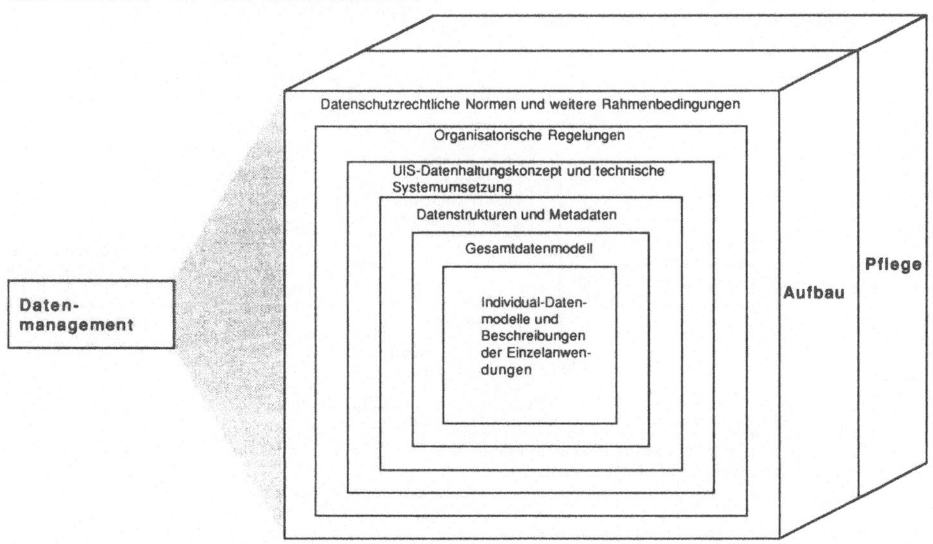

* Keine zwingende zeitliche Abfolge

Quelle: Umweltministerium Baden-Württemberg/McKinsey UIS-Projekt, Phase V

SCHAUBILD 2

Individual-Datenmodelle und deren Anwendungen müssen hinreichend genau beschrieben sein

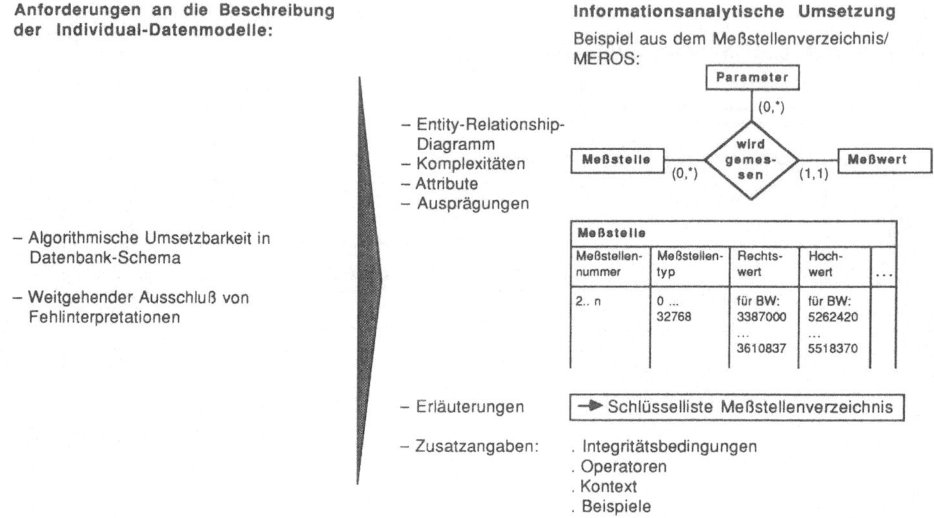

Meßstelle				
Meßstellen-nummer	Meßstellen-typ	Rechts-wert	Hoch-wert	...
2.. n	0 ... 32768	für BW: 3387000 ... 3610837	für BW: 5262420 ... 5518370	

Quelle: Umweltministerium Baden-Württemberg/McKinsey UIS-Projekt, Phase V

SCHAUBILD 3

Fehlende oder unvollständige Datenmodelle können neu aufgebaut oder aus bestehenden Strukturen abgeleitet werden

VERFAHRENSAUSWAHL ZUM AUFBAU EINES ER-MODELLS

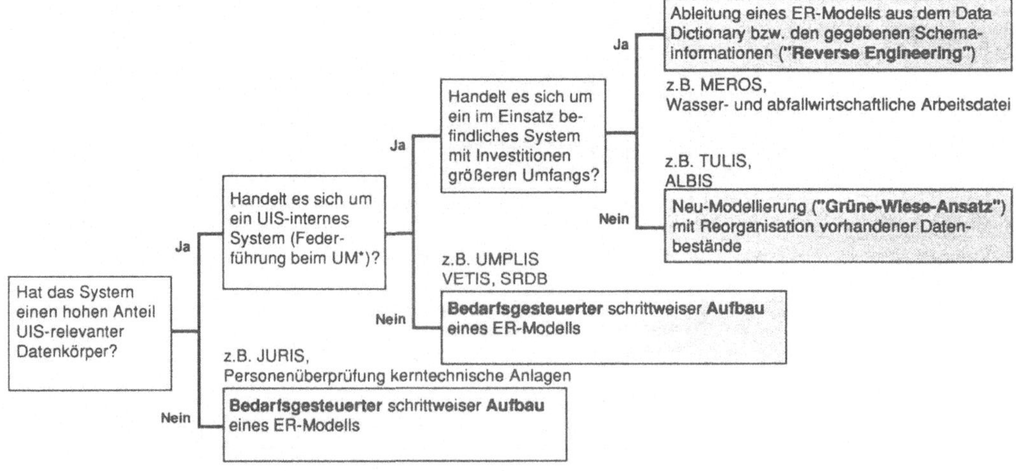

* genauer: Steuerungsmöglichkeit der Datenstrukturen (Schemadaten) durch UM

Quelle: Umweltministerium Baden-Württemberg/McKinsey UIS-Projekt, Phase V

SCHAUBILD 4

Inkompatibilitäten zwischen einzelnen Schemata können schrittweise beseitigt werden

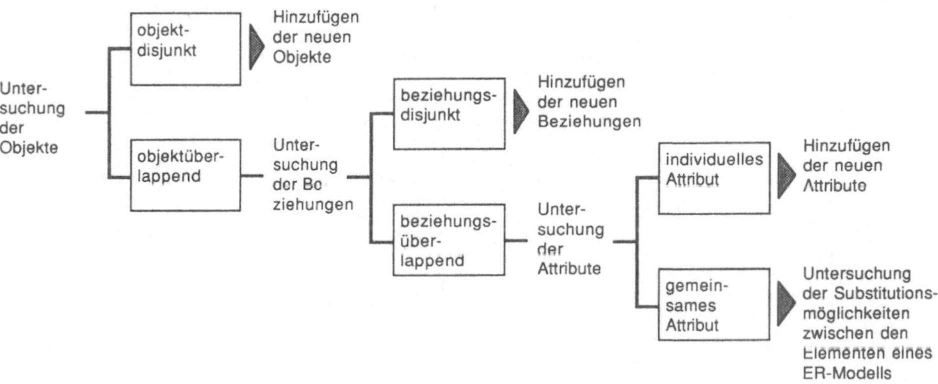

Quelle: Umweltministerium Baden-Württemberg/McKinsey UIS-Projekt, Phase V

SCHAUBILD 5

Vereinfachte Sicht einer Dokumentationsstruktur eines Datenwörterbuchs

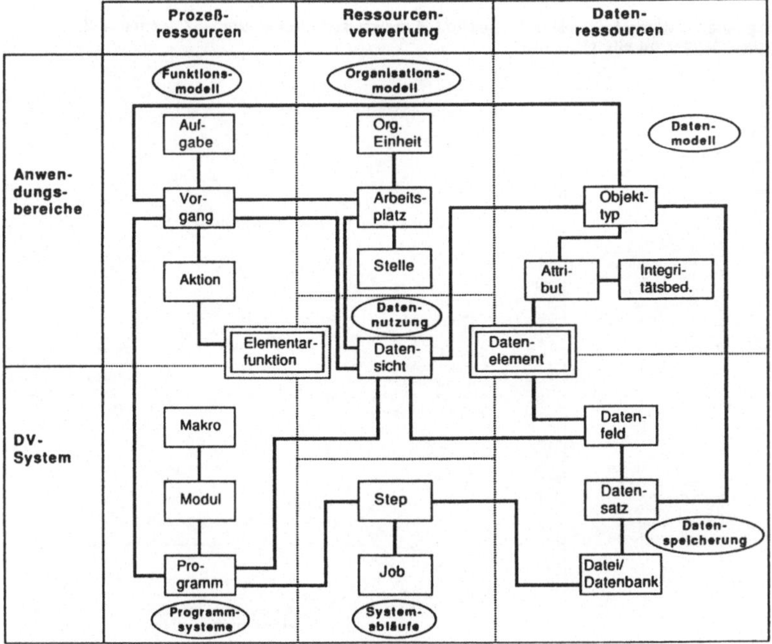

Quelle: Umweltministerium Baden-Württemberg/McKinsey UIS-Projekt, Phase V;
Ortner/Söllner: "Data Dictionary - ein Werkzeug des Information-Resource-Management", in: Information Management 3/88

SCHAUBILD 6

Im UIS-Datenmanagement liegt der Schwerpunkt auf der Erhebung der Metadaten zu den Daten-ressourcen und zur Datennutzung

STRUKTUR DER METADATEN (DATENWÖRTERBUCH)

	Prozeß-ressourcen	Ressourcen-verwertung	Daten-ressourcen
Anwendungs-bereiche	Funktionsmodell	Organisationsmodell	Datenmodell (2)
DV-System		Elementar-funktion — (4) Daten-nutzung — (1) Daten-element	(3)
	Programmsysteme	Systemabläufe	Datenspeicherung

(1) Thesaurus

(2) Menge der Einzeldaten-modelle bzw. des Gesamt-datenmodells

(3) Umsetzung in IuK-technische Speicherungsschemata

(4) Zugriffsrechte

O Priorität

▭ Schwerpunkt beim Aufbau eines UIS-Data-Dictionary

Quelle: Umweltministerium Baden-Württemberg/McKinsey UIS-Projekt, Phase V;
   Ortner/Söllner: "Data Dictionary - ein Werkzeug des Information-Resource-Management", in: Information Management 3/88

SCHAUBILD 7

Durch die Positionierung eines Datums im Dreieck "Aktualität-Konsistenz-Geschwindigkeit" lassen sich geeignete Datenhaltungskonzepte ableiten

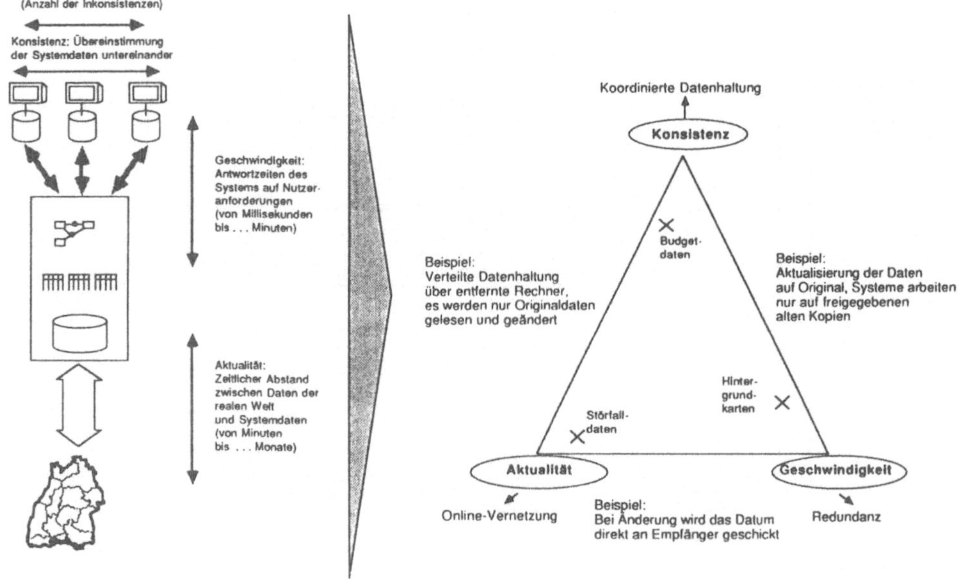

Quelle: Umweltministerium Baden-Württemberg/McKinsey UIS-Projekt, Phase IV

SCHAUBILD 8

Die technischen Randbedingungen bzgl. Rechner, Speicher und Netzwerke müssen beachtet werden

TECHNOLOGIE-ARCHITEKTUR

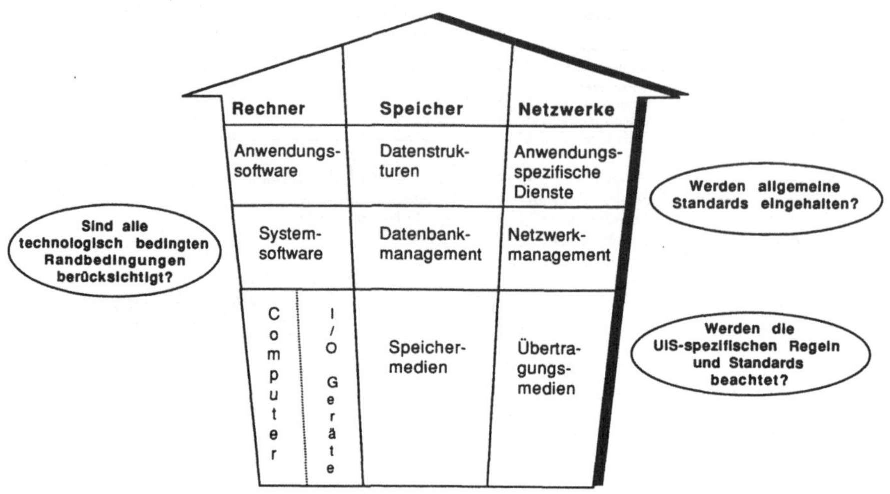

Quelle: Umweltministerium Baden-Württemberg/McKinsey UIS-Projekt, Phase V

SCHAUBILD 9

Im UIS-Datenmanagement werden schwerpunktmäßig die Metadaten der globalen UIS-Daten* koordiniert und verwaltet**

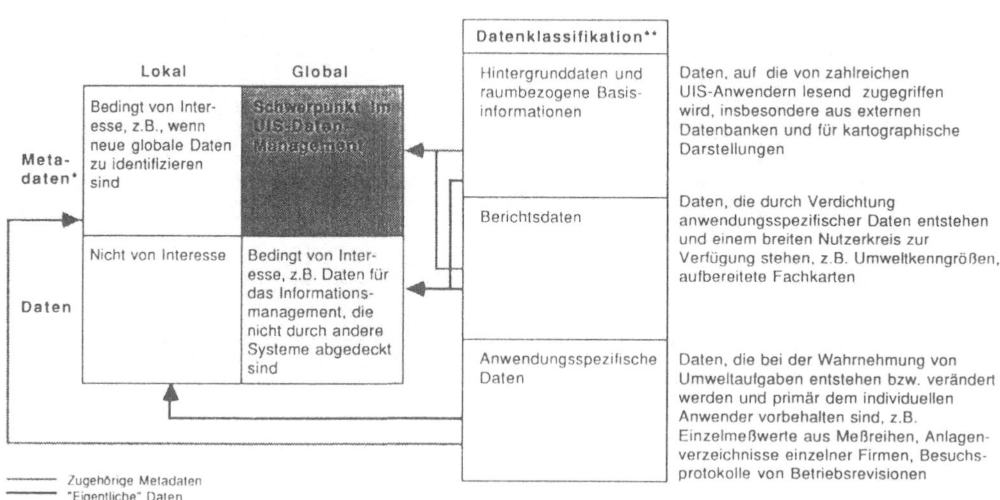

Zugehörige Metadaten
"Eigentliche" Daten
* Metadaten: Daten über Daten, z.B. Datenstrukturen, Schemadaten, Zugriffsrechte, Themen
** Vgl. Berichtsband 8, UIS-Phase IV
*** Nur Sachdaten. Verwaltung geometrischer Daten nur durch die Lenkungsstelle für graphische Datenverarbeitung

Quelle: Umweltministerium Baden-Württemberg/McKinsey UIS-Projekt, Phase V

SCHAUBILD 10

Im UIS-Datenmanagement werden schwerpunktmäßig die Metadaten der globalen UIS-Daten*** koordiniert und verwaltet

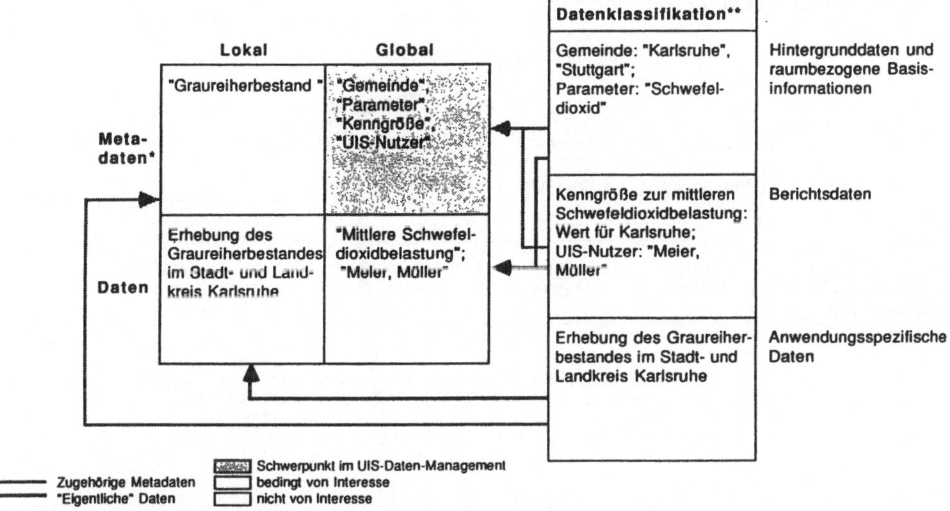

* Metadaten: Daten über Daten, z.B. Datenstrukturen, Schemadaten, Zugriffsrechte, Themen
** Vgl. Berichtsband 8, UIS-Phase IV
*** Nur Sachdaten, Verwaltung geometrischer Daten durch die Lenkungsstelle für graphische Datenverarbeitung beim Landesvermessungsamt

Quelle: Umweltministerium Baden-Württemberg/McKinsey UIS-Projekt, Phase V

SCHAUBILD 11

Das UIS-Datenmanagement ist nur zum geringen Teil vom Bundes- bzw. Landesdatenschutzgesetz betroffen

SCHWERPUNKTE IM UIS-DATENMANAGEMENT UND NACH DATENSCHUTZGESETZEN

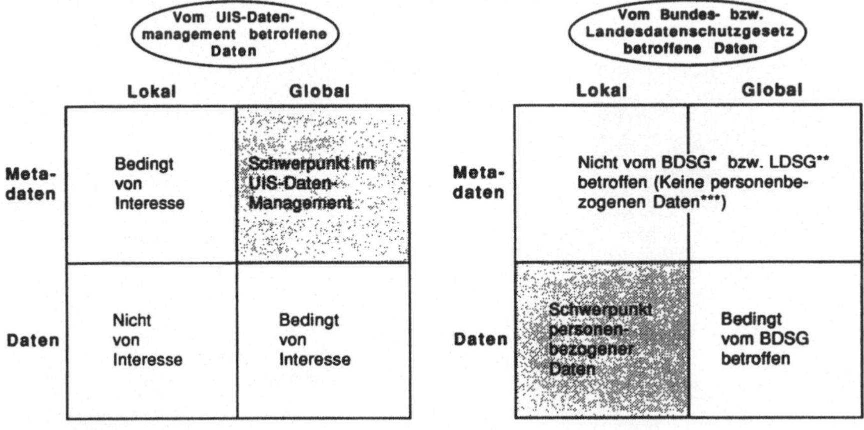

* BDSG: Bundesdatenschutzgesetz
** LDSG: Landesdatenschutzgesetz
*** Personenbezogene Daten nach BDSG: Einzelangaben über persönliche oder sachliche Verhältnisse einer bestimmten
    oder bestimmbaren natürlichen Person

Quelle: Umweltministerium Baden-Württemberg/McKinsey UIS-Projekt, Phase V

SCHAUBILD 12

INFORMATIONSVERWALTUNG IM UMWELTINFORMATIONSSYSTEM BADEN-WÜRTTEMBERG

Gerhard Kaufhold

Ministerium für Umwelt Baden-Württemberg

Einleitung

Der Begriff "Informationsverwaltung" ist im allgemeinen Sprachgebrauch wie in
der Informatik-Literatur weit weniger verbreitet als der Begriff des Informationsmanagements. Informationsmanagement wird vor allem dann gefordert, wenn
Informationsdefizite hartnäckig bestehen und bestehen bleiben oder gar Informationskrisen über Unternehmen wie über öffentliche Verwaltungen hereinbrechen.
Nach wie vor steht das Reaktorunglück von Tschernobyl und die dadurch ausge-
löste Informationskrise symbolhaft für die Unfähigkeit der öffentlichen Verwaltung zum Informationsmanagement. Auch Unternehmen der Privatwirtschaft haben
ihre Informationskrisen. Während Informationsdefizite in der öffentlichen Verwaltung eben öffentlich kritisiert und diskutiert werden, bleiben sie in der
Privatwirtschaft privat. Allenfalls Organisationsänderungen deuten auf ihre
Existenz hin. Die mit den Gesetzmäßigkeiten einer Exponentialfunktion wachsenden Publikationen zum Thema Informationsmanagement sind jedoch ein recht deut-
liches Indiz dafür, daß der Strukturwandel der Weltwirtschaft oder die Vollen-
dung des Europäischen Binnenmarktes auch Informationsdefizite in Konzernen,
Unternehmen und Betrieben aufgerissen haben. Doch gibt es daneben auch die
ganz alltägliche, die kleine Informationskrise in der Wirtschaft wie in der
Verwaltung.

Dieser Beitrag geht recht behutsam mit dem Begriff "Informationsmanagement"
um. Es sollen die Rahmenbedingungen aufgezeigt werden, die erforderlich sind,
um auch in der öffentlichen Verwaltung Informationsmanagement betreiben zu
können. An dem konkreten Anwendungsbeispiel "Umweltinformatik", einem spezifischen Bereich der Verwaltungsinformatik, wird aufgezeigt, wie Informationsverwaltung und Informationsmanagement in der öffentlichen Verwaltung nicht nur
gefordert, sondern organisiert und durchgeführt werden können.

1. Informationsverwaltung - Informationsmanagement:
   Anspruch und Wirklichkeit

Unter "Verwaltung" soll die planmäßige und dauernde Tätigkeit des Staates
zur Erreichung seiner Ziele verstanden werden. [1] In diesem, sehr allgemeinen Sinne verwalten auch Unternehmen. Wenn vom "Management" die Rede
ist, dann verbindet sich mit diesem Aspekt zumeist die Führungsaufgabe.[2]
Während beim Begriff der Verwaltung der Aspekt der Leitung, d. i.
Aufgabenbezug im Sinne von Zielbestimmung und Zielerreichung im Vordergrund steht, überwiegt beim Begriff des Managements die Führung im Sinne
eines zielorientierten Beeinflussens von Menschen in einer Organisation. [3]

---

[1] Vgl. G. JOERGER, M. GEPPERT: Grundzüge der Verwaltungslehre, a. a. O.,
    S. 10
[2] H. KÜBLER: Organisation und Führung in Behörden, a. a. O., S. 171 ff.
[3] H. KÜBLER: Organisation und Führung in Behörden, a. a. O., S. 174

Die neuere Managementlehre unterscheidet im Hinblick auf die Anpassung an die Probleme der vor uns liegenden Jahre drei Prinzipien:

- das Prinzip der Stabilität,

- das Prinzip des Unternehmertums,

- das Prinzip der Mobilität. [4]

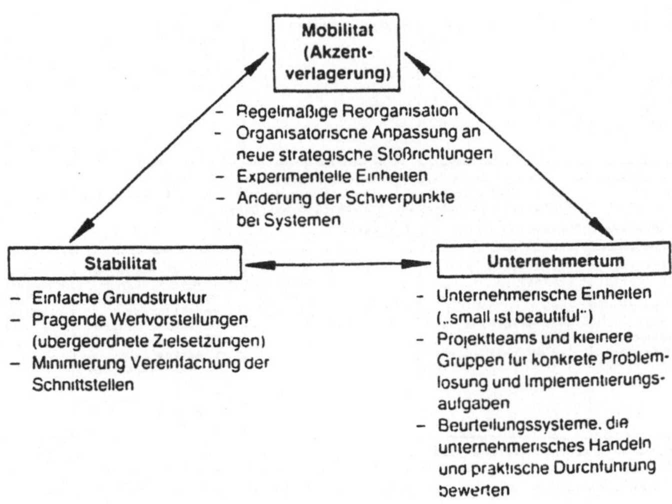

Abb. 1: Die drei Prinzipien einer "Struktur der "80er Jahre" nach T. J. PETERS, R. H. WATERMANN jun.

---

[4] T. J. PETERS, R. H. WATERMANN jun.: Auf der Suche nach Spitzenleistungen, a. a. O., S. 360

Wenn dieses Strukturierungsmodell auch hauptsächlich für die Privatwirtschaft entworfen worden ist, so läßt es sich leicht auf die Verwaltung allgemein beziehungsweise auf die einzelnen Fachverwaltungen übertragen. Das
nachstehende Schema von JOERGER und GEPPERT [3)] eignet sich recht gut, verschiedene Verwaltungstypen entsprechend ihrer (Aufgaben-) Organisations-
und Führungsstruktur zu klassifizieren.

**SCHEMA ZUR ERMITTLUNG
DES (INSBESONDERE FÜR ARBEITSABLAUF UND ARBEITSERGEBNIS) GEEIGNETSTEN SOLL - ZUSTANDS VON ORGANISATIONS - UND
FÜHRUNGSSTRUKTUR**

WENN:	AUFGABEN	ENTSCHEIDUNGS-SITUATIONEN	ARBEITSVERFAHREN	VERHÄLTNIS DER BEHÖRDE ZUR UMWELT	EINSTELLUNG / HALTUNG DER BEDIENSTETEN
Beispiele: Standesamt, Einwohnermeldeamt, Wohngeldabteilung; Vollzugspolizei, Feuerwehr	- gleichförmig - massenhaft anfallend - genau vorgeschrieben - berechenbar - unter starkem Zeitdruck zu erledigen - gleichbleibend - geringe Änderungs- / Innovationsrate - programmierbar	- klar bestimmte Ziele - starker Zeitdruck	- gleichartig - standardisiert - regelgebunden	- wenig Kontakte - schwache Einwirkung der Umwelt auf die Organisation (schwache Umweltverflechtung)	- kontaktscheu - risikoscheu - sicherheitsbedürftig - geringe Aus- und Allgemeinbildung - wenig kooperationsbereit
DANN:	Betonung bürokratischer Merkmale und Strukturelemente: hohe Bürokratieschwelle. (Starke Hierarchisierung, Formalisierung und Regelhaftigkeit des Handelns. Geregelte, geschlossene Information auf Dienstwegen). Direktive (autoritäre) Führung. Ev.:Arbeit mit Stäben.				
WENN: Beispiele: Planungsämter, Umweltschutz, Städtebauförderung	- nicht gleichförmig - nicht programmierbar - nur selten anfallend - hohe Änderungs- / Innovationsrate - Berücksichtigung vieler / komplexer Informationen	- keine klare Zielsetzung - kein starker Zeitdruck - Notwendigkeit, sich über Ressorts hinweg zu koordinieren	- nicht an feste Regeln gebunden - nicht gleichartig - freie Zusammenarbeit mehrerer Mitarbeiter	- häufige Kontakte - ständige Veränderung der Umweltverhältnisse - intensive Beeinflussung der Organisation durch gesellschaftliche Kräfte - Überzeugung und Einbeziehung der Bürger	- kontaktfreudig - risikobereit - verantwortungsfreudig - höhere Aus- und Allgemeinbildung - phantasiebegabt, kreativ
DANN:	Assoziative Organisationsform: niedrige Bürokratieschwelle. Offene Kommunikationsstruktur. Kooperativer Führungsstil. Arbeit in Teams, Konferenzen; mit Stäben, Projektgruppen usw.				

Abb. 2: Schema zur Ermittlung des geeignetsten Soll-Zustands von Organisa-
tions- und Führungsstruktur nach G. JOERGER und M. GEPPERT

[3)] G. JOERGER, M. GEPPERT: Grundzüge der Verwaltungslehre, a. a. O.,
S. 145

Die Umweltschutzverwaltung zeichnet sich typischerweise dadurch aus, daß

- die Aufgaben nicht gleichförmig zu erledigen sind,

- keine klare Zielsetzung vorhanden ist,

- die Organisation eine assoziative Organisationsform bedingt, das heißt niedrige Bürokratieschwellen und offene Kommunikationsstrukturen bestehen.

Unter dem Aspekt der Information und Kommunikation sei besonders darauf hingewiesen, daß in der Umweltschutzverwaltung viele komplexe und vernetzte Informationen zu verarbeiten sind. Dies bedeutet wiederum Kommunikation über die Ressortgrenzen hinaus. Dies hat Konsequenzen für Systemarchitektur und Datenbankdesign.

Aus diesen begrifflichen und konzeptionellen Überlegungen folgt, daß die Begriffe "Informationsverwaltung" und "Informationsmanagement" nur auf dem Hintergrund der speziellen Fachverwaltung, hier Umweltschutzverwaltung, sprechend und verständlich werden.

Informationsmanagement ist eben nicht nur ein Bündel organisatorischer Maßnahmen zur Nutzung der neuen Bürotechnik. [6] Informationsmanagement und Informationsverwaltung sind mehr.

---

[6] Bericht der Landesregierung an den Hauptausschuß des Landtags Nordrhein-Westfalen: Verbesserung der Ministerialverwaltung, Düsseldorf, März 1989, S. 20/21

2. "Behörden sind auch nur Betriebe":
   Sind die Informationsmanagementkonzeptionen der Privatwirtschaft auf die
   öffentliche Verwaltung übertragbar?

Es entspricht vielfach dem Zeitgeist, Begriffe, Methoden und Konzeptionen
aus der Betriebs- und Managementlehre ohne tieferes Nachdenken in die Welt
der Kameralistik zu übertragen. Dies führt zu fataler Fehleinschätzung.
Deshalb ist es erforderlich, sich die Hauptunterschiede zwischen der
Privatwirtschaft und der öffentlichen Verwaltung immer wieder vor Augen zu
führen.

Behörden	Privatwirtschaft
Politischer Auftrag	Unternehmens- strategie
Kameralistik	Doppelte Buch- führung
Führungspositionen vorzugsweise mit Juristen besetzt	Führungspositionen vorzugsweise mit Betriebswirten und Ingenieuren besetzt
"Bürgernähe" als Zielsystem, aber erst in Anfängen realisiert	Marktorientiert
Statisch geprägte Verhaltensweisen	Dynamisch geprägte Verhaltensweisen
Lange Entschei- dungsprozesse	Kürzere Entschei- dungsprozesse möglich
Starre Besoldungs- strukturen	Flexible Gehalts- strukturen

Abb. 3: Die Hauptunterschiede zwischen Behörden und Privatwirtschaft [7]

---

[7] Diebold Management Report, Diebold Management Report Nr. 1, 1990,
S. 12

Trotz dieser beachtlichen Strukturunterschiede sind einzelne Modelle und
Konzeptionen aus der Wirtschaftsinformatik in die Verwaltungsinformatik
übertragbar. Ausgangspunkt für jede Informationsverwaltung und jedes
Informationsmanagement muß eine strategische Informationsplanung (SIP)
sein. Wie das Unternehmensmodell muß das Verwaltungsmodell aus fünf Teilkomponenten zusammengesetzt sein. [8]

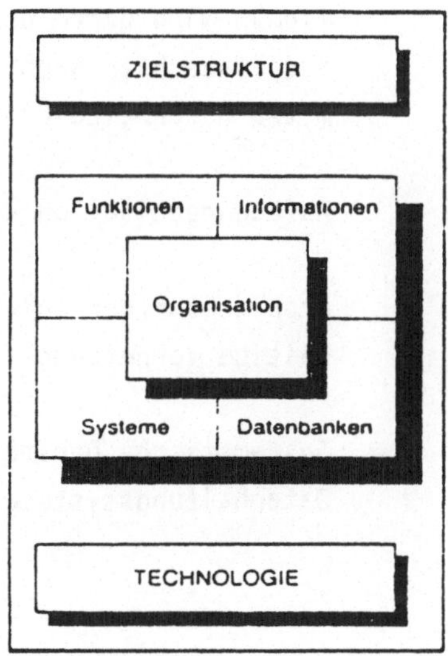

Abb. 4: Das Modell der strategischen Informationsplanung

---

8)   Vgl. D. HIEKE, Strategische Informationsplanung (SIP) in der
         Praxis, a. a. O., S. 70

Die fünf Teilkomponenten des SIP-Verwaltungsmodells sind:

1. Funktion: Darstellung der in der Verwaltung durchzufüh-
                                renden Tätigkeiten in einem Funktionsbaum

2. Information:
   Informationsstruktur: Modellierung der Informationen in einer ein-
                                heitlichen Begriffswelt (etwa durch die
                                Entity-Relationship-Methode)

   Informationsfluß: Der Informationsbedarf der einzelnen Funk-
                                tionen wird durch den Fluß der
                                ausgetauschten Nachrichten verdeutlicht
                                (etwa durch eine Cross-Reference-Matrix)

3. Organisation: Aufbauorganisation der Verwaltung

4. Systeme: Architektur der IuK-Systeme und ihre wechsel-
                                seitige Vernetzung

5. Datenbanken: Systematische Darstellung aller
                                Datenhaltungssysteme

Was die Zielstruktur anbelangt, so macht das SIP-Verwaltungsmodell - wie
für den Unternehmensbereich - klar definierte und strukturierte (Verwal-
tungs-) Ziele erforderlich. Sie stellen eine wesentliche Grundlage dar, um
bewerten und priorisieren zu können. Die Zielstruktur ist eine wesentliche
Voraussetzung für die strategische Informationsplanung. [9]

---

[9] D. HIEKE, Strategische Informationsplanung (SIP) in der Praxis,
     a. a. O., S. 71

Das Landessystemkonzept Baden-Württemberg, in dessen Gesamtrahmen das Umweltinformationssystem als Einzelzenario entwickelt worden ist, stellt solch einen Ansatz der strategischen Informationsplanung dar. Wie die nachfolgende Übersicht der Ziele des Landessystemkonzepts zeigt, wird insbesondere dem Ziel der Technologieförderung auch in der Verwaltung ein hohes Gewicht eingeräumt. [10]

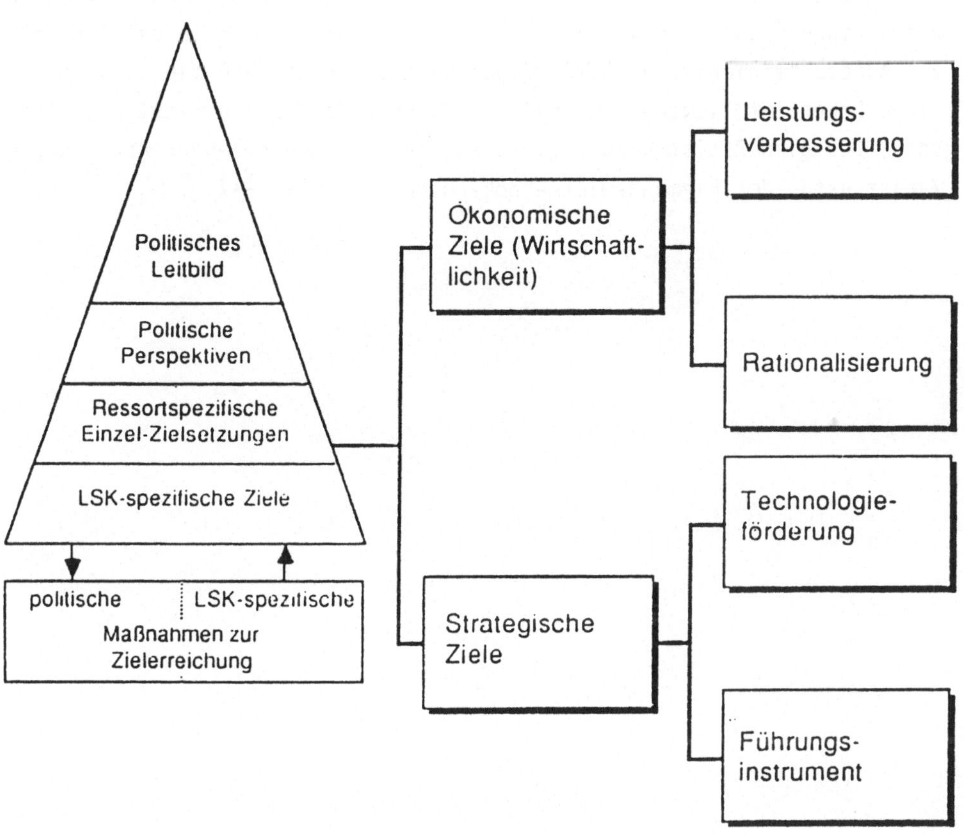

Abb. 5: Die Ziele des Landessystemkonzepts Baden-Württemberg

10)   Arbeitsgemeinschaft DIEBOLD - DORNIER - IKOSS, Erstellung eines Landessystemkonzeptes, a. a. O., S. 7

3. Das System der Verwaltungsziele als Strukturierungsmodell für ein Informationsmanagement in der öffentlichen Verwaltung

---

Da die Zielstruktur die wesentliche Vorausetzung für die strategische Informationsplanung gefordert wird, soll zunächst untersucht werden, ob die Zielstruktur der Verwaltung allgemein und der Umweltschutzverwaltung speziell hinreichend klar zu fixieren ist. Ein Seitenblick in die Arbeiten zum Aufbau betrieblicher Informationssysteme zeigt, daß die Zielstruktur einen hohen intellektuellen Analyseaufwand erforderlich macht. Als Beispiel für eine Zielstrukturanalyse ist in der nachstehenden Abbildung die Zielstruktur der Firma Hewlett-Packard dargestellt. [11]

---

[11] G. DEISS, Expedition ins Innere der Systeme, a. a. O., S. 104

Abb. 6: Das Netzwerk der Zielsetzungen bei der Hewlett Packard GmbH

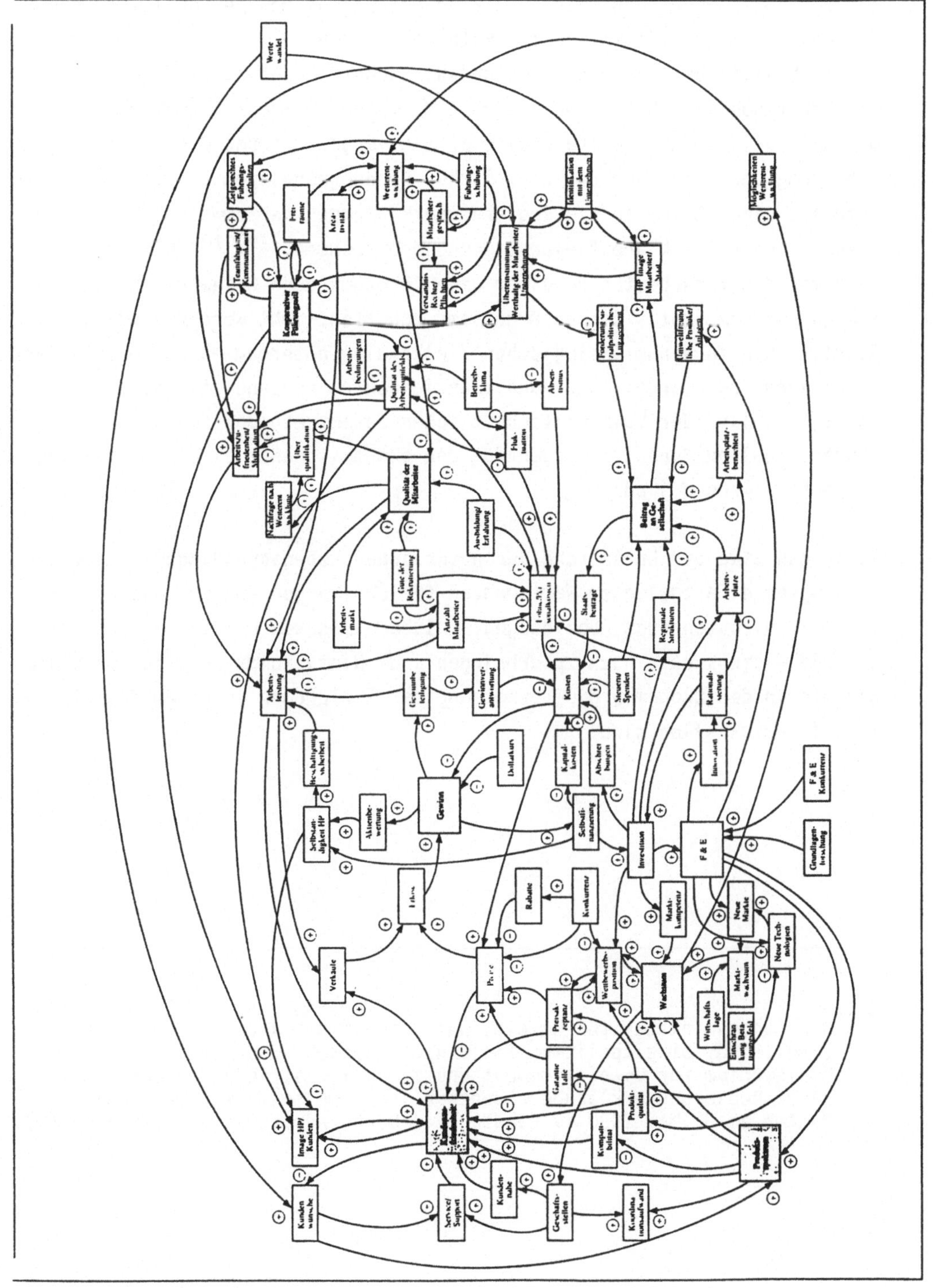

Die Verwaltung, insbesondere dann, wenn sie für die Politik globale Zusammenhänge mit aggregierten Größen darzustellen hat, kann mit "gröberen" Zielkatalogen operieren. Ein gedanklicher Ausflug von der Ökologie in die Ökologie zeigt, daß etwa der Zielkatalog, wie ihn das Gesetz zur Förderung der Stabilität und des Wachstums der Wirtschaft enthält, mit vier wirtschaftspolitischen Globalzielen ("Magisches Viereck") auskommt. Gleiches gilt nicht für die Ökologie. Ein vergleichbares Gesetz zur Erhaltung und Förderung der natürlichen Lebensgrundlagen existiert nicht. Auch aus einem Blick in die Regierungserklärungen der Umweltminister lassen sich keine klare Zielbestimmungen entnehmen. [12] [13] Gleichwohl sind mit den Vorarbeiten zu einer umweltökonomischen Gesamtrechnung, wie sie jüngst vom Statistischen Bundesamt veröffentlicht worden sind, erste Schritte hin zu einem ökologischen Zielkatalog unternommen worden. Es darf nicht vergessen werden, daß rund zwanzig Jahre ins Land gingen, bis mit der Entwicklung der Volkswirtschaftlichen Gesamtrechnung die konzeptionellen Voraussetzungen für den ökonomischen Zielkatalogisierung geschaffen worden sind.

Würde man etwa die Enthaltung der natürlichen Lebensgrundlagen an dem Erfüllungsgrad festgelegter Wertgrenzen für Öko-Margen messen, dann vermitteln die nachstehenden Abbildungen, welcher immensen Leistungen von Politik und Wissenschaft noch zu erbringen snd. Hinzu kommt, daß in der Ökologie wie in der Ökonomie die Vernetzung der Zielgrößen in einem Kreislaufmodell darzustellen sind.

---

[12] Der Bundesminister für Umwelt, Naturschutz und Reaktorsicherheit, Umwelt '90, Umweltpolitik, Ziele und Lösungen, Bonn 1990
[13] Ministerium für Umwelt, Umweltschutz, im Industrieland Baden-Württemberg: Regierungserklärung abgegeben von Umweltminister Dr. Erwin Vetter am 9. Mai 1990 im Landtag von Baden-Württemberg, Stuttgart 1990

Abb. 7: Gesamtwirtschaftliche Öko-Margen [14]

Bestandsgrößen, -veränderungen / Umweltfelder	Ressourcenverbrauch	Immissionen	Emissionen	Nutzungen	Insgesamt
Lage am Beginn der Berichtsperiode - Öko-Marge	(Anfangsbestand)	Immissionszustand (Stoffkonzentration)	–	(Nutzungszustand)	–
Belastungsvorgänge abzüglich:	Abbau/Verbrauch	Deposition (als Differenz ermittelt)	Emission (gemessen oder modellmäßig bestimmt)	Belastungen (Nutzungsänderungen und -verlust tatsächlich und optional)	Öko-Marge insgesamt
Entlastungsvorgänge	Regeneration Forschungsaufwendungen für Substitution und Schonung der Ressourcen	Regeneration, Sanierungsaufwendungen	Aufwendungen zur Entsorgung (nachrichtlich auch: Aufwendungen zur Emissionsminderung)	Regeneration, Sanierungen	
= Lage am Ende der Berichtsperiode	(Endbestand)	Immissionszustand	–	(Nutzungszustand)	–
Bewertung in DM im Rahmen der UGR vorgesehen	Öko-Marge zu Marktpreisen/ Einfuhrpreisen. Bewertung von Beständen nur, soweit Informationen vorhanden	Bewertung der Deposition bzw. der Immissionen zu Reproduktionskosten	Bewertung der Emissionen zu Schadensvermeidungskosten	–	–

Abb. 8: Wasserbelastungen, Relevante Parometer [15]

Synopse der Parameter, die nach Expertenempfehlungen in verschiedenen Wassermeßprogrammen nachgewiesen werden sollen. Je nach Wassertyp (Trinkwasser, Grundwasser, Fließgewässer, Seen, Hohe See,
Abwasser) wird dabei eine unterschiedliche Auswahl der relevanten Stoffe getroffen

1 Allgemeine physikalische Gütemerkmale	**3 Organische Substanzen**

1   Allgemeine physikalische Gütemerkmale
      - Abfluß
      - Temperatur
      - Sauerstoffgehalt
      - Sauerstoffsättigung
      - pH-Wert
      - elektr. Leitfähigkeit
      - Trübung
      - Geruch
      - Färbung

2   Anorganische Substanzen

2.1   Salze, Ione
      - Chlorid
      - Cyanid
      - Fluorid
      - Nitrat
      - Nitrit
      - Phosphate
      - Sulfat
      - Sulfid
      - Ammonium
      - Bor
      - Calcium
      - Hydrogencarbonat
      - Kalium
      - Magnesium
      - Natrium

2.2   Eutrophierende Stoffe
      - Phosphate, gesamt
      - Orthophosphatphosphor
      - Stickstoff (N), gesamt
      - Ammonium-N
      - Nitrat-N
      - Nitrit-N

2.3   Schwermetalle
      - Beryllium
      - Blei
      - Cadmium
      - Chrom
      - Eisen
      - Kobalt
      - Kupfer
      - Mangan
      - Nickel
      - Quecksilber
      - Zink
      - Zinn

2.4   Leicht- und Halbmetalle
      - Aluminium
      - Arsen
      - Barium
      - Calcium
      - Kalium
      - Magnesium
      - Natrium
      - Selen

3   Organische Substanzen

3.1   Org. Summenparameter
      - BSB_5^+
      - CSB^+
      - DOC^+
      - TOC^+

3.2   aromatische Kohlenwasserstoffe
      - BTX^+
        z.T. Einzelnachweis:
        Benzol
        Toluol
        Xylol
      - polycyclische aromatische Kohlenw.
        z.T. problemorientierte Einzelstoff-
        analytik:
        Benzo(a)pyren
        Benzo(e)pyren
        Benzo(a)anthracen u.a.
      - Phenole
      - Benzine
      - Öle

3.3   organische Halogene
      - adsorbierbare org. Halogene
      - extrahierbare org. Halogene
      - Dichlormethan
      - Trichlormethan
      - Tetrachlormethan
      - Trichlorethan
      - Trichlorethen (Tri)
      - Tetrachlorethen (PER)
      - Dichlorethen
      - Vinylchlorid

3.4   PCB, gesamt$^+$
      (ggf. auch Einzelnachweis)

3.5   Halogenphenole
      - Chlorphenol

3.6   Pestizide
      - Pestizide, gesamt$^+$
        (ggf. Einzelstoffnachweis, wie z.B.
        Atrazin, Hexachlorcyclohexan, DDT)

3.7   Tenside
      - Anionische Tenside
      - Nichtionische Tenside

4   Biologische Untersuchung
      - Koloniezahl
      - coliforme Keime
      - Biotest

5   Radioaktivität
      - Gesamt
      - Cäsium
      - Strontium
      - Tritium

Abkürzungen: BSB_5 - Biologischer Sauerstoffbedarf in 5 Tagen ; CSB - chemischer Sauerstoffbedarf ;
            DDT - Dichlordiphenyl-Trichlorethan ; DOC - gelöster organischer Kohlenstoff ;
            PCB - polychlorierte Biphenyle ; TOC - gesamter organischer Kohlenstoff;
            + - Summenparameter

---

[14] Statistisches Bundesamt: Mitteilung für die Presse vom 18. Juli 1990,
Nr. 8, Übersicht 12

[15] Statistisches Bundesamt: Mitteilungen für die Presse vom 18. Juli
1990, Nr. 8, Übersicht 7

Der Stand der umweltpolitischen Zielanalyse ist daher noch nicht ausreichend, um eine Zielstrukturanalyse zum Strukturierungsmodell eines (Umwelt-) Informationsmanagements zu wählen. Erschwerend kommt hinzu, daß es oft an der nachvollziehbaren Umsetzung politischer Zielsetzungen im Verwaltungshandeln fehlt. [16]

4. Die Organisationsanalyse als Strukturierungsmodell für ein Informationsmanagement in der öffentlichen Verwaltung

---

Auch die klassische Lehre der Verwaltungsorganisation bietet als Strukturierungsmodell wenig Unterstützung. Mittlerweile hat sich auch in der Verwaltung die Erkenntnis durchgesetzt, daß neuartige Aufgaben neue Organisationsstrukturen und Führungsstrukturen erforderlich machen. [17] REINERMANN geht sogar so weit, die Informationstechnik zum Katalysator für die Verwaltungsreform zu machen. [18]

---

16) Diebold Management Report: Diebold Management Report Nr. 1, 1990, S. 12
17) Bericht der Kommkission Neue Führungsstruktur Baden-Württemberg, Neue Führungsstruktur Baden-Württemberg, Band I: Leitbilder und Vorschläge, Juli 1985

So schreibt er "eine hybride Technikunterstützung des Verwaltungshandelns
setzt jedoch die Schaffung einer entsprechenden Aufbau- und Ablauforgani-
sation (...) geänderte Geschäfts- und Dienstordnungen (...) sowie Führungs-
methoden (...) voraus." [19]

REINERMANN ist selbst Kenner der Verwaltung genug, um nicht die Hemmnisse
anzuerkennen, die - wenn auch einzeln in ihrer negativen Wirkung durchaus
rational begründbar - nachhaltige Organisationsanpassungen verhindern.
Aber auch eine andere Überlegung läßt den Schluß zu, die Organisationsana-
lyse als Strukturierungsmodell für das Informatiosmanagement zu verwerfen.
Die Notwendigkeit der Verwaltung, auf große wie kleine Änderungen reagieren zu können, erfordert Informationssysteme, die von klassischen Organi-
sationsüberlegungen weitgehend unabhängig sind. In der amerikanischen Man-
agementliteratur wird daher die Bürokratie, d. h. der formalen Organisa-
tionsstruktur, die "Adhocratie", das Konzept der flexiblen Organisation
gegenübergestellt. Adhocratie bezeichnet die organisatorischen Regelungen,
die es ermöglichen, neue Fragestellungen aufzunehmen und zu behandeln. [20]
Um in einer sich rasch wandelnden Welt nicht von einer Organisationsreform
in die andere zu fallen, bedeutet dies für die Verwaltung eine Informa-
tionsmodellierung die von der Ausführungsebene weitgehend unabhängig ist.

---

[18] H. REINERMANN, Verwaltungsreform mittels Infirmationstechnik,
a. a. O., S. 5 ff.
[19] H. REINERMANN, Verwaltungsreform mittels Informationstechnik,
a. a. O., S. 8
[20] T. J. PETERS, R. H. WATERMANN jun.: Auf der Suche nach
Spitzenleistungen, a. a. O., S. 151

5. Die Aufgabenanalyse als Strukturierungsmodell für ein Informationsmanagement in der öffentlichen Verwaltung

---

Die Schlußfolgerung für den Aufbau des Umweltinformationssystems Baden-Württemberg (UIS) war somit, die Aufgabenanalyse als Strukturierungsmodell heranzuziehen. Das Umweltinformationssystem Baden-Württemberg ist daher der aufgabenorientierte, informationstechnische und organisatorische Rahmen für die Bereitstellung von Umweltdaten und die Bearbeitung von fachbezogenen und fachübergreifenden Aufgaben im Umweltbereich in der Landesverwaltung Baden-Württemberg. [21]

Aus der Analyse der Erfüllungsgrade von Umweltaufgaben wurde - in Aufgabenblöcken - der Verbesserungsbedarf ermittelt.

---

[21] R. MAYER-FÖLL: Konzeption des ressortübergreifenden Umweltinformationssystems Baden-Württemberg, a. a. O., S. 178

Abb. 9: Beurteilung des heutigen Erfüllungsgrades von Umweltaufgaben [22]

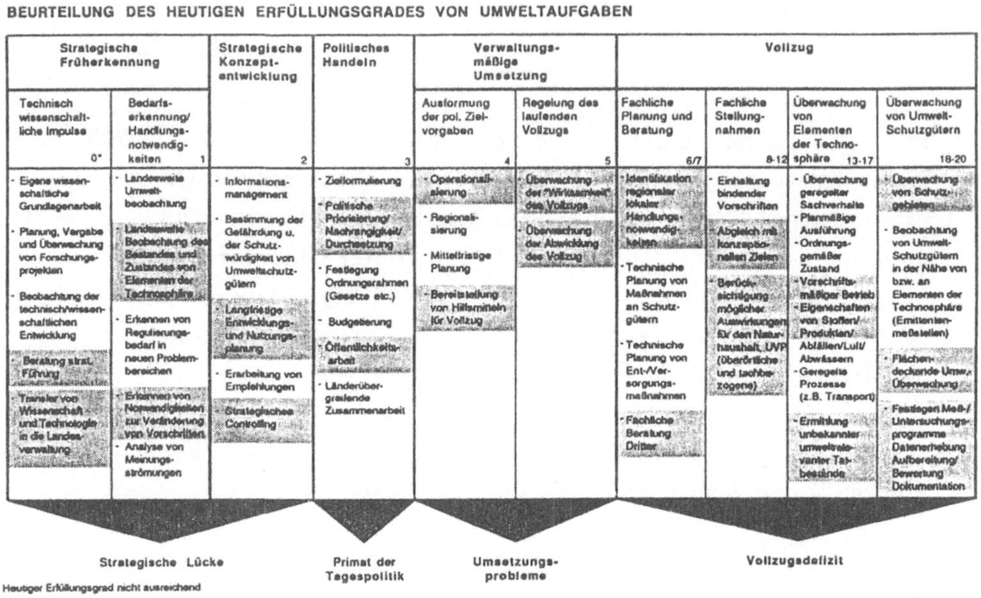

BEURTEILUNG DES HEUTIGEN ERFÜLLUNGSGRADES VON UMWELTAUFGABEN

Strategische Früherkennung		Strategische Konzeptentwicklung	Politisches Handeln	Verwaltungsmäßige Umsetzung		Vollzug			
Technisch wissenschaftliche Impulse 0*	Bedarfserkennung/ Handlungsnotwendigkeiten 1	2	3	Ausformung der pol. Zielvorgaben 4	Regelung des laufenden Vollzugs 5	Fachliche Planung und Beratung 6/7	Fachliche Stellungnahmen 8-12	Überwachung von Elementen der Technosphäre 13-17	Überwachung von Umwelt-Schutzgütern 18-20
- Eigene wissenschaftliche Grundlagenarbeit - Planung, Vergabe und Überwachung von Forschungsprojekten - Beobachtung der technisch/wissenschaftlichen Entwicklung - Beratung strat. Führung - Transfer von Wissenschaft und Technologie in die Landesverwaltung	- Landesweite Umweltbeobachtung - Landesweite Beobachtung des Bestandes und Zustandes von Elementen der Technosphäre - Erkennen von Regulierungsbedarf in neuen Problembereichen - Erkennen von Notwendigkeiten zur Veränderung von Vorschriften - Analyse von Meinungsströmungen	- Informationsmanagement - Bestimmung der Gefährdung u. der Schutzwürdigkeit von Umweltschutzgütern - Langfristige Entwicklungs- und Nutzungsplanung - Erarbeitung von Empfehlungen - Strategisches Controlling	- Zielformulierung - Politische Priorisierung/ Nachrangigkeit/ Durchsetzung - Festlegung Ordnungsrahmen (Gesetze etc.) - Budgetierung - Öffentlichkeitsarbeit - Länderübergreifende Zusammenarbeit	- Operationalisierung - Regionalisierung - Mittelfristige Planung - Bereitstellung von Hilfsmitteln für Vollzug	- Überwachung der "Wirksamkeit" des Vollzugs - Überwachung der Abwicklung des Vollzug	- Identifikation regionaler/ lokaler Handlungsnotwendigkeiten - Technische Planung von Maßnahmen an Schutzgütern - Technische Planung von Ent-/Versorgungsmaßnahmen - Fachliche Beratung Dritter	- Einhaltung bindender Vorschriften - Abgleich mit konzeptionellen Zielen - Berücksichtigung möglicher Auswirkungen für den Naturhaushalt, UVP (überörtliche und fachbezogene)	- Überwachung geregelter Sachverhalte - Planmäßige Ausführung - Ordnungsgemäßer Zustand - Vorschriftsmäßiger Betrieb - Eigenschaften von Stoffen/ Produkten/ Abfällen/Luft/ Abwässern - Geregelte Prozesse (z.B. Transport) - Ermittlung unbekannter umweltrelevanter Tatbestände	- Überwachung von Schutzgebieten - Beobachtung von Umwelt-Schutzgütern in der Nähe von bzw. an Elementen der Technosphäre (Emittenten-meßstellen) - Flächendeckende Umw.-Überwachung - Festlegen Meß-/ Untersuchungsprogramme Datenerhebung Aufbereitung/ Bewertung Dokumentation
Strategische Lücke		Primat der Tagespolitik		Umsetzungsprobleme		Vollzugsdefizit			

Heutiger Erfüllungsgrad nicht ausreichend

Quelle: McKinsey UIS-Projekt

---

[22] McKinsey: Konzeption des ressortübergreifenden Umweltinformationssystems (UIS), Phase I, Band 2, a. a. O., Schaubild 34

Abb. 10: Systemunterstützung von Umweltaufgaben [23]

	Strategische Früherkennung		Strategische Konzeptentwicklung	Politisches Handeln	Verwaltungsmäßige Umsetzung		Vollzug			
	Technisch wissenschaftliche Impulse 0*	Bedarfserkennung/ Handlungsnotwendigkeiten 1	 2	 3	Auslormung der politischen Zielvorgaben 4	Regelung des laufenden Vollzugs 5	Fachliche Planung und Beratung 6/7	Fachliche Stellungnahmen 8-12	Überwachung von Elementen der Technosphäre 13-17	Überwachung von Umwelt-Schutzgütern 18-20
Aufgaben	- Eigene wiss. Grundlagenarbeit - Planung, Vergabe und Überwachung von Forschungsprojekten - Beobachtung der technisch-wissenschaftlichen Entwicklung - Beratung strat. Führung - Transfer von Wiss. und Technologie in die Landesverwaltung	- Landesweite Umweltbeobachtung - Landesweite Beobachtung des Bestandes und Zustandes von Elementen der Technosphäre - Erkennen von Regulierungsbedarf in neuen Problembereichen - Erkennen von Notwendigkeiten zur Veränderung von Vorschriften - Analyse von Meinungsströmungen	- Informationsmanagement - Bestimmung der Gefährdung u. der Schutzwürdigkeit von Ressourcen - Langfristige Entwicklungs- und Nutzungsplanung - Erarbeitung von Empfehlungen - Strategisches Controlling	- Zielformulierung - Politische Priorisierung/ Nachrangigkeit/ Durchsetzung - Festlegung Ordnungsrahmen (Gesetze etc.) - Budgetierung - Öffentlichkeitsarbeit - Länderübergreifende Zusammenarbeit	- Operationalisierung - Regionalisierung - Mittelfristige Planung - Bereitstellung von Hilfsmitteln für Vollzug	- Überwachung der "Wirksamkeit" des Vollzugs - Überwachung der Abwicklung des Vollzugs	- Identifikation regionaler lokaler Handlungsnotwendigkeiten - Technische Planung von Maßnahmen an Ressourcen - Technische Planung von Ent-/Versorgungsmaßnahmen Fachliche Beratung Dritter	- Einhaltung bindender Vorschriften - Abgleich mit konzeptionellen Zielen - Berücksichtigung möglicher Auswirkungen für den Naturhaushalt, UVP (überörtliche und fachbezogene)	- Überwachung geregelter Sachverhalte - Planmäßige Ausführung - Ordnungsgemäßer Zustand - Vorschriftsmäßiger Betrieb - Eigenschaften von Stoffen/ Produkten/ Abfällen/Luft/ Abwässern Geregelte Prozesse (z.B. Transport) - Ermittlung unbekannter umweltrelevanter Tatbestände	- Überwachung von Schutzgebieten - Beobachtung von Umwelt-Ressourcen in der Nähe von bzw. an Elementen der Technosphäre (Emittenten/mefistellen) - Flächendeckende Umwelt-Überwachung - Festlegen Meß-/ Untersuchungsprogramme - Datenerhebung Aufbereitung/ - Bewertung - Dokumentation
Haupterfolgsfaktoren	- Informationsbasis (aus Technologie u. Forschung) - Fachkapazitäten - "Internes Marketing"	- Informationsbasis - (Umweltzustand/ - Technosphäre) - Rückkopplung aus Vollzug und Umsetzung - Gute Risikobewertung/ Problemeinschätzung	- Informationsbasis (Bestand/ Zustand in Umwelt u. Technosphäre) - Übersicht über Umsetzungs- u. Ausschöpfungsgrad von Regelungen - Erkennung und Konzentration auf die Hauptgefährdungspotentiale für die Umwelt - Effektivitäts- u. Effizienzüberwachung	- Eindeutige klare Aussagen über Ziele u. Prioritäten - Konzentration der Einsatzmittel - Kenntnis Öffentlichkeitsrelevanter Themen/Vorgänge	- Gute Übersicht über Bestände u. Zustände (Umwelt und Technosphäre) - Zuschnitt der Umsetzung auf Zielgruppen und Regionen - Klare Definition von Handlungsspielräumen	- Effektivitätsüberwachung - Effizienzüberwachung	- Technische Aktualität - Lokale/ sektorale Übersicht - Branchenkenntnis - Marketing	- Kenntnis der zu Tatbeständen gehörigen Vorschriften - Rückschlüsse von bestimmten Tatbeständen auf verknüpfte Tatbestände - Technische Aktualität - Erkennen aller möglichen Implikationen/ Auswirkungen	- Überwachungsvorbereitung/ - Dokumentation der Sollbestände - Erfahrungsaustausch - Transparenz der Technosphäre	- Nutzung aller verwendbaren Datenquellen - Repräsentativität/ Vergleichbarkeit - Kommunikationsfähigkeit/ Weiterverarbeitungsfähigkeit

* Vergleiche allgemeine Aufgabenstruktur im Anhang
Quelle: McKinsey UIS-Projekt

Durch Systeme gut unterstützbar — Durch Systeme bedingt unterstützbar — Übrige Aufgaben und Haupterfolgsfaktoren durch Systeme kaum unterstützbar

[23] McKinsey: Konzeption des ressortübergreifenden Umweltinformationssystems (UIS), Phase I, Band 2, a. a. O., Schaubild 35

Dadurch wurde analysiert, welche Aufgaben bzw. welche Aufgabengruppen durch Systeme unterstützt werden können und welche nicht (Abb. 10). Ergebnis dieser aufgabenorientierten Systemanalyse war, daß zu einer breiten Unterstützung von Umweltaufgaben eine Vielzahl unterschiedlicher Systemarten benötigt werden (Abb. 11).

	Strategische Früherkennung	Strategische Konzeptentwicklung	Politisches Handeln	Verwaltungsmäßige Umsetzung	Vollzug		
					Fachliche Planung	Stellungnahme	Überwachung
Erfassungsunterstützungssysteme/Meßsysteme	X	X			X		X
Vergleichssystem (Abweichungskontrolle)							X
Vorgangsabwicklungssysteme (Überwachungsvorbereitung/Protokollsysteme)							X
Bestandsverwaltungssystem						X	X
Vorgangsverfolgungssystem/Wiedervorlagensystem						X	X
Terminüberwachungssystem					X	X	X
Einfache statistische Auswertungsmodule	X	X		X	X	X	X
Komplexe Statistik	X	X					
Strategisches Planungssystem		X					X
Modellrechnungssysteme (Simulation, Ausbreitungsrechnung, Prognose, Sensitivitäten)	X	X		X			
						X	
Expertensysteme (Umweltverträglichkeitsprüfung, Entscheidungsunterstützungssysteme)	X			X			
Schematische Abbildungssysteme Kartographie Präsentationsgrafik	X	X		X	X	X	X
Tools (Engineering)					X		
Bestandsmanagement System für Einsatzmittel							X
Alarm-Clock-System (Hinweis auf Veränderungen)	X						X
Projektmanagement System	X						
Bürokommunikation	X	X	X	X	X	X	X

Quelle: McKinsey UIS-Projekt

Abb. 11: Gruppen UIS-relevanter Teilverfahren [24]

---

[24] McKinsey: Konzeption des ressortübergreifenden Umweltinformationssystems (UIS), Phase I, Band 2, a. a. O., Schaubild 36

Hier liegt nun die Schnittstelle, um Informationsverwaltung in der öffentlichen Verwaltung zu definieren als die (Umwelt-) aufgabenorientierte Integration von Daten und Funktionen mit dem Ziel, eine ganzheitliche Bearbeitung eines Verwaltungsprozesses über mehrere Teilinformationssysteme hinweg. Ein kurzer Sprung in die Wirtschaftsinformatik zeigt, daß diese
Konzeption eine Prozeßhierarchie des "Geschäftsprozesses" voraussetzt.

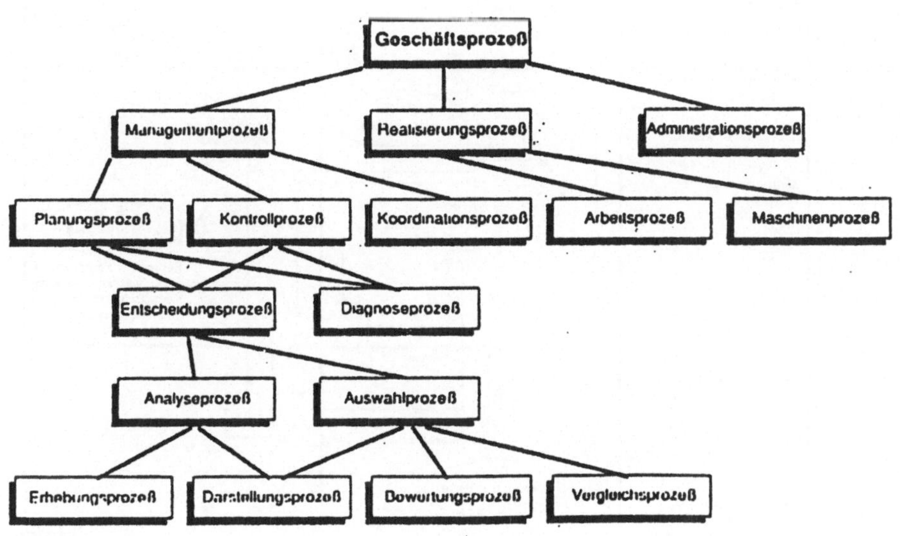

Abb. 12 Geschäftsprozeßhierarchie [25]

---

25) J. KLEIN: Vom Informationsmodell zum integrierten Informationssystem,
    a. a. O., S. 12

Das Prozeßmodell läßt unmittelbar eine Übertragung auf Prozesse in der
Umweltschutzverwaltung zu. Von Informationsmanagement soll damit dann die
Rede sein, wenn in der ganzheitlichen Bearbeitung des Verwaltungsprozesses
zwischen strategischen und operativen Aufgaben unterschieden wird, d. h.
daß ein vernetztes System strategischer und operativer Ziele existiert.

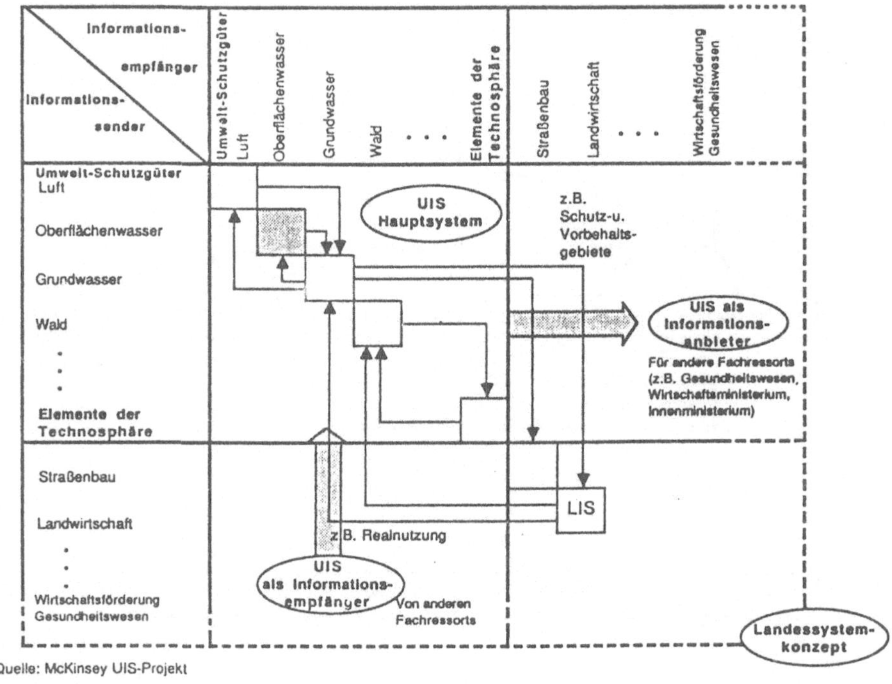

Abb. 13: Das UIS-Hauptsystem und Teilsysteme 26)

---

26) McKinsey: Konzeption des ressortübergreifenden Umweltinformationssystems (UIS), Phase I, Band 2, a. a. O., Schaubild 36

Ausgangspunkt für die Informationsverwaltung und das Informationsmanagement im Umweltinformationssystem Baden-Württemberg ist somit das nachfolgende dreidimensionale Informationsmodell:

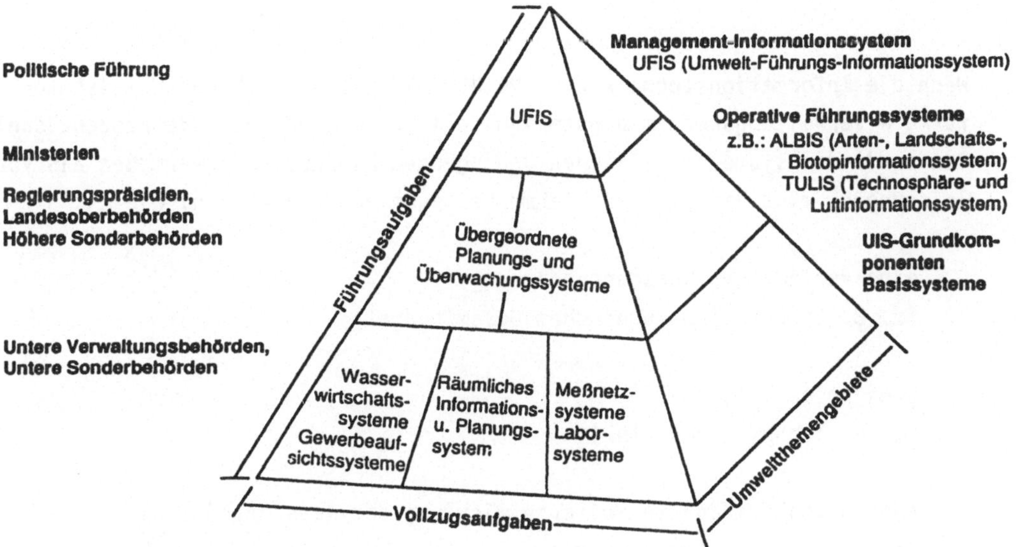

Quelle: Umweltministerium/McKinsey UIS-Projekt, Phase IV

Abb. 14: Die UIS-Rahmenkonzeption 27)

---

27) McKinsey: Konzeption des ressortübergreifenden Umweltinformationssystems (UIS), Phase IV, Band 8, a. a. O., Schaubild 3

6. Rahmenbedingungen für ein Informationsmanagement in der öffentlichen
   Verwaltung

Wenn die Informationstechnik nach REINERMANN tatsächlich der Katalysator
für die Verwaltungsreform darstellen soll, dann sind über die konzeptionellen sowie die systemspezifischen Bedingungen hinaus, gewissermaßen als Vor-
leistungen, eine Vielzahl von Rahmenbedingungen zu erfüllen, wie

- eine verläßliche Ressourcenplanung,
  (z. B. Informationstecnisches Gesamtbudget);

- geeignetes Personal
  (z. B. Technikerlaufbahn);

- eine aufgabenadäquate Weiterentwicklung des Ressortprinzips
  (z. B. Landessystemkonzept);

- eine Technologiestrategie für die IuK-Verfahren
  (z. B. Standards und Regeln);

- eine mittelfristige Perspektivplanung
  (z. B. Ressortplan und ressortübergreifender Plan).

7. Konstituierende Elemente des Informationsmanagements in der öffentlichen Verwaltung

Es wurde bereits deutlich, daß

- die Aufgabenanalyse,

- die Zielstrukturanalyse,

- das Hierarchie-Modell des Verwaltungsprozesses

zu den konstituierenden Elementen von Informationsverwaltung und Informationsmanagement gehören.

Ausgangspunkt jeder Informationsverwaltung ist die Entwicklung einer Datenmanagementkonzeption.

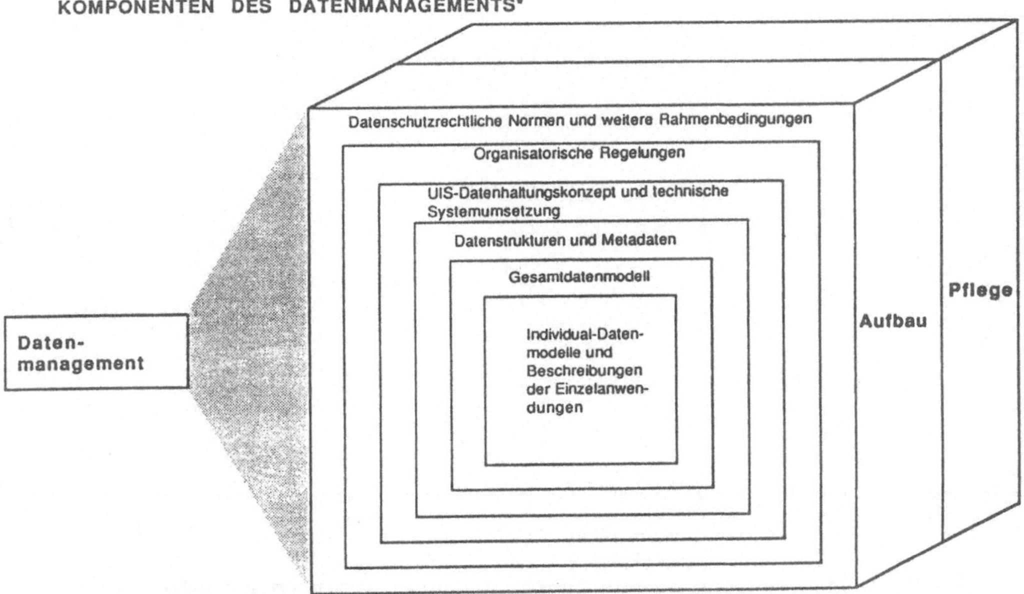

Abb. 15 Komponenten des Datenmanagements [28]

Um für das Informationsmanagement dauerhaft Nutzen zu gewährleisten, müssen nicht nur im Informationsmodell des Umweltinformationssystems selbst, sondern mit Blick auf die Zielsetzung des Landessystemkonzepts allgemein gültige Regeln und Standards gesetzt werden.

---

28) McKinsey: Konzeption des ressortübergreifenden Umweltinformationssystems (UIS), Phase V, Band 11, a. a. O., Schaubild 80

Schritte / Anforderungen	① Individual-Datenmodelle	② Gesamt-daten-modell	③ Daten-strukturen und Metadaten	④ Daten-haltungs-konzept und Technik	⑤ Organi-satorische Regelungen	⑥ Datenschutz und Rahmenbe-dingungen
Transparenz	Detaillierte Erhebung und einheitliche Beschreibung der Nutzersichten	Berücksichtigung übergreifender Elemente im Gesamtdiagramm	Dokumentations-mittel			Durch Beachtung
Daten-zugreif-barkeit				Abwägung von Konsistenz, Aktualität, Geschwindigkeit	Sicherstellung eines organisatorischen Zugriffs	UIS-externer Regeln
Verknüpf-barkeit		Abstimmung übergreifender Elemente			Koordinierung gemeinsamer Schlüssellisten	und Standards Kommunikations-
Daten-qualität	Bereinigung von Unstimmigkeiten innerhalb der Einzelmodelle	Bereinigung von Unstimmig-keiten zwischen Einzelmodellen	Kontroll-instanz bei Änderungen	Abwägung von Konsistenz, Aktualität, Geschwindigkeit	Änderungs-regeln zur Erhaltung der Konsistenz	fähigkeit mit Außenwelt

Quelle: Umweltministerium Baden-Württemberg/McKinsey UIS-Projekt, Phase V

Abb. 16: Datenbankmanagement und Informationsmanagement [29]

---

[29] McKinsey: Konzeption des ressortübergreifenden Umweltinformations-systems (UIS), Phase V, Band 11, a. a. O., Schaubild 83

8. Eine neue Dimension der Informationsmanagementsysteme: Offene Systeme

Die strategische Planung des Informationsmanagements ist ein dynamischer Prozeß, der sich grob in fünf Phasen einteilen läßt: [30]

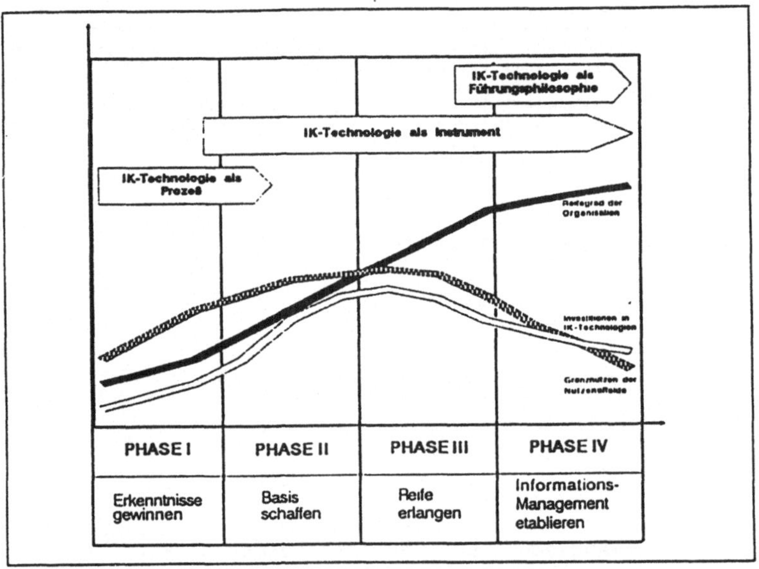

Abb. 17: Entwicklungsphasen des Informationsmanagements [30]

[30] A. PREIS: Strategische Ausrichtung des Informationsmanagements, a. a. O., S. 20

Für die meisten Umweltinformationssysteme in den Umweltschutzverwaltungen
der Bundesrepublik Deutschland gilt die Feststellung, daß sich die System-
planung in der Phase II ("Basis schaffen") befindet.

Das Umweltinformationssystem Baden-Württemberg hat sich zum Ziel gesetzt,
den qualitativen Sprung von Phase II zu Phase III zu vollziehen. Durch den
Vorschlag der EG-Kommission für eine Richtlinie über den freien Zugang zu
Informationen über die Umwelt vom Frühjahr 1990 sind die Umweltschutzverwaltungen aller Länder der Gemeinschaft aufgefordert, ihre Umweltinformationssysteme zu offenen Systemen zu entwickeln. [31] Mittlerweile hat diese
Forderung auch als eigenes Ziel in die Programme der Umweltpolitik Einzug
gehalten. [32] Die Verwaltung hat neben ihrer internen Aufgabe, Informationen zu erfassen, zu interpretieren und zweckmäßig für Verwaltungsentschei-
dungen aufzubereiten, verstärkt ihre externe, Dienstleistungsaufgabe zu erfüllen. Im Sinne unserer konstituierenden Elemente eines Informationsmanagements bedeutet dies eine erweiterte Aufgaben- und Zielstrukturanalyse. Es wird wohl auch eine erweiterte Betrachtung des Nutzens des Datenmanagements zum Informationsmanagement erforderlich machen. Zwangsläufig
wird man zu einer Neubewertung der Anforderungsziele Transparenz, Datenzu-
greifbarkeit, Verknüpfbarkeit und Datenqualität kommen müssen. Um nicht an
unauflösbaren Konflikten in der Zielstruktur des Informationsmanage-
mentsystems durch die Aufnahme externer Ziele zu scheitern, wurde im Umweltinformationssystem Baden-Württemberg bereits in der Konzeptionsphase
vorgesehen, das Landesinformationssystem (LIS) als eigenständiges Informationssystem für die Informations- bzw. -bedürfnisse der Bürger zu entwickeln.

---

[31] Kommission der Europäischen Gemeinschaften, Proposal for a
Council Directive on the freedom of access to information on the
environment, March 1990.
[32] Financial Times vom 26. September 1990, S. 10

Literaturverzeichnis

Arbeitsgemeinschaft DIEBOLD-
DORNIER-IKOSS

Erstellung eines Landessystemkonzepts
für einen rationellen und wirtschaftlichen
Einsatz der Informations- und Kommunikationstechniken in der öffentlichen Verwaltung des
Landes Baden-Württemberg, Endbericht, Dezember 1984

Jürgen BARTLOMIEJ

Informationstechnik kontra Verwaltungsstruk-
turen, Teil 1, in: on line, Heft 1, 1989,
S. 64 - 69

Jürgen BARTLOMIEJ

Informationstechnik kontra Verwaltungsstruk-
turen, Teil 2, in: on line, Heft 2, 1989,
S. 62 - 65

Hans-Jörg BEHA,
Hans-Dieter HUY

Strategische Planung der Informationsverarbeitung als Komponente der Unternehmens-
planung, in: Theorie und Praxis der Wirtschaftsinformatik, Heft 54, 27. Jahrgang,
Juli 1990, S. 61 - 69

Gert DEISS   Expedition ins Innere der Systeme, in: Managementwissen, Juni
1989, S. 99

Der Bundesminister für   Bericht der Bundesregierung an den
besondere Aufgaben   Deutschen Bundestag über eine mögliche
Beteiligung deutscher Firmen an einer
C-Waffen-Produktion in Libyen, Bundestags-
drucksache Nr. 11/3995 vom 15.02.1989

Der Bundesminister für   Zukunftskonzept Informationstechnik,
Forschung und Technologie   Bundesratsdrucksache 586/89 vom 19.10.1989

Der Bundesminister für   Umwelt'90, Umweltpolitik: Ziele und
Umwelt, Naturschutz und   Lösungen, Bonn 1990
Reaktorsicherheit

Der Bundesminister für   Umweltinformationen und Umweltinforma-
Umwelt, Naturschutz und   tionssysteme, in: Umweltbericht 90,
Reaktorsicherheit   Bundesanzeiger vom 07.08.1990, S. 56/57

Der Bundesminister für   Jahresgutachten 1989/90 des
Wirtschaft   Sachverständigenamtes zur Begutachtung der
gesamtwirtschaftlichen Entwicklung, Bundesratsdrucksache 11/5786 vom 23.11.1989

Der Bundesminister für   Jahreswirtschaftsbericht 1990 der
Wirtschaft   Bundesregierung, Bundesratsdrucksache 54/90
vom 22.01.1990

Diebold Management Report   Behörden sind auch nur Betriebe, in: Diebold
Management Report, Nr. 1, 1990, S. 11 - 16

Diebold Management Report   EIS: Glasnost für die Chefetage, in: Diebold
Management Report, Nr. 2, 1990, S. 14 - 20

Martin DORNER   Verstaubt oder vernetzt - Informationsmanagement in Ämtern, Behörden, Ministerien, in:
Computer Magazin, Heft 4, 1988, S. 19 - 21

Kommission der Europäischen
Gemeinschaften

Proposal for a Council Directive on the
freedom of access to information on the environment, March 1990

Almuth FISCHER

Vom Daten-Eintopf zur Information á la car-
te, Teil 1, in: on line, Heft 7, 1989,
S. 42 - 46

GID-/GMD-Newslatter

Praxis des Information Management in U.S. Behörden, Heft 3 - 4, Jahrgang 3, 1987

Joachim GRIESE,
Friedhelm RIEKE

Praktische Aspekte des Information
Managements, in: Information Management,
Heft 1, 1986, S. 22 - 25

Holly GUNNER,
Gary K. GULDEN

Partnerships between executives and
information professionals speed business
strategy execution, in: Information Management REVIEW, Volume 1, Number 4, 1986,
S. 11 - 23

Hans-Dietrich HAASIS,
Dieter HACKENBERG,
Roland HILLENBRAND,

Betriebliche Umweltinformationssysteme, in:
Information Management, Heft 4, 1989,
S. 46 - 53

Walter von HAHN

Mit der künstlichen Intelligenz zum Büro der
Zukunft - Das Büro als Arbeitsfeld für
KI-Anwendungen, in: Jahrbuch der Bürokommu-
nikation 1989, S. 158 - 163

Inge HENNING

Realsierung des Umweltinformationssystems Baden-Württemberg am Beispiel des Projektes Um-
welt-Führungs-Informationssytem (UFIS), in:
Informatik im Umweltschutz, 4. Symposium,
Karlsruhe, 6. - 8. November 1989, Proceedings, A. Jaeschke, W. Geiger, B. Page
(Hrsg.), Berlin-Heidelberg 1989, S. 90 - 202

Lutz J. HEINRICH,
Franz LEHNER

Entwicklung von Informatik-Strategien, in:
Theorie und Praxis der Wirtschafts-
informatik, Heft 154, 27. Jahrgang
Juli 1989, S. 3 -29

Dieter HIEKE

Strategische Informationsplanung (SIP) in der Praxis, in: Theorie und Praxis der Wirtschaftsinformatik, Heft 154, 27. Jahrgang, Juli 1990, S. 69 - 82

Bernhard HITPASS,
Eric ROTTEE

Strategische Informationsplanung, Teil 1, An erster Stelle steht das Unternehmensmodell, in: Computerwoche, Nr. 9, 2. März 1990, S. 16 - 18

Gernot JOERGER
Manfred GEPPER

Grundzüge der Verwaltungslehre, Stuttgart-Berlin-Köln-Mainz 1974

Joachim KLEIN

Vom Informationsmodell zum integrierten Informationssystem, in: Information Management, Heft 2, 1990, S. 5 - 16

Kommission Neue Führungs-struktur Baden-Württemberg

Bericht der Kommission Neue Führungs-struktur Baden-Württemberg, Band 1: Leitbilder und Vorschläge, Juli 1985

Hartmut KÜBLER

Organisation und Führung in Behörden, Band 1: Organisatorische Grundlagen, Dritte, völlig neu bearbeitete Auflage, Stuttgart-Berlin-Köln-Mainz 1974

Franz LEHNER,
Erhard GLÖTZL

Aufbau und Funktion eines Umweltinforma-tionssystems, in: Information Management, Heft 1, 1990, S. 40 - 47

Hans-Jürgen LEIB

Die Rolle des Benutzers, in: on line, Heft 7, 1987, S. 55 - 57

Klaus LENK

Die Bedeutung der Informationstechnik für die öffentliche Verwaltung, Vortrag im Rahmen für Führungskräfte des Niedersächsischen Ministers des Inneren, Hannover, August 1986

Rainer LUTZE,   Wissensbasierte Vorgangsbearbeitung in Büro-
Andreas KOHL   Perspektiven zukünftiger Bürokommunika-
tionssysteme, in: Jahrbuch der Bürokommunika-
tion 1989, S. 175 -180

Paul G. MACIEJEWSKI   Verändert die neue Bürotechnik die Ent-
scheidungsprozesse?, in: Office Management,
Nr. 3, 1987, S. 38 - 42

McKinsey & Company, Inc.   Konzeption des ressortübergreifenden Umweltinformationssystems (UIS) im Rahmen des Landessystemkonzeptes Baden-Württemberg, Phase
I: Bestandsaufnahme und inhaltliche Konzeption, Band 2: Schaubilder erstellt im Auftrag des Landes Baden-Württemberg vertreten
durch das Ministerium für Umwelt, Stuttgart
1988

Dieselbe   Konzeption des ressortübergreifenden Umweltinformationssystems (UIS) im Rahmen des Landessystemkonzeptes Baden-Württemberg,
Phase IV: Weiterentwicklung der Rahmenkonzeption, Band 7: Text, erstellt im Auftrag des
Landes Baden-Württemberg vertreten durch das
Ministerium für Umwelt, Stuttgart 1989

Dieselbe   Konzeption des ressortübergreifenden Umweltinformationssystems (UIS) im Rahmen des Landessystemkonzeptes Baden-Württemberg,
Phase V: Umsetzung der Rahmenkonzeption,
Band 10: Text, erstellt im Auftrag des Landes Baden-Württemberg vertreten durch das
Ministerium für Umwelt, Stuttgart 1990

Dieselbe	Konzeption des ressortübergreifenden Umwelt-informationssystems (UIS) im Rahmen des Landessystemkonzeptes Baden-Württemberg, Phase V: Umsetzung der Rahmenkonzeption, Band 11: Schaubilder, erstellt im Auftrag des Landes Baden-Württemberg, vertreten durch das Ministerium für Umwelt, Stuttgart 1990
Roland MAYER-FÖLL	Konzeption des ressortübergreifenden Umwelt-informationssystems Baden-Württemberg, in: Informatik im Umweltschutz, 4. Symposium, Karlsruhe, 6. - 8. November 1989, Proceedings, Berlin-Heidelberg 1989, S. 178 - 189.
Dieter MEYERSIEK	Rechtzeitig die Weichen stellen - Organisation für erfolgreiches Informationsmanagement, in: Frankfurter Allgemeine Zeitung, Nr. 67, 20. März 1990
Ehrhard MUNDHENKE	Informationsmanagement - in USA bereits Wirklichkeit (I), Vortragsmanuskript, ohne Jahr
MUMMERT + PARTNER Unternehmensberatung	Überprüfung der Organisation der Umweltschutzverwaltung Baden-Württemberg - ORGUS, Teilprojekt Wasserwirtschaft/Abfall/ Bodenschutz, Band I: Bericht, Band II: Anlagen, Stuttgart, Juli 1990
Ministerium für Umwelt	Zwischenbericht zum Projekt Überprüfung der Organisation der Umweltschutzverwaltung - ORGUS, Oktober 1989
Ministerium für Umwelt Baden-Württemberg (Hrsg.)	Umweltschutz im Industrieland Baden-Württemberg: Regierungserklärung abgegeben von Umweltminister Dr. Erwin Vetter am 9. Mai 1990 im Landtag von Baden-Württemberg, Stuttgart 1990

Thomas J. PETERS, Robert H. WATERMANN jun.	Auf der Suche nach Spitzenleistungen - Was man von den bestgeführten US-Unternehmen lernen kann, 10. Auflage, Landsberg am Lech 1984
Arnold PICOT	Der Produktionsfaktor Information in der Unternehmensführung, in: Information Management, Heft 1, 1990, S. 6 - 14
Albert PREIS	Strategische Ausrichtung des Informationsmanagements, in: Office Management, Heft 3, 1989, S. 18 - 20
Friedhelm RIEKE	Information Resource Management in einem großen Unternehmen der Chemieindustrie, in: Information Management, Heft 1, 1986, S. 27 - 35
Heinrich REINERMANN	Programmbudgets in Regierung und Verwaltung - Möglichkeiten und Grenzen von Planungs- und Entscheidungssystemen, in: Schriften zur öffentlichen Verwaltung und öffentlichen Wirtschaft, Hrsg. von Prof. Dr. Peter Eichhorn und Prof. Dr. Peter Friedrich, Band 6, Baden-Baden 1974
Heinrich REINERMANN	Verfügen wir über kommunale Systemkonzepte?, in: on line, Heft 7, 1989, S. 56 - 62
Heinrich REINERMANN	Verwaltungsreform mittels Informationstechnik, in: Verwaltungsreform mittels Informationstechnik - Möglichkeiten und Grenzen der Verwaltungsgestaltung in den 90er Jahren, Frankfurt am Main - Saarbrücken 1990, S. 4 - 22
Theodore ROZZAK	Der Verlust des Denkens - über Mythen des Computerzeitalters, München 1989

Karl Martin SCHMIDT-REINDL

Informationstechnik, Büroautomation, Informationsmanagement: Herausforderungen für Parlament und öffentliche Verwaltung; Bericht über eine Fachinformationsreise des Innenausschusses des Landtages von Baden-Württemberg in der Zeit vom 14. Juni 1986 bis 23. Juni 1986 zu Parlamenten, Regierungsstellen und Unternehmen in Massachusetts, South Carolina und Californien. Erstellt für den Innenausschuß von der Gesellschaft für Information und Dokumentation mbH (GID), Manuskript, 7. Juli 1986

State of South Carolina, Budget and Control Board

A managers guide for implementing Information resource management (IRM), Columbia, South Carolina, June 1984

State of South Carolina, Budget and Control Board

Implementing Information resource management (IRM) in a state agency - A guide for Commissioners and Senior Executives, Columbia, South Carolina, January 1985

Karlheinz VELLMANN

Ohne Informatikkosten auch keine Nutzeranteile, in: Computerwoche, 11. März 1988, S. 34 - 36

Frederic VESTER

Leitmotiv vernetztes Denken - Für einen besseren Umgang mit der Welt, München

Walter WITERSTEIGER

Strategische Planung der Informationsverarbeitung als unternehmensweiter Entwicklungsprozeß, in: Theorie und Praxis der Wirtschaftsinformatik, Heft 154, 27. Jahrgang, Juli 1990, S. 100 - 109

Das Graphische Gesamtkonzept
der Landesverwaltung Baden-Württemberg

Joachim Arnold
Innenministerium Baden-Württemberg
Dorotheenstr.6, 7000 Stuttgart 1

1. Einleitung

Der Einsatz der graphischen Datenverarbeitung innerhalb raumbezogener
Informationssysteme zur computergestützten Speicherung, Verarbeitung,
Analyse und Präsentation räumlicher Informationen wird in Zukunft in der
öffentlichen Verwaltung eine erhebliche Verbreitung finden. Die Landesverwaltung betritt damit Neuland in einem künftig immer wichtiger werdenden Bereich der IuK-Technik.

Die Arbeitsmethodik, raumbezogene Daten und Fakten z.B. über die Umwelt,
die Flächennutzung oder das Verkehrswesen mittels computergestützter Methoden auf der Grundlage digitaler Karten zu verarbeiten und am Bildschirm graphisch darzustellen, ist erforderlich, um angesichts der ständig wachsenden Anforderungen ein schnelles, rationelles, qualifiziertes
und wirtschaftliches Verwaltungshandeln sicherzustellen. Diese Ziele sind
jedoch nur zu erreichen, wenn durch den Einsatz der Informationstechnik
das aufgabenspezifische Verwaltungshandeln in einen ressortübergreifend
abgestimmten Gesamtprozeß integriert wird. Das Landessystemkonzept und
dessen Standards bilden hierfür die Grundlage.

Es ist somit die Aufgabe des Graphischen Gesamtkonzepts, die graphische
Datenverarbeitung in das Landessystemkonzept zu integrieren und dabei
dessen Standards für die Belange der graphischen Datenverarbeitung zu
erweitern.

Die Stabsstelle Verwaltungsstruktur, Information und Kommunikation beim
Innenministerium hat das Graphische Gesamtkonzeit in enger Zusammenarbeit
mit einer interministeriellen Arbeitsgruppe entwickelt und es mit den
Ressorts und der kommunalen Seite abgestimmt. Durch Ministerratsbeschluß
vom 19.02.1990 wurde es für die Landesveraltung verbindlich festgelegt.

2. Definition und Zielsetzung des Graphischen Gesamtkonzepts

Das Graphische Gesamtkonzept ist ein organisatorisches und informationstechnisches Rahmen-Regelwerk, durch welches erreicht werden soll, daß die Landesverwaltung auf dem Gebiet der raumbezogenen graphischen Datenverarbeitung möglichst einheitlich und wirtschaftlich zusammenarbeitet.

In diesem Anwendungsbereich der Informationstechnik werden zwei unterschiedliche Informationsarten vereinigt:
- Geometriedaten zur Beschreibung der räumlichen Lage bzw. Form punkt-, linien- oder fächenförmiger Informationsobjekte (z.B. Meßstellen, Versorgungsleitungen, Biotope) und
- Sachdaten als Träger der eigentlichen Fachinformationen für diese Objekte (z.B. Meßwerte, Deskriptoren, Artenvorkommen).

Geometriedaten stehen im Gegensatz zu den Sachdaten immer in einem Beziehungsgeflecht zu mehreren, fachlich jedoch unterschiedlichen Informationsobjekten. Bei Überlagerungen wird dies besonders deutlich (z.B. Flurstücksgrenze = Biotopgrenze). Dieser für eine möglichst wirtschaftliche Erfassung, Speicherung und laufende Aktualisierung der Geometriedaten sowie für die Qualität raumbezogener Auswertungen wichtige Sachverhalt muß berücksichtigt werden.

Ein primäres Ziel des Graphischen Gesamtkonzepts ist deshalb die redundanzfreie Führung und fachübergreifende Nutzung der durch Geometriedaten beschriebenen digitalen Grundrißinformationen, die bisher in analogen Karten vorgehalten werden. Redundanzfreiheit bedeutet, daß diese Daten nur von einer, durch Gesetz oder Verwaltungsvorschrift zuständigen Stelle erhoben, originär gespeichert und laufend aktualisiert werden. Eine parallele Führung fachlich und räumlich identischer Grundrißinformationen durch mehrere Stellen der öffentlichen Verwaltung ist insbesondere aus Wirtschaftlichkeitsgründen und zur Erhaltung der fachlichen und zeitlichen Datenkonsistenz zu vermeiden.

Aufgrund der Aufgabenverflechtungen und Wechselbeziehungen mit dem kommunalen Bereich kann das Regelwerk nicht auf die Landesverwaltung beschränkt bleiben. Die Integration des kommunalen Bereichs ist deshalb unverzichtbar.

Darüber hinausgehende Zielsetzungen, wie z.B. die gemeinsame Nutzung von Programmen und Programmsystemen in kongruenten Fachbereichen, werden im Rahmen der Umsetzung des Konzepts, wie z.B. innerhalb des RIPS-Projekts (Räumliches Informations- und Planungssystem) des ressortübergreifenden Umweltinformationssystems Baden-Württemberg verfolgt.

3. Rahmenbedingungen des Graphischen Gesamtkonzepts

Die Akzeptanz und der Umsetzungserfolg sind für das Graphische Gesamtkonzept entscheidend davon abhängig, inwieweit bei der Konzeptentwicklung übergeordnete Rahmenbedingungen eingebunden, Anforderungen aus Ressortprojekten berücksichtigt und Standards der graphischen Datenverarbeitung beachtet werden.

Als Rahmenbedingungen sind insbesondere zu nennen:

- fachliche Rahmenbedingungen
  Eine analoge Karte stellt eine maßstabsabhängige Abbildung eines Ausschnitts der Realwelt dar. Digitale Grundrißinformationen hingegen sind aufgrund ihres erforderlichen Bezugs zu einem landeseinheitlichen Koordinatensystem grundsätzlich "maßstabsunabhängig".

  Theoretisch bestünde somit die Möglichkeit, aus einer, den im Gesamtsystem höchsten Genauigkeitsanforderungen genügenden, koordinatenmäßigen Erfassung und Speicherung der Realwelt automatisiert alle gewünschten Abbildungen in allen gewünschten Maßstäben ableiten zu können. Diesem theoretischen Ansatz steht jedoch das praktische Defizit gegenüber, daß es bis heute keine operationell einsetzbare Software-Systeme gibt, die eine automatische Generalisierung der maßstabsabhängigen Modelle der Realwelt mit den in den einzelnen Maßstäben gewünschten Details befriedigend lösen. Forschungsaktivitäten im Bereich der Wissensverarbeitung ("Künstliche Intelligenz") lassen hier jedoch langfristig Fortschritte erwarten.

  Deshalb ist es unverzichtbar, auch bei digitalen Grundrißinformationen die Realwelt parallel in verschiedenen Maßstabsgruppen abzubilden. Dabei ist grundsätzlich zwischen einem großmaßstäblichen und einem kleinmaßstäblichen Bereich zu unterscheiden. Die Grenze liegt etwa beim Maßstab 1 : 5.000.

- Organisatorische Rahmenbedingungen
  Für die Herstellung und laufende Aktualisierung der amtlichen analogen Basiskarten (Kataster- bzw. Flurkarten, topographische Karten) sind die Zuständigkeiten gesetzlich geregelt:
  Das Vermessungsgesetz des Landes weist diese Aufgabe der Vermessungsverwaltung zu. Insoweit bedingt das Graphische Gesamtkonzept keine Änderung dieser grundsätzlichen Zuständigkeit der Vermessungsverwaltung auch für die Führung der digitalen Grundrißinformationen im Sinne von

Basisinformationen für raumbezogene Informationssysteme.

Dennoch sollte - zumindest langfristig - die Verfahrensweise dahingehend geändert werden, daß Grundrißinformationen, die bisher von der
Vermessungsverwaltung nur nachrichtlich in die amtlichen Karten übernommen werden, ohne daß eine originäre Zuständigkeit besteht (z.B.
Schutzgebiete), künftig von den originär zuständigen Stellen selbst in
der - als Endziel - ressortübergreifend und verteilt geführten Datenbank der Grundrißinformationen verwaltet werden. Solange hierfür die
Voraussetzungen fehlen, sollte die mittelbare Zuständigkeit der Vermessungsverwaltung erhalten bleiben.

- <u>Rechtliche Rahmenbedingungen</u>
Rechtliche Rahmenbedingungen, die insbesondere die ressortübergreifende
Nutzung der Basisdaten der Vermessungsverwaltung betreffen, ergeben
sich aus dem Vermessungsgesetz, dem Landesdatenschutzgesetz und dem
Landesgebührengesetz.

Nach der derzeit herrschenden Rechtsauffassung handelt es sich bei
großmaßstäblichen Grundrißdaten, soweit diese den Inhalt der Liegenschaftskarte repräsentieren, zumindest teilweise um personenbezogene
Daten. Diese weitgehende Interpretation ist aus Nutzersicht nicht unumstritten. Dennoch ist auch nach der Novellierung des Landesdatenschutzgesetzes, durch die auch das Vermessungsgesetz bezüglich Zweckbestimmung und Nutzung des Liegenschaftskatasters geändert wird, davon auszu-
gehen, daß groß- und kleinmaßstäbliche Grundrißdaten der Vermessungsverwaltung eine unterschiedliche datenschutzrechtliche Qualität besitzen.

Dieser Sachverhalt betrifft insbesondere die Frage, in welchem Umfang
Stellen außerhalb der Vermessungsverwaltung berechtigt sind, Sekundär-
datenbestände dieser Basisdaten dauerhaft einzurichten, durch periodi-
sche Updates aus den Originaldaten zu aktualisieren und so für die
eigenen Aufgabenstellungen zu nutzen.

Für die Nutzung der Daten der Vermessungsverwaltung werden Verwaltungs-
gebühren ("Vermessungsgebühren") erhoben. Die Bemessungsgrundlage ist
einzelfallbezogen und mengenabhängig. Das Landesgebührengesetz legt
explizit fest, daß Vermessungsgebühren generell von einer sachlichen
("öffentliches Interesse") oder persönlichen (auch für Landesbehörden)
Gebührenbefreiung ausgenommen sind.

Ob diese Gebührenregelung auch künftig für die Nutzung raumbezogener Basisdaten der Vermessungsverwaltung gültig sein soll oder ggf. durch vereinfachende Alternativen (z.B. pauschalierte Entgeltregelungen) ersetzt werden kann, muß außerhalb des Graphischen Gesamtkonzepts entschieden werden.

- technische Rahmenbedingungen

Die technischen Rahmenbedingungen ergeben sich aus den bereits vorliegenden Standards und Regeln des Landessystemkonzepts. Hierzu zählen insbesondere

- die Kommunikationsstandards des Landesverwaltungsnetzes -LVN- (heute: SNA, DIA, DCA; künftig: OSI) als Wide-Area-Network für die Verknüpfung der Hintergrundrechner mit den dezentralen Systemen der Dienststellen bzw. für die Kommunikation zwischen den Dienststellen selbst.

Die derzeitige Kapazität des LVN ist insbesondere auf die Anforderungen der konventionellen Datenverarbeitung und des landeseinheitlichen Dokumentenaustauschs ausgerichtet. Demgegenüber entstehen bei der raumbezogenen graphischen Datenverarbeitung i.d.R. erheblich größere Datenmengen. Antwortzeiten, wie sie heute im LVN für Standardanwendungen (z.B. 3270-Dialog, CICS-Anwendungen) garantiert werden, sind für die raumbezogene graphische Datenverarbeitung i. allg. nur über die in lokalen Netzwerken üblichen Netzkapazitäten erreichbar.

Einer deshalb notwendigen, aber nur langfristig und stufenweise realisierbaren Kapazitätsausweitung des LVN muß aber ein wirtschaftliches Mittelmaß zwischen finanziellem Aufwand und fachlicher Notwendigkeit zugrunde gelegt werden. Organisatorische Maßnahmen, asynchrone Dateitransfers zu lastarmen Zeiten und Datenträgeraustausch werden somit bei großen Datenmengen und zeitunkritischen Anwendungen langfristig unverzichtbar sein.

- die Neuordnung der Rechenzentren der Landesverwaltung und deren Aufgaben, die u.a. festlegt, daß die zentralen Datenbanken der im Zuständigkeitsbereich der Vermessungsverwaltung liegenden digitalen groß- und kleinmaßstäblichen Grundrißdaten zumindest mittelfristig im Rechenzentrum der Innenverwaltung (RZI) unter dem Betriebssystem BS 2000 geführt werden. Hierzu wurde der Siemens-Rechner als SNA-Host in das LVN integriert.

Anforderungen aus Ressortvorhaben, die im Graphischen Gesamtkonzept berücksichtigt werden, ergeben sich einerseits aus landesspezifischen Projekten (z.B. RIPS als Schwerpunktprojekt des UIS, die Neukonzeption des Staßeninformationssystems, das Automatisierte Raumordnungskataster, etc.) und andererseits aus bundeseinheitlichen Entwicklungen, wie sie insbesondere bei der Vermessungsverwaltung (ALB, ALK, ATKIS) derzeit und künftig eingesetzt werden.

Die Beachtung von Normen und Standards der graphischen Datenverabeitung ist notwendig, um künftig für den Einsatz raumbezogener Informationssysteme eine möglichst weitgehende Hardwareunabhängigkeit und Softwareportabilität zu erreichen und somit die Investitionen langfristig zu sichern. Hierzu zählen funktionale Graphik-Standards (z.B. GKS, PHIGS, CGI) ebenso wie einheitliche Schnittstellenformate für den Datenaustausch.

4. Grundsätze des Graphischen Gesamtkonzepts

Das Graphische Gesamtkonzept der Landesverwaltung Baden-Württemberg beinhaltet insbesondere folgende Regelungen und Empfehlungen:

- Systemarchitektur

  Graphisch-interaktive Verarbeitungsprozesse sind sehr CPU-intensiv. Die hierfür erforderliche Rechnerleistung ist im Workstation-Bereich sehr viel billiger als im Großrechner-Bereich. Als Konsequenz wird von folgender "Arbeitsteilung" ausgegangen:
  - redundanzfreie Führung der fachübergreifend genutzten, originären Grundrißinformationen auf zentralen Host-Systemen mit der Offenheit für eine spätere "verteilte" Datenhaltung
  - graphische-interaktive Erfassung und Verarbeitung (Verknüpfung mit Sachdaten, Analyse, Präsentation) auf dezentralen Workstations.

- Datenmodell

  Die Grundrißinformationen definieren als raumbezogene Basisinformationen die Bezugsobjekte eines Geographischen Informationssystems (GIS). Die Verarbeitungsmöglichkeiten innerhalb eines GIS sind nur dann umfassend, wenn das Datenmodell der Basisinformationen auch semantische und topologische Informationen berücksichtigt.

  Deshalb ist es notwendig, den raumbezogenen Basisinformationen ein objektorientiertes Vektor-Datenmodell zugrunde zu legen. Rasterdaten werden zunächst nur insoweit einbezogen, wie sie über Skelettierungs-

prozesse in Vektordaten transfomiert oder als graphische "Hintergrunddaten" genutzt werden.

- Datenbankmodell

Aufgrund der Problematik, daß relationale Datenbankmodelle für die Hin-
tergrundspeicherung der raumbezogenen Original-Basisdaten nur bedingt
geignet sind, andererseits praxisreife und im Regelbetrieb einsetzbare
Entwicklungsergebnisse im Bereich der objektorientierten Datenbanken
erst in einigen Jahren vorliegen werden, kann derzeit hier keine Festlegung für ein bestimmtes Datenbankmodell getroffen werden. Bis dahin
muß die Wahl des Datenbankmodells vor allem unter dem Gesichtspunkt der
Portabilität und Hardwareunabhängigkeit erfolgen.

Sachdaten hingegen sind - den einheitlichen Entwicklungs- und Daten-
bankgrundsätzen des Landessystemkonzepts entsprechend - in relationalen, SQL-fähigen Datenbanken zu führen.

- Bezugssystem

Als landeseinheitliches Bezugssystem für die örtliche Festlegung der
Basisinformationen und ihre gegenseitige Verknüpfung mit den Sachdaten
wird das Gauß-Krüger-Koordinatensystem festgelegt.

- Objektklassifizierung

Die ressortübergreifende Nutzbarkeit der raumbezogenen Basisdaten setzt
neben dem einheitlichen Objektverständnis als Grundlage der o.g. Datenmodellierung eine einheitliche Klassifizierung und Bezeichnung der
Objekte voraus.

Aufgrund der übergeordneten Bedeutung der Basissysteme ALK und ATKIS
der Vermessungsverwaltung für die fachübergreifende Verfügbarkeit aktueller Grundißinformationen werden die dort bestehenden Klassifizierungsregeln und Schlüsselkataloge als Grundlage einer übergreifenden
Objektklassifizierung vorgegeben. Hierdurch können wertvolle konzeptionelle und bundeseinheitlich ausgerichtete Vorarbeiten der Arbeitsgemeinschaft der Vermessungsverwaltungen der Länder genutzt werden. Bereits in den Fachverwaltungen vorhandene fachinterne Verschlüsselungen
sind über entsprechende Umsetztabellen zu integrieren.

Schlüsselkataloge, Klassifizierungsregeln und sonstige übergeordnete

Objektinformationen werden als Metadaten in einem aufzubauenden, zentralen Data-Dictionary geführt und von der beim Landesvermessungsamt eingerichteten Koordinierungs- und Lenkungsstelle für raumbezogene graphische Datenverarbeitung gepflegt. .

- <u>Datenaustauschnittstellen</u>

Die graphischen Workstations der Dienststellen müssen auf Anwendungsebene mit den zentralen Datenbanken der raumbezogenen Basisdaten kommunizieren. Dies erfordert die Festlegung einer einheitlichen, herstellerunabhängigen Datenaustauschschnittstelle, in der insbesondere auch die Topologie und die Semantik der Basisinformationen abgebildet werden.

Im Gegensatz zu produktorientierten Anwendungen der CAD-Technik, z.B. im Automobil- und Maschinenbau, wo derartige Schnittstellen als genormte Standards bereits vorliegen und schon länger angewandt werden, sind entsprechende, international gültige Festlegungen bei der raumbezogenen graphischen Datenverarbeitung derzeit nicht vorhanden und mittelfristig auch nicht zu erwarten.

Deshalb und aufgrund der unterschiedlichen Anforderungen werden im Graphischen Gesamtkonzept folgende Datenaustauschformate als zweckmäßig begründet und festgelegt:

- die "Einheitliche Datenbankschnittstelle (EDBS)" als herstellerunabhängige Schnittstelle zwischen den zentralen DB-Systemen (wie ALK, ATKIS) und den dezentralen graphischen Verarbeitungssystemen, sowie zwischen heterogenen Verarbeitungssystemen selbst; die EDBS wird bereits in mehreren Bundesländern eingesetzt und von nahezu allen Herstellern unterstützt, ist integrierter Bestandteil von ALK und ATKIS und wird sich deshalb zu einem nationalen Standard entwickeln;

- das jeweilige herstellerspezifische Datenaustauschformat (z.B. SICAD-GDB-SS, IBM-IFF, SIF, etc.) zwischen Graphik-Systemen des jeweiligen Herstellers und innerhalb homogener Systemarchitekturen,

- das "Computer Graphics Metafile (CGM)" gemäß ISO 8632 als Format für den Austausch von Bilddateien.

- <u>Standards für Graphik-Workstations</u>

Aufgrund der derzeit stürmischen Entwicklung bei den Graphik-Workstations haben Aussagen zu Hardware-Standards nur eine kurzfristige Gültigkeitsdauer.

Die Leistungssteigerung und der Preisrückgang insbesondere bei den RISC-basierenden Systemen einerseits, aber auch die künftig zu erreichende weitgehende Portabilität der Anwendungen legen jedoch nahe, als grundsätzlichen Standard für Graphik-Workstations das Betriebssystem UNIX und die hierzu gemäß XPG und POSIX kompatiblen Derivate festzulegen.

Zusätzlich sollte die Anwendungssoftware durch die Integration graphischer Standards (GKS, PHIGS) die Portierbarkeit und Geräteunabhängigkeit zusätzlich erleichtern. Hierbei sollten die Vorteile von PHIGS gegenüber GKS (höhere Interaktivität, mehrstufige Bildzerlegung, flexiblere Bildmanipulation) - soweit möglich und aus Anwendungssicht notwendig - berücksichtigt werden.

Raumbezogene Basisinformationssysteme der Vermessungsverwaltung

- Konzeptionen und deren Umsetzung in Baden-Württemberg -

H. Schönherr
Innenministerium Baden-Württemberg
Stuttgart

Textfassung des im Rahmen des vom Forschungsinstitut für anwendungsorientierte Wissensverarbeitung an der Universität Ulm und vom Ministerium für Umwelt Baden-Württemberg, Stuttgart, gemeinsam veran-
stalteten Workshops Umweltinformatik 1990 am 04.10.1990 auf Schloß
Reisensburg bei Günzburg gehaltenen Referats, aktualisiert um die
zwischenzeitlich eingetretenen Veränderungen

1. Aufgaben der Vermessungsverwaltung

Rechtliche Grundlagen

Die Gesetzgebungsbefugnis für das Vermessungswesen liegt nach der allgemeinen Zuständigkeitsvermutung des Art. 70 Abs. 1 unseres Grundgesetzes allein bei den Bundesländern. Aufgaben und Zuständigkeiten der Vermessungsverwaltungen sind demnach ausschließlich in den Vermessungsgesetzen der einzelnen Bundesländer festgelegt.

Von den im Vermessungsgesetz des Landes Baden-Württemberg definierten Vermessungsaufgaben interessieren im Zusammenhang mit dem zu behandelnden Thema im wesentlichen diejenigen, die die Landesvermessung, die Kartographie und das Liegenschaftskataster betreffen.

Landesvermessung

Die Landesvermessung schafft die geodätischen Grundlagen für alle raumbezogenen vermessungstechnischen Arbeiten durch örtlich gekennzeichnete Lage-, Höhen- und Schwerefestpunkte, die in bundeseinheitlichen Bezugssystemen festgelegt sind. Durch die topographische Landesaufnahme wird die Erdoberfläche nach Form und Nutzung erfaßt.

Kartographie

Die Kartographie benützt die Ergebnisse der Landesvermessung zusammen mit weiteren Unterlagen - insbesondere Luftbildern - zur Herstellung der Topographischen Kartenwerke.

Die Topographischen Kartenwerke enthalten die kleinmaßstäblichen Grundriß- und Höheninformationen und liefern mithin den Schlüssel zur Kenntnis der strukturellen Beschaffenheit des Landes.

Um den unterschiedlichen Anforderungen der Nutzer gerecht werden zu können, werden die Topographischen Kartenwerke bundesweit nach einheitlichen Regelungen bearbeitet und in den verschiedensten Maßstäben herausgegeben. Im Interesse einer breitgefächerten Nutzung werden die Informationen getrennt auf mehreren reproduktionsfähigen Folien geführt.

Aus den Topograpischen Kartenwerken werden bei Bedarf themenbezogene Sonderkarten (Thematische Karten) abgeleitet. Diese wenden sich als Wander-, Naturpark- und Umgebungskarten an den erholungssuchenden Bürger, als Verwaltungs- und Verkehrskarten an Behörden und sonstige Planungsstellen und als spezielle themenbezogene Karten an Naturwissenschaftler (z. B. Geologische Karten) und Historiker (z. B. Historischer Atlas).

Die topographische Landesaufnahme und die Bearbeitung und Herausgabe der Topographischen Kartenwerke sind Aufgaben des Landesvermessungsamts.

Liegenschaftskataster
Das Liegenschaftskataster ist der einzige Nachweis über die gesamte Bodenfläche des Landes. Es enthält die Beschreibung und Darstellung der Bodenflächen, dient der Sicherung des Grundeigentums, dem Grundstücksverkehr, der Ordnung von Grund und Boden und ist Grundlage für flächenbezogene Informationssysteme.

Gegliedert wird das Liegenschaftskataster in die 3 klassischen Bestandteile, nämlich

1. das Liegenschaftsbuch für die Beschreibung der Flurstücke,

2. die Liegenschaftskarte (auch Katasterkarte genannt) für die großmaßstäbliche Grundrißdarstellung der Flurstücke und

3. die vermessungstechnischen Unterlagen als Nachweis der Ergebnisse der Grenzfeststellungen und Katastervermessungen.

Im Liegenschaftskataster werden neben den Flurstücken mit Flurstücksgrenzen

- die Buchungsmerkmale und Angaben zur Fläche, Lage, Nutzung und über sonstige Eigenschaften,

- die Angaben über Gebäude,

- die Landes-, Gemeinde- und Gemarkungsgrenzen und

- die topographischen Objekte nachgewiesen

- und nachrichtlich die Grundstückseigentümer/Erbbauberechtigten und die Bodenschätzungsergebnisse geführt.

Das Liegenschaftskataster ist amtliches Verzeichnis der Grundstücke im Sinne von § 2 Abs. 2 der Grundbuchordnung. Diese Eigenschaft eines öffentlichen Buches in Verbindung mit dem aus datenschutzrechtlicher Sicht personenbezogenen Inhalt bedingt den besonderen Rechtscharakter des Liegenschaftskatasters. Diesen gilt es nicht nur bei der Einsichtnahme und Auszugserteilung sondern auch bei der Führung besonders zu berücksichtigen.

Von den 1 111 Gemeinden in Baden-Württemberg haben 26 Gemeinden eine städtische Vermessungsdienststelle, die nach § 9 des Vermessungsgesetzes befugt ist, das Liegenschaftskataster als Pflichtaufgabe nach Weisung zu führen. Für das Gebiet der übrigen 1 085 Gemeinden führen die staatlichen Vermessungsämter das Liegenschaftskataster.

Die Führung des Liegenschaftskatasters umfaßt sowohl die Einrichtung als auch die Fortführung. Die klassischen Bestandteile wurden im Zuge der Landesvermessungen in den ehemaligen Ländern Württemberg (Abschluß 1840), Baden (Abschluß 1932) und Hohenzollern (Abschluß 1867) eingerichtet. Seit diesen Zeitpunkten muß das Liegenschaftskataster fortgeführt werden, will es seinen Aufgaben genügen. Diese Fortführung geschieht laufend und basiert auf der Übernahme der Ergebnisse der Grenzfeststellungen und Katastervermessungen.

2. Fach- und ressortübergreifende Anforderungen

Vermessungsleistungen sind Dienstleistungen
Diese wenigen Erläuterungen zu den angesprochenen Vermessungsaufgaben mögen genügen, um davon überzeugen zu können, daß die Vermessungsverwaltung Dienstleistungen zu erbringen hat, und zwar im Interesse von Staat und Allgemeinheit. Dies war im übrigen schon immer so. Schließlich wurden Landesvermessungen vornehmlich deshalb durchgeführt, um möglichst objektive Unterlagen über den Grund und Boden zu erhalten und diese für eine mehr oder minder gerechte Besteuerung nutzen zu können.

Steuerliche Gesichtspunkte stehen bei den heutigen Aufgaben der Vermessungsverwaltung Baden-Württemberg sicherlich nicht mehr im Vordergrund - der Wunsch nach Nutzung der Unterlagen aber ist geblieben. Die vorhandenen analogen Unterlagen genügen in vielen

Fällen zwar bis heute durchaus noch den Anforderungen der Nutzer, doch werden seit einigen Jahren zunehmend Vermessungsdaten auch in digitaler Form gefordert. Die Vermessungsverwaltung Baden-Württemberg ist auf derartige Anforderungen vorbereitet und grundsätzlich in der Lage, die daraus resultierenden Aufgaben wahrzunehmen.

Datenverarbeitung im Wandel der Zeit
Der Weg in die digitale Datenverarbeitung und Datenhaltung hat in der Vermessungsverwaltung Baden-Württemberg durchaus schon Tradition und beginnt in den 60er Jahren. Mit der Einrichtung und ständigen Fortführung einer Koordinatendatei, die seither für das gesamte Zuständigkeitsgebiet der staatlichen Vermessungsverwaltung zentral im Rechenzentrum der Innenverwaltung (RZI) in Stuttgart geführt wird, wurde frühzeitig der erste Schritt zur automatisierten Führung der Liegenschaftskarte getan. Seit 1983 wird in entsprechender Weise auch eine Grundrißdatei geführt.

Standen zu Beginn dieser Entwicklung zweifellos nur fachliche Belange im Vordergrund, so wurden die Wünsche und Anforderungen anderer Ressorts, der Kommunen und der Wirtschaft doch sehr bald immer konkreter. Dabei wurde offensichtlich, daß zahlreiche Nutzer aus Verwaltung und Wirtschaft schon über digitale Sachdaten verfügen, die vielfach aber erst dann eine deutlich höhere Aussagekraft und Transparenz erhalten, wenn sie in einen räumlichen Bezug zur Erdoberfläche und den darauf befindlichen Liegenschaften und topographischen Objekten gebracht werden. Die Umstellung der vorhandenen Unterlagen von analoger Führung auf digitale Führung mußte also einhergehen mit einem "neuen" Aufgabenverständnis der Vermessungsverwaltung.

Das "neue" Aufgabenverständnis
Nicht mehr nur die traditionellen Vermessungsaufgaben gilt es zu erfüllen, nein - die Ergebnisse dieser Arbeiten müssen als digitale Daten in raumbezogenen Basisinformationssystemen geführt werden, und zwar in einer solchen Form, daß sie insbesondere den fach- und ressortübergreifenden Anforderungen genügen und für die unterschiedlichsten Interessenlagen aus dem Bereich der Wirtschaft genutzt werden können.

Dieses "neue" Aufgabenverständnis der Vermessungsverwaltung wurde in Baden-Württemberg durch verwaltungsinterne Maßnahmen in höchstem Maße gefördert. Stichworte in diesem Zusammenhang sind das

von der Landesregierung schon im Dezember 1983 in Auftrag gegebene
Landessystemkonzept, insbesondere mit den darin definierten Einzelszenarien "Umweltinformationssystem (UIS)" und "Aufbau eines
Landesverwaltungsnetzes (LVN)" und das von der Stabsstelle Verwaltungsstruktur, Information und Kommunikation erarbeitete "Regelwerk zur Integration der raumbezogenen graphischen Datenverarbeitung in das Landessystemkonzept", besser bekannt unter dem Namen:
Graphisches Gesamtkonzept der Landesverwaltung Baden-Württemberg.

Für die Vermessungsverwaltung liegt die besondere Bedeutung des
UIS darin, daß im Rahmen dessen konzeptioneller Ausarbeitung die
Beraterfirma McKinsey festgestellt hat, daß die raumbezogenen Basisinformationssysteme der Vermessungsverwaltung notwendige Infrastrukturvoraussetzungen für die graphische Datenverarbeitung im
gesamten Umweltbereich sind.

Die Stabsstelle Verwaltungsstruktur, Information und Kommunikation
hat diese Feststellung aufgegriffen und im Graphischen Gesamtkonzept verbindlich für alle Dienststellen der Landesverwaltung vorgegeben. Da sich auch die kommunale Seite bereiterklärt hat, auf
der Basis des Graphischen Gesamtkonzepts den gegenseitigen Datenaustausch für die raumbezogenen Basisinformationssysteme abzuwik-
keln, ist sichergestellt, daß die bei der Führung des Liegenschaftskatasters gegebenen, gegeneinander abgegrenzten Zuständig-
keitsgebiete von staatlicher Vermessungsverwaltung und von 26 Gemeinden mit städtischer Vermessungsdienststelle nach § 9 des Vermessungsgesetzes bei der Nutzung der raumbezogenen Basisinformationssysteme nicht störend in Erscheinung treten.

Mit dem Graphischen Gesamtkonzept sind überdies auch die erforderlichen Maßnahmen getroffen, um die gleichzeitige parallele Führung
fachlich identischer Daten durch mehrere Stellen der öffentlichen
Verwaltung zu vermeiden und vielmehr sicherzustellen, daß Fachdaten originär nur von der zuständigen Stelle erhoben, gespeichert
und laufend fortgeführt werden und diese Stelle und der Umfang der
von ihr geführten Daten allen potentiellen Nutzern bekannt sind.

Merkmale raumbezogener Basisinformationssysteme
Was subsumieren wir nun unter dem Begriff "raumbezogene Basisinformationssysteme" und welchen Anforderungen müssen diese genügen?

Ohne Anspruch auf eine abschließende Begriffserläuterung erheben

zu wollen, können wir ein Informationssystem zumindest als eine
Sammlung von digitalen Daten, aber gleichzeitig auch als ein Re-
gelwerk für die Zuständigkeit bei der Einrichtung, Verarbeitung,
Fortführung und Nutzung dieser Daten definieren.

Der Raumbezug ist durch die Definition von Bezugsobjekten in einheitlichen Bezugssystemen für die Lage und Höhe festgelegt. In
unserem Falle sind die Bezugsobjekte punktförmig, linienförmig
oder flächenförmig ausgeprägt. Bezugssystem für die Lage ist das
Deutsche Hauptdreiecksnetz mit ebenen rechtwinkligen Koordinaten
im Gauß-Krüger-Meridianstreifensystem, Bezugssystem für die Höhe
ist das Deutsche Haupthöhennetz mit Höhen über Normall-Null.

Zu Basisdaten werden Informationen dann, wenn sie nicht nur der
Erledigung fachspezifischer Aufgaben dienen, sondern vielmehr
fachübergreifend bedeutsam sind. Eine fachübergreifende Bedeutung
muß unterstellt werden, wenn die Nutzung der Daten durch andere
Stellen nicht ausgeschlossen werden kann. Basisdaten bedürfen als
solche bestimmter landeseinheitlicher Festlegungen, z. B. hinsichtlich der inhaltlichen Definition, der Strukturierung und insbesondere der Verknüpfbarkeit mit den Fachdaten der nutzenden
Stellen.

Unter diesen Gesichtspunkten sind die Verfahrenslösung Automati-
siertes Liegenschaftsbuch (ALB), die Verfahrenslösung Automatisierte Liegenschaftskarte (ALK) und die Verfahrenslösung Amtliches
Topographisch-Kartographisches Informationssystem (ATKIS) raumbezogene Basisinformationssysteme in der Zuständigkeit der Vermessungsverwaltung.

Länderübergreifende Verfahrenslösungen

Gemeinsam ist den genannten Verfahrenslösungen, daß sie von der
Arbeitsgemeinschaft der Vermessungsverwaltungen der Länder der
Bundesrepublik Deutschland (AdV) entwickelt wurden.

Die AdV besteht seit 1948 und hat es sich zur Aufgabe gemacht,
Sachverhalte, die für das Vermessungswesen von allgemeiner und
übergebietlicher Bedeutung sind, im Interesse einer einheitlichen
Ausrichtung gemeinsam zu erörtern und die Ergebnisse für eine bun-
desweite Realisierung zu empfehlen. Mitglieder in der AdV sind
insbesondere die Vermessungsverwaltungen der Länder.

Die Programme der Verfahrenslösungen ALB, ALK und ATKIS unterliegen der bundeseinheitlichen Pflege und Weiterentwicklung im Rahmen der bestehenden Ländervereinbarungen der Vermessungsverwaltungen und stützen sich streng auf Normen und Standards, um dem Anspruch auf Herstellerunabhängigkeit weitestgehend gerecht zu werden.

3. Automatisiertes Liegenschaftsbuch (ALB)

Grundsätzliches

Die Verfahrenslösung ALB ist entwickelt worden, um die beschreibenden Informationen des Liegenschaftsbuchs digital erfassen, speichern, fortführen und nutzen zu können.

Systemverarbeitung

Die Daten des Liegenschaftsbuchs werden im wesentlichen in 5 einzelnen Dateien, nämlich der Datei Flurstück, der Datei Gemarkung, der Datei Gemeinde, der Datei Buchungskennzeichen und der Datei Eigentümer/Erbbauberechtigter zentral im Rechenzentrum der Innenverwaltung (RZI) geführt. Die Dateien Flurstück, Gemarkung und Gemeinde werden originär, die Dateien Buchungskennzeichen und Eigentümer/Erbbauberechtigter werden nachrichtlich geführt.

Die Erfassung der zur Einrichtung und laufenden Fortführung des ALB notwendigen Daten geschieht dezentral bei den einzelnen Vermessungsdienststellen. Die dezentral erfaßten Daten werden zentral verarbeitet und in die genannten Dateien eingestellt.

Realisierung

Seit dem Kabinettsbeschluß vom Dezember 1984 wird das ALB gemarkungsweise eingerichtet und laufend fortgeführt.

Mittlerweile sind mit Stand September 1991 im Zuständigkeitsgebiet der staatlichen Vermessungsverwaltung 91 % der Gemarkungen oder mehr als 75 % der Flurstücke im ALB gespeichert. 19 von 66 Dienststellen sind mit der Einrichtung in ihrem Zuständigkeitsgebiet fertig.

Der Einrichtungszeitraum ist auf 10 Jahre veranschlagt. Beim Vergleich mit dem bisher erreichten Einrichtungsstand wird offenbar, daß die Planansätze bis jetzt erfüllt sind. Von der Beendigung der Einrichtung im Jahre 1994 darf deshalb ausgegangen werden.

Eine Anmerkung gilt es noch hinsichtlich des "Raumbezugs" des ALB zu machen. Diese Statuszuweisung ist nicht unumstritten. Tatsache ist einerseits, daß in verschiedenen Gemarkungen des ALB heute schon Flurstückskoordinaten gespeichert sind und damit per Definition ein unmittelbarer Raumbezug gegeben ist. Andererseits werden - wenn erst die ALK flächendeckend eingerichtet ist - diese Flurstückskoordinaten zu Verknüpfungselementen zwischen ALB und ALK. Der unmittelbare Raumbezug ist dann nur noch in der ALK vorhanden, das ALB wird beschreibende Fachdatei.

4. Automatisierte Liegenschaftskarte (ALK)

Grundsätzliches

Die Verfahrenslösung ALK ist entwickelt worden, um die Grundrißinformationen der Liegenschaftskarte einschließlich der beschreibenden Informationen zu den Punkten digital erfassen, speichern, fortführen und nutzen zu können.

Die Geometrie der Grundrißinformationen ist durch die Gauß-Krüger-Koordinaten definiert und wird damit im Maßstab 1 : 1 geführt. Die ALK ist dieser Überlegung zufolge erst dann vollständig eingerichtet, wenn nicht nur alle Grundrißinformationen gespeichert sind, sondern darüberhinaus auch für jeden Punkt Punktnummer und endgültige Gauß-Krüger-Koordinaten vorliegen. Insbesondere die letztgenannte Voraussetzung läßt sich wegen der dafür erforderlichen Genauigkeit und Zuverlässigkeit der Koordinaten allenfalls auf lange Sicht erreichen.

Keine Vermessungsverwaltung kann - will sie die ALK in einem auch politisch vertretbaren Zeitraum einrichten - derart weitreichende Vorstellungen in einem Zuge realisieren. Die Vermessungsverwaltung Baden-Württemberg hat sich deshalb das Ziel gesetzt, innerhalb von 10 Jahren die Geometrie der Grundrißinformationen von analoger auf digitale Form umzustellen und diese "lediglich" in einer solchen Qualität zu führen, daß eine Präsentation und Auswertung in mindestens der Genauigkeit möglich ist, die der heutigen analogen Katasterkarte entspricht. Auch inhaltlich sind Abstriche unumgänglich. Es kann nicht erwartet werden, daß der heutige Inhalt der Katasterkarte binnen 10 Jahren landesweit um alle fehlenden Grundrißinformationen, wie Gebäude, nicht vermessene Straßen, Wege usw. vervollständigt ist.

Systemverarbeitung

Die Verfahrenslösung ALK besteht im wesentlichen aus der ALK-Datenbank und einer davon konsequent getrennten Verarbeitungskomponente. Die zur Kommunikation zwischen Datenhaltung und Datenverarbeitung notwendigen digitalen Informationen müssen immer über
die sog. Einheitliche Datenbankschnittstelle (EDBS) ausgetauscht
werden und dabei in einzelnen sog. EDBS-Aufträgen eingebunden
sein.

Eine derartige, nur mittelbar über die EDBS dialogfähige Systemverarbeitung erzwingt zum einen natürlich höhere Verarbeitungszei-
ten, garantiert andererseits aber das wegen des besonderen Rechts-
charakters des Liegenschaftskatasters fachlich gebotene Höchstmaß
an Datensicherheit und Datenkonsistenz.

Die EDBS ist eine logisch ausgeprägte Schnittstelle und repräsentiert als solche die logische Datenstruktur der ALK-Datenbank.
Diese Eigenschaft hat gerade auch bei Experten schon des öfteren
dazu geführt, die EDBS als besonders schwerfällig und umständlich
zu charakterisieren. Dabei ist gerade sie Garant dafür, daß die
einzelnen Komponenten der Verfahrenslösung ALK flexibel und ziel-
gerichtet auch von anwenderspezifischen Komponenten genutzt bzw.
im Verbund mit diesen eingesetzt werden können. Ist nämlich die
logische Datenstruktur in der Schnittstelle enthalten, dann ist es
z. B. im Falle des Datenaustausches mit Dritten nur zwingend, daß
deren Systeme die EDBS-Aufträge verarbeiten können, nicht erforderlich ist es dagegen, daß die Nutzer diese Daten in der ALK-Datenbank führen.

Als Konsequenz dieser Systemverarbeitung gilt es festzustellen,
daß die Originaldaten der ALK immer die digitalen Daten in der
ALK-Datenbank sind. Jede Form der Präsentation, also auch die Darstellung einer Karte, wird aber von der Verarbeitungskomponente,
d. h. mit nicht originären Daten, geleistet. Weil dies so ist,
wird nach Einrichtung der ALK in der ALK-Datenbank eine Vorhaltung
von Flurkarten in seither gewohnter Weise, nämlich als Nachweis
des Inhalts des Liegenschaftskatasters, unnötig.

Die Erfassung der zur Einrichtung und laufenden Fortführung der
ALK notwendigen Daten geschieht grundsätzlich dezentral bei den

einzelnen Vermessungsdienststellen. Die dezentral erfaßten Daten
werden zentral verarbeitet und in der ALK-Datenbank zentral im Rechenzentrum der Innenverwaltung (RZI) geführt.

ALK-Datenbank: Objekte und Folien
Bei der Führung von Grundrißinformationen in der ALK-Datenbank
sind 2 Merkmale besonders augenfällig - die objektweise Speicherung und das Folienprinzip.

Die Grundrißinformationen werden objektweise in Form von Vektoren
gespeichert. Objektweise Speicherung heißt, daß elementare geometrische Einheiten, wie Punkte oder Linien, zu fachlichen Einheiten, den sog. Objekten zusammengefaßt und als solche gespeichert
werden. Objekte in diesem Sinne sind z. B. Flurstücke, Gebäude,
Flächen der tatsächlichen Nutzung. Diese Objekte werden dann fachlichen Bereichen, sog. Folien, zugeordnet und innerhalb der Folien
mittels von Objektschlüsseln fachlich klassifiziert. Die für dieses Vorgehen notwendigen Regeln sind im sog. Objektschlüsselkata-
log und im sog. Objektabbildungskatalog dokumentiert.

Die objektweise Speicherung ist wegen des besonderen Rechtscharak-
ters des Liegenschaftskatasters unabdingbar. Es liegt auf der
Hand, daß die digitalen Daten in der ALK-Datenbank nur dann das
Original der Liegenschaftskarte darstellen können, wenn die dort
nachzuweisenden rechtsbedeutsamen Einheiten, wie z. B. Flurstücke
oder Gebäude, auch im digitalen Bestand unzweifelhaft als Einheiten erkennbar sind. Anderes wichtiges Kriterium für die Objektbildung ist die dadurch erst mögliche, unmittelbare Verknüpfung
von Grundrißobjekten und beschreibenden Fachdaten.

Die fachliche Gruppierung in Folien bietet die Möglichkeit, die
fachliche Berechtigung und Zuständigkeit eindeutig zu definieren.
Dies ist zum einen natürlich aus datenschutzrechtlicher Sicht sehr
bedeutend, da die in einer bestimmten Folie abgespeicherten Daten
z. B. nur für die zuständige Stelle zugänglich gemacht werden können. Dieser Effekt läßt sich aber genauso auch dazu verwenden, daß
andere Fachverwaltungen ihre geometrischen Fachdaten unter voller
Wahrung ihrer Zuständigkeit für die Einrichtung, Speicherung,
Fortführung und Nutzung in der ansonsten von der Vermessungsverwaltung eingerichteten und verwalteten ALK-Datenbank führen.
Letztendlich erfüllt erst diese fachlich gruppierte Speicherung
der Daten die an die ALK-Datenbank gestellten fach- und ressortübergreifenden Anforderungen.

Verarbeitungskomponente

Aufgabe der Verarbeitungskomponente innerhalb der Verfahrenslösung
ALK ist es, Programme für die Einrichtung, Fortführung und Nutzung
der Daten der ALK-Datenbank bereitzustellen und die Kommunikation
mit dem Sachbearbeiter sicherzustellen. Die Verarbeitungskomponente gliedert sich in die Antragsadministration und in die graphische Verarbeitung, die beide entweder anwenderspezifisch oder ALK-
spezifisch, d. h. weitestgehend herstellerunabhängig, ausgeprägt
sein können.

Die anwenderspezifischen Programme können über die EDBS als Ver-
arbeitungsteile mit eigenständiger Steuerung in die Verfahrenslösung ALK integriert werden. Diese Integration setzt lediglich voraus, daß die definierten Organisationsschnittstellen bedient werden. Beispiele für solche anwenderspezifischen Komponenten sind im
Bereich der graphischen Verarbeitung die Systeme des IBM-GEOLIS,
des Siemens-SICAD und des EZS-i-Düsseldorf.

In der ALK-spezifischen Antragsadministration werden die Bearbeitung von Vermessungsanträgen verwaltet und die für die Durchführung vermessungstechnischer Berechnungen erforderlichen Programme
integriert bereitgestellt.

Die graphische Verarbeitung innerhalb der Verfahrenslösung ALK ist
eine spezielle Arbeitsmethode, die gegenüber den alphanumerisch
orientierten Berechnungsverfahren der ALK-spezifischen Antragsadministration gleichberechtigt ist und als Arbeitsmittel einen graphisch-interaktiven Arbeitsplatz benötigt. Die dieser graphischen
Verarbeitung zugrunde liegenden Programme werden als ALK-GIAP bezeichnet.

Der ALK-GIAP gliedert sich im wesentlichen in die Teile Kommunikation, Menüverwaltung, Datenverwaltung und Präsentation.

Der Kommunikationsteil umfaßt die Ein- und Ausgabe, über die die
angebotenen Aktionen aufgerufen und Koordinaten, Texte, Kommandos
usw. eingegeben werden.

In der Menüverwaltung sind die sog. Aktionen - das sind die klein-
sten in sich geschlossenen Arbeitseinheiten - so einander zugeord-

net, wie sie dem Nutzer gegenüber in den sog. Menüs erscheinen.

Die Datenverwaltung der ALK-GIAP-Datenbank ist gemäß der ALK-Datenbank strukturiert und enthält grundsätzlich keine Angaben über graphische Attribute wie Strichbreiten, Stricharten, Farben, Schriftnormen usw. sondern weist die Fachbedeutungen der Objekte nach.

Im Präsentationsteil werden aus diesen Fachbedeutungen die graphischen Attribute abgeleitet und auf den graphischen Ausgabegeräten präsentiert.

Die freie Wahl des Zeichenschlüssels in Verbindung mit der fachlichen Auswahl des Inhalts geben dem Nutzer die Möglichkeit, Karten nach seinen individuellen Ansprüchen zu gestalten. Die Freiheiten in der Menüverwaltung und in der Präsentation führen gleichzeitig dazu, daß es kein einheitliches Erscheinungsbild des ALK-GIAP geben muß, sondern jeder Nutzer über die auf seine Ansprüche zugeschnittene Software verfügen kann. Unter diesem Aspekt ist also die Anwendung des ALK-GIAP für die Führung der ALK lediglich eine der möglichen Anwendungsbeispiele.

Realisierung
Im Kabinettsbeschluß vom 5. Juni 1989 wurde das Innenministerium gebeten, nach Inbetriebnahme der erforderlichen neuen dezentralen Datenverarbeitungsanlagen unverzüglich mit der landesweit flächendeckenden Erfassung, Speicherung und Fortführung der ALK zu beginnen.

Die seitdem verfügbaren Haushaltsmittel haben ausgereicht, um alle Dienststellen der staatlichen Vermessungsverwaltung mit einer Grundversion der erforderlichen neuen dezentralen Datenverarbeitungsanlage auszustatten. Diese Grundversion umfaßt die Zentraleinheit (System 9000/400 der Fa. Hewlett-Packard) mit Systemkonsole, Systemdrucker und Kassetteneinheit, 2 alphanumerische Terminals und 1 PC mit Farbbildschirm sowie 1 graphisch-interaktiven Arbeitsplatz mit Zentraleinheit, 1 graphisch-interaktiven und 1 alphanumerischen Bildschirm, Digitalisiertisch und Hardcopy-Drukker. Die Verbindung der einzelnen Komponenten erfolgt über ein lokales Netzwerk (LAN).

Als Software-Erstausstattung wurden die vorhandenen Programme der bisherigen dezentralen Verarbeitung auf die neuen dezentralen Datenverarbeitungsanlagen portiert.

Verwaltungsmäßig waren im Frühjahr 1990 die wesentlichsten Voraussetzungen gegeben, um von der bis dahin praktizierten antragsbezogenen Einrichtung auf eine flächendeckende Einrichtung der ALK übergehen zu können.

Mittlerweile sind mit Stand September 1991 im Zuständigkeitsbereich der staatlichen Vermessungsverwaltung ca. 40 % der Punktdaten und ca. 16 % der Grundrißdaten eingerichtet. Da die ALK-Datenbank vor ihrer Implementierung noch einiger, aus landesspezifischer Sicht gebotener Ergänzungen bedarf, bedient man sich bei der Einrichtung derzeit noch der schon seit Jahren angewandten Verfahrenslösung auf der Grundlage des beim Landesvermessungsamt Baden-Württemberg entwickelten Programmsystems BGRUND.

Für den Zeitraum des vergangenen Jahres wurde bei den Grundrißdaten eine Erfassungsleistung von unter 7 % ermittelt. Bei gleichbleibenden Voraussetzungen kann mit dem Abschluß der Einrichtung der ALK binnen 10 Jahren also nicht sicher gerechnet werden. Dies darf auch nicht verwundern, da der als erforderlich prognostizierte Ausbau der dezentralen Datenverarbeitungsanlagen bislang nur zu Teilen erfolgt ist. Ein weiterer zügiger Ausbau der vorhandenen dezentralen Datenverarbeitungsanlagen ist nach wie vor dringend geboten.

Die vorhandenen Punkt- und Grundrißdaten werden bei den staatlichen Vermessungsämtern für die tägliche Arbeit genutzt und, soweit rechtlich zulässig, an Nutzer abgegeben. Mehrere der in den vergangenen Jahren mit verschiedenen Nutzern durchgeführten Pilotprojekte konnten mittlerweile erfolgreich abgeschlossen werden. Die Tauglichkeit der eingesetzten Vorstufenlösung ist also gegeben.

5. Amtliches Topographisch-Kartographisches Informationssystem (ATKIS)

Grundsätzliches

Die Verfahrenslösung ATKIS ist entwickelt worden, um einerseits die im Zuge der topograpischen Landesaufnahme gewonnenen Informationen digital erfassen, speichern, fortführen und nutzen zu können und um daraus andererseits die für die Bearbeitung und Herausgabe der Topographischen Kartenwerke erforderlichen und nach kartographischen Gesichtspunkten zu strukturierenden Informationen ableiten und digital führen zu können.

Bevor man eine Verfahrenslösung für genau diese Aufgaben konzipiert, muß durchaus die Frage nach der Notwendigkeit eines ATKIS gestellt werden, da doch gleichzeitig die ALK eingerichtet wird und damit - wie bereits ausgeführt - die Grundrißinformationen über den Bezug zum Gauß-Krüger-Meridianstreifensystem im Maßstab 1 : 1, also in der bestmöglichen und allen Anforderungen genügenden Genauigkeit, vorliegen. Theoretisch müßte es doch möglich sein, aus der in der ALK-Datenbank gespeicherten digitalen Realwelt alle gewünschten Abbildungen in allen gewünschten Maßstäben abzuleiten - und zwar programmgesteuert. Dieser theoretischen Möglichkeit stehen derzeit jedoch noch praktische Defizite gegenüber.

Im großmaßstäblichen Bereich - den wir vom Maßstab 1 : 1 bis vielleicht zum Maßstab 1 : 5 000 ansetzen können - ist das digitale Modell der Realwelt nahezu immer deckungsgleich mit den daraus abgeleiteten analogen Darstellungen. Dies ist im kleinmaßstäblichen Bereich - also bei Maßstäben kleiner 1 : 5 000 - grundsätzlich anders, da für eng benachbarte Objekte der verfügbare Platz in der Karte schon aus Gründen der Übersichtlichkeit und Lesbarkeit oftmals nicht mehr ausreicht. Bei der Darstellung in den Topographischen Karten sind wir deshalb gezwungen, Objekte wegzulassen, vereinfacht darzustellen oder in ihrer Lage und Geometrie verändert darzustellen. Diese verschiedenen Arbeitsweisen werden unter dem Begriff "Generalisierung" zusammengefaßt.

Und genau diese Generalisierung ist das Kernproblem, das sich mit den derzeit operationell einsetzbaren Software-Lösungen noch nicht befriedigend lösen läßt. Forschungsaktivitäten im Bereich der Wissensverarbeitung - Schlagwort: Künstliche Intelligenz - lassen hier jedoch langfristig Fortschritte erwarten. Bis es aber soweit ist, müssen die digitalen Grundrißinformationen über die reale Welt für verschiedene Maßstabsgruppen parallel eingerichtet, gespeichert und fortgeführt werden. Für den kleinmaßstäblichen Bereich geschieht dies bis auf weiteres mit der Verfahrenslösung ATKIS.

Die Konzeption der Verfahrenslösung ATKIS unterscheidet Digitale
Landschaftsmodelle (DLM) und Digitale Kartographische Modelle
(DKM).

DLM

Im Zuge der topographischen Landesaufnahme wird die Erdoberfläche
nach topographischen Gesichtspunkten in einzelne Informationen
aufgegliedert, die gemeinsam das topographische Modell der Landschaft bilden und in der Verfahrenslösung ATKIS in Form des Digitalen Landschaftsmodells geführt werden.

Da der Topograph die Erdoberfläche schon immer in Objekte gegliedert und diese nach Form, Lage, topologischen Relationen usw. in
Objektarten klassifiziert hat, finden wir auch in den DLM diese
objektorientierte Vorgehensweise. Die Objektarten (z. B. Straße,
Schienenbahn, Flugplatz) sind im Sinne einer fachlichen Gruppierung zu Objektgruppen (z. B. Straßenverkehr im Gegensatz zum
Schienenverkehr und Flugverkehr) zusammengefaßt, aus denen sich
schließlich die Objektbereiche (z. B. Verkehr) zusammensetzen.

Derzeit ist der Inhalt der DLM durch die Objektbereiche Festpunk-
te, Siedlung, Verkehr, Vegetation, Gewässer, Gebiete und Relief
festgelegt.

Die für dieses Vorgehen notwendigen Regeln sind im sog. Objektar-
tenkatalog dokumentiert.

DKM

Ausgehend vom Inhalt des DLM wird ein kartographisches Modell der
Erdoberfläche gestaltet, das im ATKIS-Sprachgebrauch als Digitales
Kartographisches Modell bezeichnet wird. Im einzelnen wird jedes
im DLM gespeicherte Objekt unter Berücksichtigung kartographi-
scher Generalisierungs- und Modellierungsprozesse in eine anschau-
liche, kartographische Signatur umgesetzt, die in digitaler Form
im DKM geführt wird.

Systemverarbeitung

Da sich die logischen Datenstrukturen der Verfahrenslösungen ALK
und ATKIS grundsätzlich entsprechen, ist es nur verständlich, daß
die Systemverarbeitung der Verfahrenslösung ATKIS auf der Basis
der Systemverarbeitung der Verfahrenslösung ALK realisiert wurde.
Dies bedeutet u.a., daß die in der Verfahrenslösung ATKIS geführ-

ten Informationen ausschließlich in vektorieller Form, objektweise und nach fachlichen Gesichtspunkten gruppiert geführt werden und die Kommunikation zwischen Datenhaltung und Datenverarbeitung über die Einheitliche Datenbankschnittstelle (EDBS) abläuft. Auf eine weitergehende Beschreibung kann unter Verweis auf die entsprechenden Ausführungen in Nr. 4 an dieser Stelle verzichtet werden.

Wegen den schon erwähnten Gegebenheiten im Zusammenhang mit der Generalisierung ist es nicht ausreichend, nur ein DLM einzurichten und hieraus alle erforderlichen DKM abzuleiten. Fachlich geboten ist derzeit vielmehr die Einrichtung von 3 verschiedenen DLM. Diese orientieren sich inhaltlich und in ihrer geometrischen Genauigkeit an der Topographischen Karte im Maßstab 1 : 25 000 (DLM 25), der Topographischen Übersichtskarte im Maßstab 1 : 200 000 (DLM 200) und der Internationalen Weltkarte im Maßstab 1 : 1 000 000 (DLM 1000).

Aufgrund der bestehenden Nachfrage von seiten der Nutzer muß die Einrichtung der DLM eindeutig Vorrang vor der Einrichtung der DKM erhalten. Da ausgehend von der seither praktizierten Handhabung wohl auch künftig unterstellt werden darf, daß das Institut für Angewandte Geodäsie (IfAG) in Frankfurt/Main für die Einrichtung des DLM 200 und des DLM 1000 Sorge trägt, können sich die Vermessungsverwaltungen der Länder schwerpunktmäßig mit der Einrichtung des DLM 25 befassen.

In Baden-Württemberg wird die erste Realisierungsstufe des DLM 25, das DLM 25/1, in dem die wichtigsten und am häufigsten verlangten topographischen Informationen erfaßt werden, landesweit binnen 5 Jahren eingerichtet. Die zur Einrichtung und laufenden Fortführung notwendigen Daten werden beim Landesvermessungsamt erfaßt, zentral verarbeitet und zentral im Rechenzentrum der Innenverwaltung (RZI) geführt.

Realisierung
Im Kabinettsbeschluß vom 5. Juni 1989 wurde das Innenministerium gebeten, nach Inbetriebnahme der Datenverarbeitungsanlagen die bedarfsorientierte Erfassung, Speicherung und Fortführung des ATKIS verstärkt fortzusetzen.

Da aus finanziellen Gründen eine vollständige Neuorientierung in Bezug auf die zur Einrichtung von ATKIS erforderlichen Datenverar-

beitungsanlagen nicht möglich war und auch eine Verlängerung des
vorgesehenen Zeitraums für die Einrichtung nicht verantwortet werden konnte, mußten die beim Landesvermessungsamt für andere Aufgaben bereits vorhandenen und mit dem Verfahren SICAD-DIGSY be-
triebenen graphisch-interaktiven Arbeitsplätze umgesetzt und als
wesentlicher Bestandteil in die Hardware-Konfiguration für die
Einrichtung des DLM 25/1 integriert werden. Ergänzt werden diese
Datenverarbeitungsanlagen um weitere graphisch-interaktive Arbeitsplätze, um Plattenlaufwerke, elektrostatische Plotter,
Magnetband- bzw. Kassettenstationen und um die Hardware für das
lokale Netzwerk (LAN).

Die Erfassung des DLM 25/1 wird mit der von der Fa. Siemens Nixdorf Informationssysteme AG (SNI) in Zusammenarbeit mit dem Niedersächsischen Landesverwaltungsamt (NLVwA) neu entwickelten Soft-
ware-Komponente SICAD-ALK/ATKIS und den dazugehörigen, vom NLVwA
für die DLM-Erfassung entwickelten Prozeduren durchgeführt. Die
landesspezifisch gebotenen Anpassungen der Prozeduren und die notwendigen Schulungen des Erfassungspersonals sind noch nicht völlig
abgeschlossen. Deshalb läuft die Einrichtung des DLM 25/1 noch im
Probebetrieb. Der Übergang in den Echtbetrieb ist im Herbst 1991
vorgesehen.

Die Einrichtung erfolgt blockweise entsprechend den Blöcken, die
jährlich zur Fortführung der Topographischen Karten vorgesehen
sind. Da in Baden-Württemberg historisch bedingt die Deutsche
Grundkarte 1 : 5 000 nicht flächendeckend vorhanden ist, müssen
zur Erfassung der topographischen Informationen neben den Topographischen Karten 1 : 25 000 auch Orthophotos verwendet werden, um
die für das DLM 25 geforderte Genauigkeit von ± 3 m für die wesentlichen linearen Objekte, Knoten und ausgewählten Punkte ein-
halten zu können. Bei der Erfassung wird die Objektauswahl in der
Regel aus der Topographischen Karte 1 : 25 000 und die Geometrie
der Objekte im wesentlichen aus den Orthophotos entnommen.

Bis zu der für 1992 terminierten endgültigen Implementierung der
ATKIS-Datenbank werden die erfaßten ATKIS-Daten im SICAD-GDB-For-
mat zwischengespeichert.

Im Rahmen einer Kooperation zwischen der Fa. SNI und dem Landesvermessungsamt Baden-Württemberg wird die Erfassung und Fortführung des DLM 25/1 mit SICAD-HYGRIS-Komponenten auf Funktionalität

und Wirtschaftlichkeit erprobt. Überdies soll ein Verfahren getestet werden, das unter Einsatz der hybriden Verarbeitung von Raster- und Vektordaten die interaktive Fortführung des gerasterten Bestands der Topographischen Karten mit den Daten des DLM 25/1 ermöglicht. Von diesen Untersuchungen werden insbesondere auch Aufschlüsse darüber erwartet, ob und ggf. unter welchen Voraussetzungen auf die eigenständige Führung der DKM verzichtet werden kann.

Eine Anmerkung gilt es in diesem Zusammenhang auch zu Rasterdaten zu machen. Die beim Landesvermessungsamt Baden-Württemberg verfügbaren Rasterdaten der Topographischen Karten 1 : 50 000 haben zumindest derzeit absolut nichts mit der Einrichtung von ATKIS zu tun, da ATKIS, wie ausgeführt, auf einem vektoriellen Datenbestand aufbaut. Gleichwohl lassen sich diese flächendeckend für das ganze Land vorhandenen Rasterdaten bestens als Hintergrundbilder zur Darstellung geographischer Zusammenhänge am Bildschirm nutzen.

6. Perspektiven

Vielfältigste Möglichkeiten zur Nutzung

Die Feststellung, daß die Einrichtung von ALB, ALK und ATKIS in ganz entscheidendem Maße die Aufgabenerledigung in der Vermessungsverwaltung verändern und rationalisieren wird, bedarf keiner Diskussion und keines Nachweises. Entscheidend für den volkswirtschaftlichen Wert der von der Vermessungsverwaltung zu erbringenden Dienstleistungen sind aber nicht so sehr diese internen Vorteile der Vermessungsverwaltung als vielmehr der aus der ressortübergreifenden Sicht sich einstellende Nutzen. Garant für eine aus der Führung der raumbezogenen Basisinformationssysteme ALB, ALK und ATKIS resultierende positive Gesamtbilanz ist deshalb in erster Linie die Tatsache, daß ausschließlich die digitale Führung von Informationen die Möglichkeiten zur Nutzung dieser Daten in ganz besonderem Maße steigert.

Diese Feststellung mag an folgendem Beispiel transparent werden: Die analoge Katasterkarte entsprach hinsichtlich Inhalt, Maßstab, Signatur usw. nicht immer den vom Nutzer gestellten Anforderungen. Zwar konnten Maßstab und Blattschnitt mit reproduktionstechnischen Möglichkeiten innerhalb gewisser Grenzen noch zweckorientiert verändert werden. Wenn aber der Nutzer lediglich an der Darstellung der Gebäude interessiert war und die in der Katasterkarte schon optisch stärker hervorgehobenen Flurstücksgrenzen gar nicht dargestellt haben wollte, blieb ihm eigentlich keine andere Wahl, als den Gebäudebestand mit hohem manuellen Aufwand in eine separate Folie hochzuzeichnen und damit vom übrigen Inhalt zu trennen.

Diese Anwendung wird sich künftig mit minimalstem Aufwand bewerkstelligen lassen, wenn - wie z. B. in der Verfahrenslösung ALK realisiert - die Gebäude als eigenständige Grundrißobjekte in einer separaten Folie geführt werden. Auch weitere, nahezu beliebige Wünsche an die Präsentation lassen sich dann einfach, schnell und individuell erfüllen. Man braucht sich z. B. nur die Möglichkeiten einer Maßstabsänderung der Darstellung (Zooming), einer nutzungsartabhängigen Flächeneinfärbung, einer Hervorhebung gespeicherter Verknüpfungshinweise zu Fachdaten usw. vorzustellen. Nicht zuletzt von ganz evidenter Bedeutung sind in diesem Zusammenhang die sich dem Nutzer bietenden Möglichkeiten, die ausgewählten Inhalte mit eigenen Geometriedaten in einer kartographischen Darstellung zu kombinieren.

Es liegt auf der Hand, daß diese vielfältigsten Möglichkeiten einer Nutzung auf der Basis digitaler Daten auch andere, als die bislang bei der Datenabgabe in analoger Form gewohnten Voraussetzungen erfordern. Diese lassen sich insbesondere nach rechtlichen und dv-technischen Gesichtspunkten gliedern und erfordern bei einer Umsetzung in die tägliche Arbeit ganz bestimmte organisatorische Maßnahmen.

Voraussetzungen rechtlicher Art
Für die Verarbeitung personenbezogener Daten durch öffentliche Stellen gilt das Landesdatenschutzgesetz. Soweit besondere Rechtsvorschriften des Bundes oder des Landes auf personenbezogene Daten anzuwenden sind, gehen diese dem Landesdatenschutzgesetz vor.

Nun ist sicherlich auszuschließen, daß alle Daten des Liegenschaftskatasters personenbezogen sind, aber ebenso unstrittig ist auch, daß das Liegenschaftskataster personenbezogene Daten enthält. Voraussetzung für die Nutzung der im ALB und in der ALK gespeicherten personenbezogenen Daten ist also die datenschutzrechtliche Zulässigkeit. Durch die Änderung des Vermessungsgesetzes im Zuge der Novellierung des Landesdatenschutzgesetzes wurden die Bedingungen zur Übermittlung von Daten des Liegenschaftskata-

sters abschließend vorgegeben und auch die vergleichbaren, für die
Nutzung der ATKIS-Daten entscheidenden Regelungen getroffen. Damit
ist der rechtliche Rahmen für die Zulässigkeit einer Nutzung umfassend gegeben. Um Mißverständnissen vorzubeugen, muß in diesem
Zusammenhang klargestellt weden, daß der Begriff der "Nutzung"
innerhalb dieser Abhandlung immer nur im Sinne des allgemeinen
Sprachverständnisses, nicht jedoch als spezifischer, im Landesdatenschutzgesetz definierter Begriff verwendet wird.

Eine weitere rechtliche Voraussetzung betrifft die Festlegung von
Gebühren und Entgelten für die Nutzung der raumbezogenen Basisinformationen. Zweifellos stellen diese Daten volkswirtschaftlich
gesehen einen nicht zu unterschätzenden Wert dar, der nur mit erheblichem Einrichtungsaufwand geschaffen und nur mit erheblichem
Fortführungsaufwand erhalten werden kann. Eine Nutzung durch andere Stellen kann deshalb nicht generell kostenlos sein. Natürlich stellt sich in diesem Zusammenhang die Frage, ob die Festsetzung von Gebühren und Entgelten auch notwendig ist, wenn der Nutzer eine andere Dienststelle der Landesverwaltung ist. Dies hat
der Gesetzgeber dadurch eindeutig bejaht, daß er im Landesgebührengesetz persönliche und sächliche Gebührenbefreiungstatbestände
bei der Inanspruchnahme von Dienstleistungen der Vermessungsverwaltung schon bisher ausdrücklich ausgenommen hat, d. h., wer bislang z. B. einen analogen Auszug aus dem Liegenschaftskataster
benötigte, mußte dafür zahlen. Konsequenz dieser Regelung ist, daß
derjenige, der künftig einen digitalen Auszug aus dem Liegenschaftskataster benötigt, ebenfalls zu bezahlen hat. Die Vermessungsverwaltung hat deshalb ausgehend von den Gegebenheiten für
die Nutzung der ALB- und ALK-Daten Gebühren und für die Nutzung
der ATKIS-Daten Entgelte festzusetzen.

Voraussetzungen dv-technischer Art
Jede Nutzung von digitalen Daten setzt einheitliche Schnittstellen
für die Datenübergabe und geeignete Transportmittel für die Datenübermittlung voraus.

Das Graphische Gesamtkonzept der Landesverwaltung Baden-Württemberg legt landesweit als einheitliches Datenaustauschformat für
die ressortübergreifende Nutzung der raumbezogenen Basisdaten die
Einheitliche Datenbankschnittstelle (EDBS) zugrunde. Die EDBS ist
Bestandteil der Verfahrenslösungen ALK und ATKIS.

Als Transportmittel für die Datenübermittlung fungiert das an anderer Stelle schon erwähnte Landesverwaltungsnetz (LVN). Die Dienststellen der staatlichen Vermessungsverwaltung können voraussichtlich noch im Laufe des Jahres 1991 vollständig an das LVN angeschlossen werden. Das Rechenzentrum der Innenverwaltung (RZI) als die Stelle, wo die raumbezogenen Basisinformationen der staatlichen Vermessungsverwaltung zentral geführt werden, verfügt bereits über den Anschluß an das LVN.

Organisatorische Erfordernisse
Wie dargelegt, werden die raumbezogenen Basisdaten zentral im RZI geführt. Damit bietet es sich geradezu an, im Falle einer Nutzung die Kommunikation unmittelbar zwischen dieser zentralen Stelle und dem Nutzer aufzubauen, und zwar dergestalt, daß der Nutzer den notwendigen Datenabruf ohne Zutun einer Vermessungsdienststelle über das LVN selbst veranlaßt (Direktzugriff). Da jede Berechtigungsprüfung durch Personen Zeit in Anspruch nimmt, muß zumindest in all den Fällen, in denen es dv-technisch möglich ist, eine programmgesteuerte Berechtigungsprüfung Anwendung finden.

Die Verfahrenslösung ALK z. B. deckt solche hohen Ansprüche durch eine 3stufige Berechtigungsprüfung ab, indem programmgesteuert die örtliche, die fachliche und die individuelle Berechtigung abgefragt wird. Diese Berechtigungsprüfung kann zudem nach Nutzungsaufträgen und nach Fortführungsaufträgen differenziert werden. Sind diese Berechtigungen im Falle eines Direktzugriffs auf z. B. die ALK-Datenbank gegeben, werden die abzugebenden Daten im einzelnen registriert, und zwar zum einen, um eine Nachprüfbarkeit der Zulässigkeit des Direktzugriffs in datenschutzrechtlichem Sinne überhaupt zu ermöglichen und zum anderen, um die Höhe der Gebühren ermitteln und festsetzen zu können. Anschließend werden die digitalen Daten als EDBS-Datensätze über das LVN an den Nutzer überstellt und der Nutzungsauftrag als solcher abgeschlossen.

Diese Variante der Nutzung kommt sicherlich nicht in allen Fällen zur Anwendung, da auf Nutzerseite neben dem erforderlichen dv-technischen Know-how auch geeignete Hardware, die über das LVN kommunizieren kann und geeignete Software, die die EDBS abdeckt, unabdingbar sind. Deshalb wird es neben dieser komfortablen Form auch auf lange Sicht Möglichkeiten geben müssen, bei denen eine dv-technische Beratung des Kunden im Einzelfall zu leisten ist, bei denen die Berechtigungsprüfung im einzelnen und durch Be-

dienstete der staatlichen Vermessungsdienststellen erfolgt und bei
denen für den Datentransfer konventionelle Datenträger, wie
Magnetbänder, Disketten etc. eingesetzt werden können bzw. die
Daten nach entsprechender Aufbereitung durch die staatlichen Vermessungsdienststellen in Form analoger Auszüge abgegeben werden.

Problemlos in diesem Zusammenhang sind sicherlich all die Fälle,
in denen die staatlichen Vermessungsdienststellen die individuell
auf den Nutzer abgestimmte Beratung und Auszugserteilung in bisher
gewohnter Weise leisten werden. Für eine ressortübergreifende
Nutzung der raumbezogenen Basisdaten reicht diese Art der Dienst-
leistung aber sicherlich nicht aus. Die Vielfalt der z. B. im Bereich der Landesverwaltung geführten Daten ist so groß, daß ohne
entsprechende Unterstützung nahezu niemand mehr in der Lage ist,
sich einen umfassenden Überblick über all diese Daten zu verschaffen, geschweige denn, sich über Einzelheiten der Datenbestände,
wie Struktur, Inhalt, Aktualität usw. klar zu werden. Gerade diese
Kenntnisse braucht aber der einzelne, wenn er ressortübergreifend
auf raumbezogene Basisdaten zugreifen will, um möglicherweise erst
mit deren Hilfe seine tägliche Arbeit schneller und besser erledigen zu können. Notwendig wird also eine Stelle, die die wesentlichsten Daten über die insgesamt vorhandenen raumbezogenen Datenbestände führt und die die gegebenen Zuständigkeiten für die Führung dieser Daten koordiniert, um landesweit und auf Dauer einen
homogenen, aktuellen, konsistenten und nach einheitlichen Regeln
standardisierten Bestand an raumbezogenen Basisinformationen zu
erhalten - oder kurz gesagt: eine Lenkungsstelle für raumbezogene
Basisinformationen.

Der Ministerrat hat mit Beschluß vom 24. Oktober 1988 das Innenministerium gebeten, beim Landesvermessungsamt eine solche Lenkungsstelle einzurichten, die im Bereich der graphischen Datenverarbeitung die Koordinierung der Einrichtung, Pflege und Nutzung der
raumbezogenen Basisinformationen übernimmt. Diese Lenkungsstelle
ist mittlerweile eingerichtet, nahm bislang allerdings im wesentlichen konzeptionelle Arbeiten wahr. Derzeit wird von den betroffenen Ressorts eine gemeinsame Verwaltungsvorschrift beraten, die
die Ziele und Aufgaben dieser Lenkungsstelle im einzelnen regeln
wird. Zum Aufbau eines Informationssystems über die raumbezogenen
Basisdaten werden in einem ersten Schritt bei allen in Frage kommenden Behörden des Landes die erforderlichen "Metadaten" erhoben
und in einer, zumindest allen Behörden zugänglichen Datenbank verwaltet.

Zug um Zug wird diese Einrichtung zu einem Leistungszentrum für die graphische Datenverarbeitung ausgebaut werden müssen, das schwerpunktmäßig alle Dienststellen der Landesverwaltung bei der Planung und Auswahl von graphischen Systemen beraten kann, die für die Landesverwaltung verbindlichen Kataloge zur Verschlüsselung und zur Objektbildung der raumbezogenen Basisinformationen erstellt und pflegt und ein zentrales Data Dictionary aufbaut, das u.a. die Beschreibung der Strukturen aller zentral und dezentral gespeicherten Daten beschreibt und so den Direktzugriff erleichtert.

Abschließende Bemerkungen

Die Landesregierung von Baden-Württemberg hat in den zurückliegenden Jahren den Rahmen gesteckt, innerhalb dessen künftig Datenverarbeitung zu erfolgen hat und gleichzeitig wichtige Projekte der Informations- und Kommunikationstechnik auf den Weg gebracht. Gleichsam im "Schatten" der auch außerhalb von Baden-Württemberg viel beachteten Konzeption des ressortübergreifenden Umweltinformationssystems (UIS) hat die Vermessungsverwaltung das Ihre getan, um den an sie gestellten Anforderungen auch in der Zukunft gerecht werden zu können. Die notwendigen Konzeptionen liegen auf dem Tisch und deren Realisierung hat begonnen. Die Zeit wird zeigen, inwieweit sich die den heutigen Prognosen zugrunde liegenden Vorstellungen und auch Hoffnungen realisieren lassen.

Es gibt mittlerweile schon Stimmen in der Vermessungsverwaltung, die meinen, daß mit der Einrichtung der raumbezogenen Basisinformationssysteme eine Entwicklung begonnen hat, an deren Ende sich das Berufsbild des Geometers in der Vermessungsverwaltung gegenüber heute wesentlich verändert haben wird und fachübergreifende, komplexe Möglichkeiten der Nutzung praktiziert werden, die unsere heutigen Vorstellungen bei weitem übertreffen. Vor dem Hintergrund eines solchen Stimmungsbildes ist es dann durchaus verständlich, wenn manche Kollegin und mancher Kollege mit Wehmut auf die zur Tradition gewordenen Aufgaben zurückblickt und nur mit Zögern bereit ist, neue Wege mitzubeschreiten. Bekanntlich steckt aber in jedem Wandel auch eine Chance. Nur diese gilt es zu sehen - und zu nutzen.

Grundlagen

Metawissen als Teil von Umweltinformationssystemen

A. Jaeschke [*1]
A. Keitel [*2]
R. Mayer-Föll [*2]
F. J. Radermacher [*3]
J. Seggelke [*4]

*1 Kernforschungszentrum Karlsruhe, Postfach 3640, D-7500 Karlsruhe
*2Umweltministerium Baden-Württemberg, Postfach 10 34 39,
    D-7000 Stuttgart 10
*3 FAW, Helmholtzstraße 16, Postfach 2060, D-7900 Ulm
*4 Umweltbundesamt, Bismarckplatz 1, D-1000 Berlin 33

Einleitung

Der vorliegende Text basiert auf den Ergebnissen einer Podiumsdiskussion anläßlich des 1990 vom Umweltministerium Baden-Württemberg und dem FAW durchgeführten Workshop *Umweltinformatik*. Thema dieser Podiumsdiskussion war die Bedeutung von Metainformation in Umweltinformationssystemen. Aussagen der Mitglieder des Podiums wie des Plenums sind in diesen Text eingegangen. Insbesondere geht es um ein Verständnis der Frage, warum es so schwierig ist, auf der Basis einer großen Menge verfügbarer, aber heterogener Daten rasch und inhaltsorientiert benötigte Informationen, auch für hochrangige Entscheidungsträger, abzuleiten, und darum, welche Bedeutung Metawissen in diesem Zusammenhang besitzt. Bis heute ist es meist noch so, daß Antworten auf konkrete Einzelfragen im Laufe von Wochen intensiver Arbeit von Referenten zusammengetragen werden müssen, wobei die Referenten ihrerseits auf ein breites Netz von persönlichen Einsichten, Beziehungen und Datenzugriffen aufbauen und dabei teils auch aufwendige technische Hilfsmittel einsetzen. Die hierbei sichtbar werdenden Probleme informationstechnischer und organisatorischer Art hängen mit grundsätzlichen methodischen Fragen im Bereich der verteilten heterogenen Datenbanken, der integrierten Modell-, Algorithmen- und Datenbanken sowie einer Vielzahl von praktischen Modellierungs- bzw. algorithmischen Problemen und ebenso mit einer Vielzahl von Fragen der technischen Umsetzung zusammen.

Keywords:
Entscheidungsfindung; integrierte Modell-, Algorithmen- und Datenbanken, Metainformation; Umweltinformatik; verteilte heterogene Datenbanken; Wissensverarbeitung.

1. Daten oder Information

Es ist in vielen öffentlichen Diskussionen üblich geworden, den Unterschied zwischen Daten und Informationen zu betonen. Wir sprechen einerseits von Datenfriedhöfen, derer wir nicht mehr Herr werden, und andererseits von einem gleichzeitig bestehenden Informationsmangel. Dieser Unterschied ist allerdings nur schwer zu präzisieren. Ganz allgemein versteht man unter Daten kontextspezifisch eher einfache bzw. elementare Tatbestände. Über die Natur dieser Tatbestände weiß man relativ genau Bescheid, und sie sind in großer Zahl vorhanden. Man denke etwa an Meßwerte chemischer Substanzen oder Einwohnerzahlen bestimmter Regionen. Über die elementaren Objekte (Anwesenheit einer bestimmten Substanz in einer bestimmten Konzentration bzw. Personen mit bestimmten Charakteristika) weiß man relativ gut Bescheid, man hat z.B. eine anerkannte Meßmethode. Daten können somit standardmäßig gewonnen bzw. abgeleitet werden. Unter Informationen versteht man demgegenüber etwas Höherwertiges; etwas, das nicht einfach gemessen werden kann, etwas, daß auf komplizierte Weise aus vielen Daten, mit Blick auf bestimmte Fragen, abgeleitet werden muß. Führungskräfte benötigen für ihre Entscheidungen meist solche Informationen, also zum Beispiel Aussagen darüber, wie sich die Qualität der Luft in einem bestimmten Gebiet entwickelt oder wie die soziale Struktur eines Wohngebiets einzuschätzen ist. Begriffe wie "Qualität", "soziale Struktur" oder "sich entwickeln" werfen dabei inhaltliche Probleme auf. Informationen haben in entsprechenden Kontexten oft einen engen Bezug zu Problemen oder Aufgaben, die zu lösen sind.

Wenn man dieses Bild zu präzisieren versucht, dann bietet sich eine Interpretation aus der Sicht der Erkenntnistheorie als geeignete Basis einer weitergehenden Formalisierung an. In dieser Sicht erschließt sich unser Verständnis der Welt z.B. über eine Hierarchie von Modellen, wobei dann - wenn man das will - die atomaren oder einfacheren Bestandteile der jeweiligen Modelle im symbolischen Bereich (in Abgrenzung zu bestimmten chemisch-geometrischen oder neuronalen Modellierungsformen) mit den Daten identifiziert werden können, während die in diesen Modellen verfügbaren Operatoren (wie zum Beispiel statistische Analysen, Prognosemethoden usw.), mit denen man auf den Daten operiert, gerade den methodischen Apparat darstellen, mit dessen Hilfe aus diesen Daten (aufgabenbezogene) Informationen abgeleitet werden können. Die so gewonnenen Informationen sind dabei zugleich wieder Daten, nämlich Basisdaten für (abgeleitete) Modelle einer entsprechend höheren Abstraktionsstufe. Es ist insbesondere eine Frage der Pragmatik, wieviele Informationen man in diesem Kontext einem Datum zuordnen will, ob also beispielsweise ein Meßwert als Teil des Datums die Genauigkeit der Messung in sich tragen soll oder nicht. Dies gilt entsprechend, wenn als Daten Textbausteine verwaltet werden. Hier stellt sich dann zum Beispiel die Frage, ob Abstracts oder Keywords als Teil der Daten (hier: Textbausteine) anzusehen sind, oder ob man im Gegenteil mit Hilfe geeigneter Abstraktionsoperatoren aus Texten automatisch die entsprechenden Informationen ableiten will. Je nach Sichtweise bzw. je nach der Qualität und Reichhaltigkeit des Ausgangsmaterials, wird man dieselben Inhalte in dem einen Fall als Datum, in dem anderen Fall bereits als extrahierte Information interpretieren wollen.

Betrachtet man die historisch dominierende Situation hinsichtlich der Gewinnung von Informationen aus Daten, so war diese gekennzeichnet durch gewisse natürliche Begrenzungen hinsichtlich der zu verarbeitenden Datenmengen. Die Bearbeitung wurde durch Fachleute vorgenommen. Die große Nähe der Fachleute zu den jeweiligen Fragestellungen, die genaue Kenntnis der (teils implizit) benutzten Modelle und der dort verfügbaren (Auswertungs-)Algorithmen und das Wissen um die Herkunft der Daten haben dazu beigetragen, daß eine tendenziell durch eigene Einsicht geprägte und oft auch "intuitive" Nutzung der Daten gewährleistet war. Hier liegt z.B. bis heute die Begründung für die entscheidende Involvierung von Fachreferenten bei der Beantwortung von Anfragen aus dem politischen Bereich, auch wenn dies oft zeitaufwendig ist. In letzter Zeit werden nun mit zunehmenden technischen Möglichkeiten und gewachsenen gesellschaftlichen Anforderungen neue Entwicklungen sichtbar.

2. Große Distanzen zwischen Daten und Informationen

Heutige Anwendungen sind aufgrund der Fortschritte in der Hard- und Softwaretechnik sowie in den Vernetzungsmöglichkeiten, aber auch aufgrund immer umfangreicherer Datenbestände, durch immer ambi-

tioniertere Anwendungen, und insbesondere durch weitergehende gesellschaftliche und politische Erwartungen (und damit verbundenen Chancen
und Probleme) gekennzeichnet. Häufig sollen Informationen in einen Ver-
dichtungsprozeß einbezogen werden, die aus ganz unterschiedlichen
Datenwelten oder -inseln stammen. Dabei ist Vorwissen über die Herkunft
der Daten oder der benutzten Modelle sowie über die Leistungsfähigkeit
von Algorithmen oft weder bei den beteiligten Personen, noch im
Datenmaterial selber, verfügbar. Wenn in dieser Situation von Menschen
versucht wird, eine Verdichtung der Daten zu benötigten Informationen
vorzunehmen, scheitert das häufig daran, daß diese benötigten
Zusatzinformationen nicht nur fehlen, sondern auch nicht mehr eruierbar
sind.

Die vielfältigen Formen benötigter Zusatzinformationen, die bei der
Erschließung von Information aus Daten helfen können, sollen im
weiteren mit dem Begriff **Metainformation** bezeichnet werden. Hierunter
fallen zum Beispiel Fragen danach, welche Daten (Informationen) in einem
großen Datenverbund abgelegt bzw. erschließbar sind: Metainformation ist
also in diesem Fall die Frage nach "Wegweisern" zu benötigten Daten oder
anderen Informationen. Sind die benötigten Informationen als solche
lokalisiert, stellt sich das Problem eines physikalischen Zugriffs und auch
der Zugriffsrechte. Metainformation betrifft in diesem Fall also Fragen des
konkreten Zugriffs auf Daten. Ist ein Zugriff auf die gesuchten Daten
erfolgt, stellt sich die Frage nach ihrer konkreten Nutzung, also zum
Beispiel den Bezug von Daten zu Modellen und Algorithmen.
Metainformation beinhaltet in dieser Nutzungssicht also die Frage der
Semantik, der Bedeutungszuordnung durch Einordnung in einem
(Modellierungs-) Kontext. Dieses Semantikproblem ist bei großer Distanz
des Auswertenden zu den Daten, damit häufig bei verteilten
Anwendungen, ein ganz grundsätzliches Problem. Man denke nur z.B. an
die Zusammenführung von Informationen aus den alten und neuen
Bundesländern, etwa in Zusammenhang mit schützenswerten Denk-
Denkmälern. Der (bis 1989) verwendete (Denkmals-) Begriff wird in
verschiedenen Kontexten (insbesondere also im Vergleich der alten zu den
neuen Bundesländern) eine unterschiedliche Bedeutung haben; eine
unmittelbare, automatisierte eineindeutige Zuordnung auf der informationstechnischen Verarbeitungsebene würde daher zu Fehlern führen.

Ist die Semantik von verwendeten Begriffen nicht explizit (in Bezug auf einen erweiterten Modellierungskontext) repräsentiert, dann können u.U. andere Informationen weiterhelfen, z.B. Informationen von der Art, wie sie Menschen benutzen, wenn sie Hinweise anderer Menschen einzuordnen versuchen. Das betrifft zum Beispiel die Zweckbestimmung von Daten oder die Interessenslagen der sammelnden Stellen als eine weitere Form von Metainformation. Es ist in diesem Zusammenhang bekannt, daß Daten in großen Informationssystemen oft global inkonsistent (also widersprüchlich) sind, einfach deshalb, weil Daten integriert wurden, die jeweils mit ganz unterschiedlichen Intentionen gewonnen wurden. Je nach Kontext und Zielsetzung wurde mal der eine, mal der andere Aspekt betont, z.B. weil in dem einen Fall Steuern zu zahlen sind, während in dem anderen Fall Subventionen begründet werden sollten. Andere wesentliche Aspekte wurden entsprechend vernachlässigt oder ganz ausgeblendet. Das Vorliegen globaler Inkonsistenzen zwischen den Daten großer Informationssysteme ist daher eine Herausforderung. Ein Hinweis auf die Zweckbestimmung von Daten kann in diesem Kontext ein besonders nützlicher Aspekt von Metainformation sein. Hinzu kommt eine Vielzahl weiterer Aspekte. So wird als Teil der weiter unten beschriebenen HEM Initiative (im Rahmen des von der UN initiierten Earth-Watch Programs Global Environment Monitoring System) im Hinblick auf den Aufbau eines Meta-Dictionories weltweit vorhandener Umweltdatenbanken insbesondere die Aufnahme folgender Arten von Metawissen vorgesehen: "name of the database, geographic scope, data content, keywords, date of inception, update frequency, measurement techniques, classification standards, accuracy, quality control, level of detail, geographic referencing, responsible organization, contact name, and conditions of access". Natürlich leitet sich aus diesem deutlichen Bedarf nach unterschiedlichen Formen von Metainformationen ein Bedürfnis nach Standards für die Ablage der Daten ab: dies ist eine Herausforderung im nationalen wie im internationalen Rahmen.

3. Führungsinformation in der Umwelttechnik

Der Umweltbereich ist ein besonders interessantes Themenumfeld für das Aufzeigen von Problemen bei fehlender Metainformation. Die Daten in diesem Bereich weisen nämlich oft eine extreme Heterogenität auf.

Gleichzeitig ist die Daten-Informations-Kette, das heißt die (hierarchische) Abfolge der Schaffung von Bedeutungen, die nötig ist, um zu entscheidungsrelevanten Aussagen zu kommen, in der Regel ausgesprochen umfangreich. Die Blickwinkel und die Kontexte, unter denen Informationen bereitgestellt wie erfragt werden, sind von der Art und Zahl her kaum oder gar nicht sinnvoll zu begrenzen. Es erscheint daher auch unmöglich, sich von der Datenseite her auch nur auf die wichtigsten zukünftigen Themen der nächsten Jahre (durch geistige Vorwegnahme) einstellen zu können. Die in diesem Umfeld einsetzbaren algorithmischen Methoden sind darüber hinaus zum Teil ausgesprochen diffizil. So ist bekannt, daß etwa bei Schadstoff-Ausbreitungsrechnungen einfache lineare Interpolationsmethoden häufig zu falschen Ergebnissen führen. Hinzu kommt, daß es sich um ein Umfeld handelt, in dem es auch - nicht zuletzt unter dem persönlichen Aspekt einer übergeordneten Wahrnehmung von Verantwortung -, bewußt oder unbewußt zu Interpretationen von Daten kommt, die fachlichen und wissenschaftlichen Erkenntnissen widersprechen.

Andererseits ist der Umweltschutz ein Feld, in dem sich viele Bürger und Politiker engagieren wollen. Um dies kompetent tun zu können, sollten sie aber unter anderem in der Lage sein, in großen Datenbeständen zu explorieren, also auf viele Fragen kontinuierlich fortschreitend rasche Antworten zu erhalten. Besteht diese Möglichkeit nicht, wie dies heute oft der Fall ist, so muß auf einer vergleichsweise dünneren und eventuell zufälligen Informationsbasis entschieden werden. Bestimmte Fragen, - und vor allem Folgefragen -, werden dann erst gar nicht gestellt. Informationsverarbeitung im Umweltbereich bildet daher ein Feld, in dem legitimerweise ein dringender Bedarf nach Informationsverdichtung und Führungsinformation (als besonders hoch aggregierte und entscheidungsnahe Formen der abgeleiteten Information) besteht. Im Sinne der Ausgangsdefinition geht es im Umweltbereich also in Breite um die Erzeugung von Information aus Daten und dies auf vielen Stufen der Abstraktion und über zum Teil sehr große Datenmengen, wobei die Datenquellen thematisch wie räumlich zum Teil weit getrennt sind. Es ist deshalb auch so, daß der Mensch bis heute als vermittelnde Instanz nicht weggedacht werden kann, andererseits gerade deshalb häufig den Engpaß darstellt. Wenn man eine Meßlatte sucht für die Frage der Erzeugung von Information aus Daten und für die Bewältigung der Schwierigkeiten verteilter heterogener Datenbanken oder auch für die Integration von Modellen, Algorithmen und Daten, dann ist der Umweltbereich sicher ein interessanter Kandidat. Aus demselben Grund stellt er ein wichtiges Umfeld dar, um den Begriff der Matainformation tiefergehend zu studieren.

4. Konkrete Umsetzungsbeispiele

Das Land Baden-Württemberg ist heute in der Bundesrepublik, und sogar weltweit, ein Pionier in Fragen moderner Umweltinformationssysteme. In der Weiterentwicklung dieser Thematik müssen daher sowohl Fragen von prinzipieller Bedeutung geklärt werden, als auch im Hinblick auf die konkrete Umsetzung erhebliche Detailarbeit in der Systementwicklung geleistet werden (Kärrnerarbeit). Hierzu gehört insbesondere der Aufbau von Basis-Datensystemen und deren zunehmende Verdichtung in Richtung eines allgemeinen Führungsinformationssystems. Dabei wird hinsichtlich der Realisierung simultan ein Top-down- und ein Bottom-up-Ansatz verfolgt.

Im Rahmen der Arbeiten zum Umweltinformationssystem (UIS) Baden-Württemberg ist das Problem der Metainformation immer wieder deutlich geworden und wird in Form verschiedener Aktivitäten in Angriff genommen. Die hierbei beobachteten Schwierigkeiten sind ähnlich wie diejenigen, die man im Rahmen der oben schon erwähnten Aktivitäten der United Nations (HEM-Initiative zur Erstellung einer Metadatenbank) bereits erkannt hat. Die konkreten Methoden, mit denen man die Schwierigkeiten zu überwinden sucht, bestehen unter anderem in der Ablage von flächendeckender Verwaltungsinformation, teils hypertextartig, teils in wissensbasierter Form (z.B. in dem ATKIS-System oder in der Nutzung und Herstellung von Raumbezügen). Prinzipien und Ideenwelten, die ebenfalls zur Orientierung genutzt werden können, sind die Aufbereitung von Informationen in Statistischen Jahrbüchern (Fußnotensysteme) oder auch die bekannten jährlichen Anpassungsmaßnahmen hinsichtlich der Begriffsbildungen und Klassifikationsprinzipien im Bereich der Patentdatenbanken. Weitere Erfahrungen werden in verschiedenen Projekten am FAW in Ulm gewonnen. Zum Beispiel geht es in dem WINHEDA-Projekt, einem gemeinsamen Projekt aller Stifter des FAW, um den Zugriff auf verteilte heterogene Datenbanken, während in dem NAUDA-Projekt (Auftrag des Landes Baden-Württemberg und der IBM Deutschland GmbH) der natürlichsprachliche Zugriff zu solchen Datenbanken das Thema ist. Dabei steht in beiden Projekten die Ablage von Metainformationen als methodisches Problem im Vordergrund. Metawissen erweist sich dabei als Schlüssel zur Bewältigung der Probleme der Verteiltheit wie des Zugriffs mittels natürlicher Sprache. Als Ergebnis der bisherigen Arbeiten, deren erhebliche praktische Signifikanz nach Inkrafttreten der EG-Richtlinie zum freien Zugriff der Bürger zu Umweltinformationen und den daraus resultierenden Bearbeitungsbelastungen noch deutlicher werden wird, ist u.a. festzuhalten, daß eine Berücksichtigung der Ablage von Metainformationen beim Datenbankentwurf eine erhebliche Arbeitserleichterung gegenüber einer nachträglichen Erarbeitung darstellt. Die Ablage dieses Wissens erfolgt zur Zeit in eingegrenzten, gesondert vereinbarten und abgelegten Begriffswelten in einen logischen Beschreibungsrahmen. Darüber hinaus wird in dem FAW-Projekt ZEUS (Gemeinschaftsprojekt aller Stifter) versucht, mit hypertextartigen Methoden das persönliche Management von Informationen zu unterstützen. Zur Zeit wird ferner daran gearbeitet, die Nutzung aufwendiger Methoden der Entscheidungstheorie und der Statistik sowie auch Clustering-Verfahren zur Erzeugung von Informationen aus Daten einzusetzen und das entsprechende Nutzungswissen als Metainformation abzulegen. Als erfolgreich bearbeitete Teilaufgabe gehört hierzu zum Beispiel die Bestimmung besonders kritischer Emittenten von Schadstoffen aus vorgegebenen Listen von Schadstoffemittenten oder die Verteilung von Meßstellen auf vorgegebene geographische Gebiete unter bestimmten Nebenbedingungen. In den Projekten WANDA und RESEDA wird die weitergehende Automatisierung der Auswertung von Wasserproben und die Interpretation von Satellitenbildern angegangen. Diese Arbeiten fallen, wie die schon genannten, in ein methodisches Umfeld, in dem Methoden der Wissensbasierung, der Verarbeitung unsicheren Wissens und der Nutzung von Geoinformationssystemen von zentraler Bedeutung sind, und in denen inhaltlich die Basis für ein zukünftiges Umweltmonitoring nicht nur in der Bundesrepublik, sondern auch in Europa und weltweit, gelegt wird. Schließlich wird in den FAW-Projekten SESAM und GENOA das Problem der Integration von Modellen, Methoden und Daten im Sinne einer rechnergetriebenen Auswahl bester Methoden für bestimmte zu lösende Fragestellungen in Angriff genommen. Dies sind Fragen von grundsätzlichem Charakter, deren Lösung die Bewältigung ganz unterschiedlicher Modellierungsebenen beinhaltet und prinzipielle Einsichten in die Repräsentation und Nutzung verschiedener Arten von Metainformation verspricht.

5. Repräsentationsfragen

Das Thema der zentralen Bedeutung der Verfügbarmachung von Metainformationen ist bis heute zu wenig in das Zentrum der Aufmerksamkeit der Entscheidungsträger und der tangierten wissenschaftlichen Disziplinen gerückt. Das hängt u.a. damit zusammen, daß man aufgrund der technischen und infrastrukturellen Gegebenheiten entsprechend große Aufgaben früher nicht flächendeckend in Angriff nehmen konnte. Dies hat sich nun geändert. Heute bietet sich in der Regel die Nutzung eines logikbasierten Beschreibungsrahmen auf der Basis einer beschränkten Begriffswelt, der Einsatz von Fragebögen als standardisierte Form der Ablage von Informationen, der Aufbau von Data-Dictionaries und die weitergehende Benutzung formaler Sprachen im Sinne einer Erweiterung der normalen Datenbanktechnologie an, z.B. im Sinne der international mittlerweile verstärkt verfolgten Zielsetzung der Interoperability von Datenbank- und Informationssystemen. Dabei gibt es erfahrungsgemäß eine enge Koppelung zwischen zunehmender Formalisierung der Art der Repräsentation von Metainformation und verbesserten Möglichkeiten eines automatisierten informationstechnischen Zugriffs. Allerdings hat sich in der Vergangenheit in komplizierten Anwendungen immer wieder gezeigt, daß im Hinblick auf zukünftige Entwicklungen wesentliche Aspekte benötigter Daten- und Informationsbeschaffung vergessen wurden und insofern eine angemessene Unterstützung bestehender Informationswünsche nach einiger Zeit nicht mehr gegeben war. Tatsächlich kennt man ähnliches aus dem Bereich der Patentdatenbanken. Dort ist man letztlich zur Fortschreibung verpflichtet und muß im Rahmen dieser Tätigkeit erfahrungsgemäß im Jahr mehrere tausend Begriffsmodifikationen mit hohem Aufwand anpassen. Es gibt ferner eine Reihe wissenschaftlicher Erkenntnisse, die zeigen, daß es auch unterhalb der Ebene der natürlichen Sprache schwierig werden kann, zu einer für (beliebige) zukünftige Anwendungen nutzbaren heutigen Ablage von Metainformation zu kommen. Wenn hier auch der objektorientierte Datenmodellierungsansatz signifikante Vorteile gegenüber der bisherigen Vorgehensweise verspricht, so scheint doch selbst auf diese Weise auch bei stark eingegrenzter Begriffswelt die Frage der Vorwegnahme zukünftiger Anforderungen ein prinzipielles Problem darzustellen. Erwartungen an verbesserten Lösungsmöglichkeiten in der Zukunft sollten daher denkbare prinzipielle Grenzen des Erreichbaren immer berücksichtigen.

Wenn diese Sicht richtig ist, dann lohnt es sich heute in besonderem Maße, mit einer halbformalisierten oder natürlichsprachlichen Ablage entsprechender Metainformationen beim Aufbau von Datcn- und Modellbanken zu beginnen. Hierbei stellt sich die noch nicht endgültig zu beantwortende Frage, ob dies eher die jeweiligen Entwickler tun sollten oder ob man frühzeitig "naive" Anwender einbeziehen soll, die unter Umständen besser in der Lage sind, den spezifischen Bedarf nach Metainformation zu artikulieren, oder ob man gar beide Gruppen involvieren soll. Eine weitere wichtige Frage ist in diesem Umfeld, wie weit man über formalisierte Methoden der Datenverdichtung bzw. über standardisierte Fragebögen zumindest einen signifikanten Umfang an vorgehaltener Randinformation, die teils auch automatisch verarbeitet werden kann, für die Zukunft sicherstellen kann. Natürlich ist der Fragebogen-Ansatz nicht voll befriedigend, da er zukünftig nur dann eine fast vollständige automatische Erschließung erlaubt, wenn über rechnerbasierte Maßnahmen der Texterschließung oder über dauernde menschliche Eingriffe bestimmte Verknüpfungen und integrierte Nutzungen von Informationen ermöglicht werden. Eine gewisse Hoffnung besteht aber längerfristig auch auf bessere Möglichkeiten zum Verständnis der natürlichen Sprache. Ein Schlüsselprojekt hierfür scheint CYC bei Microelectronics and Computer Technology Corporation (MCC), einem großen Institut der industriellen Gemeinschaftsforschung in Austin/Texas zu sein. Dort wird versucht, das "Alltagswissen" der westlichen Zivilisation als Basis für Sprachverstehen und damit zugleich als Basis für die Integration verteilter heterogener Datenbanken im Rahmen einer wissensbasierten Modellierung zu repräsentieren. Die Arbeit, die hier getan wird, betrifft unter anderem das (lästige) Bereitstellen flächendeckender Informationen bzgl. alltäglicher Aspekte des Lebens (Umfang: etwa 200 Millionen elementare Wissenseinheiten) in einer spezifischen Form, und hat damit eine ähnliche gesellschaftliche Bedeutung wie solch wichtige Errungenschaften wie die Erstellung von

Enzyklopädien, Wörterbüchern oder auch Telefon-Teilnehmer-Verzeichnissen. Die entsprechenden Arbeiten gehen zügig voran und versprechen das Erreichen der angestrebten Ziele innerhalb der nächsten 5 Jahre. Damit würde eine wichtige Voraussetzung geschaffen werden, um vielleicht eine weitergehende Integration von Metawissen über die Nutzung der natürlichen Sprache zu schaffen. Ob dies gelingen wird, bleibt dabei natürlich vorläufig noch offen.

Vor diesem Hintergrund können an dieser Stelle als Resümee der Diskussion folgende Empfehlungen gegeben werden:

1. Die Betonung des Aspektes der Metainformation ist wichtig und sollte verstärkt verfolgt werden.

2. Es sind die folgenden zwei Wege im Umgang mit derartigen Informationen forciert zu untersuchen.

   a) Zum einen der Umgang mit vergleichsweise kleinen spezifischen Begriffswelten für spezielle Anwendungen (vermutlich in einer objektorientierten Beschreibung) und den dazu korrespondierenden Verarbeitungsmethoden der KI, wie sie etwa in den genannten FAW-Projekten im Vordergrund stehen.

   b) Verstärkte Auflagen bei dem Aufbau und dem Betrieb entsprechender Datenbanken hinsichtlich einer systematischen Ablage bestimmter Metainformationen in natürlichsprachlicher Form, möglicherweise unter Nutzung teilweise standardisierter Fragebögen, wobei auf der Basis eines zu erarbeitenden Kataloges von Anforderungen ein Basisumfang an derartigen Informationen und eine gewisse standardisierte Vergleichbarkeit dieser Mindestinformation sichergestellt werden sollte.

3. Es scheint sinnvoll, z.B. auf Landesebene in Baden-Württemberg, oder besser noch auf Bundesebene, einen Gesprächskreis von fachlich tangierten Anwendern, Wissenschaftlern und Vertretern des Landes und/oder des Bundes zu etablieren und gemeinsam zu versuchen, die genannten Ansätze weiter zu verfolgen und insbesondere in Richtung auf eine Sicherstellung von Mindestanforderungen die angedeuteten Absprachen und Standardisierungsüberlegungen voranzutreiben.

Danksagung

Wir danken den Plenumsteilnehmern der Diskussion sowie Kollegen, Freunden und Mitarbeitern für viele Hinweise und Anregungen, die in diesen Text eingeflossen sind.

Literatur

[1] Alonso, R.; Garcia-Molina, H.; Salem, K.: "Concurrency Control and Recovery for Global Procedures in Federated Database Systems", IEEE Data Engineering, vol. 10, no. 3, pp. 5-11, September 1987

[2] Appel, M.V.; Scopp T.: Automated Industry And Occupation Coding, ECSC-EEC-EAEC, Brüssel, 1989

[3] Applegate, L.M.; Konsynski, B.R.; Nunamaker, J.F.: Model Management Systems, Design for Decision Support, in: Decision Support Systems 2 (1), 81-91, 1986

[4] Barcaroli, G.; Fortunato, E.: Intelligent Interfaces Users and Statistical Databases, ECSC-EEC-EAEC, Brüssel, 1989

[5] Baumhauer, W.: Umweltpolitik in Baden-Württemberg am Beispiel des Umweltinformationssystems, BDVI-Forum 3/1989

[6] Brodie, M. et al.: Database systems: Achievements and opportunities, Report of the NSF Invitational Workshop on Future Directions in DBMS Research, 1990

[7] Buchmann, A.; Günther, O.; Smith, T.; Wang, Y.F. (Eds.): Design and Implementation of Large Spatial Databases; Lecture Notes in Computer Science No. 409; Springer Verlag, Berlin, 1990

[8] Colmerauer, A.: Introduction to PROLOG III. Proceedings of the Annual ESPRIT-Conference, Brussels, North-Holland, pp. 611-629, 1987

[9] Dadam, P.; Kuespert, K.; Andersen, F.; Blanken, H.; Erbe, R.; Guenauer, J.; Lum, V.; Pistor, P.; Walch, G.: A DBMS Prototype to Support Extended NF2 Relations: An Integrated View on Flat Tables and Hierarchies, IBM Heidelberg Scientific Center, ACM, 1986

[10] Dhar, V.: A truth maintenance system for supporting constraint-based reasoning, Decision Support Systems 5, 379-387, 1989

[11] Dincbas, M. et al.: The constraint logic programming language CHIP. Proceedings of the International Conference on Fifth Generation Computer Systems, Tokyo, ICOT, pp. 693-702, 1988

[12] Drewett, R.; Tanenbaum, E.; Taylor, M.: Creating A Standardised and Integrated Knowledge-Based Expert System for the Documentation of Statistical Series, ECSC-EEC-EAEC, Brüssel, 1989

[13] Felter, R.: Decision Support Assistant, Deutscher Universitätsverlag, Wiesbaden, 1989

[14] Garcia-Molina, H.; Wiederhold, G.; Lindsay, B.: Research Directions for Distributed Databases, in: ACM SIGMOD Record - Special Issue on Future Directions for Database Research, W. Kim (Hrsg.), Vol. 13, No. 4, Dezember, 1990

[15] Gaul, W.; Schader, M. (Eds.): Data, Expert Knowledge and Decisions, Springer Verlag, Berlin-Heidelberg-New York, 1988

[16] Geoffrion, A.: Structured Modelling, UCLA Graduate School of Managment, Los Angeles, 1988

[17] Geurts, B. (Ed.): Natural Language Understanding in LILOG: An Intermediate Overview, IBM Germany Scientific Center, Institute for Knowledge Based Systems, IWBS Report 137, Stuttgart, 1990

[18] Glassey, C.R.; Agida, S.: Conceptual design of a software object library for simulation of semiconductor manufacturing systems. Journal of Object-Orientied Programming 2, 39-43, 1989

[19] Greenberg,B.V.: Developing An Expert System for Edit and Imputation, ECSC-EEC-EAEC, Brüssel, 1989

[20] Greenberg, H.J.: Computer-Assisted Analysis for Diagnosing Infeasible or Unbounded Linear Programs, Mathematical Programming Studies 31, pp. 79-97, 1987

[21] Greenberg, H.J.: ANALYZE Rulebase, in Proceedings of NATO ASI: Mathematical Models for Decision Support, G. Mitra (ed.), Springer Verlag, pp. 229-238, 1988

[22] Günther, O: Data Management in Environmental Information Systems; Proceedings 5. Symposium für den Umweltschutz; Informatik-Fachberichte, Springer-Verlag, Berlin, 1990

[23] Günther, O.; Buchmann, A.: Research Issues in Spatial Databases, IEEE Data Engineering Bulletin, Vol. 13, No. 4, 1990, und ACM SIGMOD Record, Vol. 19, No. 4, 1990 (Special Issues on Directions for Future Database Research and Development, Hrsg.: W. Kim)

[24] Günther, O.; Kuhn, H.; Mayer-Föll, R.; Radermacher, F. J. (Hrsg.): Umweltinformatik 1990, Bericht eines FAW-Workshops, FAW-Forschungsbericht, FAW-B-91002, 1990

[25] Heimbigner, D.; McLeod, D.: A Federated Architecture for Information Management, ACM Transaction on Office Information Systems, vol. 3, No. 3, 1985

[26] Hong, S.N.; Mannino, M.W.: Semantics of Modeling Languages: Logic and Mathematical Modeling, Proc. 1990 ISDSS Conference, Austin, 41-68, 1990

[27] Hooker, J.N.: A quantitative approach to logical inference. Decision Support Systems 4, 45-69, 1988

[28] IBM Corp.: General Information, IBM SAA LanguageAccess, Release 1.0, GH19-6680-0, 1990

[29] Isenmann, S.; Jarke, M.; Kämpke, T.; Lutzeier, G.: Kompetenzinformation als Strukturierungskonzept für integrierte Umweltinformationssysteme; GI-Fachberichte Informatik, 1989

[30] Jaeschke, A.; Pillmann, W. (Hrsg.): Informatik für den Umweltschutz, Proceedingsband, 5. Symposium Wien, Österreich, September 1990 Informatik-Fachberichte 256, Springer-Verlag, Berlin-Heidelberg-New York-London, 1990

[31] Jarke, M.; Radermacher, F. J.: The AI Potential of Model Management and Its Central Role in Decision Support, Decision Support Systems 4 (4), 387-404, 1988

[32] Jeroslov, R.G. (Ed.): Approaches to Intelligent Decision Support, Annals of OR 12, 1988

[33] Kämpke, T.; Kress, W.; Schulz, K.-P.; Wolf, P.: Multiattributive Bewertungen mit Anwendungen auf Umweltprobleme. FAW-Bericht TR-900028, 1990

[34] Kämpke, T.; Radermacher, F. J.; et al.: Höhere Funktionalitäten in Umweltinformationssystemen. FAW-Bericht FAW-B-8804, 1988

[35] Kämpke, T.; Radermacher, F. J.; Solte, D.; von Stengel, B.; Wolf, P.: The FAW Preference Elicitation Tool, wird erscheinen in: DSS, 1991

[36] Keeney, R.L.; Möhring, R.H.; Otway, H.; Radermacher, F. J.; Richter, M.M. (Eds.): Design Aspects of Advanced Decision Support Systems, Special Issue of Decision Support Systems 4 (4), 1988

[37] Keeney, R. L.; Möhring, R. H.; Otway, H.; Radermacher, F. J.; Richter, M. M. (Eds.): Multi-Attribute Decision-Making via O.R. - Based Expert Systems, Annals of Operations Research 16, 1988

[38] Keitel, A.: Integration von Hintergrund-Informationen in der Konzeption für das Umwelt-Führungs-Informationssystem (UFIS) des Landes Baden-Württemberg, in: [24].

[39] Koszerek, D.: An Expert System for GAP Filling in External Trade Statistics, ECSC-EEC-EAEC, Brüssel, 1989

[40] Küpper, D.; Michalski, R.; Rösner, D., Striegl-Scherer, A.: Evaluationsstudie Wissensrepräsentationstechniken in natürlich-sprachlichen Zugangssystemen zu Datenbanken, FAW Ulm, März 1990

[41] Lamb, J.: Putting Semantics Into Data Capture, ECSC-EEC-EAEC, Brüssel, 1989

[42] Lauritzen, S. L.; Spiegelhalter, D. J.: Local computations with probabilities on graphical structures and their application to expert systems (with discussion), in: J. Roy, Statist. Soc., B., 50, BR-1, p. 157-224, 1988

[43] Lenat, D.B.; Guha, R.V.: Building Large Knowledge-Based Systems, Representation and Inference in the CYC Project, Addison-Wesley Publishing Company, Reading, 1989

[44] Mayer-Föll, R.: Zur Rahmenkonzeption des Umwelt-informationssystems Baden-Württemberg, in: Günther, O.; Mayer-Föll, R.; Kuhn, H.; Radermacher, F. J. (Eds.), Dokumentation des FAW Workshops Umweltinformatik, FAW-B-91002, Ulm, 1990

[45] McKeown, D. M. Jr.: The Role of Artificial Intelligence in the Integration of Remotely Sensed Data with Geographic Information Systems, IEEE Transactions on Geoscience and remote sensing, Vol. GE-25, No. 3, May, 1987

[46] Murphy, F.; Stohr, E.: An intelligent system for formulating linear programs, in: Decision Support Systems Bd. 2, p. 39-48, 1986

[47] Muth, P.; Rakow, T.C.: Atomic commitment for integrated database systems. Arbeitspapiere der GMD 460, July 1990

[48] Page, I.D.: Information Products in the 90s, Proc. Hewlett-Packard European Scientific Symposium, Vienna, 95-110, 1990

[49] Pearl, J.: Probabilistic Reasoning in Intelligent Systems: Networks of Plausible Inference, Morgan Kaufmann Publishers, Inc., San Mateo, CA, 1988

[50] Pichler, F.; Schwärtzel, H.: CAST - Computerunterstützte Systemtheorie, Springer Verlag, Berlin-Heidelberg-New York, 1990

[51] Pistor, P.; Andersen, F.: Designing a generalized NF2 Model with an SQL-Type Language interface, Proceedings of the Twelfth International Conference on Very Large Data Bases, Kyoto, August 1986

[52] Radermacher, F. J.: Der Weg in die Informationsgesellschaft, Analyse einer politischen Herausforderung, in: Henn, R. (Ed.): Technologie, Wachstum und Beschäftigung, Festschrift für Lothar Späth, Springer Verlag, Berlin-Heidelberg-New York, 1987

[53] Radermacher, F. J.: AI Laboratory Ulm, Informatik-Fachberichte 227, 259-267, Springer Verlag, Berlin-Heidelberg-New York, 1989

[54] Radermacher, F. J.: Modellierung und Künstliche Intelligenz, Informatik-Fachberichte 259, 22-41, Springer Verlag, Berlin-Heidelberg-New York, 1990

[55] Radermacher, F. J.: The Importance of Meta-Knowledge for Environmental Information Systems, in: O. Günther; H.-J. Schek (Hrsg.): Advances in Spatial Databases, Lecture Notes in Computer Science No. 525, Springer-Verlag, Berlin, 1991

[56] Radley, P.: The Next Decade in Telecommunications, Proc. Hewlett Packard European Scientific Symposium, Vienna, 13-23, 1990

[57] Reuter, A.: Verteilte Datenbanksysteme: Stand der Technik und aktuelle Entwicklungen, in: Valk, R. (Hrsg.), 18. Jahrestagung der GI Gesellschaft für Informatik, Informatik Fachberichte 187, Springer Verlag, 1988

[58] Schader, M.; Gaul, W. (Eds.): Knowledge, Data and Computer-Assisted Decisions, NATO ASI Series, Springer Verlag, Berlin-Heidelberg-New York, 1990

[59] Schek, H.-J.; Weikum, G.: Erweiterbarkeit, Kooperation, Föderation von Datenbanksystemen, Proceedings 4th GI Conference on Database Systems for Office, Engineering and Scientific Applications (BTW), Springer-Verlag, Berlin-Heidelberg-New York-London, Informatik-Fachberichte, in press 1991

[60] Seggelke, J.: Grundlagen, Möglichkeiten und Grenzen der künstlichen Intelligenz und anderer DV-gestützter Umweltsysteme, in: Proceedingsband 5. Symposium Wien 1990, Informatik-Fachberichte 256, S. 641-650, Springer-Verlag, Berlin-Heidelberg-New York-London, 1990

[61] Sheth, A.P.; Larson, J.A.: Federated Database Systems for Managing Distributed, Heterogeneous and Autonomous Databases, ACM Computing Surveys, September, 1990

[62] Smith, T.; Peuquet, D.; Menon, S.; Agarwal, P.: A knowledge-based geographical information system, Int. J. Geographical Information Systems, Vol. 1, No. 2, p. 149-172, 1987

[63] Solte, D.; Grünberger, H.: Verteilte Systeme im heterogenen Netzverband; Uni Cadmus, No. 1+2, 1989

[64] Späth, L.: Wende in die Zukunft: Die Bundesrepublik auf dem Weg in die Informationsgesellschaft, Springer-Verlag, Hamburg, 1988

[65] Stonebraker, M.: Future Trends in Database Systems, Proc. 4th International Conference on Data Engineering, Los Angeles, 1988

[66] Tsur, S.: Data Dredging, in: ACM SIGMOD Record - Special Issue on Future Directions for Database Research, W. Kim (Hrsg.), Vol. 13, No. 4, Dezember, 1990

[67] van Hee, K.M.; Houben, g.J.; Somers, L.J.; Voorhoeve, M.: A formal model for system specification, Eindhoven University of Technology Computing Science Notes 88/08

Informatik für den Umweltschutz

Oliver Günther
FAW Ulm
Postfach 20 60, D - 7900 Ulm
e-mail: GUENTHER@DULFAW1A.Bitnet

1. Einleitung

Auch im Umweltschutz haben Methoden der Informatik und der Künstlichen Intelligenz in letzter Zeit verstärkt Beachtung gefunden. Innerhalb weniger Jahre wurden zahlreiche Forschungs- und Entwicklungsaktivitäten auf diesem Gebiet begonnen, die zunehmend unter dem Begriff *Umweltinformatik* zusammengefasst werden. Ein besonderes Interesse gilt dabei den *wissensbasierten Systemen* (oder *Expertensystemen*).

Die Umweltinformatik ist sicherlich nicht als enger Teilbereich der Angewandten Informatik anzusehen, sondern vielmehr als Querschnittsdisziplin, die Methoden aus unterschiedlichen Teilgebieten der Informatik mit Anwendungswissen aus der Chemie, den Geo- und den Biowissenschaften kombiniert, um so den Informationsstand über unsere Umwelt zu verbessern und bessere Entscheidungen in diesem für unsere Gesellschaft so kritischen Bereich zu ermöglichen. Wir möchten dieses neue Anwendungsgebiet der Informatik im folgenden kurz beschreiben und die Vorgehensweise an einigen Forschungsprojekten, die derzeit am Forschungsinstitut für anwendungsorientierte Wissensverarbeitung (FAW) in Ulm durchgeführt werden, beispielhaft darstellen.

2. Umweltinformatik

Wie in der klassischen betrieblichen Datenverarbeitung lassen sich auch in der Umweltinformatik vier Phasen des Datenflusses identifizieren: die Datenerhebung, die Datenaufbereitung, die Datenhaltung und die Datenanalyse.

In der *Datenerhebung* werden im Umweltbereich außerordentlich große Mengen komplexer Rohdaten erhoben. Dies können Meßdaten sein, wie sie im Rahmen eines umfassenden Monitorings von Luft-, Wasser- und Bodenzustand durch Meßnetze verfügbar gemacht werden. Zu diesen Rohdaten gehören aber auch Bilddaten, d. h. insbesondere Luft- und Satellitenbilder der Erdoberfläche. Nach Schätzungen der NASA werden uns in einigen Jahren bis zu 10 Terabytes an Bilddaten *pro Tag* zur Verfügung stehen. Es ist offensichtlich, daß eine Sichtung und Nutzung dieses Materials nur mit Hilfe von rechnergestützten Verfahren zur Messung und Aufbereitung möglich ist.

In der Phase der *Datenaufbereitung* werden diese Daten zu komplexeren semantischen Einheiten aggregiert. Während z. B. die Satellitenbilder zunächst nur als Mengen von Pixeln verwaltet wurden, wird nun versucht, Ecken und Kanten zu erkennen, möglicherweise einen Abgleich mit vorliegendem Kartenmaterial vorzunehmen und letztlich *Geo-Objekte* (d.h. Städte, Flüsse usw.) auf dem Bild zu identifizieren. Meßreihen werden ebenfalls aggregiert; u.U. werden auch erste statistische Auswertungen vorgenommen.

Anschliessend werden die aggregierten Daten (möglicherweise in komprimierter Form) in einer Datei, einer Datenbank oder einem geographischen Informationssystem (GIS) abgelegt. Bei der *Datenhaltung* sind Fragen des geeigneten Datenbankdesigns und der Daten- und Speicherstrukturen von großer Bedeutung für das spätere Laufzeitverhalten. Aufgrund der Komplexität und Heterogenität von Umweltdaten sind hierzu wesentliche Erweiterungen klassischer Datenbanktechnologie vonnöten.

In der *Datenanalyse* soll dann auf der Grundlage der vorliegenden Daten eine effiziente Entscheidungsunterstützung geleistet werden. Dabei muß zunächst auf Daten zugegriffen werden, die u. U. regional verteilt auf Rechnern unterschiedlicher Hersteller abgelegt sind und nach unterschiedlichen Datenmodellen organisiert sind. Für die Analyse werden typischerweise neben komplexen statistischen Methoden auch Szenarien und Modellrechnungen eingesetzt, um durch die Verknüpfung der aktuellen Daten mit Modellen Aussagen über den Zustand der Umwelt sowie über die Wirksamkeit von durchgeführten oder geplanten Maßnahmen machen zu können.

Wie bereits erwähnt, gibt es also viele Parallelen zur klassischen betrieblichen EDV; auch dort werden Daten erhoben, aufbereitet, abgelegt und schließlich zur Entscheidungsunterstützung genutzt. Nun treten aber im Umweltbereich einige besondere und ungewohnte Anforderungen auf, die das Vorgehen teilweise erheblich erschweren.

Zum einen sind die anfallenden *Datenmengen* in der Tat außerordentlich groß. Wie gesagt, handelt es sich bei den Bilddaten vom Umfang her um Terabytes, d. h. es geht hier um Datenmengen, die um Größenordnungen über dem liegen, was derzeit in Datenbanken abgelegt wird. (Konto-Datenbanken von Großbanken liegen typischerweise im Gigabyte-Bereich.) Dies führt unweigerlich zu großen Problemen bei der Aufbereitung und bei der Datenhaltung.

Was die *Aufbereitung* angeht, so ist an eine rein manuelle Verarbeitung in Anbetracht der Datenflut kaum mehr zu denken. Zum jetzigen Zeitpunkt sind für derartige Auswertungen in den meisten Fällen hochqualifizierte Experten (analytische Chemiker, Geodäten, Ökologen u. a.) notwendig. Andererseits beinhaltet die Auswertung aber auch viel Routinearbeit; z. B. werden häufig vorkommende Standardsubstanzen in chemischen Analysen sofort erkannt, oder es werden Luftbilder mit Wolken vorab aussortiert. Es wäre daher äußerst wünschenswert, wissensbasierte Systeme zur Verfügung zu haben, die den Bearbeiter bei der Auswertung unterstützen. Diese Systeme könnten insbesondere als interaktive Assistenzsysteme eingesetzt werden, die auch einer fachlich weniger qualifizierten Arbeitskraft die Auswertung komplexer Probendaten ermöglichen. So wäre es möglich, die Qualifikationsschwelle zu senken, die für eine befriedigende Auswertung im Routinefall erforderlich ist, und hochqualifizierte Experten für andere Aufgaben freizustellen.

Darüber hinaus würden es derartige Assistenzsysteme unter gewissen Umständen einem Entscheidungsträger erlauben, die teilweise sehr komplexe Auswertungstechnik direkt zu bedienen, ohne für jeden Einzelfall eine Fachkraft in Anspruch nehmen zu müssen. Eine vollautomatische Auswertung ist allerdings zum einen aus technischen Gründen in vielen Fällen noch nicht möglich, sie ist zum anderen aber auch nicht immer wünschenswert. Mit der Auswertung der Daten ist oft auch eine Art Plausibilitätsprüfung verbunden, die ein besonderes Maß an Erfahrung und Fachwissen voraussetzt. Diese Plausibilitätsprüfung ist in wissensbasierten Systemen erfahrungsgemäß nur schwer zu realisieren. Dies gilt in noch stärkerem Maße für die fachgerechte Interpretation von Meßergebnissen. In jedem Fall ist eine gewisse Filterung erforderlich, bei der die Validität der Daten überprüft wird, bevor sie als Entscheidungsgrundlage verwendet werden.

Auch im Bereich der *Datenhaltung* führen die großen Datenmengen zu Problemen. Viele weitverbreitete Datenbankalgorithmen, wie z. B. Methoden zur Transaktionsverwaltung (Mehrbenutzerbetrieb, Wiederanlauf, Anlage von Checkpoints), Pufferverwaltung oder Anfrageoptimierung, haben eine mindestens lineare Zeitkomplexität, wodurch bei sehr großen Datenbanken erhebliche Performanzprobleme entstehen. Hier muß an den Einsatz neuer (z. B. inkrementeller) Algorithmen gedacht werden. Auch die typische zweistufige Speicherhierarchie (Hauptspeicher und Platte) ist für Umweltanwendungen oft nicht mehr ausreichend. Insbesondere für die umfangreichen historischen Datenbestände muß an die Integration einer dritten Speicherebene für Massendaten gedacht werden; für diese *Archivierung* könnten auch optische Speichermedien eine wichtige Rolle spielen. In diesem Bereich sind Zugriffszeiten von mehreren Minuten durchaus zumutbar; wichtig ist allerdings, daß die Aufteilung auf die unterschiedlichen Speicherebenen für den Benutzer völlig transparent bleibt, sodaß auch die Anfrage nach weit zurückliegenden historischen Daten mit der vertrauten Anfragesprache interaktiv durchgeführt werden kann.

Ein weiterer Problembereich, der insbesondere die *Datenanalyse* betrifft, ist die extreme Heterogenität und Verteiltheit der benötigten Information. Wie in vielen Industrieunternehmen, so ist auch in der Datenverarbeitung der Umweltverwaltungen die Existenz von Insellösungen eher die Regel als die Ausnahme. Das Problem der Zusammenführung von Informationen aus diesen unterschiedlichen EDV-Inseln wirft zahlreiche Probleme auf.

Auf der physischen Ebene ergibt sich die Frage nach einer leistungsfähigen Rechnervernetzung, die große Mengen von Daten schnell an den gewünschten Ort zu bringen erlaubt. Neben der Verbindung an sich spielt dabei auch die Komplexität des Zugriffs eine Rolle. Im Idealfall sollte die regionale Verteiltheit für den Benutzer völlig unsichtbar sein, sodaß der Zugriff auf lokale wie anderswo gelagerte Daten mit der gleichen Befehlsfolge durchgeführt werden kann. Ein derartiger Ansatz ist bei der Vernetzung von UNIX-Workstations über *Local Area Networks (LANs)* bereits die Regel.

Schwieriger wird die Sache aber schon, wenn in heterogenen Netzwerken operiert wird, d.h. wenn Rechner unterschiedlicher Hersteller, unterschiedlicher Größenordnungen (PC - Workstation - Großrechner) sowie unterschiedlicher Betriebssysteme vernetzt werden. Hier wird erst allmählich das Problem angegangen, allgemeingültige Paradigmen zu finden anstatt immer nur den gerade anstehenden Spezialfall zu lösen.

Am schwierigsten scheinen schließlich die Probleme auf der semantischen Ebene, die bei der Verknüpfung unterschiedlicher Datenbestände auftreten. Neben der meist nicht zu vermeidenden partiellen Redundanz und den daraus resultierenden Widersprüchlichkeiten werden oft auch gleiche Begriffe mit unterschiedlichen Namen belegt sein und umgekehrt unterschiedliche Begriffe den gleichen Namen tragen.

Diese Frage wird in einem kürzlich erschienenen Aufsatz einiger führender amerikanischer Datenbank-Forscher ausführlich diskutiert.* In Abwandlung eines dort zitierten Beispiel betrachte man einmal die Situation eines Referenten der Kommission der Europäischen Gemeinschaft, der versucht, die Anzahl der Kläranlagen in den zwölf EG-Mitgliedsstaaten zu ermitteln. Im Zuge der von der EG propagierten Datentransparenz im Umweltbereich kann davon ausgegangen werden, daß innerhalb der nächsten zehn Jahre in allen EG-Mitgliedsstaaten Online-Datenbanken zur Verfügung stehen werden, an die entsprechende Anfragen gerichtet werden können. Darüber hinaus kann der EG-Referent mit Hilfe entsprechender Metadaten ermitteln, wie auf diese Daten zugegriffen werden kann, um dann an jede Datenbank die jeweils korrekte Anfrage zu stellen.

Leider ist die Summe der Antworten auf diese zwölf Anfragen aber nicht notwendigerweise die Antwort auf die Gesamtanfrage. Manche Staaten werden Kläranlagen erst ab einer bestimmten Größe in die nationale Datenbank aufnehmen, andere mögen sämtliche vorhandene Anlagen registrieren. In manchen Datenbanken wird jede Klärstufe separat gezählt, in anderen gilt der gesamte Komplex einer Kläranlage als eine einzige Installation. Einige Länder registrieren nur öffentliche Anlagen, andere beziehen private Kläranlagen in die Zählung mit ein. Das grundlegende Problem hierbei ist, daß die zwölf Datenbanken auf der semantischen Ebene nicht konsistent sind.

Da die einzelnen Datenbanken nicht unbedingt unter dem Aspekt einer Interoperabilität mit anderen Datenbanken entworfen worden sind, gibt es kein globales Datenbankschema, dem sich alle beteiligten Datenbanken anpassen. Man wird stets mit gewissen Inkompatibilitäten leben müssen, so zum Beispiel auch mit unterschiedlichen Maßeinheiten. Während die gereinigte Wassermenge in der einen Datenbank in Litern pro Tag angegeben wird, registriert eine andere Datenbank Hektoliter pro Stunde. In diesem Beispiel ist eine einfache Umrechnung zwischen den Datenformaten möglich, um konsistente Antworten zu erhalten. In schwierigeren Fällen können auch Definitionen (so z. B. die Definition der Wassermenge) von Datenbank zu Datenbank variieren. Schlimmer noch sind Fälle, in denen eine lokale Datenbank gewisse Informationen ganz unterschlägt (wie z. B. die Daten über private Kläranlagen), was zu schlichtweg falschen Antworten führen kann.

Um in Zukunft eine bessere Interoperabilität der Datenbanken zu erreichen, sind grundsätzliche Fortschritte hinsichtlich dieser semantischen Fragen notwendig. Wir müssen das von den Datenbanken verwendete Datenmodell deutlich erweitern, um *wesentlich* mehr semantische Information über die Bedeutung jedes Datums in einer Datenbank bereitzustellen.

---

* A. Silberschatz, M. Stonebraker und J. D. Ullman (Hrsg.), "Database Systems: Achievements and Opportunities", *SIGMOD Record*, Vol. 19, No. 4, Dezember 1990.

Inkonsistenzen müssen in einer geeigneten Sprache beschrieben werden, die auch vom Computer direkt verstanden und zur korrekten Interpretation von Benutzeranfragen herangezogen werden kann. Solche Zusatzinformation wird zunehmend mit dem Begriff *Metadaten* belegt. Daß diese ganze Problematik weit über den Umweltbereich hinaus Bedeutung hat, versteht sich von selbst.

Die für die Datenanalyse eingesetzten Techniken sind aber keineswegs nur für den Entscheidungsträger in der Umweltverwaltung oder in einem Industrieunternehmen von Nutzen. Gerade im Umweltbereich erfolgt zu Recht immer häufiger der Ruf nach Offenheit und Transparenz. Wie bereits angesprochen, fordert die Europäische Gemeinschaft für 1992 ein weitreichendes Anfragerecht für den Bürger. Das den Umweltverwaltungen vorliegende Datenmaterial muß dann bis auf wenige Ausnahmen für den Bürger frei einsehbar sein. Der Geltungsbereich der geplanten Vorschriften, die dem amerikanischen *Freedom of Information Act* nachempfunden sind, soll übrigens keineswegs nur öffentliche Dokumente umfassen, sondern auch amtliche Erkenntnisse über bestimmte Unternehmen (wie z.B. Informationen über das gemessene Emissionsverhalten). Andererseits soll Firmen aber die Möglichkeit eingeräumt werden, den allgemeinen Zugriff auf gewisse sensitive Daten zu untersagen. Diese Zugriffsrechte müssen in einem EDV-gestützten Auskunftssystem sicher und effizient implementiert werden.

Außerdem beziehen sich Bürgeranfragen natürlich nicht immer auf Rohdaten, die die Verwaltung beim derzeitigen Stand der Technik mit einigen wenigen Datenbankanfragen - sozusagen auf Knopfdruck - zur Verfügung stellen könnte. Gerade auch in diesem Bereich wird es oft unvermeidlich sein, Informationen unterschiedlicher Art und Herkunft zu verknüpfen. Wer weiß, daß die (manuelle) Beantwortung von Landtagsanfragen durch Fachreferenten derzeit typischerweise mehrere Wochen Bearbeitungszeit in Anspruch nimmt, ahnt, was hier an Zusatzaufwand auf die Verwaltung zukommt. Unabhängig von einer noch zu definierenden Gebührenregelung ergibt sich schlichtweg die Frage nach genügend ausreichend qualifiziertem Personal. Der Entwicklung von geeigneten Werkzeugen zur Handhabung heterogener verteilter Information kommt daher auch unter diesem Aspekt große Bedeutung zu.

Ein weiteres Problem im Rahmen der angesprochenen Heterogenität der benötigten Information ist die *geometrische Beschaffenheit* vieler Umweltdaten. Im Umweltbereich arbeitet man oft nicht mehr nur mit Datenpunkten, sondern mit mehrdimensionalen ausgedehnten Objekten (z. B. Polygonen), die einem Ort im Raum zugeordnet sind (*Geokodiertheit*). Daraus ergibt sich die Möglichkeit zu neuartigen komplexen Anfragen wie der *Bereichsanfrage*, bei der alle Objekte in einem vorgegebenen Gebiet gesucht werden (z. B. *Finde alle Kirchen im Umkreis von 20 km um Ulm*).

Auch Methoden der Algorithmischen Geometrie werden in diesem Kontext häufig benötigt. So ist es im Umweltbereich oft erwünscht, durch die Kombination mehrerer thematischer Karten Gebiete zu identifizieren, die eine Kombination von vorgegebenen Bedingungen erfüllen (z.B. *Finde alle Gebiete, die mehr als 300 m über dem Meeresspiegel liegen und unbebaut sind*). Da Landkarten im Rechner oft als Mengen adjazenter Polygone repräsentiert sind, muß zu diesem Zweck auf komplexe geometrische Algorithmen zur Bildung der Schnittmenge mehrerer vorgegebener Polygone zurückgegriffen werden. Auch die Integration solcher geometrischer Algorithmen mit Datenbanken ist schwierig und konnte bisher erst in einigen Forschungsprototypen realisiert werden.

Schließlich spielt die Verarbeitung *unsicheren Wissens* im Umweltbereich eine besondere Rolle. Zahlreiche Daten und Modelle sind mit Unsicherheiten belegt, die in einem Umweltinformationssystem geeignet modelliert und propagiert werden müssen. Neben klassischen Ansätzen aus der stochastischen Modellierung sind hierbei auch neuere Methoden aus der Künstlichen Intelligenz von großem Interesse, die eine bessere Handhabung der unsicheren Information in der Praxis ermöglichen.

Zusammenfassend zeigt sich, daß die Informationsverwaltung im Umweltschutz außerordentlich hohe Anforderungen an die Informatik stellt. Aktuelle Ergebnisse aus der Datenbankforschung, der Künstlichen Intelligenz, der Algorithmischen Geometrie, der Computergraphik und anderen Teildisziplinen der Informatik finden innerhalb weniger Jahre Eingang in marktgängige Geo- und Umweltinformationssysteme. Moderne Techniken wie wissensbasierte Systeme oder objektorientierte Programmierung finden bei Anwendern im Umweltbereich großes Interesse. Gerade in diesen beiden Bereichen wurden aber auch Erwartungen geweckt, die durch den derzeitigen Stand der Technik noch nicht zu rechtfertigen sind. Umso wichtiger ist es, die Grenzen und Möglichkeiten solcher Technologien in allen Entwicklungsphasen eines komplexen Umweltinformationssystems vor Augen zu haben, was nur durch einen engen und kontinuierlichen Kontakt zwischen Forschung und Anwendung möglich ist. Die Kooperation zwischen dem Forschungsinstitut für anwendungsorientierte Wissensverarbeitung in Ulm, dem Umweltministerium Baden-Württemberg und verschiedenen Industriefirmen, auf die im folgenden näher eingegangen wird, ist ein Versuch, einen solchen engen Kontakt zu gewährleisten.

3.   Umweltinformatik am FAW

Das Forschungsinstitut für anwendungsorientierte Wissensverarbeitung (FAW) an der Universität Ulm ist eine Stiftung des öffentlichen Rechts, an der neben dem Land Baden-Württemberg sieben industrielle Partner beteiligt sind. Neben der gemeinsam getragenen Finanzierung äußert sich der gemeinschaftliche Charakter der Institution vor allem in der Zusammensetzung des wissenschaftlichen Personals. Von den derzeit knapp 60 wissenschaftlichen Mitarbeitern und Mitarbeiterinnen des FAW sind ungefähr die Hälfte Angestellte des Landes oder der Stifterfirmen. Diese sogenannten entsandten Mitarbeiter sind für einige Jahre voll in die Forschungsarbeiten des FAW integriert und kehren anschließend zum Land oder in ihr Unternehmen zurück. Durch dieses Modell ist ein kontinuierlicher und direkter Wissenstransfer zwischen FAW und Stiftern gewährleistet.

Obgleich das FAW rechtlich und organisatorisch von der Universität Ulm getrennt fungiert, arbeiten die beiden Institutionen eng miteinander zusammen. Die Kooperation, die durch die Lage des FAW auf dem Universitätscampus sowie durch die Zugehörigkeit des Institutsleiters zur Fakultät für Informatik wesentlich gefördert wird, äußert sich in gemeinsam durchgeführten Forschungsprojekten, in gemeinsam betreuten Diplomarbeiten und Dissertationen sowie in der Durchführung von Lehrveranstaltungen durch Mitarbeiterinnen und Mitarbeiter des FAW.

Inhaltlich widmet sich das FAW vornehmlich der Angewandten Informatik und den Anwendungen der Künstlichen Intelligenz. Die wichtigsten Schwerpunktthemen sind derzeit: Computerintegrierte Fertigung, Mensch-Maschine-Kommunikation, Umweltinformatik, Verteiltes

Ressourcenmanagement, Büroautomation und Neuronale Netze. Die Forschungsgruppe Umwelt-informatik konzentriert sich ausgehend von den obigen Überlegungen auf drei Leitthemen: wissensbasierte Systeme, geographische Informationssysteme und Datenbanken.

Wissensbasierte Systeme werden hierbei vornehmlich als Assistenzsysteme eingesetzt, die die Erhebung und Aufbereitung der großen Mengen an Umweltdaten erleichtern sollen. *Geographische Informationssysteme* spielen in der Praxis der Umweltdatenverwaltung eine immer wichtigere Rolle, was die Speicherung, Analyse und Präsentation der verfügbaren Information angeht. Trotz der großen Nachfrage in diesem Bereich von Seiten der Verwaltung und der Industrie haben die meisten marktgängigen Systeme zum Teil gravierende methodo-logische Schwachpunkte, zu deren Behebung noch intensive Forschungsarbeiten erforderlich sind. Die Relevanz der *Datenbankforschung* for die Informationsverwaltung im Umweltbereich folgt direkt aus den obigen Ausführungen; der Schwerpunkt der FAW-Arbeitsgruppe liegt hier insbesondere auf dem benutzerfreundlichen - möglichst natürlichsprachlichen - Zugriff auf verteilte heterogene Datenbanken.

Die drei Leitthemen finden sich in unterschiedlicher Gewichtung in mehreren Forschungsprojekten wieder. Die Thematik der Datenerhebung und -aufbereitung wird in den Projekten *WANDA (Water Analysis Data Advisor)* und *RESEDA (Remote Sensor Data Advisor)* bearbeitet. In beiden Projekten werden wissensbasierte Systeme konstruiert, um die Daten-erhebung und -aufbereitung im oben beschriebenen Sinne zu unterstützen, d.h. die Systeme sollen als interaktive Assistenzsysteme am Arbeitsplatz auch dem fachlich weniger qualifizierten Benutzer im Normalfall eine befriedigende Datenauswertung ermöglichen.

Ziel des Projekts WANDA ist der Entwurf und die prototypische Implementierung eines wissensbasierten Systems zur Unterstützung des Laborpersonals bei der Interpretation von Meßdaten aus der Wasseranalyse. Dabei soll das System auf der Grundlage eines oder mehrerer Chromatogramme Einzelsubstanzen identifizieren und quantifizieren können. Dieser Inter-pretationsprozeß ist zum jetzigen Zeitpunkt außerordentlich zeitaufwendig und bedarf üblicher-weise der Expertise eines erfahrenen analytischen Chemikers. Typisch für die manuelle Auswertung ist die Tatsache, daß neben den eigentlichen Chromatogrammen teilweise unbewußt Hintergrundinformation unterschiedlicher Art und Herkunft in die Analyse mit einbezogen wird. In WANDA wird versucht, diese Expertise zum Teil in einem wissensbasierten System zu erfassen und das Vorgehen eines Chemikers ansatzweise zu simulieren. Dabei gestaltet sich gerade die maschinelle Erfassung der Hintergrundinformation als außerordentlich schwierig und zeitaufwendig.

Durch die Kombination von Daten aus verschiedenen Wissensquellen mit Meßdaten werden in WANDA Verdachte auf Substanzen automatisch erzeugt und anschließend bestätigt bzw. widerlegt. Hierbei wird u.a. auf Wissen über die Probe (Ort, Zeit, landwirtschaftliche Nutzung im Probengebiet), Informationen über Pflanzenschutzmittel, Wissen über die Meß-technik und über Substanzeigenschaften sowie auf Referenzbibliotheken Bezug genommen, wobei die Modellierung von unsicherem Wissen eine wichtige Rolle spielt. Aufgrund der Verwendung von Probenbegleitdaten können insbesondere auch Verdachte auf Substanzen erzeugt werden, die von dem gewählten Analyseverfahren gar nicht entdeckt werden könnten. Auf der Basis der erzeugten Verdachte kann der Chemiker dann weitere Analysenmethoden hin-zuziehen; er erhält so eine indirekte Hilfe bei der Analysenplanung.

Wie bereits erwähnt, liegt beim jetzigen Stand der Technik eine vollautomatische Auswertung nicht im Bereich des Möglichen. Dies hängt insbesondere damit zusammen, daß sich die Akquisition und Repräsentation des chemischen Fachwissens außerordentlich schwierig gestalten. Das FAW arbeitet auf diesem Gebiet eng mit der Abteilung für Analytische Chemie und Umweltchemie der Universität Ulm sowie mit der Landesanstalt für Umweltschutz Baden-Württemberg zusammen.

Der erste Prototyp wird auf einige wichtige Substanzklassen im Bereich der Pestizide beschränkt bleiben, ist aber auf Erweiterbarkeit hin angelegt. Die Problematik der Pestizide im Trinkwasser wurde nicht zuletzt im Hinblick auf ihre Aktualität und gesellschaftliche Relevanz angegangen. Die Toxizität dieser Substanzklasse und die hohen Kosten effizienter Filterverfahren haben dazu geführt, daß die Frage derzeit von unterschiedlichen gesellschaftlichen Gruppen intensiv diskutiert wird. Die Standpunkte sind verhärtet: Während Greenpeace ein völliges Pestizidverbot fordert, hat die deutsche chemische Industrie mit Pestiziden noch 1989 einen Umsatz in Höhe von 1,47 Milliarden DM erzielt (vgl. die Anzeige von Greenpeace im *SPIEGEL* 33/1990). Der Entwicklung effizienter Meß- und Auswerteverfahren kommt in einer solchen Konfliktsituation erhöhte Bedeutung zu.

Auch die Fernerkundung ist ein wichtiges Hilfsmittel zur Gewinnung von Daten über die Umwelt. Diese Daten können in Umweltinformationssystemen u.a. dazu genutzt werden, den Zustand der Umwelt zu überwachen, darzustellen und vorauszusagen. Im Rahmen des Projekts RESEDA erproben wir am FAW zur Zeit den Einsatz von wissensbasierten Methoden für die Gewinnung von Umweltinformationen aus digitalkodierten Luftbildern der Erdoberfläche.

Die Ableitung von umweltrelevanter Information mit Mitteln der Bildverarbeitung ist derzeit Experten vorbehalten, da hierfür neben Kenntnissen über den jeweiligen Untersuchungsgegenstand (z. B. die landwirtschaftliche Nutzung) auch Wissen über die Geographie des Auswertungsgebiets, über die Physik der Aufnahmesysteme sowie über Methoden der Bildverarbeitung und der Statistik erforderlich sind. Der entscheidende Engpaß bei der Nutzung der Rasterbilddaten ist die geringe Zahl derart qualifizierter Experten. Es besteht deshalb ein Bedarf nach wissensbasierten Analyseverfahren, die beim Anwender möglichst wenig Spezialkenntnisse voraussetzen und dadurch die Technik der Bildauswertung einem breiteren Benutzerkreis verfügbar machen.

Ziel des RESEDA-Projekts ist die Erforschung, experimentelle Entwicklung und Erprobung von wissensbasierten rechnergestützten Auswertungsverfahren für Rasterbilddaten zur Ermittlung umweltrelevanter Information, und die Integration solcher Verfahren in einem prototypischen Softwaresystem. Es wird ein wissensbasiertes Assistenzsystem entwickelt, das die Benutzung eines Bildverarbeitungssystems für die Auswertung der Rasterbilddaten erleichtert. Das System unterstützt den Benutzer bei der Planung und Durchführung der für eine Analyse erforderlichen Verarbeitungsschritte. Der Bildauswerter beschreibt die Analyse, indem er die vorhandenen Quelldaten (Rasterbilddaten und zusätzliche Geoinformationen) sowie die gesuchten umweltrelevanten Zieldaten spezifiziert. Zieldaten lassen sich durch Angabe von Thematik (zu erkennende Oberflächenklassen und -eigenschaften), Format (Bild, Karte oder Sachdaten) und Genauigkeitsanforderungen charakterisieren. Ergebnisse der Beratung sind Verarbeitungspläne, die dann über das angekoppelte Bildauswertungssystem automatisch ausgeführt werden.

Wie bereits erwähnt, weisen marktgängige Geoinformationssystem teilweise beträchtliche Defizite auf, was die Bereitstellung komplexer Funktionalitäten angeht. In diesem Zusammenhang seien hier insbesondere das Problem der Modellierung komplexer, strukturierter Geo-Objekte (wie z.B. Städte) erwähnt, sowie die Möglichkeit für den Benutzer, anwendungsspezifische Datentypen und Operationen selbst zu definieren. Diese Defizite werden nun um so deutlicher sichtbar, da von Seiten der Datenbankforschung in den letzten Jahren erhebliche Fortschritte bei der Speicherung und Verarbeitung komplexer Datenbestände erzielt werden konnten. Insbesondere läßt sich ein Trend zu erweiterbaren und objektorientierten Datenbanken verzeichenen. Viele der in diesem Rahmen entwickelten Techniken scheinen auch für die Verarbeitung von Geodaten ein großes Potential zu besitzen.

Um die Tauglichkeit dieser Konzepte für den praktischen Einsatz zu erproben, bereitet das FAW in Zusammenarbeit mit einigen Stiftern ein neues Forschungsprojekt *GODOT* (*Geodatenverwaltung mit objektorientierten Techniken*) vor, das die Konstruktion eines objektorientierten Geoinformationssystems zum Gegenstand hat. Die zugrundeliegende objektorientierte Datenbank soll hierbei nicht neu entwickelt werden, sondern es soll auf einen bereits vorliegenden Prototyp zurückgegriffen werden, der um räumliche Datentypen und Operationen erweitert wird.

Fragen der Datenhaltung und Datenanalyse werden außerdem in den Forschungsprojekten WINHEDA, NAUDA und ZEUS bearbeitet. *WINHEDA (Wissensbasierter Zugriff auf heterogene Datenbanken)* und *NAUDA (Natürlichsprachlicher Zugriff auf Umweltdatenbanken)* beschäftigen sich mit unterschiedlichen Aspekten der Datenbankproblematik im Umweltbereich. In WINHEDA steht der Zugriff auf heterogene verteilte Datenbanken im Vordergrund, d.h. die Frage, wie sich Datenbanken auf unterschiedlicher Hardware, mit unterschiedlichen Datenmodellen und mit divergierender Semantik integrieren lassen. Bisher wurde mit Hilfe der Expertensystemshell KEE ein integrierter Zugriff auf zwei unterschiedliche relationale Datenbanken (SQL/DS auf IBM Mainframe und ORACLE auf SUN Workstation) realisiert. In NAUDA geht es um die Frage, wie sich auf Umweltdatenbanken natürlichsprachlich zugreifen läßt; als Anwendungsbeispiel wurde die wasserwirtschaftliche Arbeitsdatei des Landes Baden-Württemberg gewählt.

Gegenstand des Projekts *ZEUS (Zentrales Umweltkompetenz-System)* ist schließlich die Integration verschiedener Informationsquellen im Hinblick auf Planungsaufgaben im Umweltbereich. Charakteristisch für diese Aufgabenstellung ist einerseits die Verknüpfung von zahlreichen, relativ schwach strukturierten Einzelinformationen und andererseits die Bearbeitung von spezifischen Umweltplanungsaufgaben, welche die Anwendung von komplexen Methoden erfordern. Die simultane Behandlung dieser beiden Aspekte ist Leitgedanke für ein Informationssystem im Umweltbereich. Bei der prototypischen Implementierung wird dabei zum einen auf dem Hypertextparadigma aufgebaut (für die Verwaltung schwach strukturierter Information), zum anderen werden auch komplexe Modelle (u. a. für Fragen der Meßnetzplanung und der Risikobewertung) entwickelt und im Rahmen eines geographischen Informationssystems integriert.

In allen beschriebenen Forschungsprojekten arbeitet das FAW eng mit dem baden-württembergischen Umweltministerium zusammen; darüber hinaus sind die Firmen Hewlett-Packard, IBM Deutschland und Siemens Nixdorf Informationssysteme maßgeblich an den

genannten Aktivitäten beteiligt. Das Umweltministerium ist derzeit im Rahmen eines Groß-
projekts mit der Erstellung eines Umweltinformationssystems (UIS) Baden-Württemberg befaßt.
Dieses in seinem ressortübergreifenden Charakter und seiner Größenordnung nach einmalige
Projekt sieht unter anderem eine landesweite Integration der einschlägigen Hard- und Software
sowie die Einbeziehung modernster Informatikmethoden vor. Nach dem Abschluß der Grob-
konzeption im Jahre 1989 wird nun an der Feinkonzeption und Implementierung diverser
Teilkomponenten gearbeitet. Hierzu gehören neben dem Umwelt-Führungsinformationssystem
UFIS insbesondere ein Technosphäre- und Luft-Informationssystem (TULIS), ein Arten-,
Landschafts- und Biotop-Informationssystem (ALBIS) sowie ein Räumliches Informations- und
Planungssystem (RIPS).

Das FAW berät und unterstützt das Umweltministerium in unterschiedlichen Teil-
aspekten der Systementwicklung. Darüber hinaus wird bei der Durchführung der beschriebenen
FAW-Forschungsprojekte auf vorhandene Standards und Schnittstellen geachtet, sodaß eine
spätere Übertragung geeigneter Teilergebnisse vom FAW in die UIS-Umgebung relativ einfach
vorgenommen werden kann.

4. Schlußbemerkung

Die Anforderungen an die Informatik, die Ingenieurwissenschaften und die Mathematik im
Umweltschutz sind außerordentlich komplex und vielschichtig. Fortschritte lassen sich nur im
Rahmen von Vorhaben erzielen, die herkömmliche Grenzen zwischen unterschiedlichen
wissenschaftlichen Disziplinen und gesellschaftlichen Gruppen überbrücken. Ein inter-
disziplinärer Ansatz unter Beteiligung von Informatikern, Ingenieuren, Mathematikern,
Chemikern, Bio- und Geowissenschaftlern sowie Geisteswissenschaftlern ist ebenso notwendig
wie Kooperationen zwischen Wissenschaft, Wirtschaft und öffentlicher Verwaltung. Auch wenn
sich Reibungsverluste in diesem Umfeld nicht immer vermeiden lassen, so scheint dies doch der
geeignete Weg zu sein, auf diesem für unsere Gesellschaft so wichtigen Gebiet Erfolg zu haben.

Danksagung

Dank an Herrn Professor Radermacher sowie an meine Mitarbeiter im FAW-Anwendungs-
bereich Umweltinformationssysteme für zahlreiche Diskussionen und Anregungen.

Weiterführende Literatur

A. Buchmann, O. Günther, T. R. Smith, Y.-F. Wang (Hrsg.), *Design and Implementation of
Large Spatial Databases*, Lecture Notes in Computer Science No. 409, Springer-Verlag, Berlin
u.a. 1990.
O. Günther, H.-J. Schek (Hrsg.), *Advances in Spatial Databases*, Lecture Notes in Computer
Science No. 525, Springer-Verlag, Berlin u.a., 1991.
A. Jaeschke, W. Geiger, B. Page (Hrsg.), *Informatik im Umweltschutz*, Proc. 4. Symposium,
Informatik-Fachberichte No. 228, Springer-Verlag, Berlin u.a., 1989.

B. Page, A. Jaeschke, W. Pillmann, Angewandte Informatik im Umweltschutz, *Informatik-Spektrum 13*, S. 6 - 16 und 86 - 97, 1990.
W. Pillmann, A. Jaeschke (Hrsg.), *Informatik für den Umweltschutz*, Proc. 5. Symposium, Informatik-Fachberichte No. 256, Springer-Verlag, Berlin u.a., 1990.

Gedanken zur Adäquation von Führungsinformationssystemen

W.Walla

Für Harun al Rashid konnte es auf die Frage: "hat Irene, Kaiserin von Al Rum und Tochter einer Hündin, dem Herrscher aller Gläubigen den Tribut bezahlt?" nur die Antwort "ja" geben. Bei "nein" lief man Gefahr, daß der Schwertträger Masrur das Blutleder ausbreitete. Unter Harun al Rashid begann ein Weltreich zu verfallen.

Dshingis Khans strategische Erfolge basierten nicht nur auf dem dezimalen Truppenaufbau, sondern vor allem auf dem damit verbundenen und für damals äußerst schnellen Berichtswesen. Die reitenden "schnellen Pfeile" (bis zu 250 km pro Tag) genossen höchsten Schutz und hatten Anspruch auf jedwede Unterstützung. Schnelligkeit und Richtigkeit der Nachricht war oberstes Gebot. Nur strategisches oder taktisches Zurückhalten von Informationen wurde mit dem Tode bestraft. Dshingis Khan baute ein Weltreich auf.

Zugegeben, es sind zwei extreme Beispiele für die "Informationsvermittlung". Den heutigen Betreibern von Informations(vermittlungs)systemen drohen weder Schwertträger, noch stehen sie im Ansehen der "schnellen Pfeile". Wenn allerdings in einem Fall ein systemimmanentes Defizit die Dekadenz eines Reiches kennzeichnet, im anderen aber ein damals modernes Kommunikationssystem den Aufbau einer Weltherrschaft begründete, so zeigen diese Beispiele in drastischer Weise die elementare Bedeutung von Informationen, Informationsmanagement und Informationspolitik. Dies wurde auch zunehmend erkannt und der Information ein wichtiger Stellenwert eingeräumt, nicht zuletzt unter dem Aspekt des Krisenmanagements: - Heute sind bad news eher good news und der hierarchisch Höhere, der Führende, kann und will (manchmal) sogar "problematisiert" werden, wobei dies (wie man einschränkend sagen muß) auch manchmal taktische Alibi-Funktionen haben kann - das ist hier nicht gemeint.

Das Umfeld der Informationssysteme

Wohlverstandene Führung hat ein oder mehrere Ziele zu haben, sich der Führungsobjekte (Menschen) bewußt zu sein und die Umwelt zu kennen, durch die geführt wird. Für Führungsinformationssysteme sind Führungsziel und Führungsobjekte meistens und zunächst nachrangig, da sie wertfrei - etwa wie Bibliotheken - angelegt werden. Vorrangig ist, die Umwelt in Daten und Informationen abzubilden. Es scheint daher naheliegend zu sein, vor der inhaltlichen Gestaltung eines Informationssystems durch Befragungen eventuelle Informationsbedürfnisse über den abzubildenden Teil der Umwelt festzustellen, um die größtmögliche Adäquanz zu erreichen. Derartige Befragungen, so sinnvoll sie auch anmuten, haben für die Betreiber meist nur Nebeneffekte: positive, weil sie einen kommunikativen Prozess anstoßen oder, weil sie helfen, eine umfassende Nomenklatur aufzubauen (vgl. die Informationssysteme der Wetterdienste) oder die Beteiligten dazu zwingen, ihre Ordnungssysteme (z.B. Regionalgliederungssysteme) aufeinander abzustimmen; aber auch negative, weil Erwartungen geweckt werden, die lange nicht erfüllt werden können oder aktuelle Fragen in den Vordergrund rücken, die nach der Realisierung des Systems an Bedeutung verloren hatten (vgl. die

Raumplanungs-Informationssysteme der frühen 70er Jahre). Bei retardierenden und skeptischen Partnern führt dies zu einer eher abwartenden, im schlimmsten Falle zu einer kontraproduktiven Einstellung. Die Betreiber beklagen dann die Ignoranz der künftigen Nutzer, jene eine vermeintliche Arroganz der Betreiber. Hauptursache einer solchen Verstimmung ist die Unmöglichkeit, Angebot und Nachfrage von vornherein auf einander abzustimmen und in ein adäquates Verhältnis zu bringen. Warum ist dies unmöglich?

Daten - Informationen - Führungsinformationen

Die datenorientierte Beschreibung der Umwelt basiert auf Meßergebnissen. Dies sind einzelne in diskreten und kommunikationsfähigen Zeichen abgebildete Zustände von Merkmalen (z.B. die Einwohnerzahl in Stuttgart an einem Stichtag, die CO_2 Belastung an einer Meßstelle zu einem Zeitpunkt, ein Aktienkurs an einer Börse und an einem Börsentag). Für sich genommen sind einzelne Meßergebnisse häufig ohne Aussagekraft und damit scheinbar wertlos. Auch in einem bereits entwickelten und fortgeschrittenen Informationssystem stellen die Meßergebnisse ein isoliertes Nebeneinander dar. Sie bieten in der Regel wegen ihrer Isoliertheit noch keine Information und schon gar nicht für die Führungsebene. Selbst das heute so beliebte Starren auf irgendwelche Grenzwertüberschreitungen ist ohne einen unterstützenden Informationskranz nicht nur sinnlos, sondern gefährlich. Stuttgarts OB Rommel dazu: "Um Himmels Willen sag' mir einer schnell, was ist hier eigentlich Becquerel!" Beschreiben Meßergebnisse nun aktuelle oder vergangene Ereignisse oder Entwicklungen, wächst deren Wert (z.B. die Einwohnerzahl in Stuttgart von 1990 im Vergleich zu 1900, die CO_2 Belastung an einer Meßstelle im Vergleich zum Landeswert, ein Aktienkurs an einer Börse im Vergleich zum Vortag). Er wächst besonders, wenn sie von aktuellem Interesse sind oder, wenn sie als mosaikhafte Informationsbausteine im Sinne der Verfestigung von Vorstellungen oder zur Problembewältigung dienen können oder, wenn sie in Form von Kausalketten Wirkungszusammenhänge nachzuweisen in der Lage sind. Das heißt, erst durch Vergleiche, Kombinationen und fachliche Interpretationen entstehen mit zunehmender Verdichtung, Abstraktion und - im positiven Sinne - Simplifikation Führungsinformationen. Der angemessene Umgang mit Informationen setzt die Kenntnis und Beherrschung eines Wertrahmens voraus. Für den Fachmann beinhaltet die Festsetzung von Grenzwerten eine getroffene Vereinbarung, eine Normierung, mit der er aufgrund seines Kenntnisstandes rational umzugehen gelernt hat. Der Grenzwert ist für den Fachmann also "Information". Für den Laien wird die Bedeutung dieser Information heruntergebrochen auf ein zwar hartes, in seiner Bedeutung aber schlecht nachvollziehbares, damit fremdes und manchmal bedrohliches "Datum". Die Überschreitung eines Grenzwertes kann damit, besonders wenn sie spektakulär über Medien verbreitet wird, dem Laien eine Katastrophensituation signalisieren - für den Fachmann muß das noch lange kein Grund zur Sorge sein.

Die zu Informationen verdichteten Daten laufen dabei hierarchisch oder über Fayol'sche Brücken und Passerellen im Wege eines zufälligen oder geregelten Berichtswesens von unten nach oben. Die jeweils höhere Ebene fordert Antworten auf Fragen oder läßt sich unaufgefordert "besondere Vorkommnisse" melden. Dabei werden manchmal auf nicht gestellte Fragen Antworten gegeben oder Lappalien (aus der Sicht der höheren Ebene) als besondere Vorkommnisse gemeldet. Es soll auch vorkommen, daß Informationen vorenthalten werden. Mit anderen Worten: Frage und Antwort stehen teilweise in keinem adäquaten Verhältnis zueinander. Dafür gibt es viele Gründe. Einer der wichtigsten ist die mit der Höhe des Verantwortungsniveaus wachsende Komplexität der Problemfelder.

Ein einzelnes Ereignis, dargestellt in Meßergebnissen, wirkt über eine Vielzahl von kausalen Zusammenhängen in Art von Ketten. Je komplexer die Problemfelder werden, desto weniger wird die Wirkungskraft eines einzelnen Ereignisses erkennbar. Umweltkatastrophen wie Tschernobyl stellen sich für die Sensationspresse als ein Einzelereignis dar. In Wirklichkeit basierte diese Katastrophe auf einer Vielzahl von Kausalketten und führte zu einer Vielzahl weiterer Ereignisse, die ihrerseits wieder in Kausalketten wirkten, (z.B. Absatzprobleme bei den Herstellern von Angelgeräten in Schweden oder Schwierigkeiten bei der Standortwahl für Sondermüllverbrennungsanlagen).

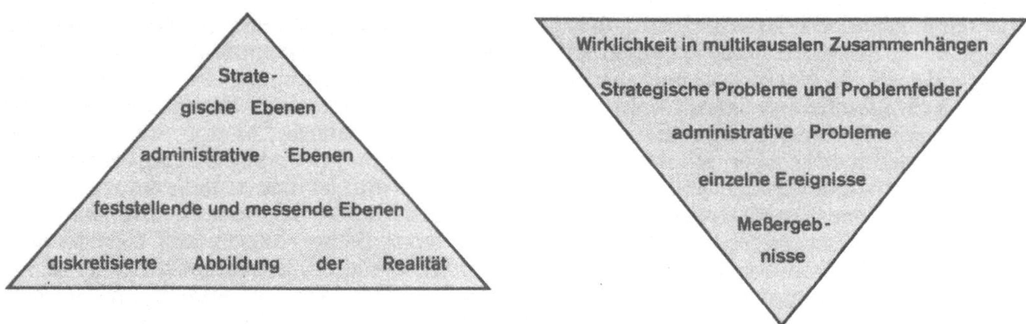

Das Dilemma

Das Dilemma der Informationssysteme und insbesondere der führungsorientierten liegt nun darin, daß beide Dreiecke übereinander liegen, jedoch das eine auf der Basis, das andere auf der Spitze.

Einen großen Überschneidungsbereich finden wir nur bei den administrativen Problemen und den administrativen Ebenen. Je umfassender die Problemfelder werden, desto inadäquater wird das Informationsangebot. Die Informationssysteme wirken dabei trotz ihrer zum Teil unvorstellbaren Datenfülle manchmal wie Halbleiter, das heißt sie verengen den Gesichtskreis anstatt ihn zu erweitern. Diese Problematik scheint aber systemimmanent zu sein, da die Betreiber einerseits und zunächst Daten zu beschaffen, zu Informationen zu verdichten und auf Vorrat zu speichern haben und gleichzeitig schon während

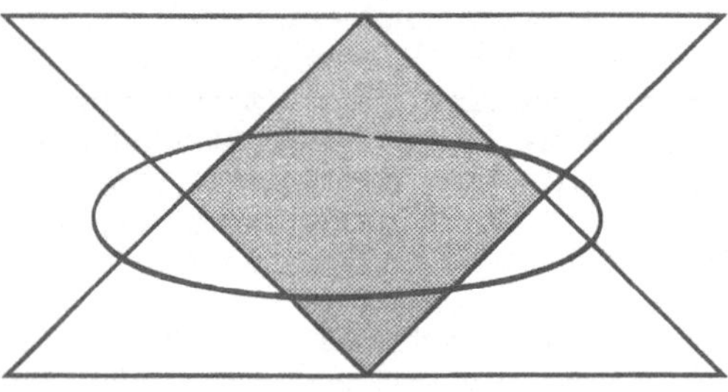

der Aufbauphase Entscheidungshilfen bieten sollen. Dabei prallen zwei Wirklichkeiten aufeinander: die aktuelle in ihren multikausalen Zusammenhängen und die vergangene in ihrer elementaren und lückenhaften Beschreibung. Zur Verdeutlichung: Der heutige Zustand des Grundwassers im Donauried kann nur mit Beobachtungen aus der Vergangenheit beschrieben werden und zwar durch:

- direkte Meßergebnisse am Grundwasser selbst (z.B. Bohr- oder Brunnenprobe)

- indirekte, substitutive Meßergebnisse, welche deduktiv weiter verarbeitet werden (z.B. Bodenbelastung durch Einbringung von Dünger oder Verunreinigungen führt zu........)

- Trendextrapolationen aus vergangenen direkten oder indirekten Meßergebnissen

- regionalen Analogieschlüssen aus anderwärtigen direkten oder indirekten Meßergebnissen (z.B. weil im Wurzacher Ried die gleichen Bedingungen vorherrschen, ist für das Donauried anzunehmen, daß ......)

- durch methodische Kombination obiger Verfahren oder

- durch schlichte Behauptung, also einen eher taktischen Ansatz, bei dem zur Brille die Landschaft gesucht wird (z.B. um die Öffentlichkeit günstig für die Einrichtung eines dann umweltfreundlichen Golfplatzes zu stimmen).

Informationssysteme befinden sich im Spannungsfeld derartiger Beschreibungsansätze. Hier und bei den dahinter stehenden Aufgaben stellt sich die Frage zur Adäquanz in aller Schärfe, dazu im einzelnen:

- Die vorausschauende Sammlung von Meßergebnissen bzw. zu Informationen verdichteten Daten sollte die erste und zunächst wichtigste Aufgabe sein. Diese Aktivität verlangt ein Konzept. Konzept und Realisierung driften dann in der Regel irgendwie auseinander, die Lösungen scheinen inadäquat zu sein. Nicht selten wird den Betreibern dabei in Unkenntnis der tatsächlichen Gegebenheiten Konzeptionslosigkeit vorgeworfen. Die Entwicklung ähnelt einem der beliebten Puzzle-Spiele: klare Vorlage (Ziel), undurchsichtige aber in der Form ähnliche Elemente (Meßergebnisse), partielles zusammenhangloses Aneinanderfügen (Sammeln und Strukturieren), schnelle Erfolge und langes Suchen, schließlich das Ergebnis, um dann vielleicht festzustellen, daß die Vorlage nicht dem nun aktuellen Geschmack entspricht. Aus der Sicht des Verfassers sind beim Aufbau von Informationssystemen daher weniger Programmatiker sondern eher Pragmatiker gefragt, denn das "sture" Abarbeiten eines wohldurchdachten Programms ist in unserer komplexen Informationswelt und flatterhaften - man kann auch positiv sagen: dynamischen - Gesellschaft kaum möglich. Administrative, technische und rechtliche Hürden müssen überwunden, manchmal durchbrochen werden.

- Die zweite Aufgabe, Antworten auf einfache oder komplexe Fragen unter Einschluß einer taktisch und strategisch wertvollen Selektion zu finden, unterstützen die Informationssysteme scheinbar aus sich heraus. Durch mehr oder weniger benutzerfreundliche Rechercheprogramme erhält der Nutzer direkt oder durch Hilfe von Informationsvermittlern Antworten. Aus den langjährigen Erfahrungen des Auskunftsdienstes beim Statistischen Landesamt kann aber belegt werden, daß die meisten der Anfragen wenig präzise und damit wenig problemadäquat sind. Anfragen, die auch das Informationsziel klar und unmißverständlich angeben, zählen eher zu den Seltenheiten. Hier soll nun aber nicht die Arroganz des Betreibers eines Datenbanksystems artikuliert werden, denn im Grunde genommen spiegelt sich hier nur ein klassisches Kommunikationsdefizit wider, an dem sowohl Sender als auch Empfänger beteiligt sind und wobei es müßig ist, den Schuldigen zu suchen. Zum Beispiel sieht die Kommunikationssituation folgendermaßen aus: Die Anfrage ist die konkrete Übersetzung eines abstrakten (und möglicherweise diffusen) Informationsbedürfnisses: der Informationssuchende hat eine aus seiner Sicht sehr präzise Fragestellung formuliert. Ein ausgewachsenes Informationssystem folgt aber gewachsenen Gesetzmäßigkeiten - auch hinsichtlich der Artikulation von Informationen. Damit kommt eine sachbezogene Kommunikation nur in begrenztem Ausmaß zustande. Dadurch werden dann Antworten erteilt oder Daten weitergegeben, die nur mittelbar zur Problemlösung beitragen können. Dies kann auf höheren Ebenen zu einer skeptischen Einschätzung der Informationssysteme führen. Ein Beratungsunternehmen, das für einen bedeutenden Automobilhersteller ein Modell zur Dezentralisierung von Arbeitsplätzen entwickeln sollte, faßte diese Problematik etwas spöttisch wie folgt zusammen: "Der Vorstand will als Ergebnis ein Dreiseitenpapier, das auf einem Kubikmeter Tabellen und Grafiken liegt".

- Die dritte Aufgabe, schnell, anschaulich und frei von Esoterik zu informieren, ist wohl die schwierigste. Das mag überraschen, wurden doch gerade hier in der jüngeren Zeit die vermeintlich größten Erfolge erzielt. Die Systeme und Maschinen sind immer schneller geworden, die Darstellung immer prächtiger, der graphischen Vermittlung wegen ihrer Fähigkeit zur Simplifizierung der Vorrang eingeräumt. Allgemein wird dabei angenommen, daß die bildliche Weitergabe die effektivste Kommunikation darstellt - wohl deshalb sind bei Kindern Comics so beliebt. Welche Gefahren sich daraus ergeben, hat uns der Schwarze Börsenfreitag des letzten Jahres vor Augen geführt: Realtime-Systeme mit prächtiger graphischer Aufbereitung und damit verbundenen Börsenempfehlungen haben einen Wertverlust von vielen Milliarden $ bewirkt. Die schnelle Verfügbarkeit der Informationen, verständliche Darstellung und mechanistische Empfehlungen wirkten gleichgerichtet, d.h. dem Korrekturfaktor "Zufall" wurde keine Chance eingeräumt.

Ein möglicher Ausweg

Die Kongruenz des Informationsdreiecks mit dem Problemdreieck läßt sich wohl in absehbarer Zukunft nur wenig erhöhen. Das günstigste Ansatzniveau für Informationssysteme ist unter Absatzgesichtspunkten dort zu suchen, wo Daten- und Informationsbereitstellung die größte Durchschnittsmenge mit den Informationsbedürfnissen haben. Das ist sicher unterhalb der strategischen Führungsebenen. Um nun auch für die Führung eine optimale Nutzung der Ressource "Information" zu erzielen, ist zwischen die strategische Führungsebene und die Informationssysteme ein Stabliniensystem einzufügen, das in der Lage ist, die Informationsbedürfnisse so zu übersetzen, daß adäquate Antworten aus den bereitstehenden Systemen abgerufen und "veredelt" werden können. Dem Faktor Mensch ist wegen seiner den Maschinen bei weiten überlegenen Assoziationsfähigkeit ein höherer Stellenwert bei der Informationsvermittlung als den Informationssystemen selbst einzuräumen. Es ist dabei weniger an kasuistisch arbeitende freie Informationsbroker oder jene Freaks gedacht, die auf Knöpfe drücken können, aber nicht wissen, was sie tun. Vielmehr sind Direktionsassistenten, persönliche Referenten und ähnliche Funktionsträger gemeint, die in der Lage sind, einigermaßen sicher Informationswünsche zu erkennen und in die Sprache der Informationssysteme zu übersetzen. Das heißt aber, daß parallel mit dem Aufbau eines Führungsinformationssystems nicht nur ein Datenmanagement auf der operativen Ebene, sondern auch ein Informationsmanagement auf der strategischen Ebene aufzubauen ist. Nur dadurch kann aus der Sicht des Verfassers der zunehmenden Tendenz zur Informationsverschmutzung begegnet und der Nutzen des Produktionsfaktors "Information" weiter gesteigert werden.

Kontexte der Umweltinformatik
- Anmerkungen zu den blinden Flecken einer
ökologischen Technik -

Wulf R. Halbach*

13. November 1991

für R. K.

Zusammenfassung

Die Ausgangspunkte der Umweltinformatik sind nicht die Faszinationen einer Technik, die auch mit den Problemen unserer hochtechnologisierten Gesellschaft noch Handhabbarkeit der Natur versprechen, sondern die Hoffnungen, die unsere Gesellschaft in eben jene Techniken setzt, die Resultate der menschlichen Eingriffe in die Natur handhabbar zu machen. Der Ausgangspunkt für diesen Beitrag ist das Verhältnis zwischen Umwelt und Umweltinformatik, wobei auf der einen Seite versucht wird, den *Objektbereich* „Umwelt" auch als *Prä- und Kontext* dieser Disziplin zu verstehen, um auf der anderen Seite einen Weg zu finden, jenseits von technikfeindlichen „Ethiken" die Möglichkeiten und Probleme einer Disziplin zu diskutieren, die von ihrem Objektbereich als ihrem Prä- und Kontext auf eine Weise abhängig ist, wie es das selten zuvor gegeben hat.

---

*Forschungsinstitut für anwendungsorientierte Wissenverarbeitung (FAW), Helmholtzstraße 16, Postfach 2060, D-7900 Ulm/Donau, Tel.: 0731-501-467, EARN: Halbach@dulfaw1A.bitnet

1 Motivationen und Ausgangspunkte

Die Umweltinformatik steht in der gesellschaftlichen Diskussion vor einem Dilemma. Auf der einen Seite ist angesichts der ökologischen Krise(n) recht offensichtlich, daß die Eigenkomplexität unserer Gesellschaft - ohne unterstützende Informationstechnologien - kaum noch ausreicht, dem Komplexitätsdruck der Umwelt zu entsprechen, auf der anderen Seite scheint genau diese Technologie die letzte Emanation einer technologischen Entwicklung zu sein, die mit ihrem Versprechen der Naturbeherrschung die heutige Situation herbeigeführt hat. Die Ausgangspunkte der Umweltinformatik sind nicht die Faszinationen einer Technik, die auch mit den Problemen unserer hochtechnologisierten Gesellschaft noch Handhabbarkeit der Natur versprechen, sondern die Hoffnungen, die unsere Gesellschaft in eben jene Techniken setzt, die Resultate der menschlichen Eingriffe in die Natur handhabbar zu machen. Der Ausgangspunkt für diesen Beitrag ist das Verhältnis zwischen Umwelt und Umweltinformatik, wobei auf der einen Seite versucht wird den, *Objektbereich* „Umwelt" auch als *Prä- und Kontext* dieser Disziplin zu verstehen, um auf der anderen Seite einen Weg zu finden, jenseits von technikfeindlichen „Ethiken" die Möglichkeiten und Probleme einer Disziplin zu diskutieren, die von ihrem Objektbereich als ihrem Prä- und Kontext auf eine Weise abhängig ist, wie es das selten zuvor gegeben hat. Der scheinbare Widerspruch gesellschaftlicher Hoffnung und Widerstand ergibt sich aus den gesellschaftlich angelegten Leitdifferenzen, die das Verhältnis zwischen der Gesellschaft, ihrer Technik und einer Natur, die es zu beherrschen gilt, auf der einen Seite und das Verhältnis zwischen Natur und Technik auf der anderen Seite zu bestimmen. Diese Bestimmung und der daraus resultierende Widerspruch sind das Ergebnis einer Beobachtung, die durch diese Leitdifferenz präkonfiguriert ist. „Beobachtung" ist nach Niklas Luhmann[12] und George Spencer Brown[1] das Handhaben von Differenzen. Die Differenzen, die man also zur Beobachtung ansetzt, bestimmen damit

1 MOTIVATIONEN UND AUSGANGSPUNKTE

auch das, was man überhaupt beobachten kann, und es sind diese Leitdifferenzen, die die Leistungsfähigkeit einer Beobachtung, einer Analyse und auch die Leistungsfähigkeit des Weltmodells eines Assistenzsystems ausmachen. Die in Umweltinformationssystemen angesetzten Leitdifferenzen beschreiben auf ihre je eigene Weise das modellierte System-Umwelt-Verhältnis. Strukturelles Merkmal von Informationssystemen ist ein durchaus als solches thematisierbares System-Umwelt-Verhältnis, da die Weltmodelle solcher Assistenzsysteme sich genau in einem Perpräsentationsverhältnis dieser Beziehung stellen. „Welt" wird modelliert, und dazu müssen Differenzen zur Beobachtung angesetzt werden. Die Differenzen der ursprünglichen Umweltbeobachtungen werden dann allerdings in das Weltmodell des System übertragen und manifestiert. Die Differenzen der Beobachtung haben hier also zwei Orte, an denen sie strukturierend intervenieren. Gerade Umweltinformationssysteme, die in ihrer Assistenzfunktion dazu angelegt sind, eine kontextsensitive Vorselektion der Daten nach relevanten Fragestellungen vorzunehmen, nutzen diesen Modus der Differenzierung zur Beobachtung explizit, wodurch schon in der Modellierung des Systems festgelegt wird, was ein solches Informationssystem überhaupt „sehen" kann und was nicht. Gerade in dieser Struktur liegt aber ein großes Problem, wenn man bedenkt, daß sich für diese Systeme das System-Umwelt-Verhältnis durch die sich permanent und immer schneller wandelnde Umwelt ständig verändert.

In diesem Beitrag geht es auf der einen Seite darum aufzuzeigen, wie und warum die gesellschaftlich vertretenen Leitdifferenzen „ökologischer Kommunikation"[11] unter bestimmten Umständen verhindern, daß Informationstechnologien, wie die der Umweltinformatik, nicht allgemein akzeptiert werden können als Möglichkeiten der Steigerung von gesellschaftlicher Eigenkomplexität, um dem steigenden Komplexitätsdruck der Umwelt Rechnung zu tragen. Auf der anderen Seite ist es wichtig zu zeigen, daß die Umweltinformatik zwar dazu geeignet ist, durch Assistenzsysteme der Komplexität unserer ökologischen Probleme eine geeignete Eigenkomplexität entgegenzusetzen, aber durch das Fehlen geeigneter Beobachtungskategorien und Feedbackmechanismen noch gehindert ist, das System-Umwelt-Verhältnis auf adäquate Weise in ihren Weltmodellen zu beschreiben.

2 Gesellschaft und Umwelt

Die Möglichkeiten einer gesellschaftlichen Diskussion über Technologien ökologischen Charakters bestimmen sich an den je verschieden angesetzten Leitdifferenzen, die in dieser begrifflichen Paarung entweder einen Widerspruch erscheinen lassen oder nicht. Die widerstreitenden Positionen werden schnell offensichtlich, wenn man die zwei dominanten Typen von Reflexionen über das menschliche Verhältnis zu seiner Technik vergleicht:

- Aus einer - grob - als *„kultur-anthropologisch"* bezeichneten Perspektive hat der Mensch sich durch den Einsatz von Technik so weit von seinen „natürlichen" Möglichkeiten wegbewegt, daß er sich selbst nach und nach durch Technik zu ersetzen beginnt.

- Aus einer *„technisch-euphorischen"* Sicht liegt in der Entwicklung und dem Einsatz technischer Errungenschaften das „alleinige Heil" der Menschheit.

Zwei Beispiele:

1.   *„Die Technisierung der Beobachtung durch Galilei*[1] *bereitet den Weg vor für das völlige Verschwinden des organischen*

---

[1] 1609 hört Galilei von einem Fernglas, das ein holländischer Optiker namens Belga hergestellt hatte. Die Faszination eines Augenglases, *„mit dem man sichtbare, selbst weit vom Auge entfernte Gegenstände klar wie in unmittelbarer Nähe zu erkennen vermöge"* ist. so groß, daß er nicht umhin kann, dieses „Werkzeug" nachzuerfinden. *„Ausgehend von der Lehre über die Strahlenbrechung, kam ich der Sache bald auf die Spur."* [Galileo Galilei, Sidereus nuncius, 1610, zitiert nach: A. Müller, *Galileo Galilei und das kopernikanische Weltsystem*, Freiburg i.B. 1909, p. 46.]

2 GESELLSCHAFT UND UMWELT

Auges aus der Wahrnehmung und einer Entmaterialisierung des Sehens. Denn mit der Computertechnologie hat das technisierte organische Auge auch seine instrumentelle Aufgabe verloren. Der Blick des Computers ist völlig abstrakt, er ist das bloße Erkennen von Daten. Sehen wird damit zum Lesen von Daten, von Informationen, zu einem bloßen Zeichenverkehr."[2]

So weit verbreitet die von Marie-Anne Berr gepflegte Meinung zur Technisierung des Blickes ist, so falsch ist sie auch. Denn auch, wenn das zitierte Fernrohr Galileis und computerunterstütztes Sehen - zum Beispiel bei der wissensbasierten Auswertung von Fernerkundungsdaten - eine „prothetische Erweiterung" nicht-technisierter Organik bedeuten, so geht es bei „nicht-sinnlichen" Wahrnehmungen durch Computersysteme - wie bei Galileis Mondkratern - immer noch (oder schon wieder) um ein Sehen, das sich nicht einzig auf das Lesen von Daten reduzieren läßt. Wenn *„Sehen mit dem technischen Instrument [...] deshalb nicht nur eine Erweiterung oder Verlängerung des Sehens [ist], sondern, da es das Sehen als sinnliche Wahrnehmung vom organischen Körper ablöst [und dadurch] die Wahrnehmung zu einem Vorgang des bloßen Erkennens [macht]"[3]*, dann stellt sich die Frage, wie „Sehen" überhaupt als „nicht-sinnlicher" Weltbezug gedacht werden kann und ob nicht das, was hier „sinnliche Wahrnehmung" genannt wird, auf eine neue Weise wieder durch Computersysteme eingeführt wird.

2.   *„The potential exists to solve problems with which the human race has struggled for centuries. An example is the application of computer technology to the needs of the handicapped,*

---

[2]Marie-Anne Berr, **Technik und Körper**, Berlin: Dietrich Reimer Verlag 1990, S. 28.

[3]Marie-Anne Berr, S. 27.

2 GESELLSCHAFT UND UMWELT

> *a personal interest of mine. It is my belief that the potential
> exists within the next one or two decades to greatly amelio-
> rate the principal handicaps associated with sensory and phy-
> sical disabilities such as blindness, deafness, and spinal cord
> injuries. New bioengineering techniques that rely on expert
> systems and computer-assisted design stations for biological
> modeling are fueling a new optimism for effective treatments
> of a wide range of diseases, including genetic disorders.*"[4]

Anthropologische Zurechtweisungen einer technikorientierten Körper-
feindlichkeit stehen gegen den anatomischen Blick einer Technik, die
Befreiung verspricht - Befreiung nicht nur von den kontingenten Mo-
menten der Natur, sondern auch von den „natürlichen" Behinderungen
des menschlichen Körpers. In unvorsichtiger Überbewertung scheint
hier Technik zum Naturersatz zu werden, und diese Form der Argumentation - so human sie sich in ihrer Grundaussage gibt - wird wohl
kaum dazu angetan sein, die Akzeptanz von neuen Technologien in
unserer Gesellschaft zu steigern, zumal es ja gerade der Aspekt der
Befreiung ist, der in den Argumentationen der erwünschten Naturbe-
zogenheit der menschlichen Gesellschaft bezweifelt wird.

In dem Versuch, zwischen diesen beiden Positionen zu vermitteln, ist es
kein Trost zu wissen, daß sich diese Opposition durch die gesamte Kultur-,
Wissenschafts- und Technikgeschichte der Menschheit zieht und immer dann
aktiviert wird, wenn ansteht, eine neue (in der Regel Medien-)Technik zu
bewerten.

---

[4]Georg Gilder, **A Technology of Liberation**, in: Raymond Kurzweil, *The Age of
Intelligent Machines*, Cambridge (Massachusetts), London: The MIT Press 1990, pp. 454
- 457.

2 GESELLSCHAFT UND UMWELT

2.1 Natur und/oder Technik?

An den oben zitierten Beispielen wird deutlich, daß die Informationstechnologien vor dem grundsätzlichen Problem ihrer Verortung stehen. Sie müssen kaum noch gesellschaftlich verortet werden;das ist - so belegen die ausgewiesenen Produktionswerte eindeutig - längst geschehen.[5] Sie müssen verortet werden im Bezug auf ihre Produktionsobjekte und vor allem im Bezug auf belegbare Sinnkonstruktionen.

Der griechische Begriff *technè*, der zugleich mit *Kunst* und *Technologie* [heute meistens mit der Konnotation *high-* oder *new-technology* belegt] übersetzt werden kann, macht deutlich, daß Technik wissenschaftsgeschichtlich immer als Opposition zu Begriffen der *Natur* verstanden wurde. Begriffe wie *„ökologische Technik"* müssen also Widersprüche provozieren, und das wahrscheinlich auf beiden Seiten der zitierten Opposition. Der Begriff der *„Ökologie"* bezeichnet ursprünglich nichts mehr und nichts weniger als die Lehre der Wechselbeziehungen zwischen einem Lebewesen und seiner Umwelt, wobei sich *„Ökologie"* ableitet aus dem Begriff des *Oikos* - *„zu Hause"*. Die Wechselbeziehung zwischen einem Lebewesen und seiner Umwelt [dem Oikos] wird deutlich beschreibbar als ein System-Umwelt-Verhältnis, in welchem die Umwelt als Ort des Systems, als Bedingung der Möglichkeit und Beschränkung des Systems offensichtlich wird. *„Ökologische Technik"* mag also eine Technik heißen, die nicht nur versucht, diesen Wechselbeziehungen zwischen Lebewesen und ihrer Umwelt gerecht zu werden (diese Möglichkeit wird der Technik in der oben zitierten Argumentation ja abgesprochen), sondern vor allem eine Technik, die selber - in ihrem Funktionieren - durch eine solchen Wechselbeziehung von System und Umwelt beeinflußt wird.[6]

---

[5]Vgl. dazu: Manfred Faßler, **Gestaltlose Technologien? - Bedingungen an automatisierten Prozessen teilnehmen zu können**, in: Manfred Faßler und Wulf Halbach, *Inszenierungen von Information - Motive elektronischer Ordnung*, Gießen: FOCUS Verlag 1991.

[6]Nur um einer vorschnellen Replik schon hier zu begegnen, sei angemerkt, daß ich

2 GESELLSCHAFT UND UMWELT

Für eine Umweltinformatik gilt diese *„Beeinflussung"* auf doppelte Weise:

1. sind Umweltinformationssysteme operational geschlossene Einheiten, die sich durch eine Systemgrenze von ihrer Umwelt abgrenzen, aber gleichzeitig in ihren Systemzuständen auf diese Umwelt reagieren.

2. sind Umweltinformationssysteme konzipiert, eine spezifische Umwelt darzustellen. Sie sind auf eine explizite Weise, technische Einrichtungen, dazu konzipiert, die Umwelt des Menschen handhabbar zu machen und hängen in ihren Repräsentationsverhältnissen von eben dieser Umwelt als ihrer und des Menschen Systemumwelt ab. Umweltinformationssysteme sind so - wenn man es genau nimmt - Differenzierungswerkzeuge.

Das argumentative Problem, die besondere Stelle und die Probleme der Umweltinformatik in der Gesellschaft und in der Wissenschaft zu beschreiben, liegt genau in dem - wie Niklas Luhmann vorgeführt hat - notwendig zu benutzenden Begriff der *„Repräsentation"*. Der Begriff wird benutzt *„zur Bezeichnung der Darstellung der Einheit eines Systems durch ein Teil des Systems (repraesentatio identitatis). Repräsentation ist insofern immer paradox: Sie erzeugt mit der Absicht, Einheit darzustellen, eine Differenz des Repräsentierenden zu den anderen Teilen des Systems."*[7] Dazu kommt, daß bei aller Diskussion um *„Ökologie"* die Wechselwirkung eines Lebewesens (bevorzugt die des Menschen) mit seiner Umwelt kaum noch (oder noch nicht) in einem kybernetischen Sinn als System-Umwelt-Verhältnis diskutiert wird, wobei der Begriff der Umwelt deutlich eingeschränkt wird und diese Argumentation die Differenz zweier Umweltbegriffe mitführen muß.[8]

---

weder ein Computersystem und noch eine Künstliche Intelligenz für Lebewesen halte.

[7]Niklas Luhmann, Ökologische Kommunikation - Kann die moderne Gesellschaft sich auf ökologische Gefährdungen einstellen?, Opladen: Westdeutscher Verlag, 1986, p. 268.

[8]Eine bemerkenswerte Ausnahme stellt hier Frederic Vester dar. Vgl. zum Beispiel:

2 GESELLSCHAFT UND UMWELT

Umwelt bedeutet hier die Umwelt eines Systems, mit der dieses in Wechselwirkung steht - das schließt den gesellschaftlich verbreiteten Umweltbegriff, der undifferenziert in einer Gleichsetzung von Umwelt und Natur benutzt wird, nicht aus.

Kunst und Technik haben nicht nur ihren begrifflichen Ursprung gemeinsam. Beiden - und das ist viel grundlegender - ist ein spezifischer Modus der Weltkonstruktion und -aneignung als Ausgangspunkt ihrer Objektivationen gemein. Kunst und Technik versprechen ob der in ihnen gelegten Weltabbildungs- und/oder Repräsentationsmechanismen eine Handhabbarkeit der Natur und sind so - indem sie *„Künstliches"* hervorbringen - das „Andere der Natur". Kunst nutzt zur Abbildung von Natur Repräsentationsmechanismen, die die Handhabbung der Natur auf die Handhabung symbolischer Codes reduziert. Dabei bekommt das Abbildungsverhältnis zwischen Repräsentation und Repräsentiertem eine prä-akkomodatorische Funktion, da das Eingreifen in die Natur erst noch auf der Ebene des symbolischen Codes funktioniert. Auch Technik bildet Natur ab, indem auf einer „mechanischen" Ebene den relevanten Elementen und Relationen der Umwelt eine Eigenleistung entgegengesetzt wird. Ein Werkzeug entspricht einer spezifischen Anforderung aus der Umwelt des Systems, wobei sich die Korrelation zwischen System und Umwelt in diesem spezifischen Sachverhalt nach Maßgabe der der Entwicklung dieses Werkzeuges zugrunde liegenden Beobachtung strukturiert. Kunst und Technik „sehen" Umwelt als strukturierte Komplexität und ermöglichen in ihren Beobachtungen erster Ordnung (Nach Georg Spencer Brown beobachtet sich das System als eine Grenze zur Umwelt - eine Form mit zwei Seiten - und unterscheidet dadurch zwischen System und Umwelt.[9]) eine Komplexitätsreduktion, die die Grundlage für ihre je spezifischen Weltabbildungen darstellt. Da ein System niemals soviel

---

Frederic Vester, **Das kybernetische Zeitalter - Neue Dimensionen des Denkens,** Frankfurt a.M.: S. Fischer Verlag: 1974.

[9]George Spencer Brown, **Laws of Form,** New York: Julian Press 1972, S. 3.

2 GESELLSCHAFT UND UMWELT

Komplexität aufbauen kann wie seine Umwelt, es also niemals allen Elementen oder Relationen seiner Umwelt eine entsprechende Gegenleistung zuordnen kann, muß das System in einem Prozeß der Komplexitätsreduktion Umwelt so kategorisieren und im Bezug auf Wahrnehmung so präkonfigurieren, daß sie handhabbar bleibt.[10] Gleichzeitig aber kommt es zur Ausdifferenzierung systeminherenter Strukturen, die durch wachsende Eigenkomplexität dem Komplexitätsdruck der Umwelt - der auch Selektionsdruck ist - Rechnung tragen. Diese Reduktion erlaubt, Umwelt als Palette zu kontollierender Sachverhalte zu handhaben. Dieses Verfahren setzt voraus _und_ produziert eine präformierte Wahrnehmung, die dann Ausgangspunkt für jede folgende Wahrnehmung und Beobachtung ist. Die „Einschränkung" der Wahrnehmung ist der einzige Weg, wie ein System mit dem Komplexitätsdruck der Umwelt umgehen kann. Die Voraussetzung für eine Komplexitätsreduktion ist also, daß sich das System als Grenze zur Umwelt wahrnimmt und damit eine System-Umwelt-Differenz aufbaut, indem die vormalige Einheit (von System und Umwelt) als Differenz erkannt wird und so Komplexität durch das Einführen von Differenzen und Selektion von Wahrnehmungsfeldern strukturiert wird. Resultat dieser Operation ist die Möglichkeit des Systems, dem Komplexitätsdruck der Umwelt eine gesteigerte Eigenkomplexität entgegenzusetzen.

Im Zitat der Leitdifferenz Natur vs. Technik wird also übersehen, daß dieses System-Umwelt-Verhalten ein grundsätzlicher Mechanismus aller System-Umwelt-Verhältnisse ist. Systeme verhalten sich zu ihrer Umwelt, indem sie sich entweder in einem Prozeß der Assimilation dieser angleichen, oder in einem Prozeß der Akkomodation handelnd in die Umwelt eingreifen, um die eigene Autopoiesis zu garantieren. Das Verhältnis eines Systems zu seiner Umwelt ist also immer geprägt durch einen Modus der Handhabung durch Einschränkung von Umweltkomplexität. Diese Handhabe von

---

[10]Vgl.: Niklas Luhmann, **Soziale Systeme**, Frankfurt a.M.: Suhrkamp 1987, S. 47f., 249ff.

2   GESELLSCHAFT UND UMWELT

Umwelt oder „Natur" ist im Falle des Menschen immer eine technische, i.e. durch Korrelation zwischen System und Umwelt (einen spezifischen Sachverhalt oder Ausschnitt daraus) präkonfigurierte und vermittelte, was heißt, daß der Mensch kein „natürliches" Verhältnis zur Natur (sprich: seiner Systemumwelt) kennt, da er seine Umwelt nie als Ganzes, sondern nur - nach Maßgabe der erlangten Handhabbarkeit - Ausschnitthaftes „sieht". Kunst handhabt Natur über die Manipulation des symbolischen Codes, Technik über den direkten Zugriff auf selektierte Sachverhalte; beide aber präkonfigurieren die Möglichkeiten unserer Wahrnehmung und Beobachtung von Natur.

Also steht auch Technik in der Natur als ihrer Umwelt, wie ein Mensch oder ein Baum; das gilt besonders für Umweltinformationssysteme, da deren selektierter Objektbereich die *„Umwelt"* des Menschen ist. Das eben heißt, daß die „Umwelt" dem System Prä- und Kontext zugleich ist.

2.2   Blinde Flecke

Die Momente der Präfiguration und zum Teil auch die der Selektion lassen sich in der Beobachtung erster Ordnung nicht beobachten. Die Differenzen, die in der Beobachtung gehandhabt werden und die Voraussetzung für die Beobachtung selbst sind, können auf dieser Ebene noch nicht beobachtet werden. Sie sind es, die eine Einheit in (zumindest) eine Zweiheit oder Differenz überführen, selbst aber in der Beobachtung verschwinden, da zu ihrer Beobachtung eine neue Differenz eröffnet werden müßte; so kann ein System nicht sehen, was es nicht sehen kann. Erst die Beobachtung zweiter Ordnung („second order cybernetics")[11] beobachtet einen Beobachter und erkennt erst so die der Beobachtung zugrunde gelegten Leitdifferenzen. Diese Leitdifferenzen sind die *„blinden Flecke"* der Beobachtung und es ist offen-

---

[11]Vgl. dazu u.a.: Ranulph Glanville, **Objekte**, Berlin: Merve Verlag 1988.

3 UMWELTINFORMATIKEN

sichtlich, daß sie auf jeder Stufe der Beobachtung neu wieder auftauchen.[12]
Eine Beobachtung zweiter Ordnung ist dazu angetan, die blinden Flecke des
Beobachters erster Ordnung (die sie beobachtet) zu sehen usw. Dieses Beobachten von Beobachtungen unterscheidet Unterscheidungen und beobachtet
einen Beobachter nach den Unterscheidungen, die er einführt und nimmt
so an, daß dieses beobachtete System selber beobachtet. Das ist ein hartes erkenntnistheoretisches Problem, welches sich nicht auf den Bereich der
Philosophie beschränken läßt, sondern zu einem Problem der praktischen
Orientierung geworden ist. Die Leitdifferenz Natur vs. Technik ist der
blinde Fleck in der Beobachtung unserer Gesellschaft, der uns Technik als
das „Andere der Natur" sehen läßt, ohne auch zu sehen, daß Natur nie ohne
eine (technische) Präkonfiguration beobachtbar wird. Die Leitdifferenzen
der Umweltinformatik, die in Begriffen wie *„Weltmodell"*, *„Expertenwissen"*
und *„wissensbasierte Auswertung"* schon fast expliziert werden, haben einen
analogen Ursprung und problematische Folgen für die Architektur solcher
Systeme.

3 Umweltinformatiken

Umweltinformationssysteme sind Differenzierungswerkzeuge.

Sie sind Differenzierungswerkzeuge, da die Auswertung vorliegender und
zu erhebender Umweltdaten (zum Beispiel von multispektralen Scannern)

---

[12]Vgl. dazu u.a.:

1. Niklas Luhmann, **Soziologie des Risikos**, Berlin, New York: de Gruyter 1991, bes.:
Kap. 12: *Beobachtung zweiter Ordnung*, pp. 235ff.

2. Niklas Luhmann et. al., **Beobachter: Konvergenz der Erkenntnistheorien**,
München 1990.

3. Humberto R. Maturana, **Erkennen: Die Organisation und Verkörperung von
Wirklichkeit: Ausgewählte Arbeiten zur biologischen Epistemologie**, Braunschweig: Vieweg Verlag 1982.

4. Elena Esposito, **Rischio e osservazione**, Ms. 1990.

3 UMWELTINFORMATIKEN

Expertenwissen und daraus modellierte Expertensystemen zur Analyse nutzen muß. Die Menge der Daten und deren Komplexität erzwingt ein solches Verfahren, welches das technische Equivalent zur oben diskutierten Komplexitätsreduktion darstellt. Kein System kann jedem Element und jeder Relation seiner Umwelt entsprechende Eigenleistungen zuordnen; es gibt keine Isomorphie zwischen einem System und seiner Umwelt. Deshalb beziehen sich Modelle, Systeme und Maschinen nur auf beschränkte und kategorial vorformierte Sachverhalte, die nur deshalb vom System kontrolliert werden können.[11] Auch wenn im Umweltmonitoring die verschiedensten Verfahren eingesetzt werden[13], so wird damit nur eine Mutiplität von Daten bezüglich des gleichen Ausschnitts einer vorformierten Wahrnehmung erhoben. Die Leitdifferenzen, die zur Komplexitätsreduktion nötig sind, setzen auf mehreren Ebenen gleichzeitig an:

1. Am offensichtlichsten ist die Auswahl des Paradigmas, die Formierung des Expertenwissens und damit die des Expertensystems. Zwar wird diese „Auswahl" grundsätzlich nach den Gegebenheiten des wissenschaftlichen Diskurses - die übrigens durchaus im Sinne dieser Argumentation auch wieder Einschränkungen durch Leitdifferenzierung bedeuten - getätigt und ist in dem hier üblichen Beobachten von Beobachtern (also dem Beobachten wissenschaftlichen Differenzierens von Theoremen und Methoden) schon eine Beobachtung zweiter Ordnung, doch die Auswahl des „Expertens" ist ebenso präkonfiguriert durch bestimmte und selten beobachtete Erwartungen und Vermutungen. Die so getroffene Auswahl und die damit übernommenen Leitdifferenzen schlagen sich in der Modellierungsstruktur des Expertensystems nieder.

---

[13]Vgl. u.a.: W.S. Hartley, Topographic mapping and satellite remote sensing: is there an economic link?, in: *International Journal of Remote Sensing*, London, Washington: 1991, Vol. 12, No. 9, pp. 1799- 1810.

3   UMWELTINFORMATIKEN

2. Eine genauso offensichtliche Präkonfiguration der Wahrnehmung und damit des für das spezifische System überhaupt Wahrnehmbare ist die Auswahl des Datentyps und die Methode der Erhebung. Hier wird ganz deutlich, was es bedeutet zu sagen, daß ein System nur sehen kann was es sehen kann und nicht sehen kann, was es nicht sehen kann.

3. Schwieriger wird es, wenn es um die Differenzierung geht, die durch die systeminherenten Algorithmen vorgenommen werden. Forschungspragmatische Einschränkungen des Objektbereichs sind die eine Seite dieser Auswahl, die Reduktion von Datenspektren eine andere. Als Beispiel mögen hier die Verweise auf wissensbasierte Boden- und Wasseranalysen oder Fernerkundungssysteme zur Vegetationsüberwachung genügen. Solche Expertensysteme werden wahrscheinlich die antizipierten Stoffe oder Vegationen in der jeweiligen Konzentration oder Verteilung angeben können, doch nicht-antizipierte Elemente oder Angenommene in unerwarteten Konzentrationen oder Verteilungen, werden aus der Beobachtung ausgeschlossen, da die Beobachtung komplexitätsreduzierend, notwendig Beschränkungen vornehmen muß.[14]

Komplexitätsreduktion - vor allem bei menschlich nicht mehr zu verarbeitender Datenmenge - ist notwendig, eine Präkonfiguration durch Expertensysteme wünschenswert, doch muß bei solchen Verfahren das Setzen von Leitdifferenzen mitbeobachtet werden, damit

---

[14]Vgl. dazu: R.C.G. Smith and B.J. Choudhury, **Analysis of normalized difference and surface temperature observation over southeastern Australia**, in: *International Journal of Remote Sensing*, London, Washington: Oct. 1991, Vol. 12, No. 10, pp. 2021-2044 oder auch

Peter F. Fisher, **Modelling soil map-unit inclusions by Monte Carlo simulation**, in: *International Journal of Geographical Information Systems*, London, Washington: 1991, Vol. 5, No. 2, 193-208.

3 UMWELTINFORMATIKEN

1. die Validität der Beobachtungen und der folgenden Analysen nicht
   schon mit dem Moment des Abschlusses der Modellierung verloren
   geht, damit

2. nicht wünschenswerte Daten verloren gehen und damit

3. blinde Flecke die im Moment der Datenerhebung entstehen nicht im
   Verfahren der Datenselektion zur Informationsbildung potenziert werden.

Das Beobachten von Leitdifferenzierung ist ein Beobachten zweiter Ordnung, die möglich ist, weil die blinden Flecke wissenschaftlicher Tätigkeit
lokalisierbar sind. Beobachten ist das Handhaben von Differenzen, wobei
offensichtlich ist, daß bei einer funktionierenden Umweltinformatik die Leitdifferenz nicht die zwischen dem Vor- und Nachher einer Analyse, noch die
eines Dies- oder Jenseits eines Grenzwertes sein kann. Umweltinformationssysteme lassen sich auf die Beobachtung hochkomplexer dynamischer Systeme ein und haben dabei mit Besonderheiten umzugehen, die immer dann
auftreten, wenn - bei strukturtreuen Modellen - das eigene System-Umwelt-
Verhalten zum Bestandteil des Modelles wird, wenn also - mit anderen Worten - das System sich selbst zur Umwelt werden sollte. Strukturtreue Modelle orientieren sich am beobachteten Realsystem und sind bemüht, ihre
Modellgültigkeit dadurch zu erlangen, daß die im Ersatzsystem angelegten
Systemstrukturen und -elemente das Verhalten des Realsystems empirisch
überprüfbar zu beschreiben und zu prognostizieren erlauben. Durch diesen
Ansatz haben sie - gegenüber statistischen Modellen - den Vorteil, daß ihre
Verhaltensaussagen erstens verläßlicher sind und zweitens auch auf Situationen anwendbar sind, die vor einer Initialbeobachtung zu einem Zeitpunkt t
liegen. Wenn allerdings das eigene System-Umwelt-Verhalten zum Bestandteil des Modells werden soll, genügt es nicht eine Architektur zu erstellen,
die einem einfachen Feedbackmechanismus gehorcht [Abb. 1].

3 UMWELTINFORMATIKEN

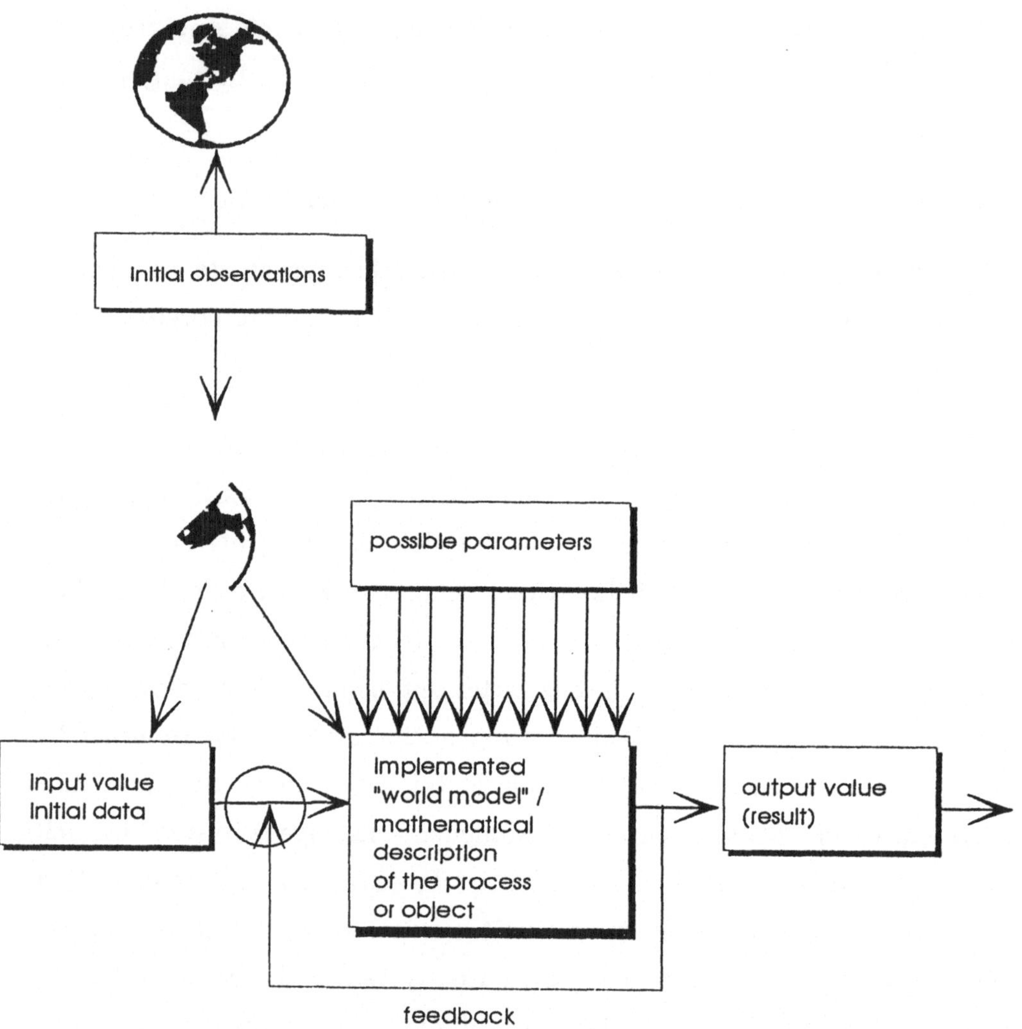

Abbildung 1: Allgmeines Feedback-Diagram

Beobachtbare Strukturdeterminanten und daraus ableitbare Parameter ließen sich grundsätzlich in das Modell eintragen und gegebenenfalls auch nachträglich noch verändern. Die durch Modelle angestrebten Analysen und Prognosen sind also abhängig von den angesetzten Leidifferenzen, die zum Zeitpunkt der Modellierung und der Beobachtung des Realsystems dienlich waren. Die Voraussetzung dafür, daß ein Umweltinformationssystem - und

3 UMWELTINFORMATIKEN

das ist ein viel schwierigeres Problem als die permanente Beobachtung der Leitdifferenzierung - funktioniert, ist das Setzen von Kriterien, die garantieren, daß die angesezten Leitdifferenzen erlauben, jede erfolgte Veränderung im System-Umwelt-Verhältnis des Systems in die Beobachtungen des System mit aufzunehmen. An dieser Stelle läßt sich sehr gut zeigen, was es heißt, daß ein System sich selbst zur Umwelt werden sollte. Wenn ein System (Mensch oder Maschine) Umwelt beobachtet - und das genau tut ja ein Umweltinformationssystem, genau wie es seine Anwender tun - beobachtet es nicht, wie es beobachtet; es beobachtet sich nicht selbst. Damit das geschehen kann, muß es die diskutierte Leitdifferenz System-Umwelt eröffnen und kann sich so beobachtend beobachten. In diesem Moment geht es eine Beobachtung zweiter Ordnung ein, die dadurch ermöglicht wird, daß sich das System als beobachtbare Umwelt gesetzt hat. Es beobachtet sich selbst, wie es die Umwelt beobachtet. Situationen, in welchen allein die Nutzung eines Simulationsmodells mit einfachem Feedbackmechanismus[15] das Realsystem beeinflußt und damit das System-Umwelt-Verhalten des Systems selbst verändert haben, kennen wir spätestens mit dem 27. Oktober 1987, an welchem der internationale Aktienmarkt einen Crash erlitt, da die System-Umwelt-Dynamik von Börsensimulationen unterschätzt wurde.[16] Bei Simulations- und Informationssystemen hoch komplexer Systeme muß man davon ausgehen, daß sich allein durch die in diesen Systemen vorgeschlagenen Handlungsanweisungen das System-Umwelt-Verhalten der Initialbeobachtung verändern kann.

Solche Systeme müßten also

---

[15]Ein Beispiel für ein solches System ist auch das (oben zitiert) von Peter F. Fisher System, welches auf Basis einer einfachen Monte Carlo Simulation versucht, die zu beobachtende Dynamik durch Zufallselemente zu beherrschen.

[16]Vgl. dazu: Wulf R. Halbach, **Simulierte Zusammenbrüche**, in: Hans Ulrich Gumbrecht und K. Ludwig Pfeiffer, *Paradoxien, Dissonanzen, Zusammenbrüche - Situationen offener Epistemologie*, Frankfurt a.M.: Suhrkamp 1991, pp. 823ff.

3 UMWELTINFORMATIKEN

1. so konstruiert sein, daß sie durch eine zweite Feedbackschleife in der
   Lage sind, nach Maßgabe sich verändernder System-Umwelt-Verhältnis ihre Parameter zu verändern [Abb. 2] und

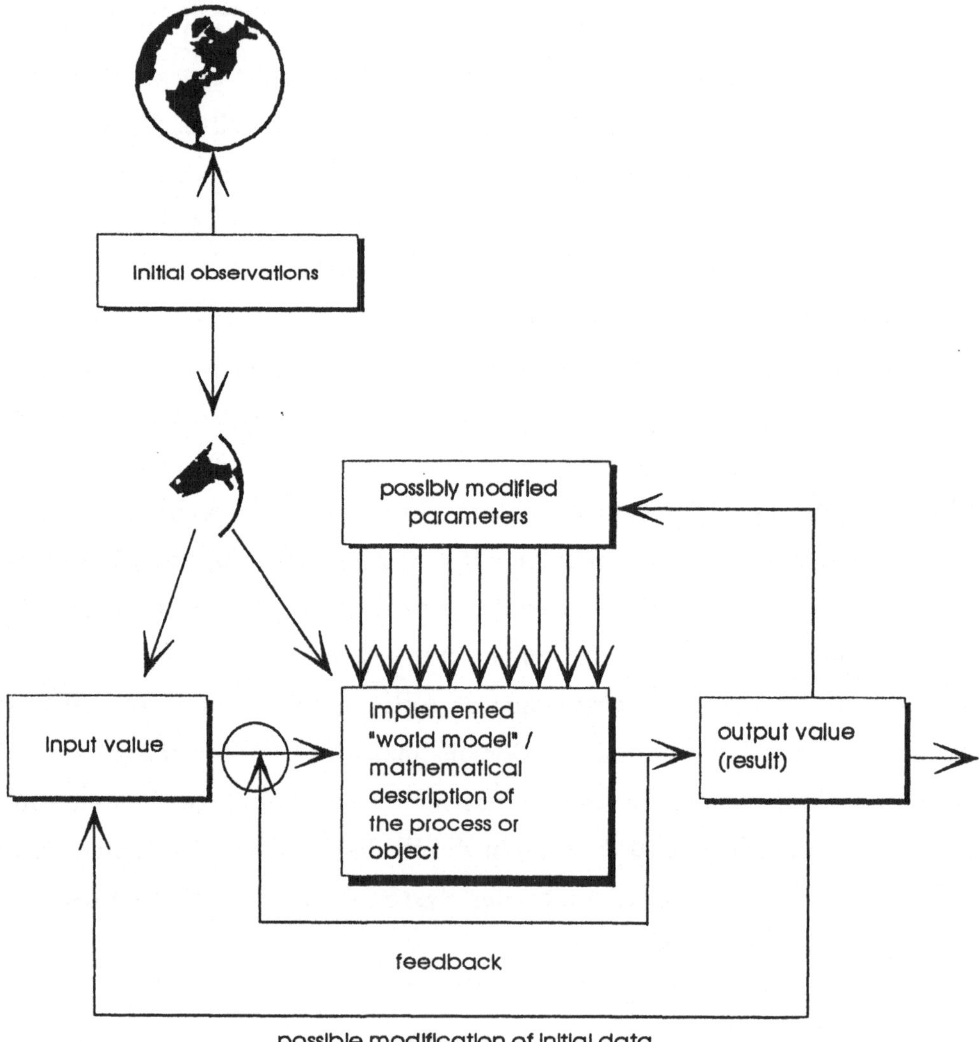

Abbildung 2: Erweitertes Feedback-Diagram

2. müßte in der Interaktion zwischen Anwender und System das System
   dem Anwender Hinweise geben können, daß die ursprüngliche Beobachtung des Realsystems modifiziert werden muß und daß gegebenen-

3 UMWELTINFORMATIKEN

falls die Leitdifferenzierungen der Beobachtung verändert werden sollten, so daß mitunter auch andere Eingangsdaten - mit anderen Mittel erhoben - benötigt werden [Abb. 3].

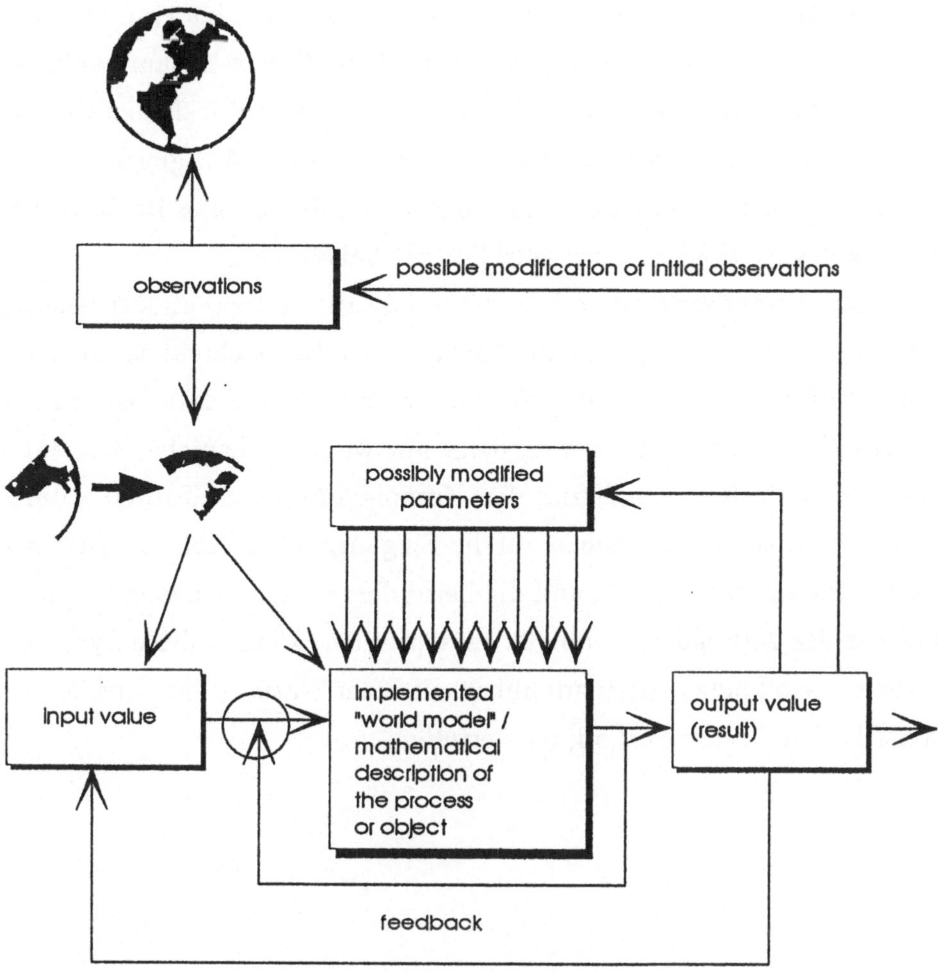

Abbildung 3: Erweitertes Feedback-Diagram mit Auswirkung auf die Initialbeoachtung

Es ist offensichtlich, daß sich durch dieses Verfahren das System-Umwelt-Verhältnis so lange ändert, bis ein relativ stabiler Zustand erreicht ist, der

3 UMWELTINFORMATIKEN

dann nach Maßgabe technischer Möglichkeiten wieder hinterfragt werden
muß. Kognition - so beschreibt das Heinz von Foerster sehr eindrucksvoll -
ist das „Berechnen" einer Realität oder deren Beschreibungen.[17] In psychi-
schen Systemen laufen diese Berechnungen so lange, bis eine stabiles Bild
der „Wirklichkeit" erreicht ist. Stabil heißt in diesem Zusammenhang, daß
es keine offensichtlichen Widersprüche zu parallelen Wirklichkeitsentwürfen
anderer - anschließbarer - Sachverhalte mehr gibt.[18] Auf gleiche Weise muß
ein „intelligentes" Umweltinformationssystem die eigenen Beobachtungen -
und die des Anwenders - der Wirklichkeit behandeln.

Dieses besondere System-Umweltverhältnis setzt zumindest eine Kyber-
netik zweiter Ordnung [das Beobachten von Beobachten] voraus, die bei
Umweltinformationssystemen die erste Voraussetzung dafür ist, daß sie gesellschaftlich akzeptiert werden, denn nur wenn nachweisbar ist, daß diese
Systeme wenigstens annähernd den Komplexitäten der Umwelt - durch geeignete Feedbackmechanismen auf die Eingangsdaten [Abb. 1], auf die angesetzten Parameter [Abb. 2] und die Leitdifferenzen der eigenen Beobachtung
und der des Anwenders [Abb. 3] - entsprechen, können diese Systeme vielleicht die Hoffnung auf Handhabbarkeit einer Natur - die Umwelt für den
Menschen und seine Technik ist - erfüllen.

---

[17]Heinz von Foerster, a.a.O., pp. 294f.

[18]Vgl. dazu die Forschungsergebnisse aus der Kognitionspsychologie zum Thema „Ko-
gnitive Dissonanzen".

Literatur

[1] George Spencer Brown, **Laws of Form**, New York: Julian Press 1972.

[2] Elena Esposito, **Rischio e osservazione**, Ms. 1990.

[3] Manfred Faßler, **Gestaltlose Technologien? - Bedingungen an automatisierten Prozessen teilnehmen zu können**, in: Manfred Faßler und Wulf Halbach, *Inszenierungen von Information - Motive elektronischer Ordnung* Gießen: FOCUS Verlag 1991.

[4] Peter F. Fisher, **Modelling soil map-unit inclusions by Monte Carlo simulation**, in: *International Journal of Geographical Information Systems*, London, Washington: 1991, Vol. 5, No. 2, 193-208.

[5] Heinz von Foerster, **On Constructing a Reality**, in: *Observing Systems*, Seaside: Intersystems Publications 1981, pp. 288 - 309.

[6] Galileo Galilei, **Sidereus nuncius**, 1610.

[7] Georg Gilder, **A Technology of Liberation**, in: Raymond Kurzweil, *The Age of Intelligent Machines*, Cambridge (Massachusetts), London: The MIT Press 1990.

[8] Ranulph Glanville, **Objekte**, Berlin: Merve Verlag 1988.

[9] Wulf R. Halbach, **Simulierte Zusammenbrüche**, in: Hans Ulrich Gumbrecht und K. Ludwig Pfeiffer, *Paradoxien, Dissonanzen, Zusammenbrüche - Situationen offener Epistemologie*, Frankfurt a.M.: Suhrkamp 1991, pp. 823ff.

[10] W.S. Hartley, **Topographic mapping and satellite remote sensing: is there an economic link?**, in: *International Journal of Remote Sensing*, London, Washington: 1991, Vol. 12, No. 9 pp. 1799-1810.

[11] Niklas Luhmann, **Ökologische Kommunikation - Kann die moderne Gesellschaft sich auf ökologische Gefährdungen einstellen?**, Opladen: Westdeutscher Verlag 1986.

[12] Niklas Luhmann, **Soziale Systeme**, Frankfurt a.M.: Suhrkamp 1987.

[13] Niklas Luhmann et. al., **Beobachter: Konvergenz der Erkenntnistheorien**, München 1990.

[14] Niklas Luhmann, **Soziologie des Risikos**, Berlin, New York: de Gruyter 1991.

[15] Humberto R. Maturana, **Erkennen: Die Organisation und Verkörperung von Wirklichkeit: Ausgewählte Arbeiten zur biologischen Epistemologie**, Braunschweig: Vieweg Verlag 1982.

[16] R.C.G. Smith and B.J. Choudhury, **Analysis of normalized difference and surface temperature observation over southeastern Australia**, in: *International Journal of Remote Sensing*, London, Washington: Oct. 1991, Vol. 12, No. 10, pp. 2021-2044.

[17] Frederic Vester, **Das kybernetische Zeitalter - Neue Dimensionen des Denkens**, Frankfurt a.M.: S. Fischer Verlag: 1974.

Numerische Methoden zur Verarbeitung unsicherer Informationen in wissensbasierten Systemen

R. Kruse & F. Klawonn
Institut für Betriebssysteme und Rechnerverbund
Technische Universität Braunschweig
3300 Braunschweig

1 Einleitung

Menschliches Wissen läßt sich häufig nicht einfach durch die Angabe von absoluten Fakten repräsentieren, da verschiedene Formen der Impräzision auftreten können. Um diese Art der Information handhabbar zu machen, müssen adäquate Methoden zur Verfügung gestellt werden.

Einer der ersten Ansätze, der unsichere Regeln berücksichtigt, formal jedoch einige Mängel aufzuweisen hat, wurde im medizinischen Expertensystem MYCIN implementiert, dessen Grundkonzept kurz im dritten Abschnitt vorgestellt werden soll.

Neben der Unsicherheit gibt es auch andere Arten impräziser Informationen wie Vagheit und Unvollständigkeit. Eine Klassifizierung dieser Phänomene findet im zweiten Abschnitt statt. Die verschiedenen Phänomene treten jedoch nicht nur isoliert, sondern meist gleichzeitig auf, so daß eine getrennte Behandlung nicht immer möglich ist.

Die Modellierung von Unsicherheit im Rahmen der Wahrscheinlichkeitstheorie kann sich, wie im vierten Abschnitt gezeigt wird, auf ein solides theoretisches Fundament stützen, während dies für die im fünften Abschnitt angesprochenen Nichtstandard-Kalküle nicht immer zutrifft.

2 Klassifizierung der Phänomene

Im folgenden sollen die Unterschiede zwischen Vagheit und Unsicherheit erläutert und mathematische Modelle zur Beschreibung dieser Phänomene vorgestellt werden.

Vagheit tritt häufig in Aussagen auf, in denen ein Adjektiv verwendet wird, das eine nicht fest definierte Eigenschaft umschreibt. Die Behauptung „*4 ist eine große Zahl.*" ist nicht einfach als wahr oder falsch klassifizierbar. Zum einen ist diese Aussage kontextabhängig. Betrachtet man gerade das Problem, wie häufig ein Mensch eine Million DM im Lotto gewinnt, so ist 4 sicherlich eine große Zahl, während 4 für die Anzahl der Tage, an denen es in Deutschland im Jahr regnet, wohl eher eine kleine Zahl darstellt.

Aber selbst innerhalb eines Kontexts ist diese Aussage nicht notwendig wahr oder falsch. Wie verhält es sich zum Beispiel, wenn man über den Ausgang eines Würfelexperiments spricht? Es fällt hierbei schwer, 4 eindeutig als große oder als nicht große Zahl zu klassifizieren.

Am Beispiel des Würfels kann auch der Unterschied zwischen den Begriffen vage, präzise, unprä-
zise und unvollständige Daten verdeutlicht werden. Die Menge der möglichen „Welten" besteht aus
den Zahlen, die erwürfelt werden können.

Phänomen	**Mathematische Beschreibung**
mögliche „Welten"	$\Omega = \{1, \dots, 6\}$
präzise Daten: „4"	$\{4\}$
impräzise Daten: „3 oder 4"	$\{3, 4\}$
vage Daten: „große" Zahl	$\mu : \Omega \to [0, 1]$ fuzzy Menge
	$\mu(6) = 1,\ \mu(5) = 0.7,$
	$\mu(4) = 0.31,\ \mu(\omega) = 0$ sonst

Es stellt sich hier jedoch die Frage, wie die fuzzy Menge μ zu wählen ist.

Ein weiteres Phänomen stellen unvollständige Daten dar, die als extreme Form der Nicht-Präzision
aufgefaßt werden können.

Unabhängig von dieser Art von Informationen, kann zusätzlich noch eine Unsicherheit über die
Gültigkeit der Information eine Rolle spielen. Die Aussage *„Der nächste Wurf wird eine 4 sein."* ist
nicht vage, jedoch mit einer Unsicherheit behaftet. Diese Unsicherheit kann durch den Beobachter
auf verschiedene Arten durch einen Wert cred quantifiziert werden. Zum einen könnten objektive
Daten zum Beispiel in Form einer Statistik vorliegen, aus der erkennbar ist, daß man es mit einem
gefälschten Würfel zu tun hat, so daß sich cred $= \frac{1}{7}$ ergibt. Zum anderen würde man im Falle
fehlender Informationen das „insufficient reason principle" anwenden, d.h., da nichts gegenteiliges
bekannt ist, geht man von einer Gleichverteilung auf den Zahlen $1, \dots, 6$ aus, was eine subjektive
Spezifizierung von cred $= \frac{1}{6}$ bedeutet.

Phänomen	**Mathematische Beschreibung**
Zufälligkeit	Wahrscheinlichkeitstheorie
graduelles Vertrauen	subjektive Wahrscheinlichkeiten
Glaubwürdigkeit	belief/ plausibility [14, 18]
	possibility/necessity [2]
⋮	⋮

In realen Anwendungen findet man typischerweise Kombinationen von Unsicherheit, Vagheit und
impräzisen Angaben:

- Die Geschwindigkeit war mit Sicherheit 0.9 groß.
  (Unsicherheit vager Daten)

- Die Sicherheit (Wahrscheinlichkeit) ist größer als 0.8.
  (impräzise Spezifizierung von Unsicherheit)

- Die Sicherheit ist ziemlich groß.
  (vage Spezifizierung von Unsicherheit)

- Die Sicherheit, daß der Würfel fair ist, beträgt 0.6.
  (Unsicherheit zweiter Ordnung)

Vage oder unsichere Daten können von verschiedenen Quellen geliefert werden, die dann geeignet zusammengefaßt werden müssen. Auch hier sind verschiedene Arten der Kombination von Informationen zu berücksichtigen. Die Aggregation konkurrierender Informationen (pooling evidence) spielt hierbei eine Rolle. Beispielsweise erfordern die beiden folgenden Angaben eine Entscheidung, welche der beiden Aussagen richtig oder verläßlicher ist.

(i) Das Flugzeug ist nicht vom Typ A mit Sicherheit 0.9.

(ii) Das Flugzeug ist mit Wahrscheinlichkeit 0.5 vom Typ A oder B, über C ist nichts bekannt.

Ein anderes Problem stellt die Integration zuverläßlicher Informationen (updating) dar. Weiß man, daß das beobachtete Flugzeug mit Sicherheit 0.8 vom Typ A oder B, mit Sicherheit 0.2 vom Typ C ist, so muß ein Updating der Sicherheiten stattfinden, wenn zusätzlich beobachtet wird, daß das Flugzeug definitiv nicht vom Typ C ist.

Man sollte deutlich zwischen Pooling Evidence und Updating unterscheiden, da Updating im Gegensatz zu Pooling Evidence Widerspruchsfreiheit der Informationen voraussetzt.

3 Ad hoc-Verfahren: Certainty Factors

Eines der ersten Modelle, in dem unsichere Regeln berücksichtigt wurden, ist das medizinische Expertensystem MYCIN [16, 17]. Die unsichere Regel „Wenn die Geschwindigkeit 1000km/h beträgt, dann ist das Flugzeug vom Typ H mit Sicherheit 0.9." wird in MYCIN in der Form

$$E \xrightarrow{CF(H,E)} H$$

repräsentiert. Der Sicherheitsfaktor $CF(H,E)$ gibt das Vertrauen in die Hypothese H bei gegebenem E an. In MYCIN liegen die Sicherheitsfaktoren zwischen -1 und +1.

Die Behandlung von mehreren unsicheren Regeln wird nach parallelen und sequentiellen Kombinationen unterschieden. Parallele Kombination liegt vor, wenn zwei Regeln dieselbe Hypothese implizieren.

$$E_1 \xrightarrow{CF(H,E_1)} H \xleftarrow{CF(H,E_2)} E_2 \quad \text{wird zu} \quad E_1 E_2 \xrightarrow{CF(H,E_1 E_2)} H$$

zusammengefaßt. Dabei ist $CF(H, E_1 E_2) = CF(H, E_1) + CF(H, E_2) - CF(H, E_1) \cdot CF(H, E_2)$, falls alle Werte positiv sind.

Aus einer sequentiellen Kombination

$$E_1 \xrightarrow{CF(E_2,E_1)} E_2 \xrightarrow{CF(H,E_2)} H \quad \text{wird} \quad E_1 \xrightarrow{CF(H,E_1)} H$$

wobei $CF(H, E_1) = CF(E_2, E_1) \cdot CF(H, E_2)$, falls alle Werte positiv sind.

Die genauere Analyse dieses Verfahrens mit Sicherheitfaktoren ergibt:

- Implizit wird Modularität für die Evidenzen vorausgesetzt: $CF(H, E, e) = CF(H, E)$, d.h. ein Updating des Sicherheitsfaktors von H mit Hilfe der Evidenz E ist unabhängig von jeder anderen Evidenz e.

- Interpretiert man Sicherheitsfaktoren als modifizierte Wahrscheinlichkeiten, so werden implizit bedingte Unabhängigkeitsvoraussetzungen angenommen.

- Korrekt ist das Verfahren mit Sicherheitsfaktoren daher nur [5], wenn

  - die Regeln Baumstruktur aufweisen

  - jede Hypothese höchstens zwei Alternativen besitzt.

- MYCIN ist erfolgreich, weil kleine Änderungen der Sicherheitsfaktoren das Endresultat wenig beeinflussen (sensitivity analysis).

- Vorsicht ist jedoch bei der Verwendung in anderen Wissensdomänen geboten.

4 Probabilistische Verfahren: Bayes-Abhängigkeitsnetzwerke

Die Wahrscheinlichkeitstheorie ermöglicht es, Unsicherheiten zu modellieren und mit Hilfe von bedingten Wahrscheinlichkeiten Schlußfolgerungen zu ziehen. In typischen Anwendungen hat man es häufig mit einer Menge von verschiedenen Charakteristika oder Merkmalen zu tun. Jedem Merkmal wird eine (endliche) Mengen von möglichen Werten zugeordnet, so daß der Produktraum, dessen Koordinatenräume aus den Wertemengen der einzelnen Merkmale besteht, die Menge der Systemzustände adäquat beschreibt.

Soll ein Motor untersucht werden, so könnte eine vereinfachte Darstellung folgende Charakteristika mit den zugehörigen Wertemengen aufweisen:

Charakteristikum		**mögliche Werte**
A	Anlasser:	defekt, normal
B	Batterie:	keine Ladung, schwach, normal
G	Generator:	defekt, normal
M	Motor:	springt nicht, schwer, normal an
L	Licht:	brennt nicht, brennt

Der Raum der Systemzustände $\Omega = \{(a, b, g, m, l) \mid a \in \{\text{defekt, normal}\}, \ldots\}$ besteht hier aus 72 Elementen.

Die Abhängigkeiten zwischen den Merkmalen werden meist in graphischer Form dargestellt. Im folgenden Abschnitt werden zunächst nur relativ einfach zu handhabende Abhängigkeiten zugelassen.

4.1 Einfach zusammenhängende Netzwerke

Die Zusammenhänge zwischen den Merkmalen im obigen Beispiel könnten graphisch folgendermaßen repräsentiert werden:

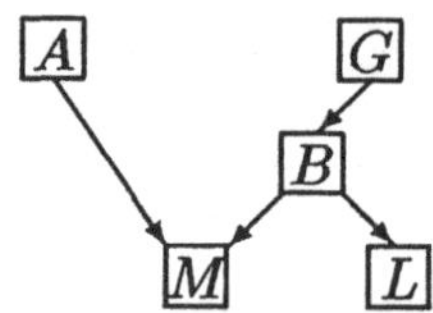

Aus diesem Graphen lassen sich zum Beispiel folgende Abhängigkeiten ablesen:

- L hängt von G nur mittelbar ab.

- M und L sind unter der Bedingung B unabhängig.

- A und G sind *nicht* unabhängig.

Hieraus ergeben sich Bedingungen für die möglichen Wahrscheinlichkeitsverteilung auf Ω.

$$\begin{aligned}
P(A = a, G = g, B = b, M = m, L = l) &= P(L = l \mid A = a, G = g, B = b, M = m) \\
&\quad \cdot P(M = m \mid A = a, G = g, B = b) \\
&\quad \cdot P(B = b \mid A = a, G = g) \\
&\quad \cdot P(A = a \mid G = g) \\
&\quad \cdot P(G = g) \\
&= P(L = l \mid B = b) \cdot P(M = m \mid A = a, B = b) \\
&\quad \cdot P(B = b \mid G = g) \cdot P(A = a) \cdot P(G = g)
\end{aligned}$$

Der Experte muß daher die a priori Wahrscheinlichkeiten der Knoten ohne Vorgänger und die bedingten Wahrscheinlichkeiten zwischen zwei benachbarten Knoten spezifizieren, wodurch genau eine Wahrscheinlichkeitsverteilung P auf Ω bestimmt wird. Diese Angaben stellen jedoch nur das a priori Wissen dar, mit dessen Hilfe man bei gegebenen Beobachtungen (Evidenzen) weitere Schlüsse ziehen kann.

Die Frage nach der Wahrscheinlichkeit dafür, daß der Anlasser defekt ist, wenn man weiß, daß die Batterie keine Ladung hat, läßt sich dann wie folgt berechnen:

(i) Gegeben ist die a priori Wahrscheinlichkeit P auf Ω.

(ii) Die Evidenz, daß die Batterie keine Ladung hat, wird durch die Zylindermenge
$E = \{(a, g, \text{ keine Ladung}, m, l) \mid a, g, m, l \text{ beliebig}\}$ repräsentiert.

(iii) Berechne die bedingte Wahrscheinlichkeit $P(\, . \mid E)$.

(iv) Berechne die marginale Verteilung für A.

Diese Methode ist zwar formal korrekt, benötigt jedoch einen hohen Rechenaufwand, insbesondere wenn die Anzahl der Merkmale groß ist. Um die Komplexität dieses Verfahrens zu verringern, werden Unabhängigkeiten ausgenutzt, um lokale Propagationsmechanismen [13] zu entwickeln, die nicht alle Merkmale, sondern nur die jeweils notwendigen berücksichtigen.

4.2 Größere Netzwerke

Das im vorigen Abschnitt betrachtete Beispiel ließ sich mit Hilfe eines einfach zusammenhängenden, gerichteten Graphen darstellen, was bedeudet, daß nur Graphen erlaubt sind, in denen es höchstens einen Weg von einem Knoten zu einem anderen geben darf. Lauritzen und Spiegelhalter [11] entwickelten ein Verfahren, in dem im ersten Schritt das qualitative Wissen über die Abhängigkeiten der Merkmale in einem azyklischen, gerichteten Graphen codiert wird. Danach werden die bedingten

Wahrscheinlichkeiten für die jeweils direkt miteinander verbundenen Merkmale quantifiziert. Der Graph wird dann so umstrukturiert, daß man einen Markovschen Hyperbaum [15] erhält, auf den die für einfach zusammenhängende Graphen entwickelten lokalen Propagationsmethoden angewandt werden können.

4.3 Neuere Entwicklungen

Die in 4.1 und 4.2 beschriebenen Methoden wurden in den letzten Jahren um verschiedene Aspekte erweitert. Spiegelhalter und Lauritzen [21] integrierten impräzise Wahrscheinlichkeiten und Methoden zum Monitoring und zur Kritisierung der Originaldaten mit üblichen statistischen Methoden.

Ein Tool zur Konstruktion großer Influenzdiagramme, in dem auch Aspekte der Entscheidungstheorie wiederzufinden sind, wurde von Heckerman vorgestellt [6].

Obwohl alle diese Ansätze auf einer soliden mathematischen Grundlage basieren, bleibt jedoch die Frage offen, wie die zu spezifizierenden Wahrscheinlichkeiten bestimmt werden können. Die korrekte Angabe dieser Wahrscheinlichkeiten ist Voraussetzung für das Funktionieren dieser Systeme.

5 Nichtstandard-Kalküle

Die Bayes-Theorie, die das Fundament der im vorigen Abschnitt vorgestellten Modelle bildet, reicht oft nicht aus, um die auftretenden Phänomene impräziser Informationen vollständig repräsentieren zu können. Nicht-Wissen läßt sich nur schwer darstellen. Es gibt zwar Ansätze, die mit unteren und oberen Wahrscheinlichkeiten arbeiten, d.h., daß anstelle der exakten Werte nur Intervalle für die Wahrscheinlichkeiten angegeben werden müssen. Dies erfordert allerdings ganz neue Inferenzmechanismen, die nicht ohne weiteres aus den Propagationsalgorithmen für exakte Wahrscheinlichkeiten ableitbar sind. Desweiteren stellt die gleichzeitige Modellierung von Vagheit und Unsicherheit und Unsicherheit ein Problem dar. Hierfür kommen Random Sets [7, 12] (mengenwertige Zufallsvariablen) oder fuzzy Zufallsvariablen in Frage.

Die Akzeptanz mit Bayes-Abhängigkeitsnetzen zu arbeiten, ist bei Anwendern häufig nicht sehr groß. Hier eignen sich auf der Possibilitätstheorie [1, 2, 3], der Theorie der Fuzzy Mengen [8] oder dem Transferable Belief Modell basierende [19, 20] Ansätze besser. Die Idee der lokalen Propagation kann auch auf diese Modelle übertragen werden [9].

Neben der hohen Komplexität der auf der Bayes-Theorie basierenden Verfahren stellt sich auch das Problem, die große Anzahl von Wahrscheinlichkeiten zu spezifizieren. Inkonsistente Werte führen dazu, daß das System überhaupt nicht mehr arbeiten kann. Der Vorteil besteht dafür in der klaren Semantik der Zahlen, die bei anderen Ansätzen oft vermißt wird.

6 Schlußbemerkungen

Es ist wichtig, zwischen den ad hoc Ansätzen und den formalen Methoden zu unterscheiden. Heuristische Verfahren, wie sie in MYCIN oder PROSPRCTOR [4] verwendet werden, sind zwar einfach zu implementieren und die zugrunde liegenden Formalismen leicht verständlich, jedoch fehlt eine vernünftige Semantik, mit deren Hilfe man eine Validierung des Systems vornehmen könnte. Die

Ansätze sind auch speziell auf eine Wissensdomäne zugeschnitten, so daß eine Übertragung auf andere Gebiete nur schwer möglich ist.

Der Vorteil der formalen Methoden, die die Grundlage von Bayes-Netzwerken bilden, besteht in ihrer klar definierten Semantik, die eine Validierung des Systems erlaubt, da das berechnete Ergebnis korrekt ist, sofern die geforderten Unabhängigkeitsvoraussetzungen erfüllt sind. Die dahinter verborgenen Formalismen stellen sich allerdings teilweise als schwer durchschaubar für den Anwender dar, der sie aber verstehen muß, um seine Eingaben systemadäquat spezifieren zu können. Eine zusätzliche Unterstützung durch entsprechende Tools ist hier unerläßlich. Auch die Implementierung ist häufig aufwendig, und eine schlechte Strukturierung des Expertenwissens kann zu unnötig hohen Rechenzeit- und Speicheranforderungen führen. Um dies zu vermeiden, sollten leistungsfähige Hardware und geeignete Softwaremethodiken zur Verfügung stehen.

Dieser Aufsatz beschränkt sich nur auf numerische Methoden zur Verarbeitung unsicherer Informationen. Es gibt aber auch hybride Ansätze, die sich um eine Verknüpfung logischer (qualitativer) und numerischer (quantitativer) Modelle bemühen (s. z.B. [10]).

Literaturverzeichnis

[1] D. Dubois, J. Lang, H. Prade: Fuzzy Sets in Approximate Reasoning, Part 2: Logical Approaches. Fuzzy Sets and Systems 40 (1991), 203-244

[2] D. Dubois, H. Prade: Possibility Theory. Plenum Press, New York (1988)

[3] D. Dubois, H. Prade: Fuzzy Sets in Approximate Reasoning, Part 1: Inference with Possibility Distributions. Fuzzy Sets and Systems 40 (1991), 143-202

[4] R. Duda, J. Gaschnig, P. Hart: Model Design in the PROSPECTOR Consultant System for Mineral Exploration. In: D. Michie (ed.): Expert Systems in the Microelctronic Age, Edinburgh University Press, Edinburgh (1981), 153-167

[5] D.E. Heckerman: Probabilistic Interpretations for MYCIN's Certainty Factors. In: L.N. Kanal, J.F. Lemmer (eds.): Uncertainty in Artificial Intelligence, North Holland, Amsterdam (1986), 167-196

[6] D.E. Heckerman: Similarity Networks for the Construction of Multiple-Fault Belief Networks. Proc. 6th Conference on Uncertainty in AI, Cambridge, Mass. (1990), 32-39

[7] D.G. Kendall: Foundation of a Theory of Random Sets. In: E.F. Harding, D.G. Kendall (eds.): Stochastic Geometry (1974), 322-376

[8] G.J. Klir, T.A. Folger: Fuzzy Sets, Uncertainty and Information. Prentice Hall, New York (1988)

[9] R. Kruse, E. Schwecke, J. Heinsohn: Unertainty and Vagueness in Knowledge Based Systems: Numerical Methods. Springer Verlag, Series: Artificial Intelligence, Berlin (1991)

[10] R. Kruse, P. Siegel (eds.): Symbolic and Quantitative Approaches to Uncertainty. Lecture Notes in Computer Science, Springer Verlag, Berlin (1991)

[11] S.L. Lauritzen, D.J. Spiegelhalter: Local Computations with Probabilities on Graphical Structures and their Application to Expert Systems. J. of the Royal Stat. Soc., Series B, 50 (1988), 12-29

[12] G. Matheron: Random Sets and Integral Geometry. Wiley, New York (1975)

[13] J. Pearl: Probabilistic Reasoning in Intelligent Systems. Networks of Plausible Inference. Morgan Kaufmann, New York (1988)

[14] G. Shafer: A Mathematical Theory of Evidence. Princeton University Press, London (1976)

[15] G. Shafer, P.P. Shenoy: Local Computations in Hypertrees. School of Business, Working Paper No. 201, University of Kansas, Lawrence, KA (1988)

[16] E.H. Shortliffe: Computer Based Medical Consultations: MYCIN. Elsevier, New York (1976)

[17] E.H. Shortliffe, B.G. Buchanan: A Model for Inexact Reasoning in Medicine. Mathematical Biosciences 23 (1975), 351-379

[18] P. Smets: Belief Functions. In: P. Smets, E.H. Mamadi, D. Dubois, H. Prade (eds.): Non-Standard Logics for Automated Reasoning, Academic Press, London (1988), 253-286

[19] P. Smets: The Combination of Evidence in the Transferable Belief Model. IEEE Pattern Analysis and Machine Intelligence 12 (1990), 447-458

[20] P. Smets: The Transferable Belief Model and Possibility Theory. Proc. NAFIPS-90 (1990), 215-218

[21] D.J. Spiegelhalter, S.L. Lauritzen: Sequential Updating of Conditional Probabilities on Directed Graph Structures. Networks 20 (1990), 579-605

Methoden und Modelle

Konzeption des FAW-Projekts ZEUS

Klaus-Peter Schulz, FAW Ulm

1. Einordnung des Systemkonzepts für ZEUS: Informationssystem auf Hypertextbasis in Verbindung mit einer Methodenbank

Mit dem Aufbau des ressortübergreifenden Umweltinformationssystems des Landes Baden-Württemberg werden mittelfristig sektorübergreifende Informationssysteme bereitstehen, die einen raschen und komfortablen, auch medienübergreifenden Zugriff auf Umweltdaten ermöglichen. In der UIS-Rahmenkonzeption ist dazu ein dreistufiges Systemkonzept für die gesamte Landesverwaltung entwickelt worden. Es verfolgt u.a. das Ziel, durch schrittweise Aggregation von Daten zu strategischen Informationen über Qualität und Bestand der Schutzgüter einerseits, Wirksamkeit und Effizienz ergriffener Maßnahmen andererseits zu gelangen, soweit dies mit Meßdaten geleistet werden kann.[1]

Unter einer solchen umfassenden Zielstellung gewinnen Informationssysteme auch planungsunterstützende Funktion. Strategische Planungsaufgaben sind allerdings dadurch gekennzeichnet, daß in einem Geflecht von Daten und Fakten, zugleich aber auch in einem durch Interessenkonflikte kontroversen Umfeld Ziele und Programme aufgestellt und technische, bzw. administrative Lösungsmöglichkeiten erarbeitet werden müssen. Daraus entsteht ein Bedarf an Informationen, der über aufbereitete Meßdaten hinausreicht. Er läßt sich erkennen, wenn man das Arbeitsfeld der Akteure auf dieser Planungsebene, der Umweltreferenten, näher unterstützt.

Ein Referent ist mit sehr heterogenen Aufgaben konfrontiert und dementsprechend ergeben sich divergierende Anforderungen an ein Informationssystem, das ihn bei der Tagesarbeit unterstützen soll (Bild 1). Zum einen soll es bei der *Verarbeitung zahlreicher Einzelinformationen* Hilfestellung bieten; als typische Beispiele für einen Ministerialreferenten können Landtagsanfragen, Anfragen nachgeordneter Dienststellen, Eingaben von Verbänden sowie Fragen der Presse oder der allgemeinen Öffentlichkeit angeführt werden.

Darüber hinaus hat der Referent im Rahmen seiner Zuständigkeit einen Umweltproblembereich systematisch zu bearbeiten; insbesondere der Ministerialreferent nimmt dabei Aufgaben wahr, die in der Organisationslehre als *strategische Planung* bezeichnet werden, z. B. die Beobachtung des laufenden Verwaltungsvollzugs oder die Entwicklung von Konzepten für neue Maßnahmen.[2]

Das vom Land Baden-Württemberg und den Industriestiftern des FAW gemeinschaftlich finanzierte Grundlagenprojekt ZEUS widmet sich der Frage, in welcher Weise die Bereitstellung auch solcher Informationen durch den Einsatz der Informationstechnik unterstützt werden kann. Eine Systemunterstützung des Referentenarbeitsplatzes muß nach diesen Überlegungen einerseits "breit" angelegt sein, andererseits muß sie aber auch zu speziellen Fragestellungen Hilfen anbieten können. Das Systemkonzept sieht daher die Unterstützung sowohl auf der textuellen Ebene, als auch im Bereich Methodenanwendung vor.

Unterstützung der strategischen
Planungsebene der Umweltverwaltung

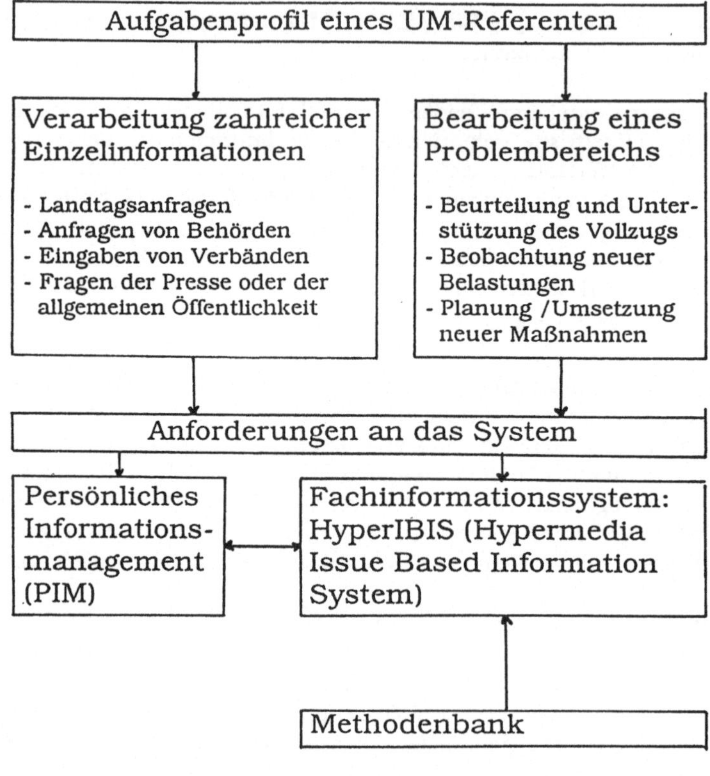

Bild 1

Den *divergierenden Anforderungen* begegnet das Systemkonzept mit einem Mehrkomponentenansatz:

- einer ersten Komponente für das *Informationsmanagement*, sie dient der Verarbeitung eines breiten Spektrums von Einzelinformationen;,
- einem *Fachinformationssystem* als zweiter Komponente zur Unterstützung bei zentralen Planungsaufgaben;
- einer *Methodenbank* für fachspezifische Prozeduren zur Datenaufbereitung und Datenanalyse als dritter Komponente.

2. Architektur von ZEUS

Die Architektur des Systems gliedert sich in zwei Hauptteile (Bild 2). Auf der einen Seite steht ein *Hypertext-* (bzw. Hypermedia)*system*. Es enthält als Kern eine *Problembank* (HyperIBIS). In dieser werden fachspezifische Informationen (überwiegend als Texte, aber auch als Tabellen oder in graphischer Darstellung, daher Hyper*media*) in einer besonderen Struktur abgelegt, auf die noch näher eingegangen wird. Auf diesen *zentralen* Systemkern soll von mehreren Nutzern (Referenten) aktiv und passiv zugegriffen werden können. Neben diesem Systemkern wird *lokal* für jeden Einzelnutzer ein System für das persönliche Informationsmanagement (PIM) eingerichtet und individuell genutzt.[3]

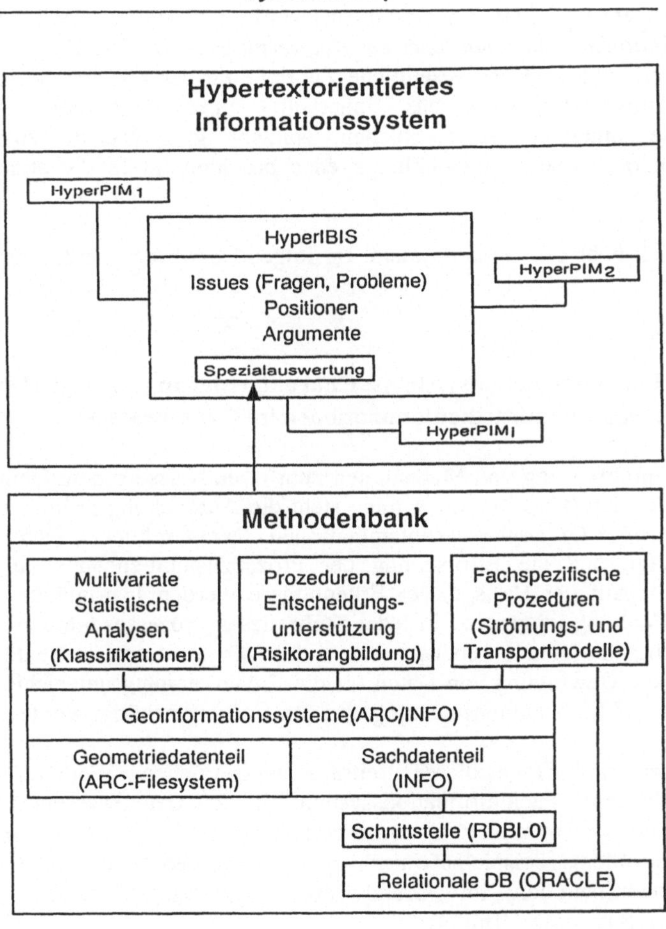

Systemkonzept

Bild 2

Die zweite Seite, der Zugang zu formalen Methoden (Statistik, Entscheidungstechnik, Numerik) wird im Projekt mit der Entwicklung einer *Methodenbank* angegangen. Sie dient dazu, spezifische Auswertungsfunktionen zur Datenaufbereitung und Datenanalyse in einer komfortablen Arbeitsumgebung verfügbar zu machen. Primäre Nutzer der Methodenbank sind Fachdienststellen wie z.B. die Landesanstalt für Umweltschutz.

Zur Datenhaltung und -bereitstellung wird ein *Geo-Informationssystem* (ARC/INFO) in Verbindung mit einer Datenbank (ORACLE) eingesetzt werden. Zunächst sind zwei Anwendungen,

-statistische Prozeduren für die Meßnetzplanung und

-Methoden zur Entscheidungsunterstützung bei der Bewertung von Grundwassergefährdungspotentialen

als Einzelsysteme entwickelt und mit ARC/INFO gekoppelt worden.

Die Methodenbank steht im ZEUS-Konzept nicht nur für sich, vielmehr soll sie die Übernahme von *Spezialinformationen aus qualifizierten Auswertungen* in das Fachinformationssystem ermöglichen bzw. erleichtern. Eine wesentliche Zielrichtung des Systems ist die Unterstützung des fachlichen Informationsaustauschs innerhalb einer verteilten, mehrdisziplinären Nutzergruppe. Die innerhalb einer solchen Nutzer- gemeinschaft zusammengetragene Information erlaubt es, aktuelle Entwicklungstrends beschleunigt in die strategische Planung einzubringen.

Soweit der Überblick über das Gesamtsystem. Im folgenden werden beide Schwerpunkte näher beschrieben.

3. Die Inhalte des Fachinformationssystems: Charakterisierung strategischer Informationen am Beispiel "Pflanzenschutzmittelkontaminationen im Grundwasser"

Die Planung und Durchführung von Maßnahmen zum Grundwasserschutz kann schematisiert in Phasen gegliedert werden (Bild 3). Am Anfang steht die Aufdeckung örtlich zuvor unbekannter oder stofflich neuartiger Grundwasserkontaminationen. Daran schließen sich die Identifikation der Schadstoffquellen und die Erforschung der Prozeßzusammenhänge an (Transport- und Reaktionsvorgänge). Auf der Basis dieser Erkenntnisse werden Instrumente und Maßnahmen entwickelt und im Vollzug umgesetzt. In jeder Stufe dieses Prozesses werden *spezifische* Daten der Grundwasserbeschaffenheit ebenso wie der Gefährdungspotentiale benötigt; die Anforderungen an die Gewinnung von Daten für die Früherkennung unterschieden sich deutlich von solchen, die für die Maßnahmensteuerung und den Vollzug benötigt werden.

Damit wird die zentrale Frage dieses Beitrags angesprochen. Wodurch lassen sich die *strategischen Inhalte* eines Fachinformationssystems für den Grundwasserschutz kennzeichnen und wie können sie systemunterstützt dargestellt werden? Dieser Frage soll anhand eines einzelnen Umweltproblems beispielhaft nachgegangen werden. Dazu wird das Problemfeld "Pflanzenschutzkontaminationen im Grundwasser" herausgegriffen und der dreistufige Problemlösungsprozeß umrissen (Bild 4):

1. Stufe: <u>Problemidentifikation</u>. Erste Hinweise auf eine flächenhafte Belastung des Grundwassers mit Spurenkonzentrationen von Pflanzenschutzmitteln aus der Gruppe der Triazine gab in Baden-Württemberg eine Hochschulstudie, in der die besonders kontaminationsgefährdeten Karstgrundwässer der Schwäbischen Alb untersucht worden waren

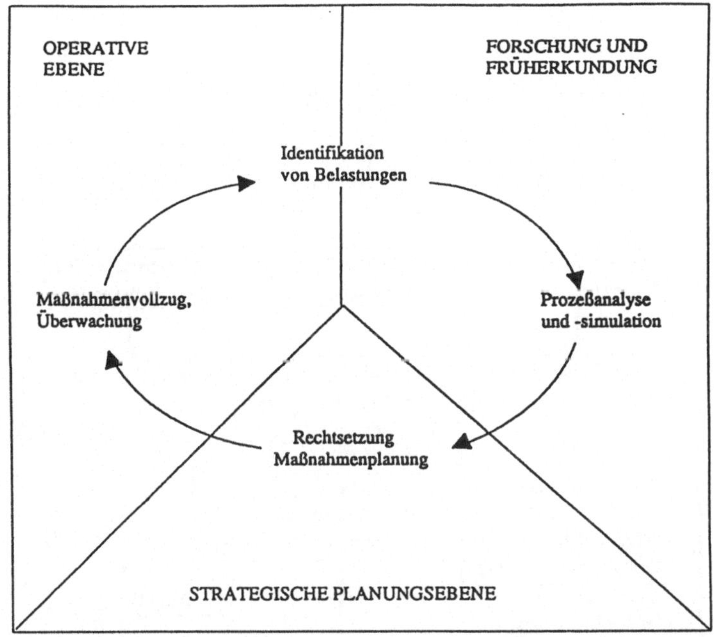

in Anlehnung an B.C.J. Zoeteman, Soil Pollution: An Appeal for a New Awareness of Earth's Intoxication. Vulnerability of Soil and groundvater to pollutants, The Hague, 1987.

Bild 3

[1].[4] Nach Bekanntwerden dieser Belastungsdaten setzten auf breiter Basis Untersuchungen über die Verbreitung von PSM im Grundwasser ein, in Baden-Württemberg wurden z. B. Untersuchungsprogramme von den Chemischen Landes-untersuchungsanstalten durchgeführt [2].

In weiteren Schritten wurde nun systematisch untersucht, unter welchen Standortbedingungen (Boden- bzw. Deckschichtverhältnisse, hydrogeologische Situation wie Flurabstand oder Schichtenfolge) und bei welchen Kulturarten besonders hohe Konzentrationen auftreten.[5] Ferner wurde den Umständen des PSM-Einsatzes und den Möglichkeiten der Einsatzverringerung Aufmerksamkeit geschenkt. Das begann bei der Feststellung unsachgemäßen Umgangs bei der Anwendung. So wurden beispielsweise die Restbrühen im Feld beseitigt, auch waren Mängel bei der Lagerung verbreitet [3].

In nachfolgenden Phasen setzte eine bis heute andauernde intensive Suche nach Wegen für eine *Reduktion der Aufwandsmengen* ein. Bereits bei der Herstellung von Pflanzenschutzmitteln gibt es hierfür Ansatzpunkte (Entwicklung neuer Wirkstoffe, Verbesserung des Reinheitsgrades vorhandener Präparate u.a. [4]). Eine andere Stoßrichtung geht in Richtung einer Dosisreduktion durch eine an den Witterungs- und Wachstumsverlauf angepaßte Einsatzplanung [5]. Dazu wurden inzwischen Expertensysteme zur Unterstützung des Landwirts vor Ort entwickelt.[6] Ferner befinden sich anbautechnische Verbesserungen bis hin zur völligen Substitution der chemischen durch die mechanische Unkrautbekämpfung im Maisanbau in der Erprobungsphase; das Landwirtschaftsministerium Baden-Württemberg führt derzeit Pilotstudien durch.

Problem: PSM-Grundwasserskontamination

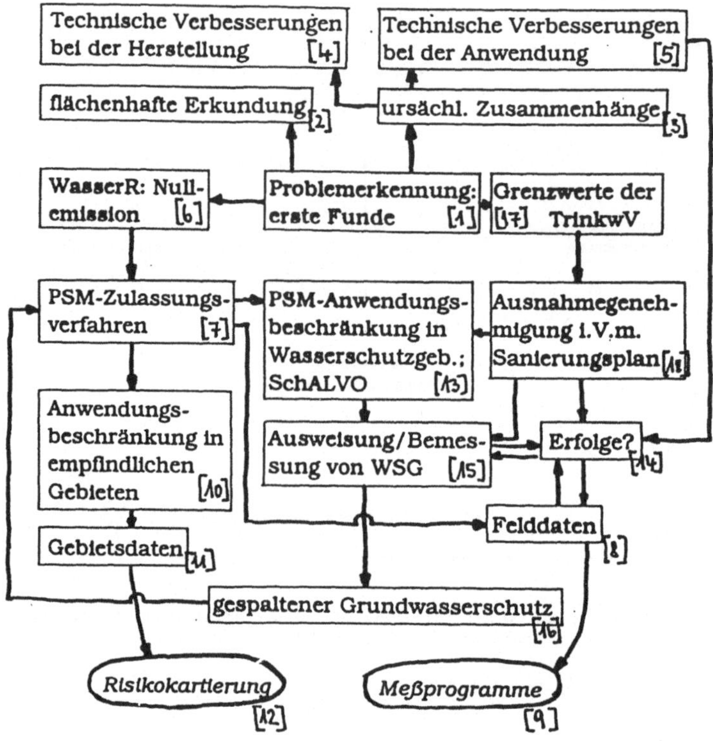

Bild 4

Letztlich wird jede ursachenbezogene Lösung darauf abzielen, daß die Landwirtschaft zu einer umweltverträglichen Produktionsweise zurückkehrt. In der Durchsetzung der guten fachlichen Praxis bei der PSM-Anwendung in der Landwirtschaft liegt das entscheidende Potential zur Verringerung der Pestizidauswaschung in das Grundwasser. Dazu zählen z. B. folgende Maßnahmen: vorrangiger Einsatz von Methoden des integrierten Pflanzenbaus, stärkere Berücksichtigung von Bodengegebenheiten bei der Wahl und Ausbringung von PSM, Vermeidung von Herbizideinsatz im Vorauflauf, generelle Vermeidung von Monokulturen mit gleicher Spritzfolge, Vermeidung von PSM mit W-Auflage, große Vorsicht beim Einsatz von problematischen Ersatzstoffen, sachgerechte, gefahrlose Beseitigung von Restmengen, Einführung eines Sachkundenachweises für PSM-Anwender, Einrichtung spezieller Warndienstprogramme durch die Offizialberatung, u.a..

Damit sind bereits Aspekte von Stufe 3: <u>Strategische Maßnahmenplanung</u>, und Stufe 4: <u>Maßnahmenumsetzung und Vollzug</u> angesprochen, die in der strategischen Planung im Vordergrund stehen. Nach Bekanntwerden der Belastungssituation bedarf es nicht allein weiterer Belege für flächige Kontaminationen des oberflächennahen Grundwassers, vielmehr kommt es nun darauf an, das vorhandene Instrumentarium an Rechtsbestimmungen und seinen Vollzug zu überprüfen und ggf. so weiterzuentwickeln, daß langfristig eine wirkungsvolle Kontrolle der Stoffeinträge von Pflanzenschutzmitteln in das Grundwasser ausgeübt werden kann. Diese *zentrale Aufgabe* erfordert, daß (möglichst operationale) Ziele gesetzt und die Zielerreichung evaluiert werden. Aufgrund der gewonnenen Erfahrungen sind Maßnahmen und nötigenfalls Zielsetzungen zu prüfen. Diesen fortlaufenden Planungs- und Evaluierungsprozeß gilt es systemtechnisch zu unterstützen.

Grundsätzlich sind im deutschen Wasserrecht strengste, am Vorsorgeprinzip orientierte Belastungsgrenzen verankert - von daher ist strenggenommen die Nullemission als Ziel vorgegeben (es gibt darum für das Grundwasser keine Grenzwerte) [6]. Um PSM-Belastungen im Ultraspurenbereich zu vermeiden müsste die PSM-Anwendung sehr stark eingeschränkt werden. Die einschlägigen Regelungen dafür sind mit dem *PSM-Zulassungsverfahren nach dem Pflanzenschutzgesetz* und den zugehörigen Rechtsverordnungen getroffen worden [7]. Zwar ist die Berücksichtigung von Belangen des Grundwasserschutzes in der novellierten Pflanzenschutzanwendungsverordnung wesentlich verbessert worden - nunmehr ist das Grundwasser neben der Gesundheit von Mensch und Tier ebenfalls absolutes Schutzgut ; doch gilt nach wie vor das *Übermaßverbot*. Das bedeutet, eine völlige Versagung der Zulassung kommt nur als letztes Mittel und nur bei ausreichender Beweislage in Betracht. Das hat zweierlei Konsequenzen für die Maßnahmenplanung:

a) Auf der einen Seite hängt der Ausgang des Zulassungsverfahrens von den zum Entscheidungszeitpunkt vorhandenen Daten über das Ausbreitungs- und Abbauverhalten des Wirkstoffs unter verschiedenen Standortbedingungen ab. Derzeit wird das Verhalten von PSM in der Umwelt aufgrund ihrer chemisch-physikalischen Eigenschaften abgeschätzt, teilweise ergänzt durch Standard-Laborverfahren (Lysimeteruntersuchungen und Beregnungsversuche an wenigen ausgewählten Standorten). Nur nach Bereitstellung einer soliden Datenbasis für das Zulassungsverfahren kann die Versagung der Zulassung einer gerichtlichen Prüfung standhalten. Dafür sind langfristig und systematisch gewonnene Felddaten unverzichtbar [8].

Derartige Felddaten können nur unvollkommen durch Sammlung und Auswertung von Rohwasseranalysen ersetzt werden, einmal wegen der Unschärfe durch die Mischbeprobung, sodann wegen der unzureichenden Informationen über den Fundort (fehlende oder unklare Meßstellenzuordnung), über die eingesetzten Wirkstoffe und ihre Dosierung, die Boden- und Deckschichtverhältnisse, sowie wegen fehlender Kenntnisse über Sondereinflüsse (unsachgemäßer Umgang durch falsche Einsatzzeiten, unsachgemäßige Restmengenbeseitigung usw.). Diese Daten werden häufig nicht verläßlich erhoben oder sie werden aus datenschutzrechtlichen Gründen nicht weitergeleitet. Hinzu kommt die Heterogenität des Datenmaterials infolge unterschiedlicher Laborstandards. Vor allen Dingen weisen die Daten keine Repräsentativität auf, sie können ferner durch wechselnde Stichprobenumfänge verzerrt sein.

Daher ist für die sachgerechte Beurteilung des Verhaltens von PSM durch das Umweltbundesamt die Datengewinnung im Grundwasser selbst unverzichtbar. Diese Aufgabe können auf Dauer nur die Wasserwirtschaftsverwaltungen der Länder übernehmen. An dieser Stelle werden die strategischen Aspekte der Datengewinnung erkennbar [8].

b) Auf der anderen Seite sind bei unzureichender Datenbasis für eine Zulassungsversagung die Möglichkeiten eines abgestuften Vorgehens durch die *Auflagen für Wasserschutzgebiete oder empfindliche Bereiche nach § 3 der Pflanzenschutz-Anwendungsverordnung* von entscheidender Bedeutung. Durch diese Instrumente werden Pflanzenschutz- und Wasserrecht verbunden [10]. Die Anwendung des zweitgenannten Instruments setzt allerdings voraus, daß solche empfindlichen Bereiche fachtechnisch abgegrenzt worden sind; dies ist erst möglich, wenn die notwendigen Daten (Boden- bzw. Deckschichtkennwerte) flächenhaft erhoben werden [11], z. B. in Verbindung mit der laufenden Risikokartierung der Wasserwirtschaftsverwaltung für den Grundwasserschutz (s. u.) [12].

Im Land Baden-Württtemberg verfügen die Wasserbehörden mit der *Schutzgebiets- und Ausgleichsverordnung* (SchALVO) über ein zusätzliches Instrument, womit in Wasserschutzgebieten die Anwendung von Düngemitteln und PSM (die zugelassenen Wirkstoffe wurden in einem Positivkatalog für die Landwirte bindend festgelegt) beschränkt und Verstöße als Ordnungswidrigkeiten geahndet werden können [13]. Im Rahmen des SchALVO-Vollzugs werden bereits umfangreiche Bodenprobenuntersuchungen auch auf PSM durchgeführt.
Aus strategischer Sicht ist nach der *Wirksamkeit der Beschränkungen* innerhalb von Schutzgebieten zu fragen [14]. Hier ist zu prüfen, ob die Wasserschutzgebiete unter dem Gesichtspunkt der PSM-Ausbreitung im Untergrund ausreichend groß bemessen sind. Dies gilt nicht nur für die nach seuchenhygienischen Gesichtspunkten festgelegte innere Schutzzone, sondern in vielen Fällen auch für die erweiterte Schutzzone. Teilweise ist deren Ausdehnung auf das gesamte Einzugsgebiet einer Wasserfassung nicht realisierbar, z.B. wenn ein großes Gewässer, das mit PSM belastet ist, das Einzugsgebiet durchquehrt [15].

Die Beschränkung des PSM-Einsatzes in Wasserschutzgebieten birgt das Risiko einer Aufspaltung des Grundwasserschutzes in sich [16]. Wasserschutzgebiete sollen keinen materiell-rechtlich weitergehenden Grundwasserschutz gewährleisten, vielmehr werden dort durch ein System abgestufter Nutzungsbeschränkungen zusätzliche Vorkehrungen geschaffen, damit das Grundwasser im Bereich besonders sensibler Nutzungen vor der - grundsätzlich unzulässigen - Einleitung von Stoffen in den Untergrund noch wirksamer geschützt werden kann. Daher muß im Einzelfall abgewogen werden, ob für einen bestimmten Wirkstoff eine gebietsbezogene Regelung ausreicht, oder ob nicht ein völliges Anwendungsverbot über eine stoffbezogene Regelung erforderlich ist - wie z. B. beim Wirkstoff Atrazin, für den die Zulassung ausläuft. Die Vorbereitung dieser Entscheidung ist eine typische strategische Planungsaufgabe.

Die Problemskizze bliebe unvollständig ohne Hinweis auf die strengen, am Vorsorgeprinzip orientierten neuen *Grenzwerte für PSM der Trinkwasserverordnung* (TrinkwV) [17]. Sie haben eine erhebliche politisch-praktische Bedeutung bei der Durchsetzung eines weitreichenden Grundwasserschutzes, obgleich nicht das Grundwasser, sondern das Trink- bzw. Rohwasser Regelungsinhalt der TrinkwV ist; diese Folgewirkung ist in der Zielvorstellung des Verordnungsgebers durchaus enthalten gewesen und letztlich der Grund für die Kontroverse um die notwendige bzw. fehlende toxikologische Basierung der TrinkwV-Grenzwerte.

Da die strengen TrinkwV-Grenzwerte genügend toxikologischen Spielraum lassen, werden die Gesundheitsbehörden unter bestimmten Voraussetzungen zeitbefristete Ausnahmegenehmigungen erteilen. Derartige Genehmigungen sollen jedoch davon abhängig gemacht werden, daß der Ausnahmezeitraum für Sanierungsmaßnahmen genutzt wird. Dadurch soll die unerwünschte Fehlleitung von Ressourcen in Aufbereitungstechniken vermieden werden [18]. Für die Umsetzung von Sanierungsplänen und die Durchsetzung von Nutzungsbeschränkungen haben die Wasserversorgungsunternehmen jedoch keine rechtliche Handhabe. Sie selbst können sofern sie keine Eigentumsrechte an ihren Wassergewinnungsflächen haben - nur im Wege des Kooperationsprinzips mit der Landwirtschaft Sanierungspläne für die Einzugsgebiete ihrer Wasserwerke erstellen.

Da einerseits Konsens darüber besteht, daß der Weg in die Aufbereitung keine annehmbare Lösung darstellen kann, andererseits das Gesundheitsrecht kein Vollzugsinstrument zur Durchsetzung strengerer Grundwasserschutzbestimmungen darstellt, können die notwendigen PSM-Anwendungsbeschränkungen im Konfliktfall nur über die stoffbezogenen Regelungen des Pflanzenschutzrechts in Verbindung mit den medienbezogenen Regelungen des Wasserrechts durchgesetzt werden. Dafür ist ein abgestimmtes Vorgehen der Wasserversorgungsbetriebe mit den örtlichen Wasserbehörden, den Landwirtschaftsämtern und Pflanzenschutzdienststellen ebenso erforderlich wie eine laufende Kontrolle des Umweltverhaltens der PSM und nötigenfalls die Korrektur der PSM-Zulassungen durch die Zulassungsbehörden des Bundes.

Zusammenfassend läßt sich sagen: Kernprobleme der PSM-Zulassung sind die Substitutionsfrage, die rechtskräftige Durchsetzung von Verboten/Beschränkungen - ggf. bei Einlegung von Rechtsmitteln - und der Vollzug. Ohne grundlegende Änderung der landwirtschaftlichen Anbaumethoden führt die Nichtzulassung von Wirkstoffen wegen der Zielkonflikte der PSM-Eigenschaften - gut abbaubare PSM sind tendenziell gut wasserlöslich, damit mobil und mit verkürzter Wirkungsdauer - zu einem Ausweichen auf artähnliche Ersatzstoffe.

Welche Folgerungen ergeben sich für unsere Systementwicklung aus einer solchen typischen Umweltproblemskizze? Zwei Punkte seien herausgehoben:

Anforderung 1: Problembank. Bei der zusammenfassenden Beurteilung des Problembereichs ist der Referent einem Geflecht von Fakten, Zielvorgaben, technischen und/oder administrativen Lösungsmöglichkeiten gegenübergestellt, das im System abgebildet werden muß.

Anforderung 2: Methodenbank. Eine wesentliche Aufgabe liegt in der Beschaffung entscheidungsorientierter Information. Ein Teil der Fakten wird in zunehmendem Maße durch das UIS verfügbar gemacht werden. Ein anderer Teil der Daten muß erst gewonnen werden, z.B. durch Kartierungen oder spezielle Meßprogramme.

4. Das Fachinformationssystem als Problembank

Ein Fachinformationssystem, das strategische Planungen unterstützen soll, läßt sich am ehesten als *flexibles Netzwerk* entwickeln. Ausgangspunkt für das Fachinformationssystem ist daher ein problemorientiertes Konzept der Informationsverarbeitung. Es basiert auf dem von Rittel entwickelten Issue Based Information System (auch als *"Problembank"* bezeichnet), das bereits 1970 veröffentlicht[7] und seither in verschiedenen Planungsvorhaben angewendet wurde. Im Umweltbereich ist als Umsetzungsvorschlag für ein solches Planungsinformationssystem (PLIS) bereits vor über einem Jahrzehnt die UMPLIS-Studie[8] für das Umweltbundesamt vorgelegt worden. Drei Kernpunkte des UMPLIS-Konzepts, die die Richtung des Lösungskonzepts gut kennzeichnen, seien hervorgehoben (Bild 5):

Was kennzeichnet ein Planungs-Informationssystem (PLIS)?

1. Ein PLIS soll alle Informationsarten unterstützen, die ein Planer braucht; die Autoren nennen "faktisches, deontisches, erklärendes, instrumentelles Wissen". Elemente der Planungsinformation sind Fragen, Antworten bzw. Positionen und Argumente. Der Gegenstandsbereich eines PLIS befindet sich in ständiger Fluktuation, insbesondere, weil es

IBIS (Issue Based Information System)

IBIS verwaltet Informationen zu (Planungs-) Problemen
(„Problembank").

Charakteristika von Planungsinformation:

- Notorisch kontrovers (Ziele, Erklärungen, sogar „Fakten").

- Überschreitet regionale, sektorale, fachliche Grenzen.

- Ihre Relevanz erweist sich oft erst im Zuge des Planens.

Anforderungen an ein IBIS:

- Abbildung von kontroversen Standpunkten.

- Dokumentation des Entscheidungsprozesses.

- Querverbindungen zwischen Wissenselementen.

- Offenheit für die Aufnahme neuer Gesichtspunkte.

Strukturelemente eines IBIS:

- Issues (Fragen oder Probleme).

    deontisch .... „Soll x der Fall sein?"
    explanatorisch ... „Was ist die Ursache von x?"
    faktisch .... „Was ist der Fall?"
    instrumentell .... „Wie kann x erreicht werden?"
    definitorisch ..... „Was ist x?"

- Antworten bzw. Positionen.

- Argumente und Gegenargumente.

- Topics (Problembereiche).

Bild 5

nicht nur vorhandene Probleme bearbeiten, sondern auch die Früherkennung neuer Probleme unterstützen soll.

2. Planung ist argumentativ, Planungsinformation ist daher zumindest teilweise kontrovers. Die Planungsaufgabe besteht gerade darin, Probleme aus verschiedenen Blickwinkeln zu verstehen und in einem Feld widersprüchlicher Problemverständnisse zu einem Entschluß zu kommen. Das System sollte möglichst offen sein, um wichtige Gesichtspunkte nicht zu vernachlässigen.

3. Ein Teil der benötigten Information zu einzelnen Problemen ist nicht verfügbar, da ein PLIS nicht alle potentiell planungsrelevante Information gespeichert enthalten kann; daher ist die Erzeugung von Information eine wichtige Teilfunktion. Das PLIS soll Kooperationsformen und Vorgehensweisen anbieten, mit denen andere Informationssysteme gefunden und kontaktiert werden können. Eine wesentliche Informationsquelle eines PLIS sind seine Benutzer, daher ist die Unterstützung der Nutzerkommunikation im Hinblick auf Probleme Hauptaufgabe eines PLIS.

Inzwischen wurde im ZEUS-Projekt der auf dem Hypertext-Paradigma basierende Prototyp HyperIBIS entwickelt und zur Verarbeitung von Grundwasserschutzproblemen eingesetzt.[9]

5. Fachinformationssystem und Methodenbank

Abschließend soll noch kurz auf die zweite Hauptanforderung eingegangen werden: die Bereitstellung problem- und entscheidungsbezogener Informationen für das Fachinformationssystem. Im ZEUS-Projekt soll exemplarisch gezeigt werden, wie diese Funktion durch eine Methodenbank unterstützt werden kann. Gegenwärtig wird dazu an zwei Anwendungen gearbeitet:

Anwendung 1: <u>Statistische Prozeduren für die Meßnetzplanung</u>

Als Anwendungsfall einer statistischen Prozedur wird derzeit eine Klassifikationsaufgabe im Zusammenhang mit der Meßnetzplanung und Meßdatenauswertung vorbereitet (Bild 6).

Methodenentwicklung   Meßnetzplanung

Aufgabe
Planung eines Flächenmeßnetzes zur Erfassung des
Einflusses verschiedener Landnutzungen auf die
Beschaffenheit des oberflächennahen Grundwassers
(Landesanstalt für Umweltschutz Baden-Württemberg)

Beprobung "repräsentativer" Meßstellen:
- Eintragsflächen
- Auswahl der Meßstellen
- homogene Gruppierung von Nutzungen

Lösungsansatz
a) Klassifikationsanalyse
- Faktorenanalyse (welche Parameter sind wichtig?)
- Clusteranalyse (Wardsches Verfahren mit Zusatz-
     information)
- Bestimmung der Gruppenvarianzen

b) Meßnetzplanung: Zufallsauswahl unter Berücksichtigung der Gruppenvarianzen

Implementation
Modul ZEUS/GM (in C) auf SUN 3/80,
Kopplung an ARC/INFO

Bild 6

Ein repräsentatives Monitoring im Grundwasser stellt wegen der großen Heterogenität des Untergrunds und der Eintragsbedingungen besondere hohe Anforderungen. Daher müssen in einem Flächenmeßnetz die Beobachtungsorte mit großer Sorgfalt so ausgewählt werden, daß die Ergebnisse auf vergleichbare Räume übertragen werden können. Weil Daten über flächenhafte Schadstoffeinträge nur in geringem Umfang zur Verfügung stehen, werden in der Regel hilfsweise Landnutzungsdaten als Einflußvariable herangezogen. Man klassifiziert exogen und richtet Meßstellen für Wald, Grünland, Ackerland, usw. unter Berücksichtigung weiterer Standortfaktoren (Boden, Grundwassertyp) ein.

Eine gut gewählte Klassifikation faßt *homogene Standorteinheiten bezüglich der Grundwasserbeschaffenheit* zusammen. Ob dieses Ziel erreicht wurde, läßt sich durch Kontrolluntersuchungen auf ungruppierten Daten unter Variation des Parameterumfangs überprüfen. Für eine solche idiographische Klassifikation wurde das Methodenmodul entwickelt. Die Ergebnisse dieser Prüfung können dann in einer zweiten Stufe in die Meßnetzplanung zurückfließen.

Die Klassifikation kann aber auch darauf ausgerichtet werden, den *Erfolg eingeleiteter Grundwasserschutzmaßnahmen zu beurteilen.* Dabei ist besonders an solche Maßnahmen zu denken, die Regulierungen für bestimmte Gebiete treffen, in Baden-Württemberg z.B. an die Schutzgebiets- und Augleichsverordnung (SchALVO) zur Beschränkung der Stickstoffdüngung und Pflanzenschutzmitteleinsatzes in Wasserschutzgebieten (s.o.).

Unter dieser Zielstellung kommt es auf einen Vergleich von *Parallelstandorten* innerhalb und außerhalb von Wasserschutzgebieten an. Ohne Berücksichtigung dieses Gruppierungskriteriums bei der Meßnetzeinrichtung ist eine statistisch gesicherte Aussage über die Wirksamkeit einer solchen Maßnahme nicht zu erreichen.
Bei dieser Sichtweise werden die Beprobungsorte als räumlich voneinander unabhängig betrachtet. Diese Annahme ist in einem weitständigen Beobachtungsnetz, in dem die Meßorte separierten Grundwassersystemen angehören, sinnvoll und gerechtfertigt. Allerdings kann man aus den Meßdaten eines solchen Systems nicht im Wege der Interpolation räumliche Verteilungen der Konzentration gewinnen.

Kommt es dagegen darauf an, Aquifere in ihrer Beschaffenheit *räumlich zusammenhängend* und mit Aussagekraft für größere Aquifermächtigkeiten zu charakterisieren, so muß ein anderes Vorgehen gewählt werden. Von vornherein unverzichtbar ist eine wesentlich höhere Meßstellendichte, wobei zusätzlich die Tiefenschichtung der Konzentration, ggf. durch geschichtete Probenahme im Auge behalten werden muß. Bei der Positionierung der Meßstellen wird man vor allem darauf abzielen, sowohl die wichtigen flächenhaften Einflußtypen als auch die maßgeblichen Randbedingungen zu erfassen. Dafür können *geostatistische Verfahren* eingesetzt werden.[10]

Durch Prozeduren zur Meßnetzplanung, zur Aufstellung von Meßprogrammen und zur Datenauswertung kann die fachliche Ebene wirkungsvoll unterstützt und darüber hinaus eine schnellere Übergabe abgesicherter Daten und Informationen für die strategische Planung erreicht werden. Das Teilverfahren zur idiographischen Klassifikation liegt vor.[11]

Anwendung 2: <u>Entscheidungsunterstützung bei der Risikobewertung</u>

Als Anwendungsfall für Methoden zur Entscheidungsunterstützung wurde ein Verfahren zur Bewertung von Gefährdungspotentialen (Punktquellen, vor allem Tanklager) für das Grundwasser entwickelt (Bild 7). Grundlage ist eine flächenhafte Erfassung der Gefährdungspotentiale (Risikokartierung) durch die Wasserwirtschaftsverwaltung von Baden-Württemberg. Die Ergebnisse dieser Kartierung wurden digitalisiert und mit ARC/INFO verarbeitet. Hinzukommen sollen Kenndaten zur Kennzeichnung der Verschutzungsempfindlichkeit des Grundwasserleiters, wofür fachliche Vorarbeiten zu leisten sind. Die praktische Bedeutung solcher Informationen wurde im Hinblick auf die Beschränkung von PSM-Anwendungen in empfindlichen Räumen bereits erwähnt.

Methodenentwicklung   Risikorangbildung

Aufgabe
Erfassung und Bewertung von Grundwassergefährdungspotentialen für die Planung von Emittentenmeßstellen des Grundwasserbeschaffenheitsmeßnetzes
(Wasserwirtschaftsverwaltung Baden-Württemberg)

Mehrdimensionale Bewertung (Rangbildung) der punkt-
förmigen Gefährdungspotentiale (Betriebe) anhand der
Kriterien
- Stoffmenge (Lager- oder Umschlagmenge)
- Stoffgefährlichkeit(WGK)
- Sicherheitsstandard der Anlage
- Bedeutung des Grundwasservorkommens
- evtl. weitere

Lösungsansatz
Mehrattributive Entscheidungsanalyse
- Ansatz einer mehrdimensionalen
  Nutzenfunktion
- Vorgabe des Entscheiders: Rangordnung auf
  einer kleinen Bezugsmenge (5 bis 10 Objekte)
- Übersetzung in Bedingungen eines linearen
  Programms
- Extrapolation auf das Gesamtkollektiv (mehrere
  100 oder 1000 Objekte)

Implementation
Modul ZEUS/RR (in C) auf SUN 3/80, Basis: CPLEX

Bild 7

In einer zweiten Stufe sollen einzelne Risikogruppen gezielt erfaßt und bewertet werden. Da eine probabilistische Risikoerfassung nach sicherheitstechnischen Grundsätzen wegen fehlender Daten und erheblicher Bewertungsprobleme nicht zu realisieren ist, wird das Grundwassergefährdungspotential ersatzweise durch die Kriterien Menge, Stoffart, Lage und technischer Sicherheitsstandards gekennzeichnet und durch ein Expertenurteil bewertet. Diese Bewertung kann als Mehrkriterienentscheidung über die Rangordnung von Objekten aufgefaßt werden, so daß die Grundlage für die Anwendung mehrattributiver Entscheidungstechniken gegeben ist.[12]

Hierzu wird die Rangbildung formal als Präferenzentscheidung i.S. der ordinalen Nutzentheorie formuliert: Es wird eine mehrdimensionale Nutzenfunktion aufgestellt, die abbildet, daß der Entscheider ein Objekt A als gefährlicher einstuft als ein Objekt B. Das Besondere an der Vorgehensweise hier ist die Spezifikation dieser Nutzenfunktion. Der Entscheider ist nicht genötigt, die Gewichte dieser Funktion direkt zu spezifizieren, vielmehr braucht er lediglich eine Rangordnung auf einer kleinen Bezugsmenge von 5 bis 10 Objekten vorzugeben. Die dadurch implizit mitgeteilten Gewichtsfunktionen werden in Bedingungen eines linearen Programms übersetzt, mit dem die Nutzenfunktion bestimmt wird. Dadurch wird eine Extrapolation der in der Bezugsmenge mitgeteilten Bewertungsprinzipien auf ein Gesamtkollektiv möglich gemacht, das durchaus mehrere 100 oder 1000 Objekte umfassen kann.

<u>Anmerkungen</u>

Hinweis: Der Beitrag wurde in den wesentlichen Punkten auf den Stand der Projektarbeit im September 1991 aktualisiert.

[1] vgl. den Beitrag von R. Mayer-Föll

[2] vgl. dazu den Beitrag von J. Mund

[3] zum Hypertextsystem vgl. den Beitrag von S. Isenmann

[4] H. Gießl und K. Hurle: Pflanzenschutzmittel und Grundwasser.
Agrar- und Umweltforschung in Baden-Württemberg, Band 8,
Stuttgart (Ulmer Verlag), 1984.

[5] P. Friesel, R. Stock, B. Ahlsdorf, J. v. Kunowski, B. Steiener und G. Milde:
Untersuchung auf Grundwasserkontamination durch Pflanzenbehandlungsmittel.
Umweltforschungsplan des BMU, Forschungsbericht 102 04 325,
UBA-Materialien 3/1987, Berlin (Erich Schmidt Verlag).

[6] vgl. dazu den Beitrag von U. Streit

[7] Kunz, W., and H. W. Rittel: Issues as Elements of Information Systems.
Center of Planning and Development Research of the Institute of Urban
and Regional Development, University of California, 1970.

[8] UMPLIS, Entwicklung eines Umwelt-Planungs-Informationssystems: Fallstudie
Werner Kunz, Wolf Reuter und Horst W. Rittel unter Mitarbeit von P. Fischer u.a.
München (K. G. Saur Verlag), 1980.

[9] S.Isenmann, W.D.Reuter und K.-P. Schulz: HyperIBIS - ein Informationsystem zur
Umweltplanung, erscheint in: Informatik Fachberichte, "Informatik für den
Umweltschutz", 6. Symposium, 4.-6. Dezember 1991, München.

[10] vgl. zur Geostatistik den Beitrag von A. Bárdossy

[11] T. Kämpke, M. Müller und K.-P. Schulz: Multivariate statistische Analysen mit
Anwendungen in der Meßnetzplanung. FAW-TR-91010, 1991.

[12] T. Kämpke, W. Kress, K.-P. Schulz und P. Wolf: Multivariate Bewertungen mit
Anwendungen auf Umweltprobleme. FAW-TR-91010, 1991.

Modellbasierte Interpretation von Umweltdaten am Beispiel radiologischer Meßwerte

M. Tischendorf, S. Schweizer, F. Schmidt

Kurzfassung

Die Datenmengen, die im Bereich der Umweltüberwachung anfallen, sind gewöhnlich groß, oft heterogen und in der Regel interpretationsbedürftig. Intepretationsbedarf besteht insbesondere, wenn es darum geht, Langzeitindikatoren möglichst früh aus dem statistischen Rauschen zu erkennen oder Maßnahmen zur Begrenzung irgendwelcher Schadensfälle auf ihre Wirksamkeit zu untersuchen. Es ist dann notwendig, die Daten mit möglichst viel Sachverstand (Metawissen, Methodenwissen) zu bewerten, sie mit Erfahrungen aus anderen Bereichen zu korrelieren und sie mittels Modellvorstellungen sowohl räumlich zu interpolieren als auch zeitlich zu extrapolieren. Die modellbasierte Interpretation ergänzt graphische, statistische und rein deskriptive Datendarstellungen. Eine Schnittstelle für modellbasierte Interpretationen wird für das Umwelt-Führungs-Informationssystem (UFIS) des Umweltinformationssystems (UIS) des Landes Baden-Württemberg entwickelt und prototypisch am Beispiel der Ausbreitung radioaktiver Schadstoffe in Luft getestet.

1. Das Projekt UFIS

In Baden-Württemberg wird ein Umweltinformationssystem (UIS) für die Bereitstellung von Umweltdaten und für die Wahrnehmung von fachbezogenen und fachübergreifenden Aufgaben im Umweltbereich in der Politik und Verwaltung entwickelt. Eines der Schwerpunktprojekte der UIS-Gesamtkonzeption ist das ressortübergreifende Berichtswesen mit dem Umwelt-Führungs-Informationssystem (UFIS), das die Führungskräfte der Ministerien des Landes mit bedarfsgerecht aufbereiteten Daten versorgt. Das Umweltministerium (UM) leitet die fachübergeifenden Schwerpunktprojekte des UIS in der Landesverwaltung Baden-Württemberg.

Über die Grundzüge von UFIS, das das UM gemeinsam mit der Unternehmensberatung McKinsey und der Fa. Digital Equipment GmbH konzipierte und entwickelte, wurde auf einer früheren Tagung dieser Tagungsreihe berichtet [1]. Inzwischen wurde das System wesentlich erweitert [2]. Zur Zeit wird am UFIS-Prototyp Version 3 gearbeitet.

Im Prototyp 2 wurde erstmals eine Komponente entwickelt, mit deren Hilfe modellbasierte Datenanalysen und damit auch Ursachenanalysen durchgeführt werden können. Da solche Analysen in der Regel sehr zeitaufwendig sind, wurde beschlossen, das in [1] vorgestellte Workstation-Konzept durch einen Compute-Server (Hintergrundrechner) zu ergänzen, auf dem die für eine modellbasierte Datenanalyse notwendigen Simulationsrechnungen durchgeführt werden können. In Baden-Württemberg bietet es sich an, als Compute-Server die CRAY-2 der Universität Stuttgart zu verwenden, die über schnelle Netze (wie etwa das Baden-Württemberg Extended LAN Belwü) von fast allen Stellen des Landes erreichbar ist. Abb. 1 zeigt die daraus resultierende Struktur von UFIS.

Wichtig für die modellbasierte Analyse sind dabei der Zugang zu Datenbasen von Meßnetzen (im Bild die Datenbank des KFÜ-Kernkraftwerk-Fern-Überwachungssystems) und die Schnittstelle zur Simulation, über die auf dem Compute-Server (hier CRAY-2) gerechnete Daten in das UFIS eingebracht werden können.

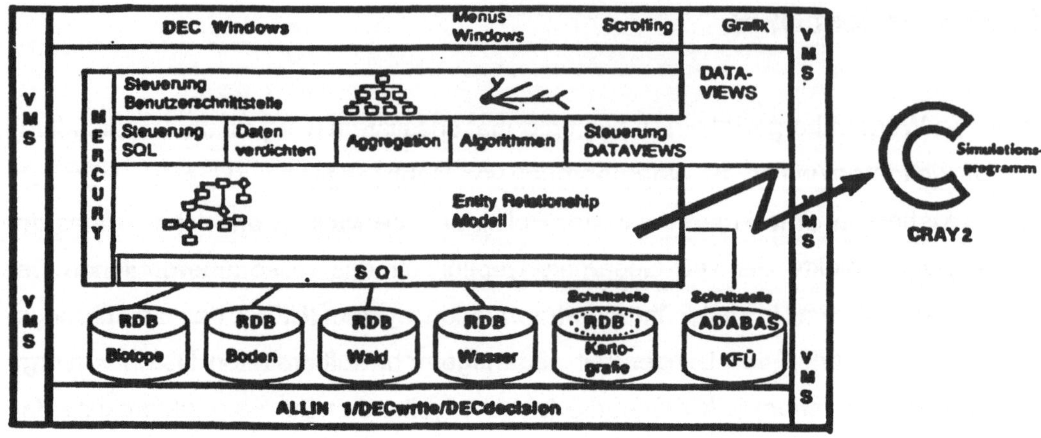

<u>Abb. 1:</u>   Systemarchitektur von UFIS unter Einschluß modellbasierter Analysen

2. Modellbasierte Analyse von Daten

2.1 Ziele modellbasierter Analysen

Ein System, wie das in Abb. 1 skizzierte UFIS, ist gerechtfertigt, da die Datenmengen, die im Bereich der Umweltüberwachung anfallen, außergewöhnlich groß, oft heterogen und in der Regel interpretationsbedürftig sind. Intepretationsbedarf besteht insbesondere, wenn es darum geht, Ursachenanalysen durchzuführen, Langzeitindikatoren möglichst früh aus dem statistischen Rauschen zu erkennen oder administrative Maßnahmen auf ihre Wirksamkeit zu untersuchen. Es ist dann notwendig, die Daten mit Sachverstand (Metawissen, Methodenwissen) zu bewerten, sie mit Erfahrungen aus anderen Bereichen zu korrelieren und sie mittels Modellvorstellungen sowohl räumlich zu interpolieren als auch zeitlich zu extrapolieren. Wir heißen dies modellbasierte Interpretation. Sie ergänzt graphische, statistische und rein deskriptive Darstellungen.

Wichtige Aufgaben modellbasierter Analysen sind:

- synoptische Prüfungen von Daten;
- Interpolation fehlender Daten;
- Verbindung von Daten aus verschiedenen räumlichen, zeitlichen und physikalischen Bereichen;
- Ableitung nicht oder nur unvollständig gemessener Größen;
- Abschätzung der Folgen von Ungenauigkeiten in gemessenen Daten;
- Extrapolationen von Entwicklungen (Prognosen);
- Wirksamkeitsuntersuchungen.

Wir haben in [3] gezeigt, daß es möglich ist, solche Analysen so schnell und effektiv durchzuführen, daß selbst in Notfallsituationen, also unter extremen zeitlichen und psychologischen Anforderungen, wichtige Beiträge zur Auffindung verläßlicher Entscheidungsgrundlagen gemacht werden können.

2.2 Modellbasierte Analyse von Daten des UFIS

Als Beispiel für eine modellbasierte Analyse mit Daten des UFIS wurde die Ursachenanalyse von festgestellten Immissionen gewählt. Die Ermittlung der Ursachen von festgestellten Immissionen ist ein wesentliches Element für die Einleitung von Maßnahmen, welche die Situation im Plangebiet immissions- und damit auch wirkungsseitig verbessern sollen. Die dazu notwendige Ursachenanalyse stellt die Beziehung zwischen Emission, Immission und Wirkung her. Der Zusammenhang zwischen Immission und Wirkung wird in der Regel durch die Bewertung der Immissionsmeßergebnisse mittels wirkungsbezogener Immissionswerte berücksichtigt. Deshalb kann sich die Ursachenermittlung auf die Kausalbeziehung Immission-Emission beschränken.

Das wichtigste Hilfsmittel zur Ermittlung solch einer Kausalbeziehung ist die Ausbreitungsrechnung. Mit ihrer Hilfe wird über die Kausalkette Emission-Transmission-

Immission jeder einzelnen Quelle bzw. Quellengruppe die anteilig verursachte Immissionsbelastung zugeordnet. Im Bereich des Transports luftgetragener Schadstoffe herrschen vor allem wegen der komplizierten Transportphänomene äußerst komplexe Zusammenhänge, die mit Hilfe mathematisch-meteorologischer Ausbreitungsmodelle näherungsweise beschrieben werden. Neben Art und Stärke der Emissionen, den vorhandenen Emissionsbedingungen sowie der geographischen Lage der Emissionsquellen beeinflussen vor allem die meteorologischen Verhältnisse die Ausbreitung der Schadstoffe. Damit wird die Ursachenanalyse in diesem Bereich zu einem anspruchsvollen Beispiel für modellbasierte Analysen von Daten, wie sie in UFIS zur Verfügung stehen. Das zur Ursachenananlyse von Luftverunreinigungen notwendige Instrumentarium wurde daher im Rahmen der Entwicklung des UFIS-Prototyps 2 zur Verfügung gestellt und am Beispiel der Ausbreitung radioaktiver Stoffe im Bereich von Kernkraftwerken erprobt [4].

Die Berechnung der Windfelder und der Schadstoffausbreitung erfolgt durch getrennte Programme. Für den Prototyp wurden Module des japanischen Codes SPEEDI [5] verwendet, die aber bei Bedarf mit geringem Aufwand ausgetauscht werden können, insbesondere da mit der CRAY-2 ein mächtiger Computeserver im Hintergrund steht.

Die Anbindung des Computeservers an UFIS erfolgt software-mäßig als Remote Job Entry und eine auf einem Rechner des IKE installierte CRAY-Station-Software. Hardware-mäßig wird zur Zeit eine DATEX-Verbindung verwendet. Die Konfigurierung ist in Abb. 2 gezeigt.

3. Die UFIS-Schnittstelle zur Durchführung modellbasierter Analysen

Die Schnittstelle auf der Datenseite ist eine relationale Datenbank, in der die Daten, die für die Auswahl einer Simulation sowie die Daten, die für das Simulationsprogramm benötigt werden, abgelegt sind.

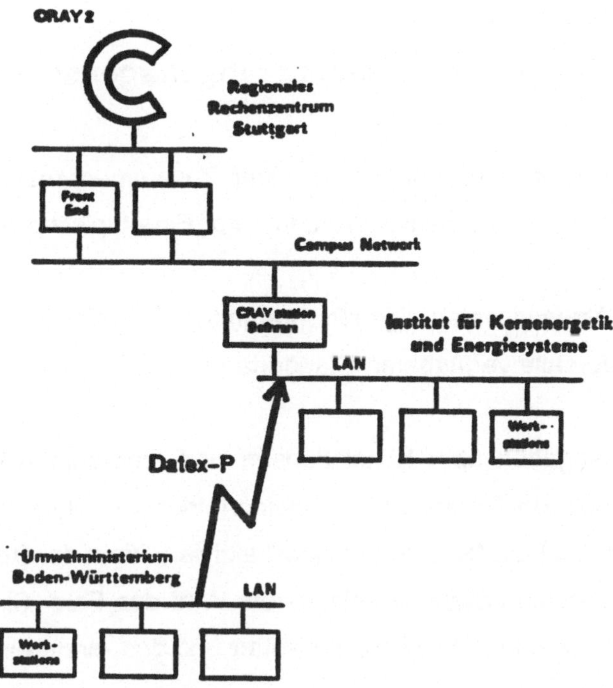

Abb. 2: Netzwerk zur Kopplung einer UFIS-Workstation (WS) mit der CRAY-2

Die Schnittstelle auf Programmebene wird über Setup-Prozeduren definiert. Damit werden die Tabelleninformationen übergeben und die Auswahl der Funktionalitäten der Anbindung bereitgestellt.

Die Einordnung der CRAY-Simulation in die logische Struktur des UFIS erfolgt innerhalb des Navigationsnetzes. Durch Hinzufügen neuer Topics oder ganzer Pfade können neue Themenbereiche an UFIS angeschlossen werden.

Innerhalb der Setup-Prozedur kann eine Funktion aufgerufen werden, die die Ankopplung weiterer Verarbeitungsprogramme gestaltet. Für die im nächsten Kapitel ausführlicher beschriebene Anbindung einer Ausbreitungssimulation werden die Interpolationsroutinen, die Programmteile zur Erstellung der SPEEDI-Eingabe-Files und die Sendeprogramme über diese Funktion an UFIS angekoppelt.

4. Beispielanwendung
Analyse der Ausbreitung luftgetragener Schadstoffe

Die erste Anwendung erfolgt in enger Zusammenarbeit mit der Abteilung 15 des Umweltministeriums Baden-Württemberg. Eine typische Sitzung läuft wie folgt ab:

I.   Der Anwender startet den Programmteil "Craysimulation". Aus der Standorttabelle werden alle verfügbaren Standorte geladen.

Die Angaben über Simulationsort und -zeitraum werden über einen Selektor eingegeben. Er umfaßt die Selektorfelder "Standortselektor" und "Sim.zeitraum". Wird das Feld "Standortselektor" aktiviert, kann der Benutzer aus einer Liste den gewünschten Standort selektieren. Wird das Feld "Sim.zeitraum" aktiviert, kann der Anwender den Simulationsstart und das -ende eingeben.

Nach Beenden der Eingaben wird, ob die Anzahl der Simulationsorte genau 1 ist und nur ein Zeitraum erfaßt wurde.

II. Sind diese Bedingungen erfüllt, so werden aus der Datenbank die aktuellen Wetterdaten für den gewählten Zeitraum selektiert.

III. Die gefundenen Daten werden daraufhin geprüft, ob für alle Höhen und vor allem für jede Stunde des Simulationszeitraums Daten vorliegen. Fehlen für einzelne Stunden die Meßwerte für alle Höhen, so wird eine Meldung ausgegeben und es muß ein neuer Bereich ausgewählt werden. Fehlen nur einzelne Höhen, so werden diese Daten interpoliert oder an den Rändern extrapoliert (Abb. 3).

IV. Im nächsten Schritt werden Steuerparameter für das Simulationsprogramm erfaßt. Hier werden etwa Angaben über die Priorität des Jobs auf der CRAY, über die Nuklide oder die zu simulierende Wetterlage (reales Wetter oder typische Wetterlage) vom Benutzer erfragt (Abb. 4a und Abb. 4b).

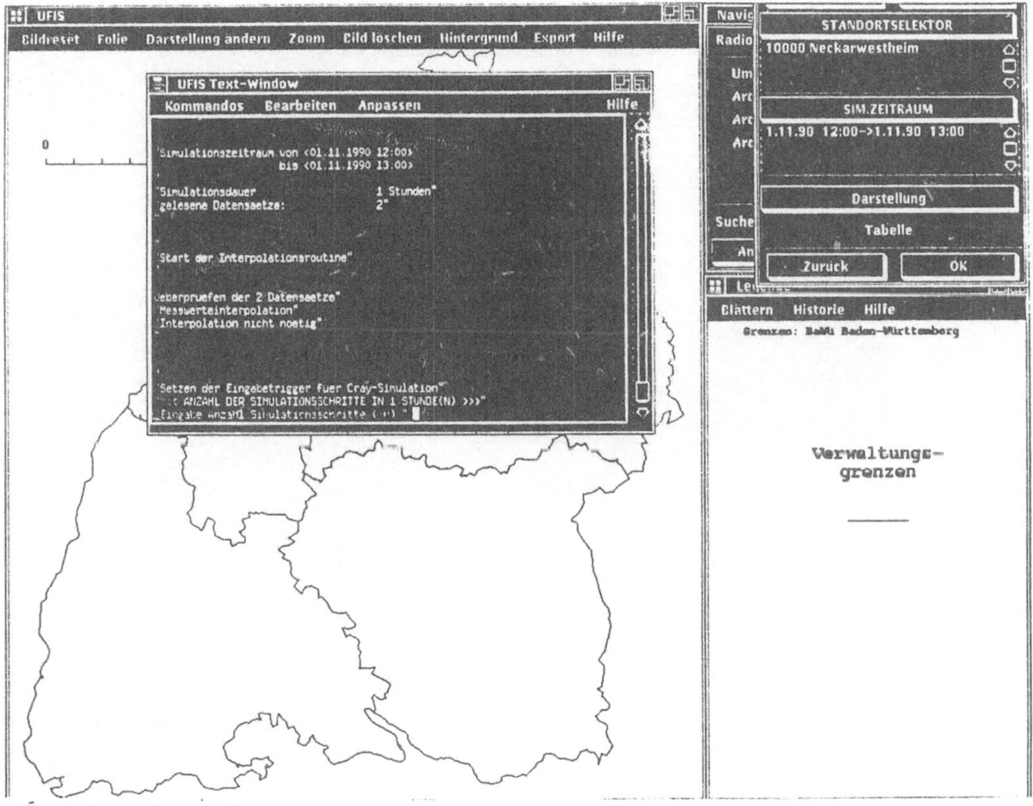

Abb. 3:   Datenüberprüfung

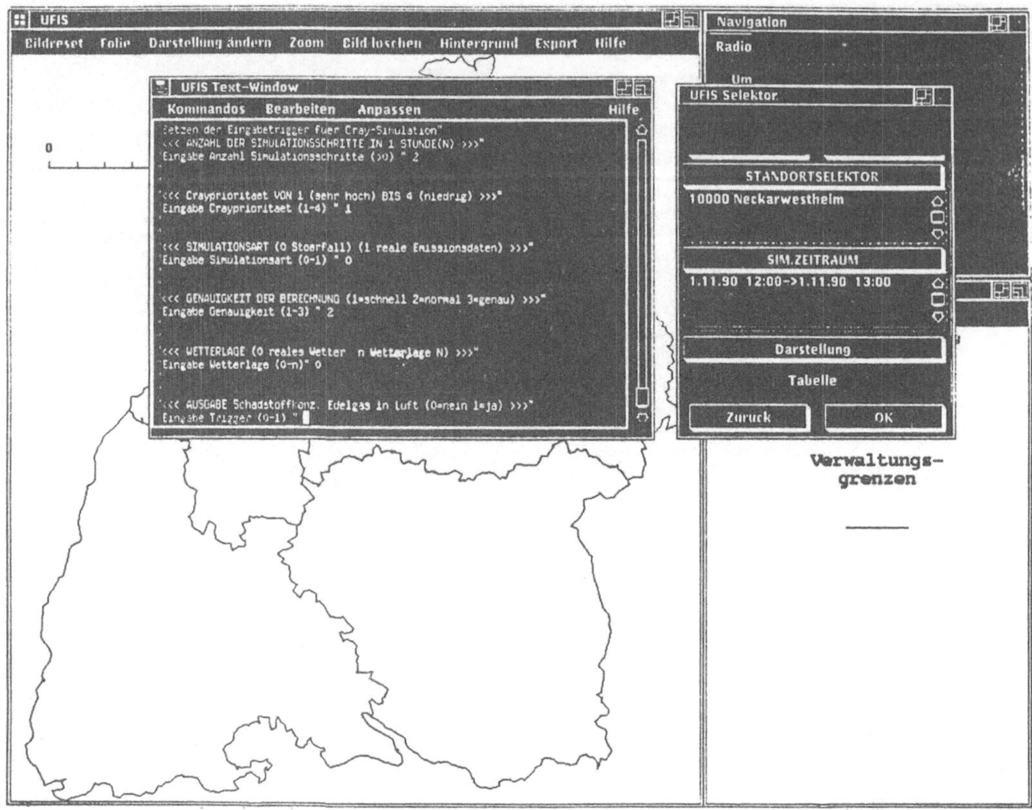

Abb. 4a: Eingabe Steuerparameter

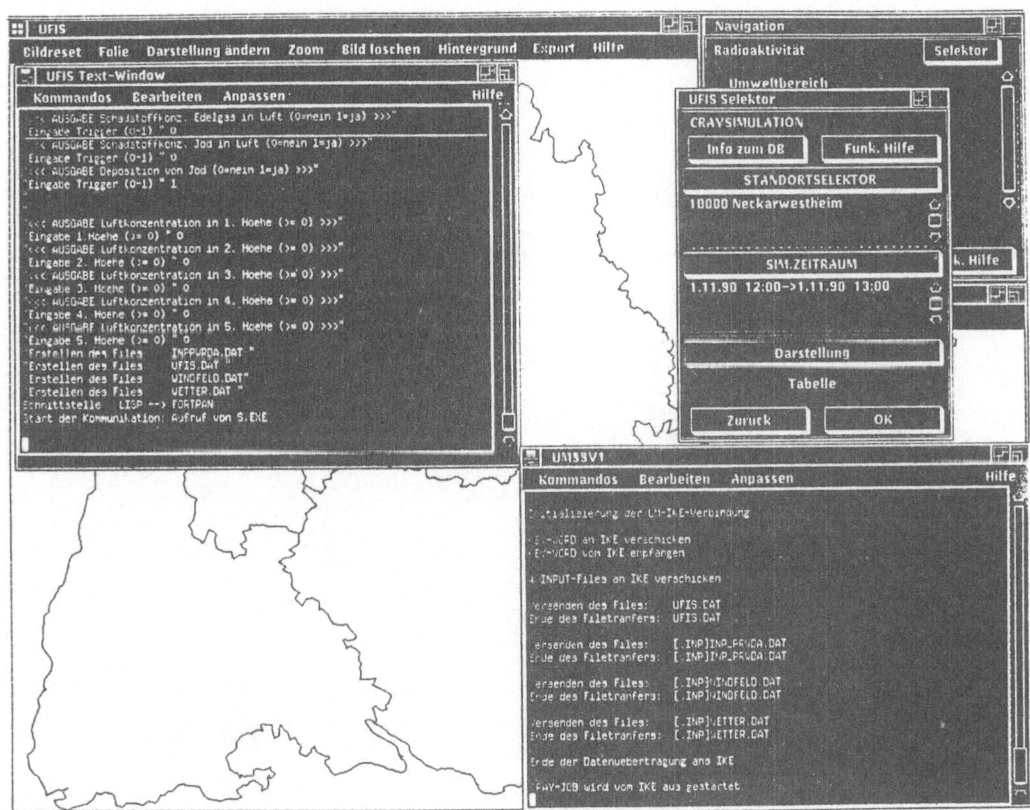

Abb. 4b: Start des Datentransfers und der Simulationsrechnung

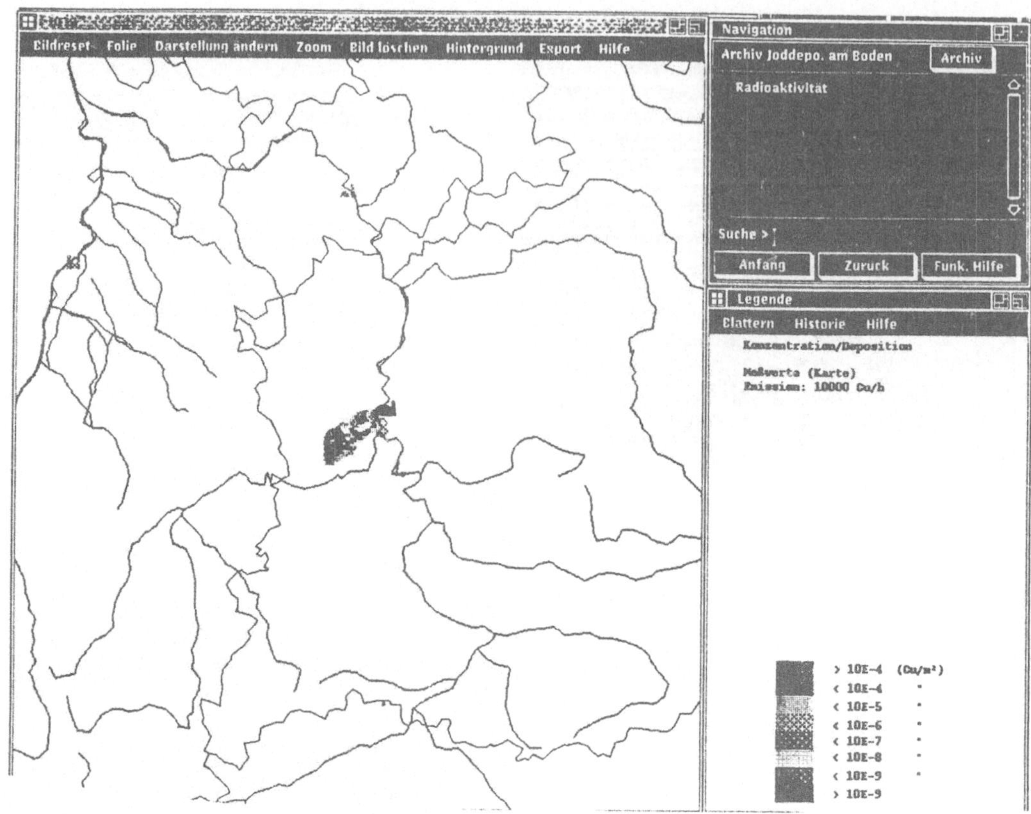

Abb. 5:   Visualisierung der Ergebnisse

5. Ausblick

Die Einführung einer Schnittstelle für modellbasierte Interpretationen von Daten des Umwelt-Führungs-Informationssystems (UFIS) hat sich als ein äußerst nützliches Werkzeug erwiesen. Es erlaubt nicht nur, das Rechnerpotential des Landes Baden-Württemberg (Compute Server wie die CRAY-2 oder Hochgeschwindigkeitsnetze) im UFIS zur Verfügung zu haben, sondern erschließt auch den großen Schatz an Methoden, Verfahren und wissenschaftlichen Ergebnissen der verschiedensten Landesinstitutionen und Behörden zur aktuellen Interpretation von UFIS-Daten. Dadurch wird die Nutzung der Daten in UFIS intensiviert und die Qualität der aus diesen Daten abgeleiteten Aussagen verbessert.

6. Literatur

[1] Henning, I.: Realisierung des Umweltinformationssystems Baden-Württemberg (UIS) am Beispiel des Projekts Umwelt-Führungs-Informationssystem (UFIS). Informatik-Fachberichte 228 (1989), S. 190, Springer Verlag

[2] Kaufhold, G.; Henning, I.: An Example for a Modern Environment Information System. Proceedings of the DECUS Europe 1990 Symposium, Cannes, September 1990

[3] Schmidt, F.; et al.: Verarbeitung von Umweltdaten unter Real-Time-Bedingungen - Konzept und prototypische Realisierung. GI-Fachtagung Visualisierung von Umweltdaten in Supercomputersystemen, Karlsruhe, November 1989, in: Informatik-Fachberichte, Springer Verlag, 1990

[4] Schweizer, S.; Schmidt, F.: Coupling of Meteorological and Dispersion Models with Measured Data of a Nuclear Power Plant Monitoring System. OECD Meeting on Local Scale and Mesoscale Atmospheric Dispersion of Radionuclides and their Applications (AD-LMS '91), Paris, March 1991

[5] Chino, M.; Yamazawa, H.; Ishikawa, H.: WINDO4 and PHYSICS: Meteorological Models Comprised in the Emergency Dose Information System SPEEDI. OECD Meeting on Local Scale and Mesoscale Atmospheric Dispersion of Radionuclides and their Applications (AD-LMS '91), Paris, March 1991

MODELLIERUNG UND MODELLANWENDUNG IN DER WASSERWIRTSCHAFT:
ANFORDERUNGEN AN DIE MODELLINTEGRATION IN EIN INFORMATIONSSYSTEM

Harald Hiessl

Fraunhofer Institut für Systemtechnik und
Innovationsforschung, Breslauer Str. 48
7500 Karlsruhe

1.   Einführung

Der Wasserwirtschaft stellen sich heutzutage umfangreiche Bewirtschaftungs- und auch Planungsprobleme. Die Komplexität der Probleme beruht einerseits auf den naturwissenschaftlich-technischen und andererseits auf den organisatorischen, institutionellen, gesellschaftlichen und politischen Zusammenhängen, in welchen die Problemlösung stattfinden muß. Die anzustrebenden Lösungen müssen dieser Komplexität Rechnung tragen, indem sie 1. ganzheitlich sind und negative Nebeneffekte weitestgehend vermeiden und 2. von den Betroffenen akzeptiert werden.

Um zu optimalen Lösungen zu kommen, müssen umfangreiche Datensätze erfaßt, erschlossen, aufbereitet, analysiert und die Analyseergebnisse interpretiert werden. Diese Arbeiten können durch Einsatz moderner Informationsverarbeitungstechniken (Datenbanksysteme) und substanzwissenschaftlicher Verfahren (mathematische Modelle zur Simulation dynamischer Systeme, Optimierungsverfahren etc.) sinnvoll unterstützt und erleichtert werden. Dabei stellt der problemspezifisch richtige Einsatz von mathematischen Modellen aus den einschlägigen substanzwissenschaftlichen Bereichen (hier Hydrologie, Hydraulik, Wasserwirtschaft, Ökologie, Biologie und Chemie) und von Analysemethoden (Statistische Verfahren, Graphische Verfahren etc.) eine wichtige Voraussetzung für die Informationsverdichtung der Daten, für ihre problemgerechte Interpretation und damit für eine erfolgreiche Problemanalyse und Lösungssynthese dar.

Obwohl dem Zugriff und dem problemspezifisch richtigen Einsatz der Modelle und Analysemethoden neben der bereits breit eingesetzten Datenbanktechnologie eine Schlüsselrolle bei der Lösung komplexer Planungs- und Bewirtschaftungsprobleme zukommt, ist die Modellbanktechnolgie gegenüber der Datenbanktechnologie relativ unterentwickelt. Hier besteht ein dringender Entwicklungsbedarf.

Im weiteren wird unter "Methode" ein mathematisches Verfahren verstanden, welches keine kalibrierbaren Parameter besitzt. Beispiele für Methoden sind statistisches Tests, graphische und numerische Aggregations- und Disaggregationsverfahren von Daten, Extra- und Intrapolatiosalgorithmen etc. Demgegenüber wird ein mathematisches Verfahren als "Modell" bezeichnet, wenn es Modellpa rameter besitzt, die vor einer Anwendung des Modells auf ein gegebenes Problem kalibriert werden müssen. In dem hier verwendeten Sinne sind Methoden Spezialfälle von Modellen, da sie keine kalibrierbaren Parameter besitzen.

2. Modellanwendung bei Planungs- und Managementaufgaben

Bei wasserwirtschaftlichen Planungs- und Bewirtschaftungsaufgaben müssen Entscheidungen getroffen werden. Die Entscheidungen werden von einem (oder mehreren) Entscheidungsträger(n) getroffen und resultieren in der Auswahl einer Option oder Handlungsalternative, welche die Planungs- oder Bewirtschaftungsaufgabe in einer bestimmten Art "optimal" oder "zufriedenstellend" löst.

Der Problemlösungsprozeß ist ein iterativer, explorativer und adaptiver Lernprozeß (Abb.1): Will man eine für alle Beteiligten akzeptable und technisch-wissenschaftlich zufriedenstellende Lösung erhalten, muß ein Kompromiß gefunden werden. Hierzu ist es oft notwendig, daß das Problem im Verlauf der Suche nach der Lösung gegebenenfalls neu definiert oder umdefiniert wird.

Die praktischen Hauptschwierigkeiten bei diesem Kompromißfindungsprozeß sind die Komplexität des Planungs- und Managementproblems, die teilweise schwierige Kommunikation zwischen den Beteiligten und der durch das iterative Vorgehen entstehende Arbeitsaufwand. Um ein vorzeitiges Einengen des Entscheidungsspielraumes mit all seinen Konsequenzen (Akzeptanzverlust, Auswahl einer nicht-optimalen Handlungsalternative etc.) zu vermeiden, muß zunächst der Entscheidungsraum, das Spektrum der möglichen Problemlösungen, möglichst vollständig erkundet werden. Dann erst kann man zur detaillierten Analyse einzelner, vielversprechender Handlungsalternativen übergehen. Eine zu frühe Konzentration auf die Analyse spezieller Lösungen birgt die Gefahr, daß man sich zu schnell in Details verliert und nur eine "lokal optimale" (d.h., nur für einige der Beteiligten akzeptable), anstatt die "global optimale" (d.h., für alle Beteiligten akzeptierbare) Lösung identifiziert.

Die Lösung von Planungs- und Managementaufgaben setzt die Verfügbarkeit problemspezifischer Informationen voraus. Im Falle von wasserwirtschaftlichen Problemen sind dies Daten über die hydrologischen, physikalischen, chemischen, biologischen sowie nutzungsbezogenen Eigenschaften wasserwirtschaftlicher Systeme. Die vorhandenen Daten müssen analysiert und interpretiert werden. Fehlende (d.h. nicht durch Messungen ermittelte oder nicht verfügbare) Daten verursachen Informationslücken, die durch geeignete Abschätzungen aus den vorhandenen Daten geschlossen werden müssen. Je komplexer das wasserwirtschaftliche System oder die Planungs- und Managementaufgabe ist, desto schwieriger wird es, (1) alle verfügbaren und auch relevanten Daten zur Lösung des Problems zu nutzen, (2) die Daten geeignet zu analysieren und interpretieren, (3) das gesamte Spektrum potentieller Problemlösungen zu identifizieren und (4) eine "beste" oder die am meisten zufriedenstellende Lösung auszuwählen. Nur der unter (1) aufgeführte Aspekt berührt in erster Linie die Datenbanktechnologie. Alle anderen Aspekte betreffen Modelle und die Modellbanktechnologie. Abb.2 illustriert die wichtigsten modellorientierten Aufgaben bei der wasserwirtschaftlichen Systemanalyse.

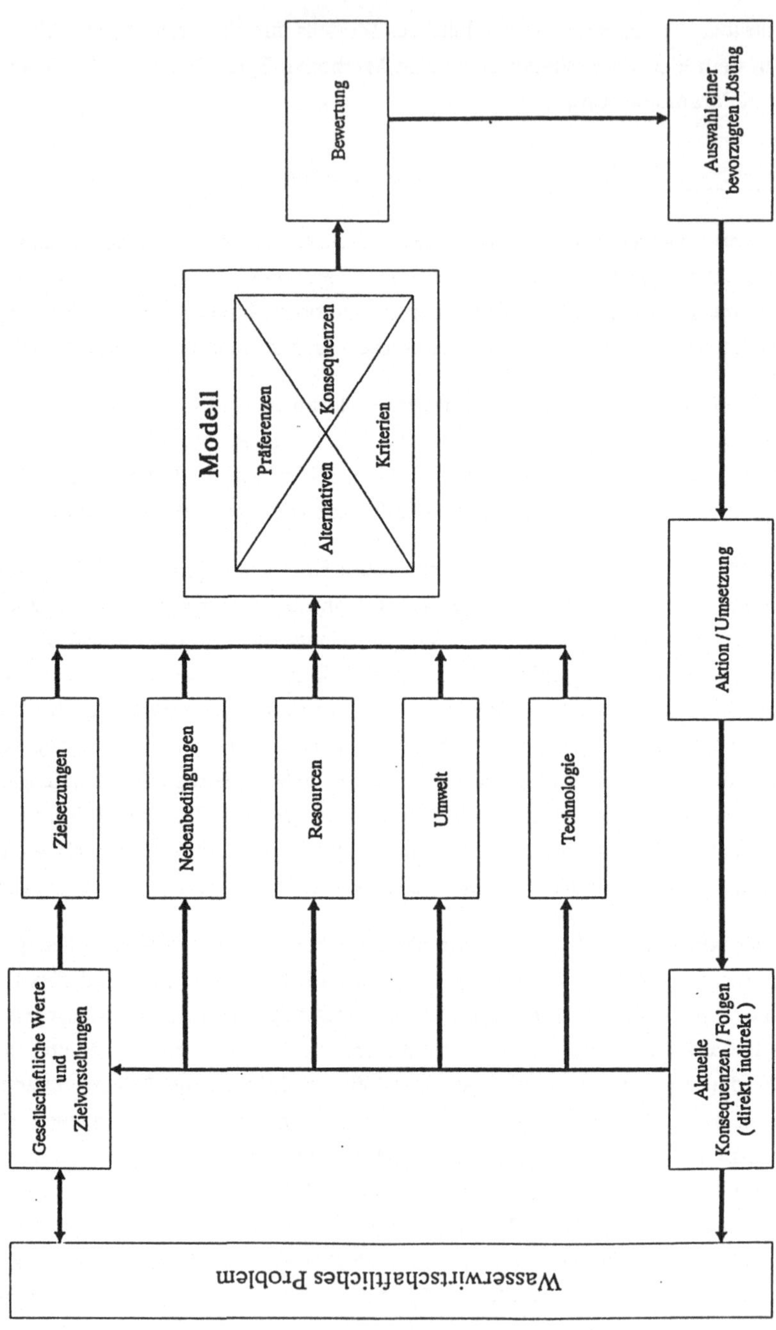

Abb. 1:   Der iterative modellbasierte Problemlösungsprozeß

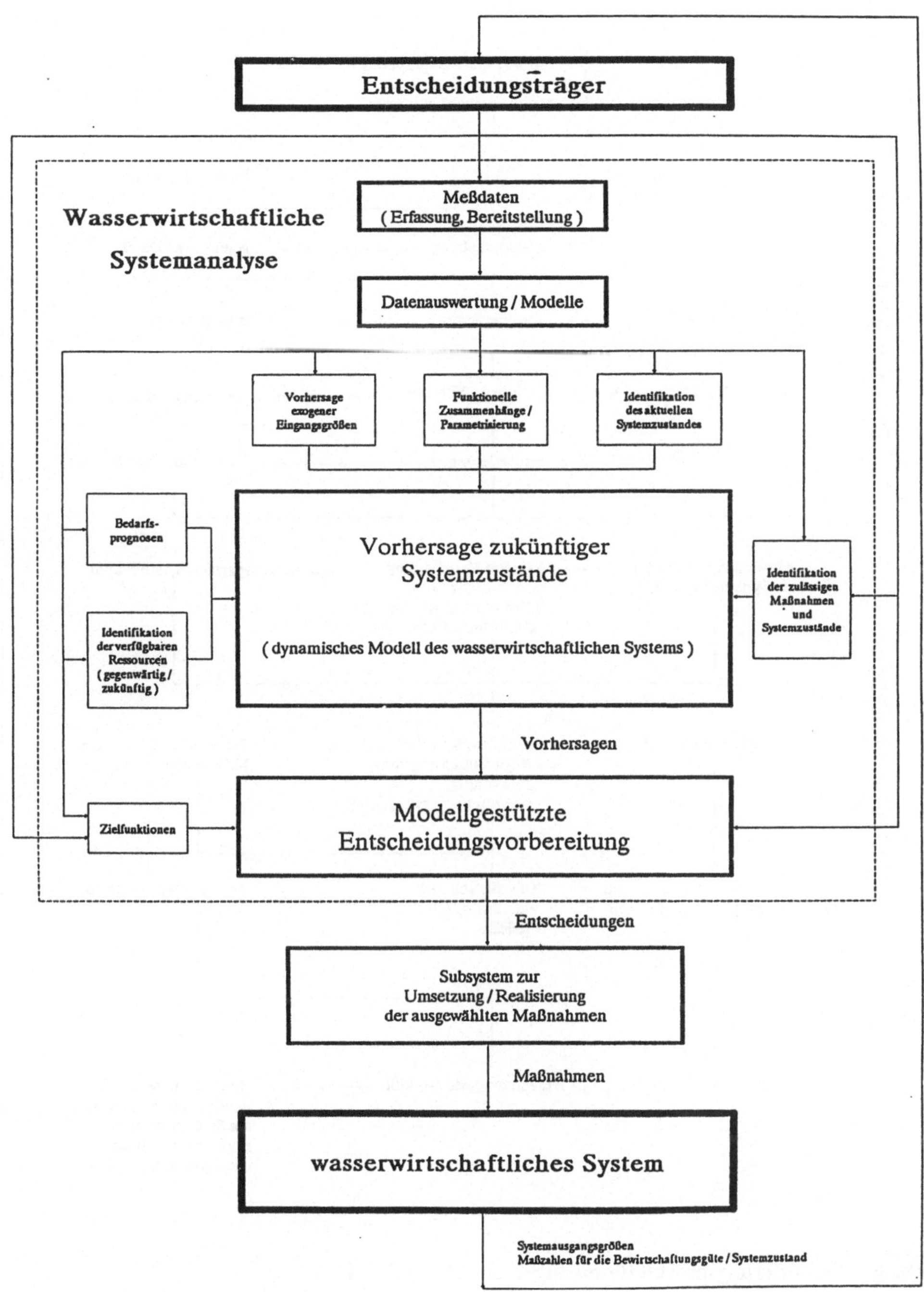

Abb. 2: Wasserwirtschaftliche Systemanalyse

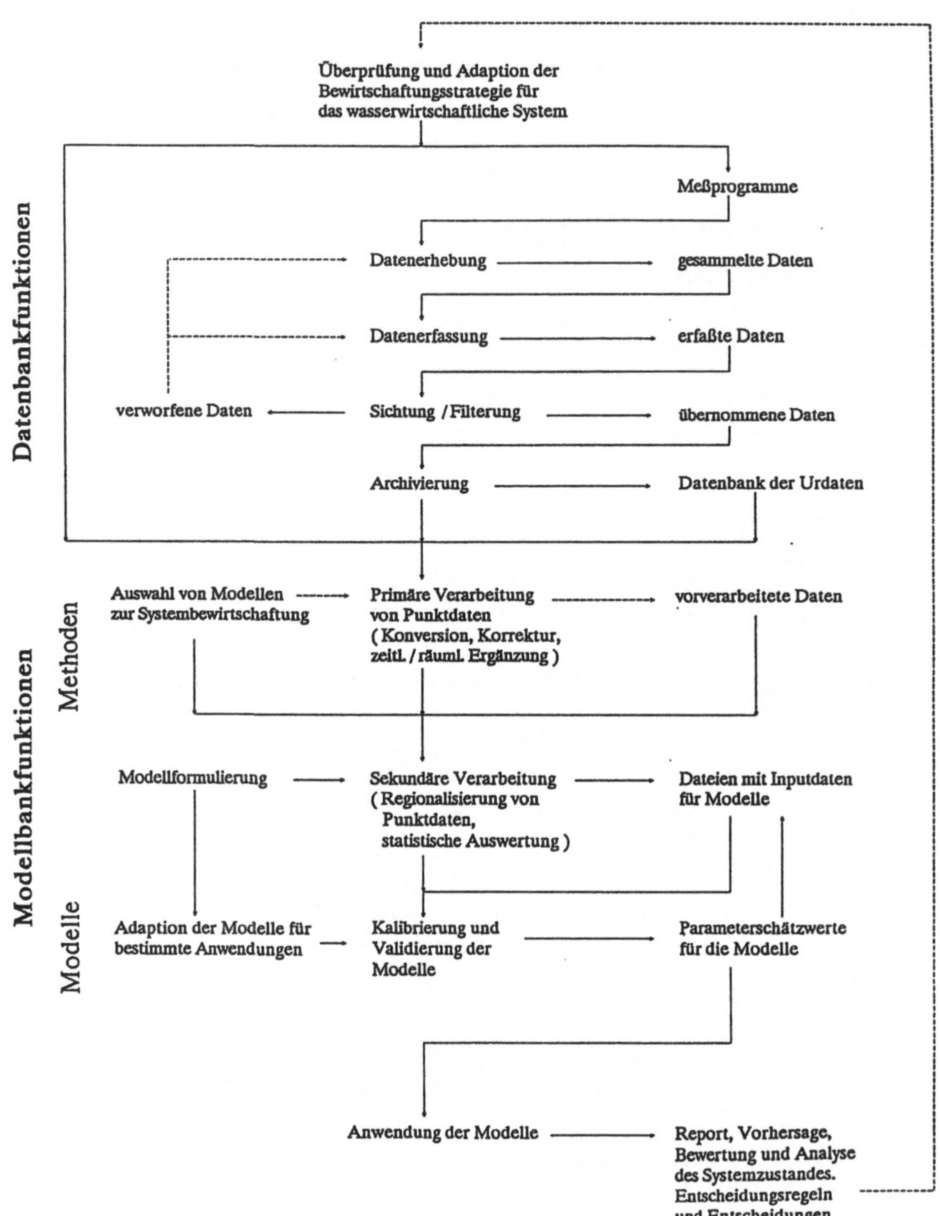

Abb. 3:   Generierungsprozeß für managementrelevante Informationen

Die Güte einer Planung oder der Lösung eines Managementproblems hängt damit einerseits von der Verfügbarkeit konsistenter Daten und von der Zugriffsmöglichkeit auf diese ab (Abb.3). Andererseits wird die Güte aber auch durch die problemspezifische Analyse und Interpretation der Daten und damit durch die Verfügbarkeit geeigneter Modelle/Methoden und deren problemgerechter Anwendung beeinflußt.

Viele Institutionen, die mit wasserwirtschaftlichen Planungs- und Managementaufgaben zu tun haben, nutzen zwar schon die moderne Datenbanktechnolgie, im Hinblick auf die Anwendung mathematischer Modelle ist jedoch ein Defizit vorhanden.

2.1. Traditioneller Ansatz der modellbasierten Systemanalyse

Der traditionelle Ansatz weist eine Reihe von charakteristischen Eigenschaften auf, die als Ursache für seine in der Vergangenheit zu verzeichnende geringe Akzeptanz im Bereich der wasserwirtschaftlichen Praxis anzusehen sind:

- Mangel an Verständnis und Vertrauen des potentiellen Modellanwenders für/in das Modell. Dies ist hauptsächlich auf eine ungenügende Kommunikation zwischen Modellentwickler und Anwender (ungenügende Modelldokumentation) sowie auf ungenügende Beteiligung des Anwenders bei der Modellerstellung zurückzuführen. In dieser Situation werden die Resultate einer Modellanwendung im tatsächlichen Planungs- und Entscheidungsprozeß wenn überhaupt, dann i.d.R. nur geringe Berücksichtigung erfahren. Dies gilt besonders für diejenigen Modelle, welche nur für eine spezielle Aufgabe "maßgeschneidert" wurden und anschließend nicht gepflegt und fortgeschrieben werden.

- Oft wird nach dem Grundsatz "komplexe Probleme brauchen komplexe Modelle" verfahren. Dabei wird oft übersehen, daß komplexe Modelle schwierig zu entwickeln und instandzuhalten sind, daß sie meist einen großen (und damit teuren) Bedarf an Daten haben, daß sie aufgrund fehlender Daten meist nur unzureichend zu kalibrieren und zu verifizieren sind und daß sie oft riesige Mengen an Ausgabedaten produzieren, die meist nur sehr schwer zu interpretieren sind.

- Modelle sind als "stand-alone"-Modelle konzipiert und weisen eine individuelle, modellspezifische Struktur der benötigten Eingangsdaten und der resultierenden Ausgangsdaten auf.

- Modelle sind oft nur mit viel Erfahrung und Spezialwissen kalibrierbar und damit anwendbar.

- Der traditionelle Ansatz ist schwerpunktmäßig auf die Analyse von Alternativen und nicht auf deren Generierung ausgerichtet.

- Multikriterielle Bewertungs- und Entscheidungsmodelle sind auf die Identifikation "effizienter" Lösungen und Alternativen ausgelegt. Ineffiziente Lösungen werden vom weiteren Entscheidungsprozeß ausgeklammert. Das Problem hierbei ist, daß die Effizienz (und damit auch die Ineffizienz) einer Alternative von den explizit berücksichtigten Zielen abhängt. Es kann gezeigt werden, daß durch eine Änderung der im Modell berücksichtigten Zielemenge bisher effiziente Alternativen ihre Effizienz verlieren und bisher ineffiziente Lösungen effizient werden können.

- Die Modelle basieren i.d.R. stark auf vereinfachenden und oft unrealistischen Annahmen im Hinblick auf organisatorische, institutionelle, gesellschaftliche und politische Rahmenbedingungen (z.B. "wirtschaftlich rationales" Verhalten, ein Entscheidungsträger etc.).

- Die Modellerstellung erfolgt meist außerhalb des Planungs- und Managementprozesses und ohne direkte Beteiligung der Modellanwender.

- Die Notwendigkeit, ein Modell in den dynamischen Planungs- und Entscheidungsprozeß hineinzubauen wird kaum berücksichtigt. Die Modelle lösen dann die realen Probleme des Anwenders nur teilweise oder nur unter unzulässigen Annahmen (Beraterdilemma: "Eine Lösung hätte ich, aber die paßt nicht zum Problem").

Bisher sind "Modellbanken" meist nicht mehr als Sammlungen von "stand-alone"-Modellen. Die Modelle werden nach Bedarf zu einer autonomen Bearbeitung sehr spezieller Teilaspekte bei Planungs- und Managementproblemen eingesetzt. Der notwendige, meist manuell durchzuführende Aufwand (Umsortierung, Ergänzung und Umformatierung der Ausgabedaten des ersten Modells zur Erstellung der Eingabedateien des zweiten Modells) bei der Kopplung zweier Modellen wirkt prohibitiv, weshalb die Verkopplung von bestehenden Modellen möglichst vermieden wird.

Wenn schon Modelle eingesetzt werden müssen, werden meist vorhandene Modelle fallspezifisch um die jeweils benötigten funktionalen Komponenten erweitert. Neben dem zusätzlichen Programmieraufwand hat dies auch zur Folge, daß zahlreiche, zunehmend unüberschaubare und damit fehleranfällige Programmversionen entstanden und entstehen. Die Konsequenz ist, daß Modelle oft nur für sehr spezielle Fragen im Zusammenhang mit einer wasserwirtschaftlichen Systemanalyse zum Einsatz kommen und ihre Anwendung nicht unmittelbar in den Entscheidungsprozeß eingebunden ist.

2.2. Neuer Ansatz der modellbasierten Systemanalyse

Der neue Ansatz wird nachfolgend als "CAP (computer aided planning)" oder computerunterstützte Planung bezeichnet. CAP baut auf dem von FEDRA und LOUCKS (1985) und Loucks et al. (1985a,b) vorgeschlagenen interaktiven Modellierungsansatz auf. Die zwei wichtigsten Grundsätze des Ansatzes sind:

- Einbeziehung von Repräsentanten einer jeden beteiligten Entscheidungsebene in den Modellierungsprozeß. Dies führt zur richtigen Definition des Problems, der Ziele, Werte und Entscheidungsabläufe durch Informationen aus erster Hand.

- Mitgestaltung des Modells durch Anwender. Dies führt zum Vertrautwerden des Anwenders mit Struktur und Funktion des Modells.

Um dies zu erreichen, soll nicht ein einzelnes, komplexes Modell durch einen Spezialisten auf ein gegebenes Planungs- und Bewirtschaftungsproblem angesetzt werden, sondern ein System kleiner vernetzter Modelle soll vom Anwender direkt eingesetzt werden. Dabei soll dem Anwender durch eine interaktive Benutzeroberfläche die Möglichkeit eröffnet werden, die Netzwerkstrukturen aus Einzelmodellen problemspezifisch aufzubauen, zu modifizieren und anzuwenden.

Dies kann mit einem Informationssystem erreicht werden. Unter einem Informationssystem (Abb.4) wird in diesem Zusammenhang ein System verstanden, welches Subsysteme zur Datenverwaltung (Datenbasis) sowie zur Datenanalyse (Modellbasis) umfaßt. Diese Subsysteme werden unter einer einheitlichen Benutzeroberfläche dem Anwender zugänglich gemacht (Dialogmodul oder Benutzerschnittstelle) und das Informationssystem unterstützt den Benutzer in der sachgemäßen Anwendung der im System bereitgestellten Werkzeuge/Verfahren (Wissensbasis und Systemmanager). Dabei muß gewährleistet sein, daß Modelle für unterschiedliche Teilaspekte, wie sie von den beteiligten Disziplinen erarbeitet werden/wurden, in das System integriert werden können und auch darin interagieren können. Hinsichtlich der Datenbasis muß das System in der Lage sein, Input-Daten für alle im System vorhandenen bzw. noch hinzukommenden Modelle bereitzustellen und die Konsistenz dieser Daten zu gewährleisten.

Das Informationssystem soll dem Benutzer mathematische Modelle erschließen und ihre Anwendung weitestgehend erleichtern, um so die modellbasierte Systemanalyse zu fördern und den Entscheidungsfindungsprozeß zu unterstützen. Dazu muß es vier Aufgaben erfüllen: 1. Es muß die Erkundung des Entscheidungsraumes sowie auch die detaillierte Analyse einzelner Handlungsalternativen ermöglichen. Hierzu muß es zunächst die in seiner Modellbasis enthaltenen Modelle in einer interaktiven Simulationsumgebung bereitstellen, in welcher der Anwender "was-wäre-wenn"-Fragen durch Anwendung und Verkopplung geeigneter Modelle beantworten kann. Neben dieser relativ unsystematischen Möglichkeit der Erkundung des Entscheidungsraumes sollten auch systematischere Methoden zur Alternativengenerierung bereitgestellt werden. Diese Methoden verwenden ein mathematisches Modell eines zu analysierenden Systems, um das Alternativenspektrum des durch das Modell repräsentierten Entscheidungsproblems zu erkunden und interessante Alternativen zu "entdecken". 2. Nachdem ausreichend Alternativen identifiziert sind, müssen diese einzeln analysiert werden. Hierzu können sowohl Optimierungsmodelle als auch Kombinationen von Simulationsmodellen mit verschiedenen Optimierungsverfahren verwendet werden. 3. Das System muß entscheidungsunterstützend wirken, d.h. es muß ausgehend von den vom Anwender vorgegebenen Zielsetzungen, den Anwender bei der meist multikriteriellen Abwägung der Handlungsalternativen unterstützen. Ziel dabei ist es, die Alternativen in eine entsprechende Rangfolge zu bringen. 4. Schließlich muß das System in der Lage sein, den gesamten Prozeß der Systemanalyse umfassend zu dokumentieren.

3.   Anforderungen an die Modellintegration in ein Informationssystem

Wie oben dargestellt, geht CAP hinsichtlich der Bereitstellung und Anwendung von Modellen weit über die traditionellen "Modellbanken" hinaus. Um diesem hohen Anspruch gerecht werden zu können, muß ein CAP-fähiges Informationssystem eine Reihe von technisch-funktionellen Anforderungen erfüllen. Auf diese wird nachfolgend eingegangen.

3.1.   Kommunikation mit dem Benutzer (Mensch-Maschine-Interface, Benutzerschnittstelle)

Die Kommunikation zwischen dem Informationssystem und dem Benutzer muß "benutzerfreundlich" sein. D.h., die Benutzerschnittstelle muß die folgenden Aspekte erfüllen:

a) Der Benutzer muß bedarfsgemäß über das Informationssystem selbst, seine Bedienung und seine (Anwendungs-) Möglichkeiten informiert werden (kontextabhängige Benutzerinformation).

b) Der Benutzer muß entsprechend seinen Vorkenntnissen bei der Anwendung des Informationssystems geführt werden. (Flexibilität im Hinblick auf die Erfahrung des Benutzers; jederzeitige Information des Benutzers über den bisherigen Bearbeitungsstand, die bisher durchgeführten Simulationsläufe und deren Ergebnisse).

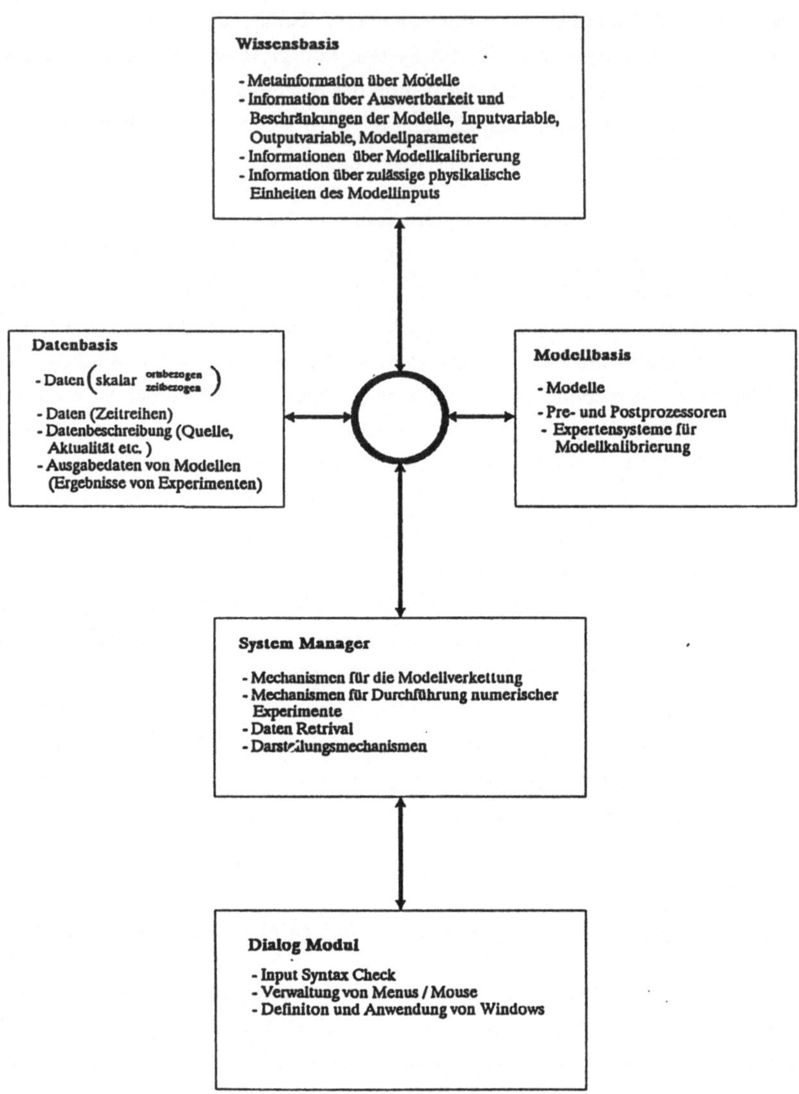

Abb. 4:   Die Struktur von Informationssystemen für Computer Aided Planning (CAP). Nach: GUARISO und WERTHNER (1989).

c) Das System muß Informationen über den zu bearbeitenden Anwendungsfall vom Benutzer abfragen. Sodann müssen die vom anzuwendenden Modell benötigten Eingangsdaten für den Anwendungsfall soweit als möglich aus der Datenbank des Systems abgerufen werden und durch interaktiv vom Benutzer abgefragte Eingangsdaten ergänzt werden. Fehlen Daten und können diese auch nicht vom Benutzer abgefragt werden, so muß das System geeignete Zwischenschritte vorschlagen, über die die fehlenden Daten ermittelt oder geschätzt werden können.

d) Die interaktiv abgefragten Eingabedaten müssen modellspezifisch in Bezug auf ihre physikalischen Einheiten, deren dimensionsmäßige Konsistenz sowie im Hinblick auf ihre räumliche und zeitliche Konsistenz überwacht werden.

e) Sonstige Anforderungen an die Schnittstelle:

- bildschirmorientiert (PC-orientiert)

- leichte Anwendung und Bedienung

- Bedienungssprache ähnlich dem jeweiligen Fachjargon

- Minimierung der vom Benutzer abgefragten Informationen

- Merkfähigkeit wiederkehrender Inputinformationen

- Erklärungsmöglichkeiten für angeforderte Informationen

- Akzeptanz unscharfer ("weicher") Informationen

- Akzeptanz von unsicheren Informationen

- Akzeptanz hypothetischer Informationen ("was wäre wenn?")

- Zuverlässigkeit ("absturzsicher"; versagenssicher und sicher im Versagen)

- der Bearbeitungszustand muß jederzeit mitprotokolliert werden, damit nach einem eventuellen Absturz des Systems die Bearbeitung an dem entsprechenden Punkt wiederaufgenommen werden kann.

3.2. Verfügbare Modelle

Zahlreiche hydrologische, wasserwirtschaftliche und ökologische Modelle stehen in der Literatur zur Verfügung (z.B. HEC, 1989; VAN DER HEIJDE und WILLIAMS, 1989a,b; DVWK, 1987). Alle diese Modelle wurden als dateiorientierte stand-alone-Programme gemäß dem Paradigma "one program - one file" von unterschiedlichen Autoren an verschiedenen Institutionen entwickelt. Die meisten Modelle sind mit Hilfe der höheren Programmiersprache FORTRAN kodiert, die sich speziell für die Programmierung numerischer Probleme (z.B. Lösung von Systemen von Differentialgleichungen etc.) eignet. Ein nicht unerheblicher Teil dieser Modelle wird gegen einen geringen Unkostenbeitrag oder gar kostenlos interessierten Anwendern i.d.R. einschließlich des Quellcodes zur Verfügung gestellt. Die Modelle werden von den Autoren bzw. den Institutionen gepflegt. Hierzu gehört nicht nur eine gründliche Validierung an sehr unterschiedlichen Anwendungsfällen sondern auch ein ständiges Fortschreiben und Verbessern. Eventuelle noch vorhandene Programmfehler wie auch die Verbesserungen und Updates werden den registrierten Anwendern oft in Form von speziellen Newsletters und über Kommunikationsnetze mitgeteilt. Ebenso unterrichten die Anwender die

Entwickler über aufgetretene Probleme bei der Modellanwendung. Dies hat dazu geführt, daß diese Modelle sehr zuverlässig sind und sich einen sehr breiten (weltweiten) Anwenderkreis erschlossen haben. Als Beispiel sei hier nur auf die hydrologisch-wasserwirtschaftlichen Modelle des HEC verwiesen (HEC 1989), die sich international als "good practice"-Verfahren durchgesetzt haben. Aufgrund der Verfügbarkeit des Quellcodes kann bei Bedarf vom Anwender eine Modifikation des Modells vorgenommen werden. Hierbei ist jedoch zu bedenken, daß dadurch die Verantwortung für die Validierung des geänderten Modells sowie für seine Dokumentation, Pflege und Fortschreibung Sache des Anwenders wird.

Ein Modellierungssystem, das von den Fachleuten im Bereich der Hydrologie und Wasserwirtschaft akzeptiert werden soll, muß auf die wertvolle Resource fachlich anerkannter und verifizierter Modelle zugreifen.

3.3. Softwaremäßige Integration der Modelle in die Modellbank

Einerseits stellen die in der Literatur verfügbaren Modelle aufgrund ihrer Entstehung und ursprünglichen Konzeption als stand-alone Programme nicht nur spezielle Anforderungen an Art und Format der benötigten Eingangsdaten, sondern liefern auch ihre Ausgangsdaten in modellspezifischem Umfang und Format. Andererseits ist es aber gerade ein Vorteil eines Informationssystems, daß in seiner Datenbank alle verfügbaren Daten zentral erfaßt und verwaltet werden, wodurch ist die Konsistenz der Daten gewährleistet wird.

Die Kopplung der zentralen, allgemeinen Datenstruktur des Informationssystems mit den für jedes Modell individuellen I/O-Datenstrukturen kann mittels sogenannter Pre- und Postprozessoren realisiert werden (Standardisierung der I/O-Struktur). Die Aufgabe des Preprozessors ist es hierbei, die allgemeine Datenstruktur der Datenbankkomponente des Informationssystems auf die vom jeweiligen Modell geforderte Input-Datenstruktur abzubilden. Der Postprozessor hat die Aufgabe, die Ausgabedaten des Modells in einer mit der allgemeinen Datenbankstruktur kompatiblen Form in die Datenbasis des Informationssystems einzubauen und damit für weitere Auswertungen mit anderen Modellen aus der Modellbasis bereitzustellen. Pre- und Postprozessorfunktion können in einem modellspezifischen Kopplungsprogramm kombiniert sein.

Durch eine Standardisierung der I/O-Struktur der Modelle werden die modellinhärenten Datenverarbeitungsvorgänge (Algorithmen) nicht beeinflußt. Die Modelle werden aber zu untereinander kompatiblen Bausteinen (Moduln) die bedarfsgerecht vom Anwender verkoppelt werden können. Dabei muß sich der Anwender nur mit inhaltlichen Aspekten der Verknüpfung befassen, die modellspezifischen, formalen I/O-Anforderungen werden vom System überwacht und erfüllt. Auf diese Art kann ohne übermäßigen Aufwand und unter Verwendung verfügbarer Modelle ein umfassendes Modellierungssystem erstellt werden.

Neben der Kopplungsfunktion könnte der Preprozessor gleichzeitig noch weitere Aufgaben übernehmen, die oben der Benutzerschnittstelle zugedacht wurden. So könnte er z.B. die Überwachung der Dimensions-Konsistenz sowie der Raum-Zeit-Konsistenz der Eingabedaten des Modells über nehmen. Eine weitere Aufgabe des Preprozessors könnte auch die interaktive Spezifikation von Modellvarianten sein.

3.4. Beratung des Benutzers bei der Modellauswahl

Das Informationssystem muß einen on-line Katalog der im System vorhandenen Modellbausteine einschließlich einer ausführlichen Modellbeschreibung (Funktion und Struktur) bereitstellen. Um hier auf den von Anwender zu Anwender unterschiedlichen Kenntnisstand Rücksicht nehmen zu können, empfiehlt sich die Verwendung von Hypertext. Zur Planung des methodischen Vorgehens bei der Systemanalyse müssen eventuell aus fachliche Gründen notwendig werdende Modellverkettungen möglichst früh bei der Auswahl geeigneter Modellbausteine berücksichtigt werden. Aus diesem Grund muß das Informationssystem die Anwendungsbereiche und -möglichkeiten der einzelnen Modelle kennen und den Nutzer darüber informieren können.

3.5. Unterstützung des Benutzers bei der Verknüpfung von Modellen

Zur Analyse komplexer Fragestellungen und zur Interpretation der mit einem Modell berechneten Ergebnisse kann die Anwendung weiterer Modelle notwendig werden. Da die Ergebnisdaten nur dann mit einem anderen Modell weiterverarbeitet werden können, wenn die physikalischen Dimensionen sowie die zeitliche und räumliche Auflösung der die Modelle koppelnden Variablen konsistent sind, muß das System in der Lage sein, die datenspezifische Kompatibilität der in der Modellbank verfügbaren Modelle zu überwachen. Ist diese Kompatibilität zwischen zwei Modellen nicht direkt gegeben, so sollte das System geeignete Zwischenschritte vorschlagen, mit denen die Kompatibilität erreicht werden kann (z.B. Dimensionsumrechnungen, zeitliche oder räumliche Aggregation bzw. Disaggregation etc.).

Werden mehrere Modelle nacheinander angewendet und hinsichtlich ihrer Ein- und Ausgabedaten logisch sequentiell und/oder parallel verknüpft, muß das System über diese logischen Verknüpfungen Protokoll führen.

3.6. Beratung des Benutzers bei der Modellanwendung (Parametrisierung und Kalibrierung der Modelle)

Die Modelle sind in der Modellbasis zunächst nur bis auf die Werte der Modellparameter spezifiziert. Vor einer Modellanwendung müssen die Parameterwerte entweder problemspezifisch festgelegt/vorgegeben werden oder sie müssen in einem Kalibrierungsprozeß so bestimmt werden, daß geeignete Outputvariable des Modells im Sinne eines mathematischen Kriteriums (z.B. Kleinste Quadrate Kriterium) optimal mit Meßwerten der entsprechenden Variablen übereinstimmen.

Bei einer nicht zu großen Anzahl der zu kalibrierenden Parameter kann die Kalibrierung automatisch durch einen Optimierungsalgorithmus erfolgen (z.B. unter Verwendung des Kleinsten-Quadrate-Verfahrens). In Fällen, wo die Modelle zahlreiche Parameter aufweisen und den Parametern zusätzlich noch substanzwissenschaftlich vorgegebene und auf komplexe Weise verknüpfte Wertebereiche zugeordnet sind, kann ein automatisches Parameterbestimmungsverfahren überfordert sein. Für derartige Fälle wurden beispielsweise für das Modell SWMM ("Storm Water Management Model") und QUAL2E (Gewässergütemodell für Fließgewässer) Expertensysteme entwickelt, die den Anwender interaktiv bei der Bestimmung geeigneter Parameterwerte leiten und beraten (für SWMM: BAUFFAUT und DELLEUR; 1989,1990 und für QUAL2E: BARNWELL et al.; 1986). Derartige Expertensysteme können über die bereits beschriebenen Pre- und Postprozessoren direkt mit dem eigentlichen Modell gekoppelt werden.

3.7. Unterstützung des Benutzers bei der Durchführung von numerischen Experimenten (Simulationsläufen) mit den Modellen

Das System muß in der Lage sein, für jeden Simulationslauf ein Protokoll zu führen, welches alle für eine vollständige Reproduktion der Simulationsergebnisse notwendigen Informationen enthält. Hierzu zählen die Bezeichnung des Anwendungsfalls und seine räumliche und zeitliche Einordnung, die verwendeten Datensätze wie sie vom Benutzer spezifiziert bzw. welche aus der Datenbank abgefragt wurden, die Kennung des verwendeten Modells sowie der verwendeten Modellparameter. Ferner müssen Anfangs- und Randbedingungen, Optimierungsergebnisse sowie die Parameter der bei der Simulation verwendeten mathematischen Routinen (z.B. Integrationsverfahren, Schrittweiten, Iterationsanzahl, Abbruchkriterien, Zufallszahlenkeime, etc.) mitprotokolliert werden.

3.8. Unterstützung des Benutzers bei der Interpretation der Ergebnisse von Simulationsläufen

Hierzu gehört zunächst die geeignete graphische und/oder tabellarische Darstellung der Simulationsergebnisse. Zu dieser Informationsverdichtung müssen ausreichend viele verschiedene graphische Darstellungsarten verfügbar sein (siehe hierzu auch CLEVELAND, 1985) und das System muß bei Bedarf dem Benutzer geeignete Darstellungsarten vorschlagen. Es müssen ferner vielfältige Hardcopy-Medien (z.B. Papier, Dias, Filme, Fotos, Overheadfolien etc.) zur Dokumentation der Ergebnisse breitgestellt werden.

Die Ergebnisse müssen dann interpretiert werden. Hierzu bieten sich Expertensysteme an, die den Benutzer z.B. bei der Durchführung statistischer Tests behilflich sind. Aber auch Expertensysteme für die modellspezifische Interpretation der Simulationsergebnisse (siehe auch Expertensysteme zur Kalibrierung der Modelle; Abschnitt 3.6.) sind hier denkbar.

4. Anwendungen

Exemplarisch seien hier nur einige CAP-Systeme erwähnt. Diese Systeme sind teilweise auf ganz bestimmte, relativ enge Fragestellungen hin konzipiert und stellen Vorstufen des oben beschriebenen CAP-Systems dar:

- FEDRA (1985): Eutrophierung eines Sees und Regionalentwicklung

- COSGRIFF et al. (1985): Steuerung eines Wasserversorgungssystems

- KUNREUTHER, MILLER (1985): Hochwasserschutz

- FÜRST et al. (1989): Grundwassermodell

- LOUCKS, TAYLOR, FRENCH (1985b): ein allgemeines CAP-System für die Resourcenbewirtschaftung.

5. Zusammenfassung

Es ist eine vordringliche Aufgabe, Informationssysteme um leistungsfähige Modellbankfunktionen zur Datenanalyse und Informationsgewinnung zu ergänzen. Dazu müssen zunächst in der Literatur verfügbare ausgereifte und validierte mathematische Modelle in das Informationssystem integriert werden. Damit wird die wertvolle Wissensresource "mathematische Modelle" auch dem gelegentlichen Modellanwender erschlossen und ihre fachgerechte Anwendung auf aktuelle wasserwirtschaftliche Fragestellungen im Sinne von "Computer Aided Planning (CAP)" weitestgehend erleichtert.

Zusammenfassend können in Bezug auf die Modellbankfunktion in Informationssystemen zum CAP folgende Forderungen festgehalten werden: Es muß möglich sein, Modelle, die meist von dritter Seite als stand-alone-Modelle konzipiert und entwickelt wurden, nur nach inhaltlichen Gesichtspunkten (i.e. verwendeter theoretischer Ansatz, Algorithmen etc.) auszuwählen und in die Modellbank aufzunehmen. Es muß möglich sein unterschiedliche Modelle anwendungsspezifisch zu koppeln (in dem Sinne, daß der Output eines Modells als Input in eines oder mehrere anderer Modelle verwendet werden kann) wobei sowohl die dimensionsspezifische Kompatibilität als auch die räumlich-zeitliche Kompatibilität der Kopplungsvariablen automatisch überwacht und gewährleistet werden muß.

Gelingt die Realisation eines solchen Informationssystems, so wird "Computer Aided Planning (CAP)" die wissenschaftlich fundierte, modellgestützte wasserwirtschaftliche Systemanalyse auf eine neue Grundlage stellen. Mit CAP werden nicht nur die umfangreichen vorhandenen Daten effizient zu planungs- und managementrelevanten Informationen verdichtet, sondern die Entwicklung ganzheitlicher, von breiter Akzeptanz getragener Lösungen für komplexe wasserwirtschaftliche Planungs- und Managementprobleme wird auf eine tragfähige Basis gestellt.

6. Literatur

BAFFAUT,C.; J.W.DELLEUR (1989): Expert System for Calibrating SWMM. pp.278-298, ASCE Journal of Water Resources Planning and Management; Vol.115, No.3, May 1989.

BAFFAUT,C.; J.W.DELLEUR (1990): Calibration of SWMM Runoff Quality Model with Expert System. pp.247-261, ASCE Journal of Water Resources Planning and Management, Vol.116, No.2, March/April 1990.

BARNWELL,T.O.jr.; L.C.BROWN; W.MAREK (1986): Development of a Prototype Expert System for the Enhanced Stream Water Quality Model QUAL2E. US Environmental Protection Agency, Athens, Georgia, USA.

CLEVELAND, W.S. (1985): The Elements of Graphing Data. Wadsworth Advanced Books and Software. Monterey, California, 1985.

COSGRIFF,G.O.; P.E.FORTE; M.A.KENNEDY; J.V.RUSSEL; A.K.WEST (1985): Interactive Computer Modeling, and Control of Melbourne's Water Supply System. pp.123-129, Water Resources Research, Vol.21, No.2, Febr.1985.

DEUTSCHER VERBAND FÜR WASSERWIRTSCHAFT UND KULTURBAU (DVWK) (Hrsg.,1987): In der Bundesrepublik Deutschland angewandte wasserwirtschaftliche Simulationsmodelle. DVWK-Mitteilungen 12, Bonn, 1987.

FEDRA, K.; D.P.LOUCKS (1985): Interactive Computer Technology for Planning and Policy Modeling. pp.114-122, Water Resources Research, Vol.21, No.2, Febr.1985.

FEDRA, K. (1985): A Modular Interactive Simulation System for Eutrophication and Regional Development. pp.143-152, Water Resources Research, Vol.21, No.2, Febr.1985.

FÜRST, J.; S.HAIDER; H.P.NACHTNEBEL (1989): Ein geographisches Informationssystem als Basis für ein Entscheidungssystem für wasserwirtschaftliche Probleme - Kopplung eines GIS mit einem Grundwassermodell. pp.146-155 in: A.Jaeschke, W.Geiger; B.Page (Hrsg., 1989): Informatik im Umweltschutz. Informatik Fachberichte 228, Springer Verlag Berlin, Heidelberg, New York.

GUARISO,G.; H.WERTHNER (1989): Environmental Decision Support Systems. Ellis Horwood Series in Computers and their Applications, Ellis Horwood Ltd. Publ., Chichester, 1989.

HEC (HYDROLOIGIC ENGINEERING CENTER, 1989): Computer Program Catalog April 1989. US Army Corps of Engineers. The Hydrologic Engineering Center.

VAN DER HEIJDE,P.K.M.; S.A.WILLIAMS (1989a): List of Available Groundwater Models for Micro Computers. International Groundwater Modeling Center (IGWMC), Holcomb Research Institute, Butler University, Indianapolis, Indiana, USA.

VAN DER HEIJDE,P.K.M.; S.A.WILLIAMS (1989b): Selected Summary List of Available and Documented Groundwater Models for Mainframe and Mini Computers. International Groundwater Modeling Center (IGWMC), Holcomb Research Institute, Butler University, Indianapolis, Indiana, USA.

KUNREUTHER,H.; L.MILLER (1985): Interactive Computer Modeling for Policy Analysis: The Flood Hazard Problem. pp.105-113, Water Resources Research, Vol.21, No.2, Febr.1985.

LOUCKS,D.P.; J,KINDLER; K.FEDRA (1985a): Interactive Water Resources Modeling and Model Use: An Overview. pp.95-102, Water Resources Research, Vol.21, No.2, Febr.1985.

LOUCKS,D.P.; M.R.TAYLOR; P.N.FRENCH (1985b) Interactive Data Management for Resource Planning and Analysis. pp.131-142, Water Resources Research, Vol.21, No.2, Febr.1985.

Bewertung von Umweltrisiken
am Beispiel des Grundwasserschutzes

Die Risikokartierung im Rahmen des Grundwasserüberwachungsprogramms
Baden-Württemberg

Dieter Schuhmann
Landesanstalt für Umweltschutz
Baden-Württemberg
Abteilung Wasser
Griesbachstraße 3
7500 Karlsruhe 21

1. Themagliederung

Der Aufbau eines anlagen- und nutzungsbezogenen Meßnetzes, bestehend aus Vor-
feld- und Emittentenmeßstellen sowie der Rohwasserüberwachung, stellt einen
Schwerpunkt und eine Besonderheit des Meßnetzaufbaus in Baden-Württemberg dar.
Bevor auf das Risikokataster als wesentliche Voraussetzung für dieses Meßnetz
eingegangen wird, soll im folgenden ein Überblick über den Stand des Aufbaus
gegeben werden.

2. Stand des Meßnetzaufbaus

In den Jahren 1984 und 1985 wurden die organisatorischen Voraussetzungen für den
Aufbau eines landesweiten Grundwasserbeschaffenheits-Meßnetzes in Baden-Württemberg geschaffen. Dies sollte sich in ein anlagen- und nutzungsbezogenes Meßnetz
und in repräsentative Flächenmeßnetze gliedern. Die Vorgaben, die fachliche
Gremien erarbeitet hatten, wurden in sogenannten Grundsatzpapieren zusammengefaßt, die Richtlinien beispielsweise zu Notwendigkeit, Anordnung und Ausbau von
Beschaffenheitsmeßstellen enthalten (Handbuch Hydrologie: Konzept und Grundsatzpapiere, 1989).

Die Umsetzung der Vorgaben bis zur Realisierung sollte schwerpunktmäßig durch freiwillige Kooperation der Vertreter betroffener potentieller Emittenten bzw. Grundwassernutzer in Vor-Ort-Arbeitskreisen erfolgen. Parallel dazu wurde die Einrichtung von Flächenmeßnetzen angestrebt (Abbildung 1).

Die in den Grundsatzpapieren getroffenen Vorgaben sind sehr allgemein gehalten. Daher ist die Beschlußfassung in den Vort-Ort-Arbeitskreisen als Voraussetzung der Meßnetzrealisierung zeitaufwendig. Auch konnten Vertreter der Landwirtschaft nicht zur Kooperation herangezogen werden. So wurde 1989 der Schwerpunkt auf die Realisierung von Flächenmeßnetzen gelegt, um flächendeckend den Zustand der Grundwasserbeschaffenheit im statistischen Sinn beschreiben zu können (Handbuch Hydrologie: Grobraster und Verdichtungsmeßnetz Wasserversorgung - Ergebnisse 1990, 1991). In der Abbildung 2 sind diese Schritte aufgelistet.

3. Risikokataster

Parallel zu den oben genannten Aufbauschritten wird die Errichtung lokaler Meßnetze durch den Aufbau eines Risikokatasters vorangetrieben. Wie später noch zu sehen ist, sind die Vorgaben dergestalt, daß in diesem Schritt von der reinen Grundwasserüberwachung zu einem präventiven Grundwasserschutz übergegangen werden kann.

Im Frühjahr 1989 wurde die Bildung einer Arbeitsgruppe zur Erstellung der Vorgaben unter Federführung der LfU beschlossen. Die Umsetzung der Vorgaben sollten testweise sechs Pilotwasserwirtschaftsämter übernehmen und ihre Erfahrungen zur Erarbeitung einer landesweiten Richtlinie einbringen.

Bei der Erstellung der Grundlagen ergab sich eine Gliederung in zwei Teilschritte:

* die Grobkartierung: Schaffung einer einheitlichen Datengrundlage zur allgemeinen Übersicht. Erkennen von Problemgebieten als Vorstufe der Meßnetzplanung. Basis: Grundsatzpapiere

* die Feinkartierung: Bewertung besonderer Gefährdungspotentiale unter Einbeziehung präventiver Schutzmaßnahmen. Prioritätensetzung bei der Meßnetzplanung. Erkennen der Restrisiken größerer Gebiete.

Bei der Grobkartierung sind besonders flächige Gefährdungspotentiale kartiert, wie z.B. Siedlungsflächen, Agrar- und Industriegebiete (Abbildung 3).

Die erforderlichen Daten werden in Erhebungsbögen erfaßt und die Gefährdungspotentiale kurz charakterisiert, wie an dem Beispiel Industriegebiet (Abbildung 4) dargestellt ist. Abbildung 5 zeigt einen Ausschnitt einer fertigen Karte nach Abschluß der Arbeiten. Die weitere Verarbeitung soll testweise mittels eines Geographischen Informationssystems beim Forschungsinstitut für Angewandte Wissensverarbeitung (FAW), Ulm erfolgen.

Am Beispiel der Industriebetriebe soll die Feinkartierung erläutert werden, die sich auf weit detailliertere Informationen stützt. Diese Daten werden aus bestehenden Dateien wie Branchenlisten, Verzeichnissen von Grundwasserschadensfällen, Lagerkarteien, Sonderabfalllisten etc. sowie der Kenntnis des Wasserwirtschaftsamtes gewonnen und abgelegt. Zudem werden die Betriebe mittels Fragebogen angeschrieben und bei Bedarf überprüft. Informationen zur Anlagensicherheit werden in Checklisten festgehalten (Beispiel Abbildung 6). Dies mündet in einem Betriebsdatenblatt und einer Detailkarte für jeden Betrieb.

Anschließend werden zwei Bewertungsschritte durchgeführt: Das Gefährdungspotential wird über Schwellenwerte, die von Wassergefährdungsklassen, jährlichen Umsatzmengen an wassergefährdenden Stoffen und der Lage des Betriebs zu Einzugs- bzw. Wasserschutzgebieten abhängig sind, eingeschätzt (Abbildung 7).

Die Anlagensicherheit wird an den in Vorschriften und Merkblättern niedergelegten Regeln der Technik bzw. aufgrund des Besorgnisgrundsatzes nach § 19g WHG beurteilt.

Daraus ergeben sich drei Handlungswege: Sanierungskonzept, Überwachungskonzept oder keine Maßnahmen. Zur Verdeutlichung wird der Gesamtablauf in Abbildung 8 zusammengefaßt.

Zur Prioritätensetzung beim Überwachungskonzept kann dann zur Bildung einer Rangfolge nach Gefährdungspotential ein vom FAW entwickeltes computergestütztes Verfahren eingesetzt werden.

Folgende Punkt stehen noch aus, die Vorgaben werden derzeit erarbeitet:

* Bewertungskriterien für weitere Emittentenklassen
* Übertragung der Einzelrisiken auf ein Gebietsrisiko

* Vergleichende Bewertung von Gebieten gleicher Art
* Vergleichende Bewertung von Gebieten verschiedener Art.

Nach Abschluß der Grobkartierung bei den Pilotwasserwirtschaftsämters soll jetzt das Risikokataster landesweit erstellt werden. Die Ergebnisse der Feinkartierung werden ebenso in einer landeseinheitlichen Richtlinie zusammengefaßt und flächendeckend umgesetzt.

Literatur

Handbuch Hydrologie Baden-Württemberg: Grundwasserüberwachungsprogramm –
   Konzept und Grundsatzpapiere, 1989.

Handbuch Hydrologie Baden-Württemberg: Grundwasserüberwachungsprogramm –
   Grobraster und Verdichtungsmeßnetz Wasserversorgung – Ergebnisse 1990,
   1991.

Th. Kämpke u.a.: Multiattribute Bewertungen mit Anwendungen auf Umweltprobleme,
   FAW, April 1991

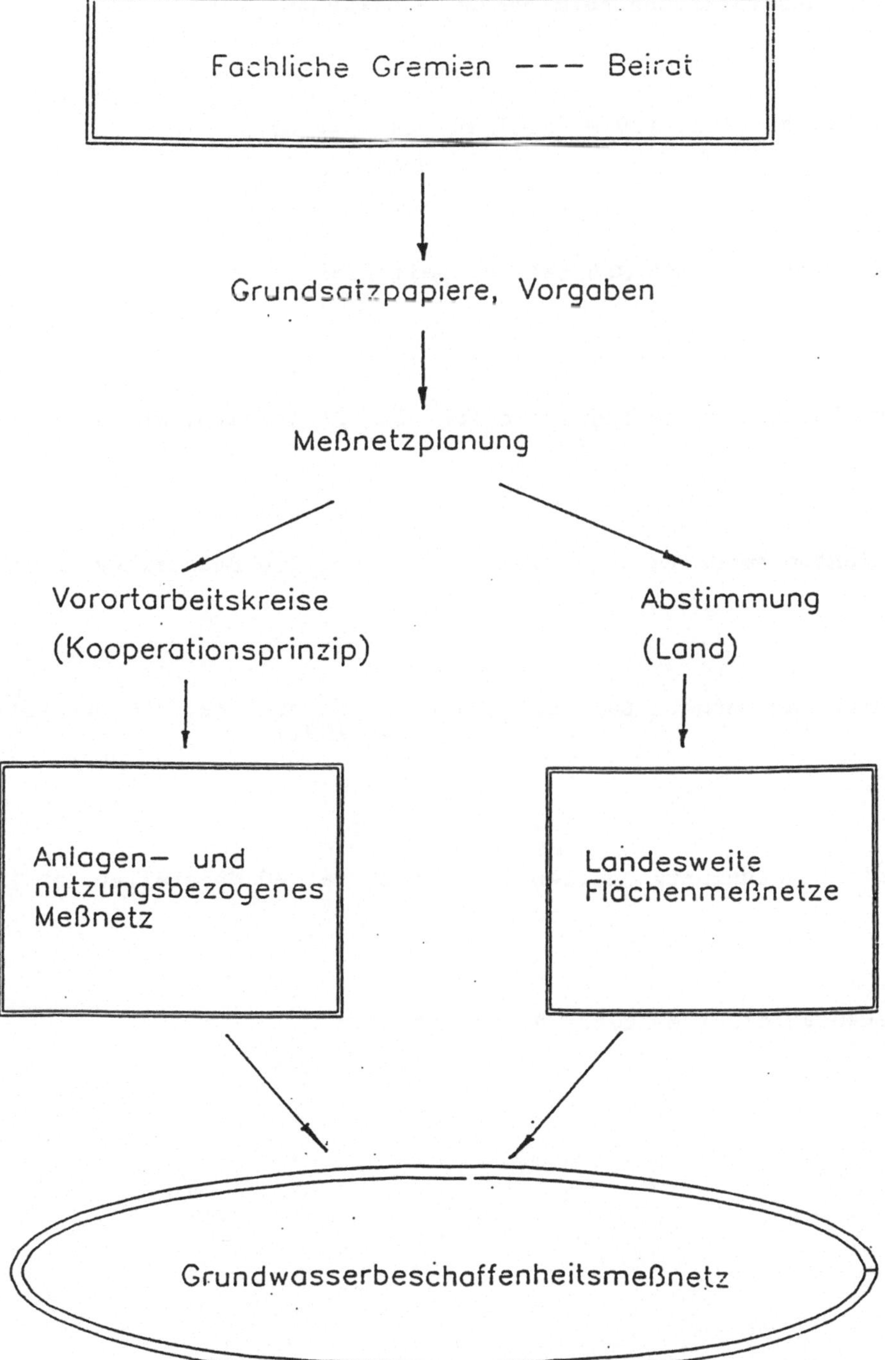

Fachliche Gremien — — — Beirat
Grundsatzpapiere, Vorgaben
Meßnetzplanung
Vorortarbeitskreise
(Kooperationsprinzip)
Abstimmung
(Land)
Anlagen- und nutzungsbezogenes Meßnetz
Landesweite Flächenmeßnetze
Grundwasserbeschaffenheitsmeßnetz

Grundwasserüberwachungsprogramm – Aufbauschritte

- Basismeßnetz (ca. 100 Meßstellen, seit 1985)

- Grobraster (ca. 500 Meßstellen, seit 1989)

- Verdichtungsmeßnetz Industrie (ca. 500 Meßstellen, ab 1991)

- Verdichtungsmeßnetz Wasserversorgung (ca. 700 Meßstellen, seit 1990)

- Verdichtungsmeßnetz Landwirtschaft (1. Schritt ca. 250 Meßstellen, ab 1991)

- Verdichtungsmeßnetz Quellen (1.Schritt ca. 40 Meßstellen, ab 1991)

- Anlagenbezogenes Meßnetz, Risikokataster

LANDESANSTALT FÜR UMWELTSCHUTZ — Institut für
BADEN-WÜRTTEMBERG   Wasser- und Abfallwirtschaft -

Kartierung von Risikoflächen im Rahmen des
Grundwasserbeschaffenheitsprojekts, Baden - Württemberg

- Zeichenerklärung -

Emittenten-klasse	Risikofläche Risikofaktor	Signatur	Bestell-Nr.
2	Industriegebiete		528
5	Straßen (nur Infiltrationsstrecke ins Grundwasser)		485
6	Bahnhöfe		485
7	Flugplätze		485
9	Militärische Einrichtungen		485
10	Erdöl / Erdgas-gewinnungsanlagen		485
11	Kleingartenanlagen		485
12	Landwirtschaftliche Nutzflächen		
	Ackerbau		109
	Wiese,Weide		134
	Sonderkulturen z.B.		144

LANDESANSTALT FÜR UMWELTSCHUTZ — Institut für
BADEN-WÜRTTEMBERG   Wasser- und Abfallwirtschaft -

Emittenten-klasse	Risikofläche Risikofaktor	Signatur	Bestell-Nr.
13	Abwasserintensive landwirtschaftliche Betriebe		485
14	Kerntechnische Anlagen		485
15	Siedlungsgebiete		
	Wohngebiet		465
	Mischgebiet		154
17	Oberflächengewässer (nur Infiltrationsbereich ins Grundwasser)		286
	Steinbrüche, Kiesgruben, Baggerseen		485

In Planung befindliche Erweiterungsflächen: strichliniert umranden

Abb. 3

Abb. 4

INDUSTRIE-/GEWERBEGEBIET
(Emittentenklasse 2)

KENNZIFFER : __ __ __ __ __

WWA-KURZBEZ.: ....

GEMEINDE/TEILGEMEINDE: ....

NAME DES GEBIETES: ....

KURZCHARAKTERISTIK: ....

....

....

....

....

....

....

....

HINWEIS ZUR KURZCHARAKTERISTIK: Beispielsweise Existenz und Anzahl von Betrieben mit besonderem Gefährdungspotential hinsichtlich wassergefährdender Stoffe, Abfall, Abwasser, nach Branchen
gegliedert; ungefährer Anteil der nach Schwerpuntsüberprüfungs-
erlaß bewerteten Betriebe; Erstbebauungszeitpunkt; in Einzelfällen
auch Erhebung von Industriebetrieben außerhalb von Industrie-
gebieten

BEMERKUNGEN: ....

....

....

....

INFORMATIONSQUELLE: ....

....

BEARBEITER/DATUM: ....

PROJEKT:	RISIKOFLÄCHENERMITTLUNG IM RAHMEN DES GRUNDWASSER-BESCHAFFENHEITSPROJEKTS BADEN - WÜRTTEMBERG

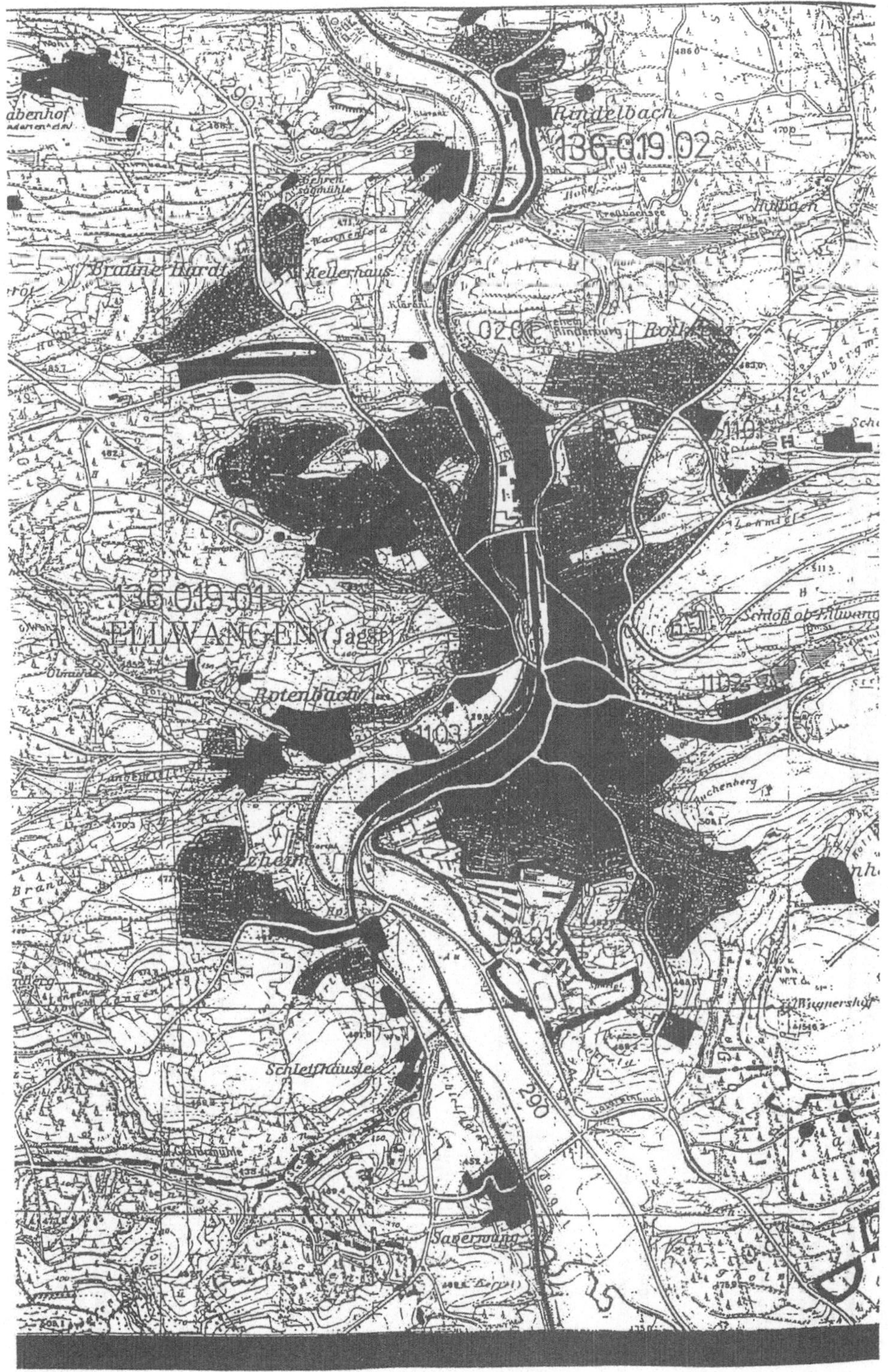

Grundwasserbeschaffenheits - Meßnetz Baden Württemberg
Risikokataster: Erhebungsbogen für Industrie- und Gewerbebetriebe

Abfüllplätze

Art des Abfüllplatzes:
- ☐ LKW zu Tank
- ☐ Tank zu LKW
- ☐ Kesselwagen zu Tank
- ☐ Tank zu Kesselwagen
- ☐ Tank zu Gebinden
- ☐ Tankstelle für Kfz

Anmerkungen: ....

Lagebeschreibung/ Bodenbeschaffenheit:
- ☐ im Freien
- ☐ Halle
- ☐ unbefestigter Boden
- ☐ befestigter Boden
- ☐ überdacht
- ☐ unterkellert
- ☐ Asphalt
- ☐ Beton
- ☐ Pflaster

Anmerkungen: ....

Anmerkungen: ....

Auffangvorrichtungen/ Sicherheitsvorkehrungen:

- ☐ Flüssigkeitsabscheider
- ☐ Auffangwanne
  - ☐ ortsfest
  - ☐ fahrbar
- ☐ Anfahrschutz an Zapfanlage
- ☐ Flüssigkeitsabscheider

Auffangvolumen:
- ☐ ausreichend *)
- ☐ ungenügend

*) außerhalb WSG größter Behälter oder 10 % Gesamtmenge, innerhalb WSG 100 % Gesamtmenge

Art: ....

Material:
- ☐ Metall
- ☐ Kunststoff
- ☐ Beton
- ☐ Beschichtung/ Auskleidung
  - ☐ Prüfzeichen
  - ☐ Bauartzulassung
  - ☐ Eignungsfeststellung

Brauchbarkeitsnachweis:
- ☐ Prüfzeichen
- ☐ Eignungsfeststellung
- ☐ Bauartzulassung
- ☐ Dichtheitsnachweis
- ☐ Nachweis der mech. Beanspruchung

Konstruktion:
- ☐ einsehbar
- ☐ Dichtheit von unten kontrollierbar
- ☐ Gefälle zum Sammelpunkt
- ☐ Lecksonde
- ☐ Eignungsfeststellung für Lecksonde

Fülleitungen:
- ☐ Rohrleitung
- ☐ Schlauchleitung
- ☐ feststehend
- ☐ beweglich
- ☐ Grenzwertgeber
- ☐ Auslaufsicherung
- ☐ eindeutige Zuordnung zum Tank möglich
- ☐ automatische Abschaltung

Leitungsmaterial:
- ☐ Metall
- ☐ Kunststoff / Gummi

Abflußmöglichkeiten:
- ☐ kein Abfluß möglich
- ☐ Kanalisation
- ☐ Oberflächengewässer
- ☐ Versickerung
- ☐ Flüssigkeitsabscheider

Anmerkungen: ....

UAG Risikokataster LfU · Projektgruppe GW · Güte 03/91

Abb. 6

Abb. 7

Schwellenwerte für die Einrichtung von Emittentenmeßstellen

(Jahresumsatz in Tonnen)

WGK	Außerhalb Einzugs- gebiet	Zone III B oder innerhalb Ein- zugsgebiet	Zone III A
0	–	–	300*)
1	600	400	200
2	450	250	100
3	300	100	0

*) gilt nicht für Flüssiggase etc.

Risikokataster   Ablaufschema

Abb. 8

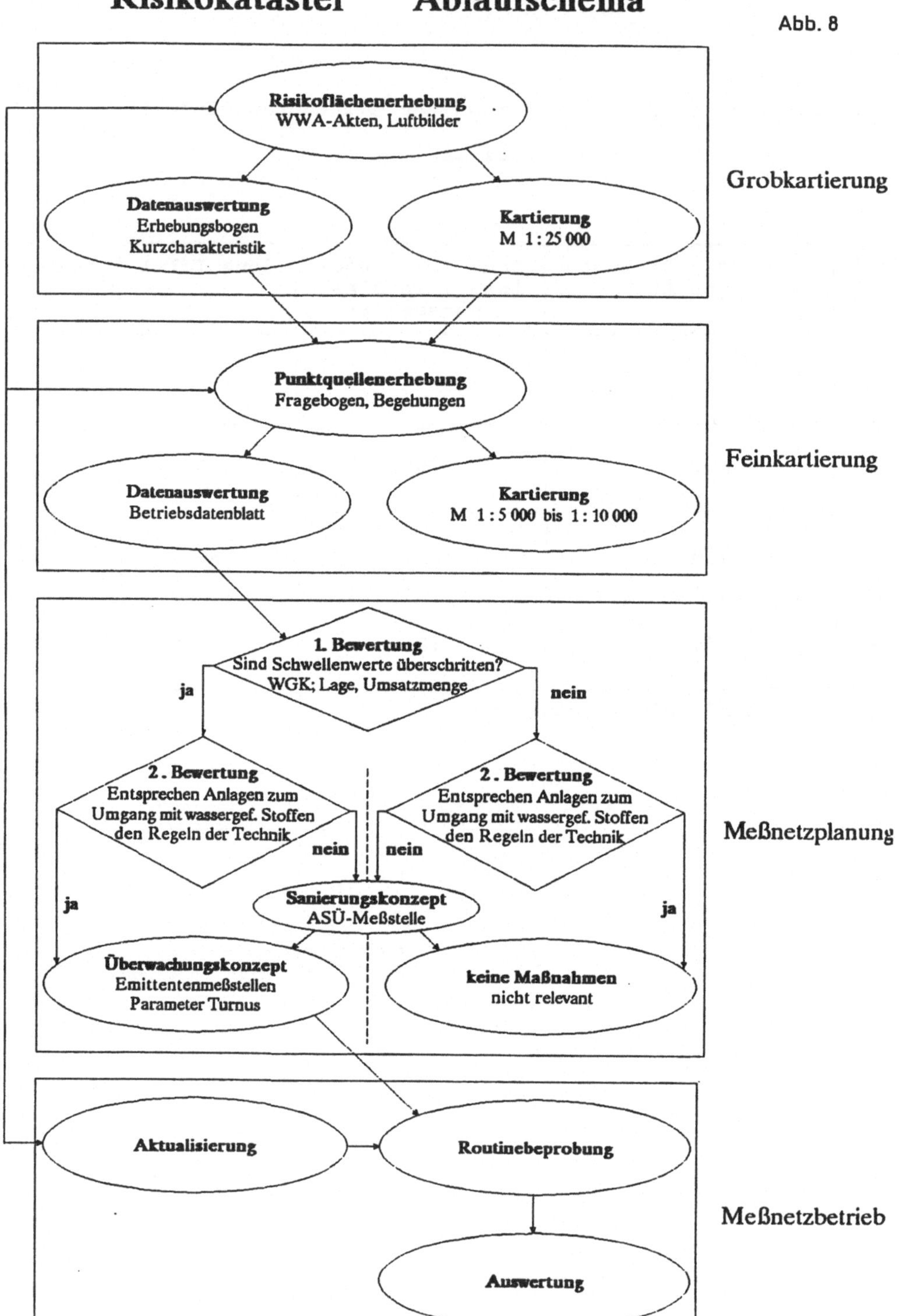

Standardisierte Bewertung von durch Abfallablagerungen verursachten Grundwasserkontaminationen

R. Schleyer [*] und H. Kerndorff [**]

Institut für Wasser-, Boden- und Lufthygiene des Bundesgesundheitsamtes
[*] Außenstelle Langen, Paul-Ehrlich-Str. 29, W-6070 Langen
[**] Corrensplatz 1, W-1000 Berlin 33

1. Einleitung

Gefährdungen, die von Altablagerungen und anderen Abfallablagerungen ausgehen, sind in der Regel auf die Wirkungen ihrer Emissionen zurückzuführen (Kerndorff et al., 1985; Milde et al., 1986). Es gibt hierbei eine ganze Reihe möglicher Emissionspfade von der Abfallablagerung hin zu Expositions- oder Nutzungsorten. Hier soll ausschließlich der Pfad flüssiger Sickerwasseremissionen über das Grundwasser Betrachtung finden und die Trinkwassernutzung des Grundwassers im Vordergrund stehen.

Art und Menge der von einer Altablagerung emittierten Stoffe hängen davon ab,
- ob ein Stoff abgelagert wurde, bzw. sich bilden kann,
- in welchen Mengen ein Stoff abgelagert wurde, bzw. sich bilden kann,
- welche physikalisch-chemischen Eigenschaften ein Stoff hinsichtlich des pfadspezifischen Migrationsverhaltens im Abfallkörper und nach dessen Verlassen hat,
- welche lokalen Untergrundbedingungen vorhanden sind und
- wie toxisch ein Stoff ist.

Für die Bewertung möglicher Schadstoffexpositionen oder Nutzungsgefährdungen ist daher die genaue Kenntnis der Emissionssituation bzw. der jeweiligen Stoffemissionspfade vom Kontaminations- oder "Quellort" zu Expositions- oder Nutzungsorten notwendig. Dies ist ohne die qualitative und quantitative Erfassung der akuten Stoffemissionen, d.h. ohne Messungen, unmöglich.

Durch die statistische Auswertung zahlreicher Untersuchungen von durch Abfallablagerungen kontaminierten Grundwässern in den USA (Plumb Jr., 1985; Plumb Jr. 1991) und der Bundesrepublik Deutschland (Arneth et al., 1988a; Schleyer et al., 1988) konnten folgende Erkenntnisse erarbeitet werden.

Stoffe, die sowohl häufig als auch in großen Mengen in Abfalldeponien vorkommen, persistent sind und zudem ein gutes Migrationsverhalten bis hin zum und im Grundwasser haben, werden dort häufig und in hohen Konzentrationen nachgewiesen. Dies zeigt sich in hohen Nachweishäufigkeiten und hohen mittleren Konzentrationen im Grundwasser am Emissionsort. Substanzen mit diesbezüglich schlechtem Transferverhalten oder solche, die praktisch immobil sind, können keine hohen Nachweishäufigkeiten bzw. Konzentrationen im Grundwasser hervorrufen, selbst wenn sie häufig und in großen Mengen im Abfall vorkommen. Der genannte Zusammenhang zwischen hohen Nachweishäufigkeiten und hohen Konzentrationen gut migrierender Stoffe zeigt sich auch deutlich in dem Phänomen, daß Substanzen mit Nachweishäufigkeiten $\leq$ 0,1 % (ca. 1000 auf dem betrachteten Kontaminationspfad) nicht in Konzentrationen deutlich > 1 µg/l gefunden werden.

Diese Erkenntnisse sind in dem vom Institut für Wasser-, Boden- und Lufthygiene entwickelten Untersuchungs- und Bewertungskonzept für Grundwasserkontaminationen durch Abfallablagerungen berücksichtigt, das an anderer Stelle detailliert beschrieben ist (Arneth et al., 1986; Schleyer et al., 1989). Besonders wichtig ist hierbei die Erkenntnis, daß auf bestimmten Emissionspfaden nur vergleichsweise wenige Stoffe Nutzungs- oder Expositionsorte erreichen und zu Gefährdungen führen können (Prioritätskontaminanten). Diese gilt es zu erkennen sowie ihr Migrationsverhalten und ihre Toxizität abzuschätzen. Hierfür wurden detaillierte Modelle entwickelt, die nachfolgend vorgestellt werden.

2. Die Bestimmung der für den Grundwasserpfad relevanten Schadstoffe (Prioritätskontaminanten)

Zur Erfassung von Prioritätskontaminanten muß der jeweilige Emissionspfad repräsentativ untersucht und statistisch ausgewertet werden. Im vorliegenden Fall werden für den Pfad Abfallablagerung - Untergrund - Grundwasser Ergebnisse von etwa 750 Standorten berücksichtigt. Es konnten dabei insgesamt ca. 1200 Kontaminanten mit Konzentrationen > 1 µg/l im Grundwasser nachgewiesen werden, von denen jedoch nur etwa 130 Nachweishäufigkeiten von $\geq$ 0,1 % haben (Abb. 1).

Da viele organische Substanzen ausschließlich anthropogen sind, ist ihr analytischer Nachweis gleichbedeutend mit einem positiven Emmissionsnachweis. Die gemessene Konzentration entspricht der Emissionskonzentration. Bei den anorganischen Stoffen muß die Konzentration im Grundwasserabstrom über der geogenen Konzentration im Grundwasseranstrom liegen, um zu einem positiven Emissionsnachweis zu führen. Die Emissionskonzentration ist hier die Differenz zwischen den beiden Konzentrationen. Nachweishäufigkeiten und mittlere Emissionskonzentrationen werden für jede Substanz entsprechend des in Abb. 1 dargestellten Verfahrens auf Bewertungszahlen (BZ) zwischen 1 und 100 normiert. Hierfür wird die maximale Nachweishäufigkeit gleich 100 gesetzt. Das breite Spektrum möglicher Emissionskonzentrationen über mehrere Zehnerpotenzen von < 1 µg/l bis > 1 g/l kann nur nach Logaritmieren sinnvoll normiert werden, wobei die

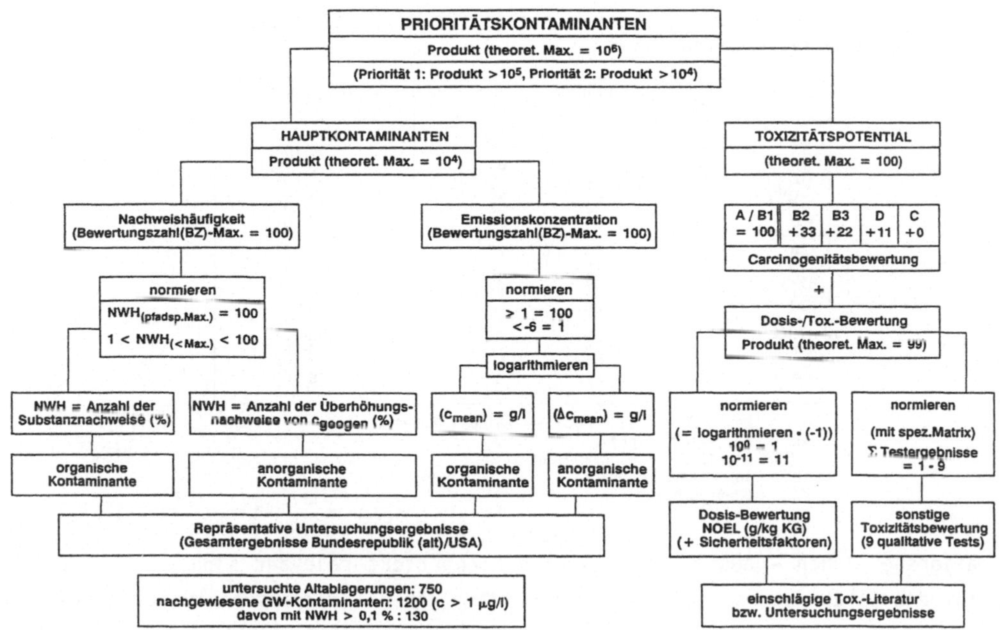

Abb. 1: Normierung und Verknüpfung relevanter Daten zur Ermittlung von Prioritätskontaminanten auf dem Grundwasserpfad

Eckpunkte der Normierung Konzentrationen ≤ 1 µg/l (= 10^{-6} g/l) mit der Bewertungszahl
1 und Konzentrationen ≥ 1 g/l mit der Bewertungszahl 100 sind.

Die Höhe des Produkts dieser beiden Bewertungszahlen (max. 10.000) ist ein Maß dafür,
ob ein Stoff vorrangig auf einem Emissionspfad migriert (Hauptkontaminanten). Auf dem
betrachteten Grundwasserpfad erreichen beispielswiese das HCO_3^- (BZ 9300), das Na^+ (BZ
8536), das Cl^- (BZ 8372) und das Ca^{2+} (BZ 7482) die höchsten Bewertungszahlen. Diese
Hauptkontaminanten sind jedoch Substanzen, die - zumindest in den betrachteten Kon-

Tab. 1: Beispiele für die Ermittlung von pfadspezifischen Bewertungszahlen von
Grundwasserkontaminanten aus Abfallablagerungen

	EMISSIONS-KONZENTRATIONEN				NACHWEISHÄUFIGKEIT			TOX.	PFADSPEZ. BZ
Parameter	mean unbelastet	mean belastet	mittlerer anthrop. Anteil	BZ_1 nach Konz Bewertung	Anzahl der Nachweise, Überh. in %	BZ_2 Überhöhung	$BZ_1 \times BZ_2$	BZ_3 TOX	$BZ_1 \times BZ_2 \times BZ_3$ pfadspezifische Bewertungszahl
Ca	(n=1287) 76 mg/l	(n=318) 177 mg/l	(ΔC) 101 mg/l	86,9	74,5	85,7	7447	1	$7{,}45 \times 10^3$
As	(n=472) 0,5 µg/l	(n=253) 61 µg/l	(ΔC) 60,5 µg/l	43,8	61,3	68,9	3018	100	$3{,}02 \times 10^5$
Benzol	entfällt	(n=127) mean log 1,24	17,4 µg/l	32,2	29,13	63,3	2048	100	$2{,}05 \times 10^5$
Toluol	entfällt	(n=127) mean log 0,61	4,1 µg/l	23,3	16,54	36,3	846	9	$7{,}40 \times 10^3$

Tab. 2: Anorganische Prioritätskontaminanten für den Emissionspfad Abfallablagerung
- Untergrund - Grundwasser

SUBSTANZ	NWH BZ	EMISSK BZ	TOX BZ	PRODUKT BZ
As	69	44	100	$3,04 \cdot 10^5$
B	100	58	31	$1,80 \cdot 10^5$
Ni	73	35	60	$1,53 \cdot 10^5$
Cr(VI)	63	35	64	$1,41 \cdot 10^5$
Cr(III)	63	35	56	$1,23 \cdot 10^5$
NO_2	36	62	52	$1,16 \cdot 10^5$
Pb	40	34	82	$1,12 \cdot 10^5$
Cu	58	38	26	$5,73 \cdot 10^4$
NH_4	59	78	10	$4,60 \cdot 10^4$
NO_3	55	79	8	$3,48 \cdot 10^4$
Zn	43	54	10	$2,32 \cdot 10^4$
Cd	10	28	59	$1,65 \cdot 10^4$
HCO_3	100	93	1	$9,30 \cdot 10^3$
Na	97	88	1*	$8,54 \cdot 10^3$
Cl	92	91	1*	$8,37 \cdot 10^3$
Ca	86	87	1	$7,48 \cdot 10^3$
⋮	⋮	⋮	⋮	⋮

```
*      Daten können sich noch geringfügig ändern
NWH    Nachweishäufigkeit
EMISSK mittlere Emissionskonzentration
TOX    Toxizitätspotential
BZ     Bewertungszahl
```

zentrationsbereichen - aus toxikologischer Sicht nicht relevant sind. Sie sind deshalb für die Gefährdungsabschätzung hinsichtlich einer Trinkwassernutzung nur von geringer Bedeutung. Wichtig ist daher die zusätzliche Berücksichtigung der Toxizitätspotentiale, welche mittels eines von Dieter et al. (1990) entwickelten Modells berechnet werden können. Dessen Grundstruktur ist ebenfalls in Abb. 1 dargestellt. Es resultieren Bewertungszahlen für die Toxizitätspotentiale, die ebenso zwischen 1 und 100 liegen, und mit denen der Nachweishäufigkeit und der Emissionskonzentration multipliziert werden. Das theoretisch höchste Produkt von 10^6 wird real nicht erreicht.

Tab. 3: Organische Prioritätskontaminanten für den Emissionspfad Abfallablagerung -
Untergrund - Grundwasser

SUBSTANZ	NWH BZ	EMISSK BZ	TOX BZ	PRODUKT BZ
cis-1,2-DCE	65	48	74**	$2,31 \cdot 10^5$
Benzol	63	32	100	$2,02 \cdot 10^5$
Tetrachlorethen	100	23	74**	$1,70 \cdot 10^5$
Monochlorethen (VC)	39	42	100	$1,64 \cdot 10^5$
Trichlorethen	88	30	51*	$1,35 \cdot 10^5$
Dichlormethan	33	56	47	$8,67 \cdot 10^4$
Tetrachlormethan	32	21	100	$6,72 \cdot 10^4$
Trichlormethan	48	19	65	$5,93 \cdot 10^4$
4-Methylphenol	30	30	50*	$4,50 \cdot 10^4$
2-Methylphenol	29	24	56*	$3,90 \cdot 10^4$
trans-1,2-DCE	17	38	59**	$3,81 \cdot 10^4$
Chlorbenzol	29	24	47	$3,27 \cdot 10^4$
Ethylbenzol	25	26	43**	$2,80 \cdot 10^4$
1,4-Dichlorbenzol	27	22	46	$2,73 \cdot 10^4$
1,1,1-Trichlorethan	50	18	23	$2,07 \cdot 10^4$
m-/p-Xylol	50	22	18**	$1,98 \cdot 10^4$
Naphthalin	27	17	42	$1,93 \cdot 10^4$
1,2-Dichlorbenzol	27	14	37**	$1,40 \cdot 10^4$
2,4,6-Trichlorphenol	20	13	52**	$1,35 \cdot 10^4$
Phenol	18	18	32	$1,04 \cdot 10^4$
o-Xylol	21	26	18	$9,83 \cdot 10^3$
Toluol	36	23	9	$7,45 \cdot 10^3$
⋮	⋮	⋮	⋮	⋮

```
*      Daten sind unter Einbeziehung von Sicherheitsfaktoren entstanden
**     Daten können sich noch geringfügig ändern
NWH    Nachweishäufigkeit
EMISSK mittlere Emissionskonzentration
TOX    Toxizitätspotential
BZ     Bewertungszahl
```

Die real höchsten Bewertungszahlen liegen zwischen $1{,}12 \cdot 10^5$ (Blei) und $3{,}04 \cdot 10^5$ (Arsen). Stoffe mit Bewertungszahlen $> 10^5$ werden als Prioritätskontaminanten erster Priorität angesehen. Kontaminanten mit Bewertungszahlen zwischen 10^4 und 10^5 werden der zweiten Priorität zugeordnet. Kontaminanten mit Bewertungszahlen $< 10^4$ werden nicht mehr als prioritär angesehen. Beispiele für die Ermittlung der Bewertungszahlen sind in Tab. 1 zusammengestellt. Die ermittelten anorganischen und organischen Prioritätskontaminanten für den Grundwasserpfad sind in den Tabellen 2 und 3 aufgelistet.

3. Die Bestimmung der Grundwassergängigkeitspotentiale von Prioritätskontaminanten

Zur pfadspezifischen nutzungs- bzw. expositionsorientierten Bewertung eines kontaminierten Standortes müssen neben der Auswahl der zu bestimmenden Kontaminanten auch noch andere Größen Berücksichtigung finden. Die Nutzung eines Grundwassers findet in der Regel nicht am Quellort der Kontamination, sondern in einer gewissen Entfernung statt. Auf dem Weg vom Quell- zum Nutzungsort verändert sich die Konzentration der Kontaminanten durch Verdünnungs-, Adsorptions- und Abbauprozesse. Die Konzentrationen der Prioritätskontaminanten am Quellort, ihre Grundwassergängigkeit sowie die lokalen Untergrundverhältnisse (Stofftransportparameter) bestimmen im wesentlichen, welche Konzentrationen an einem Nutzungsort resultieren. Eine Bewertung der Stoffkonzentration im unmittelbaren Abstrombereich der Altablagerung mittels allgemeiner Vergleichsdaten, wie beispielsweise der "Holländischen Liste", ermöglicht keine Abschätzung der Nutzungsgefährdung.

Die Grundwassergängigkeitspotentiale von Prioritätskontaminanten werden wie nachfolgend dargestellt entwickelt. Das Produkt aus einem normierten Transfer- und einem normierten Persistenzpotential der Kontaminanten ist definitionsgemäß das Grundwassergängigkeitspotential. Aus verschiedenen Gründen muß eine Differenzierung zwischen anorganischen und organischen Kontaminanten erfolgen.

3.1 Anorganische Stoffe

Zur Ermittlung des Transferpotentials anorganischer Stoffe benötigt man theoretisch die Löslichkeitsprodukte aller beteiligter Ionen sowie alle beim Tranfer stattfindenden Wechselwirkungen. Da dies nicht erreichbar ist, wird ein indirekter, statistischer Weg beschritten. Die Anzahl der nachgewiesenen Grundwasserbeeinflussungen eines anorganischen Stoffes sowie deren Intensität sind ein Maß zur Abschätzung des Transferpotentials (Abb. 2).

Nachweishäufigkeiten und mittlere Konzentrationen anorganischer Stoffe stammen aus der statistischen Auswertung einer repräsentativen Anzahl von Messungen an 750 unterschiedlichen Abfallablagerungen in der Bundesrepublik (vor 1990) und den USA. Die

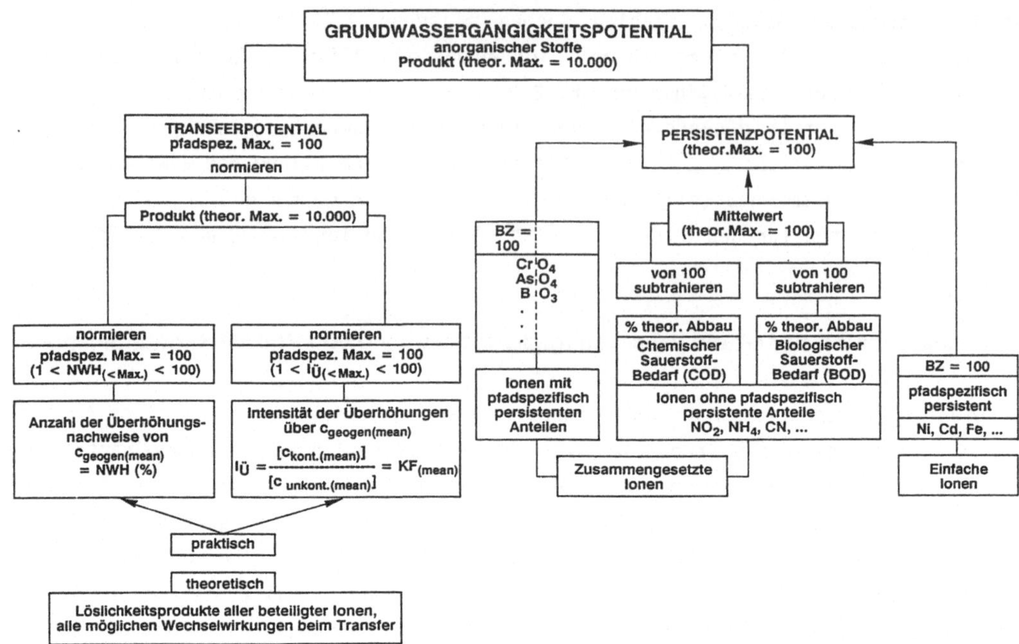

$$I\ddot{U} = \frac{[c_{kont.(mean)}]}{[c_{unkont.(mean)}]} = KF_{(mean)}$$

Abb. 2: Normierung und Verknüpfung relevanter Daten zur Ermittlung des Grundwasser-gängigkeitspotentials anorganischer Stoffe

Konzentrationen in den durch Altablagerungen unbeeinflußten Bereichen (geogener "background") stammen aus eigenen Untersuchungen sowie aus einer Datensammlung bei 186 ausschließlich Grundwasser fördernden Waserwerken der Bundesrepublik (vor 1990).

Grundwasserkontaminationen, die durch anorganische Stoffe verursacht werden, erhöhen in der Regel die bereits vorhandenen, d.h. natürlichen Stoffgehalte in den Grundwässern. Ein anorganischer Stoff wird dann als von einer Altablagerung in das Grundwasser emittiert angesehen, wenn seine Konzentration im Grundwassrabstrom über der mittleren geogenen Konzentration liegt. Seine Nachweishäufigkeit ist definitionsgemäß der prozentuale Anteil der Grundwasserabstromproben, bei denen dies der Fall ist. Zur Ermittlung der Nachweishäufigkeitsbewertungszahl erhält die höchste Nachweishäufigkeit die Bewertungszahl 100. Alle anderen Nachweishäufigkeiten erhalten - entsprechen normiert - kleinere Zahlen als 100, jedoch nicht kleiner als 1.

Neben der Häufigkeit einer Beeinflussung ist vor allem die Stärke der Beeinflussung für die Bewertung maßgebend. Diese ist definiert als das Verhältnis der mittleren Konzentration in beeinflußten Grundwässern zu den mittleren Konzentrationen in unbeeinflußten Grundwässern (Kontaminationsfaktor $KF_{(mean)}$) (Abb. 2). Eine Bewertungszahl für den Kontaminationsfaktor ergibt sich durch Normierung zwischen 1 und 100.

Das Transferpotential anorganischer Substanzen ist definitionsgemäß das Produkt aus den Bewertungszahlen für Nachweishäufigkeit und Kontaminationsfaktor, das, um es anschließend mit dem Persistenzpotential verknüfen zu können, erneut auf Werte zwischen 1 und 100 normiert wird (Abb. 2).

Bei der Ermittlung eines Persistenzpotentials muß zwischen drei Möglichkeiten unterschieden werden (Abb. 2):
- einfache Ionen mit pfadspezifischen Persistenz (z.B. Ni^{2+}, Cd^{2+}, Fe^{2+})
- zusammengesetzte Ionen mit pfadspezifische persistenten Anteilen (z.B. CrO_4^{2-}, AsO_4^{3-}, BO_3^{3-})
- zusammengesetzte Ionen ohne pfadspezifische Persistenz (z.B. NO_3^-, NH_4^+, CN^-)

Einfache Ionen sind nicht abbaubar und erhalten deshalb eine Persistenzbewertungszahl von 100. Zusammengesetzte Ionen mit pfadspezifisch persistenten Anteilen (z.B.: das Cr im Chromat-Ion, das As im Arsenat-Ion) erhalten ebenfalls eine Persistenzbewertungszahl von 100, weil selbst nach einem Ab- oder Umbau dieser Ionen der persistente Anteil übrig bleibt. Ionen wie beispielswise $NH4^+$ oder NO_2^- können schließlich beim Transfer eliminiert werden. BOD- und COD-Daten, die wie bei den organischen Substanzen (vgl. Kap. 3.2) ein Maß für den möglichen biologischen bzw. abiotischen Abbau sind, liegen für diese jedoch noch nicht vor, so daß hier zur Zeit mit Annahmen gearbeiten werden muß (Tab. 4).

Tab. 4:   Das Grundwassergängigkeitspotential anorganischer Prioritätskontaminanten

SUBSTANZ	NWH BZ	KF(mean) BZ	PERSPOT BZ	PRODUKT BZ
As	69	100	100	$6{,}90 \cdot 10^5$
B	100	18	100	$1{,}80 \cdot 10^5$
Ni	73	12	100	$8{,}76 \cdot 10^4$
Cr	63	13	100	$8{,}20 \cdot 10^4$
Zn	43	8	100	$3{,}44 \cdot 10^4$
NH_4	59	54	(10)	$3{,}19 \cdot 10^4$
Cu	58	5,4	100	$3{,}13 \cdot 10^4$
NO_3	55	4,5	(90)	$2{,}22 \cdot 10^4$
Cd	10	22	100	$2{,}20 \cdot 10^4$
Pb	40	5,2	100	$2{,}08 \cdot 10^4$
NO_2	36	21	(10)	$7{,}56 \cdot 10^3$

NWH   Nachweishäufigkeit
KF(mean)   mittlerer Kontaminationsfaktor
PERSPOT   Persistenzpotential
BZ   normierte Bewertungszahl
(   )   Persistenzpotential beruht auf Annahmen

Aus der Multiplikation der Bewertungszahl des Persistenzpotentials und der des Transferpotentials resultiert definitionsgemäß das Grundwassergängigkeitspotential. Die Ergebnisse für die anorganischen Prioritätskontaminanten sind in Tab. 4 zusammengestellt.

3.2 Organische Substanzen

Das Transferpotential organischer Substanzen wird - anders als bei den anorganischen Stoffen - aus einem stoffspezifischen Mobilitäts- und Akkumulierbarkeitspotential ermittelt. Hierfür werden die für den entsprechenden Pfad maßgeblichen physikalisch-chemischen Stoffkenndaten herangezogen. So werden für die Abschätzung der Mobilität einer Substanz auf dem Pfad vom Abfallkörper in die Atmosphäre andere Parameter benötigt, als bei ihrem Tranfer vom Abfallkörper in den Boden und in die Pflanze. Zur Abschätzung des Mobilitätspotentials einer Kontaminante vom Abfallkörper in das Grundwasser stehen zahlreiche Parameter zur Verfügung, wie z.B. Wasserlöslichkeit, Dampfdruck, Siedepunkt, Verdunstungszahl, Oswald'sche Löslichkeit, Flüchtigkeit aus wäßriger Lösung, Adsorbierbarkeit, Dichte, Viskosität, Dissoziationskonstante, Oberflächenspannung, Fettlöslichkeit, Henry-Konstante und andere.

Die Tatsache, daß viele dieser Parameter funktionell voneinander abhängen oder korrelieren, bzw. sich in ihrer Aussage überschneiden, macht es notwendig, ihre Anzahl auf die wesentlichen zu reduzieren. Die für den Grundwasserpfad wichtigsten Stoffparameter sind die Wasserlöslichkeit, der Dampfdruck, der P_{OW} (Oktanol/Wasser-Verteilungskoeffizient) und der ^{1}chi-Index (first order molecular connectivity index; Sabljic, 1987).

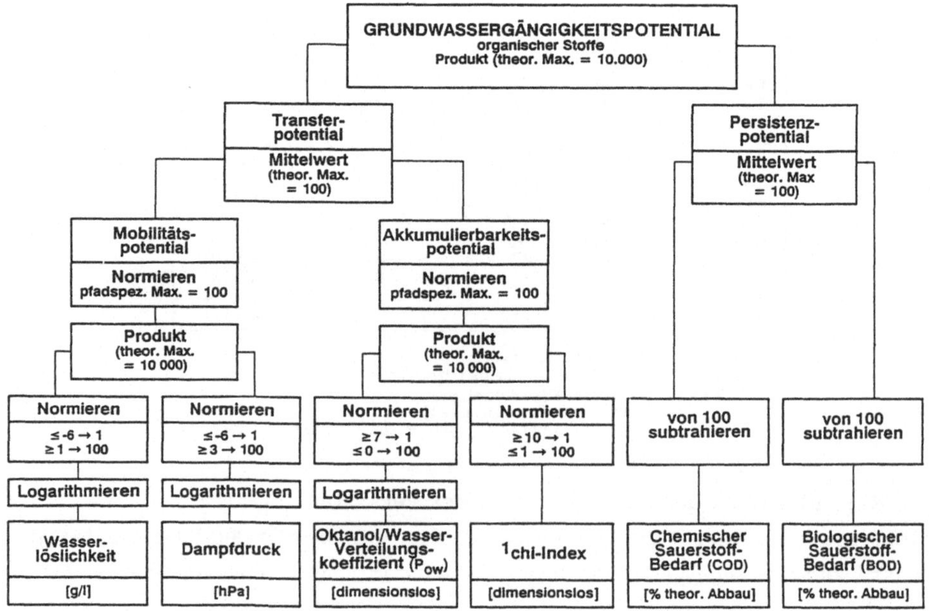

Abb. 3: Normierung und Verknüpfung relevanter Daten zur Ermittlung des Grundwassergängigkeitspotentials organischer Substanzen

Die "Mobilitätsparameter" Wasserlöslichkeit und Dampfdruck korrelieren negativ mit den "Akkumulierbarkeitsparametern" P_{OW} und ¹chi-Index (Protic und Sabljic, 1989). Dies bedeutet u.a., daß sehr gut wasserlösliche Substanzen einen geringen P_{OW} haben und umgekehrt. Dieser Sachverhalt zeigt sich signifikant in den Korrelationen der vier Parameter. Alle Korrelationen haben Koeffizienten > 0.8. Zudem sind die Kontaminanten mit den höchsten Nachweishäufigkeiten auch diejenigen, die sich durch hohe Wasserlöslichkeiten, hohen Dampfdruck, niedrigen P_{OW} und niedrigen ¹chi-Index auszeichnen (Arneth et al., 1988b). Dies ist eine indirekte Bestätigung für die gute Eignung der vier Parameter zur Bestimmung des "Grundwassermobilitätspotentials" (Abb. 3).

Tab. 5: Das Grundwassergängigkeitspotential organischer Prioritätskontaminanten

SUBSTANZ	TRANSFER-POTENTIAL BZ	PERSISTENZ-POTENTIAL BZ	PRODUKT BZ
Trichlorethen	58	48	2784
1,4-Dichlorbenzol	36	75	2700
Tetrachlorethen	50	51	2550
1,1,1-Trichlorethan	62	40	2480
m-/p-Xylol	42	50*	2100
1,2-Dichlorbenzol	38	50	1900
Toluol	50	30	1500
o-Xylol	43	27*	1161
Benzol	59	18	1062
Chlorbenzol	47	22	1034
cis-1,2-DCE	66	14*	924
Ethylbenzol	42	13	546
trans-1,2-DCE	66	5*	330
4-Methylphenol	47	4*	188
2,4,6-Trichlorphenol	30	4	120
Dichlormethan	78	1*	78
Trichlormethan	69	1*	69
Tetrachlormethan	57	1*	57
Phenol	56	1	56
2-Methylphenol	51	1*	51
Naphthalin	28	1	28
(Monochlorethen)	67	(50)	(3350)

BZ   normierte Bewertungszahl
*   es existiert nur entweder BOD oder COD
(   )   Persistenzpotential beruht auf Annahmen

Eine vergleichbare Auswertung im Falle eines "Persistenzpotentials" kann derzeitig noch nicht erfolgen. Abgesicherte Meßergebnisse, z.B. von Halbwertzeiten der relevanten Kontaminanten im Grundwasser, existieren nicht. Daten zur Abschätzung des Potentials einer Substanz für den abiotischen Abbau wie z.B. der CSB (Janicke, 1983), oder für den biotischen Abbau, wie z.B. der BSB (Tabak et al., 1981) liegen jedoch für viele Substanzen vor und werden daher ersatzweise zur Bestimmung des Persistenzpotentials benutzt (Abb. 3). Die teilweise größeren Diskrepanzen zwischen den CSB- und BSB-Daten sind u. a. durch Systemparameter und unterschiedliche analytische Vorgehensweisen bedingt. Es kann derzeitig noch nicht entschieden werden, welche der beiden Datensätze für den Grundwasserbereich realistischer sind. Deshalb wird das Persistenzpotential einer organischen Substanz als Mittelwert aus COD und BOD definiert (Tab. 5). Da BOD- und COD-Werte als Prozent des theoretisch möglichen Abbaus angegeben werden, werden die Zahlen von 100 subtrahiert, damit hohe Bewertungszahlen hohe Persistenzen repräsentieren.

4. Schadstofftransfer vom Kontaminations- zum Nutzungs-/Expositionsort

Mit der Kenntnis der Konzentrationen von Prioritätskontaminanten am Quellort, ihrer stoffbedingten Grundwassergängigkeitspotentiale und der örtlichen geohydrologischen Beschaffenheit kann nun der Transfer dieser Kontaminanten im Grundwasser bis hin zu einem möglichen Nutzungsort (z.B. Wasserwerk) abgeschätzt werden. Im Falle von Lockergesteinsaquiferen können zudem einfache Stofftransportmodelle unter Berücksichtigung der Stoffretardation herangezogen werden, wobei die in Abb. 4 aufgelisteten Parameter benötigt werden (Kinzelbach, 1986). Wie sich unterschiedliche Grundwassergängigkeitspotentiale von Kontaminanten auf ihrem Transfer im Grundwasser auswirken können, zeigt Abb. 5 (BGR, 1985). Substanzen mit geringem Transfer- und Persistenzpotential (=leicht adsorbierbar und leicht abbaubar) sind auch in sehr langen Zeiträumen nur im unmittelbaren Bereich der Emissionsquelle (Deponie) existent. Dagegen muß bei Substanzen mit geringem Transfer-, jedoch hohem Persistenzpotential langfristig (> 25 Jahre) mit einer signifikanten Ausbreitung gerechnet werden. Mit kurzen Ausbreitungszeiten ist dagegen im besonderen Maße bei Substanzen mit hohem Transfer- und Persistenzpotential (< 10 Jahre) zu rechnen (Abb. 5).

Inwieweit die Grundwassergängigkeitspotentiale der Prioritätskontaminanten als Retardationsfaktoren in Transportmodelle eingebaut werden können, kann derzeit noch nicht in vollem Unfang abgeschätzt werden. Von einigen Stoffen sind jedoch experimentell ermittelte Retardationsfaktoren vorhanden, die in guter Relation zu ihren mit dem vorgestellten Modell ermittelten Grundwassergängigkeitspotentialen stehen.

Wesentlich ist, daß mittels dieser Vorgehensweise abgeschätzt werden kann, ob Emissionen einer Abfallablagerung einen Nutzungsort erreichen können, wann das etwa sein wird und welche Konzentrationen zu erwarten sein werden.

AQUIFER:	
wassergesättigte Mächtigkeit des Aquifers	[m]
effektive Porosität	[dimensionslos]
Durchlässigkeitsbeiwert (k_f-Wert)	[m/s]
Abstandsgeschwindigkeit	[m/d]
Longitudinale Dispersivität	[m]
Transversale Dispersivität	[m]
(Molekulare Diffusion	[m^2/s])
SUBSTANZ:	
Quellstärke	[g/d]
Retardationsfaktor	[dimensionslos]
Abbaukonstante	[1/d]

Abb. 4.: Notwendige aquifer- und substanzspezifische Paramter zur Modellierung der Schadstoffausbreitung im Grundwasser

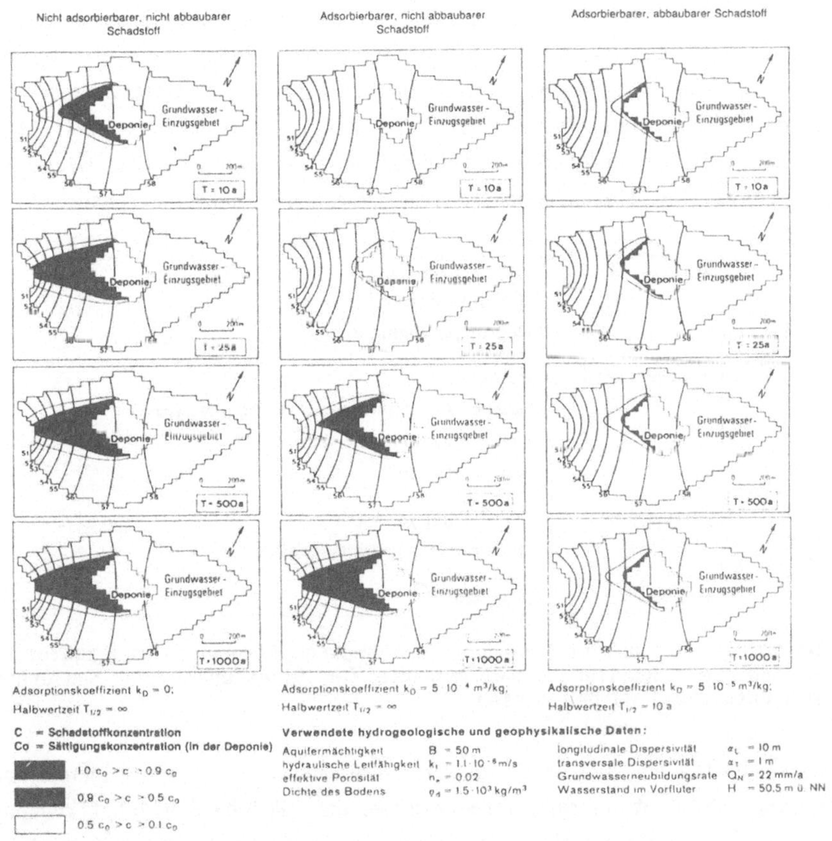

Abb. 5:   Einfluß der Grundwassergängigkeit (Adsorbierbarkeit und Abbaubarkeit) von Schadstoffen aus einer Abfallablagerung auf die Ausbreitung im Grundwasser (aus BGR, 1985)

5. Bewertung von Schadstoffkonzentrationen am Nutzungsort

Entscheidend bei der Beurteilung einer Nutzungsgefährdung durch Altablagerungsstoffemissionen sind letzlich die akut oder langfristig am Nutzungsort resultierenden Schadstoffkonzentrationen und ihre toxikologische/hygienische Duldbarkeit. Sind die am Nutzungsort duldbaren Konzentrationen bekannt oder festgelegt, kann unter Benutzung eines Transportmodells auf die maximal am Kontaminationsort noch duldbaren/akzeptablen Konzentrationen zurückgerechnet werden.

Wegen der standortspezifischen Unterschiede des Transferpfades vom Kontaminations- zum Nutzungsort (geographischer Abstand, Mächtigkeit des Grundwasserleiters, Verdünnung, C_{org}- und Tongeahlt des Aquifers, geochemisches Millieu u.a.) ergeben sich bei festgelegten duldbaren Konzentrationen am Nutzungsort für jeden Standort andere duldbare Emissionskonzentrationen. Dies ist der entscheidende Vorteil einer örtlich individuellen, nutzungs- und expositionsorientierten Bewertung. Dies ist weiterhin ein Argument gegen allgemein gültige, nutzungsunspezifische Grenzwerte sowohl als Sanierungs-Auslösewerte als auch als Sanierung-Zielwerte. Ein wichtiges Ziel ist daher die Entwicklung spezifischer Orientierungs-/Handlungsschwellenwerte für Sicherungs- oder Sanierungsmaßnahmen für die unterschiedlichen Nutzungen und Schutzgüter (Abb. 6).

Mensch	**Trinkwasser**
	Brauchwasser
	Nahrungsaufnahme
Planzen / Tiere	**Beregnung**
	Wasser- und Nährstoffaufnahme über Wurzeln
	Nahrungsaufnahme
	Nahrungskette
Ökosysteme	**Oberflächengewässer**
	Ökosystem Grundwasserleiter
Bauwerke	**Korrosion**

Abb. 6: Beispiele für unterschiedliche Gefährdungspfade und Schutzgüter, in deren Abhängigkeit Handlungsschwellenwerte für Sicherungs- und Sanierungsmaßnahmen entwickelt werden müssen

Nachfolgend soll eine entsprechende Ableitung für den Fall einer Trinkwassergewinnung im Abstrom einer Abfallablagerung aufgezeigt werden. Welche Schadstoffkonzentrationen im geförderten Grundwasser sind im Falle der Trinkwassernutzung noch toxikologisch/trinkwasserhygienisch duldbar/akzeptabel?

Zunächst bietet sich hier ein Rückgriff auf die Grenzwerte der Trinkwasserverordnung (TrinkwV) an. Dies ist allerdings nur bei Stoffen möglich, die in der Trinkwasserverordnung mit einem entsprechenden Grenzwert aufgeführt sind. Die Grenzwerte der Trinkwasserverordnung sind jedoch nicht nur unter toxikologischen Gesichtspunkten erstellt, sondern auch unter gewinnungstechnischen Kriterien der DIN 2000 (DIN, 1973). Letztere dürfen aber den toxikologischen Kriterien nicht widersprechen. Es handelt sich um Maximalwerte, wobei die aktuellen Befunde in der Regel um ein Vielfaches tiefer liegen (bei Beachtung der DIN 2000). Diese Zielvorstellung der DIN 2000 kommt in der TrinkwV unmittelbar in §2(3), dem Minimierungsgebot, sowie §§15(1) und 20(1) zum Ausdruck.

Es darf demnach nicht sein, daß der Abstand zwischen den allgemeingültigen Grenzwerten der TrinkwV und den tatsächlichen Trinkwasserbefunden als "Kontaminationsreserve" betrachtet wird. Ein Trinkwasser, in dem sämtliche Grenzwerte der TrinkwV gleichzeitig ausgeschöpft wären, würde nicht nur in hygienischer, sondern auch in toxikologischer Hinsicht dem Qualitätsanspruch der TrinkwV nicht genügen.

Es wird daher für die Bewertung von Grundwasserkontaminationen durch Altablagerungen, deren Grundwässer teilweise oder gänzlich Trinkwassergewinnungen erreichen, ein Maßstab vorgeschlagen, der zunächst von den Größenordnungen der Schadstoffkonzentrationen in Trinkwasserfassungen ausgeht (nicht nachweisbar bis mehrere 100 µg/l). Diesen Konzentrationen wird eine toxikologische Gewichtung überlagert. Damit läßt sich dann auf noch duldbare Stoffgehalte im Grundwasser am Kontaminationsort "zurückrechnen", die sowohl der toxikologischen (TrinkwV, §2) wie der trinkwasserhygienischen (DIN 2000) Minimierungserfordernis entsprechen, jedoch ohne der in diesem Fall grundsätzlich unsinnigen Forderung nach "Null-Emission". "Null-Emission" kann nur Gegenstand von Vorsorgebemühungen sein.

Zur toxikologischen Gewichtung von Stoffkonzentrationen lassen sich die nach Dieter et al. (1990) ermittelten dimensionslosen toxikologischen Bewertungszahlen verwenden (vgl. Abb. 1 sowie Tab. 2 und 3). Diese Bewertungszahlen wurden mit dem Ziel entwikkelt, zusammen mit anderen stoffspezifischen Parametern eine integrierte Gefährdungsabschätzung von grund- und trinkwassergefährdenden Altablagerungen zu ermöglichen. Sie lassen sich jedoch auch, wie dies an anderer Stelle detailliert erläutert wird (Kerndorff und Dieter, 1991), zur Findung toxikologisch duldbarer und trinkwassergygienisch akzeptabler Konzentrationsbereiche an der Trinkwasserfassung und - mit entsprechender Rückrechnung - auch am Kontaminationsort verwenden.

Die duldbare Konzentration eines Schadstoffs am Nutzungsort nimmt mit zunehmender Toxizität ab. Es erscheint daher naheliegend, die Bewertungszahlen des Toxizitätspotentials direkt in Konzentrationen umzurechnen. Hier wird allerdings eine semiquantitative Risikobewertung vorgeschlagen, in der nicht scheinbar gut definierte Zahlen, sondern plausible Konzentrationsbereiche verwendet werden, da toxikologische Aussagen für die im vorliegenden Fall relevanten Konzentrationen grundsätzlich mit relativ hohen quantitativen Unsicherheiten behaftet sind. Konzentrationsbereiche sind nicht nur "ehrlicher", sondern der Öffentlichkeit auch besser vermittelbar. Das Spektrum der Bewertungszahlen für das Toxizitätspotenial von 1 bis 100 wird in sechs Klassen unterteilt (90 - 100; 67 - 89; 34 - 66; 12 - 33; 2 - 11; 1) und jeder Klasse ein duldbarer Konzentrationsbereich zugeordnet (n.n. oder < 0,1 µg/l; 0,1 - 1 µg/l; 1 - 10 µg/l; 10 - 10^2 µg/l; 10^2 - 10^4 µg/l; > 10^4 µg/l) (Kerndorff und Dieter, 1991). Als Ergebnis erhält man die in den Tabellen 6 und 7 dargestellten, den Toxizitätsbewertungszahlen zugeordneten Konzentrationsbereiche.

Abschließend sei nochmals betont, daß dieser Vorschlag keinesfalls die höheren Grenzwerte der TrinkwV, sofern dort Substanzen aus Altablagerungen überhaupt genannt werden, als "falsch" oder gar toxikologisch unsicher ausweist. Trinkwassergrenzwerte und die zugehörigen Paragraphen der TrinkwV (§§2(3), 15(1) und 20(1)) legen den Rahmen fest, innerhalb dessen die DIN 2000 von Trinkwasserfassung zur Trinkwasserfassung das toxikologisch und gewinnungstechnisch optimale Trinkwassergewinnungskonzept unter an-

Tab. 6: Trinkwasser-relevante Konzentrationsbereiche anorganischer Prioritätskontaminanten und deren Zuordnung zu den stoffspezifischen Toxizitätspotentialen am Nutzungsort "Trinkwassergewinnung"

SUBSTANZ	TOXIZITÄTS-POTENTIAL BZ	ADÄQUATER KONZENTRATIONS-BEREICH [μg/l]	TRINKWV-GRENZWERT [μg/l]
As	100	n.n. - 0,1	10
B	31	10 - 100	1.000
Ni	60	1 - 10	50
Cr(VI)	64	1 - 10	50
Cr(III)	56	1 - 10	50
NO_2	52	1 - 10	100
Pb	82	0,1 - 1	40
Cu	26	10 - 100	(Ri) 3.000
NH_4	10	100 - $\approx$ 10.000	500
NO_3	8	100 - $\approx$ 10.000	50.000
Zn	10	100 - $\approx$ 10.000	(Ri) 5.000
Cd	59	1 - 10	5
HCO_3	1	-	-
Na	1*	$\geq 10^4$	$15 \cdot 10^4$
Cl	1*	$\geq 10^4$	$25 \cdot 10^4$
Ca	1	$\geq 10^4$	$40 \cdot 10^4$
⋮	⋮	⋮	⋮

    *   Daten können sich noch geringfügig ändern
(Ri)   Richtwert der TrinkwV

Tab. 7: Trinkwasser-relevante Konzentrationsbereiche organischer Prioritätskontaminanten und deren Zuordnung zu den stoffspezifischen Toxizitätspotentialen am Nutzungsort "Trinkwassergewinnung"

SUBSTANZ	TOXIZITÄTS-POTENTIAL BZ	ADÄQUATER KONZENTRATIONS-BEREICH [μg/l]	TRINKWV-GRENZWERT [μg/l]
cis-1,2-DCE	74**	0,1 - 1	-
Benzol	100	n.n.	-
▽Tetrachlorethen	74**	0,1 - 1	Σ▽ - 10
Monochlorethen (VC)	100	n.n.	-
▽Trichlorethen	51*	1 - 10	Σ▽ - 10
▽Dichlormethan	47	1 - 10	Σ▽ - 10
Tetrachlormethan	100	n.n.	3
Trichlormethan	65	1 - 10	-
●4-Methylphenol	50*	1 - 10	Σ● 0,5
●2-Methylphenol	56*	1 - 10	Σ● 0,5
trans-1,2-DCE	59**	1 - 10	-
Chlorbenzol	47	1 - 10	-
Ethylbenzol	43**	1 - 10	-
1,4-Dichlorbenzol	46	1 - 10	-
▽1,1,1-Trichlorethan	23	10 - 100	Σ▽ - 10
m-/p-Xylol	18**	10 - 100	-
Naphthalin	42	1 - 10	-
1,2-Dichlorbenzol	37**	1 - 10	-
●2,4,6-Trichlorphenol	52**	1 - 10	Σ● 0,5
●Phenol	32	10 - 100	Σ● 0,5
o-Xylol	18	10 - 100	-
Toluol	9	100 - $\approx$ 10.000	-
⋮	⋮	⋮	⋮

    *   Daten sind unter Einbeziehung von Sicherheitsfaktoren entstanden
  **   Daten können sich noch geringfügig ändern
       Für die mit einem ausgefüllten Punkt oder offenen Dreieck markierten Substanzen existiert in der TrinkwV nur ein Summengrenzwert

thropogen möglichst unbeeinflußten Bedingungen in die Praxis umsetzen hilft. Der vorgeschlagenene Bewertungsmaßstab soll nur dort zur Anwendung kommen, wo eine Trinkwasserfassung durch anthropogene Kontaminationen aus einer Punktquelle beeinflußt wird, auf die Grundwassernutzung aber möglichst nicht verzichtet werden soll. Er stellt im Sinne von Dieter (1989) einen in jeder Hinsicht vertretbaren Kompromiß zwischen der Verträglichkeit und Vermeidbarkeit von Kontaminanten des Trinkwassers sowie der hohen Nützlichkeit jeder nicht aufgegebenen Trinkwasserressource dar.

6. Schlußfolgerungen

Das vorgestellte Bewertungsschema ermöglicht eine systematische und untereinander vergleichbare Bewertung einer großen Anzahl von Abfallablagerungen bezüglich ihrer Emissionen in das Grundwasser. Während andere formale Bewertungsverfahren oft nur Informationen aus Akten berücksichtigen mit dem Ziel einer Prioritätensetzung für weitere Untersuchungen, werden hier gemessene Konzentrationen von Emissionen bewertet. Grundlage des Bewertungsverfahrens ist eine deutliche Reduzierung der zu messenden und zu bewertenden Substanzen auf solche, mit denen eine Gefährdungsabschätzung möglich ist (Prioritätskontaminanten). Es erfolgt weiterhin eine Bewertung dieser Prioritätskontaminanten bezüglich ihrer Toxizität und ihrer Grundwassergängigkeit. In Abhängigkeit von der Nutzungssituation des Grundwassers bzw. möglicher Expositionssituationen sowie den Konzentrationen am Nutzungs- bzw. Expositionsort wird schließlich eine Enstscheidung über notwendige Sicherungs- oder Sanierungsmaßnahmen gefällt.

Die systematische und formale Vorgehensweise sowie die Anwendung statistischer Verfahren wird es erlauben, das vorgestellte Bewertungsverfahren zu automatisieren. Hierfür bietet sich ein Expertensystem an. Grundlage könnte eine Datenbank sein, in der Konzentrationen von Schadstoffen im Grundwasserabstrom von Abfallablagerungen, geogene "background"-Konzentrationen beispielsweise aus einem Grundwassergütemeßnetz sowie notwendige physiko-chemische Stoffkenndaten und toxikologische Informationen abgespeichert sind. Die Auffüllung der Datenbank mit neuen Informationen würde eine stets an den aktuellen Stand der Erkenntnisse angepaßte Bewertung ermöglichen.

7. Literatur

Arneth, J.-D.; Kerndorff, H.; Brill, V.; Schleyer, R.; Milde, G. und Friesel, P.: Leitfaden für die Aussonderung grundwassergefährdender Problemstandorte bei Altablagerungen.- WaBoLu-Hefte 5/1986, Institut für Wasser-, Boden- und Lufthygiene des Bundesgesundheitsamtes, Berlin, 1986, 86 S.

Arneth, J.-D.; Milde, G.; Kerndorff, H. und Schleyer, R.: Waste Deposit Influences on Groundwater Quality as a Tool for Waste Type and Site Selection for Final Storage Quality.- In: Baccini, P. (Hrsg.): The Landfill - Swiss Workshop on Land Disposal of Solid Wastes, Gerzensee, March 14-17 1988. Lecture Notes in Earth Sciences, 20, Springer Verlag, Heidelberg, 1988b, S. 399-415.

Arneth, J.-D.; Schleyer, R.; Kerndorff, H. und Milde, G.: Standardisierte Bewertung von Grundwasserkontaminationen durch Altlasten. I. Grundlagen sowie Ermittlung von Haupt- und Prioritätskontaminanten.- Bundesgesundheitsblatt, 31, 1988a, S. 117-123.

BGR : Tätigkeitsbericht 1983-84.- Bundesanstalt für Geowissenschaften und Rohstoffe, Hannover, 1985.

Dieter, H. H.: Grenzwerte zwischen Nützlichkeit, Verträglichkeit und Vermeidbarkeit von Belastungen.- UPR, 9, 1989, S. 407-413.

Dieter, H. H.; Kaiser, U. und Kerndorff, H.: Proposal on a Standardized Toxicological Evaluation of Chemicals from Contaminated Sites.- Chemosphere, 20 , 1990, S. 75-90.

DIN (1973): DIN 2000 - Zentrale Trinkwasserversorgung. Leitsätze für Anforderungen an Trinkwasser, Planung, Bau und Betrieb der Anlagen.- Fachnormenausschuß Wasserwesen (FNW) im Deutschen Normenausschuß, DK 628.1.033, 1973.

Janicke, W.: Chemische Oxidierbarkeit organischer Stoffe.- WaBoLu-Berichte 1/1983, Dietrich Reimer Verlag, Berlin, 1983.

Kerndorff, H.; Brill, V.; Schleyer, R.; Friesel, P. und Milde, G.: Erfassung grundwassergefährdender Altablagerungen - Ergebnisse hydrogeochemischer Untersuchungen.- WaBoLu-Hefte 5/1985, Institut für Wasser-, Boden- und Lufthygiene des Bundesgesundheitsamtes, Berlin, 1985, 175 S.

Kerndorff, H. und Dieter, H. H.: Nutzungs- und expositionsorientierte Bewertung grundwasserkontaminierender Altablagerungen und Deponien - Neue Ergebnisse und Methoden.- Schriftenreihe des Vereins für Wasser-, Boden- und Lufthygiene, 1991 (im Druck), Gustav Fischer Verlag, Stuttgart.

Kinzelbach. W.: Groundwater Modelling - An Introduction with Sample Programs in BASIC.- Developments in Water Schience, 25, Elsevier, Amsterdam, 1986, 333 S.

Milde, G.; Friesel, P. und Kerndorff, H.: Wege zur Erfassung sanierungsbedürftiger Altlasten und Kriterien zur Festlegung von Sanierungszielen.- In: Altlastensanierung aus der Sicht des Gewässerschutzes, Schriftenreihe der Vereinigung Deutscher Gewässerschutz, 52, Bonn, 1986, S. 7-45.

Plumb Jr., R. H.: Disposal Site Monitoring Data: Observations and Strategy Implications.- In: Hitchon, B. und Trudell, M. (Hrsg.): Hazardous Wastes in Groundwater - A Soluble Dilemma. Proceedings of the Second Canadian/American Conference on Hydrology, Banff, Canada, June 25-19 1985, S. 66-77.

Plumb Jr., R. H.: The Occurence of Appendix IX Organic Constituents in Disposal Site Ground Water.- Groundwater Monitoring Review, 11 (2), 1991, S. 157-164.

Protic, M. und Sabljic, A.: Quantitative Structure-Activity Relationships of Acute Toxicity of Commercial Chemicals on Fathead Minnows: Effects of Molecular Size.- Aquatic Toxicology, 14, 1989, S. 47-64.

Sabljic, A.: On the Prediction of the Soil Sorption Coefficients of Organic Pollutants from Molecualr Structure: Application of Molecular Topology Model.- Environmental Science and Technology, 21, 1987, S. 358-366.

Schleyer, R.; Arneth, J.-D.; Kerndorff, H.; Milde, G.; Dieter, H. H. und Kaiser, U.: Standardisierte Bewertung von Grundwasserkontaminationen durch Altlasten. II. Stoffbewertung, Expositionsbewertung und ihre Verknüpfung.- Bundesgesundheitsblatt, 31, 1988, S. 160-168.

Schleyer, R.; Milde, G.; Kerndorff, H. und Arneth, J.-D.: Erkennung, Charakterisierung und Bewertung von Grundwasserbeeinflussungen durch Altablagerungen.- In: Umweltbundesamt (Wien) und Internationale Gesellschaft für Umweltschutz (IGU) (Hrsg.): Proceedings Envirotech Vienna 1989, Band 2.3 Sonderabfall und Altlasten, Westarps Wissenschaften, Essen, S. 129-157.

Tabak, H. H.; Quave, S. A.; Mashni, C. J. und Barth, E. F.: Biodegradability Studies with Organic Priority Pollutant Compounds.- Journal WPCF, 53, 1981, S. 1503-1518.

Daten- und
Informationsmanagement

Hypertext als Werkzeug
für das Informationsmanagement
im Umweltbereich

Severin Isenmann
Forschungsinstitut für anwendungs-
orientierte Wissensverarbeitung (FAW)
Helmholtzstraße 16
D-7900 Ulm (Donau)
isenmann@dulfaw1a.bitnet

Zusammenfassung

Konventionelle Informationssysteme, die in der Hauptsache auf die effiziente Bereitstellung von großen Mengen von Fakten ausgelegt sind, scheinen für die Unterstützung der Entscheidungsfindung auf strategischer Ebene nicht ausreichend zu sein. Hier kommt es darauf an, zusätzlich qualitative Informationen wie z.B. Informationen über die Interessenlagen betroffener Gruppen oder die ökonomischen und ökologischen Auswirkungen alternativer Maßnahmen handhaben zu können. In diesem Beitrag wird beschrieben, wie das Hypertext-Paradigma für die Realisierung eines den genannten Anforderungen entgegenkommenden Systems verwendet werden kann. Das System baut auf dem Konzept der Issues Based Information Systems (IBIS) auf.

1. Anforderungen an ein System zur Unterstützung des Informationsmanagements im Umweltbereich

Die Bewältigung umweltplanerischer Aufgaben erfordert umfassendes Wissen. Mehr als andere Bereiche ist der Bereich der Umwelt dadurch gekennzeichnet, daß sich das dort benötigte Wissen quer über die verschiedensten Disziplinen verteilt, daß die unterschiedlichsten Arten von Wissen (angefangen bei einfachen Meßdaten bis hin zu Wissen über mögliche politische und ökonomische Auswirkungen von zu erwägenden Maßnahmen) zu berücksichtigen sind. Hinzu kommt, daß Umweltprobleme nur in den seltensten Fällen frühzeitig antizipiert werden können, wodurch es kaum möglich ist, das zu ihrem Verständnis und zu ihrer Lösung notwendige Wissen im voraus aufzubereiten.

Im Überschneidungsbereich der politischen Ebene mit der fachlichen Ebene arbeiten Referenten in den Umweltministerien und Fachreferenten in nachgeordneten Behörden. Für diese Zielgruppe ist das vorzustellende Informationsmanagementsystem zunächst gedacht. Ein Referent hat im Rahmen seiner Zuständigkeit einen bestimmten Umweltbereich zu bearbeiten. Das Aufgabenspektrum reicht dabei von der Bearbeitung von Anfragen (wie z.B. Landtagsanfragen oder Fragen der Presse) bis hin zu Aufgaben der strategischen Planung. Typischerweise müssen dabei Antworten auf Fragen nach den Ursachen von Umweltzuständen gefunden werden, es muß untersucht werden, welche Instrumente zur Erreichung von Zielvorgaben zur Verfügung stehen, es muß entschieden werden, welche Instrumente zur Anwendung kommen sollen. Dabei entsteht jeweils ein Informationsbedarf, zu dessen Befriedigung Wissen benötigt wird, das entweder durch die Beschäftigung mit dem Problembereich erarbeitet werden muß, oder aber − wenn es Überschneidungen mit anderen Problembereichen gibt − teilweise bereits in einer voraufbereiteten Form vorhanden sein kann. Typisch ist außerdem, daß Erklärungen der Ursachen von Umweltproblemen oft widersprüchlich sind und nicht entscheidbar ist, welches die »richtige« Erklärung ist, oder daß die Meinungen über die zur Erreichung eines Ziels anzuwendenden Mittel kontrovers sind.

Zur Bearbeitung eines Problembereichs − unter »Bearbeitung« ist hier sowohl der Prozess des Verstehens der Teilprobleme selbst und deren Zusammenhänge untereinander gemeint, als auch der Prozess der Suche nach einer möglichen Problemlösung − muß unterschiedliches Wissen aktiviert und in Abhängigkeit vom Problemkontext strukturiert werden. Das Wissen soll hier nach zwei unterschiedlichen Aspekten eingeteilt werden. Einerseits nach der Rolle, die das Wissen im Kontext des Problembearbeitungsprozesses spielt, andererseits nach der Art und Weise, in der das Wissen aktiviert werden kann.

- Als »Problemwissen« soll dabei das für das Problemverständnis und für eine Problemlösung unmittelbar relevante Wissen bezeichnet werden.

- Ob Wissen im Kontext eines Problems relevant ist wird mit Hilfe des »Relevanzwissens« beurteilt. Das Relevanzwissen wird vom aktuellen Grad des Problemverständnisses während des Problembearbeitungsprozesses beeinflußt.

- »Zugriffswissen« dient zur Aktivierung von Wissen welches nicht unmittelbar vorhanden ist.

Die Aktivierung von potentiell in einem Problemkontext relevanten Wissens kann unterschiedlich erfolgen. (Siehe dazu auch [Kuhlen 90].)

- Das benötigte Wissen kann unmittelbar aktiviert werden, indem sich die mit der Bearbeitung des Problems beschäftigte Person »erinnert« und dadurch sofort über das benötigte Wissen verfügt.

- Das benötigte Wissen kann nicht unmittelbar durch einen Vorgang der Erinnerung verfügbar gemacht werden, es ist aber Zugriffswissen (das nun durch einen Vorgang der Erinnerung verfügbar gemacht werden kann) darüber vorhanden, daß das eigentlich interessierende Wissen existiert, und wie dieses gegebenenfalls aktiviert werden kann.

- Es besteht offensichtlich eine Wissenslücke, es ist aber unklar, welches Wissen konkret benötigt wird, um im Prozess der Problembearbeitung weiterzukommen. In diesem Fall muß Wissen »exploriert« werden (siehe [Bates 86]), was heißt, daß mehr oder weniger zufällig irgendwelches Wissen aktiviert wird, in der Hoffnung, daß man dabei auf Wissen stößt, das in irgendeiner Weise weiterhilft.

Wenn Problemwissen aktiviert werden konnte, muß jeweils beurteilt werden, inwieweit es im Problemkontext relevant ist. Diese Beurteilung ist abhängig vom zum Beurteilungszeitpunkt vorhandenen Relevanzwissen. In der Folge ändert sich das Problemverständnis. Ein breiteres oder tieferes Problemverständnis hat aber wiederum Einfluß auf das Relevanzwissen. Im Extremfall kann aktiviertes Wissen, das urspünglich als nicht relevant erachtet wurde, unter einem veränderten Relevanzwissen doch noch Bedeutung erlangen. Aus einem fortschreitenden Verstehen eines Problemkomplexes kann der Bedarf nach weiterem Wissen entstehen. Für diesen Prozess des fortlaufenden Aktivierens und Interpretierens von Wissen, gibt es keine Terminierungsregel. Er endet erst mit dem Erlangen der Auffassung, daß die Tiefe und Breite der Bearbeitung eines Problems nun ausreichend sei und wohl keine neuen Aspekte mehr auftauchen würden.

2. Das IBIS-Konzept

Ein System, das den Anspruch der Unterstützung des Informationsmanagements im Umweltbereich erhebt, muß gewisse Anforderungen erfüllen.

- Es sollte in der Lage sein, Wissen sämtlicher beschriebenen Wissensarten aufzunehmen und im Kontext spezifischer Fragestellungen gezielt verfügbar zu machen.

- Es sollte jederzeit offen sein für das im Rahmen der Problembearbeitung neu anfallende Wissen.

- Es sollte Hinweise geben können, wo Informationsdefizite vorhanden sind.

- Es sollte den Prozess der Problembearbeitung dokumentieren.

- Es sollte in der Lage sein, widersprüchliche Erklärungen und kontroverse Meinungen abzubilden.

Ein Konzept, das diesen Anforderungen entgegenkommt, ist der von Rittel zusammen mit Kunz entwickelte Ansatz der Issue Based Information Systems (IBIS) [Kunz 70]. Dieser Typ von Informationssystemen ist gedacht für Gruppen, die an Problemkomplexen mit dem Ziel arbeiten, Entscheidungen vorzubereiten. Der Systemtyp ist geeignet, das zu Problembereichen sich entwickelnde Wissen, einschließlich des zugehörigen, oft kontroversen Diskurses abzubilden. Seine Hauptelemente sind »Issues« oder Fragen, die zu beantworten und zu argumentieren sind. IBIS ist in der Lage, die in einem solchen Diskurs anfallenden verschiedenen Arten von Wissen aufzunehmen.

Die zentralen Elemente von IBIS sind die Issues, die im Zusammenhang mit der Bearbeitung eines Problemkomplexes aufgeworfen werden.

- Deontische oder Entscheidungsfragen der Art *»Soll x der Fall sein?«* oder *»Soll das Mittel y zur Erreichung von x angewendet werden?«*

- Instrumentelle Fragen der Art *»Wie, mit welchen Mitteln kann x erreicht werden?«*

- Explanatorische Fragen der Art *»Was sind die Ursachen / Folgen eines Zustands oder einer Maßnahme?«*

- Faktische Fragen der Art *»Ist x der Fall?«* oder *»Was ist der Fall?«*

- Definitorische Fragen der Art *»Was ist x?«*

Weitere Elemente sind »Positionen« (»ja« bzw. »nein«), die zu deontischen Issues eingenommen werden können, »Alternativen«, die die Mittel aufzählen, nach denen im Zusammenhang mit instrumentellen Issues gefragt wird sowie »Antworten«, die mögliche Antworten auf auf die in den anderen Arten von Issues aufgeworfenen Fragen enthalten. Schließlich gibt es noch »Argumente«, die Positionen, Alternativen bzw. Antworten unterstützen oder in Frage stellen.

Durch das Aufwerfen von Issues, die beantwortet und argumentiert werden müssen, werden Problemkomplexe systematisch strukturiert und Zusammenhänge mit anderen Problemkomplexen deutlich. Verweisungen verbinden einzelne Issues zu Netzwerken. Diese Verweisungen können allgemeiner Art sein vom Typ »hat zu tun mit« oder können zeitliche oder logische Reihenfolge oder Über- bzw. Unterordnung kennzeichnen [Kunz 70].

Zu den Vorteilen von IBIS zählt, daß sich der Problembearbeitungsprozeß von selbst dokumentiert. Dadurch bleibt für die Beteiligten (auch für solche, die erst später dazustoßen) der Vorgang der Problembearbeitung über die Zeit transparent.

Das System unterscheidet sich grundlegend von herkömmlichen Informationssystemen (Dokumentationssysteme, Datenbanken). Die Elemente sind primär Fragen, Antworten und Argumente, also frei formulierte Texte. Diese Texte enthalten problembezogen aufbereitetes Wissen. Der Wissensbestand eines solchen Systems ist grundsätzlich unvollständig, da immer wieder neue Aspekte auftauchen können. Auch macht das System keine Entscheidungsvorschläge. Es hilft aber unter anderem zu erkennen, wie ein Problem mit anderen Problemen verflochten ist. Da das Wissen immer im Kontext eines konkreten Problems dargeboten wird, läßt das System wichtige Aspekte weniger leicht vergessen, und es macht auf die möglichen Folgen von Entscheidungen aufmerksam [Reuter 83].

3. Ein System zur Unterstützung des IBIS-Konzepts

Das Arbeiten nach der IBIS-Methode verlangt nach einem Werkzeug, das die Handhabung der dabei entstehenden und u.U. recht komplexen Strukturen unterstützt. In der Vergangenheit wurden zwar verschiedentlich IBIS-artige Systeme in Papier-Form aufgebaut [Reuter 83], dadurch werden aber die in dem Konzept steckenden Möglichkeiten nur zu einem kleinen Teil ausgeschöpft. Als wohl erste Umsetzung der Kernideen des IBIS-Ansatzes auf einem Rechner kann das System gIBIS [Conklin 88] angesehen werden. gIBIS legt den Schwerpunkt auf die graphische Darstellung der Beziehungen zwischen den Elementen von IBIS (Issues, Positionen, Argumente), wodurch die an der Bearbeitung eines Problems Beteiligten einen umfassenden Überblick über die Zusammenhänge zwischen den verschiedenen zu einem Problembereich gehörenden Issues erhalten. Problematisch erscheint aber, daß gIBIS nicht zwischen verschiedenen Typen von Issues (deontisch, instrumentell, explanatorisch etc.) unterscheidet, womit von einem zentralen Konzept zur Strukturierung von Problembereichen nicht Gebrauch gemacht wird.

Im Rahmen des FAW-Projekts ZEUS wird ein System (mit Namen HyperIBIS) zur Unterstützung der durch das IBIS-Konzept beschriebenen Vorgehensweise entwickelt. Das System differenziert zwischen verschiedenen Typen von Issues und ermöglicht die Zusammenfassung von unter bestimmten Aspekten zusammengehörenden Issues in Problembereiche.

3.1 Der Hypertext-Ansatz

Als Paradigma für die Realisierung von Werkzeugen zur Unterstützung des Arbeitens nach der IBIS-Methode eignet sich der Hypertext-Ansatz [Conklin 87]. Dieser Ansatz bietet sich insbesondere dann an, wenn Wissenstrukturen abzubilden sind, die aus vielen in sich abgeschlossenen Wissenspartikeln (in IBIS: Issues, Antworten, Argumente) bestehen, zwischen denen unterschiedliche Arten von Beziehungen zu repräsentieren sind.

Ein »Hypertext-System« besteht zum einen aus dem Hypertext selbst, der das im System abgelegte Wissen repräsentiert, und zum anderen aus Werkzeugen zur Bearbeitung (Erstellung, Zugriff, Manipulation usw.) des Hypertexts. Grundelemente des Hypertexts sind »Hypertext-Knoten« und »Hypertext-Links«. Die Knoten dienen zur Ablage von Informationseinheiten. Diese Informationseinheiten bestehen zumeist aus Text; in Abhängigkeit vom konkreten Hypertext-System ist es aber auch möglich, in einem Knoten andere Arten von Information, beispielsweise Grafiken abzulegen. Beziehungen (z.B. syntaktischer oder semantischer Art) zwischen einzelnen Knoten werden durch Hypertext-Links unterschiedlicher Typisierung repräsentiert. Dadurch entsteht ein Netzwerk (Abbildung 1), in dem Wissen in Form der in den Knoten abgelegten Wissenspartikel und der durch die Links repräsentierten Beziehungen zwischen einzelnen Knoten abgebildet ist.

Zur Bearbeitung eines Hypertexts stellt ein Hypertext-System normalerweise eine Vielzahl verschiedener Werkzeuge zur Verfügung. Die wichtigsten seien hier aufgezählt:

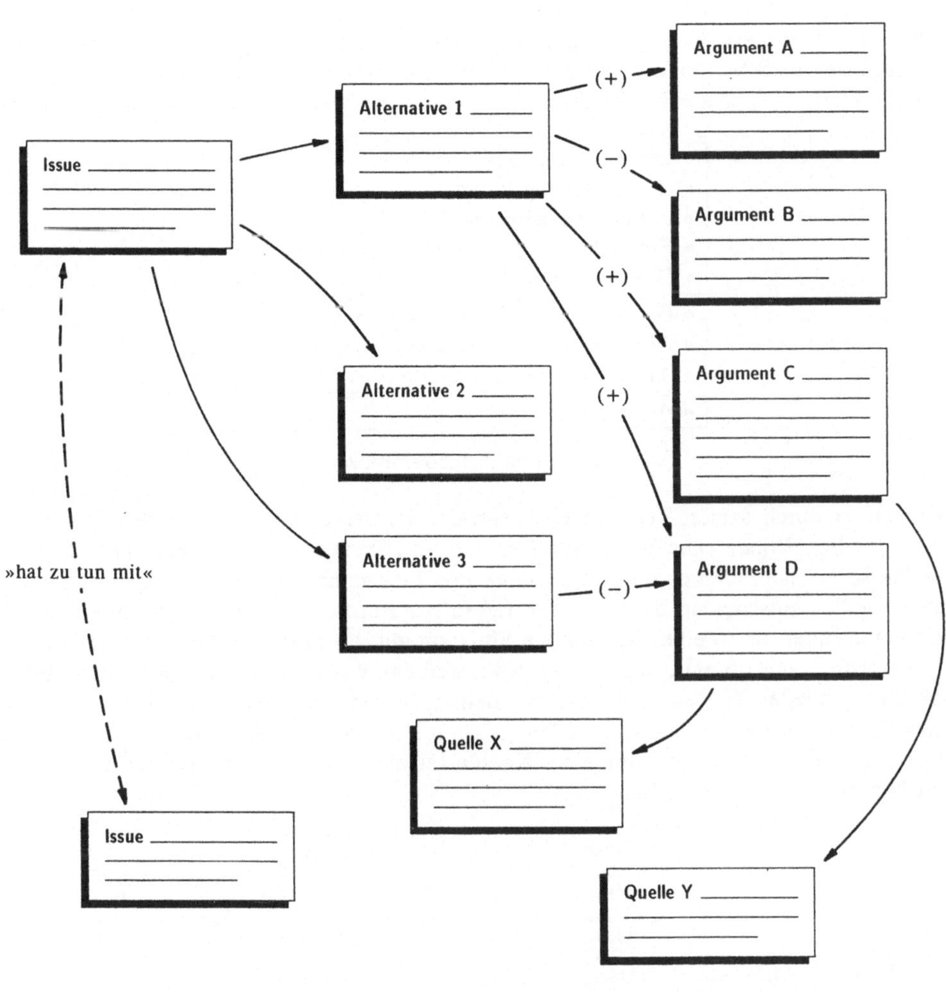

Abbildung 1: Beispiel für eine Wissensstruktur in HyperIBIS

- Ein spezieller Editor erlaubt das Erzeugen von neuen Hypertext-Knoten, in denen anschliessend Information (z.B. in Form von Text) abgelegt werden kann.

- Es muß möglich sein, Verweisungen zwischen einzelnen Knoten in Form von (eventuell typisierten) Links einzurichten.

- Ein »Browser« ermöglicht es, die Inhalte einzelner Knoten auf dem Bildschirm darzustellen, sowie das Hypertext-Netz entlang der vorhandenen Links assoziativ zu durchwandern.

In vielen Fällen ist es wünschenswert, einen Hypertext nicht nur lesend zu durchwandern, sondern diesen aufgrund der sich beim Lesen aufbauenden Assoziationen auch manipulieren zu können. Dazu müssen die oben aufgeführten Werkzeuge aber *simultan* zu Verfügung stehen, was nicht bei allen Hypertext-Systemen der Fall ist.

3.2 Abbildung der Elemente von IBIS auf Hypertext-Strukturen

HyperIBIS ist ein Hypertext-System, das von Anfang an als Werkzeug zur Unterstützung des Arbeitens nach der IBIS-Methode konzipiert wurde. Entsprechend den in [Kunz 70] beschriebenen Grundelementen von IBIS stellt es vordefinierte Typen von Hypertext-Knoten bereit (Abbildung 2).

<table>
<tr><td>
• Deontische Issues
• Instrumentelle Issues
• Explanatorische Issues
• Faktische Issues
• Definitorische Issues
</td></tr>
<tr><td>
• Positionen (zu deontischen Issues)
• Alternativen (zu instrumentellen Issues)
• Antworten (zu den anderen Issues)
</td></tr>
<tr><td>
• Argumente
</td></tr>
</table>

Abbildung 2: Knotentypen

Ein Knoten ist durch seinen Typ (Issue, Antwort usw.) sowie durch seinen Bezeichner charakterisiert. Der Bezeichner kann durch den Benutzer des Systems frei vergeben werden. Die Vergabe sollte so erfolgen, daß es möglich ist, über den Bezeichner auf den Inhalt eines Knotens zu schließen. Später entscheiden die sich beim Lesen der Bezeichner der Knoten aufbauenden Assoziationen darüber, ob in einer bestimmten Situation auf das in einem Knoten abgelegte Wissen zugegriffen wird, oder ob ein Zugriff unterbleibt, weil das Wissen nicht als relevant erachtet wird. Schließlich kann jeder Knoten entweder über den im System integrierten Text-Editor oder durch den Zugriff auf externe Informationsquellen (z.B. auf ein Text-File) mit textueller Information angereichert werden. Die Darsstellung eines Knotens erfolgt in Form eines frei auf dem Bildschirm verschiebbaren Fensters (Abbildung 5).

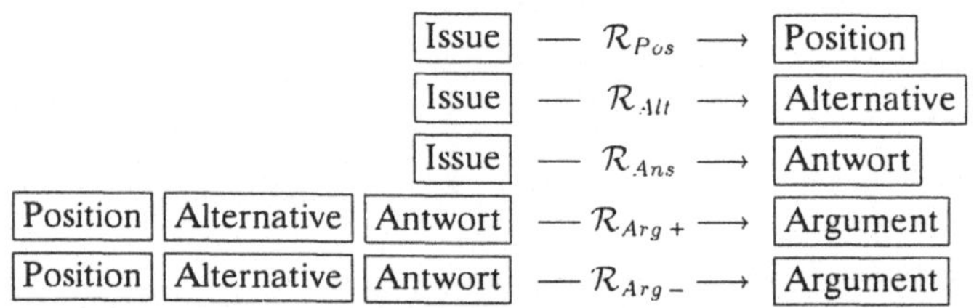

$$\boxed{\text{Issue}} \;—\; \mathcal{R}_{Pos} \;\longrightarrow\; \boxed{\text{Position}}$$

$$\boxed{\text{Issue}} \;—\; \mathcal{R}_{Alt} \;\longrightarrow\; \boxed{\text{Alternative}}$$

$$\boxed{\text{Issue}} \;—\; \mathcal{R}_{Ans} \;\longrightarrow\; \boxed{\text{Antwort}}$$

$$\boxed{\text{Position}}\;\boxed{\text{Alternative}}\;\boxed{\text{Antwort}} \;—\; \mathcal{R}_{Arg\,+} \;\longrightarrow\; \boxed{\text{Argument}}$$

$$\boxed{\text{Position}}\;\boxed{\text{Alternative}}\;\boxed{\text{Antwort}} \;—\; \mathcal{R}_{Arg\,-} \;\longrightarrow\; \boxed{\text{Argument}}$$

Abbildung 3: Grundtypen der Links

Für den Aufbau der Grundstrukturen (Issue − Antwort − Argument) stehen verschiedene Typen von Links zur Verfügung, mittels derer die Beziehungen einzelner Individuen der vorgegebenen Knotentypen zueinander repräsentiert werden (Abbildung 3). So ordnet z.B. ein Link des Typs $\mathcal{R}_{Ans}$ eine bestimmte Antwort einem bestimmten Issue zu. Dabei können zu einem Issue durchaus mehrere (auch kontroverse) Antworten gehören. Anworten können durch Argumente gestützt oder in Frage gestellt werden, was durch Links der Typen $\mathcal{R}_{Arg\,+}$ sowie $\mathcal{R}_{Arg\,-}$ repäsentiert wird.

Eine besondere Bedeutung kommt in diesem Zusammenhang den Issues zu. Erst das Aufwerfen eines Issues induziert Antworten und in einer weiteren Stufe Argumente. Teilweise ergeben sich Ketten von Issues. So folgt aus einem deontischen Issue *»Soll das Ziel x verfolgt werden?«* logisch der instrumentelle Issue *»Welche Möglichkeiten gibt es, das Ziel x zu verfolgen?«*. Aus den Antworten auf diesen instrumentellen Issue ergeben sich dann deontische Issues der Form *»Soll das Instrument y* *zur Verfolgung des Ziels x verwendet werden?«.* Diese Nachfolgebeziehungen zwischen den einzelnen Issues werden durch einen speziellen Link-Typ $\mathcal{R}_{Nachf}$ (Abbildung 4) dargestellt.

$$\boxed{\text{Issue}} \ — \ \mathcal{R}_{Nachf} \longrightarrow \ \boxed{\text{Issue}}$$

$$\boxed{\text{Issue}} \ — \ \mathcal{R}_{X-Ref} \longrightarrow \ \boxed{\text{Issue}}$$

Abbildung 4: Erweiterte Link-Typen

Auch zwischen Issues, die bezogen auf die Hypertext-Struktur sehr weit auseinanderliegen, können Zusammenhänge (z.B. inhaltliche) bestehen, die, wenn sie erkannt wurden, als solche dargestellt werden sollten. Hierzu stehen Links des Typs $\mathcal{R}_{X-Ref}$ (Abbildung 4) zur Verfügung.

3.3 Aufbau von Wissensstrukturen mit HyperIBIS

Eine der Grundfunktionen des Systems ist die Erzeugung von Hypertext-Knoten, die jeweils Issues, Antworten oder Argumente repräsentieren, und in die dann (textuelle) Informationen aufgenommen werden. In der Vorgehensweise gibt es hierbei keine prinzipiellen Unterschiede zwischen den verschiedenen Knoten-Typen. Mit dem Betätigen einer Maus-Taste wird ein Menü aktiviert (Abbildung 5), in welchem die – bezüglich des sich aktuell in Bearbeitung befindenden Knotens – möglichen Aktionen aufgelistet sind. Wird »Issue erzeugen« ausgewählt, so generiert das System einen neuen Knoten des entsprechenden Typs. Danach erfolgt durch den Benutzer die Vergabe eines Namens für den neu generierten Knoten, und der Knoten wird als Fenster, in das nun mittels des im System integrierten Editors textuelle Information aufgenommen werden kann, auf dem Bildschirm dargestellt. Nach beendeter Texteingabe wird die Größe eines Fensters automatisch der Menge des Textes angepaßt. Enthält ein Knoten mehr textuelle Information als in einem Fenster einer vorgegebenen maximalen Größe dargestellt werden kann, so kann der Text mittels eines an jedem Fenster vorhandenen Buttons (» ↓↑ «) gescrollt werden.

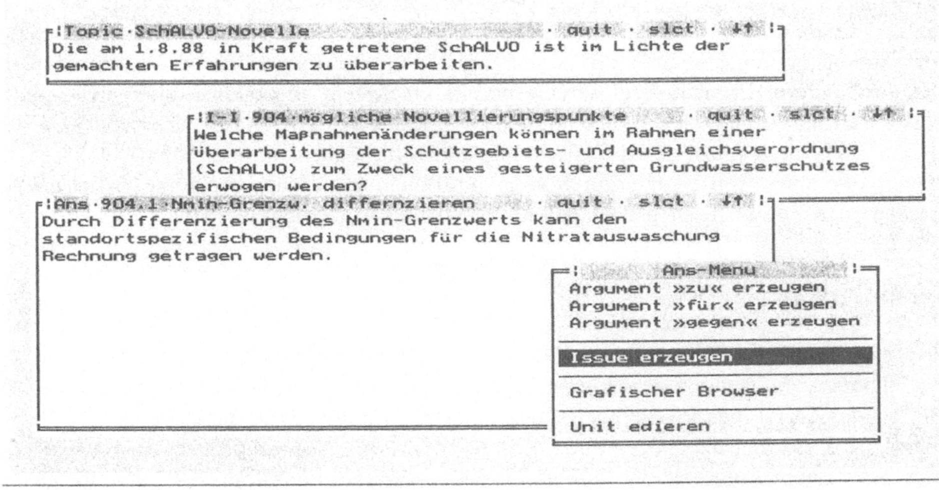

```
┌┊Topic·SchALVO-Novelle                          · quit · slct · ↓↑ ┊┐
│Die am 1.8.88 in Kraft getretene SchALVO ist im Lichte der
│gemachten Erfahrungen zu überarbeiten.

          ┌┊I-I·904·mögliche Novellierungspunkte         · quit · slct · ↓↑ ┊┐
          │Welche Maßnahmenänderungen können im Rahmen einer
          │überarbeitung der Schutzgebiets- und Ausgleichsverordnung
          │(SchALVO) zum Zweck eines gesteigerten Grundwasserschutzes
          │erwogen werden?
┌┊Ans·904.1·Nmin-Grenzw. differnzieren       · quit · slct · ↓↑ ┊┐
│Durch Differenzierung des Nmin-Grenzwerts kann den
│standortspezifischen Bedingungen für die Nitratauswaschung
│Rechnung getragen werden.
                                    ┌┊          Ans-Menu          ┊┐
                                    │Argument »zu« erzeugen
                                    │Argument »für« erzeugen
                                    │Argument »gegen« erzeugen
                                    ├──────────────────────────────
                                    │ Issue erzeugen
                                    ├──────────────────────────────
                                    │Grafischer Browser
                                    ├──────────────────────────────
                                    │Unit edieren
```

Abbildung 5: Bildschirmabzug des Systems HyperIBIS

Die Grundtypen der Verbindungen zwischen den Knoten der so entstehenden Wissensbasis werden beim Generieren der entsprechenden Knoten implizit mit erzeugt. Dies ist möglich, da neue Knoten stets aus dem Kontext von bereits vorhandenen heraus generiert werden.

Im Bezug auf einen Problembereich zusammengehörende Issues können über spezielle Knoten des Typs »Topic« (über die später auch der Zugang zu diesen Issues erfolgen kann) zusammengefaßt werden.

Der Umweltexperte ist bei der Bearbeitung eines Problembereichs mit der Hilfe von HyperIBIS nicht zwingend an eine sequentielle Vorgehensweise gebunden, sondern kann jederzeit an beliebigen Stellen die Wissensbasis erweitern, wenn bisher noch nicht berücksichtigte Aspekte auftauchen sollten. Hierin unterscheidet sich HyperIBIS von vielen gängigen Hypertextsystemen, in denen häufig eine strikte Trennung zwischen einem *Autoren-Modus* und einen *Browsing-Modus* gemacht wird.

3.4 Zugang zu dem im System vorhandenen Wissen

Der Zugang zu dem im System abgelegten Wissen erfolgt explorativ. Das heißt, daß der Benutzer aufgrund des Problemkontextes und der ihm in einer bestimmten Problembearbeitungsphase bereits vorliegenden Informationen Kriterien dafür entwickelt, welche Informationen in der jeweils nächsten Phase der Problembearbeitung relevant sind. Es ist kennzeichnend für hypertextartige Systeme, diese Vorgehensweise zu unterstützen, indem Links, die einerseits zur Repräsentation von unterschiedlichen Zusammenhängen zwischen Knoten dienen, gleichzeitig für den assoziativen Zugang zu den mit einem aktuellen Knoten in Verbindung stehenden Knoten verwendet werden. In HyperIBIS ist dies dadurch realisiert, daß zu jedem Knoten Listen der mit dem Knoten über Links eines spezifischen Typs verbundenen Knoten erzeugt werden können. Diese als Menüs realisierten Listen enthalten als Menü-Einträge die Bezeichner der Knoten, auf die die die jeweiligen Links verweisen. Das Verfolgen eines Links – mit dem Effekt, daß der Zielknoten in Form eines weiteren Fensters auf dem Bildschirm erscheint – geschieht durch das Auswählen eines Eintrags aus einem solchen Menü. Wurde auf einen Knoten zugegriffen, dessen Inhalt im aktuellen Problemkontext als nicht relevant erachtet wird, so kann das Fenster, durch das der Knoten dargestellt wird, mittels eines Buttons »quit« wieder geschlossen werden.

Das für die Bearbeitung eines Problembereichs benötigte Wissen ist nicht immer in einer spezifisch für diesen Problembereich strukturierten Form im System abgelegt. Einerseits wird an manchen Stellen neues Wissen aus externen Quellen in das System aufgenommen werden müssen (was über die Erzeugung neuer Knoten geschehen kann), andererseits werden oft Wissenspartikel aus dem Kontext anderer Problembereiche (die bereits im System abgebildetet sind) auch für einen sich in Bearbeitung befindenden Problembereich von Relevanz sein. Diese Wissenspartikel können über Links des Typs $\mathcal{R}_{X-Ref}$, deren Einrichtung jederzeit möglich ist, in einen aktuellen Problemkontext aufgenommen werden. Hierdurch können problembereichsübergreifende Zusammenhänge repräsentiert und im spezifischen Problemkontext verfügbar gemacht werden.

4. Perspektiven

Der Prototyp von HyperIBIS wurde unter anderem zur Repräsentation der Problemzusammenhänge bei der Planung von Grundwasserschutzmaßnahmen eingesetzt. Dabei hat es sich gezeigt, daß es bei wachsender Größe des Problembereichs immer schwieriger wird, allein durch das Verfolgen von Links auf Wissenspartikel zuzugreifen. Besondere Schwierigkeiten bereitet es, festzustellen, ob zu einer bestimmten Fragestellung bereits Wissen im System voraufbereitet (z.B. als Teilaspekt im Kontext eines anderen Problembereichs als dem aktuell bearbeiteten) vorliegt. Eine mögliche Lösung ist, das System mit Retrievalfähigkeiten zu versehen, die einen gezielten Zugriff auf Knoten mit einem bestimmten Inhalt erlauben sollen. In gIBIS [Conklin 88] wird dies dadurch realisiert, indem Benutzer die Möglichkeit haben, jedem Issue beliebige Schlüsselworte zuzuordnen. Über diese Schlüsselworte kann dann gezielt auf bestimmte Issues zugegriffen werden. Die Qualität des

Retrievals ist davon abhängig, inwieweit jeder einzelne Benutzer aussagekräftige Stichworte vergibt. Eine andere Möglichkeit ist die Unterstützung der Schlüsselwortvergabe durch das System. Dies kann z.B. mit Hilfe der Schlüsselwortliste eines Thesaurus erfolgen. Dabei wird jeder in das System aufzunehmende Text auf das Vorkommen der im Thesaurus vorkommenden Schlüsselworte untersucht, und diese Stichworte werden dann zur Indexierung verwendet. Das kontrollierte Vokabular eines Thesaurus dürfte zu einer konsistenteren Indexierung führen als dies durch die freizügige Vergabe von Stichwörtern — die von der momentanen Sichtweise der Benutzer abhängt — möglich ist.

Literatur

[Bates 86]   M. A. Bates, An Exploratory Paradigm for Online Information Retrieval, in: B. C. Brookes (ed.), Intelligent Information Systems for the Information Society, pp. 91-99, Elsevier, 1986

[Conklin 87]   J. Conklin, Hypertext: An Introduction and Survey, IEEE Computer 20(9), pp. 17-41, 1987

[Conklin 88]   J. Conklin and M. L. Begeman, gIBIS: A Hypertext Tool for Exploratory Policy Discussion, ACM Transactions on Office Information Systems 6(3), pp. 303-331, 1988

[Kuhlen 90]   R. Kuhlen, Zum Stand pragmatischer Forschung in der Informationswissenschaft, in: J. Herget und R. Kuhlen (Hrsg.), Pragmatische Aspekte beim Entwurf und Betrieb von Informationssystemen, Proceedings des 1. Internationalen Symposiums für Informationswissenschaft, pp. 13-18, Konstanz, 1990

[Kunz 70]   W. Kunz, H. W. J. Rittel, Issues as Elements of Information Systems, Working Paper No. 131, Institute of Urban and Regional Development, University of California, Berkeley, California, 1970

[Reuter 83]   W. D. Reuter, H. Werner, Thesen und Empfehlungen zur Anwendung von Argumentativen Informationssystemen, Arbeitspapier A-83-1, Institut für Grundlagen der Planung, Stuttgart, 1983

Variabler Thesaurus

- eine Schlüsselfunktion für die zukünftige Informationsverarbeitung in einer Verwaltung

Peter Schilling
Fachhochschule für für öffentliche Verwaltung
D 7140 Ludwigsburg

In dem nachfolgenden Referat wird der Begriff des variabler Thesaurus erläutert und zu dem herkömmlichen Begriff des Thesaurus differenziert. Der Vortrag skizziert die Anforderungen an einen solchen variablen Thesaurus und eine stufenweise Vorgehensweise zu einer möglichst raschen, aber an den jeweiligen Stand der Technik angepaßten Einführung.

Der erste und wichtigste Schritt eines solchens Vorgehens ist der Einsatz eines Thesaurus zur Schriftgutverwaltung. Die konventionelle Schriftgutverwaltung dient vor allem dem Zweck, das Vorhandensein bestimmter Vorgänge zu dokumentieren und diese Vorgänge wieder aufzufinden. Eine darüber hinausgehende Informationsgewinnung und Zusammenführung von Information aus einzelnen Vorgängen ist mit den in der Verwaltung üblichen Vorgehensweisen nicht oder nur äußerst schwer möglich. Üblicherweise kommt erschwerend hinzu, daß der Registratur, die für diese Aufgaben in der Organisation zuständig ist, in den Verwaltungen in der Regel eine geringe Aufmerksamkeit geschenkt wird. Entsprechende Ansätze, z.B. im Landessystemkonzept Baden-Württemberg sind nur die Ausnahme zur Regel und haben nach meiner Kenntnis bisher auch noch zu keiner Änderung der üblichen Praxis geführt.

Dies ist umso erstaunlicher, da in der Verwaltung nach wie vor die wesentlichen Informationen in Form von unformatierten Texten anfallen. Die geplanten und in der Einführungsphase stehenden Informationssysteme sind für meine Begriffe ohne eine moderne und effiziente Schriftgutverwaltung, die die nachstehend dargestellten Forderungen erfüllt, unvollkommene Gebilde, die man mit Bildern wie dem biblischen "Koloß auf tönernen Füßen" oder der sprichwörtlichen "Dame ohne Unterleib" recht anschaulich beschreiben kann

Bevor das Thema im einzelnen untersucht wird, möchte ich die Entwurfsphilosophie definieren, der ein System genügen muß, das Chancen für eine Umsetzung in die Verwaltungspraxis hat. Diese Entwurfsmaxime wurden implizit und teilweise auch schon explizit bereits in dem Konzept für das Umweltinformationssystem Baden-Württemberg benutzt [1]. Sie sind im einzelnen in Abb. 1 dargestellt.

Abb. 1

Entwurfsphilosophie des UIS
(und meine eigene)

* Die **Information** kommt **aus der laufenden Verwaltungs-Arbeit**
* Die **Fixierung** darf für den Benutzer **keine** (spürbare) **Zusatzbelastung** sein
* **Modularer Aufbau**

und:

* Das System **erzeugt neue Information** aus der fixierten Information

Die Forderungen an eine moderne Schriftgutverwaltung sind thesenartig in Abb. 2 aufgeführt. Die Notwendigkeit zu tiefgreifenden Änderungen ergibt sich aus der heutigen unbefriedigenden Situation in der Schriftgutverwaltung. Bei den Änderungen muß allerdings darauf geachtet werden, daß jedes Konzept sorgfältig darauf angelegt sein muß, Akzeptanzprobleme zu vermeiden. Ein System zur Schriftgutverwaltung muß sowohl flexibel gegen organisatorische wie auch gegen inhaltliche Änderungen der Verwaltungsaufgaben sein. Das System muß logisch so strukturiert sein, daß es mit den heute in der Verwaltung verfügbaren Instrumenten, z.B. relationale Datenbanken, bereits eingesetzt werden kann, daß es aber mit dieser Struktur auch auf zukünftige Entwicklungen, insbesondere objektorientierte Datenbanken, KI-Komponenten und Hypertextunterstützung übertragen werden kann, ohne daß die im System vorhandene Information bei Einführung neuer Methoden und Werkzeuge verlorengeht oder aufwendig umgesetzt werden muß. Die Schriftgutverwaltung muß in ein Informationssystem im jeweiligen Ausbauzustand integriert sein. Über Angaben zum Standort und Speichermedium sowie über den Dokumenttyp muß das System unabhängig von den aktuellen (u.U. nebeneinander) verwendeten Speichermedien gemacht werden. Und, als wichtigste Forderung, die Schriftgutverwaltung muß zu einem Instrument für die Aquisition von Wissen erweitert werden.

Abb. 2

Thesen zur Schriftgutverwaltung (SGV)
für ein erfolgreiches Informations-Management
(notwendig aber nicht hinreichend!)

- SGV muß sich ändern: heute, grundsätzlich,.....

- SGV darf sich nicht ändern (für den ängstlichen Benutzer)

- SGV muß flexibel gegen (inhaltliche) Änderungen sein

- SGV muß zukunftssicher (=ausbaufähig) strukturiert sein

- SGV muß in ein Informationssystem integrierbar sein

- SGV muß ein Hilfsmittel zur Verwaltung, aber auch zur AQUISITION VON WISSEN sein

Ich möchte deutlich machen, wo in der Verwaltung heute Information fixiert und wieder auffindbar ist. Hierbei möchte ich unter fixierter Information schriftlich oder graphisch festgelegte Informationsinhalte verstehen, die keiner weiteren Erklärung oder Interpretation durch Wissen, das nur im Gedächtnis eines Mitarbeiters vorhanden ist, bedürfen. Es ist hierbei zu beachten, daß die Information aus statistischen Datenbeständen und aus externen Wissensdatenbanken und die internen Datenbestände auf verwaltungseigenen Datenbanksystemen derzeit nur einen Bruchteil des tatsächlich benötigten und verarbeiteten Wissens in einer Verwaltung ausmachen. Insbesondere in einer Verwaltung, die mit Problemen befaßt sind, die über die Einzelfallbearbeitung hinausgehen, wie z.B. die Umweltverwaltung, die Wirtschaftsverwaltung, die Innenverwaltung oder die Staatskanzlei/das Staatsministerium, ist das Wissen zu einem sehr großen Anteil in dem erstellten unformatierten Schriftgut enthalten. (Abb. 3)

Abb. 3

Wo ist in der Verwaltung

INFORMATION

fixiert
und wieder auffindbar?

FORMATIERT   Statistik/externe Datenbanken
interne Datenbestände (IS=Info-Systeme)

UNFORMATIERT   Schriftgut
- Berichte
- Bescheide
- Vorlagen / Entwürfe
- Eingaben

Dieses Wissen wird mit den derzeit verfügbaren Instrumenten nur sehr schlecht erschlossen. Selbst diese schlechte Erschließung funktioniert häufig nur aufgrund des guten Erinnerungsvermögens eines Mitarbeiters, und der durch die vage Erinnerung ausgelösten personal- und zeitaufwendigen Suche nach bestimmten Vorgängen. Die heutige Schriftgutverwaltung ist im Vergleich zu den Anstrengungen, die in der Verwaltung auf den übrigen Gebieten der Informationsverarbeitung gemacht werden, unterdimensioniert.

Die Verarbeitung von unformatiertem Wissen in der Verwaltung nach heutigem Stand ist in Abb. 4 dargestellt. Der wesentliche Nachteil der heutigen Methode ist es, daß ein linear angelegter Aktenplan immer nur eine Eigenschaft eines Vorganges als Zugriffscharakteristikum zuläßt. Querverweise sind in der Praxis so gut wie unmöglich. Als praktisches Problem kommt noch hinzu, daß der Aktenplan eine historisch gewachsene Anhäufung von Stichworten darstellt, die häufig redundant und in den logischen Bezügen inkonsequent ist. Dies führt dazu, daß im günstigsten Fall ein Einzelfall wieder auffindbar ist; die Herstellung von großen Zusammenhängen, Übersichten und Querbezügen ist nur mit dem Erfahrungsschatz einzelner Mitarbeiter möglich.

Abb. 4————————————————————————————————

HEUTE: Verarbeitung von Wissen in der Verwaltung

Suchschemata	Aktenplan	statisch, linear
Wissen einordnen	AZ Vergabe (AZ = Aktenzeichen)	linear
Wissen umformen/"erzeugen"	Vorgangsbearbeitung	kein Bezug zu ähnlichen Fällen
Fixiertes Wissen reaktivieren	Suchen!	Einzelfallbezogen u.U. stochiastisch
Zusammenhänge suchen, Übersichten bilden	Nachdenken, Notizen Berichte anfordern	Sicherheit der "Vollständigkeit" nicht vorhanden

Wie kann man nun diese Situation verbessern? Die wünschenswerte Art der Schriftgutverwaltung als Soll-Vorstellung ist in Abb. 5 dargestellt.

Abb. 5 ————————————————————————————————

ZUKÜNFTIG: Verarbeitung von Wissen in der Verwaltung

Suchschemata	Thesaurus erstellen/auswählen (für Umwelt Umweltbundesamt-Thesaurus)
Wissen einordnen	Indexieren
Wissen umformen/"erzeugen"	Sachbearbeitung mit Info.-System und SGV Heranziehung von ähnlichen Fällen
Fixiertes Wissen reaktivieren	Recherche
Zusammenhänge suchen, Übersichten bilden	Recherchen, Analyse des Begriffsvernetzungen

Zur Erreichung dieser Vorstellungen erscheint mir der Einsatz von automatischen Volltextrecherchen nicht das geeignete Mittel, da die Schriftgutbestände außerordentlich groß sind und unter bestimmten Umständen bei Problemen der Verwaltung aus rechtlichen Gründen hohe Trefferquoten, u.U. sogar vollständige Selektion einschlägiger Vorgänge erwünscht oder gar notwendig sind. Es erscheint mir daher die beste Methode, auf das Instrument eines Thesaurus zurückzugreifen. Durch die terminologische Kontrolle eines Thesaurus wie er in seinen wesentlichen Zügen in der entsprechenden DIN-Norm [2] beschrieben ist, erscheint das Ziel einer hohen Trefferquote bei der Schriftgutsuche zusammen mit einem vertretbaren technischen Aufwand am besten realisierbar. Neben diesen praktischen Aspekten erscheint es mir wesentlich, daß ein Thesaurus von seiner Natur her bereits ein semantisches Netz bildet, das Wissen in einer Form abbildet, die strukturell für eine Erschließung mit informationstechnischen Mitteln geeignet ist. Ich möchte einen variabler Thesaurus dementsprechend so definieren, daß er die wesentlichen Eigenschaften eines herkömmlichen Thesaurus verbindet mit der Möglichkeit, problemlos neue Begriffe und neue Beziehungen zwischen Begriffen laufend aufzunehmen. Die Hilfsmittel für den Benutzer hierzu sind Bestandteil eines solchen variabler Thesaurus.

Um dieses Ziel zu erreichen und dabei die Forderungen an den Entwurf eines solchen Systems, wie sie vorstehend dargestellt waren, zu gewährleisten, sind die in Abb. 6 aufgeführten Eigenschaften eines solchen variablen Thesaurus und daraus folgend ein Bündel aus technischen und organisatorischen Eigenschaften (Abb. 7) notwendig.

Abb. 6

Eigenschaften des variablen Thesaurus

dynamische Erweiterung von Wortschatz und sematischem Netz

Einführung neuer sematischer Verknüfungsarten ohne Info.verlust möglich

"Gute" Synonymbehandlung

Polyhierarchische Struktur

Konzept für Klasse von

- geographischen Deskriptoren
- "Eigennamen"-Deskriptoren (Name, Aktenzeichen, Standort, Amt,...)

Abb. 7

System-Eigenschaften

technisch

- schnelle Zeichenketten und -teilketten-Verarbeitung
- Unterstützung E/R - Modell
- Dialog mit Benutzer, der die Deskriptoren - Auswahl unterstützt
- Automatisch Indexierung als Vorschlag
- Integration in die BK

organisatorisch

- Der verantwortliche Bearbeiter bestätigt/korrigiert die Indexierung
- Jedes Schriftstück im Text-System wird indexiert und mit AZ verknüpft
- Jeder neue Vorgang erhält neues AZ (AZ wird ergänzt um lfd. Nr.)

Für den Umweltbereich, der sich als ein mögliches aussichtsreiches Implementationsziel für ein solches System anbietet, kann man bereits auf einen recht weit entwickelten Thesaurus des Umweltbundesamtes zurückgreifen.

Erfahrungsgemäß liegt der Schwachpunkt eines Suchsystems, das sich auf einen Thesaurus stützt, bei der Indexierung. Im bisherigen System wird dieser Vorgang in der derzeit möglichen, rudimentären Weise durch die Vergabe eines Aktenzeichens in der Registratur erledigt.

Eine darüber hinausgehende Indexierung erfordert das Fachwissen des Bearbeiters. Die Indexierung durch eine eigene Stelle in einem eigenen Arbeitsgang ist aus meiner Sicht weder prinzipiell erwünscht noch praktisch realisierbar. Die Indexierung muß vielmehr als integraler Bestandteil der Vorgangsbearbeitung erfolgen. Ein aus meiner Sicht erfolgversprechender Ansatz ist eine automatische Indexierung von Schriftgut, das im Zuge der Vorgangsbearbeitung erstellt wird und eine Überprüfung dieser Vorschläge durch den Bearbeiter entweder am Bildschirm oder im Zuge der Korrektur des erstellten Schriftgutes. Hierbei ist besonders darauf zu achten, daß für den Bearbeiter nicht nur die Stichworte, sondern auch Beziehungen zu Ober-, Unter- und Nachbarbegriffen sowie zu Synonymen dargestellt werden. Die terminologische Kontrolle muß auch im Nachhinein durch nachträgliche Einführung von Beziehungen, Synonymen und dem Austausch von Begriffen möglich sein. Dadurch ist gewährleistet, daß der Bearbeiter durch die Indexierung nicht in einer akzeptanzgefährdenden Weise überfordert wird. Durch die Darstellung der Einbettung der Stichworte in ihr semantisches Netz wird andererseits eine gewisse Selbstdiziplin bei der Einführung neuer Stichworte gefördert.

Gegenüber einem herkömmlichen Thesaurus unterscheidet sich der variabler Thesaurus besonders durch 3 Eigenschaften:

1. Beziehungen zwischen Deskriptoren beschränken sich nicht
   auf die reinen hierarchischen Zuordnungen.

2. Als Deskriptoren sind sich überschneidende Klassen von
   geographischen Gebietsbezeichnungen zulässig.

3. Deskriptoren, die die Funktion von Eigennamen haben,
   spielen eine wesentlich größere und wichtigere Rolle als bei
   der herkömmlichen Literaturindexierung.
   Dies dient der eindeutigen Kennzeichnung von Vorgängen, d.h.
   Schriftstücken mit einem eindeutigen Zusammenhang

Wenn man bei der Schriftgutverwaltung einen variabler Thesaurus mit den hier im verfügbaren Zeitrahmen nur grob skizzierbaren Eigenschaften verwendet, ergibt sich ein Nutzen, der weit über das zielsichere Auffinden von Einzeldokumenten hinausgeht. Der in Abb. 9 dargestellte Nutzen übersteigt den Nutzen, den eine Schriftgutverwaltung hätte, die lediglich das bisherige Verfahren von Papier auf einen Bildschirm überträgt, um ein vielfaches. Der wesentlichste Bestandteil hierbei ist die Erreichung des Entwurfszieles, der Fixierung von Wissen, das in der Verwaltungsarbeit entsteht sowie das Entwurfsziel des Erschließen neuen Wissens aus den in der Verwaltungsarbeit anfallenden Zusammenhängen.

Abb. 9 ────────────────────────────────

Nutzen einer Schriftgutverwaltung mit variablem Thesaurus

Vorgänge können nach ihren wichtigen Merkmalen fallbezogen und zusammenfassend gesucht werden (auch geographisch)

Das semantische Netzwerk "lernt" aus den Vorgängen und fixiert Zusammenhänge

Die natürlichsprachliche Abfrage und die automatische Indexierung verbessern laufend ihre Qualität

Schnittstellen zu beliebigen Thesauri möglich

Neue Zusammenhänge oder Widersprüche können automatisch erkannt werden

Nur wenn es gelingt, die Schriftgutverwaltung in kurzer Zeit zu einem technisch und inhaltlich anpassungsfähigen und von den Benutzern akzeptierten leistungsfähigen integrierten Instrument eines Informationssystems zu entwickeln, wird der Einsatz von Informationssystemen in der Verwaltung den umfassenden Erfolg haben, der von ihrer Einführung quantitativ und qualitativ erwartet wird.

Eine Schriftgutverwaltung nach den hier beschriebenen Kriterien ist besonders notwendig und gewinnbringend bei allen Aufgabengebieten mit Querbezügen zwischen Einzelfällen, die keine einfache, regelmäßig wiederkehrende Struktur aufweisen. Hier ergibt sich durch die Anwendung einer Verbesserung der Informationsqualität für die Benutzer, wie sie auf andere Weise nicht erreichbar ist.

[1]   Konzeption für das Umweltinformationssystem Baden-Württemberg;
      Mayer-Föll, Schilling, Weigert et al.;
      Ministerium für Ernährung, Landwirtschaft, Umwelt und Forsten
      Baden-Württemberg Hrsg. (1986)

[2]   DIN 1463; Richtlinien für die Erstellung und Weiterentwicklung von Thesauri

Einbettung von Interpolationsverfahren in die Anfragesprache SQL zur Bearbeitung von Umwelt-Meßwerten

Leonore Neugebauer [*]
IPVR, Universität Stuttgart
Neugebauer@informatik.uni-stuttgart.de

Kurzfassung

In diesem Papier wird eine Erweiterung eines konventionellen relationalen Datenbanksystems vorgestellt, um Umwelt-Meßwerte effizient zu verarbeiten. Dieser Ansatz wurde innerhalb eines interdisziplinären Umwelt-Forschungsprojekts entwickelt, das die Schadstoffbelastung von Grundwasser und Boden erforscht. Ausgehend von den besonderen Eigenschaften von Umwelt-Meßwerten wird eine DBS-Erweiterung vorgeschlagen, die es erlaubt, Meßdaten auch zwischen den eigentlichen Meßpunkten abzufragen. Das Zusammenwirken dieser Erweiterung mit den relationalen Operationen wird untersucht, und das System-Design des ersten Prototypen wird beschrieben.

1. Einleitung

Mit zunehmender Umweltbelastung und Umweltverschmutzung durch die fortschreitende Entwicklung der Industrie und die wachsende Bevölkerungsdichte wird Umweltforschung immer wichtiger. Dazu wurden in den letzten Jahren an vielen Stellen Meßgeräte aufgebaut, die immer größere Mengen Daten liefern. Um diese Datenflut verarbeiten und auswerten zu können, ist es naheliegend, Datenbanksysteme (DBS) einzusetzen, weil DBS für die Verwaltung großer Mengen gleichartiger Daten konzipiert sind.

Jedoch wurden DBS bisher überwiegend für die Verarbeitung kommerzieller Daten, etwa im Handel und Bankbereich, entwickelt und eingesetzt. Das heißt, es können viele kurze, gleichartige Operationen bzw. Transaktionen schnell und zuverlässig bewältigt werden. Für die vielfältigen Möglichkeiten der Weiterverarbeitung und Auswertung, wie sie bei umweltbezogenen Meßwerten benötigt werden, sind DBS bisher weniger geeignet.

Um die Nachteile kommerzieller DBS insbesondere bei der Verarbeitung raum- und zeitbezogener Daten zu vermeiden, werden sowohl Erweiterungen in der Datenmodellierung und Datendefinition benötigt als auch die Möglichkeit, neue und benutzerdefinierte Funtionen einzubinden. Z.B. sollen Meßwerte verglichen werden, die nahe beieinander liegen

---

[*]   Die Arbeit der Autorin wurde vom PWAB-Projekt Baden-Württemberg unter Nr. PW 87 045 gefördert.

aber nicht genau gleich sind und deshalb mit der Definition der Gleichheit in den bekannten Datenbank-Anfragesprachen nicht verglichen werden können.

Dieses Papier ist im wesentlichen eine ins Deutsche übertragene und aktualisierte Fassung von [Neug90]. Im nächsten Kapitel werden einige DBS verglichen, die um neue Datentypen, benutzerdefinierte Funktionen und weitere Hilfsmittel erweitert wurden bzw. erweitert werden können. In Kapitel 3 wird das diesem Papier zugrundeliegende konkrete Projekt beschrieben. Daraus werden im vierten Kapitel die besonderen Eigenschaften von Meßwerten und die typischen Anwendungen darauf abgeleitet. Kapitel 5 beschreibt die Spracherweiterungen und ihr Zusammenwirken mit den relationalen Operationen. Im sechsten Kapitel wird die Integration in ein relationales DBS und der Stand des Projekts beschrieben. Im Anhang wird ein Anwendungsbeispiel gegeben.

2. Verwandte Arbeiten

Es gibt bereits viele Ansätze und auch Forschungsprototypen, um die Nachteile konventioneller DBS bei der Verarbeitung räumlicher und zeitlicher Daten zu beheben. Als Beispiele seien hier die erweiterbaren DBS EXODUS [CDFG86], POSTGRES [StRo86, StRH90], Starburst [HCLM90, ScFl86], GENESIS [BBGS88] und DASDBS [ScWa86, SPSW90, Wolf90] genannt, die in Tabelle 2.1 verglichen werden. Unter ADT wird hier eine Schnittstelle verstanden, die es erlaubt - für spätere Anwender transparent - neue Datentypen aus vorhandenen zu konstruieren und Operationen darauf zu definieren.

Benutzer können definieren:	EXODUS	POSTGRES	Starburst	GENESIS	DASDBS
Neue Datentypen	x	x	x	x	x
Komplexe Objekte	x	x	x	x	x
Operationen / Funktionen	x	x	x	(x)	(x)
Abstrakte Datentypen (ADT)	x	x	x	x	x
Physische Speicherstrukturen			x	x	(x)
Zugriffspfade	(x)	(x)	x	(x)	x

(x): eingeschränkt möglich bzw. nur geplant

Tabelle 2.1: Vergleich verschiedener Erweiterbarer DBS

Die Erweiterungen, die in diesem Papier beschrieben werden, sind im wesentlichen solche, wie sie von [LiMP87] als *Benutzer-Datenerweiterungen* bezeichnet werden, also benutzerdefinierte Funktionen und (abstrakte) Datentypen mit Funktionen darauf. Wie Tabelle 2.1 zeigt, ließen sie sich mit allen genannten Systemen auch realisieren. Im Gegensatz dazu die von [LiMP87] so bezeichneten *Datenverwaltungs-Erweiterungen*, also benutzerdefinierte

Speicherstrukturen und Zugriffspfade, wären nützlich für ein günstiges Antwortzeitverhalten; sie sind aber nicht unbedingt notwendig.

3. Projektbeschreibung

Als Motivation für die Erweiterungen, die in den folgenden Kapiteln vorgestellt werden, wird hier das interdisziplinäre Umwelt-Forschungsprojekt beschrieben. Dieses Projekt kann als Stellvertreter für viele ähnliche Projekte angesehen werden.

3.1 Ziele des Gesamtprojekts

Das Forschungsprojekt "Naturmeßfeld 'Horkheimer Insel'" ('Horkheimer Insel' ist der Name einer Insel im Neckar bei Heilbronn.) besteht aus fünf Teilprojekten, vier Anwender-Projekten - aus der Sicht des Informatikers - und dem Datenbank-Teilprojekt. Die Anwender-Projekte sind in den Fachgebieten Geohydrologie, Wasserchemie, Landwirtschaft und Bodenkunde angesiedelt.

Das Hauptziel des Gesamtprojekts ist die Erforschung von Zusammenhängen im Boden und Grundwasser, insbesondere die Wirkungen von Düngemitteln, Herbiziden und Pestiziden und deren Transport im Boden, Sicker- und Grundwasser. Ein Vergleich und die Eichung verschiedener Meßmethoden und -geräte wird angestrebt. Auf lange Sicht wird eine ökologisch und ökonomisch verträgliche Art der Landwirtschaft gesucht. Eine detailliertere Beschreibung des Projekts findet sich in [BEHL90] und [Teut90].

3.2 Das Datenbank-Teilprojekt

Zu den Aufgaben des Datenbankprojekts gehört es nun, die unterschiedlichen anfallenden Daten aus den Messungen zu strukturieren, zu verwalten, zu sichern und bei deren Verarbeitung Unterstützung anzubieten. Dazu müssen zunächst die Voraussetzungen in Form von Erweiterungen eines bestehenden kommerziellen DBS geschaffen werden. Da des Gesamtprojekt als Langzeitprojekt angelegt ist, ist zu erwarten, daß nach ersten Messungen und Ergebnissen die Meßparameter verändert werden, neue Meßgeräte, Versuche und sogar Teilprojekte hinzukommen. Es muß auf einfache Art, also ohne Veränderung bestehender Anwendungen, möglich sein, die neu anfallenden Daten einzugliedern.

Innerhalb dieses Projekts soll also ein Gesamtsystem entstehen, das zugeschnitten ist auf
* die Verarbeitung von Meßwerten und Umweltdaten,
* die Unterstützung von Forschungsprojekten, d.h. Projekten mit Zielsetzungen, die sich im Laufe der Zeit ändern,
* die Unterstützung von verteilter Meßwerterhebung und -verarbeitung.

Insbesondere zur verteilten Meßwertverarbeitung ist Näheres in [Neug89] zu finden.

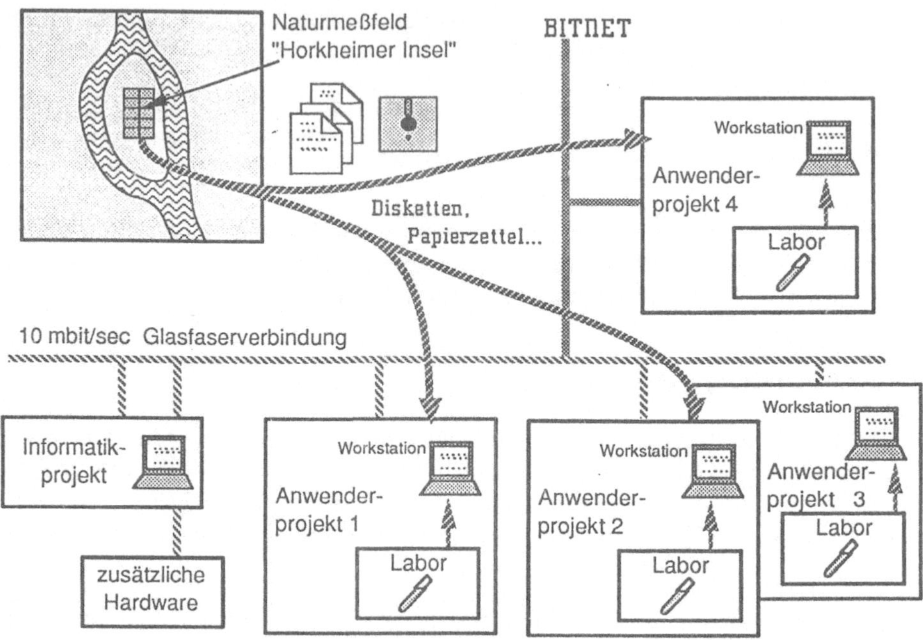

Bild 3.1: Das Projekt 'Naturmeßfeld Horkheimer Insel'

3.3 Hard- und Software-Austattung des Projekts

Die Informatik-relevante Ausstattung jedes Teilprojekts besteht aus einem Rechner der Workstation-Klasse unter einem UNIX[*]-artigen Betriebssystem und dem relationalen DBS IN-GRES[**] darauf. Die Workstations in den Teilprojekten stammen teilweise von verschiedenen Hestellern. Zusätzlich sind noch verschiedene PCs vorhanden, die zum Auslesen der Meßgeräte und als zusätzliche Terminals an den Workstations dienen. Bis auf ein Teilprojekt, das nur über BITNET zu erreichen ist, sind alle Workstations über Ethernet miteinander vernetzt. Das Testfeld selbst ist bisher und voraussichtlich für die Dauer dieses Projekts nicht in das Netz integriert. So müssen alle Meßergebnisse auf Datenloggern, Disketten oder Papier aufgezeichnet zu den Projektrechnern transportiert werden.

Da Ergebnisse und Anwendungen aus früheren Projekten weiter verwendet werden sollen, müssen noch einige zusätzliche Hard- und Softwarekomponenten in die Projektumgebung integriert werden. Sowohl das Meßfeld als auch die Projektdatenbank wurden neu eingerichtet. Die Hardware-Austattung des Projekts ist in Bild 3.1 dargestellt.

---

[*]   UNIX ist ein eingetragenes Warenzeichen von AT&T
[**]   INGRES ist ein eingetragenes Warenzeichen von INGRES Corporation

Eine wichtige Entscheidung in diesem Projekt war, daß alle Teilprojekte ein ähnliches Betriebssystem und das gleiche DBS verwenden, damit der Datenaustausch vereinfacht wird. Obwohl die Kap. 2 vorgestellten erweiterbaren DBS vom Funktionsumfang her besser geeignet wären, wurde ein kommerziell erhältliches DBS gewählt, für das Anpassungen an neue Betriebssystemversionen vom Hersteller auf allen Rechnern garantiert werden.

4. Eigenschaften von Umwelt-Meßwerten

Die Hauptaufgabe des Informatik-Teilprojekts ist die Verwaltung und Bereitstellung der im Projekt erhobenen Meßdaten. Meßwerte unterscheiden sich von konventionellen Daten durch folgende Eigenschaften, von denen einige schon in [LSBM83] herausgestellt werden:

- Zu jedem einzelnen Meßwert gehört genau eine Orts- (3D) und eine Zeitangabe, sowie der Versuchskontext und i.a. auch eine Angabe zur Qualität des Meßwerts. Ohne diese Zusätze ist ein Meßwert für das Projekt wertlos. In einigen Fällen können Orts- oder Zeitangabe weggelassen werden, und zwar genau dann, wenn dieses Attribut für das ganze Projekt gleich ist. So gelten die gleichen Wetterdaten für jeden Punkt der Oberfläche des Meßfeldes, und die geologischen Formationen ändern sich nicht während der Versuchslaufzeit.

- Meßwerte ändern sich niemals und sie veralten nicht. Häufig können sie erst richtig ausgewertet werden, wenn sie über einen längeren Zeitraum hinweg vorliegen. Grundwasserstände ergeben erst einen repräsentativen Querschnitt, wenn sie über zehn Jahre aufgezeichnet wurden. Zeitabhängige Meßwerte können in der Natur nicht wiederholt aufgezeichnet werden und benötigen deshalb eine besonders sorgfältige Sicherung.

- Die Beziehungen zwischen Meßwerten sind i.a. nicht sehr komplex und vielfältig. Zwischen verschiedenen Meßparametern läßt sich aber immer eine Beziehung über die Attribute Raum und Zeit herstellen. Außerdem sind einzelne Meßreihen ganzen Versuchen oft hierarchisch untergeordnet.

- Um einen natürlichen Zusammenhang vollständig und genau aufzuzeichnen, sind viele unterschiedliche Versuche und Meßgeräte notwendig, und entsprechend vielfältig sind dann auch die Formate der Meßdaten. Die Anzahl der Werte, die zu einer Meßreihe gehören, ist oft relativ gering. Es gibt aber auch Messungen, wie z.B. die Aufzeichnungen des Wetters, die ein sehr großes Datenvolumen liefern.

In der Projekt-Datenbank müssen auch geographische Daten gehalten werden, schon um eine Darstellung von Versuchsergebnissen in ihrem Kontext zu ermöglichen. In manchen Fällen, z.B. bei der Ermittlung der Geländehöhe, ist die Unterscheidung zwischen geographischen Daten und Meßwerten willkürlich. Mit der Ausnahme, daß geographische Daten nahezu zeitunabhängig sind, sind ihre Eigenschaften mit denen von Meßdaten vergleichbar und sie können auf gleiche Art behandelt werden.

4.1 Räumliche und zeitliche Aspekte von Meßwerten

In [LSBM83] wurde zuerst erkannt, daß Raum- und Zeitattribute von Meßwerten sich stark von solchen Attributen in konventionellen Anwendungen kommerzieller Datenbanken unterscheiden. In konventionellen Anwendungen können nur diskrete Zeitpunkte, Orte oder Oberflächen modelliert werden. Bezüglich temporaler Aspekte wurden die Anforderungen und die Mängel konventioneller DBS schon ausführlich in [JaMa86], [SnAh85] und [Gadi88] beschrieben.

Eine besondere Behandlung von räumlichen Daten wird u.a. im PROBE Projekt [Oren86] und in dem 'Geo-Kernel-System' des DASDBS [ScWa86, SPSW90, Wolf90] angeboten. Im Zusammenhang mit geographischen Datenbanken und einem Geo-Objektmodel wird in [LiNe86] wiederum die Forderung nach einer besonderen Behandlung von Raum- und Zeit-Attributen aufgestellt.

Im beschriebenen Projekt steht die Verarbeitung von Meßwerten im Vordergrund. Zwei Eigenschaften unterscheiden Meßdaten wesentlich von kommerziellen Daten:

- Meßwerte sind punktuelle Momentaufnahmen eines kontinuierlich laufenden Prozesses. (Wenn es undefinierte Werte gibt, heißt das i.a., daß ein ungeeigneter Wertebereich gewählt wurde.) Meßdaten behalten keinen konstanten Wert über ein längeres zeitliches oder räumliches Intervall.

- Für jede mögliche Kombination von Zeitattribut und räumlichen Koordinaten gibt es genau einen Wert des kontinuierlichen Prozesses. In vielen Fällen sind Verfahren oder Algorithmen bekannt, die diese Zwischenwerte mit hinreichender Genauigkeit aus den umliegenden berechnen können.

Die zweite Eigenschaft setzt voraus, daß es nur geringfügige Änderungen zwischen nahe beieinander liegenden Werten gibt und daß eine stetige Funktion den natürlichen Vorgang beschreibt. Dies ist eine ähnliche Eigenschaft wie die Kontinuität für das Repräsentationsschema räumlicher Objekte, das von [Guen88] gefordert wird. Deshalb werden die Meßattribute im folgenden auch als *kontinuierliche Attribute* bezeichnet, während die Orts- und Zeitattribute, gegen die der Meßparameter aufgezeichnet wurde, als *Basisattribute* bezeichnet werden. (Natürlich haben die Basisattribute auch die Eigenschaften Stetigkeit und geringfügige Änderungen.)

Ein Beispiel ist der Grundwasserstand, der in einer Anzahl von Meßpegeln auf dem Naturmeßfeld in wöchentlichen Abständen ermittelt wird. Zwischen den Meßpegeln ist der Grundwasserstand ähnlich dem in den Meßpegeln aber nicht genau gleich. Er kann durch Interpolation mit den umliegenden Meßwerten abgeschätzt werden (s.a. Bild 5.1). Außerdem oder zusätzlich kann auch der Grundwasserstand zwischen den Meßzeitpunkten berechnet werden. Andere Beispiele sind die Geländehöhe, die nur in einem Raster gemessen wird, oder Wetterdaten wie Außentemperatur, die in diskreten Zeitintervallen aufgezeichnet werden.

4.2 Typische Anwendungen auf Meßwerten

Die Anwendungen, die gewöhnlich auf Meßwerten durchgeführt werden, berücksichtigen deren besondere Eigenschaften. Solche Anwendungen sind:
- Statistiken und graphische Ausgaben;
- Visualisierung der Meßergebnisse in thematischen Karten, die geographische, kartographische und Meßdaten miteinander kombinieren;

- Simulationsprogramme, um umweltbezogene Modelle zu evaluieren wie Grundwasser-
  flußmodelle oder Modelle zur Verbreitung bzw. Herkunftsbestimmung [KeCh90] von
  Schadstoffen in Flüssen, Grundwasser, Boden oder Luft;
- Forschung, wie die verschiedenen Parameter voneinander abhängen.

Diese Anwendungen verändern die Daten nicht. Sie erzeugen neue Daten, die nicht unbedingt
gespeichert werden müssen, weil sie wiederholt erzeugt werden können, solange die Originaldaten vorhanden sind. All diese Anwendungen haben gemein, daß sie als Eingabe - meistens
äquidistante - Folgen von Meßwerten benötigen. Wie diese Wertefolgen mit Hilfe von Interpolationsroutinen als DBS-Erweiterung bereitgestellt werden können, wird im folgenden beschrieben.

5. Kontinuierliche Attribute

Durch die langjährige Arbeit mit und Verarbeitung von Meßwerten wissen Umweltforscher
um die in Kapitel 4 aufgezählten besonderen Eigenschaften der Meßwerte und nutzen dieses
Wissen bei der weiteren Verarbeitung aus. Aber ein konventionelles DBS weiß nichts von
Meßwerten und deren Eigenschaften und es gibt auch keine Möglichkeit, diese dem DBS mitzuteilen. Deshalb kann ein konventionelles DBS auch keine besondere Behandlung von Meßwerten anbieten. Im folgenden werden die Hauptprobleme herausgestellt und eine
Lösungsmöglichkeit aufgezeigt.

5.1 Probleme bei der Verarbeitung von Meßwerten

In einem konventionellen DBS ist es nicht möglich, einen Meßwert interaktiv abzufragen,
wenn er nicht auch genau zum gefragten Zeitpunkt und am gefragten Ort aufgezeichnet
wurde. Der Benutzer muß statt dessen eine Intervallanfrage absetzen, die ein ungenaues und
im ungünstigen Fall ein stark verfälschtes Ergebnis liefert.

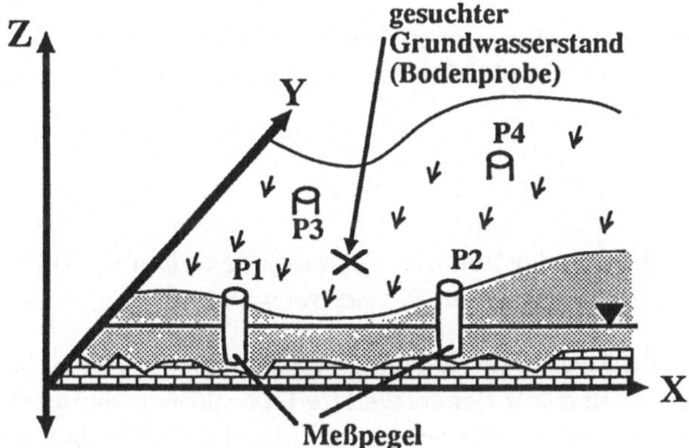

Bild 5.1: Räumliche Interpolation von Grundwasserständen

In konventionellen relationalen DBS ist der direkte Vergleich zweier kontinuierlicher Meßreihen über den natürlichen Verbund (das ist die dafür am besten geeignete relationale Operation) nur möglich, wenn beide Meßparameter genau identische Orts- und Zeitattribute haben. Das ist aber praktisch fast nie der Fall.

Z.B., wenn ein Umweltforscher Ergebnisse aus Bodenproben mit Grundwasserständen vergleichen möchte, kann er dies niemals direkt über den natürlichen Verbund tun, weil die Ortsangaben nicht gleich sein können: Verläßliche Bodenproben können nicht in oder direkt neben Meßpegeln gesammelt werden (siehe Bild 5.1).

Oft ist es unmöglich, Daten für Simulationsprogramme direkt aus der Datenbank zu nehmen, weil diese Programme äquidistante Wertefolgen benötigen und bei Messungen im Feld fast immer ab und zu einzelne Werte fehlen, z.B. durch Ausfall der Meßgeräte bei ungünstigen Wetterlagen.

In einem konventionellen DBS kann man nicht zwischen Meßwerten und konventionellen Daten trennen, auch 'normale' beschreibende und Basisattribute können nicht unterschieden werden. Es ist nicht bekannt, wo nur Stichpunkte in der Datenbank liegen (Meßwerte) und wo zu einer Objektklasse alle vorhandenen Instanzen abgelegt sind (konventionelle Daten).

Eine (politische) Grenzlinie wird genauso behandelt wie Höhenlinien, die nur Beispiele der Geländehöhe sind.

5.2 Lösungsansatz: Ausnutzen der Eigenschaften von Meßwerten

Die Projektdatenbank muß beides enthalten, konventionelle Daten und Meßwerte. Im konventionellen Teil der Datenbank liegen u.a. Ernteerträge, und Berechnungen zur Wirtschaftlichkeit werden durchgeführt.

Da die besonderen Eigenschaften der Meßdaten während ihrer gesamten Lebenszeit in der Datenbank bestehen, erscheint es sinnvoll, sie auf konzeptioneller oder logischer Ebene während des Datenbankentwurfs festzuschreiben. Deshalb muß das Datenmodell, ein erweitertes relationales Modell, zwei Arten von Relationen unterscheiden können:

1) Konventionelle Relationen R_i werden formal als Mengen von (geordneten) Wertekombinationen definiert, den Tupeln. Die Domänenfunktion D liefert den Wertebereich eines Attributs A:

$$R_i (A_{i1}, ..., A_{in}) \subseteq D (A_{i1}) \times ... \times D (A_{in}), \quad i \in IN$$

   wobei die A_{ij} die Attribute der Relation R_i sind. Jede Relation muß mindestens ein Attribut enthalten. Die Schlüsselattribute von R_i sind frei wählbar.

2) *Meßwertrelationen* sind Relationen, die einige zusätzliche Eigenschaften aufweisen, die nicht alle Relationen haben, und auf denen weitere Operationen definiert sind, die auf anderen Relationen nicht angewendet werden dürfen. Eine Meßwertrelation ist also ein Spezialfall einer Relation, die alle Eigenschaften einer 'normalen' Relation aufweist und noch einige mehr. Formal sieht eine Meßwertrelation wie folgt aus:

$$MR_i\ (A_{ib1}, ..., A_{ibk}, A_{ic1}, ..., A_{icj}, A_{i1}, ..., A_{in}) \subseteq$$
$$D\ (A_{ib1})\ x\ ...\ x\ D\ (A_{ibk})\ x\ D\ (A_{ic1})\ x\ ...\ x\ D\ (A_{icj})\ x\ D\ (A_{i1})\ x\ ...\ x\ D\ (A_{in}),$$
$$i \in IN,\ \ k, j \geq 1;$$

wobei die A_{ib} die Basisattribute bezeichnen und die A_{ic} die kontinuierlichen Attribute und die A_i sonstige Attribute. Jede Meßwertrelation muß mindestens zwei Attribute, ein Basisattribut und ein kontinuierliches Attribut aufweisen. Eine wesentliche Eigenschaft der Basisattribute ist, daß sie den Schlüssel oder zumindest einen Teil des Schlüssels bilden. Denn die Basisattribute enthalten den Kontext des Meßwerts oder der Meßwerte in jedem Tupel, der die Meßwerte eindeutig gegenüber anderen Werten identifiziert. Im Beispiel 1 im Anhang ist das Attribut gdw_stand ein kontinuierliches Attribut. Die im Beispiel zugehörigen Basisattribute sind x_koord, y_koord (räumlich) und zeitpunkt (zeitlich).

Implementiert wird diese 'Auszeichnung' von Relationen als Meßwertrelationen durch zusätzliche Systemrelationen, die Informationen über kontinuierliche Attribute und die zugehörigen Basisattribute enthalten.

Wie in Kapitel 4.1 herausgestellt, ist die wesentliche Eigenschaft der Meßwerte, daß sie Stichpunkte eines stetigen Prozesses sind. In den Anwendungen dieses Systems repräsentieren ein kontinuierliches Attribut und das zugehörige Basisattribut eine stetige mathematische Funktion $f \in F$, die die Wertekombinationen der Basisattribute in den Wertebereich des kontinuierlichen Attributs abbildet:

$$f_i\colon A_{b1}\ x\ A_{b2}\ x\ ...\ x\ A_{bk} \rightarrow A_{ci},\ \ i = 1, ..., j.$$

Zu jedem Zeitpunkt und/oder an jedem Ort des Versuchs nimmt das kontinuierliche Attribut einen bestimmten Wert an. Diese Werte, also die Funktion f_i können mit Hilfe umliegender Werte berechnet werden.

Syntaktisch sind einige geringfügige Erweiterungen der Datendefinitionssprache (DDL) notwendig, um dem DBS mitzuteilen, welches kontinuierliche Attribute und welches die zugehörigen Basisattribute sind. Eine Relation, die kontinuierliche Attribute und (Verweise auf) Basisattribute enthält, wird als Meßwertrelation erkannt. (Die DDL-Syntax folgt [INGR89].)

```
CREATE  TABLE  <relation name >
               (<attr.name>      <data format>  BASE ATTRIBUTE
               {,<attr.name>     <data format>  BASE ATTRIBUTE}
                ,<attr.name>     <data format>  CONTINUOUS ATTRIBUTE
               {,<attr.name>     <data format>  CONTINUOUS ATTRIBUTE}
               {,<attr.name>     <data format>} )
```

Die Grundwasserstände-Relation (s. Anhang) wird mit dieser Syntax wie folgt definiert:

```
CREATE  TABLE  gwmessung
               (x_koord      float4      BASE ATTRIBUTE,
               y_koord       float4      BASE ATTRIBUTE,
               zeitpunkt     date        BASE ATTRIBUTE,
               gdw_stand     float4      CONTINUOUS ATTRIBUTE,
               gwm_id        vchar(8))
```

5.3 Neue Operationen

In diesem Abschnitt werden zwei neue auf allen Meßrelationen ausführbare Operationen eingeführt, beschrieben in einer Notation ähnlich der Abstrakten Datentypen (ADT), die u.a. in [Gutt77] und [LMWW79] als geeignetes Mittel dazu eingeführt werden. Die Definitionen werden nicht in eine vollständige Datenbankspezifikation eingebettet, wie etwa in [Maib85] angegeben, sondern es werden nur die Erweiterungen spezifiziert. Die Syntax ist ähnlich der in [WSSH88] verwendeten. Im Gegensatz zu anderen Ansätzen [WSSH88], [StRG83] wird der ADT-Mechanismus hier nicht dem Benutzer angeboten, weil er bereits ein fertig auf seine Bedürfnisse zugeschnittetenes System erhalten soll.

Sei R_i die Sorte (Datentyp) aller möglichen Relationen und A_i seien die Attribute abgeleitet aus den möglichen Wertebereichen. Dann wird die neue Sorte Meßwertrelation MR wie folgt definiert:

type: MR from R, A, f

operations: new: $R \times (D(A_{b1}), ..., D(A_{bk})) \times (D(A_{c1}), ..., D(A_{cj})) \rightarrow MR$

$$...$$

$$\text{interpolation: } MR \times f_i \times (A_{b1}, ..., A_{bk}) \rightarrow A_{c1}, \quad i = 1, ..., j$$

variables: $mr \in MR$

axioms: $D(\Pi_{A_{b1} ... A_{bk}}(mr)) \subseteq D(A_{b1}, ..., A_{bk})$
$D(\Pi_{A_{ci}}(mr)) \subseteq D(A_{ci})$

Die Interpolations-Operation könnte z.B. auf das Beispiel in Abschnitt 5.1 angewendet werden, um Grundwasserstände an beliebigen Punkten zu berechnen.

Um das Problem des Verbunds zwischen zwei Meßreihen, genauer gesagt, ihrer Basisattribute zu lösen, und um Eingabereihen für Modellrechnungen zu erzeugen, wird eine komplexere Operation benötigt. Dieser nächste Schritt ist die Berechnung äquidistanter Folgen von Werten:

operations: interpol_series: $MR \times f_i \times (A_{b1}, ..., A_{bk}) \times A_{step1} \times ... \times A_{stepl} \rightarrow$
$$R(A_{b1}, ..., A_{bk}, A_{ci}) \qquad\qquad i = 1, ..., j; \quad l \leq k$$

variables: $mr \in MR$

axioms: $D(\Pi_{A_{b1}, ..., A_{bl}}(mr)) \subseteq D(A_{step1} \times ... \times A_{stepl})$

wobei die A_{stepi} ein- oder mehrdimensional hochgezählt werden können, also eine Interpolation entlang einer Geraden (im Raum) oder auf einer n-dimensionalen Ebene.

Ein Interpolationsverfahren wird im DBS wie folgt deklariert:

```
DECLARE METHOD <interpol.meth.>
          ON TABLE <rel.name>
          CONTINUOUS ATTRIBUTE <attr.name>
          VARYING BASE ATTRIBUTES <attr.name> {, <attr.name>}
```

Die Deklaration des Interpolationsverfahrens für Grundwasserstände sieht dann so aus:

```
DECLARE  METHOD gdw_staende
         ON TABLE gwmessung
         CONTINUOUS ATTRIBUTE gdw_stand
         VARYING BASE ATTRIBUTES x_koord, y_koord
```

Natürlich löst dieser Ansatz noch nicht das Problem, wie man die dichtesten (und weitere umgebende) Punkte findet. Aber er versteckt dieses Problem vor dem Endbenutzer und bietet ihm eine einfach zu handhabende, klare Syntax. Das Problem wird auf die Implementierung der Interpolationsfunktionen verlagert, wo es zentral effizienter gelöst werden kann. Bei der Implementierung der Interpolationsfunktionen wird dynamisches SQL [INGR89a] eingebettet in eine höhere Programmiersprache verwendet, das einen sehr flexiblen Zugriff auf die Datenbank ermöglicht.

Das Auffinden der umliegenden Punkte kann über räumliche Suchoperationen, die Punkte in Oberflächen oder Körpern liefern, durchgeführt werden. Bei der Implementierung der räumlichen Suche innerhalb der Interpolation kann der Programmierer durch eine Bibliothek vordefinierter SQL-Anfragen oder SQL-Prozeduren [INGR89a] wirkungsvoll unterstützt werden.

Dies könnte dann auch benutzt werden, um Hinweise zu finden, wie man die Performance der räumlichen Suche verbessern kann. Möglichkeiten hierzu bieten räumliche Indexe (siehe [Oren86]) oder neuere baumartige Datenstrukturen für schnellen Zugriff auf geographische Daten wie sie u.a. in [Guen90], in [SeKr90] mit dem Buddy-Tree, in [FrBa90] mit dem Fieldtree und in [Same90] mit dem Quadtree vorgestellt werden. Verschiedene Strukturen und Zugriffspfade für geometrische, also auch räumliche Daten werden in [Guen88] verglichen.

Es sollte möglich sein, mehrere Interpolationsverfahren für dasselbe kontinuierliche Attribut zu definieren aus zwei Gründen: Erstens können verschiedene gleichwertige Methoden existieren und zweitens erlaubt dies, verschiedene Versionen derselben Methode bereitzustellen, die entweder ein schnelleres oder ein genaueres Ergebnis liefern.

5.4 Zusammenspiel mit relationalen Operationen

Zunächst soll hervorgehoben werden, daß Meßwertrelationen weiterhin auch als konventionelle Relationen verarbeitet werden können und alle relationalen Operationen auf sie angewendet werden können. Es ist nicht sinnvoll und wünschenswert, Interpolation innerhalb von Datenmanipulation einzusetzen, weil einerseits Änderungen auf temporär berechneten Ergebnissen nicht sinnvoll sind und berechnete und gemessenen Werte keinesfalls vermischt werden dürfen. Eine Ausnahme bildet die Interpolation innerhalb eines CREATE TABLE ... AS SELECT-Statements oder INSERT INTO ... SELECT-Statements zum Kopieren von Daten in neue bzw. andere Relationen.

Interpolation kann praktisch in jede Datenbankanfrage eingebettet werden. Interessanter ist die Frage, an welcher Stelle der Auswertung die Interpolation ausgeführt werden kann und darf. Detailliertere Ausführungen hierzu sind in [Kaja90] zu finden. Eine zusammenfassende Übersicht gibt die Tabelle 5.1 am Ende dieses Abschnitts.

5.4.1 Restriktionen (WHERE-Klausel)

Zu klären ist, ob die Interpolation vor oder nach Auswertung der Einschränkungen angewendet werden soll. Vier Fälle müssen hier unterschieden werden:

* Einschränkungen auf festen Basisattributen.
  Für das Ergebnis bedeutet es keinen Unterschied, ob diese Einschränkungen vor oder nach der Interpolation ausgewertet werden. Unter Berücksichtigung des Antwortzeitverhaltens sollte die Auswertung aber so früh wie möglich erfolgen.

* Einschränkungen auf variierenden Basisattributen.
  Diese Einschränkungen dürfen erst nach der Interpolation ausgewertet werden, weil sonst Tupel wegfallen könnten, die zur Interpolation herangezogen werden sollten. (Ist bekannt, in welcher Distanz von den eigentlichen Meßpunkten die Interpolationsfunktion noch gültige Werte liefert, kann eine solche Restriktion nach Addition dieser Distanz auch vor der Interpolation schon ausgewertet werden, um die Auswertung zu beschleunigen. Die Restriktion muß dann aber nach der Interpolation noch einmal überprüft werden.)

* Einschränkungen auf kontinuierlichen Attributen.
  Sie müssen auf den berechneten Werten durchgeführt werden, damit ein Benutzer auch ein Ergebnis erhält, das den von ihm spezifizierten Bedingungen genügt.

* Einschränkungen auf weiteren Attributen.
  Die Anwendung von Interpolation impliziert eine Projektion auf ein kontinuierliches Attribut und die Basisattribute. Deshalb müssen Einschränkungen auf weiteren Attributen zwingend vor der Interpolation ausgewertet werden.

5.4.2 Verbunde (Joins)

Es werden fast immer die Basisattribute über einen (natürlichen) Verbund verknüpft, und zwar nach der Interpolation, um die kontinuierlichen Attribute vergleichen zu können. Ein Verbund der kontinuierliche Attribute ist i.a. nicht sinnvoll. Weitere Attribute wurden durch die Interpolation bereits herausprojiziert und dürfen daher nicht in den Verbundbedingungen auftreten.

5.4.3 Projektionen

Die Interpolation bedingt eine Projektion auf das kontinuierliche Attribut und die Basisattribute. Weitere Projektionen, auch in einer Verbundrelation sind möglich und müssen dann nach der Interpolation ausgewertet werden.

5.4.4 Gruppierung, eingebaute Funktionen (Aggregation) und Sortierung

Diese Operationen werden auf den Ergebnissen der grundlegenden relationalen Operationen durchgeführt, deshalb müssen sie nach der Interpolation erfolgen. Somit sind sie auf weiteren Attributen nicht möglich.

5.4.5 Fehlerbehandlung

Eine grundsätzlich neue Art der Fehlerbehandlung ist nicht erforderlich. Wenn eine Interpolation aufgrund fehlender umgebender Werte nicht möglich ist, wird ein leeres Ergebnis geliefert.

Anwendung von	Kontinuierliche Attribute	Feste Basisattribute	Variierende Basisattribute	Sonstige Attribute
Restriktionen	nachher	vorher / nachher	(vorher u.) nachher	vorher
Verbunde (Joins)	nachher	(nachher)	(nachher)	- -
Projektionen	- -	nachher	nachher	obligat. vorher
Aggregationen	nachher	(nachher)	(nachher)	- -
Gruppierung	nachher	nachher	nachher	- -
Sortierung	nachher	nachher	nachher	- -

<u>Tabelle 5.1</u>: Zusammenspiel von Interpolation und relationalen Operationen

Ein interessanter Fall ist, was geschehen soll, wenn ein Benutzer die Interpolation für einen in der Datenbank vorhandenen Wert spezifiziert. Dieses Problem wird in die Interpolationsfunktionen verlagert. Es kann sinnvoll sein, auch für Basisattribute, für die Werte in der DB vorhanden sind, neuen Werte zu interpolieren. Man kann die Interpolation dann gezielt einsetzen, um Unregelmäßigkeiten in der Meßreihen aufzuspüren, wenn anschließend die interpolierten Werte mit den gemessenen verglichen werden.

5.5 Anforderungen an die Spracherweiterung

Die Spracherweiterungen müssen sowohl den Definitionsteil der Sprache (DDL) als auch den Anfrageteil (DML) betreffen. Die Erweiterungen für den Definitionteil wurden bereits in den Abschnitten 5.2 und 5.3 beschrieben. Die Erweiterungen für den Anfrageteil sollten folgenden Anforderungen genügen:

- Die volle Mächtigkeit von SQL bleibt in allen Anfragen mit und ohne Interpolation erhalten.
- Der Werte eines kontinuierlichen Attributs können für jede mögliche Kombination der Basisattributwerte innerhalb des gültigen Wertebereichs abgefragt werden.
- Äquidistante Folgen von Meßwerten in einer oder mehreren Dimensionen können abgefragt werden.
- Eine von mehreren Interpolationsmethoden kann spezifiziert werden.
- Verbunde zwischen zwei Basisattributen oder einem Basisattribut (interpoliert) und einem 'normalen' Attribut sind möglich.
- Kontinuierliche Attribute und Basisattribute können in verschiedenen Relationen liegen, verknüpft über Sekundärschlüssel.

Die Einbettung der Spezifikation der Interpolation in die Sprache SQL erlaubt dem Benutzer, damit zu arbeiten, ohne eine neue Anfragesprache lernen zu müssen. Diese erweiterte Version von SQL wird im folgenden als *kontinuierliches SQL (CSQL)* bezeichnet.

Die CSQL-Syntax, die die Spezifikation von Interpolationsmethoden, beliebigen 'Meßpunkten' (ENTRY-Punkten) und Schrittweiten (STEP) für äquidistante Folgen von Werten erlaubt, sieht folgendermaßen aus (ähnlich der Syntax in [INGR89]). Die Basisattribute, die in der STEP-Spezifikation nicht auftreten, werden zu den in der Datenbank vorhandenen Werten ausgewertet:

```
SELECT [ALL | DISTINCT] "*" | [<result_column> =] <expression>
                        {, [<result_column> =] <expression>}
FROM    <table> [<corr_name>] | <table> [<corr_name>]
                        BY METHOD <method> (<cont.attr.>)
                        ENTRY (<base_attr.> = <value> {, <base_attr.> = <value> })
                        [ STEP (<distance> {, <distance>}) ]
                        { BY METHOD <method> (<cont.attr.>
                            ENTRY (<base_attr.> = <value> {, <base_attr.> = <value> })
                            [ STEP (<distance> {, <distance>} ) ] }
           {, <table> [<corr_name>] | ...}
[WHERE <search_condition> ]
[GROUP BY <attr.> {, <attr.>}
[HAVING <search_condition>] ]
[ORDER BY <result-attr.>  [ASC | DESC] {,<result_attr.> [ASC | DESC] } ]
```

Hier entspricht die Erweiterung

```
<table> [<corr_name>]
BY METHOD <method> (<cont.attr.>)
ENTRY (<base_attr.> = <value> {, <base_attr.> = <value> })
```

der Spezifikation einer Interpolationsfunktion für einen Wert

$$\text{interpolation: } MR \times f_j \times (A_{b1}, ..., A_{bk}) \rightarrow A_{cj}$$

und die Erweiterung

```
<table> [<corr_name>]
BY METHOD <method> (<cont.attr.>)
ENTRY (<base_attr.> = <value> {, <base_attr.> = <value> })
 STEP (<distance> {, <distance>})
```

entspricht der Interpolationsfunktion für eine Folge von äquidistanten Werten

$$\text{interpol\_series}_j: MR \times f_j \times (A_{b1}, ..., A_{bk}) \times A_{step1} \times ... \times A_{stepl} \rightarrow R (A_{b1}, ..., A_{bk}, A_{cj}) \quad 1 \leq k$$

In der Syntax entspricht <table> der Meßrelation MR, und <method> gibt den Namen der Interpolationsmethode f_j. In der ENTRY-Klausel werden die $A_{b1}, ..., A_{bk}$ gegeben, und in der STEP-Klausel die $A_{step1} \times ... \times A_{stepl}$.

Ähnliche Erweiterungen von QUEL wurden unter dem Namen POSTQUEL von [StRo86] eingeführt, um Aggregrationsfunktionen, komplexe Objekte und geometrische Operationen zu handhaben. Sie enthalten Prozeduraufrufe und DML-Operationen als Datentypen, die Attribute (komplexer) Objekte sind. Diese Erweiterungen sind Erweiterungen der Definitionssprache aber nicht direkt der Anfragesprache.

6. Einbettung von Interpolation in das DBS

Die Interpolationsfunktionen sollten voll in das DBS integriert werden. Das kann prinzipiell auf zwei verschieden Arten erfolgen:
* durch die Modifikation des SQL-Interpretierers selbst oder
* durch die Installation eines SQL-Präprozessors, der die CSQL-Statements scannt und überall dort, wo Interpolation deklariert oder gewünscht wird, entsprechende Aktionen, meistens Prozeduraufrufe veranlaßt.

Da im Projekt aus den in Kapitel 3 genannten Gründen ein kommerzielles DBS verwendet wurde, steht kein Quellcode des DBS zur Verfügung. Deshalb mußte die zweite Alternative gewählt werden. Günstig dabei ist, daß das verwendete DBS INGRES einen modularen Aufbau hat, so daß bei sorgfältiger Implementierung Anwendungen fast nicht mehr von den vom DBS angebotenen Wekzeugen zu unterscheiden sind. Vorteilhaft bei dieser Lösung ist, wenn konsequent nur INGRES-Werkzeuge für die Ein- und Ausgabe benutzt werden und die höhere Programmiersprache C, daß das System mit sehr geringem Aufwand auf alle Rechner portiert werden kann, auf denen INGRES läuft.

6.1 Zusätzliche Systemrelationen

Damit das DBS die Einbettung der Interpolation korrekt handhaben kann, wird zusätzliche Systeminformation benötigt. Die Systemrelationen müssen folgendes enthalten:
* welche Attribute sind kontinuierliche Attribute und welches sind die zugehörigen Basisattribute,
* welche Interpolationsverfahren sind vorhanden für welche kontinuierlichen Attribute und welches sind dabei die variierenden Basisattribute, über die interpoliert wird,
* eventuell werden zusätzliche Relationen benötigt, die Minimal- und Maximalwerte enthalten, die die Intervalle begrenzen, innerhalb derer Interpolation möglich ist.

6.2 Neue Systemkomponenten und Stand der Implementierung

Der CSQL-Präprozessor besteht aus mehreren Komponenten:
* einer der INGRES-ISQL-Oberfläche nachgebildeten Eingabeschnittstelle,
* einem Parser, der CSQL-Statements erkennt, auf syntaktische Korrektheit überprüft und für die weitere Verarbeitung aufbereitet,
* einer Vorverarbeitung der CSQL-DDL-Statements,
* einer Optimierungskomponente für die CSQL-Anfragen, die diese Anfragen analysiert und dann eine möglichst optimale Bearbeitung steuert,
* die Ergebnisaufbereitung.
* Wünschenswert wäre außerdem eine Komponente, die eine möglichst kostengünstige Verarbeitung räumlicher Operationen sucht.

Die wichtigsten Komponenten des CSQL-Präprozessors und der Informationsfluß einer CSQL-Anfrage sind in Bild 6.1 dargestellt. Das System wurde im wesentlichen innerhalb von fünf studentischen Arbeiten implementiert. Eine Arbeit enthält die Benutzerschnittstelle und die Verarbeitung der CSQL-DDL-Statements [Bosc90], eine Arbeit übernimmt das Parsen und die Aufbereitung der CSQL-Anfragen für den Optimierer [Riet90] und eine dritte Arbeit beinhaltet den Teile des Optimierers einschließlich Analyse und Steuerung [Kaja90]. In einer anschließenden Arbeit wurde der Optimierer vervollständigt [Jahk91]. Und in einer weiteren Arbeit wurden einige Beispiel-Interpolationsfunktionen implementiert [Fabr91].

Das System wurde in der Programmiersprache C mit Embedded und Dynamic SQL (siehe [INGR89a]) des DBS INGRES implementiert. Zur Zeit befindet sich der erste Prototyp für interaktive Anfragen in der Testphase .

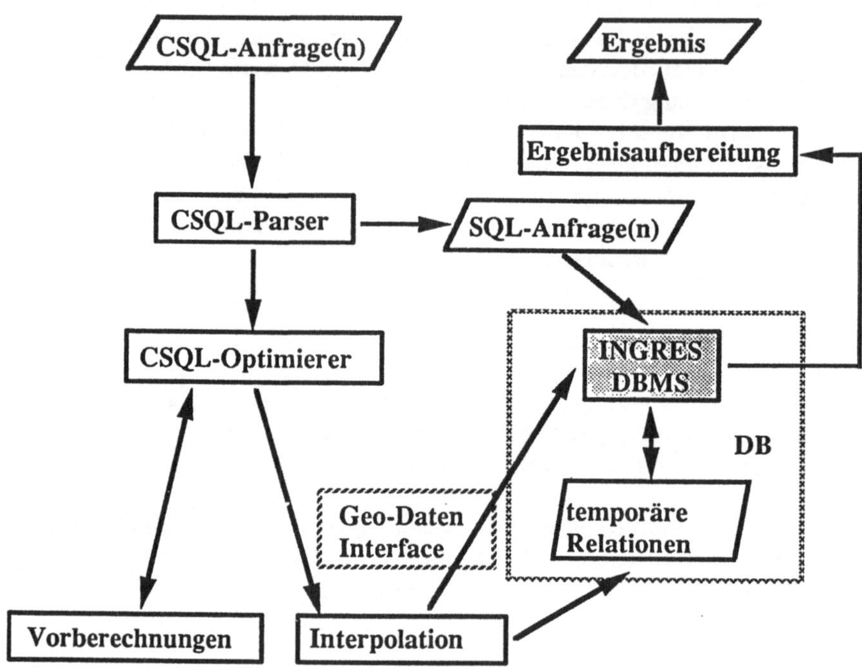

Bild 61.: Informationsfluß und wesentliche Komponenten im CSQL-Präprozessor

7. Ausblick

Das hier vorgestellte System zur Einbettung von Interpolation in Datenbankanfragen bildet eine Grundlage für effiziente Datenbankunterstützung in der Umweltforschung. Es befreit den Anwender vom Schreiben langer, mühsamer Transformationsprogramme für seine verschiedenen Anwendungen. Da das System interaktiv zur Verfügung steht, kann der Umweltforscher komplexe Anfragen ad hoc stellen, ohne erst lange Auswertungsprogramme schreiben zu müssen. Dies ist insbesondere bei der Suche nach Erklärungen für Vorgänge in der Natur sehr hilfreich.

Falls sich dieser Ansatz als nützlich erweist, gibt es dafür noch viele andere Einsatzgebiete wie z.B. alle Anwendungen, die mit geographischen oder geologischen Daten arbeiten oder die Daten aus chemischen oder technischen Messungen verwenden.

Literatur

[BBGS88] D.S. Batory, J.R. Barnett, J.F. Garza, K.P. Smith, K. Tsukuda, B.C. Twichell, T.E. Wise: GENESIS: An Extensible Database Management System; in: IEEE Transactions on Software Engineering, Vol. 14, No. 11, November 1988, pp. 1711-1730

[BEHL90] C. Bartilla, Th. Entenmann, K. Helfersrieder, Th. Lang, B.E. Allison, G. Kahnt, R.R. van der Ploeg: Das PWAB-Testfeld Wasser und Boden: Transportvorgänge und Sickerwasserqualität in der ungesättigten Zone unter konventionell und umweltschonend bewirtschafteten Ackerflächen; in: Projekt Wasser - Abfall - Boden (PWAB), Bericht über das 2. Statuskolloquium am 13. Februar 1990 in Karlsruhe, Kernforschungszentrum (KfK-PWAB 5, Juni 1990), pp. 29-48

[Bosc90] Monika Bosch: Einbindung von Erweiterungen in die relationale Anfragesprache SQL zur Selektion von Meßwerten über Interpolationsverfahren (Teil 1); Studienarbeit Nr. 872, IPVR, Universität Stuttgart, 1990

[CDFG86] Michael J. Carey, David J. DeWitt, Daniel Frank, Goetz Graefe, Joel E. Richardson, Eugenie J. Shekita, M. Muralikrishna: The Architecture of the EXODUS Extensible DBMS: A Preliminary Report; Computer Science Technical Report #644, May 1986, University of Wisconsin-Madison

[Fabr91] Joachim Fabricius: Interpolationsverfahren für eine Wetterdatenbank auf dem relationalen DBMS INGRES; Diplomarbeit Nr. 738, IPVR, Universität Stuttgart, Februar 1991

[FrBa90] Andrew U. Frank, Renato Barrera: The Fieldtree: A Data Structure for Geographic Information Systems; in: Proc. Symp. on the Design and Implementation of Large Spatial Databases, Santa Barbara, Cal., July 17-18, 1989, LNCS Bd. 409, Springer-Verlag, Berlin 1990, pp. 29-44

[Gadi88] Shashi K. Gadia: A Homogeneous Relational Model and Query Language for Temporal Databases; in: ACM ToDS, Vol. 13, No. 4, Dec. 1988, pp. 418-448

[Guen88] Oliver Günther: Efficient Structures for Geometric Data Management; Lecture Notes in Computer Science, No. 337, Springer Verlag, Berlin 1988

[Guen90] Oliver Günther: Data Management in Environmental Information Systems; in: Proc. 5. Symposium Informatik für den Umweltschutz, Wien, Österreich, September 1990, Informatik-Fachberichte 256, Springer-Verlag, Berlin 1990, pp. 57-66

[Gutt77] John Guttag: Abstract Data Types and the Development of Data Structures; in: CACM, Vol. 20, No. 6, June 1977, pp. 396-404

[HCLM90] Laura M. Haas, Walter Chang, Guy M. Lohman, John McPherson, Paul F. Wilms, Georges Lapis, Bruce Lindsay, Hamid, Pirahesh, Michael J. Carey, Eugene Shekita: Starburst Mid-Flight: As the Dust Clears; in: IEEE Transactions on Knowledge and Data Engineering, Vol. 2, No. 1, March 1990, pp. 143-160

[INGR89] RTI INGRES: INGRES/SQL Reference Manual; Release 6, UNIX, April 1989, Relational Technology Inc.

[INGR89a] RTI INGRES: INGRES/Embedded SQL User#s Guide and Reference Manual; Release 6.2, UNIX, August 1989, Relational Technology Inc.

[Jahk91] Thilo Jahke: Erweiterung des Optimierers im CSQL-System, einem System zur Bearbeitung eingebetteter Prozeduren (Interpolationsroutinen) in SQL-Anfragen; Studienarbeit Nr. 992, IPVR, Universität Stuttgart, Juni 1991

[JaMa86] Donald A. Jardine, Aviram Matzov: Ontology and Properties of Time in Information Systems; in: Proc. IFIP Working Conf. Knowledge & Data (DS-2), Algarve, Portugal 1986, pp. F1-F16

[Kaja90] Manfred Kaja: **Auswahl und Implementierung von Optimierungsverfahren für eingebettete Proze-duren (Interpolationsroutinen) in SQL-Anfragen;** Diplomarbeit Nr. 679, IPVR, Universität Stuttgart, 1990

[KeCh90] John D. Keenan, Pao-Hsing Chang: **A Statistical Method to Determine Pollutant Sources;** in: Proc. 5. Symposium Informatik für den Umweltschutz, Wien, Österreich, September 1990, Informatik-Fach-berichte 256, Springer-Verlag, Berlin 1990, pp. 557-565

[LiMP87] Bruce Lindsay, John McPherson, Hamid Pirahesh: **A Data Management Extension Architecture;** in: ACM SIGMOD Record, Vol. 16, No. 3, Dec 1987, pp. 220-226

[LiNe86] Udo W. Lipeck, Karl Neumann: **Modelling and Manipulating Objects in Geoscientific Databases;** in: Proc. of 5th Int. Conf. on ER-Approach, Dijon, France, 1986, pp. 105-124

[LSBM83] Guy M. Lohmann, Joseph C. Stoltzfus, Anita N. Benson, Michael D. Martin, Alfonso F. Cardenas: **Remotely-Sensed Geophysical Databases: Experience and Implications for Generalized DBMS;** in: ACM Sigmod'83 Proceedings of Annual Meeting, San Jose, 1983 (SIGMOD Record Vol. 13, No. 4), pp. 146-160

[LMWW79] Peter C. Lockemann, Heinrich C. Mayr, Wolfgang H. Weil, Wolfgang H. Wohllieber: **Data Abstrac-tions for Database Systems;** in: ACM ToDS, Vol. 4, No. 1, March 1979, pp. 60-75

[Maib85] T. S. E. Maibaum: **Database Instances, Abstract Data Types, and Database Specification;** in: The Com-puter Journal, Vol. 28, No. 2, 1985, pp. 154-161

[Neug89] Leonore Neugebauer: **Datenbankunterstützung für ein langfristiges Umweltforschungsprojekt;** in: Proc. 4. Symposium Informatik im Umweltschutz, Karlsruhe, 6.-8. November 1989, Informatik-Fach-berichte 228, Springer-Verlag, Berlin 1989, pp. 231-240

[Neug90] Leonore Neugebauer: **Extending a Database to Support the Handling of Environmental Measure-ment Data;** in: Proc. Symp. on the Design and Implementation of Large Spatial Databases, Santa Bar-bara, Cal., July 17-18, 1989, LNCS Bd. 409, Springer-Verlag, Berlin 1990, pp. 147-165

[Oren86] Jack A. Orenstein: **Spatial Query Processing in an Object-Oriented Database System;** in: ACM SIG-MOD Record, Vol. 15, No. 2, June 1986, pp. 326-336

[Riet90] Peter Rieth: **Einbindung von Erweiterungen in die relationale Anfragesprache SQL zur Selektion von Meßwerten über Interpolationsverfahren (Teil 2);** Studienarbeit Nr. 871, IPVR, Universität Stuttgart, 1990

[Same90] Hanan Samet: **Hierarchical Spatial Data Structures;** in: Proc. Symp. on the Design and Implementation of Large Spatial Databases, Santa Barbara, Cal., July 17-18, 1989, LNCS Bd. 409, Springer-Verlag, Berlin 1990, pp. 193-212

[SCFL86] P. Schwarz, W. Chang, J. C. Freytag, G. Lohman, J. McPherson, C. Mohan, H. Pirahesh: **Extensibility in the Starburst Database System;** in: Proc. of 1986 Int. Workshop on Object-Oriented Database Systems, Asilomar, Pacific Glore, Cal., pp. 85-92

[ScWa86] H.-J. Schek, W. Waterfeld: **A Database Kernel System for Geoscientific Applications;** in: Proc. of the 2nd Int. Symp. on Spatial Data Handling, Seattle, Washington, July 1986, pp. 273-288

[SeKr90] Bernhard Seeger, Hans-Peter Kriegel: **The Buddy-Tree: An Efficient and Robust Access Method for Spatial Data Base Systems;** in Proc. of 16th Int. Conf. on Very Large Data Bases (VLDB), August 13-16, 1990, Brisbane, Australia, pp. 590-601

[SnAh85] Richard Snodgrass, Ilsoo Ahn: **A Taxonomy of Time in Databases;** in: Proc. of ACM-SIGMOD'85 Int. Conf. on Management of Data, Austin, Texas, 1985, pp. 236-246

[SPSW90] Hans-Joerg Schek, Heinz-Bernhard Paul, Marc H. Scholl, Gerhard Weikum: **The DASDBS Project: Objectives, Experiences, and Future Prospects**; in: IEEE Transactions on Knowledge and Data Engineering, Vol. 2, No. 1, March 1990, pp. 25-43

[StAH87] Michael Stonebraker, Jeff Anton, Eric Hanson: **Extending a Database System with Procedures**; in: ACM ToDS, Vol. 12, No. 3, September 1987, pp. 350-376

[StRG83] Michael Stonebraker, Brad Rubenstein, Antonin Guttman; **Application of Abstract Data Types and Abstract Indices to CAD Data Bases**; in: ACM SIGMOD/SIGDBP Proc. of Annual Meeting, Engineering Design Applications, San Jose, May 1983, pp. 107-113

[StRH90] Michael Stonebraker, Lawrence A. Rowe, Michael Hirohama: **The Implementation of POSTGRES**; in: IEEE Transactions on Knowledge and Data Engineering, Vol. 2, No. 1, March 1990, pp. 125-142

[StRo86] Michael Stonebraker, Lawrence A. Rowe: **The Design of POSTGRES**; in: Proc. of ACM SIGMOD'86 Int. Conf. on Management of Data, Washington D.C., 1986, pp. 340-355

[Teut90] G. Teutsch: **Das PWAB-Testfeld Wasser und Boden: Stofftransport im Untergrund, Erkundungs- und Überwachungsmethoden**; in: Projekt Wasser-Abfall-Boden (PWAB), Bericht über das 2. Statuskolloquium, 13. Februar 1990 in Karlsruhe, Kernforschungszentrum (KfK-PWAB 5, Juni 1990), pp. 17-28

[Wolf90] Andreas Wolf: **The DASDBS GEO-Kernel, Concepts, Experiences, and the Second Step**; in: Proc. Symp. on the Design and Implementation of Large Spatial Databases, Santa Barbara, Cal., July 17-18, 1989, LNCS Bd. 409, Springer-Verlag, Berlin 1990, pp. 67-88

[WSSH88] P. F. Wilms, P. M. Schwarz, H.-J. Schek, L. M. Haas: **Incorporating Data Types in an Extensible Database Architecture**; in: Proc. of 3rd Int. Conf. on Data and Knowledge Bases, Jerusalem, Israel, June 1988, pp. 180-192

Anhang

Das gegebene Datenbankschema bildet einen kleinen aber repräsentativen Ausschnitt aus der Projektdatenbank. Alle Beispiele innerhalb des Textes und in diesem Anhang beziehen sich auf dieses Schema.

```
grdwamess (zeitpunkt, gwm_id, tiefe, messpkthoehe, bauart);
gwmessung (x_koord, y_koord, zeitpunkt, gdw_stand, gwm_id);
bohrprobe (gwm_id, probe_id, tiefe_oben, tiefe_unten, zusatz, bodenart);
siebanalyse (sieb_id, tiefe_oben, tiefe_unten, gesamt_gewicht, bru_gewicht, volumen, korndichte)
permvers (probe_id, leite, kf_10, spez_r_ent, spez_r_wass, leitf_wass, entw_poros, restfeuchte, ntot_1,
          ntot_2, gwm_id)
wetter_info (messwert, kanalnr, einheit, sensortyp, relation, attribut, messbeginn, messende);
wetter_10 (zeitpunkt, regen, aregen, windweg, awindweg, tsl_k, atsl_k, tslf_k, atslf_k, tsl_a, atsl_a, tslf_a,
          atslf_a, windritng, awindritng, feuchte, afeuchte);
wetter_60 (zeitpunkt, global, aglobal, netto, anetto, par, apar, lufttemp, alufttemp, btemp5, abtemp5,
          btemp20, abtemp20, ..., btemp5a, abtemp5a, btemp20a, abtemp20a, ...);
```

Die folgenden Beispiele zeigen, wie die im Text gegebenen Syntax-Spezifikationen angewendet werden können.

1) Selektion von Grundwasserständen an beliebigen Punkten:

```
SELECT  x_koord, y_koord, gdw_stand
FROM    gwmessung BY METHOD gdw_stand
        ENTRY (x_koord = 50.0, y_koord = 225.0)
WHERE   zeitpunkt = '29/03/88'
```

Mit den folgenden Beispieldaten:

x_koord	y_koord	zeitpunkt	gdw_stand	gwm_id
35.0	260.0	26/03/88	158.689	p10
50.0	212.5	26/03/88	158.694	p11
62.5	215.0	26/03/88	158.687	p12
75.0	217.5	26/03/88	158.674	p13
42.5	235.0	26/03/88	158.687	p14
25.0	257.5	26/03/88	158.680	p9
35.0	260.0	29/03/88	157.119	p10
50.0	212.5	29/03/88	157.144	p11
62.5	215.0	29/03/88	157.137	p12
75.0	217.5	29/03/88	157.124	p13
42.5	235.0	29/03/88	157.127	p14
25.0	257.5	29/03/88	157.110	p9

liefert diese Anfrage das folgende Ergebnis:

x_koord	y_koord	gdw_stand
50.0	225.0	157.136

2) Dieses Beispiel zeigt einen Verbund zwischen interpolierten und Meßwerten. Die Grundwasserstände werden an den Stellen berechnet, an denen Bodenproben genommen wurden. Die Bodenproben stammen aus einem dem Benutzer bekannten äquidistanten Raster.

```
SELECT   gw.x_koord, gw.y_koord, gw.gdw_stand, b.bodenart
FROM     bodenprobe b,
         gw_messung gw  BY METHOD gdw_staende
                        ENTRY (x_koord = 12.56, y_koord = 165.8)
                        STEP (2, 5)
WHERE    gw.zeitpunkt   = '03/05/88'      AND
         sp.x_koord     = gw.x_koord      AND
         sp.y_koord     = gw.y_koord
```

3) Um die Abhängigkeiten zwischen Boden- und Lufttemperatur zu erforschen, werden die Meßwerte, die 1989 erhoben wurden, über den Verbund verglichen. Beide Meßreihen müssen interpoliert werden, um zu vergleichbaren Werten zu kommen. Diese Anfrage ist typisch für eine Situation, in der man sich einen ersten Überblick verschaffen will.

```
SELECT   w10.lufttemp, w60.btemp5, w60.btemp5a, w60.btemp20, ...
FROM     wetter_10 w10  BY METHOD lufttemp_zeit_int (lufttemp)
                        ENTRY (zeitpunkt = '01/01/89')
                        STEP (12h, )
         wetter_60 w60  BY METHOD btemp5_zeit_int (btemp5)
                        ENTRY (zeitpunkt = '01/01/89')
                        STEP (12h)
                        ... ... ...
WHERE    w10.zeitpunkt  > '01/01/89'      AND
         w10.zeitpunkt  < '01/01/90'      AND
         w10.zeitpunkt  = w60. zeitpunkt
ORDER BY w10.zeitpunkt;
```

Wissensbasierte Systeme für die Fernerkundung

MODEL-BASED ASSISTANCE
FOR ANALYZING REMOTE SENSOR DATA

Wolf-Fritz Riekert (Siemens Nixdorf Informationssysteme AG / FAW Ulm)
Thomas Ruwwe, Günter Hess (FAW Ulm)
Bitnet: RIEKERT@DULFAW1A, RUWWE@DULFAW1A, HESS@DULFAW1A

ABSTRACT

The global objective of the RESEDA (REmote SEnsor Data Analysis) project, being conducted at the FAW Research Institute for Applied Knowledge Processing in Ulm (West Germany), is to make remote sensing technology available to a larger group of users in environmental management.[*] For this purpose, a knowledge-based advisory system is being developed, called the RESEDA Assistant. Processing models represented in a knowledge base are available to the RESEDA Assistant, which is thus able to facilitate the use of software tools for image processing or handling of spatial data.

This paper was presented on the ISPRS Comm. VII Mid-Term Symposium on Global and Environmental Monitoring - Techniques and Impacts, September 17-21, 1990, Victoria, B.C., Canada.

1. REMOTE SENSING AS A KNOWLEDGE-BASED ANALYSIS TASK

Remote sensing produces a large amount of data that is relevant to the state of the environment. Analyzing this data requires both a great deal of computational power and a high degree of knowledge. Although the first requirement may be met by using conventional hardware and software, the second is very demanding on the experts working in this field. Because the number of qualified experts is small, there is a need for automated techniques that make remote sensing technology available to a wider community of users.

The goal of remote sensing in environmental protection is always to derive a certain piece of geographic information. Moreover, the remote sensing data to be analyzed may itself be considered as a kind of geographic information. That is, the task of processing remote sensing data is a typical task of transforming and analyzing geographic information. Remote sensing data as well as ancillary spatial and factual data describing geographic entities are input into the analysis process. The output of the analysis consists of environmental data related to the geographic entities to be analyzed. The analysis is controlled by the expert's knowledge about concepts and methods of remote sensing, image processing, and the geosciences. In RESEDA, we are trying to represent these concepts and methods in the knowledge base of an expert system (figure 1) (Riekert, 1990).

Human experts in remote sensing are able to find a computational pathway from the source data to the target data. They know how to apply an appropriate sequence of image processing methods and manipulations of spatial data. This ability is based on two kinds of structural knowledge:
- Knowledge about remote sensing targets and their features, which are to be analyzed and computed in the course of the analysis.
- Knowledge about dependencies between these features, implicating algorithms suited to compute certain features from one another.

In RESEDA, an object-oriented formalism is used to describe this structural knowledge:
- The various remote sensing targets and their features are represented by abstract *target classes* and *target attributes*. The concrete manifestations of these two concepts appear in the form of *geographic data*; these are called *classifications* and *attributions*.
- The dependencies between features and the algorithms to compute them are represented in an object-oriented form by abstract *processing models* and concrete *computations* of geographic data.

In addition to the object-oriented representation technique, rules are used to describe the conditions under which a processing model is adequate to compute certain geographic data and what the constraints are between the input and the output data of such a computation.

2. DEVELOPING AN EXPERT SYSTEM TO ASSIST REMOTE SENSING TASKS

Instead of developing new data processing methods in remote sensing, the RESEDA project is exploring existing operational methods in state-of-the-art remote

[*] The RESEDA project is supported by the State of Baden-Württemberg and by Siemens Nixdorf Informationssysteme AG, Munich

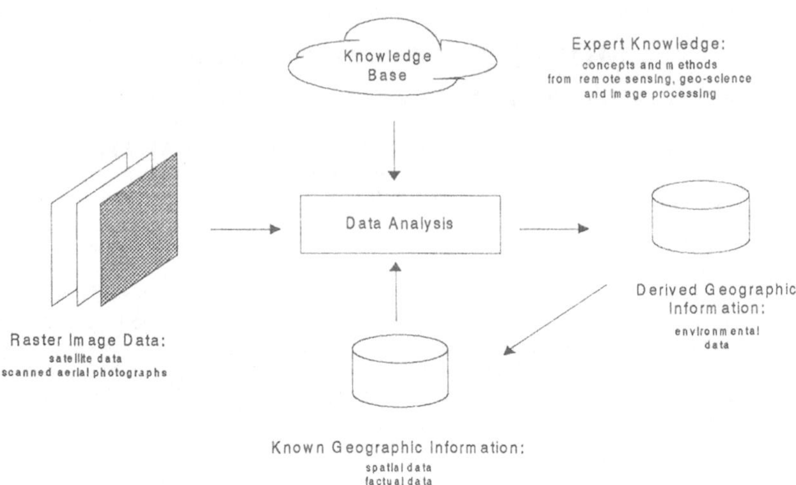

Figure 1: Remote sensing as a knowledge-based analysis task

sensing projects. Our objectives are to embed these methods into a consistent theoretical framework and to represent them in a knowledge base on a computer system. To this end, we are developing an intelligent advisory system, called the RESEDA Assistant, which makes use of this software knowledge base in order to assist the user in efficiently performing remote sensing tasks.

The main purpose of the RESEDA Assistant is to plan the sequence of computations necessary for a given analysis. For that purpose, the user specifies the available data and the desired data. The available data may include sensor data and some additional geographic information represented in a resident database or to be entered by the user.

From these specifications, the RESEDA Assistant computes a set of processing plans, that is, sequences of computations. These computations may consist of image-processing operators, statistical evaluations, or manipulations of spatial data. In the first stage of the RESEDA project, the computed processing plans will be printed out by a prototype system called the RESEDA Advisor and will have to be executed explicitly by the user. The final system, the RESE-DA Assistant, will display a set of alternative processing plans as a menu. After selecting one of the menu items, the respective processing plan will be executed automatically by a plan interpreter. In this context, automatic execution means that the appropriate data processing programs are called with correct arguments in correct sequence; the programs being called may nonetheless run in interactive mode and require intervention by the user, such as digitizing training areas for a supervised classification. Serving as a knowledge-based interface to traditional analysis software, the RESEDA Assistant resembles to the

Analyst Advisor developed at the CCRS in Ottawa (Goodenough, 1987) that interfaces the LDIAS data processing system. However, the concepts of these systems differ, since RESEDA focuses rather on the methodological knowledge of a remote sensing expert than on the facilities offered by a given data analysis system.

The global control strategy of the RESEDA expert system is backward chaining. That is, the system first asks for the desired information. The desired information may be described by its format (e.g., image, map, or factual data), its accuracy (i.e., qualitative or quantitative results required), and the subject of interest (i.e., which target classes or target attributes are to be recognized). The system tries to activate processing models that are able to compute the desired information from other data. If this data is not present, the system recursively tries to activate processing models for computing the data. The process stops when the system tries to determine data items that are explicitly labeled as so-called primary data. In this case, the user is asked whether the primary data in question is available. If the user says no, the system tracks back and tries to activate different processing models.

The advantage of the backward-chaining strategy is that the user is asked for available data only if this is effectively necessary. An alternate design idea, which is not to ask for the available data at all, was rejected, since it would have required the implementation of a complete data management system. This was found not to be feasible because of the great number of foreign data sources that can be made available on demand, such as remote sensing data, geographic databases, raster-scanned maps, or even printed maps to be digitized manually by the user.

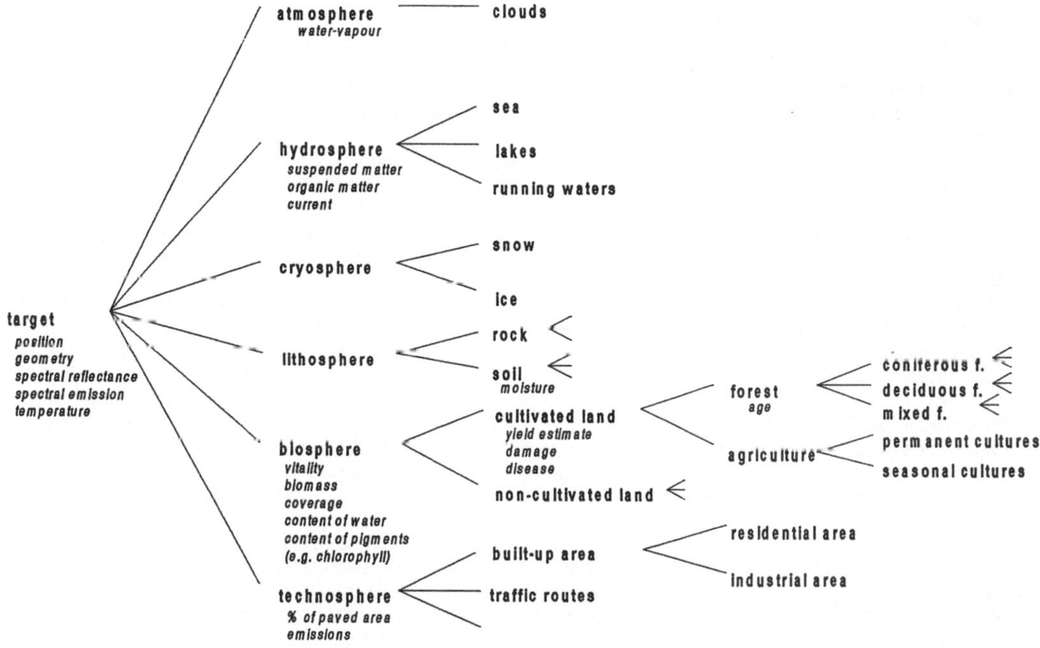

Figure 2: A taxonomy of remote sensing targets

3. THE DESIGN OF THE RESEDA KNOW-LEDGE BASE

An object-oriented formalism has been used to design the knowledge base of the RESEDA expert system. The central component of the RESEDA knowledge base is a taxonomy of remote sensing targets, as indicated in figure 2. The nodes in this hierarchical graph represent target classes, whereas the annotations of these classes (shown in *italics*) represent target attributes. The target taxonomy is static; that is, it is independent of individual cases or analyses. The target taxonomy describes all the abstract features with which a remote sensor data analysis may deal. Although the target taxonomy is static, it is nonetheless extendable and may be continuously updated by a knowledge engineer during a knowledge acquisition dialog. Currently, this hierarchy is tailored for some purposes of environmental management, but it may be easily adapted to cover other cases.

The purpose of this taxonomy is twofold. On the one hand, this hierarchy is used by the RESEDA Assistant system to generate a top-level menu, on which the user may indicate the information of interest. On the other hand, the hierarchy serves as the most general representation of the microworld that can be handled by remote sensing methods and, as such, is used by the inference mechanism of the expert system.

Target Classes

Target classes are static knowledge base items describing case-independent properties of a certain class of land coverage, such as the following:
- quantitative or qualitative characteristics of reflectance behavior;
- expected phenological changes over the year (e.g., of seasonal cultures);
- stability of the land coverage over time (e.g., undefinite time for forest or residential areas, 1 year or less for most agricultural areas);
- probability of land-use changes (e.g., caused by crop rotations) (Janssen, 1990).

Each target class may possess crosslinks to related knowledge-base items, such as the target attributes defined for the class, or to processing models for recognizing the class (so-called classification models). Since the target classes are organized in a generalization hierarchy, they inherit the descriptions from their parent nodes.

Target Attributes

Target attributes stand for abstract properties of geographic locations (not for their concrete values). Every target attribute is defined for all members of a particular target class, including all of its subclasses. Examples of target attributes are the following:
- reflectance in certain spectral bands, as recorded by a remote sensor channel (e.g., Landsat TM-4);

- altitude of a target (e.g., derived from a digital elevation model);
- ground truth data, such as temperature or humidity measured *in situ*;
- derived attributes, such as the normalized vegetation index (Lillesand, 1987);
- requested attributes, such as the age of a forest or the degree of damage to a culture.

Target attributes describe the general properties of this data and the paths or methods to access them. Target attributes are characterized by the following properties:
- the role of the attribute with respect to an analysis, such as *primary*, *intermediate*, or *final*;
- the possible values that may be assigned to the attribute;
- the stability of the values of the attribute over time. (The elevation of a location may be considered stable over centuries, whereas other attributes such as temperatures may change within hours.)

Target attributes are related to other knowledge-base entries, such as the target classes for which they are defined, or the processing models suited to compute the respective target attribute.

Geographic Data

The case-specific manifestations of target types and target attributes are represented by dynamically created objects, called *geographic data*. Geographic data are dependent on the geographic location and on the date of the analysis. The most prominent example of this kind of knowledge is the raster imagery recorded by remote sensors or derived by image-processing operations. But if these raster images were used as the only input into the data analysis, the results would be unsatisfactory. It has been shown that additional geographic information has to be taken into account as well (McKeown, 1987). Therefore, other geographic data from the region to be analyzed must also be represented. Examples are:
- geographic data describing the positions, shapes, and target classes of geographic units;
- layers of a topographic map, converted into a computer readable format by a raster scanner;
- a digital elevation model of the area of interest;
- ground truth data;
- results of former analyses.

The geographic data relevant to remote sensing tasks in the environmental domain may be divided into two categories: *classifications* and *attributions*. Classifications and attributions may be considered as concrete manifestations of abstract target classes and target attributes:
- A classification may be characterized as a mapping (in the mathematical sense) defined on a part of the earth's surface that associates loca-

tions with target classes.
- An attribution may be characterized as a mapping defined on a part of the earth's surface that associates locations with values of a certain target attribute.

Geographic data are represented by knowledge-base items that, in addition to a file of physical data, provide meta-information for efficiently using the file. Geographic data include the following:
- the data category (i.e., classification or attribution);
- the related target classes or target attributes expressed by the geographic data;
- the name of a data file, usually containing the physical data in a raster-coded format as a matrix of data bytes. The raster format was chosen for most kinds of geographic data because it makes it easier to merge remote sensor data and ancillary data in the analysis;
- encoding of the data bytes: a look-up table or formula that maps the interval between 0 and 255 onto the range of the data;
- information about the coordinate system and the grid size of the raster data;
- processing state: raw, histogram equalized, calibrated, etc.;
- a timestamp.

Maps and **images** are similar to geographic data. They are stored in raster files as well, and may be computed using image-processing and spatial data handling procedures. Unlike geographic data, however, they combine attributions, classifications and graphic elements in a form that is to be understood by a human rather than interpreted by a computer.

Processing Models

Processing models are abstract descriptions of computations. They are static knowledge-base objects that do not change during a consultation. A model provides meta-information for the use of traditional data processing operators, and it describes a set of input and output data and an algorithm. The algorithm is represented by a program which contains control structures and calls to the image processing and geographic database subsystems.

Some of these models (such as the model for computing the vegetation index as a simple indicator for vegetation) are able to operate on pure remote sensor data. Other models (such as those for computing agricultural land-use classes by a supervised classification) need extra information (e.g., training areas), which may be provided by a geographic database or supplied by the user explicitly. Some models describe the computation of geographic data to be used by a geographic information system, and other models describe how to visually enhance data to produce maps and images.

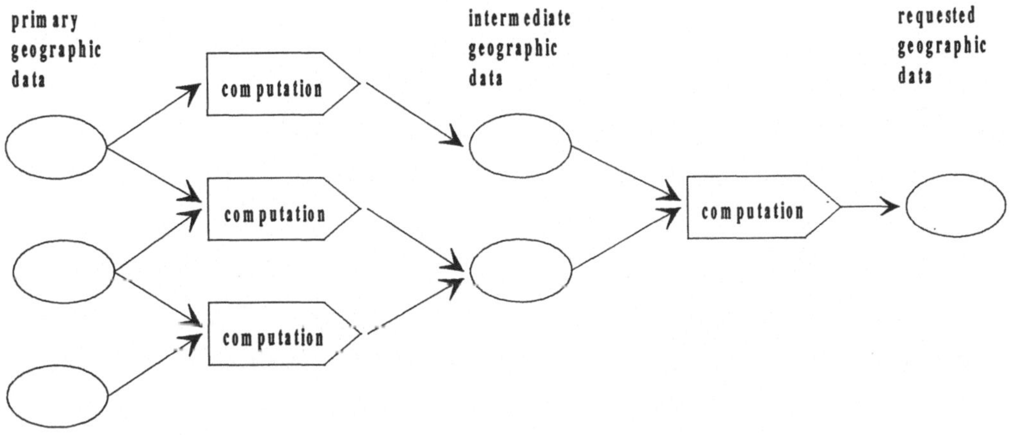

Figure 3: A tree-form processing plan

Regarding manipulations on the geographic data, two sorts of processing models can be differentiated:
- The first sort of processing model is used for "jumping across the branches" of the target taxonomy tree. That is, the input data and the output data concern different target attributes or target classes. Computing a vegetation index or performing a land-use classification from sensor data are typical examples of this kind of processing model. These models are all anchored in the target class taxonomy.
- The second sort of processing model is used to change the properties of a single piece of geographic data. The operation of these processing models is independent of the target classes or target attributes to which the data are related. Equalizing data (for contrast enhancement) or resampling data onto a different grid are two examples of this kind of processing model.

Processing Plans and Computations

Processing plans are dynamic objects that represent the results of a consultation dialog. They may be displayed (by the RESEDA Advisor prototype) or executed (by the final RESEDA Assistant expert system). Processing plans are trees of concrete geographic data and computations that are connected to one another in alternating sequence (figure 3).

A computation is a concrete manifestation of some processing model. It computes some concrete geographic data (as defined above) from other geographic data. The algorithmic aspect of a computation is represented by an instantiated call of a computer program (including the values of the arguments). That is, a computation is defined by an abstract processing model, a couple of input and output data, and a call of a computer program.

The root of the tree represents the desired geographic data being computed by the last computation, and the leaves of the tree stand for the primary geographic data, being used as input to the first computations of the whole network of computations. Any other piece of geographic data in the graph serves both as the output of some computation and as the input to at least one other computation. A tree of processing plans will fork for one of two reasons:
- The tree forks before some computation: This indicates that this computation requires multiple input data that must be determined before starting the computation. An example of such a computation is the process of generating a color-composite from three files of geographic data or a statistical classification of multiple sensor channels.
- The tree forks before some geographic data item: This indicates that there are alternate computations leading to the same piece of data. There are multiple ways to solve the analysis task reflected by multiple processing plans. The expert system will try to eliminate (or avoid generating) useless plans (e.g., uninteresting variations of an already known plan) and will present the remaining plans to the user, who may select a plan (s)he prefers.

A rule base contains the strategic knowledge necessary to apply the knowledge represented in the target classes, target attributes, and processing models for building appropriate processing plans. Some rules select appropriate processing models from descriptions of the data to be determined and instantiate the corresponding computations. Other rules are used to check and satisfy the constraints between the input and output data of some computation.

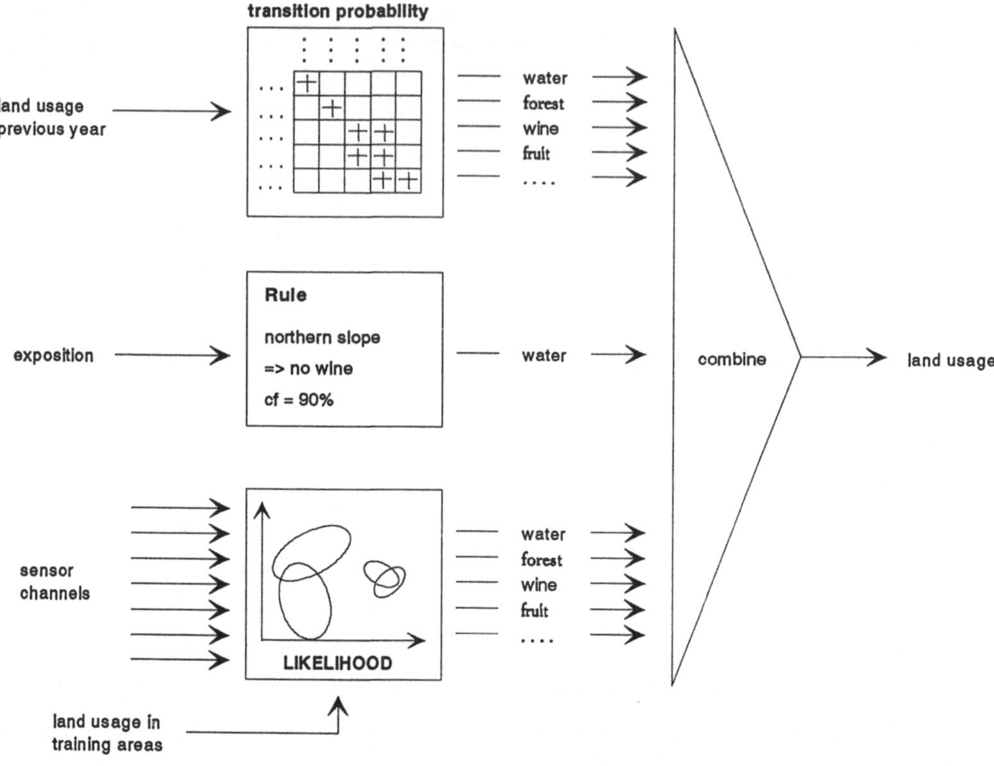

Figure 4: Combination of evidence from multiple processing models

4. CONCLUSIONS AND FUTURE WORK

Human image interpreters apply rules that derive additional evidence from ancillary data for identifying particular classes in a spectral classification. An example of such a rule is the following:

> *Wine often grows on southern slopes between 50 and 300 meters elevation.*

A MYCIN-like approach combining this type of rule with probabilities derived by statistical classification is described in (Desachy, 1989). Rather than interpret these rules on a pixel-by-pixel basis, we intend to translate such a rule to an algorithm that computes additional evidence for land-use classes from the available geographic data. That is, the rule will be compiled into a dedicated processing model. Other sources of evidence in land-use classification lead to new types of processing models such as the transition probabilities between land-use classes, as handled in the work of H. Middelkoop at ITC Enschede (Janssen, 1990).

Future work will concern the combination of evidence computed by multiple processing models including supervised spectral classification, rules on ancillary data, and transition probabilites in parallel (figure 4). There are a number of alternate methods of combining evidence, such as MYCIN-type certainty factors (Buchanan, 1984), the Bayesian method (as used in Middelkoop, 1989), and the Dempster-Shafer approach (Gordon, 1985).

At present and in future stages of the RESEDA research, we will be working on three levels in parallel, thus conforming to the following general guideline of the RESEDA project:
- On the application level, we are becoming familiar with the user's requirements, and we are trying to verify our methodology by cooperating with an environmental project. Currently, RESEDA is involved in the Integrated Rhine Project (IRP), which is directed by the Environmental Ministery of the Federal State of Baden-Württemberg. One scientist from our team (a biologist) is permanently engaged in this part of the project.

- On the knowledge-engineering level, we are continuously integrating new knowledge from remote sensing, geo-science, and image-processing into the existing framework of the RESEDA knowledge base. It is mainly here that experiences from the application level are integrated. A surveying engineer, a specialist in remote sensing, is working on this knowledge-acquisition task.
- On the implementation level we are augmenting the representational framework for the RESEDA knowledge base and extending the inference and data processing subsystem. This work is guided by requirements formulated at the knowledge-engineering level. Two software engineers are permanently engaged in these tasks of expert system-design and programming.

Our research aims at an expert system to simplify the use of remote sensing techniques for non-expert users. To achieve this task we need to elicit the knowledge behind these techniques to gain better insight into the concepts and models available to a remote sensing expert. Beyond building the RESEDA expert system and its knowledge base, the research being done in RESEDA also contributes to the development and refinement of a scientific theory of remote sensing.

REFERENCES

B. G. Buchanan and E. H. Shortliffe (eds.), 1984. Rule-Based Expert Systems: The MYCIN Experiments of the Stanford Heuristic Programming Project. Addison-Wesley, Reading, MA.

J. Desachy, 1989. ICARE: An Expert System for Automatic Mapping from Satellite Imagery. In: L.F. Pau (ed.), Mapping and Spatial Modeling for Navigation. Springer-Verlag.

J. Gordon and E. Shortliffe, 1985. A Method for Managing Evidential Reasoning in a Hierarchical Hypotheses Space. AI Journal 26: 323-357.

D.G. Goodenough et al., 1987. An Expert System for Remote Sensing. IEEE Transactions on Geoscience and Remote Sensing, GE-25 (3): 349-359.

L. L. F. Jansen, 1990. GIS Supported Land Cover Classification of Satellite Images. Proceedings of the EGIS'90 conference, Amsterdam.

T.M. Lillesand, Ralph W. Kiefer, 1987. Remote Sensing and Image Interpretation. John Wiley & Sons.

D.M. McKeown, Jr., 1987. The Role of Artificial Intelligence in the Integration of Remotely Sensed Data with Geographic Information Systems. IEEE Transactions on Geoscience and Remote Sensing, GE-25 (3): 330-347.
H. Middelkoop et al., 1989. Knowledge Engineering for Image Interpretation and Classification: a Trial Run. ITC Journal 1989-1, Enschede.

W.-F. Riekert, 1990. The RESEDA Project - A Knowledge Based Approach to Extracting Environmental Information from Remote Sensor Data. In: V. Cantoni et al. (eds.), Progress in Image Analysis and Processing; Proceedings of the 5th International Conference on Image Processing and Analysis. World Scientific.

# Prototypische Anwendung wissensbasierter Fernerkundungstechniken in einem Umweltprojekt des Landes Baden-Württemberg

M. Mutz
Forschungsinstitut für anwendungsorientierte Wissensverarbeitung
Helmholtzstr. 16
7900 Ulm

Gegenstand des FAW-Forschungsprojektes RESEDA ist die wissensbasierte Auswertung von multispektralen Rasterbilddaten der Erdoberfläche. Aus den Rohdaten, Satellitendaten des Landsat-5 Thematic Mapper (Landsat TM) werden Umweltzustandsdaten abgeleitet, die für Fachbehörden im Geschäftsbereich des Umweltministerium Baden-Württemberg von Interesse sind. Die Auswertung erfolgt in zweierlei Hinsicht wissensbasiert. Erstens werden Methoden, Heuristiken und Konzepte der Fernerkundung und digitalen Bildverarbeitung in einem Expertensystem repräsentiert, das den Anwender bei seiner Arbeit unterstützt. Zweitens wird bei der Auswertung Vorwissen in Form von Zusatzdaten aus einer geographischen Datenbasis genutzt, um die Qualität der Auswertung zu erhöhen.

Aus dieser Aufgabenstellung resultiert eine Gliederung der Arbeiten im RESEDA Projekt in drei Bereiche.

- Im Arbeitsbereich "Repräsentation von Fernerkundungswissen" werden die Methoden und Konzepte der Fernerkundung erarbeitet und in einer expertensystemgerechten Weise formuliert.

- Im Arbeitsbereich "Expertensystementwicklung" wird dieses erabeitete Wissen in einem Expertensystem in verarbeitungsgerechter Form repräsentiert.

- Im Arbeitsbereich "prototypische Anwendung" erfolgen konkrete und anwenderbezogene Auswertungen von Satellitendaten.

Der vorliegende Beitrag wird zuächst die Gründe, die zur Einrichtung eines Arbeitsschwerpunktes prototypische Anwendung führten erläutern und darauffolgend einen Überblick über die laufenden und geplanten Vorhaben in diesem Arbeitsbereich geben.

In der Fernerkundungsliteratur finden sich derzeit eine Vielzahl unterschiedlichster Ansätze zur Ableitung einer gewünschten Information aus Satellitendaten. Das Fehlen von Standardauswertungsmethoden ist ein Charakteristikum der Fernerkundung, die unter weitgehend unstandardisierten Bedingungen erfolgt. Besonders die Vielfalt und Unregelmäßigkeiten der Fernerkundungsobjekte in der Landschaft und die durch Wetter und andere Einflüsse überformten spektralen Reflektionen der Umweltobjekte setzten einer Standardisierung der Methoden Grenzen. Darüber hinaus ist das derzeitige Fehlen von Standardmethoden auch darin begründet, daß die Auswertung von Satellitendaten ein relativ junges Forschungsgebiet ist, in dem die Verarbeitungsmethoden noch einer gewissen Dynamik unterliegen.

Bei der Repräsentation einer solchen Methodenvielfalt in einem Expertensystem ist eine möglichst große Klarheit über diese Methoden essentiell. Der Arbeitsbereich prototypische Anwedung erlaubt es verschiedene methodische Ansätze innerhalb des RESEDA Projektes vor der Implementierung im Expertensystem durch manuelle Auswertung zu erproben. Dies ist umso mehr von Bedeutung, als die Methoden in der Literatur teilweise sehr unzureichend beschrieben sind.

Ein zweiter gewichtiger Grund für die Errichtung des Arbeitsbereiches prototypische Anwendung ist die angestrebte Einbeziehung potentieller Anwender in die Arbeit der FAW Projekte. Im Falle von RESEDA sind die Anweder des zu entwickelnden Systems Fachbehörden im Geschäftsbereich des Umweltministeriums Baden-Württemberg. Über den Arbeitsbereich prototypische Anwendung besteht der Kontakt des Projektes zu diesen Anwendern. Bereits auf einem sehr frühen Stadium der Arbeiten werden einzelne potentielle Anwender mit den Ergebnissen der zunächst manuell durchgeführten Satelittendatenauswertungen konfrontiert. Die Einbindung der Anwender gewährleistet, daß die später im RESEDA-Assistant implementierten Methoden die Ergebnisse in der für den Anwender geeigneten Form zur Verfügung stellen.

Die beachtlichen Zahl und Heterogenität der Fachbehörden des Umweltministeriums erforderte wegen der begrenzten personellen Resourcen des RESEDA Projekts eine Beschränkung auf einen Teil der potentiellen Anwender. Aus Gründen des aktuellen Datenbedarfs der Behörden und der internen Zusammenarbeit mit den anderen FAW-Umweltprojekten ergab sich eine Konzentration der Anwendungen im Bereich des Umweltschutzgutes Wasser. Die einzelnen Anwendungen bauen auf Vorarbeiten auf, die im Rahmen von Studien über die Nutzungsmöglichkeit von Fernerkundungsdaten beim Land Baden-Württemberg gemacht wurden [DÖRING-KUSCHEL et al. 1988].

Im Rahmen des Integrierten Rheinprogrammes des Ministerium für Umwelt Baden-Württemberg [MINISTERIUM FÜR UMWELT 1988] besteht Bedarf an aktuellen Informationen über Vegetation und Landnutzung im Bereich der ehemaligen Aue des Oberrhein zwischen Freiburg und Mannheim. In verschiedenen Auswertungen durch das RESEDA-System wurde versucht einen Teil dieser gewünschten Information aus Daten des Landsat TM zu ermitteln. Es wurden visuelle Aufbereitungen der Daten in Form von Farbkompositen durchgeführt. Eine Kombination der Landsatkanäle 5 4 3 in RGB-Bildern erwies sich erwartungsgemäß als geeignet für die Visualisierung der Vegetation. Als Vegetationsindex, der bei hinreichender Kenntnis der Landnutzung in dem betrachteten Gebiet Aussagen über dessen Versiegelung erlaubt, wurde die normalisierte Differenz (NDVI) [RICHARDSON et al. 77] verwendet.

Klassifikationen wurden auf der Grundlage multitemporaler Satellitendaten durchgeführt. Die Klassifikation unter Verwendung eines hierarchischen Ansatzes ergab gute Ergebnisse für die rheinnahen Waldbereiche. Bei der landwirtschaftlichen Nutzung konnte keine der angestrebten Unterklassen (Grünland, Mais, Getreide, Hackfrüchte) mit hinreichender Genauigkeit klassifiziert werden. Dies ist auf die sehr kleinparzellierte landwirtschaftliche Nutzung innerhalb der betrachteten rheinnahen Gebiete zurückzuführen. In solchen Gebieten ist die räumliche Auflösung des Sensors von 30 x 30 m nicht ausreichend.

Von Seiten der Anwender wurden für die erarbeiteten Ergebnisse Darstellungen mit genauem geometrischen Bezug, möglichst ·in Form von Karten gefordert. Bei der Verarbeitung waren die Satellitendaten zur Stratifizierung mittels räumlicher Einheiten aus dem Geographischen Informationsystem (Poldergrenzen, Naturraumgrenzen u.a.), bereits auf Gauss-Krüger Koordinaten entzerrt worden. Um den Forderungen der Anwender nach Geometriebezug nachzukommen wurden die Auswertungsergebnisse zusätzlich mit einzelnen Folien der Topographischen Karte 1 : 50 000 überlagert. Die Grundlage hierfür bildeten die im Auftrag des Landesvermessungsamts Baden-Württemberg mit 200 Linien pro cm gescannten Arbeitsfolien der Topographischen Karte 1 : 50 000. Diese Daten können seit März 1990 in Form run length kodierter Rasterdatensätzen vom Landesvermessungsamt bezogen werden. Für die Überlagerung unserer Ergebnisse wurde in der Regel der Grundriß und die Gewässerkontour der Karte gewählt.

Eine weitere Auswertung erfaßte Veränderungen in der Ausdehnung von Wasserflächen im Laufe der Zeit. Hierzu wurden Satellitenszenen unterschiedlicher Zeitpunkte miteinander verarbeitet. Am Beispiel der Baggerseen in den Poldern Altenheim I und II konnte die Vergrößerung der Wasseroberfläche eines der Baggerseen im Zeitraum 1984 bis 1990 dokumentiert werden. Die Überlagerung des graphisch dargestellten Ergebnisses mit der Gewässerkontour der TK 50 zeigt den Nachbesserungsbedarf der Topographischen Karte, deren Gewässerkontouren etwa dem Stand von 1984 entsprechen. Die Überlagerung macht auch deutlich, daß bei der Entzerrung großer Datenbestände (> 1/4 Landsatszene) maximal eine geometrische Genauigkeit von $\pm$ ein Pixel erreicht werden kann.

Eine geplante Auswertung beschäftigt sich mit der Erfassung und Klassifikation der stehenden Gewässer (< 1 ha) in der Oberrheinebene. Unter anderem wird dabei eine Klassifikation auf Objektebene durchgeführt. Das heißt die zu klassifizierenden Einheiten sind nicht einzelne Pixel, sondern die Gesammtheit der Pixel, die ein Objekt "See" bilden. Die Klassifikation basiert also auf der Grauwertverteilung aller Pixel eines Objekts. Weiterhin soll die Klassifikation der Gewässer durch Berücksichtigung zusätzlicher Information über die Gewässer verbessert werden. Eine solche Zusatzinformation ist z.B. das Wissen, in welchen der betrachteten Gewässer aktuell Kiesabbau betrieben wird.

Die Ermittlung der allgemeinen Landnutzung aus Satellitendaten steht im Mittelpunkt verschiedener Anwendungen. Bei den für die Landesverwaltung relevanten Landnutzungsklassen bilden die großflächigen Landschaftsobjekte des Amtlichen Topographisch - Kartographischen Informationsystems (ATKIS) einen Schwerpunkt. Darüber hinaus erfordern die Fachaufgaben im Umweltbereich oft sehr fachspezifische und von den im ATKIS-Objektartenkatalog verschiedene Definitionen der gewünschten Landnutzungsklassen. Da mit den Methoden der Fernerkundung Reflektionsklassen ermittelt werden, die sich in aller Regel weder mit den Objekten des ATKIS, noch mit den fachspezifischen Landnutzungsklassen decken, gilt es bei der Zielklassenfestlegung einen sehr sorgfältigen und gut dokumentierten Abgleich von Wünschenswertem und Erreichbarem durchzuführen. Dies ist Gegenstand von Arbeiten, die ab Oktober im RESEDA Projekt aufgenommen werden.

Die Ergebnisse der sich aus diesen Arbeiten ergebenden Landnutzungsklassifikation werden für die Zwecke verschiedener Fachbehörden aufgearbeitet. Die ermittelten Landnutzungsdaten werden ebenso bei den Arbeiten des FAW Projekts ZEUS als Eingangsinformation bei der Risikobewertung in Wasserschutzgebieten Verwendung finden.

Die bei RESEDA durchgeführten und hier anhand einiger Beispiele skizzierten Anwendungen dienen primär dazu die vom potentiellen Anwender des RESEDA Systems benötigten Funktionalitäten auszuarbeiten. Diese Arbeiten haben jedoch einen nicht zu unterschätzenden Nebeneffekt. Durch die Arbeiten bei RESEDA werden die Möglichkeiten der Verwendung von Satellitendaten für einzelne fachspezifischen Aufgaben der Umweltverwaltung geprüft. Bei den bisher durchgeführten prototypischen Anwendung hatten die Fachbehörden zum erstenmal Zugriff auf für ihre Zwecke aufbereitete Satellitendaten. Es ergab sich durchaus in einigen Fällen die Erkenntnis, daß manche in wissenschaftlichen Arbeiten propagierten und vorgestellte Auswertungen auf leider nicht genügend robust sind, um den Anforderungen einer Anwendung in der Praxis einer Verwaltung standzuhalten. Ein Beispiel hierfür ist die Ermittlung der Oberflächentemperatur großer Fließgewässer aus den Daten des Landsat TM, Kanal 6. Versuche mit dem RESEDA System diese Information über den Oberrhein aus den Satellitendaten abzuleiten scheiterten weitgehend an dem "striping-Problem", welches auf unzureichende Sensor Kalibrierung zurückzuführen ist.

Die Erfahrungen aus dem Arbeitsbereich prototypische Anwendung werden bei Abschluß des Projektes (DEZ. 1991) auch eine Beurteilung des Nutzens von Satellitendaten für die Umweltverwaltung des Landes Baden-Württemberg aus der Sicht des RESEDA Projektes ermöglichen. Dies kann aufgrund der sehr begrenzten personellen Resourcen im Arbeitsbereich prototypische Anwendung sicherlich keine umfassende und endgültige Beurteilung sein. Dennoch liefern die hier gesammelten und bei der Landesverwaltung bisher nicht vorhandenen praktischen Erfahrungen Unterstützung bei Entscheidungen über die weitere Verwendung von Satellitendaten z.B. im Umweltinformationssytem Baden-Württemberg (UIS).

Literatur:

[DÖRING-KUSCHEL et al. 88] Döring-Kuschel R., H. Schmidtke, G. Schmitt-Fürntratt und C. Schmullius. Untersuchung über grundsätzliche Möglichkeiten zur Nutzung von Fernerkundungsdaten im Umweltbereich sowie in der Land- und Forstwirtschaft.
Studie im Auftrag des Umweltministeriums Baden-Württemberg, März 1988.

[MINISTERIUM FÜR UMWELT 88] Ministerium für Umwelt: "Hochwasserschutz und Ökologie. Ein 'Integriertes Rheinprogramm' schützt vor Hochwasser und erhält naturnahe Flußauen" Stuttgart, November 1988.

[RICHARDSON et al. 77] Richardson A.J. und Wiegand. Distinguishing Vegetation from Soil. Background Information. Photogrammetric Engeneering and Remote Sensing, 43, 1977

KNOWLEDGE-BASED IMAGE CLASSIFICATION

Implementation of temporal relationships in a maximum likelihood classification

Hans Middelkoop (*)

Lucas L.F. Janssen (**)

(*)   International Institute for Aerospace Survey and Earth Sciences (ITC), P.O. Box 6, 7500 AA Enschede, The Netherlands. Present address: Dept. of Physical Geography, Faculty of Geographical Sciences, P.O. Box 80115, 3508 TC Utrecht, The Netherlands.

(**) Winand Staring Centre for Integrated Land, Soil and Water Research, P.O. Box 125, 6700 AH Wageningen, The Netherlands; Fellow of the Department of Surveying and Remote Sensing, Wageningen Agricultural University, The Netherlands.

ABSTRACT

In a knowledge based classification, ancillary data and knowledge are combined with spectral information. A method of knowledge based classification based on temporal relationships between classes is introduced. Knowledge about crop rotations is represented by means of state transition matrices. Spectral image information, information stored in a geographic information system and knowledge as represented in a matrix are combined in a Bayesian maximum likelihood classification. This method is elaborated for a test area in The Netherlands. Depending on the spectral separation of the classes and the level of detail of the transition matrices, the overall accuracy of the classification increased by 4 to 20% with respect to the result based on only spectral information.

1 INTRODUCTION

In the earth sciences, digital satellite images have become an important source of information. For many survey applications, these images are spectrally classified into classes which are relevant for the user. When the recognition of classes on the basis of their spectral characteristics becomes difficult, other types of data (thematic or geometric) are included in the classification process. This requires knowledge about the relationships between classes and the different ancillary data sources. The development for a procedure of knowledge based classification involves knowledge acquisition and requires a knowledge representation formalism.

Ancillary data that is used in addition to the spectral information can be a digital elevation model (elevation, slope angle and exposition), or thematic maps such as soils and geologic maps. Examples are provided by Strahler (1980), Kenk et al. (1988), Wu et al. (1988) and Skidmore (1989).

It can be applied effectively only if there is a known relationship to the classes on the image. This means that the classification is extended with a further decision making process, based on the knowledge on the relationship class-ancillary data.

The knowledge can be represented in several ways. Examples include IF <> THEN <> rules, implemented as Boolean look-up tables (eg. Mulder, 1985) and frames (Wu et al., 1989). Attempts at implementation of uncertain knowledge include certainty factors (Desachy et al. 1988), the Dempster-Shafer theory (Shrinivasan & Richards, 1990), and even a neural network (Hepner et al., 1990). Middelkoop et al. (1989) demonstrate a maximum likelihood classification implemented as a box-classifier.

A detailed overview on methodologies of pattern recognition, image analysis and knowledge based classification is provided by Argialas & Harlow (1990).

To date, only few studies have concerned temporal relationships between classes and ancillary data. Time sequential classifications were mentioned by Simonett et al. (1967), Swain (1978) and Strahler (1980). In these classifications, ancillary data was used to determine prior probabilities and these articles refer mainly to multi-season classifications. Van der Laan (1988) used a topographic map from 1980 to improve the classification result of a remote sensing image acquired in 1986. A look-up table was construced which defined the possible and impossible land cover changes between these dates. The table was used to modify the result of the spectral classification.

This paper presents a method of knowledge based classification based on temporal relationships using a case study in a test area in The Netherlands. It includes (1) knowledge acquisition, (2) knowledge representation (3) implementation of the classification procedure and (4) evaluation of the results.

2 AIM OF THE STUDY

The aim of this study was to develop a method which for using land cover data from preceding years, which are stored in a GIS, to improve the (overall) accuracy of land cover classifications of a RS image.

The application of temporal thematic information and knowledge meant that the following points had to be investigated:

- Acquisition of knowledge about the temporal relationships between classes from the available data and experts.
- Representation of the knowledge.
- Implementation of the information and knowledge in the image classification mechanism.

This is described for a test area in The Netherlands where there are clear temporal relationships between classes in the form of crop rotation schemes.

3 TEST AREA AND DATA

3.1 Test area

The test area is located in Oostelijk Flevoland, one of the polders in The Netherlands. A large part of the polder, including the test area, is used for arable agriculture. Temporal relationships between classes exist here in the form of distinct crop rotation schemes. The main crops are grass (GR), cereals (CE), potatoes (PO), sugarbeets (SB), beans (BE), peas (PE) and onions (ON).

3.2 Satellite data

A Landsat Thematic Mapper (TM) image of the Flevoland area (acquisition date: 7 July 1987) of good quality was available. Bands 3 (0.63-0.69 um), 4 (0.76-0.90 um) and 5 (1.55-1.75 um) from this image were used.

3.3 Geographic data

The ground reference data originated from a local agricultural institute (Rentambt Oostelijk Flevoland). Until 1988, this institute systematically gathered data about the crops grown in the area. Each year, small maps were sent to farmers who indicated the position and acreage of their crops. The maps were transposed to a 1:10,000 topographic map and were subsequently digitized for the situation in 1985, 1986 and 1987, and finally stored in a geographic information system. The digitized area comprises approximately 3800 ha.

4 KNOWLEDGE ACQUISITION

Before an appropriate formalism for knowledge representation could be defined, it was necessary to know at least qualitatively which crops are grown in the area and what kinds of temporal relationships (rotation schemes) can be found. This information was acquired from different information sources, as listed below:

1 - Literature

From literature, it was known which crops were grown in the Flevoland area (RIJP, 1988). In this area mainly three- and four-year rotation cycles are used. A crop succession scheme indicating suitabilities of crop successions and risk of disease and pests was also available (PAGV, 1989).

2 - Four-year series of 60 fields

Ground reference data for a series of four successive years were available for 60 fields. It was found that:
- There was four year cycle (POtatoes - CEreals - SugarBeets - diverse - POtatoes) in this part of the test area.
- Field boundaries may change in time; the temporal relationships are therefore defined per raster cell.

It might be possible to determine empirically prevalent crop transitions or successions by counting transitions over a period of N successive years for one field. To find prevalent transitions that are significantly different from random transitions, however, a time series of at least 20 to 30 year must be available. These were not available for the test area. Furthermore, it is likely that within such a long period the crop rotation schemes would change.

3 - Crossing ground cover maps from successive years

Since counting transitions over a long period was not possible, we enlarged our sample by including a large number of land parcels. Since each phase of the cycle was equally presented in the area, we overlayed ("crossed") two rasterized ground cover maps of two successive years. The transition frequencies from class Wj at t-1 to Wi at t were counted and stored in a matrix. The classes of t-1 was put as the row-index and t as the column index, and the values are normalised over t-1. The matrix indicates the prevalent transitions in terms of percentage of class W_j at t-1 that becomes class W_j at t.

4 - Interviewing experts

In addition to the information from literature and the ground reference data, agricultural experts from consulting agency (Consulentschap Akker- en Tuinbouw, Lelystad) were interviewed. From these interviews we learned which crops were relevant for inclusion in the classification. These are shown in figure 1. At least five different crop rotation schemes are used in this area. The most dominant are a three-year cycle and two four-year cycles. These are illustrated in figure 2 as 3yr, 4yr1 and 4yr2. Quantitative descriptions of these rotations were obtained and also physical and economical backgrounds of the rotation schemes were explained by the experts. These, however, could not be included in the classification.

Crop type	Icon
potatoes	
cereals	
sugar beets	
grass	
beans	
peas	
onions	

Fig. 1 Crop types included in the classification

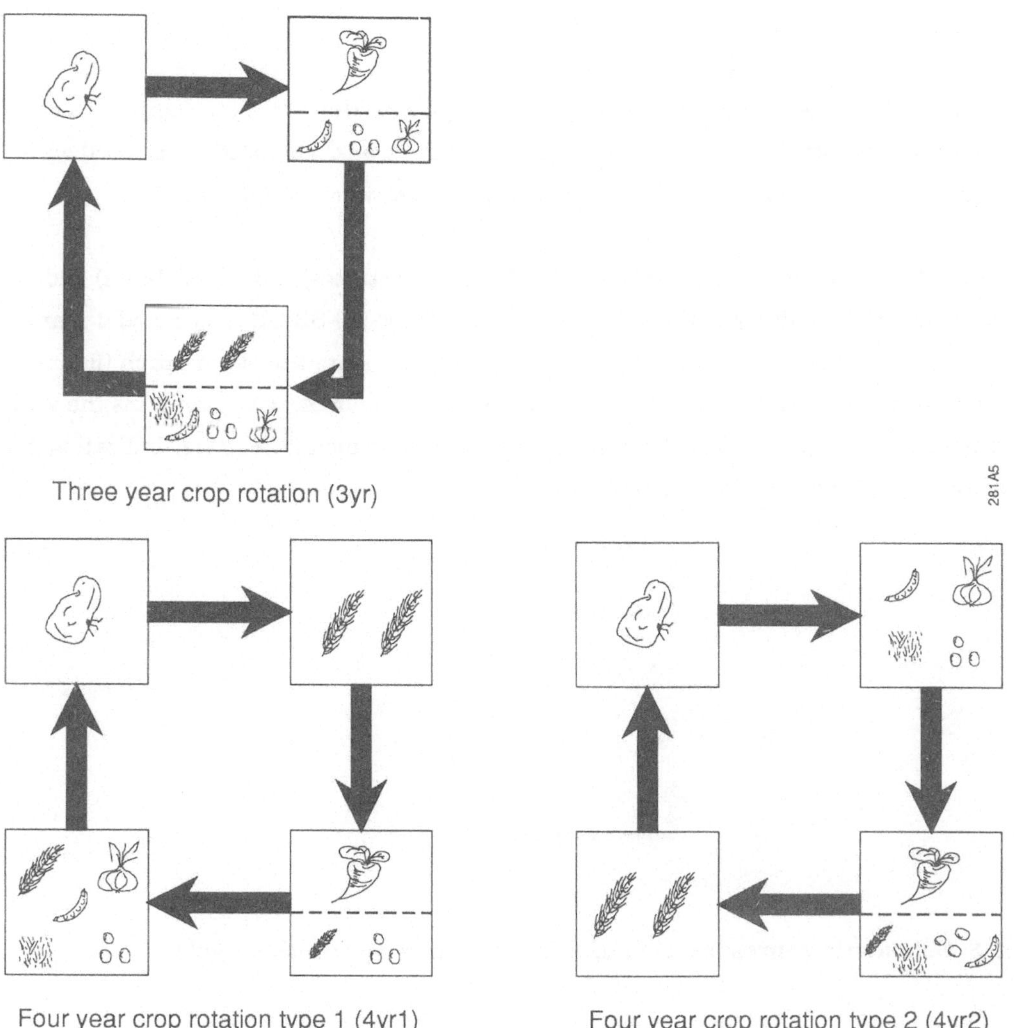

Three year crop rotation (3yr)

Four year crop rotation type 1 (4yr1)

Four year crop rotation type 2 (4yr2)

Fig. 2 Qualitative representation of the most dominant rotation schemes that are used in the study area

5 REPRESENTATION OF TEMPORAL RELATIONSHIPS

A land cover class W_i for a specific object (eg. pixel, parcel) at a specific time can be defined as the state of that object. The change from a certain class W_j at t-1 to another class W_i at t can be interpreted as a state transition. The transitions from the state $W_{j,t-1}$ to the state

$W_{i,t}$ can be described by a transition matrix.

The time lapse between t and t-1 may be a season, a year or even a five year period. The only condition is that both the land cover data at t-1 and the transition matrix are based on the same time lapse. In this study, yearly land cover changes were considered.

An example is a three-year crop rotation in which PO (potatoes), SB (sugar beets) and CE (cereals) are grown subsequentially. The chain PO-SB-CE-PO-SB-CE-... is called a Markov chain (e.g. Fletcher (1972)) which can be represented by a state transition graph (figure 3). This graph can be converted to the transition matrix M (figure 4) which contains the same information as the graph. The rows in the matrix are transition vectors, indicating the transitions from the state $W_{j,t-1}$ to state $W_{i,t}$.

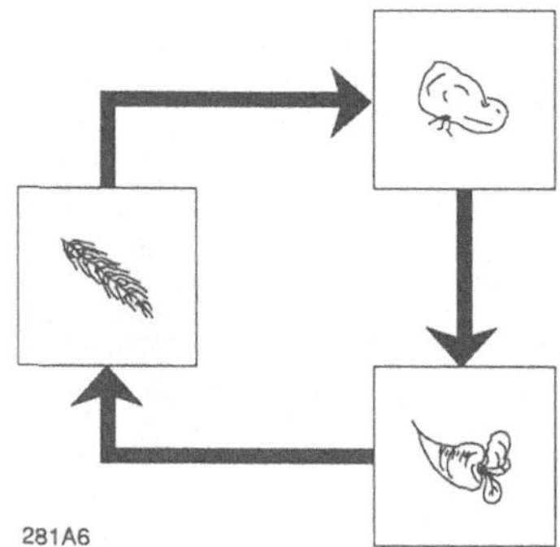

Fig. 3 Schematic representation of a three year crop rotation cycle

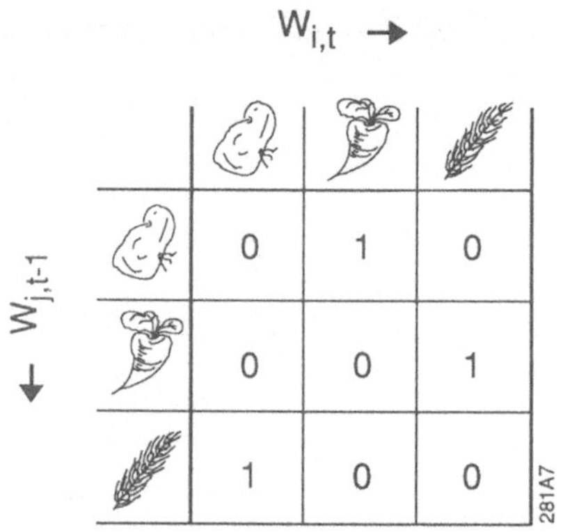

Fig. 4 Transition matrix M

In the three-year rotation which is used in the study area, not one but several different states may follow a preceding state, as illustrated in figure 2. It means that it is not certain what the landcover W_i at t will be given the landcover W_j at t-1. The three year crop rotation shown in figure 2 therefore can be transformed into a probabilistic state transition graph (figure 5). The widths of the arrows in the graph are proportional to the relative areas of W_j at t-1 that will be covered by W_i at t. Thus, the arrows indicate the probability that a state W_j at t-1 will be followed by W_i at t.

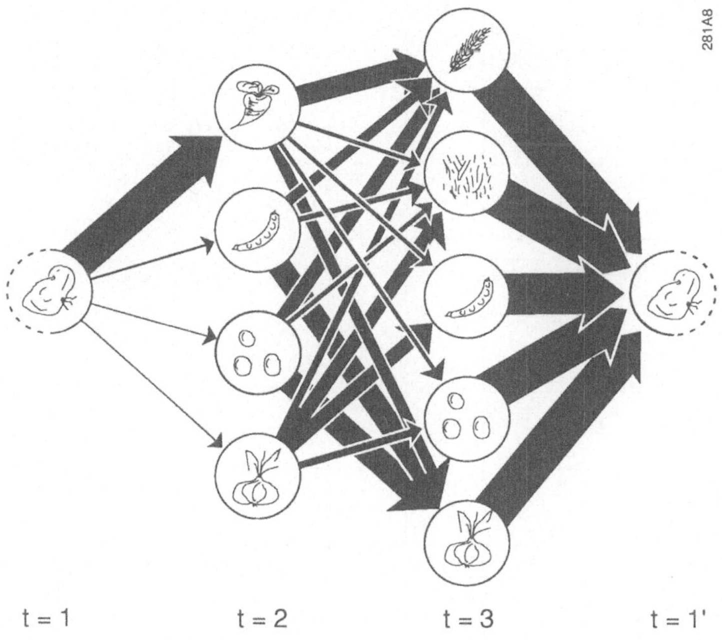

Fig. 5 Probabilistic state transition graph of three year crop rotation cycle. The width of the arcs is proportional to the transition probabilities

Matrix F shown in figure 6 corresponds to the probabilistic transition graph in figure 5.

In a stochastic matrix, the values of all entries are equal to zero or larger and the sum of the entries in each row equals 1. Matrices M and F are examples of a stochastic matrix. The rows in these matrices are called "state transition probability vectors" $P(W_{i,t} \mid W_{j,t-1})$, representing the probabilities that a transition from state $W_{j,t-1}$ to state $W_{i,t}$ will occur.

The states in matrix F are described by both the landcover class label and the year index, because the same land cover may be found in more than one year of the rotation cycle. In the example eg. "beans" are grown in both the second and the third years of the cycle. Thus "beans" in the second year and "beans" in the third year of the cycle have to be interpreted as different states.

$(W_i, \text{Year}_j)_t \rightarrow$

$(W_k, \text{Year}_l)_{t-1}$	potato$_1$	carrot$_2$	beans$_2$	peas$_2$	onion$_2$	wheat$_3$	grass$_3$	beans$_3$	peas$_3$	onion$_3$
potato$_1$		0.80	0.07	0.07	0.06					
carrot$_2$						0.50	0.08	0.08	0.08	0.26
beans$_2$						0.30	0.10			0.60
peas$_2$						0.33	0.12			0.55
onion$_2$						0.17	0.33	0.33	0.17	
wheat$_3$	1.0									
grass$_3$	1.0									
beans$_3$	1.0									
peas$_3$	1.0									
onion$_3$	1.0									

Fig. 6 Transition matrix F for three year rotation cycle; in this matrix, a state is defined by both crop type and year

The year-indexed matrix demands that the input to this matrix is defined also by both Wi and a year index. This means that, for this matrix, it is not sufficient to have a ground cover map indicating $W_{j,t-1}$, but this map must also indicate the year of the cycle (1, 2 or 3) to which the crops refer. Since it may happen that these year-indices are not available, as in this study, the year indices were removed from matrix F, resulting in matrix G (figure 7). The latter shows the state transition probabilities without regard to the year of the cycle. In the example, matrix N2 does not distinguish "beans" in the second year from "beans" in the third year. A little information was therefore lost in this matrix.

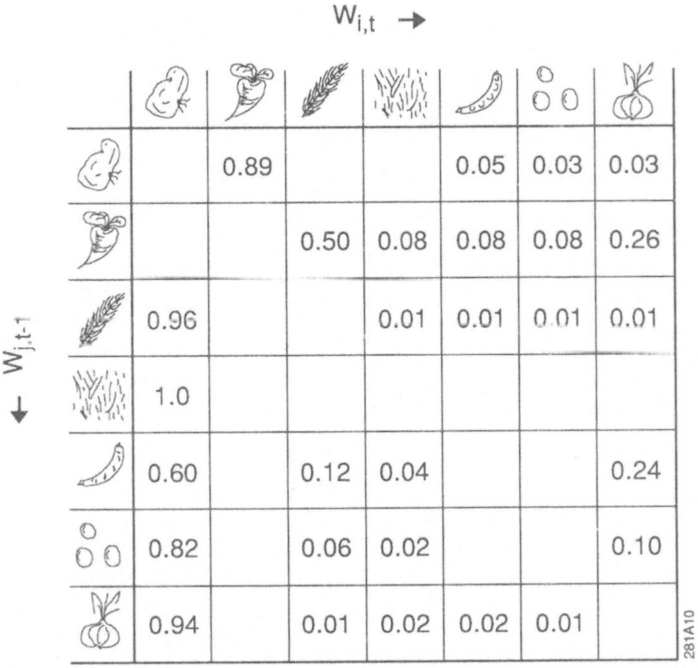

W_{i,t} →

W_{j,t-1} ↓							
(potato)		0.89			0.05	0.03	0.03
(carrot)			0.50	0.08	0.08	0.08	0.26
(cereal)	0.96			0.01	0.01	0.01	0.01
(grass)	1.0						
(peas)	0.60		0.12	0.04			0.24
(○ ○)	0.82		0.06	0.02			0.10
(onion)	0.94		0.01	0.02	0.02	0.01	

281A10

Fig. 7 Transition matrix G representing the three year rotation cycle. The year-index has been removed

The terms in the n-th power of a transition matrix give the probabilities of a transition taking place in n time lapses. M^2, M^3 and M^4 are the second, third, and fourth powers of matrix M, indicating the transitions over two three and four years (figure 8). If "potatoes" was found at a certain time, it can be concluded from M^2 that "cereals" will be found at the same spot two years later. The fourth power of M is the same as M, so there is a clear pattern that takes a period of three years.

A transition matrix is said to be regular if all entries of some power are positive. As can be seen from the example, the matrix M is not regular. Also F is not regular, but matrix G is a regular stochastic matrix. An interesting property of a regular stochastic matrix is the following: the sequence of powers G^2, G^3, G^4,...G^n approaches a matrix whose rows are each the same probability vector V.

The 100th power of G gives the matrix shown in figure 9. The probability vector V = (0.33, 0.30, 0.16, 0.03, 0.04, 0.03, 0.10) is one of the eigenvectors for this matrix. The eigenvalue corresponding to this eigenvector = 1.0.

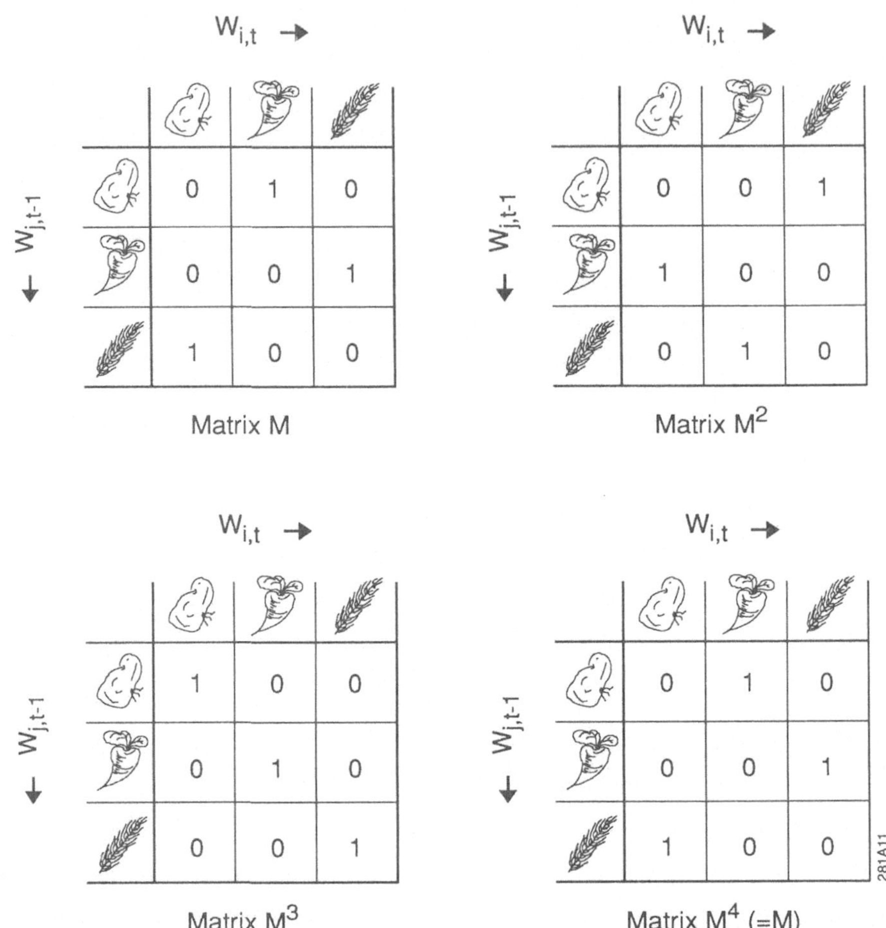

Fig. 8 Sequence of powers of matrix M

In a stable dynamic system such as the rotation system in the example, the relative areas covered by each class do not change. So these relative areas are thus represented by the eigenvector V. Moreover, the total size of the area is always the same. The eigenvalue of eigenvector V therefore equals 1.0.

In terms of land cover changes, G^{100} gives the probability vectors for a time lapse of 100 years. The matrix can be interpreted as follows: it means that the land cover type W_j at t-100 does not indicate any other preference than W_k at t-100 for a certain land cover type Wi in the present. The probability vectors actually represent the prior probabilities that are based on the relative areas of the land cover types.

$W_{i,t} \rightarrow$

$\downarrow W_{j,t-1}$

0.33	0.30	0.16	0.03	0.04	0.04	0.10
0.33	0.30	0.16	0.03	0.04	0.04	0.10
0.33	0.30	0.16	0.03	0.04	0.04	0.10
0.33	0.30	0.16	0.03	0.04	0.04	0.10
0.33	0.30	0.16	0.03	0.04	0.04	0.10
0.33	0.30	0.16	0.03	0.04	0.04	0.10
0.33	0.30	0.16	0.03	0.04	0.04	0.10

281A12

Fig. 9 100th power of regular matrix G. Each row contains the same probability vector

6 TRANSITION MATRICES

6.1 Determination of transition matrices

The values in the transition matrices were assessed on the basis of both empirical estimations using the ground reference data from previous years, and expert knowledge.

6.1.1 Empirical estimation

Since the crop rotation system(s) in the area are stable, the transition probability vectors between classes could be assessed by overlaying rasterized ground cover maps of two successive years. The frequencies of co-occurrences between $W_{j,t-1}$ and $W_{i,t}$ are counted and normalized over $W_{j,t-1}$. The resulting matrices are called empirical matrices (MAR8586 and MAR8687). Matrix MAR8586 is shown in figure 10.

	0.02	0.69	0.15	0.06	0.01	0.05	0.02
	0.27	0.03	0.67		0.01	0.01	0.01
	0.10	0.28	0.02		0.04	0.27	0.29
	0.31	0.04	0.33	0.17		0.02	0.13
	0.90	0.06	0.04				
	0.94	0.01	0.01				0.04
	0.87	0.04	0.08	0.01			

Fig. 10 Empirical transition matrix MAR8586

6.1.2 Expert knowledge

Since different rotation cycles are used in this area, the empirical matrices reflect a mixture of rotation cycles. The agricultural consultants were therefore asked to estimate the transition vectors for each of the three dominant rotation schemes separately. For each type a year-indexed matrix (figure 6) was filled in. Because the classification only uses a ground reference map for t-1, the year indices from these matrices were eliminated and a one-step transition matrix was created.

As a test for consistency of the different information sources, an ensemble matrix was composed on the basis of the three separate dominant matrices. This is done by a weighted addition of the three, where the weight is the relative area of occurrence of each rotation type. The resulting matrix (MEXPERT) is shown in figure 11.

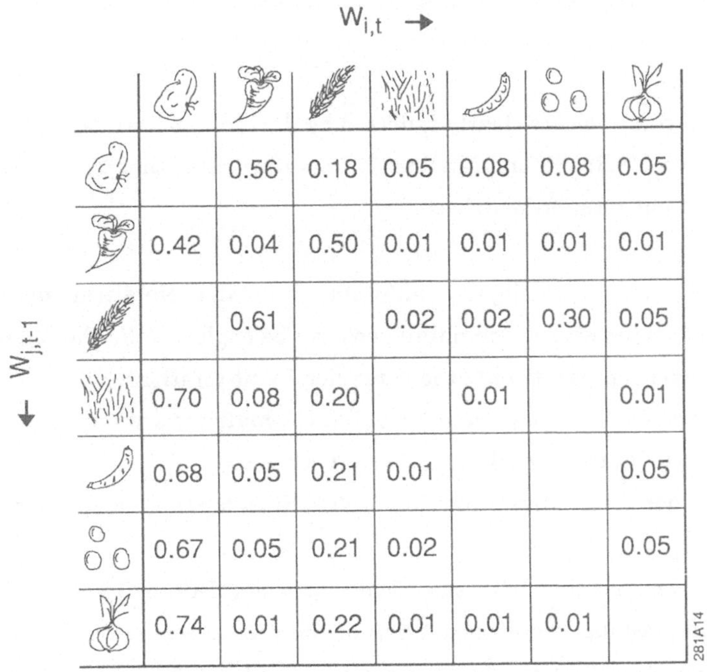

$W_{j,t-1}$ \ $W_{i,t} \rightarrow$	potato	carrot	wheat	grass	pea	onion (seed)	onion
potato		0.56	0.18	0.05	0.08	0.08	0.05
carrot	0.42	0.04	0.50	0.01	0.01	0.01	0.01
wheat		0.61		0.02	0.02	0.30	0.05
grass	0.70	0.08	0.20		0.01		0.01
pea	0.68	0.05	0.21	0.01			0.05
onion (seed)	0.67	0.05	0.21	0.02			0.05
onion	0.74	0.01	0.22	0.01	0.01	0.01	

Fig. 11 Transition matrix MEXPERT, based on expert knowlegde

6.1.3 Empirical estimation of a single rotation matrix

Since the empirical matrices MAR8586 and MAR8687 reflect more than rotation cycle, an empirical matrix for one single rotation type was created. On the basis of a land-ownership map and the ground cover maps of the three successive years (1985 - 1987), the area where the 4yr1 rotation is used could be separated and masked. Within this mask an empirical matrix of the 4yr1 rotation was made (M4YR1).

6.2 Interpretation of the matrices

Comparison of the empirical matrices MAR8586 and MAR8687 revealed only minor differences. These ware found for classes which do not occur very frequently: grass, beans, peas.

The 3yr and 4yr1 rotations are clearly reflected by the highest transition probabilities in the empirical matrices MAR8586 and MAR8687. This illustrates that the latter two reflect an ensemble of different rotation matrices.

The MEXPERT matrix is slightly different from the empirical matrices, but the correspondence is satisfactory. The differences can be explained by the following factors:
- The expert matrix represents only the three dominant rotations.
- The expert expresses the situation in 1989, but the matrices are related to 1986 and 1987.
- Small errors occur in the digital ground reference maps.
- The expert did not predict the transition probabilities for these crops very accurately.

It can be easily verified that both empirical matrices (MAR8586 and MAR8687) and the expert matrix are regular. Thus calculation of the n-th power of each matrix provides an eigenvector which indicates the relative areas occupied by each ground cover class. As shown in table 1, they agree well with the relative areas given by agricultural statistics and with the areas indicated on the ground reference maps.

Table 1   **Relative areas of crop types (RIJP, 1988) and eigen vectors of transition matrices**

	Relative area occupied in			Eigen vector after 100th power		
	1985	1986	1987	MAR8586	MAR8687	MEXPERT
Potatoes	0.28	0.28	0.26	0.28	0.25	0.26
Sugar beets	0.25	0.26	0.27	0.25	0.26	0.24
Cereal	0.31	0.27	0.27	0.27	0.27	0.31
Grass	0.01	0.02	0.02	0.02	0.02	0.02
Beans	0.03	0.01	0.01	0.02	0.02	0.03
Peas	0.05	0.08	0.08	0.08	0.09	0.10
Onions	0.08	0.08	0.09	0.09	0.10	0.04

6.3 Evaluation of knowledge sources

Both procedures for assessing of the class transition probabilities have their costs and benefits in terms of effort of acquisition and expected accuracy of the matrices. The most important of them are mentioned below.

The advantages of empirical estimation were:
- The procedure is fast and easy when digital data are available.
- The transition probabilities are area-specific, unlike literature references which usually contain more general information.
- The method is objective, not biased by the expert's opinion or wishes.

The disadvantages of the empirical estimation were:
- The ground reference data must be available in detail (in this case, more thematic information or classes than shown on topographic maps have been used).
- The method is labourious if data have to be digitized first.
- Errors in the ground cover maps may cause incorrect and unlikely transition probabilities.
- An empirical matrix may reflect an ensemble of different rotations, and it is difficult to separate these without other information.

The advantages of estimation via an expert were:

- No ground reference data are required for the determination of a transition matrix.
- Acquisition of knowledge by interviewing experts is faster than digitizing detailed ground cover maps.
- There will be fewer errors caused by errors in the GIS (only for ground cover at t-1).
- An expert can foresee minor yearly fluctuations and trends, so that these can be included in the transition probabilities.

The disadvantages of estimation via an expert were:

- The expert's knowledge can be different from the real situation. In this study the expert expected some transitions other than the farmers actually used.
- The expert must be able to express his/her knowledge in terms of transition probabilities.

7 IMPLEMENTATION IN THE MAXIMUM LIKELIHOOD CLASSIFICATION

The usual problem of satellite image classification is the spectral variability of the classes and the overlap between the clusters in the feature space. This requires finding the most likely class and providing an estimation of the associated probability of error. An intuitively satisfying and mathematically manageable classification theory is the maximum likelihood or Bayes' optimal classification [eq. 1] (Mather, 1987).

$$P(W_i \mid X) = P(X \mid W_i) * P(W_i) / SUM_j \{ P(X \mid W_j) * P(W_j) \} \qquad \text{[eq. 1]}$$

$P(W_i \mid X)$ = the (a posteriori probability) that class W_i occurs, given the observation vector X

$P(X \mid W_i)$ = the probability that observation X will occur, given class W_i; in image classification: the spectral characteristics of class W_i. $P(X \mid W_i)$ considered to be constant over the whole scene.

$P(W_i)$ = the a priori probability for class W_i, which can be considered as a weight factor.

The values of all $P(X \mid W_i)$ are assessed using a set of training elements with a known class label. Ideally, $P(X \mid W_i)$ is based on relative frequencies of co-occurrance between X and W_i. Since in most instances large training sets are lacking, $P(X \mid W_i)$ is estimated by a n-dimensional Gaussian probability density function (Mather, 1987). This function is described by a mean vector and covariance matrix of a representative sample. Bayes' rule is then rewritten as a decision function $g_i(X)$ which selects W_i for which $g_i(X)$ is the largest [eq. 2].

$$g_i(X) = (2pi)^{-N/2} * |C_i|^{-0.5} * exp[\ -0.5 * (X-M_i)^t * C_i^{-1} * (X-M_i)\ ] * P(W_i) \qquad \text{[eq. 2]}$$

X is the observation vector for the pixel under consideration
M_i is the mean vector for class i
$(X-M_i)^t$ is the transposed difference vector $(X - M_i)$
C_i is the N * N symmetric variance-covariance matrix for class i
$|C_i|$ is the determinant of matrix C_i

In this case study, the a priori probability for a class could be specified more accurately than just using the relative occurrance of the class in the test area. Where there are temporal relationships between the classes, the prior probabilities depend on the land cover at the preceding year. $P(W_i)$ in equations 1 and 2 was therefore substituted by $P(W_{i,t}|W_{j,t-1})$, which is read from a transition matrix. $P(W_{i,t}|W_{j,t-1})$ represents the relative area occupied by W_i within the masked area where W at t-1 = W_j. This means that $P(W_{i,t})$ is dependent on the spatial distribution of W_j at t-1, so it may vary per pixel.

The following numbers refer to the classification procedure that shown schematically in figure 12.

1 - The mean vectors and covariance matrices for all classes were determined using training samples from fields where the current land cover was known.

2 - From the mean vectors and covariance matrices, $P(X|W_{i,t})$ was calculated for each class.

3 - On the basis of two overlaid ground cover maps of successive years (A) or interviews with experts (B), a transition matrix containing probability vectors $P(W_{i,t}|W_{j,t-1})$ was created.

4 - For each pixel the land cover class W_j at t-1 was looked-up in the GIS. This class pointed to a probability vector in the transition matrix.

5 - The probability vector corresponding to $W_{j,t-1}$ was read from the matrix.

6 - The computer program BAYES determined on the basis of $P(X|W_{i,t})$ (from 2) and $P(W_{i,t}|W_{j,t-1})$ (from 5) for each pixel which was the most likely class.

7 - The result was stored in the GIS.

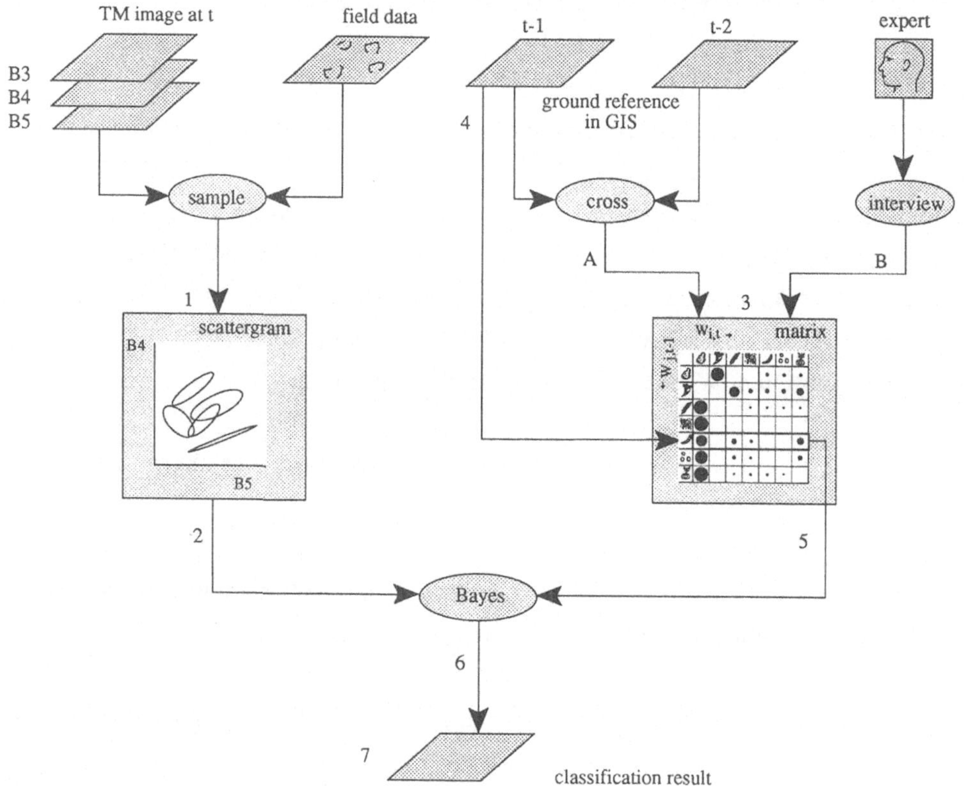

Fig. 12 Scheme of the classification procedure

8 TESTING

The performance of the knowledge based classification was tested by comparison with "standard" classification results using equal prior probabilities and class prior probabilities (using the relative frequency of the classes in the whole area).

The classifications were carried out for a situation with a good spectral separation between the classes (using three bands of the Landsat TM image) and a situation with poor spectral class discrimination (using band 4 only). Also different transition matrices were evaluated.

For every class, three to seven different fields (125 to 460 pixels) were randomly selected to determine the class mean vector and covariance matrix. The overall accuracies of the classification results were assessed by calculating a cross tabulation of the rasterized ground reference map and the classification result. They are shown in table 2.

Table 2   Classification results

prior probability	TM B3,4,5	TM B4
equal for all classes	76.0	61.4
relative area per class	77.0	65.0
MAR8586	79.6	74.3
MAR8687	79.9	not evaluated
MEXPERT	77.8	73.6
M4YR1	81.9	80.9

8.1 Maximum Likelihood Classification using B3,4,5.

When only spectral information was used (all prior probabilities were equal), the overall accuracy of the classification was 76%.

The improvement using class prior probabilities was very little: only 1%. This is striking, since the prior probabilities range from 0.01 to 0.30. Apparently, only a few pixels had values that fall into the overlap zones between clusters in the feature space.

The improvement using class priors based on the empirical matrices MAR8586 and MAR8687 was larger: 4%. Both empirical matrices provided about the same result, but the improvement using the pixel priors from the matrix MEXPERT was less: 1.8%.

The best result was obtained with matrix M4YR1 for the area with only the 4yr1 rotation: the overall accuracy was 81.9%. But even with these most area-specific priors the improvement was not more than 5.9%.

From this it can be concluded that if there is a good spectral separation between the classes, little is gained by incorporating additional data and knowledge.

8.2 Maximum Likelihood Classification using only band 4

The results of the first test invited to evaluate the performance of the knowledge based classification in a situation where the spectral separation between the classes is much worse. This was simulated by classifying using only band 4.

The overall accuracy using equal prior probabilties decreased to 61.4%. Also the other classifications provided a lower overall accuracy than when using three bands, but the effect of the prior probabilities was much larger here.

The application of class priors gave a 3.6% better result, which was still rather small.

The classifications based on the pixel priors, however, showed an important improvement of the overall accuracy. Using the empirical matrices for the whole area (MAR8586 and MAR8687), a 12.9% better result was obtained, and matrix MEXPERT yielded a 12.6% better result.

The most interesting result was based on the matrix M4YR1 for this area. The overall accuracy here was still more than 80%, which is 19.5% better than using equal priors, and

14.1% better than using class priors. In fact, this result was only 1% worse than the same classification using three bands. Since the spectral information from B3 and B5 added only 1 percent to the accuracy, this additional spectral information can be seen as redundant.

This classification was not only good just because the ground cover was always as predicted by the matrix. A classification on the basis of the transition probabilities alone yielded an overall accuracy of only 60%. It was the combination of spectral information with proper predictions which led to a high overall accuracy of the classification result.

This means that where there is an important spectral overlap between classes, this application of pixel priors may be worth the effort, especially when a specific matrix, not reflecting an ensemble of rotations, can be found.

9 CONCLUSIONS

Markov chains and probabilistic transition matrices form a useful extention of the knowledge representation methods that are currently used for knowledge based image classification. They provide a proper representation formalism for temporal relationships. These temporal relationships can be implemented as context (C_{t-1}) dependent sets of prior probabilities. For the assessment of the transition matrices, a lot of data are needed, but an expert may be available to provide the transition probabilities. The improvements which can be expected from this application of temporal relationships depend on two factors:
(1) Spectral separation of classes.
When there is a good spectral separation between the classes, there is little improvement from adding ancillary data and knowledge. On the other hand, a considerable increase of the overall accuracy can be obtained if there is a large spectral overlap between the classes.
These situations occur when images with a low spectral resolution (such as SPOT data) are used. SPOT 1 and2 lack a middle-infrared spectral band which is very important for land cover discrimination. Images acquired at less favourable dates (outside the growing season are also possible candidates for this approach.
(2) Number and characteristics of transitions.
The best results can be expected when a transition matrix can be found which reflects only one distinct Markov chain. Such a matrix contains probability vectors with values close to either 0.0 or 1.0.

The necessary knowledge about temporal relationships can be obtained both from analysis of a time series of ground reference data or from a human expert. The first requires a lot of data in digital format, which may be (time) expensive. Underlying processes and the existence of different transition chains are difficult to discover from these data. Expert knowledge can be acquired to provide background information. In that case the expert should be able to provide reliable and accurate information.

REFERENCES

Argialas, D.P. & Harlow, C.A., 1990: Computational Image Interpretation Models: An Overview and a Perspective. Photogrammetric Engineering and Remote Sensing, Vol. 56, No.6, June 1990, pp 871-886.

Desachy J., Debord, P. & Castan, S., 1988: An expert system for satellite image interpretation and GIS based on problem solving. ISPRS proceedings Kyoto, Comm. 4/5, Vol 27, B4.

Fletcher, T.J, 1972: Linear Algebra through its applications. Van Nostrand Reinhold Company, London.

Hepner, G.F., & Logan, T., Ritter, N. & Bryant, N., 1990: Artificial Neural Network Classification using a Minimal Training Set: Comparison to Conventional Supervised Classification. Photogrammetric Engineering and Remote Sensing, Vol.56, No. 4, pp 469-473.

Kenk, E., Sondheim, M. & Yee, B., 1988: Methods for improving accuracy of thematic mapper ground-cover classifications. Can. Jnl of RS, Vol 14, No 1.

Laan, van der, F.B., 1988: Improvement of classification results of satellite imagery using context information from a topographic map. Proc. ISPRS, Symp. Comm. VII, Kyoto, pp 98 - 108.

Mather, P.M., 1987: Computer processing of Remotely-Sensed Images. An Introduction. John Wiley & Sons, Chichester.

Middelkoop, H., Miltenburg, J.W, & Mulder, N.J., 1989: Knowledge engineering for image interpretation and classification: a trial run. ITC Journal 1989-1, pp 27-32.

Mulder, N.J., 1985: Classification and decision-making. Photogrammetria 40, pp 95 - 116.

PAGV, 1989: Bouwplan en vruchtopeenvolging. PAGV publicatie nr. 44, Lelystad. (in Dutch).

RIJP, 1988: Overzicht van de gewassen keuze op de landbouwbedrijven in Oostelijk Flevoland, tijdreeks 1965-1985. RIJP rapport 1988 - 30 cbw, Lelystad. (in Dutch).

Shrinivasan A. & Richards, J.A., 1990, Knowledge-based techniques for multi-source classification. International Journal of Remote Sensing, Vol.11, No.3, pp 505-525.

Simonett, D.S., Eagleman, J.E., Erhart, A.B., Rhodes, D.C. & Schwartz, D.E., 1967: The potential of radar as a remote sensor in agriculture: 1. a study with the K-band imagery in West-Kansas. CRES Report No. 16-21, University of Kansas, Lawrence.

Skidmore, A.K., 1989: An Expert System Classifies Eucalypt Forest Types using Thematic Mapper Data and a Digital Terrain Model. Photogrammetric Engineering & Remote Sensing, Vol. 10, No.1, pp 133-146.

Strahler, A. H., 1980: The use of prior probabilities in maximum likelihood classification of remotely sensed data. Remote Sensing of Environment, 10, pp 135 - 163.

Swain, P.H., 1978: Bayesian classification in a time-varying environment. IEEE transactions on Systems, Man and Cybernetics, Vol.SMC-8, No.12, pp 879-883.

Wu, J.K., Cheng, D.S, Wang, W.T. & Cai, D.L., 1988: Model Based remotely sensed imagery interpretation. International Journal of Remote Sensing, Vol.9, No.8, pp 1347-1356.

Geoinformationssysteme

Zur Eignung moderner Geo-Informationssysteme für Belange der Umweltinformatik

Ralf Bill
Institut für Photogrammetrie
Universität Stuttgart
Keplerstraße 11
7000 Stuttgart 1

Zusammenfassung

Der folgende Beitrag stellt die Leistungsfähigkeit moderner GIS den Anforderungen aus dem Bereich des Umweltdatenmanagements gegenüber. Daraus resultiert der Versuch, die Rolle der GIS in der Umweltinformatik näher zu bestimmen und den konkreten Handlungsbedarf zu formulieren.

1 Einführung

1.1 Geo-Informationssysteme

Raumbezogene Informationssysteme (oder geographische Informationssysteme - GIS abgekürzt) sind computergestützte Datenverarbeitungssysteme, die zur Sammlung, Speicherung, Analyse und Präsentation räumlicher Informationen entwickelt und eingesetzt werden. Sie integrieren geometrisch-topologische Primitive - Punkte, Linien und Flächen -, graphische Darstellungsbeschreibungen - Linienstärke, Linienart, Flächenmuster usw. - und Attribute (beschreibende Daten oder auch Sach- oder Fachdaten genannt) zu in der realen Welt bedeutungsvollen Objekten. Ein Objekt im GIS ist demnach ein für den jeweiligen Nutzer ein ihn interessierender Gegenstand seiner zu betrachtenden Welt, welcher einen topologischen Typ mit einer Zusammensetzung aus geometrischen Primitiven, eine gewünschte Darstellung unter einem bestimmten Thema und eine Vielzahl beschreibender Informationen besitzt. Die digitale Behandlung beschreibender und geometrischer Daten gestattet die Zusammenstellung des Datenmaterials nutzerspezifisch unter verschiedenen Gesichtspunkten; es entstehen Modelle der realen Welt in unbegrenzter Vielfalt.

Die Sammlung (Input), Speicherung (Management), Analyse (Analysis) und Präsentation (Presentation) gelten als die Bestandteile eines GIS, welches auch zu dem 4 Komponenten Modell (IMAP) führt (vgl. Brassel, 1987, Bill/Fritsch (1991)). GIS kann man andererseits aus der Sicht der Informationssysteme weiterhin durch die 4 Grundkomponenten Hardware, Software, Daten und Personal, das HSDP-Modell der Informationssysteme, charakterisieren.

GIS können überall dort Anwendung finden, wo bisher analoge Karten verwendet wurden und nun stattdessen ein datenverarbeitungsgerechtes Medium gesucht wird. Weiteste Verbreitung haben GIS im Vermessungswesen (also auf der Datenerfassungs- und Kartenerstellungsseite), in der Leitungsdokumentation von Energie-Versorgungsunternehmen, in den planerisch-bewertenden Disziplinen wie Landschaftsplanung und Geographie und in vielen anderen Bereichen. Einzelne Anwendungen von GIS im Umweltbereich existieren ebenfalls, die sich aber überwiegend auf Monitoringfunktion beschränken.

1.2 Umwelt-Informationssysteme

Nach Pape u.a. (1990) kann ein Umweltinformationssystem als erweitertes GIS angesehen werden, das der Erfassung, Speicherung und Verarbeitung von raum-, zeit- und inhaltsbezogenen Daten zur Beschreibung des Zustandes und der Entwicklung der Umwelt hinsichtlich Belastungen und Gefährdungen dient. In dieser Definition fehlt explizit die Präsentationskomponente, die man unter dem Oberbegriff Verarbeitung ansiedeln muß. Ansonsten spezialisiert sie die oben zum GIS gegebene Definition eigentlich nur auf den zu behandelnden Gegenstand, nämlich die Umwelt. Ob dies wirklich möglich ist, soll vorliegender Beitrag beleuchten.

Nach den Aufgaben kann man das Umweltdatenmanagement in die folgenden drei Teilbereiche einteilen :

- Umweltmonitoring und - bewertung,

- Entscheidungsunterstützung bei Umweltüberwachungsaufgaben sowie

- Analyse von Ursachen und Wirkungen .

Von der räumlichen Ausdehnung her können lokale bis globale Aufgabenstellungen unterschieden werden.

In dem Beitrag wird unter UIS ein flächendeckendes, landesweites System verstanden, welches von der permanenten Meßwerterfassung (Schadstoffe, Wassergüte und dgl.) über die Verarbeitung (insbesondere Verknüpfung vielfältiger Informationsquellen) und Präsentation bis hin zur direkten wissensbasierten Entscheidungsunterstützung oder Ursache-Wirkungsanalyse reicht. Somit kann das UIS Baden-Württemberg (Mc Kinsey, 1988a,b, 1989) mit seinen mehreren Hundert sogenannten Basissystemen als ein Beispiel für die folgenden Betrachtungen gelten. Wir werden nicht über GIS für lokale Umweltmonitoring oder - bewertungsaufgaben diskutieren, da dort GIS Produkte wie Arc/Info ihre Eignungsfähigkeit bereits an zahlreichen Stellen bewiesen hat. Die wesentliche Problematik im Umweltbereich ist das Integrieren einer Vielzahl von Methoden - von der Prozessdatenverarbeitung über Datenbanken hin zur Datenverarbeitung z.B. mit Bildverarbeitungsmethoden bis zur mathematischen Modellierung der Umwelt - in einem vernetzten heterogenen Rechner- und Softwaresystem.

2 Die Leistungsfähigkeit moderner GIS im Vergleich zu den Anforderungen aus der Umweltinformatik

An einigen, nach Meinung des Autors wichtigen Punkten sollen die Möglichkeiten von GIS im Rahmen von UIS aufgezeigt werden. Selbstverständlich gibt es viele weitere Kriterien, die man hier aufführen könnte. Die im folgenden getätigten Aussagen zu GIS orientieren sich an derzeit existenten, kommerziell verfügbaren Systemen und deren Leistungsfähigkeit, wie sie in einer Marktstudie von über 40 Produkten ermittelt wurde (Bill, 1990). Aktuelle Forschungsansätze werden an einigen Stellen erwähnt. Wann diese allerdings ihren Niederschlag in kommerziellen Produkten finden ist offen.

2.1 Datenerfassung

2.1.1 Datentypen

Moderne <u>GIS</u> kennen die folgenden Datentypen :

- Geometrie und Topologie,

- beschreibende Daten und

- Beschreibungen der graphischen Präsentation,

aus denen Objekte gebildet werden. Hinsichtlich der Geometrie und Topologie unterscheiden GIS zwischen Vektor- und Rasterdaten. Vektordaten werden geometrisch durch eine Folge von Koordinatenpaaren oder -tripeln beschrieben; topologisch differenziert man zwischen Knoten, Kanten und Flächen. Rasterdaten werden geometrisch durch Bildelemente in einer Bildmatrix geformt, deren topologische Zusammenhänge durch die Matrixdarstellung gegeben ist. Ein System, welches beide Datenformen gemeinsam verwalten kann, nennt Fritsch, 1988 ein hybrides GIS. Über die Hälfte aller heute verfügbaren Produkte beruhen auf alleiniger Vektordatenverwaltung. Bildverarbeitungsprodukte mit GIS Komponenten existieren fast nicht. Weniger als ein Viertel aller GIS Produkte sind hybride Systeme.

Unter beschreibenden Daten verstehen wir sämtliche Arten von Zusatzinformationen, die Geometrie, Topologie und Objekte tragen können. Dies sind u.a. Längen, Flächen, Umfang für Geometrie, Verknüpfungs- und Nachbarschaftsinformation als Topologieelemente bis hin zu objektbezogenen Informationen wie Eigentümer, Biotopart, Grauwert oder Muster usw..

Die Darstellungsdaten bestimmen die graphische Repräsentation der Geometrie, Attribute und Objektdaten zu einem gegebenem Thema oder für ein bestimmtes Ausgabemedium. Ein Objekt, die es bildende Geometrie und Attributierung kann in Abhängigkeit vom Thema, Medium und selbst von den dieses Objekt bildenden Daten verschieden dargestellt werden, ohne Geometrie/ Topologie und Attribute redundant zu halten.

Das wesentliche Merkmal an GIS Daten ist deren Raumbezug in Form von Koordinaten. GIS verwalten zeitstabile Daten. In einem topologisch strukturierten Datenmodell läßt das GIS nur sichere Daten in einer Version und nur als vollständige Figuren zu.

Im UIS können etwa die folgenden weiteren Datentypen hinzukommen (vgl. auch Abbildung 1):

- Geometrie und Topologie mit schwacher Metrik,

- Zeit,

- Messwerte,

- Textuale Informationen bis hin zu Volltexten,

- Bildinformationen,

- Wissen, Regelwerke, Algorithmen (Programmcode) und Modelle,

- Qualitäts- und Aktualitätsbeschreibungen der Daten.

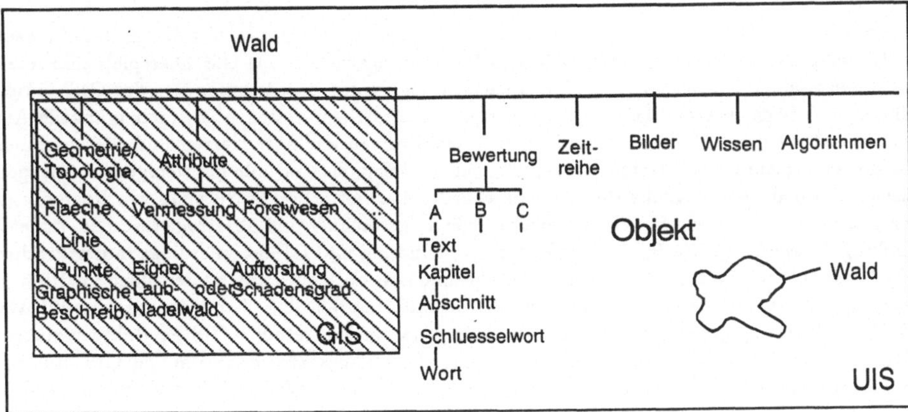

Abbildung 1 : Ein Objekt im GIS und UIS.

Andere Formen geometrisch-topologischer Daten mit schwächerer Metrik fallen in vielen Bereichen (u.a. der Bevölkerungsstatistik) an. Als Beispiele seien Geometriedaten mit Kennziffern, Adressen oder Namen als Raumbezug genannt. Zwischen zwei Verwaltungsbezirken sind prinzipiell Abstände berechenbar und daraus Aussagen ableitbar. Diese Form der Metrik wird allerdings im GIS nicht unterstützt.

Zeit ist neben dem Raumbezug eine weitere Basisinformation, auf die sich z.B. Messwerte in autonomen Meßnetzen beziehen und die für andere Informationen für Erfassung, Abfragen, Interpolation etc. die Verknüpfungskomponente darstellt. Die vom GIS zur Verfügung gestellten geometrischen Operationen müssen somit um zeitbezogene Funktionen erweitert werden.

Eine Vielzahl von für die Umweltüberwachung und -vorsorge wichtiger Daten werden permanent in Meßnetzen zu Luft, Grundwasser usw. erfaßt. Nur sehr wenige GIS sind in der Lage Originalmeßwerte (und dann auch nur ausgewählte wie geodätische Beobachtungen) zu verwalten, so daß diese oder die daraus abgeleiteten und komprimierten Informationen im GIS als Attribute verwalten werden müssen.

GIS sind in der Lage textuale Informationen zu verwalten. Geht dies aber über zu Volltexten wie Gesetzestexten, so versagen GIS oder bieten keine weitergehenden Strukturierungs- und Suchmöglichkeiten. Neuere Datenhaltungskonzepte wie das Hypermediakonzept finden bisher keinen Niederschlag in Produkten.

Bildinformationen zu Objekten bis hin zu Videoaufzeichnungen lassen sich zur Orientierung in einem UIS sehr sinnvoll einsetzen. Es gibt aber nur zwei oder drei GIS Produkte, die solche Informationen überhaupt darstellen können.

Wissen, Regelwerke, Algorithmen und Modelle sind im UIS unabdingbar zu verwalten. Auch diese Datenarten sind dem GIS Produkt fremd.

Wesentlich im UIS sind für gemeinsame Auswertung verschiedenartiger Daten auch Qualitäts- und Aktualitätsaussagen zu diesen Daten. Auch hier bietet das GIS bisher nur Standardabweichungen zu Geometriedaten. Die überall angebotenen, computergerecht aufbereiteten Umweltdatenbanken bergen eine nicht zu unterschätzende Gefahr : Immer häufiger greift der Nutzer auf Daten zurück, die er nicht selbst erarbeitet hat, oder - noch problematischer - über deren Entstehung und Zusammenhang keinerlei Information vorliegen.

Charakteristisch für die Umwelt sind zeitabhängige oder zeitveränderliche Daten. Diese Daten können zu einem bestimmten Zeitpunkt auch noch unvollständig, unsicher und vage sein. Solche Daten kann ein topologisch strukturiertes GIS weder verwalten noch damit Berechnungen durchführen.

2.1.2 Datengewinnung

Die Datenerfassung im GIS ist derzeit eine von einem Operateur in Interaktion mit dem GIS bewerkstelligte Aufgabe. In der Regel werden Felddaten (z.B. des Vermessungswesens) ins GIS überspielt und interaktiv aufbereitet oder analoge Karten an einer Digitalisierstation - einer Basiskomponente des GIS - interaktiv punkt-, linien und flächenweise erfaßt. Dies führt zu vektorartigen Daten, die durch manuelle Attributeingabe erweitert werden. Moderne Techniken wie das Scannen analoger Karten und die anschliessende Wandlung der vom Scanner gelieferten Rasterdaten in Vektordaten sind nur für wenige Kartentypen teilautomatisiert und bedürfen ebenfalls starker manueller Nacharbeit. Direkte Nutzung von Rasterdaten, die z.B. durch Sensoren an Bord von Satelliten von der Erde aufgezeichnet und übertragen werden, findet in der Fernerkundung Anwendung. Die Integration von Fernerkundung und GIS ist allerdings in der Produktwelt noch nicht besonders weit fortgeschritten und beschränkt sich dort eher auf Rasterbilder im Hintergrund von Vektorgraphik oder auf die Übertragung von Attributinformation - z.B. Landnutzungsklassifikationsdaten durch Fernerkundung gewonnen - in das GIS. Nur etwa ein Viertel aller GIS Produkte verfügen über eine Bildverarbeitungs- und Fernerkundungskomponente. Forschungsarbeiten zeigen, wie GIS - Information gerade den Klassifikationsschritt stützen und verbessern kann, sind in der Produktwelt aber noch nicht vertreten.

In ausgewählten Bereichen wie z.B. den EVU's, in denen GIS seit langer Zeit im Einsatz ist, sind Datensammlungen vom Umfang einiger GByte entstanden. Diese Datenmengen sind überschaubar, lokal partitionierbar, zeitlich wenig veränderlich und setzen manuelle Interaktion bei Abläufen wie Fortführung und Aktualisierung voraus. Sie werden in der Regel von erfahrenen Operateuren erfaßt.

Autarke Meßnetze, Labors und mobile Einrichtungen sollen in einem UIS untereinander verknüpft werden und über den Raumbezug einer gemeinsamen Auswertung mit Katastern über Emmissionen und Belastungen, mit Datenbanken zu Boden, Grundwasser, Stoffen und Informationssystemen wie ALK, ATKIS, ADIS, IS_LR zugeführt werden. Diese Meßnetze liefern in realtime, online Daten, die auch nach einer Aufbereitung noch enormen Umfang besitzen. Die Erfassung der anderen Daten wie Texten, Regelwerken u.dgl. geschieht an alphanumerischen Bildschirmen, evtl. auch unter Einsatz der Scan-Technologie. Strukturierung und das Erstellen von Schlüsselwortverzeichnisse sind manuelle Arbeitsschritte. Bei der Bereitstellung von Modellen und Algorithmen ist das Expertenwissen in EDV-gerechte Form umzusetzen und in Datenbanken zu verwalten. Teilweise existieren Datenbestände schon in EDV-gerechter Form. Die Gewinnung digitaler Daten aus Karten, Luft- und Satellitenbildern bedarf automatischer Verfahren vom Scannen über die Konversion bis hin zur Objektextraktion.

Im UIS entstehen Daten 'on the fly', ohne Interaktion, sind viel schnellebiger, so daß die Gefahr von Datenfriedhöfen besteht. Schätzt man aus Angaben über Daten aus Meßnetzen von Haugeneder u.a., 1989 für das Beispiel Luftüberwachungsnetz Bayern mit 25 Millionen Daten/Jahr einmal unter der Annahme, daß 1 Datenrecord etwa 1 KByte groß sei, den Gesamtumfang, so ergeben sich jährlich etwa 25 GByte Daten aus einem Meßnetz. Selbst nach einer Komprimierung um den Faktor 1000, sind dies immer noch Größenordnungen, die normalen Projektgrößen im GIS entsprechen. Diese entstehen im UIS permanent durch eine einziges Meßnetz. Die Automatisierbarkeit von Abläufen und die Komprimierung und Extraktion von Daten solcher autarker Systeme ist dringende Voraussetzung, bevor solche Daten im GIS mit anderen Informationen verknüpft werden.

Der Datenerfasser ist beim heutigen Einsatz von GIS entweder auch Nutzer oder die Erfassung erfolgt nach den Spezifikationen des Nutzers. Im UIS gibt es auch Nutzer, die gleichzeitig Erfasser sind; es gibt aber auch viele andere Nutzer der Daten mit eventuell anderen Vorstellungen und Anforderungen an die zu bearbeitenden Objekte. Sind diese auf gleicher Objektgeometrie beruhend, so kann über Thematiken und zusätzliche Attribute den Anforderungen der Benutzer nachgegangen werden. Sind unterschiedliche Interpretationen von Begriffen, verschiedene Auffassungen der Geometrie, der Objektbildung, der Qualität und Aktualität des Objekts sowie Differenzen in den Bearbeitungsmethoden gegeben, so sind verschiedene Versionen eines Objekts verlangt, um unzulässige Verknüpfungen und damit gravierende Fehlinterpretationen zu vermeiden (Abbildung 2).

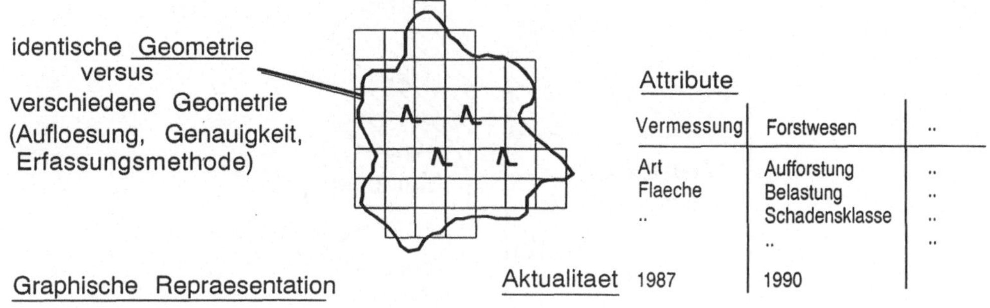

Vermessung	Forstwesen	..
Art	Aufforstung	..
Flaeche	Belastung	..
..	Schadensklasse	..
	..	..
Aktualitaet 1987	1990	

Abbildung 2 : Ein Objekt - verschiedene Sichten.

2.2 Datenverwaltung

Aus der Sicht der Datenbank-Managementsysteme ist GIS eine sogenannte Nicht-Standardanwendung ebenso wie CAD. Das GIS Datenmodell für Geometriedaten ist das Knoten-Kanten Modell, eine topologisch strukturierte Darstellung von Vektordaten, oder die Matrixdarstellung für Rasterdaten. Die technische Realisierung des Knoten-Kanten-Modells beruht überwiegend auf dem netzwerkartigen Datenmodell. Für Rasterdaten ist das hierarchische Modell mittels Quadtree anzutreffen. Speicher- und Zugriffsmechanismen zur Verwaltung von Geometriedaten sind neben dem Quadtree für Rasterdaten das Gridfile oder der R-Baum für Vektordaten. Weit verbreitet ist das Layerprinzip, bei dem die Information auf verschiedene Layer verteilt wird. Für Sachdaten findet sich das relationale Modell. Ausnahmen stellt z.B. System 9 mit einer kombinierten Geometrie- und Sachdatenverwaltung in einem relationalen Modell mit dem räumlichen Zugriffsschlüssel R-Baum oder Tigris (ebenfalls R-Baum) und Smallworld GIS mit einer gemeinsamen Verwaltung nach dem objektorientierten Modell. Die Nutzung kommerzieller Datenbankprodukte ist noch nicht weit fortgeschritten. Über 60 Prozent aller GIS arbeiten noch mit einem eigenentwickelten Dateiensystem und können somit auch keine Standardabfragesprache wie SQL bedienen. Die Unterstützung von SQL beschränkt sich auf Sachdaten in jenen Systemen, die relationale Datenbanken zur Sachdatenverwaltung anbinden. SQL oder SQL-ähnliche Syntax auf Geometrie- oder Objektdatenniveau bieten wiederum nur wenige Produkte.

Im GIS sind die Daten eher zentral gespeichert. Diese zentrale Datenbasis ist an einem Mainframe oder einem Workstation Server, bei der sich die interaktiven Arbeitsstationen (Clients) bedienen. Man kann also maximal von lokaler Dezentralität und Verteiltheit sprechen. Datenzugriffe auf Fremddatenbanken werden von kaum einem Produkt unterstützt.

Im UIS ist das relationale Datenmodell die wesentliche Minimalforderung nach Vereinheitlichung der Datenverwaltung. SQL als Datenbanksprache soll unabhängig von der Art der gespeicherten Daten eine einheitliche Form der Interaktion bieten. Objektorientierte (z.B. NF^2 Modell) Modelle werden gefordert. Methodenbanken und Modelldatenbanken sollen ein Repertoire zur Gewinnung neuer Informationen und zur Entscheidungsunterstützung darbieten (Abbildung 3). Der Raumbezug ist das Bindeglied, um die in zahlreicher Form vorhandenen Sachdaten zu verknüpfen. Der Datenbestand wird global dezentral verteilt vorliegen und über ein heterogenes Rechnerverbundsystem miteinander kommunizieren. Das physikalische Zusammenführen unterschiedlicher Datenstrukturen, auf verschiedenen Rechnerarchitekturen gespeichert und das einheitliche Zugreifen von Benutzern jeder Qualifikation auf diese flächendeckenden, verschiedenartigen Daten in verteilten Datenbeständen an sich stellt schon ein derzeit schwer zu lösendes Problem dar. GIS Datenbanken sind nicht die geeigneten Verwaltungskomponenten für diese Aufgabe, da sie im Vergleich zu z.B. Hypermedia Konzepten ein viel zu starres Datenmodell besitzen.

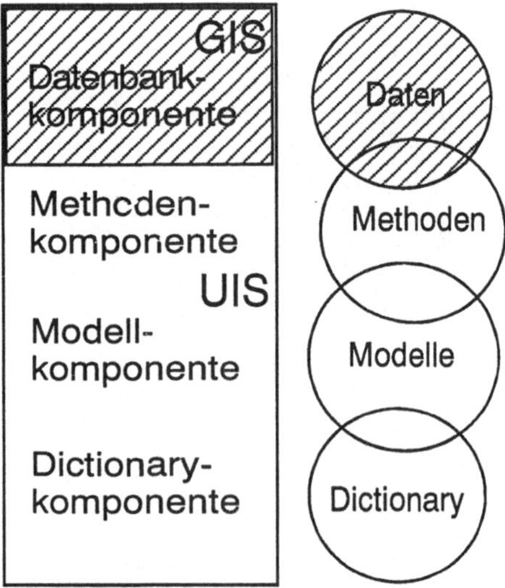

Abbildung 3 : Das erweiterte Datenbankmodell im UIS.

Es gilt zu überprüfen, ob UIS-Anwendungen sich auf ein Modell der realen Welt reduzieren lassen. Generelle Bedenken bestehen hinsichtlich der Maßstabsfrage und der Zweckgebundenheit. Unter Maßstabsfrage ist zu verstehen, ob aus einer 1:1 Abspeicherung der Objekte der realen Welt sämtliche Folgemaßstäbe durch Generalisierung ableitbar sind. Hier wird es eher so aussehen, daß etwa drei Maßstabsbereiche (etwa 1:500 bis 1:2000, 1:25000-1:50000, > 1:200000) redundant Daten identischer Objekte vorhalten. Bezüglich der Zweckgebundenheit ist die Frage zu beantworten, ob verschiedene Nutzer des UIS gleiche Vorstellungen ihrer Objekte haben und zwar sowohl geometrisch (Form, Auflösung usw.) als auch von ihrer Bedeutung her (Sachdaten). GIS erlauben im Gegensatz zu CAD Versionsverwaltung nur durch komplett redundante Speicherung.

2.3 Datenverarbeitung und -analyse

GIS Auswerteverfahren beruhen auf geometrischen-, statistischen und logischen Operationen. Als geometrische Operationen kommen Computergeometrie, Flächenverschneidung, Zonengenerierung, Interpolation ($z=f(x,y)$), Filterung, Bildverarbeitung und Aggregation zur Anwendung. Statistische Methoden beschränken sich eher auf beschreibende Statistik, also das Zählen, die Berechnung von Häufigkeitsverteilungen und die Charakterisierung von Phänomenen durch wenige Parameter wie Mittelwert und Standardabweichung sowie die Klassifikation. Unter logischen Operationen ist insbesondere die Boolesche Verknüpfung von Attributinformation z.B. bei der geometrischen Operation der Flächenverschneidung anzusehen.

Anforderungen durch das UIS erweitern die geometrischen Auswertungen um maßstabs- und aufgabenbezogene Generalisierung, Verdichtung und Auswertung von permanenten Beobachtungen und der Klassifikation. Analytische Statistik wird benötigt z.B. für Regressions- und Korrelationsaussagen oder Multikriterienanalysen. Logische Operationen sollen sich auf Raum, Zeit und Inhalt der Datenbank erweitern lassen. Simulationsmodelle, Szenariengenerierung und rechnergestützte Modellbildung (mit der Lösung komplexer Differentialgleichungen mit hohem Rechenaufwand), Sensitivitätsanalysen, Meßdatenkomprimierung und -analyse sind wesentliche Auswerteverfahren für den Umweltbereich.

In vielen Bereichen ist die generelle Machbarkeit solcher Erweiterungen bereits gezeigt. Zur Kopplung von GIS mit Simulationsmodellen und rechnergestützter Modellbildung hat sich Arc/Info als leistungsfähiger Vertreter gezeigt. Eine Verbindung von GIS mit Statistikpaketen (wie SAS, SPSS, IMSL usw.) - evtl. sogar mit graphischer Ausgabe auf gemeinsamem Bildschirm für beschreibende Statistik - haben verschiedene GIS realisiert (UNIRAS in Gradis UX, Businessgraphik in ALK-GIAP, SAS in Arc/Info). Nachteil solcher Kopplungen sind die zu definierenden Schnittstellen, die interaktiv sein sollten. Die Kopplung verlangt von beiden Systemseiten eine hohe Flexibilität der Schnittstelle, um Informationsverluste und redundante Datenhaltung zu vermeiden und entsprechende Performanz zu garantieren. Allgemein sind die Schnittstellen des GIS allerdings eher statisch, langsam, recht unflexibel und haben Probleme mit dem Transfer von beschreibenden und objektbildenden Informationen.
Offene Probleme sind weiterhin die automatisierte Generalisierung nach Aufgabentyp und Maßstab. Obwohl GIS Produkte mit dem Slogan 'blattschnittfrei und maßstabslos' werben, zeigt die Praxis, daß dort noch viel Forschungs- und Entwicklungsbedarf notwendig ist. Der Maßstabsbereich von 1:1000 bis 1:1000000, der für Umweltaufgaben überstrichen werden muß, kann nur durch redundante Speicherhaltung in verschiedenen Maßstäben gelöst werden. Einem GIS fällt dabei die Aufgabe zu, Querverweise zwischen den Objekten in den verschiedenen Maßstabsbereichen zu verwalten und evtl. teilautomatisiert Aktualisierungen über den Maßstabsraum zu realisieren.
GIS Auswerteverfahren werden in der Regel interaktiv initialisiert. Bei der Vielzahl von permanent anfallenden Daten im UIS sind automatische Auswertungen gefragt, z.B. die automatische Klassifikation von Landnutzung- oder Waldschäden aus Satellitendaten mit Fernerkundungsmethoden oder die Datenkompression von Permanentdaten bis hin zur Variantenberechnung bei Simulationen.

2.4 Datenausgabe und Visualisierung

Die Ausgabeseite des GIS geschieht überwiegend kartographisch am graphikfähigen Bildschirm oder als Karte. Es werden zwei- oder dreidimensionale kartenähnliche Graphiken nach thematischen oder selektiven Kriterien erzeugt. Anfragen an den Datenbestand können auch in Berichten und Tabellen als Ausgabemedium enden. Die Benutzeroberfläche als Kommunikationsschnittstelle zwischen Entwickler, System und Nutzer ist recht inhomogen und richtet sich an den Experten als Nutzer, setzt also Kenntnisse der Materie voraus. Sie ist bei neueren Systemen graphikorientiert, bei älteren Systemen finden sich rein kommandoorientierte Systeme oder Digitalisiermenus als Kommunikationsmedien. Makrosprachen und call Schnittstellen werden oftmals zur Verfügung gestellt. Die graphische Benutzeroberfläche beruht nur bei einem geringen Anteil der Systeme auf heute gängigen Standards wie GKS (weniger als 25 Prozent) oder X- Windows (weniger als 15 Prozent).

Im UIS sind weiterhin neue Datentypen wie Zeitreihen, Bilder oder Video- oder Animationssequenzen kartographisch zu visualisieren. Diese sind ebenso wie Berichte vermehrt in Businessgraphiken zu integrieren, d.h. cut and paste Funktionen wie sie in einer Apple Macintosh Umgebung zu finden sind, sollen für alle

Datentypen zur Verfügung stehen und das GIS mit anderen Informations- und Verarbeitungssystemen verbinden. Die Integration von GIS, Businessgraphik, Textverarbeitung und Bürokommunikation, d.h. eine Arbeitsplatzumgebung, in der eine GIS-Graphik ähnlich einem DTP-System als gleichwertige Komponente neben Text u.a. behandelt wird, ist derzeit noch nicht vorhanden. Vereinheitlichte, einfach zu verstehende Benutzeroberflächen sind gefragt, die graphikorientiert, anschaulich iconisiert Benutzern jeglicher Qualifikation den natürlichsprachlichen Umgang mit dem System erlauben. Standards wie UNIX, X-Windows, SQL sind Voraussetzungen zur Vereinheitlichung der Benutzerumgebung. Die Unterstützung des Benutzers sollte allerdings weitreichender sein als sie zur Zeit in GIS Produkten geboten wird, d.h. abrufbare Hilfestellung, automatische Kommandovervollständigung bis hin zu Tutorsystemen werden benötigt. Dies sind Funktionalitäten, die von modernen Betriebssystemen bereits heute zur Verfügung gestellt werden.

2.5 Applikationen

GIS finden heute überwiegend in der Vermessung, der Energiever- und -entsorgung, der Planung und der Geographie ihren Einsatz. Gemeinsame Charakteristiken dieser Anwendungen sind die eher statischen Daten (zumeist nur 2 oder 2.5 dimensional), die Nutzung ausschließlich geometrischer, statistischer und logischer Operationen sowie die fehlende oder externe Modellierung von Zusammenhängen.

Demgegenüber steht im UIS die 3D - Modellierung der Umwelt im Vordergrund. Die Daten sind zeitveränderlich und oftmals unvollständig. Weitergehende Operationen werden benötigt. Eine Vielzahl von heterogenen Datenquellen ist zu integrieren.

3 Die Rolle des GIS im UIS

Nehmen wir einmal an, es existiere ein GIS Produkt, welches die folgenden Eigenschaften besitze :

- Es sei lauffähig auf Rechnern verschiedener Hersteller vom PC bis zum Mainframe in einem großräumigeren Netzwerkverbund.

- Softwareseitig basiere das System auf Standards wie UNIX, X-Windows und SQL.

- Die Datenbank sei relational - evtl. mit objektorientierten Erweiterungen - sowohl für Geometrie als auch für Sachdaten und sei verteilt auf verschiedenen Rechnern organisierbar.

- Das GIS unterstütze sowohl Vektordaten als auch Rasterdaten und sei eventuell um weitere Datentypen erweiterbar.

- Als Anwendungsprogramme biete das GIS die vier Grundkomponenten des IMAP Konzepts für beide Datentypen.

Wir stellen uns nun die Frage, welche Rolle ein solches GIS im UIS spielen könnte.

Der Rolle des GIS als Basisbaustein zur Bereitstellung der digitalen Karte als Ersatz für die analoge Karte kann ein solches Produkt recht problemlos gerecht werden. Mit diesem Produkt lassen sich wesentliche Basissysteme des UIS wie z.B. das ALK, ATKIS oder das ILR umsetzen. Gängige Produkte wie Sicad, der ALK-GIAP u.v.a. kommen hierfür in Frage oder sind dort bereits erfolgreich im Einsatz; sie erfüllen allerdings nicht unbedingt die obengenannten Forderungen.

Eine weitere Funktion des GIS als offenes System ist als Basiskomponente in einem Vielkomponentenverbund zu sehen. Für die Kopplung des GIS mit zahlreichen anderen Bausteinen wie Statistikpaketen, Modell- und Methodenbanken, Entscheidungsunterstützungspaketen, autarken Permanenterfassungsstationen bis hin zur Textverarbeitung und Bürokommunikation ist allerdings noch viel Arbeit zu leisten. Die Anforderungen sind ein erweiterbares Datenmodell in einer verteilten Datenbank mit einer sehr flexiblen und schnellen Datenaustauschschnittstelle.

4 Literatur

Bill, R. (1990) : GIS - quo vadis? in : GIS Jahrgang 3, Heft 3, Seite 26-33.

Bill, R., Fritsch, D. (1991) : Grundlagen der Geo-Informationssysteme. Band 1 : Hardware, Software und Daten. Herbert Wichmann Verlag Karlsruhe.

Brassel, K. (1987) : Geographische Informationssysteme. Veranstaltung an der Universität Zürich Irchel.

Fritsch, D. (1989) : Hybride graphische Systeme - eine neue Generation von raumbezogenen Informationssystemen. GIS Jahrgang 1 Heft 1, Seite 12-19, Wichmann Verlag Karlsruhe.

Haugeneder, H., Schütt, D., Suda, P., Wimmer, K. (1989) : Umweltschutz und Informatik. in : Schilcher/Fritsch (Hrgb.) : Geo-Informationssysteme. Wichmann Verlag Karlsruhe.

Mc Kinsey (1988a) : Konzeption des ressortübergreifenden Umweltinformationssystems (UIS) : Phase I : Bestandsaufnahme und inhaltliche Konzeption. Umweltministerium Baden-Württemberg.

Mc Kinsey (1988b) : Konzeption des ressortübergreifenden Umweltinformationssystems (UIS) : Phase II/III : Systemkonzeption und Umsetzungsplanung. Umweltministerium Baden-Württemberg.

Mc Kinsey (1989) : Konzeption des ressortübergreifenden Umweltinformationssystems (UIS) : Phase IV : Weiterentwicklung der Rahmenkonzeption. Umweltministerium Baden-Württemberg.

Page, B., Jaeschke, A., Pillmann, W. (1990) : Angewandte Informatik im Umweltschutz - Teil 1 und 2. Informatik Spektrum Seite 6-16 und 86-97. Springer Verlag.

FORMAL DATA STRUCTURES AND QUERY SPACES

Martien Molenaar

Centre for Geo-information Processing and

Dept. for Landsurveying and Remote Sensing

Wageningen Agricultural University

The Netherlands

1 Introduction

Geo-information systems (GIS) are a special class of information systems, they handle data referring to objects and processes at the earth surface. Geometry is the important aspect of these data, setting GIS apart from other information systems. The geometric aspect is also found in CAD systems, but those systems emphasise on construction tasks, whereas GIS generaly emphasise on spatial analysis and spatial monitoring and management. Due to this difference the requirements for spatial data structures are different for CAD and GIS in addition to the fact that GIS also require a link between geometry and attribute data, whereas this link is less dominant in CAD.

In this paper a formal data structure (f.d.s.) will be defined for vector structured GIS. A vector structured GIS contains a terrain description in terms of points, lines and polygons. In the f.d.s. the geometric elements of such a description are difined with their thematic atrributes. The f.d.s. can be seen as a conceptual model which specifies the elementary data types and links among them. The conceptual model is then to be mapped on a data base model, such as the network model. the relational model, or an object oriented data base model.

Data retrieval from a data base should be done through queries which can be formulated in a query language. The formal data structure allows the formal definition of elementary query operations, and based on them, the formal definition of a query language. In this way the potential of an f.d.s. structured data base can be analysed with respect to data retrieval. The structure of the query space of such a data base can be analysed in a mathematical sense. The query space is the set of statements which can be derived from an original data set by means of query operations.

These topics will be discussed in this paper, the concepts of [9] and [10] will be further elaborated. No reference will be made to real data base implementations, examples can be found elsewhere in literature. The paper will also be restricted to vector structured GI systems. Reference to other systems can be found in [10] and other literature. The discussions concentrate on the relation between formal data structures and query operations. Other data base operations such as data input, updating and deletion, will not be dealt with here. These operations require special attention, which is outside the scope of this paper.

2. A formal data structure for vector maps

A vector structured description of earth's surface is possible if the analysis of the terrain is based on distinct features such as areas with a well defined boundary, linear terrain structures and individual point objects.

The terrain features will be identified and described by their geometric characteristics and their thematic (nongeometric) characteristics. This observation leads to a first requirement for a formal data structure: it should contain feature identifiers and from each feature identifier there should be a link to related thematic data and to related geometric data.

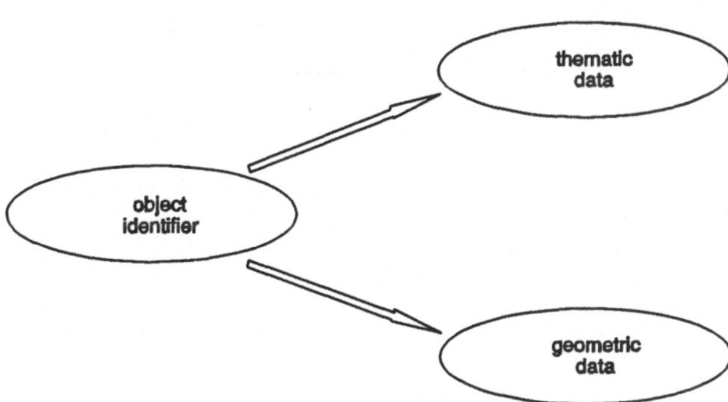

fig.2.1 Information structure of a vector map

The feature identifier can be a feature number or a name by means of which one can refer to a specific feature. Feature sets can be defined via their geometric aspects and via their thematic aspects. Based on geometry we distinguish three main sets of features, which we will call feature types, these are: point features, line features and area features.

2.1 Terrain feature classes

The terrain features occuring in a vector map will be classified i.e. grouped in several distinct classes, according to their thematic aspects. Fig. 2.2a shows that a list of attributes is connected to each class, the individual classes are identified by a label or a class name. The attribute list of a class gives the names of the attributes. The arrow in fig. 2.2a indicates that in general many terrain features belong to one class, they all have a common attribute structure, which they inherit from the class. This means that each feature of the class has a list containing a value for each attribute of class atrribute list. These values are taken from the value domains of individual attributes (fig. 2.2.b).

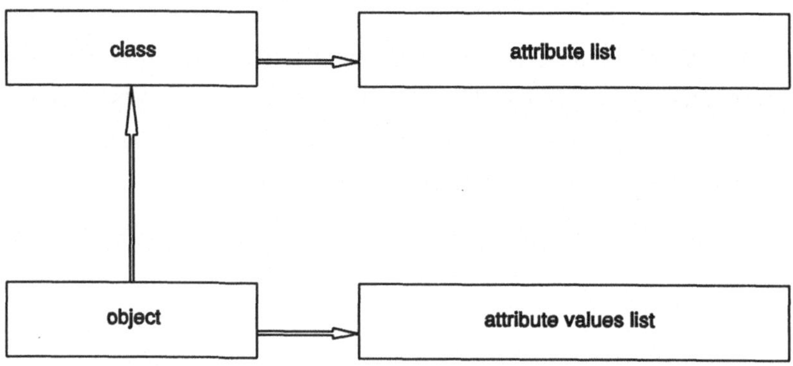

fig.2.2a
Class structure of objects

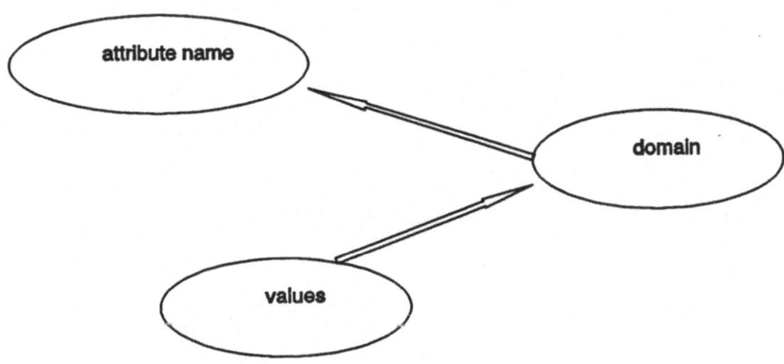

fig.2.2b
Relation: attribute - domain value

The river Rhine is a terrain feature which belongs to the class of rivers. Relevant attributes are e.g.: depth, width, maximum tonnage of a ship, maximum traffic intensity, water velocity of the current. The river Rhône can be described by the same attributes, only the values will differ.

These attributes can also be used for a description of the Suez canal or the Panama canal. So the class of rivers and the class of canals do have partly a common attribute structure. Therefore we can formulate a superclass of 'continental water ways' with a list of superclass attributes (sc.attr.). This superclass contains the class of rivers and the class of canals which inherit the attribute structures from their superclass. The water velocity in canals is zero; that means that this attribute can be evaluated at class level, whereas the values of the other attributes vary per object. Additionally canals have other attributes, which are not relevant for rivers and v.v. Therefore new attributes should be defined at class level, which should be evaluated at feature level. For canals it might be interesting to know when they were built, and who the designer was. For rivers it might be interesting how many rapids they have, of which catagory they are, and how far ships can navigate the river.

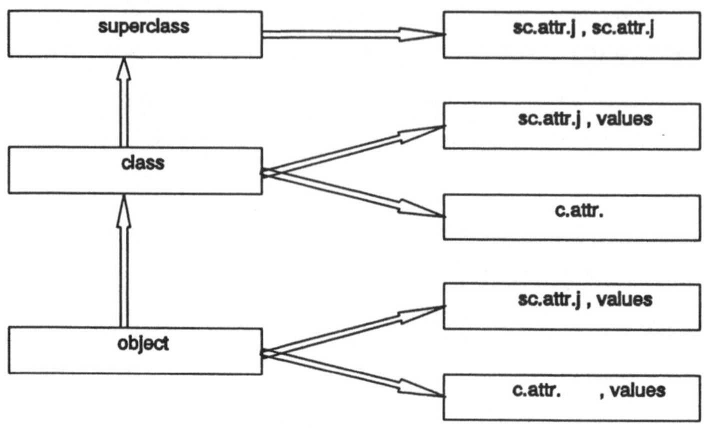

fig.2.3 Class and superclass structure of objects

With these observations we find the class hierarchical structure of fig. 2.3. At the highest level we have the superclasses with their lists of superclass attributes. This list has been split, because some of these attributes (sc.attr.) are evaluated at the next lower level, the class level, and some will be evaluated at the lowest level, the feature level. At class level new attributes will be defined, the class attributes. At the feature level no new attributes are introduced anymore, but all the attributes introduced at the higher levels will be evaluated as far as they have not been evaluated at class level. The evaluation of an attribute at class level implies that all features belonging to the class do have the same value for that attribute.

It is possible to add more hierarchical levels to the structure of fig. 2.3. Each level inherits the atrribute structures of the next higher level and propagates it possably with an extension to the next lower level. At the lowest level in the hierarchy are the terrain features, at this level the attribute structure is not extended anymore, here the inherited attributes are evaluated. In the sequel we will assume that terrain features and the feature classes have been defined so that such feature belongs to exactly one feature class, this requirement is formulated as a convention:

Convention 1

The feature classes must be mutually exclusive, this means that each feature has exactly one class label.

Terrain features can now be classified in two ways. A classification according to their thematic characteristics gives the feature classes as discussed in this section. A classification according to their geometric description gives the feature types mentioned earlier i.e. the point features, line features and area features. For the relationship between these two classification systems we introduce the next convention:

Convention 2

A feature class contains features of only one type.

This convention may be too restrictive in some cases, but it leads to a simple and trans-perant data structure for vector maps. For those cases where this convention is too res-trictive, a solution can be found by building composite features as discussed in chapter 6.

For further development of a formal data structure for vector maps the classification hierarchy of fig. 2.3 will be represented by the simplified structure of fig. 2.4.

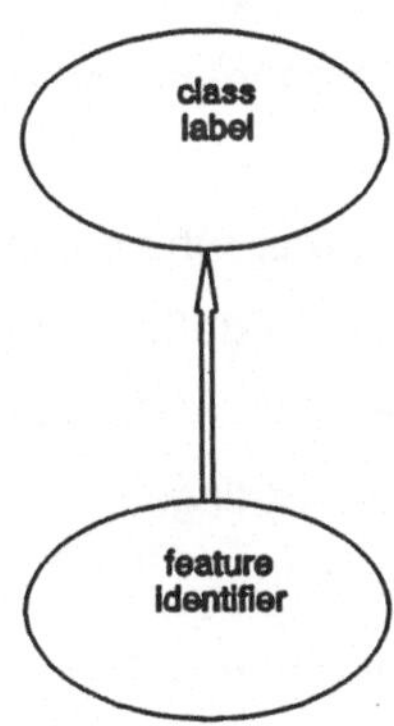

fig.2.4

Each ellipse represents a data type or data set, e.g. the upper ellips represents the set of class labels, the lower ellips represents the set of feature identifiers. The arrow represents a <u>many to one</u> link type, in this figure many feature identifiers are related to one class label (see section 4.1); this represents the fact that many terrain features belong to one class.

2.2 The geometry of vector maps

A data base containing a vector structured terrain description will be called a vector map. The geometry in a vector map describes the terrain features by means of their linear characteristics, that is the linear structure of line features and the boundaries of area features, whereas point features are geometrically represented by their position. To give the f.d.s. its mathematical rigour we have to identify in fig. 1 the basic geometric data and their links to the feature identifiers (see [3], [4], [6], [7], [11], [12]).

Comparing the approaches found in literature it becomes apparent that a consistent set of primitives are provided by graph theory. A graph is a collection of two sets [7]:

a set of nodes $N = \{n1, \ldots., ni, \ldots., n\eta\}$

and a set of arcs $A = \{a1, \ldots., aj, \ldots., a\alpha\}$

in which for each $aj \,\epsilon\, A$ is $aj = \{np, nq\}$ with $np \,\epsilon\, N$ $nq \,\epsilon\, N$

hence each arc is a subset of two elements of N. In the sequel we will assume that the arcs are directed . If two arcs have a common node the arcs are connected. A sequence of connected arcs we will call 'a chain'. This term will be restricted in the sequel to a sequence of connected arcs in which each arc occurs only once while a node does not occur in more then two arcs.

Under the assumption that only planar situations are described, we should add position information. This is done by assigning coordinates to the nodes.

Shape information is required for the arcs, which can be provided in two ways:
-	In a parametric form; the parameters define a mathematical curve.
-	By a sequence of points with coordinates through which the arcs run; the connection of two sequential points is a straight line.

The second solution implies that another type of points is introduced in addition to the nodes. These new points do also contain positional information. From a mathematical point of view this is not very elegant. Therefore we will adopt the following conventions:

Convention 3

When the map is analysed as a graph, all points which are used to describe the geometry of a vector map will be treated as nodes.

Convention 4

The arcs of this graph are geometrically represented by segments of straight lines.

To avoid ambiguity in the geometric description of a map, we add two more conventions.

Convention 5

For each pair of nodes there is at most one arc connecting them. In addition to that, the nodes may be connected by one or more chains.

Convention 6

In the geometric interpretation no two arcs may intersect.

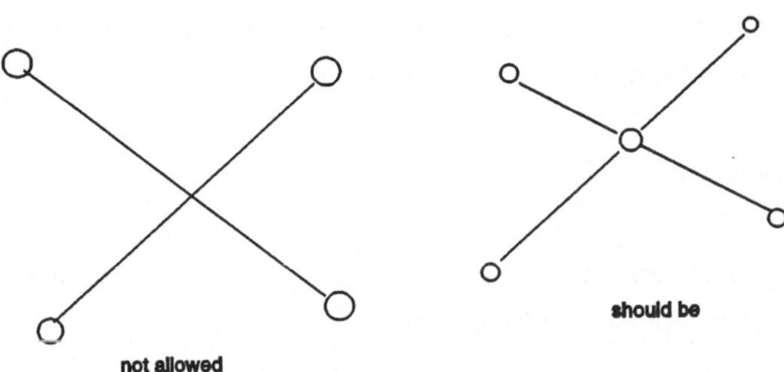

fig.2.5 Intersecting arcs not allowed

For the definition of an f.d.s. for vector maps we have now four differrent geometric data types which are linked as in figure 2.6.

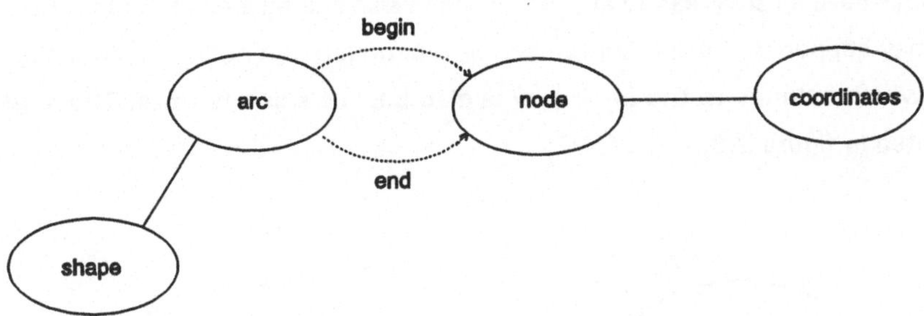

fig.2.6 gg-links

This means each arc has a shape (straight line) and it has a begin-node and an end-node. Each node has a position given by a pair of coordinates. These links we call geometry-geometry links or gg-links.

According to fig. 2.1 the link between the geometric map data and the thematic data should be made through the feature identifier. Hence the next step in the definition of an f.d.s.

for vector maps should be an analysis of the links between the geometric elements nodes and arcs and the point features, line features and area features.

2.3 Single valued vector maps

Now we define the geometry-feature links or gf-links. An obvious link is given by the fact that a point feature is represented by a node.

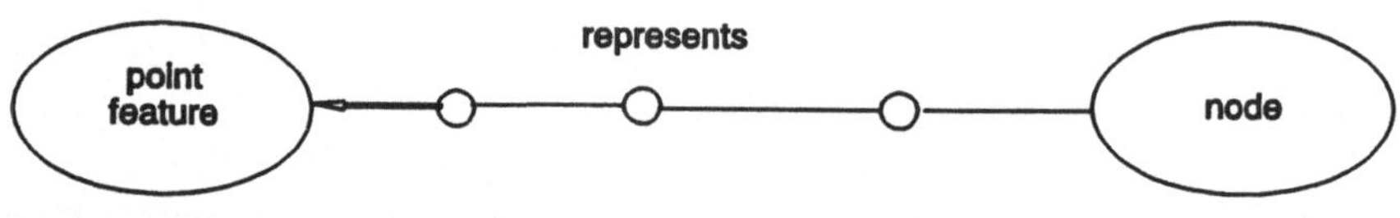

fig.2.7 gf-links

If a node does not represent a point feature, this link is empty in which case a 0-identifier is used for the .piont feature.

Arcs always have an area feature at their left-hand side and an area feature at their right-hand side. It may happen that a line feature serves a boundary between two area objects. Then the arc which belongs to the boundary is also part of a line feature. These gf-links are represented in figure 2.8.

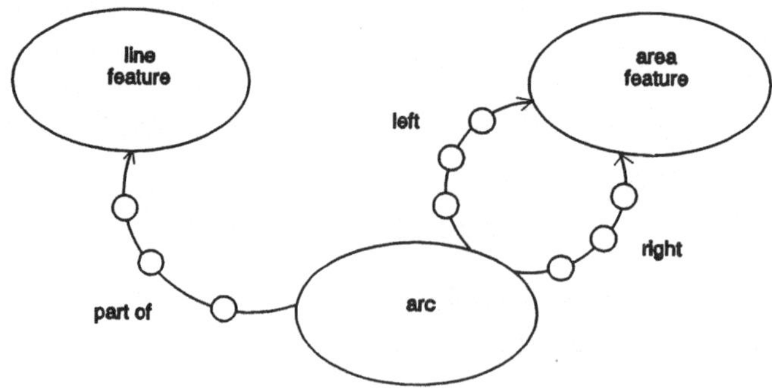

fig.2.8 gf-links

In the case that an arc belonging to a boundary does not belong to a line feature the 'part of' link is empty. This situation can be handled by a 0-identifier. If an arc is part of a line feature but not a boundary, which means that the line feature intersets an area object, the 'left' and 'right' link should refer to the same area object.

For map analysis it is good to start from a situation which is transparant and easy to handle. Therefore restrictions were formulated in the conventions 1-6. Now we will add one more convention:

Convention 7

For each geometric element there is only one occurrence of each of its gf-link types.

This means each arc has only one area feature at its left-hand side and only one at the right-hand side and it can be part of at most one line feature. A node represents at most one point feature.

Now we can summarize the scematic representations of the data structures of figures 2.4, 2.6, 2.7 and 2.8; we repeat figure 2.4 for each feature type:

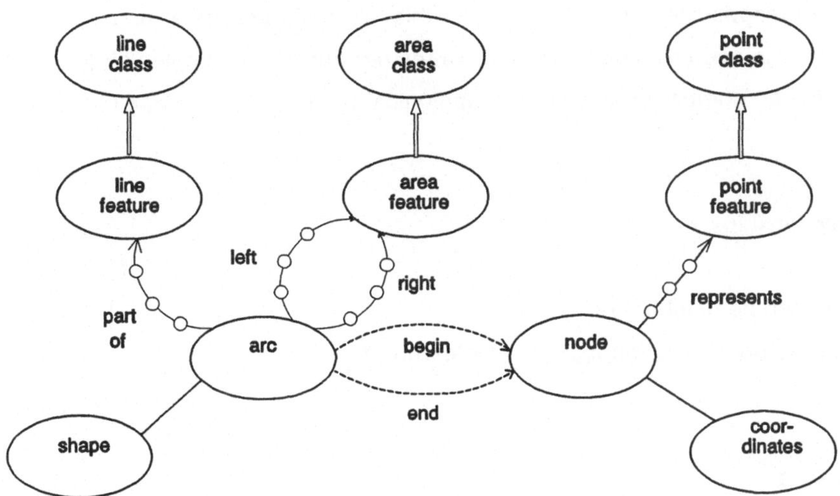

fig.2.9 a data structure for vector maps

Figure 2.9 gives a complete f.d.s. for a vector map. With these preparations we are now ready for the following definition:

A vector map is a single-valued vector map (s.v.v.m.) if

figure 2.9 gives the basic structure of its f.d.s. and if

it also complies with the conventions 1-7.

The importance of the concept of single-valued vector maps may not be selfevident. It can be compared though to the concept of single-valued rasters where each raster element has only one thematic label. This simplifies the definition of a raster query tremendously. Multi-valued rasters can be build up by overlaying single-valued rasters. The queries for multi-valued rasters can then be developed step by step for each new overlay. Multi-valued vector maps can be build similarly by overlaying single-valued vector maps, and similarly their queries can be developed step by step. A first task is, however, to define the query space of a single-valued vector map.

3. Topological feature relationships

In the development of the f.d.s. we have introduced two types of topological relationships. The first one was given by the graph structure of the vector map; the second one is the connectivity of the geometric elements of the vector map (the nodes and arcs) with the mapped features. Each topology has its own information value. They should not be mixed or confused, each of them describes a particular type of connectivity with its own basic elements and rules.

We can go one step further and define a topology at feature level, that is study the geometric connectivity of mapped features. When doing this, six main groups of feature relationships can be identified in vector maps and when we restrict ourselfs to single-valued vector maps per group a limited number of elementary topological feature relationships can be identified:

<u>area-area relationships = aa-r</u>

Area features can be neighbours.
aa-r1 = area feature 1 <u>is neighbour of</u> area feature 2.

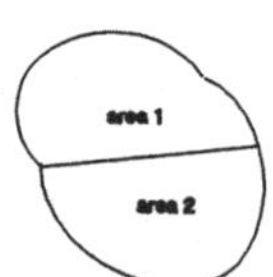

fig.3.1 neighbouring area

A special case is

aa-r2 = area feature 1 <u>is island in</u> area feature 2

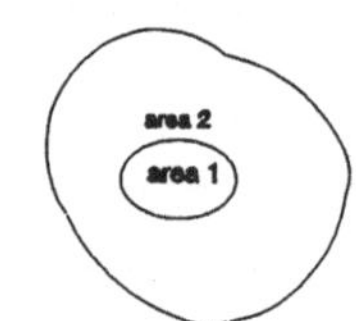

fig.3.2 island

aa-r3 = area feature 1 <u>touches</u> area feature 2

In a s.v.v.m. overlapping area features can not occur.

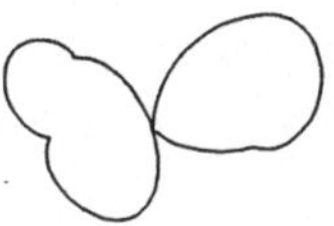

fig.3.3

<u>line-line relationships = ll-r</u>

A line feature can branch off from
another one llke a river flowing
into another river.
ll-r1 = line feature 1
<u>branches off from</u> line feature.

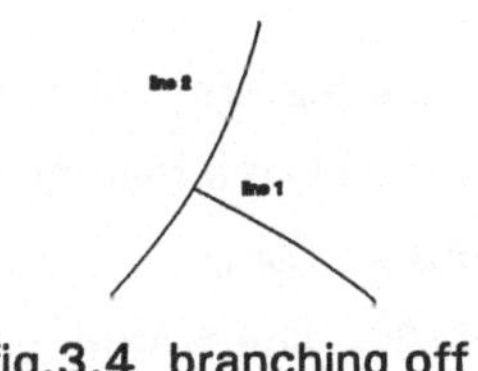

fig.3.4 branching off

Two line features may cross
e.g. a road crossing a river.
ll-r2 = line feature 1
<u>crosses</u> line feature 2.

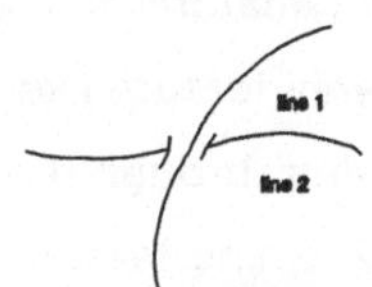

fig.3.5 crossing lines

Two line features may intersect
e.g. a road connection.
ll-3r = line feature 1
<u>intersects</u> line feature 2.

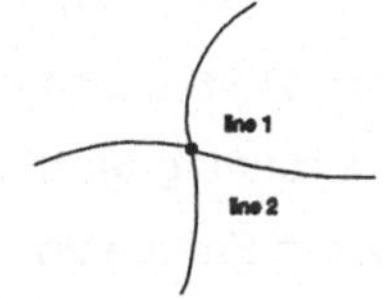

fig.3.6 intersecting
lines

<u>point-point relationships = pp-r</u>
There is only one topological relationship between point features and that is their distance.
pp-r1 = point feature 1 <u>distance</u> point feature 3.

Now we get the relationships in which different feature types are involved, these are:

<u>area-line relationships = al-r</u>

A line feature may end at an area
feature like a river flowing
into a lake.
al-r1 = line feature <u>ends at</u>
area feature.

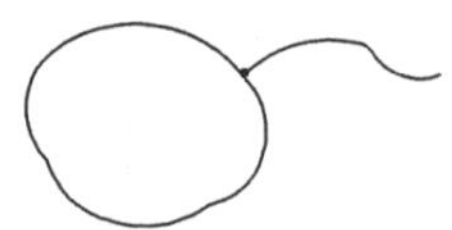

fig.3.7 line ends at
area

A line feature may end in an area
feature like a railroad running
into a town.
al-r2 = line feature <u>ends in</u>
an area feature.

fig.3.8 line ends in
area

A line feature may intersect
an area feature like river Rhine
flowing through the Netherlands.
al-r2 = line feature <u>intersects</u>
area feature.

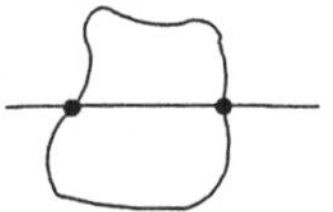

fig.3.9 line intersects
area

A line feature may run on the
border of an area feature like river
Rhine running on the border
between France and Germany.
al-r3 = line feature <u>is border of</u>
area feature.

fig.3.10 line as a
border of an area

<u>point-line relationships = pl-r</u>

A point feature may be on a line
feature like a bridge over a river.
pl-r1 = point feature <u>is on</u>
line feature.

fig.3.11 point
feature on line

A point feature can have a distance
to a line feature like the distance
between a factory and the nearest
railroad.
pl-r2 = point feature <u>distance</u>
line feature.

fig.3.12 distance from
point feature to line

<u>point area relationships = pa-r</u>
A point feature can be inside an
area feature like an oasis in a desert.
pa-r1 = point feature <u>is in</u>
area feature.

fig.3.13 point feature
in area

A point feature can be on the border
of an area feature like a customs
post at the border of a country.
pa-r2 = point feature <u>is on border of</u>
an area feature.

fig.3.14 point feature
on border of an area

4. The Formal Data Structure and set theory

4.1 Set theoretic concepts

The formal data structure consists of two basic elements, the elementary data sets represented
by labeled ellipses (fig. 4.1a) and the relationships or link types represented by labeled arrows
(fig. 4.1b). The generic structure of the f.d.s. consists of two ellipses connected by an arrow
(fig. 4.1c)

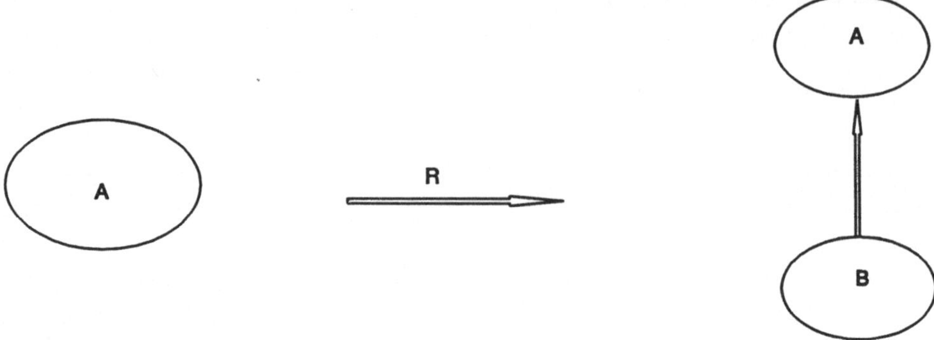

fig.4.1a
representation of an
elementary data set

fig.4.1b
representation of an
elementary link type

fig.4.1c
generic structure
of the f.d.s.

An ellipse labeled by A represents a set A with the elements a;
$A = \{...., a_i, ...\}$. The arrows in the f.d.s. have been defined as <u>many to one</u> links which means that in fig. 4.1c R relates 0 or more elements of set B to one element of A (see [14] chapter 3.1). This can be formulated alternatively by saying that: for each element $a_i \in A$ R defines a subset $R_{ai} = \{bp, ..., bq\} \subset B$. We will call a_i the owner of R_{ai}. A is the owner set of R which means that the elements of A own the sets generated by R. The elements of B are elements of the set generated by R therefore B will be called the memberset of R. The fact that R represents a <u>many to one</u> link type implies that it relates each element $b_j \in B$ to at most one $a_i \in A$, hence if $a_i = a_j$ then $R_{ai} \cap R_{aj} = 0$.

For the subset R_{ai} a membership function will be defined so that:

$\quad R\,[b_s,\,a_i] = 1 \Leftrightarrow b_s \in R_{ai}$

$\quad R\,[b_s,\,a_i] = 0 \Leftrightarrow b_s \notin R_{ai}$

The fact that for $a_i \neq a_j$ $R_{ai} \cap R_{aj} = 0$ implies that

$\quad R\,[b_s,\,a_i] = 1 \rightarrow R\,[b_s,\,a_j] = 0$

This membership function can be used to formulated some elementary queries for an information system based on a formal data structure with fig. 4.1c as its generic structure:

1) To which subset R_a does b_s belong?

$\quad\rangle$ give a for which R $[b_s,\,a] = 1$

2)   Which elements b belong to R_{ai}?

) give b for which $R\,[b,\,a_i] = 1$

3)   Does b_e belong to R_{ai}?

) give $x = R\,[b_e,\,a_i]$

The complements of the first two queries will be found by using $R\,[b,\,a] = 0$

4.2 A set theoretic interpretation of the link types in the f.d.s.

The f.d.s. of fig. 2.9 will now be interpreted in the sense of section 4.1, under the assumption that the conventions 1-7 have been accepted. In fig. 2.9 the thematic information of the features is represented by the class labels. Through these class labels we do have acces to the classification system given in fig. 2.3 with its classes, superclasses and attributes. For the sake of simplicity we will restrict the developments in this section to the structure of fig. 2.4.

<u>Feature class links</u>

The fact that feature f_i belongs to class c_j will be expressed by the membership function:

$M\,[f_i,\,c_j] = 1$

This implies that for classes $c_k \neq c_j$ we get $M\,[f_i,\,c_k] = 0$

The elementary queries of section 4.1 can be formulated for this membership function.

1)   To which class does feature f_i belong?

) give c for which $M\,[f_i,\,c] = 1$

2)   Which features belong to class c_j?

) give f for which $M\,[f,\,c_j] = 1$

3)   Does f_i belong to class c_j?

) give $x = M\,[f_i,\,c_j]$

Each class c_j has a list of attributes $\{A_1,\, ...,\, A_r,\, ...\, A_n\}$

which does take values for each feature of the class. The value of an attribute, say A_r can be interpreted as a function of the feature, hence:

$$a = A_r\,[\,f_i\,]$$

With this function the following queries can be formulated

4)   Give all features for which the attribute A_r takes the value a
        ⟩ give f for which $a = A_r [f]$

5)   Give the value of attribute A_r for feature f_i
        ⟩ give $x = A_r [f_i]$

6)   Does attribute A_r have value a for feature f_i
        ⟩ give boolean $[a = A_r [f_i]]$

gg-links and gf-links

The membership functions for the gg-links and the gf-links can be formulated as follows:

-     Arc a_i has node n_j as the begin node   → Begin $[a_i, n_j] = 1$

-     Arc a_i has node n_k as the end node   → End $[a_i, n_k] = 1$

According to convention 4 arcs are straight line segments, so they can not be loops; this implies: Begin $[a_i, n_j] = 1$ → End $[a_i, n_j] = 0$

and   End $[a_i, n_k] = 1$ → Begin $[a_i, n_k] = 0$

So arcs have distinct begin and end nodes. The fact whether η is a node of arc a_i can be investigated by the function: $N [a_i, n_j] = $ Begin $[a_i, n_j] + $ End $[a_i, n_j]$

    If $N [a_i, n_j] = 1$ then n_j is a node of a_i
    If $N = 0$ then this is not the case.

-     The coordinates of the nodes can be treated as atrributes:
      $x_i = X [n_i], y_i = Y [n_i]$

-     Node n_i represents point feature f_p → Repr $[n_i, f_p] = 1$
      Each node may represent at most one point feature, so that for any other point feature
      $f_q \neq f_p$ we find for node n_i Repr $[n_i, f_q] = 0$

-     Arc a_j is part of line feature f_l → Part $[a_j, f_l] = 1$
      Again for any other line feature $f_k \neq f_l$ we get Part $[a_j, f_k] = 0$

- Arc a_i has area feature f_a at its left-hand side $\rightarrow$ Le $[a_i, f_a] = 1$

   for any $f_b \neq f_a$ we get then Le $[a_i, f_b] = 0$

- Arc a_i has area feature f_a at its right-hand side $\rightarrow$ R $[a_j, f_a] = 1$

   and again for $f_b = f_a$ we get then Ri $[a_j, f_b] = 0$

If an arc a_i is part of the border of f_a then only one of the functions Ri and Le is equal to 1, but not both. So if we define the function:

$$B [a_i, f_a] = Le [a_i, f_a] + Ri [a_i, f_a]$$

then in case a_i is part of the border of f_a we find B $[a_i, f_a] = 1$.

If B $[a_i, f_a] = 2$ then a_i has f_a both at its left-hand side and at its right-hand side, in that case it is running through f_a.

If B $[a_i, f_a] = 0$ there is no direct relationship between a_i and f_a.

5. The query space of the F.D.S.

The formal data structure gives a mathematical definition of sets of data, called data types, and link types among the elements of different sets. This abstract data model can be implemented in several different data base types, like network -, relational - or object oriented data bases. Such an implementation will be called an f.d.s.-data base. Data retrieval from a data base should be done by means of queries. The query space of the F.D.S. is the collection of all answers to queries which can be applied to an f.d.s.-data base. The analysis of this query space shows the potential of such a data base for the user, by investigating the structure of the query spaces he can analyse which information can be retrieved from the system.

In this chapter we will give a methematical definition of the concept 'query spaces'. Therefore the elementary query operations will be reviewed once more, and we will see how composite query operations can be formulated. This will result in the mathematical definition of a query language. The semantics of this language will be studied by an interpretation of the mathematical expressions in the context of the F.D.S.

5.1 Query operations

In the previous sections we have seen four elementary query operations:

1)   Find the elements b_i of a subset $R_{aj} \subset B$

   a variant of this query is 1.1 $\rangle$ does b_i belong to R_{aj}?

2)   Find the owner a_j of the subset $R, \subset B$ to which element b_i belongs

3)   Give the elements b_i of R_{aj} for which the attribute A_p has a value $= a$, or for which a fulfills a special condition.

4)   Give the value a of attribute A_p for element $b_j \rightarrow a = A_p [b_j]$

Variations of these queries can be made such as '1.1)' by rewriting them as boolean functions, or by defining set functions like:
') how many elements $b \in R_a$ fulfill condition C'?

We will restrict the considerations in this paper to the queries 1) through 4) and their composite queries.

Query 1)   gives a subset containing zero or more elements of a member set.
Query 2)   gives zero or one element of an owner set
Query 3)   gives zero or more elements of a subset $R, \subset B$
Query 4)   gives an attribute value.

Composite queries can be constructed from the elementary queries 1), 2) and 3) by means of set algebraic operations, like intersection, union and subtraction. The result of 4) can be used to formulate conditions for 3).

All queries which can be formulated according to these rules form a query language. Its grammar is defined by the rules of this section. The semantics are defined by the data types and link types of the F.D.S. In this context the query space can be defined as the collection of all statements which can be formulated as answers to the queries contained in the query language. A somewhat more restrictive mathematical form of the definition is: *the query space is the collection of all data sets defined by the F.D.S. and its query language. According to this definition it contains the data sets defined in the F.D.S. and the data sets which can be derived through the elementary and composite query operations defined in this section.*

5.2 Examples of queries from F.D.S.-data base

Examples of queries for single valued vector maps were given in [8]. These queries were about individual features and their attributes and geometry and about a large number of topological feature relationships as in fig. 3.1-3.14.

In this section some of the queries on feature relationships will be formulated as composite queries according to the previous section. They will be applied to the sets defined in section 4.2.

I) <u>Which islands are contained in area feature f_2?</u>

I.1)   Find all a_i for which $B[a_i, f_2] = 1 \rightarrow B_{1f2} = \{...., a_i, ...\}$

I.2)   For all $a_i \in B_{1f2}$ find f_j under the condition

$B[a_i, f_j] = 1$ and $f_1 \neq f_2 \rightarrow$ set of neighbours of $f_2 = n_{f2} = \{...., f_j, ...\}$

I.3)   For each $f_j \in n_{f2}$ find similarly n_{fj}

I.4)   If $n_{fj} - \{f_i\} = 0$ then f_j is island in f_2

II) <u>Which line features branch off from line feature f_2?</u>

II.1)   Find all the arcs a_i for which $Part[a_i, f_2] = 1 \rightarrow Part_{f2} = \{...., a_i, ...\}$

II.2)   For each $a_i \in Part_{f2}$ find the nodes n_j for which

$$N[a_i, n_j] = 1 \rightarrow N_{ai} = \{n_p, n_q\} \rightarrow N_{f2} = \bigcup_{a_i \in Part_{f2}} N_{ai}$$

II.3)   For each $n_j \in N_{f2}$ find a_r for which $N[a_r, n_j] = 1$

this gives per node n_j a set of arcs $A_{nj} \{...., a_r, ...\}$

II.4)   For each $n_j \in N_{f2}$, for each $a_r \in A_{nj}$ find line feature f_l

such that $Part[a_r, f_l] = 1$ and $f_l \neq f_2$.

If for any $a_p \in A_{nj} \rightarrow (a_p \neq a_r \rightarrow Part[a_p, f_l] = 0)$ then f_l branches off from f_2

The line features crossing or intersecting a line feature f_2 can be found by identifying the elements of set N_{f2} as in step II.2. For all these elements we can check whether they are a cross point or intersection point, then the other line feature at that point can be found. In the f.d.s. of fig. 2.9 we can not distinguish a line crossing from an intersection though. The relationship of fig. 3.7 can be analysed similarly to the query handling under II.

III) <u>Find the line features f_l intersecting area feature f_1</u>

III.1)   Find all arcs a_i for which $B[a_i, f_i] = 2 \rightarrow B_{2f1} = \{...., a_i, ...\}$

III.2)   For all $a_i \in B_{2f1}$ find the line feature f_l for which

$Part[a_i, f_l] = 1 \rightarrow$ the set of line features

intersecting $f_1 = $ intersect $f_1 = \{...., f_l, ...\}$

5.3 An extension of the F.D.S.

Most of the topological feature relationships of chapter 3 can be analysed through queries like those of section 5.2. Exeptions are the relationships pp - r1, pa - r1 and
pℓ - r2 which require algorithmic operations on the coordinates of nodes. These operations are not contained in the set of elementary and composite query operations of section 5.1. Furthermore a query language based on the f.d.s. of fig. 2.9 does not allow to make a distinction between ll - r2 and ll - r3. These letter two cases and pa - r1 can be taken care off by an extension of the f.d.s. as given in fig. 2.9. The additional data types and link types allow an extension of the query language and thus an extension of the query space. The basic query operations are still those of section 5.1.

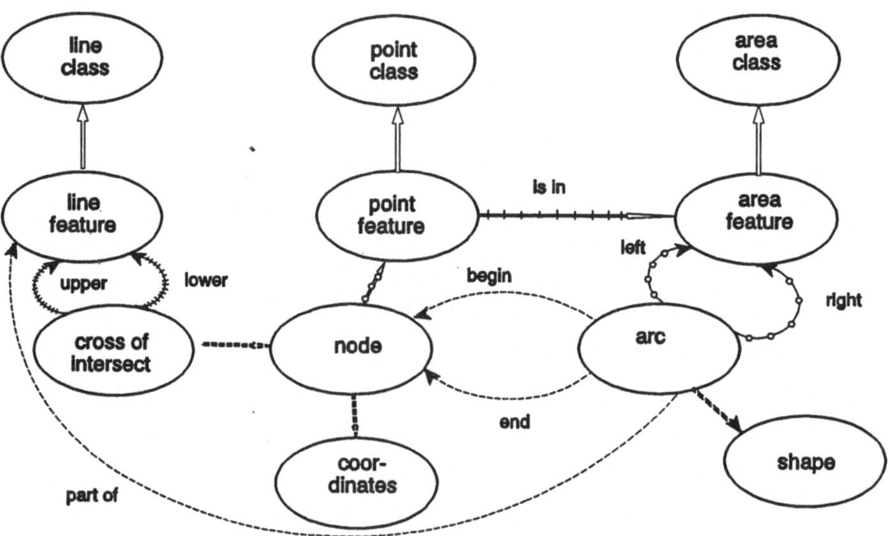

fig.5 extended f.d.s. for s.v.v.m.

6. Epilogue

6.1 Elementary terrain features

Most of the queries for an f.d.s. data base will refer to terrain features and investigate their thematic and geometric aspects, including their topology. In the previous sections we discussed the topological relationships between terrain features, only a short review was given of some elementary topological relationships in chapter 3. For a more advanced analysis it might be usefull to introduce the concept of 'elementary terrain features', we will do this in an intuitive approach. In a nongeometric sense an elementary terrain feature is represented by only more feature identifier, it belongs to only one thematic class and within that class it has only one list of attribute values (see section 2.1). In a geometric sense an elementary terrain feature f belongs to only one of the three feature types.

If f is an area feature then for each arc of the boundary $a \in B_{1f}$ is $B[a,f] = 1$ and it occurs only once in B_{1f} (see section 5.2). Elementary area features should be connected, so that any pair of nodes on its border or in its interior can be connected by a (new) chain of arcs a_i for which all arcs fulfill the condition $B[a_i, f] = 2$

With these conditions an area feature containing an island is an elementary area feature, the island being an elementary feature is its own right.

An elementary line feature consists of one chain (see section 2.2). An elementary point feature is represented by one node.

6.2 Composite features

The elementary terrain features can be combined through different rules. In thematic sense they can be combined in classes and superclasses according to section 2.1. This is a combination through 'ISA relationships'. Alternatively combinations can be made through 'part of' relationships, such as: a county is part of a state, a state is part of a federation. Many 'part of' relationships are a combination of thematic and geometric conditions with an emphasis on the latter. Features which are constructed in this way will be called 'composite features'. The geometric conditions are often connectivety conditions based on the topological relationships of chapter 3 and/or interval conditions for the coordinates of the nodes. The hydrologic system of fig. 6 is a composite feature consisting of elementary features such as lakes, rivers and streams.

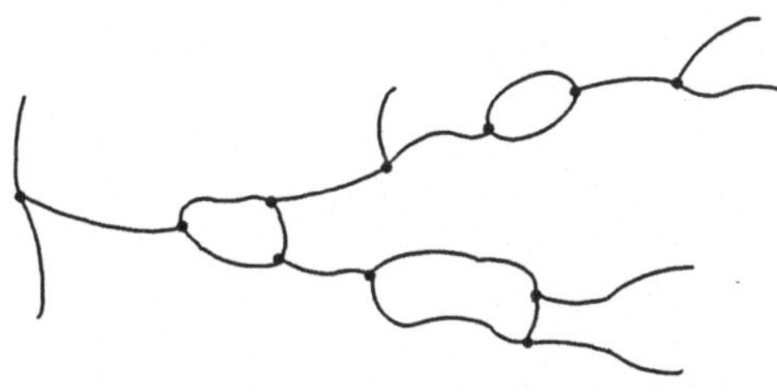

fig.6 river system as an example of a composite feature

6.3 Feature oriented queries

Most of the queries formulated in [8] and in chapter 5 concerned the attributes, the geometry and relationships among terrain features. A query language for an f.d.s. data base should be terrain-featured oriented. That means that such a language could be based on the membership function $M[f_i, c_j]$ and the attibute function $A[f_i]$ of section 4.2 and on the binary relationships $f_i \underline{R} f_j$ in which f_i and f_j are feature identifiers and $\underline{R}$ is one of the relationships of chapter 3. A compiler should interpret expressions like $f_i \underline{R} f_j$ in the sense of section 5.2. Through such a query language an user does not have to formulate queries at the elementary level of chapter 5, but rather at the level of terrain features and their relationships. This will allow a communication at users-level rather then at systems-level.

6.4 Further extensions of the F.D.S.

The formal data structure of fig. 5 has been designed for single valued vector maps. That means that per geometric element there is (at most) one realisation of each gf-link in which it occurs, so there is a unique connection between geometry and thematic data. This can be interpreted as one thematic map layer, containing several different mutually exclusive thematic feature classes. In a map overlay different map layers are combined, each containing their own thematic feature classification system. This results in a multi-valued vector map, in which there is a multi-valued list between geometry and thematic data. In that case the f.d.s. of fig. 5 can be extended by difining multiple gf-links, i.e. for each geometric element there is an occurance of each link type in each map layer. The query language of section 5 can than be applied to each layer, whereas extra queries should be formulated to investigate interlayer relationships. An other extension of the f.d.s. to handle three dimensional vector maps has been discussed in [9]. The query spaces of these extended formal data structures have not been investigated yet.

Literature/references

[1] Alagić, S.   : Object oriented data base programming
                                   Springer Verlag, New York, 1989

[2] Bouloucos, T.,   : A Relational Data Structure for Single Valued Vector
     O. Kufoniyi & M. Molenaar   Maps, Proc. Comm. III ISPRS, Wuhan, 1990

[3] Broome, F.R.   : Mapping from a topologically encoded database 1
                                   The U.S. Bureau of census example. Auto Carto London, 1986

[4] Dangermond, J.   : A classification of software components commonly
                                   used in geographic information systems. Basic
                                   readings in GIS, spad systems ltd, 1984

[5] Date, C.J.   : An introduction to Data base Systems, vol. 1,
                                   Addisson-Wesley, Reading (Mass.), 1986

[6] Frank, A.   : Datenstrukturen für Landinformationsystemen:
                                   semantische, topologische und räumliche
                                   Beziehungen in Daten der Geo-Wissenschaften.
                                   Inst. für Geodäsie und Photogrammetrie ETH
                                   Zürich, 1983

[7] Liu, C.L.   : Elements of discrete mathematics,
                                   McGraw Hill, New York, 1983

[8] Molenaar, M.   : Single valued vector maps - a concept in GIS,
                                   Geo-Informationssysteme, vol. 2 no. 1, 1989

[9] Molenaar, M.   : A formal data structure for 3-D vector maps,
                                   Int. Conference on Spatial Data Handling,
                                   Zürich, 1990

[10] Molenaar, M.   : Status and problems of GIS, proc. 42nd Photo-
                                   grammetry week, Heft 13, Inst. für Photo-
                                   grammetrie, Stuttgart, 1989

[11] n.n.   : Technical description of the DIME System. Id.

[12] n.n.   : ARC/INFO a modern geographic information
                                   system. Id.

[13] Rich, E.   : Artifical intelligence, McGraw Hill,
                                   New York, 1983

[14] Ullman, J.D.   : Principles of Data base systems, Computer Science Press Inc,
                                   Rockvill, Maryland, 1982

[15] Woody, D.   : Theory of computation, John Wiley and Sons,
                                   New York, 1987

<u>Fernerkundungsdaten und</u>

<u>Geo-Informationssysteme</u>

<u>im Forstwesen</u>

G. Gegg
Siemens Nixdorf,
Informationssysteme AG, D621
Otto - Hahn - Ring 6
8000 München 83

ZUSAMMENFASSUNG:

In diesem Beitrag werden drei Anwendungen für den Einsatz von Fernerkundungsdaten und Geo-Informationssystemen im Forstwesen vorgestellt:
Die Fortführung einer Forstbetriebskarte mit Hilfe eines gescannten
Schwarz-Weiß-Luftbildes, die Kartierung von Windwurfflächen und
Borkenkäferbefall mit gescannten Farbinfrarotluftbildern und die Kartierung von Insektenfraßflächen mit Landsat-Thematic-Mapper-Daten. Mit
diesen Anwendungsbeispielen wird aufgezeigt, daß die digitale Bearbeitung von Fernerkundungsdaten in die forstliche Praxis eingeht. Und
dabei zeigen sich Möglichkeiten, den Anwenderkreis von Bildverarbei-
tungs-und Geo-Informationssystemen mit Expertensystemen im Sinne von
Beratungssystemen zu unterstützen.

ABSTRACT:

In this paper three applications are presented for the use of remotely-sensed data and geographical information systems within forestry
planning: the update of a forest management map by scanned black and
white aerial photos, the mapping of wind throw stands by scanned color
infrared aerial photos and the mapping of stands damaged through in-
sect attacks by Landsat-Thematic-Mapper data. These applications show

the movement of the use of remotely-sensed data into practical work.
With this, possibilities are shown how the users of image processing
systems and geographical information systems can be supported usefully
by expert systems in the sense of consulting systems.

1. EINLEITUNG

Bei der Bayerischen Forstlichen Versuchs- und Forschungsanstalt
(FVA) in München werden neue Technologien für die vielfältigen
Aufgabenbereiche der forstlichen Planung einbezogen. So wurde u.a.
mit dem Aufbau eines Geo-Informationssystems (GIS) begonnen, das dem
Anwendungsgebiet entsprechend als Forstliches Informationssystem (FIS)
konzipiert wird /Tränkner und Siede, 1989/. Forstwissenschaftliches
Datenmaterial kann in einem FIS digital erfaßt, gespeichert, verwaltet
und dargestellt werden. Dabei zeigt sich, daß der Nutzen eines FIS vor
allem bei der visuellen Darstellung von beliebig zu kombinierenden In-
formationsebenen liegt.

In diesem Beitrag werden in erster Linie Anwendungsbeispiele des im
Aufbau befindlichen FIS unter Einbeziehung der Fernerkundung aufgezeigt. Dabei werden bei der FVA für die "Forstliche Fernerkundung"
über die stereoskopische Luftbildauswertung hinaus zur Erfassung der
Waldschäden neue Technologien untersucht /Holzapfl, 1989/:

- Fortführung forstlicher Kartenwerke (z.B. Forstbetriebskarte) mit
  gescannten Luftbildern;

- Kartierung biotischer Waldschäden mit gescannten Farbinfrarotluftbildern und Satellitendaten.

2. FORTFÜHRUNG DER FORSTBETRIEBSKARTE MIT GESCANNTEN LUFTBILDERN

Die Forstbetriebskarte (Waldpflege-und Nutzungskarte) wurde bisher auf analogem Wege erstellt und fortgeführt. Sturmkatastrophen, wie sie sich im Frühjahr 1990 ereigneten, machen eine rasche Aktualisierung der Forstbetriebskarte für eine effiziente Planung nötig.

An einem Beispiel im Höhenkirchener Forst des Forstamtes Sauerlach hat die FVA München mit gescannten Luftbildern Schadensereignisse der Frühjahrsstürme 1990 dokumentiert. Der Einsatz eines Geo-Informationssystems ermöglichte die Durchführung von zwei unterschiedlichen Aufgaben:

a) Verschneidung der Windwurfflächen mit der Forstbetriebskarte mit anschließender Flächenbilanzierung;

b) Fortführung der Forstbetriebskarte.

Zur technischen Realisierung der "Fortführung der Forstbetriebskarte" wurden die in Abb.1 aufgezeigten Bearbeitungsschritte durchgeführt. Als Dateninput dienten aktuelle Schwarz-Weiß-Luftbilder der Schadensflächen und die Forstbetriebskarte. Die Luftbilder wurden gescannt und die Forstbetriebskarte mit dem Prozedurenpaket SICAD-Forst^R (SImens Computer Aided Design) digitalisiert. Zur Fortführung der Forstbetriebskarte auf vektorieller Basis wurde das hybride Geo-Informationssystem SICAD eingesetzt, das am Bildschirm die optische Überlagerung des aufgerasterten Luftbildes mit der digitalisierten Forstbetriebskarte ermöglicht.

Zu berücksichten ist, daß hiermit ein Weg zur technischen Realisierung aufgezeigt ist. Dieses Verfahren ist jedoch aus praktischer Sicht noch nicht operationell einsetzbar. Das liegt zum einen daran, daß durch das Scannen der Luftbilder hohe Kosten entstehen und hohe Speicherkap-

zitäten für die Rasterdaten erforderlich sind. Zum anderen ist lediglich aufgrund der Informationen des Scharz-Weiß-Luftbildes hinsichtlich der Inhalte der Forstbetriebskarte keine vollständige Aktualisierung möglich.

Abb.1: Datenfluß zur Fortführung einer Forstbetriebskarte mit gescannten Luftbildern

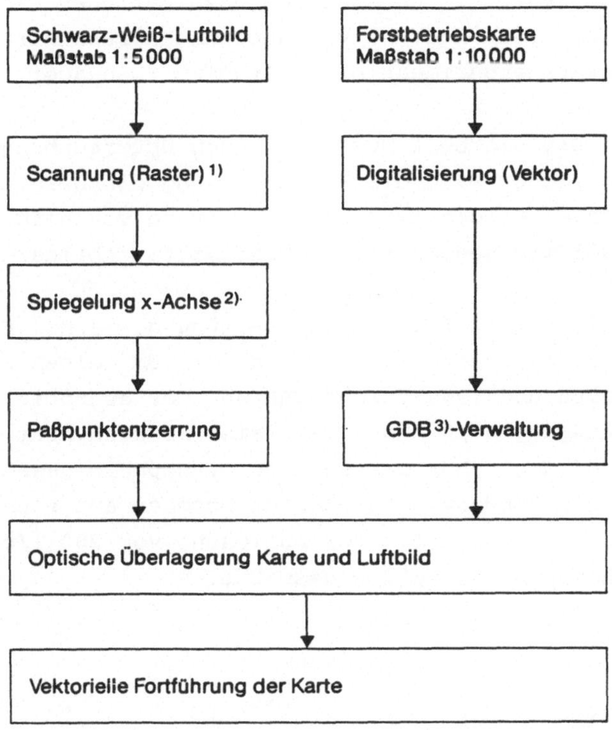

1) Hell-Scanner (Landesvermessungsamt München)
2) Vorlage Diapositiv
3) GDB (Geographische Daten-Basis)

Die Bearbeitung wurde von W. Siede, Forstliche Versuchs-und Forschungsanstalt München durchgeführt.

3. KARTIERUNG BIOTISCHER WALDSCHÄDEN MIT GESCANNTEN FARBINFRAROT-LUFTBILDERN

Die stereoskopische Auswertung von Farbinfrarotluftbildern zur Kartierung von Waldschäden hat sich zu einem operationellen Verfahren entwickelt. Dabei spielte die Normierung der Interpretation durch Interpretationsschlüssel für die verschiedenen Baumarten eine wichtige Rolle /VDI und AFL, 1989/. Im Unterschied dazu befinden sich die Untersuchungen zur digitalen Analyse von gescannten Farbinfrarotluftbildern noch in einem stark experimentiellen Stadium /Landauer, 1989/.

Im Rahmen einer Diplomarbeit wurde in einem Untersuchungsgebiet im Nationalpark Bayerischer Wald die Fragestellung diskutiert, welchen Beitrag die digitale Bildanalyse zur Kartierung von Windwurfflächen und Borkenkäferbefall mit gescannten Farbinfrarotluftbildern leistet.

Es standen zwei Luftbildflüge zur Verfügung; eine Befliegung vom 28.09.88 und eine zweite vom 22.10.89. Um einen Vergleich der Schadflächen 1988 und 1989 durchzuführen, war es nötig, die Aufnahmen der beiden Befliegungen in ein gemeinsames Bezugssystem zu überführen. Hierzu wurde der Weg über das analoge Orthophoto gewählt. Die Orthophotos wurden beim Landesvermessungsamt München auf einen Farbfilm belichtet und anschließend mit einer Auflösung von 200 l/cm in die Farbauszüge Cyan, Magenta und Yellow gescannt.

3.1 MUTLISPEKTRALE BILDANALYSE

Die gescannten Farbinfrarotluftbilder wurden mit multispektralen Bildanalyseverfahren wie z.B. Äquidensiten, Ratioverfahren und Maximum-Likelihood-Klassifikation weiterverarbeitet. Diese Analyseverfahren basieren auf dem Sachverhalt, daß gleiche Oberflächen ein charakteristi-

sches Reflexionsverhalten in den einzelnen Bereichen des elektromagnetischen Spektrums aufweisen. So können geschädigte Waldbestände durch
einen Reflexionsabfall im nahen Infrarot auf digitalem Wege klasssifi-
ziert werden.

In Abb.2 wird der Datenfluß für die Analyse aufgezeigt; u.a. zeigte
sich, daß Laubbestände im Herbst ein ähnliches spektrales Signal wie
leicht durch Borkenkäferbefall geschädigte Fichten aufweisen. Um die
Interpretationsgüte der digitalen Analyse zu erhöhen bietet sich die
Integration von Zusatzdaten an, so z.B. die Einbeziehung der Waldkarte
zur Ausmaskierung der Laubwaldbestände.

3.2 BEWERTUNG

In dieser Untersuchung konnte gezeigt werden, daß Verfahren der
multispektralen Bildanalyse auf gescannte Farbinfrarotluftbilder übertragbar sind. Jedoch sind für einen multitemporalen Vergleich geeignete Rahmenbedingungen zu schaffen:

1) Eine Entzerrung der Daten in ein gemeinsames Koordinatensystem ist
nötig und bei stark reliefierten Gelände ist eine Orthophotoerstellung
unumgänglich.

2) Aufgrund unterschiedlicher Aufnahmebedingungen wie z.B. unterschiedliches Filmmaterial oder wechselnde atmosphärische Bedingungen
ist eine radiometrische Normierung der Luftbilder nötig.

Diese Rahmenbedingungen sind zum Teil nur schwer erfüllbar. Zum einen
ist es äußerst schwierig, Paßpunkte für eine Entzerrung in zusammenhängenden Waldgebieten zu finden und zum anderen setzt die radiometrische Normierung bereits bei der Luftbildbefliegung das Auslegen von
Referenzflächen voraus.

Abb.2: Datenfluß zur Kartierung von Windwurfflächen und Borkenkäferbefall mit gescannten Farbinfrarotluftbildern

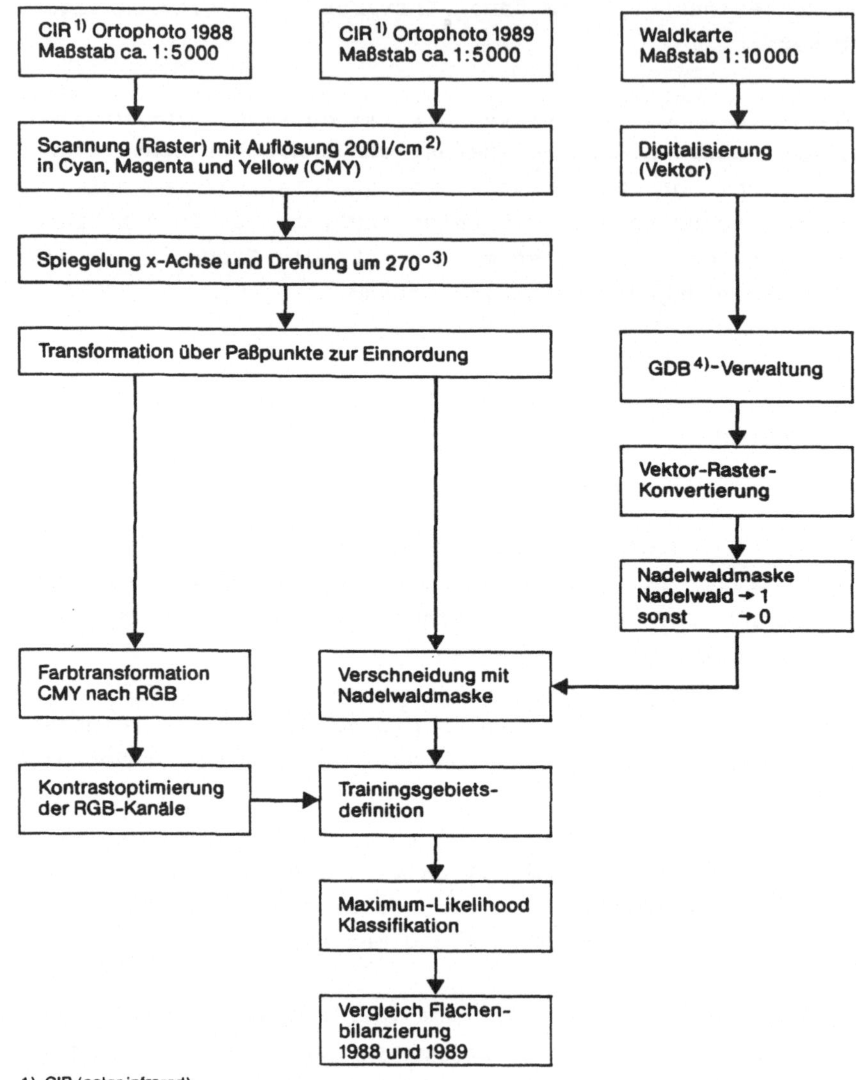

Die Bearbeitung wurde von S. Schlüter in Zusammenarbeit mit der Fachhochschule München, dem Nationalpark Bayerischer Wald und der Siemens
Nixdorf Informationssysteme AG durchgeführt.

4. KARTIERUNG BIOTISCHER WALDSCHÄDEN MIT SATELLITENDATEN

Satellitendaten (z.B. Landsat-Thematic-Mapper oder Spot) werden noch relativ selten zur Bearbeitung forstlicher Fargestellungen eingesetzt. Eine Reihe von Forschungsprojekten (vgl. Landauer, 1989) zeigen aber bereits Methoden auf, die in naher Zukunft operationellen Einsatz finden könnten.

4.1 MULTISPEKTRALE BILDANALYSE UNTER EINBEZIEHUNG VON ZUSATZINFORMATIONEN AUS EINEM GEO-INFORMATIONSSYSTEM

Als ein Anwendungsbeispiel für die digitale Analyse von Fernerkundungsdaten wurde ein von der Deutschen Forschungsanstalt für Luft-und Raumfahrt e.V. (DLR) in Oberpfaffenhofen entwickeltes Verfahren zur Kartierung von großflächigen Insektenfraßflächen in den Kiefernmonokulturen des Nürnberger Reichswaldes durchgeführt (vgl. Landauer, 1989).

Bei den in Abb.3 aufgezeigten Analyseverfahren dient eine Landsat-Thematic-Mapper-Szene vom Oktober 1987 zur Kartierung des Schadausmaßes, hervorgerufen durch eine Insektenkalamität (Forleulen-und Nonnenkalamität), die im Frühjahr 1987 stattgefunden hat. Da der Fraß großflächig Schäden verursachte, sind die Daten des amerikanischen Satelliten Landsat-Thematic-Mapper mit einer Bodenauflösung von 30x30m für eine Kartierung durchaus geeignet. Um eine zuverlässige Klassifikation in drei Schadklassen durchzuführen, ist es nötig, neben der spektralen Information der Satellitendaten Zusatzinformationen aus einem Geo-Informationssystem bei der Analyse mit zu berücksichtigen. Solche Zusatzinformationen sind u.a. der Walddecker der Topographischen Karte 1:50000 und die Standortskarte im Maßstab 1:10000.

Abb.3: Datenfluß zur Kartierung von Insektenfraßflächen mit den Daten des Landsat-Thematic-Mapper

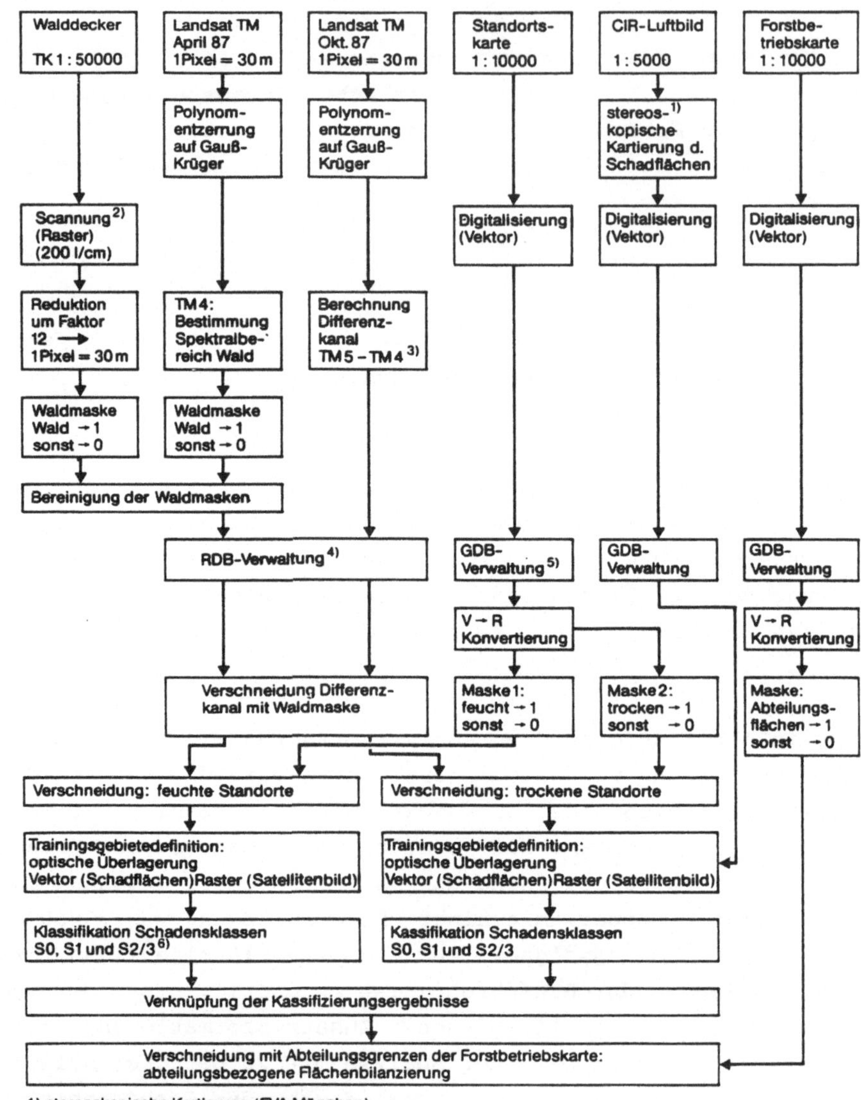

Die Bearbeitung wurde von G. Gegg in Zusammenarbeit mit der Universität München, der Bayerischen Forstlichen Versuchs-und Forschungsanstalt und der Siemens Nixdorf Informationssysteme AG durchgeführt.

4.2 UNTERSTÜTZUNG DER MULTISPEKTRALEN BILDANALYSE DURCH WISSENSBASIERTE SYSTEME

Im Rahmen einer wissenschaftlichen Untersuchung wird das eben vorgestellte Verfahren zur Kartierung von Insektenfraßflächen mit den Daten des Landsat-Thematic-Mapper als Anwendungsbeispiel herangezogen. Bei dieser Untersuchung sollen Möglichkeiten aufgezeigt werden, die Analyse von Fernerkundungsdaten durch die Integration von wissensbasierten Systemen zu unterstützen. Wesentlich bei der Entwicklung von wissensbasierten Systemen (Expertensystemen) ist, daß das Problemlösungsverhalten eines Experten nachgebildet werden muß /Nebendahl, 1987/ und dazu ist es nötig, das Fachwissen eines Experten in Form von Fakten und Regeln zu formalisieren.

Zunächst muß das Fachwissen eines Fernerkundungsexperten zur Erarbeitung von Analyseverfahren, wie sie in den Abb.1, 2 und 3 vorgestellt wurden, analysiert werden. Dabei zeigt sich, daß das Wissen über die spektrale Reflexion der zu untersuchenden Objekte in den verschiedenen Bereichen des elektromagnetischen Spektrums von zentraler Bedeutung ist, denn diese spezifischen Reflexionseigenschaften bestimmen gegebenenfalls die Notwendigkeit der Einbeziehung von Zusatzinformationen.

In dem in Abb.3 dargestellten Analyseverfahren ist es z.B. sinnvoll, die Spektralkanäle der Daten des Landsat-Thematic-Mapper nach Wald-und Nicht-Wald-Bereichen zu trennen (stratifizieren), da geschädigte Kiefernbestände z.T. ein ähnliches spektrales Signal aufweisen als auch einzelne landwirtschaftliche Flächen. In einem weiteren Bearbeitungsschritt bietet sich an, die Kiefernbestände getrennt nach trockenen und feuchten Standorten zu klassifizieren, da das Reflexionsverhalten der Kiefern von standörtlichen Gegebenheiten abhängig ist. /Landauer, 1989/.

Mit dieser Untersuchung soll ein Beitrag geleistet werden zum Aufbau einer Wissensbasis für die Entwicklung eines wissensbasierten Beratungssystems (vgl. Gegg, Günther und Riekert, 1990) um Anwender, die die multispektrale Bildanalyse einsetzen, bei der Lösung ihrer spezifischen Aufgaben zu unterstützen.

5. ZUSAMMENFASSUNG UND AUSBLICK

In diesem Beitrag wurden drei Anwendungsbeispiele vorgestellt zur digitalen Bearbeitung von Fernerkundungsdaten für forstliche Aufgabenstellungen. Alle drei Beispiele zeigen den Einsatz eines hybriden Geo-Informationssystems, da stets Rasterdaten (gescannte Luftbilder oder Satellitendaten), gemeinsam mit Vektordaten (digitalisierte Karten) bearbeitet werden. Es zeigen sich dabei zwei unterschiedliche Anwendungen:

- Die manuelle Fortführung von Vektordatenbeständen (z.B. Forstbetriebskarte) mit Hilfe von Rasterdaten (z.B. gescannte Schwarz-Weiß-Luftbilder) und

- die automatische Klassifikation (z.B. Klassifikation mit der Maximum-Likelihood-Zuweisung) von Fernerkundungsdaten (gescannte Luftbilder oder Satellitendaten), unterstützt durch die Integration von Zusatzinformationen (z.B. digitalisierte Standortskarte) zur Verbesserung der Klassifizierungsergebnisse.

Da die Technologie der digitalen Bildanalyse im Rahmen des Aufbaus von Geo-Informationssystemen (GIS) das experimentielle Stadium verläßt und in die Praxis übergeht, müssen sich Bearbeiter aus den unterschiedlichsten Fachbereichen (Forstwissenschaft, Hydrologie, Ökologie usw.) mit dieser für sie neuen Thematik auseinandersetzen. Dabei bietet sich an, diesen rasch wachsenden Anwenderkreis mit wissensbasierten Techno-

logien zu unterstützen. Als geeignet erscheint u.a. die Entwicklung
von Expertensystemen im Sinne von Beratungssystemen, die den Anwender
bei der Erstellung von Analyseplänen (vgl. Abb.1, 2 und 3) unterstützen.

6. LITERATUR

Gegg,G., Günther,O., Riekert,W.-F. (1990): Knowledge-Based Processing
of Remote Sensing Data - Development of the Expert System RESEDA - ,
Proc. ISPRS Workshop Commisssion II,VII, 13-17 January 1990, University of Maine, Orono, Maine.

Holzapfl, R. (1989): Die Bayerische Forstliche Versuchs- und Forschungsanstalt, in: Allgemeine Forstzeitschrift, Bd. 40-41, S. 1062 -
1066.

Landauer, G. (1989): Abschlußdokumentation - Untersuchungen und Kartierung von Waldschäden mit Methoden der Fernerkundung, Teil A, Oberpfaffenhofen.

Tränkner, H. und Siede, W. (1989): Das Forstliche Informationssystem
FIS, in: Allgemeine Forstzeitschrift, Bd. 40-41, S. 1086 - 1089.

VDI und AFL (1990): Kurzfassung: Workshop Messen von Vegetationsschä-
den mit Color-Infrarot-Luftbildern - Verfahren, Interpretation, Bewertung, 1./2. März 1990 in Freising-Weihenstephan.

Expertensysteme in der Umweltanalytik
und im Umweltschutz

Wissensbasierte Meßdateninterpretation in der Wasseranalytik[#]

Knut Scheuer [*], Marcus Spies [**], Ulrich Verpoorten [*]

F A W Ulm
Forschungsinstitut für anwendungsorientierte Wissensverarbeitung
Helmholtzstraße 16, W-7900 Ulm, Deutschland

Zusammenfassung
Die Interpretation von analytischen Meßdaten läßt sich nicht allein durch Einsatz von numerischen Algorithmen automatisieren, da die Meßergebnisse unter Einsatz von Fachwissen plausibilisiert werden müssen. Wir stellen das Konzept eines wissensbasierten Prototypen vor, der außer numerischer Information auch symbolisch repräsentiertes Wissen in die Meßdateninterpretation mit einbezieht. Da bei der "manuellen" Interpretation unsicheres Wissen eine wesentliche Rolle spielt, ist . auch das in unserem System berücksichtigt worden. Der Prototyp erlaubt eine Unterstützung bei der Formulierung von Einzelverdachten auf Substanzen in Wasserproben und die Plausibilisierung von Meßergebnissen für eine eingeschränkte Menge von Substanzen.

1. Problemstellung

1.1 Umweltanalytik und Umweltmonitoring
Die Aufgabe der Umweltanalytik ist die Gewinnung von aussagekräftigen Daten über umweltrelevante Substanzen in Böden, Wasser, Luft, Pflanzen und Tieren. [Pag86]. Moderne, leistungsfähige Analysemethoden mit hoher Spezifität und Empfindlichkeit erlauben grundsätzlich die Erfassung einer großen Anzahl verschiedener Substanzen. Durch die ständig wachsende Anzahl der bekannten Substanzen und der steigende Anspruch an die Analysenqualität werden die Analysemethoden aber ebenfalls immer vielfältiger und aufwendiger. Wichtige Übersichten zum Umweltmonitoring wie Emissions- und Altlastenkataster lassen sich nur mit Hilfe von Daten aufbauen und pflegen, die solche Analyseverfahren liefern. Damit sind Einblicke in die Kausalzusammenhänge von Ökosystemen sowie ökotoxikologische Bewertungen im Spurenbereich von Substanzen möglich, die wiederum Entscheidungsgrundlagen für die Lösung von Umweltfragen sind [Fre87].

Dieser Artikel ist eine aktualisierte und erweiterte Version unseres Beitrags zum Workshop Umweltinformatik 1990, der vom Umweltministerium des Landes Baden-Württemberg und dem FAW Ulm in Günzburg veranstaltet wurde.

[*] entsandter Mitarbeiter der Hewlett-Packard GmbH
[**] entsandter Mitarbeiter der IBM Deutschland GmbH

In unserem Projekt WANDA (Water Analysis Data Advisor) haben wir ein System prototypisch realisiert, das im Bereich der Analyse von Pflanzenschutzmitteln in Wasserproben plausibilisierte Analysenergebnisse liefert [Sch90].

1.2 Interpretation analytischer Meßdaten

Ein analytischer Chemiker im Labor hat die Aufgabe, Einzelsubstanzen und deren Konzentration in Proben zuverlässig, schnell, im gebotenen Umfang und letzlich auch kostengerecht nachzuweisen. Hierzu stehen ihm ein reichhaltiges methodisches und technisches Instrumentarium zur Verfügung, wobei die Chromatographie eine wichtige Rolle spielt. In einem Chromatographen wird ein Substanzengemisch, das in einer flüssigen oder gasförmigen Phase gelöst ist, in seine Komponenten zerlegt, die von einem Detektor gemessen werden. Man spricht dementsprechend entweder von der Flüssigkeits- oder Gaschromatographie. Die Trennung erfolgt über die Zeit und wird als Meßwertreihe festgehalten. Sie kann dann graphisch als Chromatogramm dargestellt werden (s. Abb. 1.1).

Ein Chromatogramm enthält für jede Substanz einen markanten Ausschlag (Peak), wobei jedoch bei unzureichender Trennung Peaks mehrerer Substanzen zusammenfallen können. Die Zeit, die für eine Substanz gebraucht wird, um sie vom Gemisch abzutrennen wird Retentionszeit genannt und ist ein wichtiges Indiz für die Identifikation. Die Peakfläche ist ein Maß für die Menge und damit Konzentration der enthaltenen Substanz. Durch die Zuordnung von Substanzen zu Peaks erfolgt also die Identifizierung, durch die Auswertung der Peakflächen die Quantifizierung.

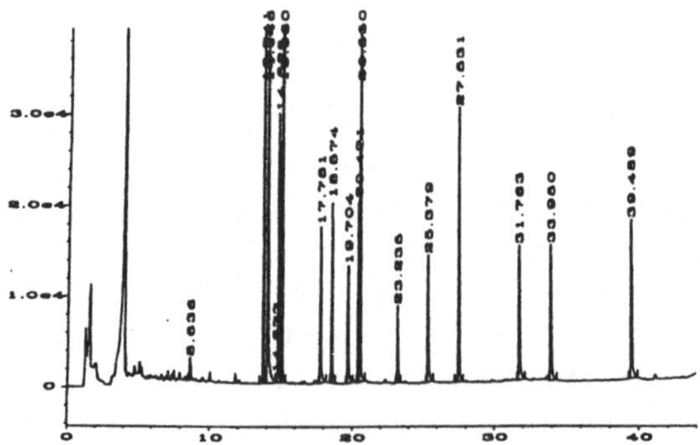

Abb. 1.1 Gaschromatogramm aus der Pestizidanalytik

Das Verhalten der Substanzen in der Chromatographie und damit das Aussehen der Chromatogramme hängt von einer Vielzahl von Einflußfaktoren ab. Ändert sich auch nur ein Parameter, resultiert u.U. ein stark verändertes Chromatogram. Eine Substanz erzeugt nicht zwangsläufig ihren Peak immer mit derselben Retentionszeit und derselben Peakfläche, da auch bei Anwendung identischer Chromatographieverfahren Schwankungen auftreten. Zur Interpretation eines Chromatogramms sind deswegen detaillierte Kenntnisse und Erfahrungen über das verwendete Verfahren und die aktuellen Meßbedingungen unerläßlich. Das schließt den gesamten Analysengang, angefangen bei der Probennahme über die Probenaufbereitung bis zur eigentlichen Messung, ein. Die verschiedenen Informationen aus unterschiedlichen

Quellen müssen geeignet kombiniert werden, um zu einer zuverlässigen Identifizierung und Quantifzierung zu gelangen [Mar88].

2.   Konventionelle Computerunterstützung in der Analytik

Die heutige Rechnerunterstützung beschränkt sich auf die Datenverwaltung und numerische Meßdateninterpretation. Bei der numerischen Interpretation werden Meßsignale mit Referenzsignalen verglichen. Die Referenzsignale werden zuvor mit bekannten Substanzen aufgenommen und gelten nur genau für die dabei verwendete Meßmethode; man spricht hier auch vom Kalibrieren der Meßmethode. Der Referenzvergleich und die Kalibrierung sind mit numerischen Algorithmen durchführbar und damit durch konventionelle Computer-programme automatisierbar.

Ein Peak im Chromatogramm gilt für solche Programme als identifiziert, wenn für die gemessene Retentionszeit innerhalb eines zuvor definierten Fensters ein Referenzsignal vorliegt. Begleitende Hinweise zur Probe (z.B. Geruch) oder die Eigenschaften der verwendeten Analysenmethode finden beim numerischen Vergleich keine Berücksichtigung. Der Kontext in dem die Analyse durchgeführt worden ist, ist aber zur Verifikation der Vergleichsergebnisse unbedingt zu beachten, d.h. die Ergebnisse müssen plausibel sein. Die Plausibilisierung kann mit konventionellen Programmen nicht unterstützt werden und ist deswegen heute noch allein Aufgabe des analytischen Chemikers.

3.   Ein wissensbasiertes System zur Chromatographiedateninterpretation

3.1   Motivation

Die im vorangegangenen Abschnitt dargestellten Defizite heutiger Verfahren der computergestützten Meßdateninterpretation legen es nahe, wissensbasierte Techniken zur teilweisen Automatisierung der Analysedateninterpretation einzusetzen. Ziel ist, damit An-fangsverdachte auf Substanzen zu erzeugen oder durch numerische Algorithmen erzeugte Meßergebnisse auf ihre Richtigkeit zu überprüfen. Hinzu kommt, daß zur Absicherung der Ergebnisse häufig für dieselben Substanzklassen mehrere Messungen durchgeführt werden, deren Ergebnisse kombiniert werden müssen.

Neben Hinweisen, daß bestimmte Substanzen in einer Probe vorhanden sind, gibt es auch Tatsachen, die das Vorkommen einer Substanz in einer Probe unwahrscheinlich erscheinen lassen. Da nur bestimmte Substanzklassen mit einer analytischen Methode nachweisbar sind, können mit Wissen über deren Wirkungsweise andere Substanzklassen wiederum als nicht meßbar ausgeschlossen werden. Wenn ein Analytiker eine maschinell erzeugte Iden-tifizierung betrachtet und beurteilt, verwendet er dieses Wissen. Insgesamt ergibt sich ein Prozeß der *Verdachtsgenerierung* und des *Verdachtsausschlusses*, wobei die zu kombinierenden Evidenzen oft mit Unsicherheiten behaftet sind. Ein Schwerpunkt in unse-rem Projekt WANDA war es, das hierfür benötigte Wissen formal darzustellen und operationalisierbar zu machen. Ein mit KEE* realisierter Prototyp hat die Machbarkeit dieses Vorhabens gezeigt [Sch90].

3.2   Wissensrepräsentation

3.2.1   Objektorientierte Modellierung des chemisch-analytischen Wissens

Das chemisch-analytische Wissen ist umfangreich und komplex. Um Begriffe und Operationen der Domäne wirkungsvoll handhaben zu können, haben wir das objekorientierte Paradigma zur Repräsentation des Wissens eingesetzt. Damit war es möglich, die komplexen Begriffe durch zusammengesetzte Objekte zu repräsentieren und die einzelnen Objekte für sich übersichtlich zu gestalten. Weiter können Begriffe durch Bildung von Klassenhierarchien spezialisiert oder verallgemeinert werden. Im folgenden werden die formalen Repräsentationsprinzipien anhand von Beispielen für das chemisch-analytische Wissen vorgestellt.

Ein komplexer Begriff wie z.B. "Analyse" läßt sich als zusammengesetztes Objekt repräsentieren, wobei hier mit einer Art Zeigerstruktur gearbeitet wird. Die Struktur eines Analyse-Objekts ist in Abb. 3.1 dargestellt.

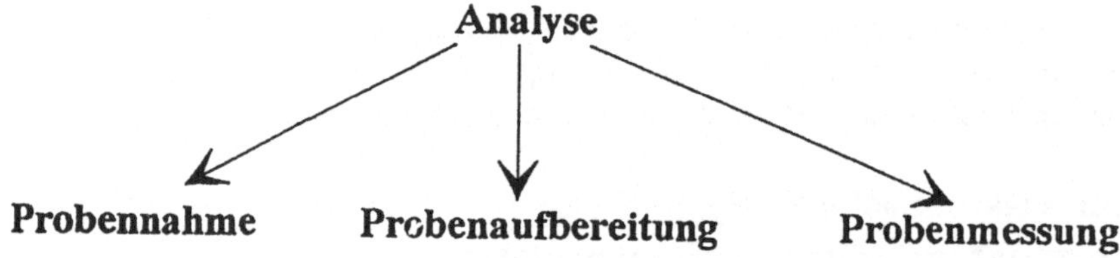

Abb. 3.1 Zusammengesetztes Objekt "Analyse"

Objekte, die Bestandteil eines zusammengesetzten Objekts sind, können selbst natürlich auch wieder zusammengesetzte Objekte sein. So kann die "Probenmessung" wiederum u.a. eine Meßmethode und eine gemessene Probe enthalten. Auf diese Weise konnte ein Top-Down-Design der Struktur durchgeführt werden (s. Abb. 3.2).

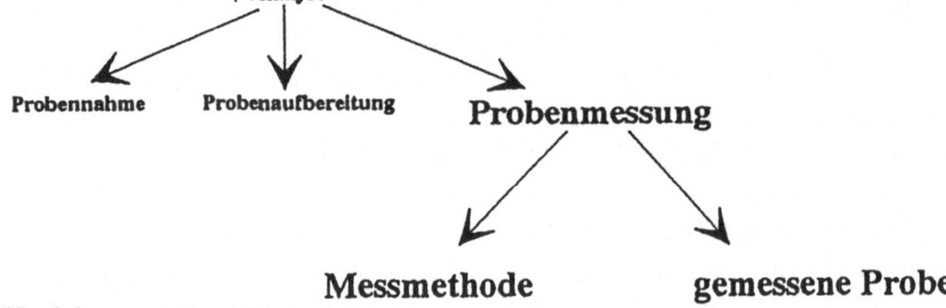

Abb. 3.2 Verfeinerung der Objektdarstellung von "Analyse"

---

* KEE™ (Knowledge Engineering Environment) ist eine Expertensystem-Entwicklungsumgebung von IntelliCorp

Objekte werden durch Attribute beschrieben, die verschiedene Werte annehmen können. Im einfachen Fall sind dies Zahlen oder feststehende Begriffe (z.3. fest, flüssig); wenn das Attribut komplex strukturiert ist, sind die Attributwerte Verweise auf andere Objekte. Im letzeren Fall handelt es sich also um ein zusammengesetztes Objekt (s.o). Damit lassen sich in gleicher Art und Weise einfache und zusammengesetzte Objekte beschreiben. Attribute können aber auch Methoden (Operationen) sein, deren Werte Funktionen sind. Ein Weg, diese Methoden zu aktivieren, ist das Objekt zu "benachrichtigen", die hinter der Methode stehende Operation auszuführen. Als Beispiel zeigt das vereinfachte Objekt "Analyse" , wie die Attribute aussehen können:

```
ANALYSE
  - Proben-Nr: <Zahl>
  - Bearbeiter: <Name>
  - Probennahme: -->PROBENNAHME  (Referenz auf anderes Objekt)
  - Aufbereitung: -->PROBENAUFBEREITUNG
  - Messung: -->PROBENMESSUNG
  - pH-Wert-bestimmen: <Funktion>
  - ...
```

Ferner wurde vom objektorientierten Paradigma die Klassenbildung und das Vererbungsprinzip benutzt. Klassen sind abstrakte Beschreibungen von Objekten und sehen formal genauso wie diese aus. Objekte können einer oder mehreren Klassen zugeordnet werden und erben dadurch deren Attribute und Attributwerte. Die allgemeinen Eigenschaften der zu einer Klasse gehörenden Objekte müssen dadurch nur an einer Stelle, nämlich in dieser Klasse, beschrieben zu werden. Im Objekt selbst können zu den geerbten Attributen eigene hinzugefügt oder auch geerbte Attribute bzw. Attributwerte überschrieben werden.

Außer der Klassen-Objekt-Beziehung gibt es noch eine gleichgeartete Ober- und Unterklassen-Beziehung. D.h. eine Klasse kann Unterklassen besitzen, die die Attribute dieser Klasse erbt. Dadurch ist man in der Lage, komplexe Begriffe nicht nur durch Zusammensetzen von einfacheren Begriffen zu beschreiben, sondern man kann nun auch Begriffe spezialisieren oder verallgemeinern. Objekte können zu einer oder mehreren Klassen gehören, man spricht auch von der Instanz einer Klasse. Die Erzeugung eines Objekts aus einer Klasse wird dementsprechend als Instantiierung bezeichnet. Ein Beispiel für den Einsatz von Klassen sind Beschreibungen von Detektoren.

Detektoren sind Bestandteile von Chromatographen, mit den die einzelne Substanzen erfaßt werden. Detektoren können allgemein als Klasse beschrieben werden:

```
Klasse DETEKTOREN
  - Selektivität: unbekannt
  - ...
```

Nun gibt es unterschiedliche Arten von Detektoren, die außer der Eigenschaft einer Selektivität für bestimmte Atome je nach Typ noch zusätzliche Eigenschaften besitzen. Detektoren für die Gaschromatographie (GC) haben z.B. außerdem noch eine Betriebstemperatur und ein Make-Up-Gas.

> Klasse GC-DETEKTOREN
>   von Oberklasse DETEKTOREN
>   - Selektivität: unbekannt
>   - Temperatur: unbekannt
>   - Make-Up-Gas: H_2
>
>   - ...

Das Attribut "Selektivität" ist von der Oberklasse geerbt, während die Attribute "Temperatur" und "Make-Up-Gas" hinzugekommen sind. Umgangssprachlich ausgedrückt heißt das, daß GC-Detektoren spezielle Detektoren sind. Wenn nun ein bestimmter GC-Detektor, d.h. ein Exemplar, beschrieben werden soll, wird das durch eine Instantiierung der Klasse GC-DETEKTOREN erreicht. Ein Beispiel wäre der ECD (Electron Capture Detector):

> ECD
>   von Klasse GC-DETEKTOREN
>   - Selektivität: Cl, Br, NO_2
>   - Temperatur: unbekannt
>   - Make-Up-Gas: He_2

Die Attribute des ECD haben sich durch die Klassenhierarchie heruntervererbt, wobei beim ECD nur noch Attributwerte eingetragen bzw. überschrieben worden sind. Hierbei wird deutlich, wie unter Verwendung bestehender Beschreibungen in Klassen neue Objekte leicht definiert werden können. Damit werden die Konzepte wiederwendbar und sie sind auch systemunabhängig, da der Entwurf auf dieser Ebene ohne besondere Hilfsmittel auskommt. Die für die Wissensakquisition und -repräsentation benutzte Notation konnte den Fachexperten in kurzer Zeit vermittelt und nach einiger Einarbeitungszeit von ihnen sogar selbständig verwendet werden. Das einzige technische Hilfsmittel war ein Editor für die Dokumentation. Für die Implementation ist natürlich eine Umgebung notwendig, die die

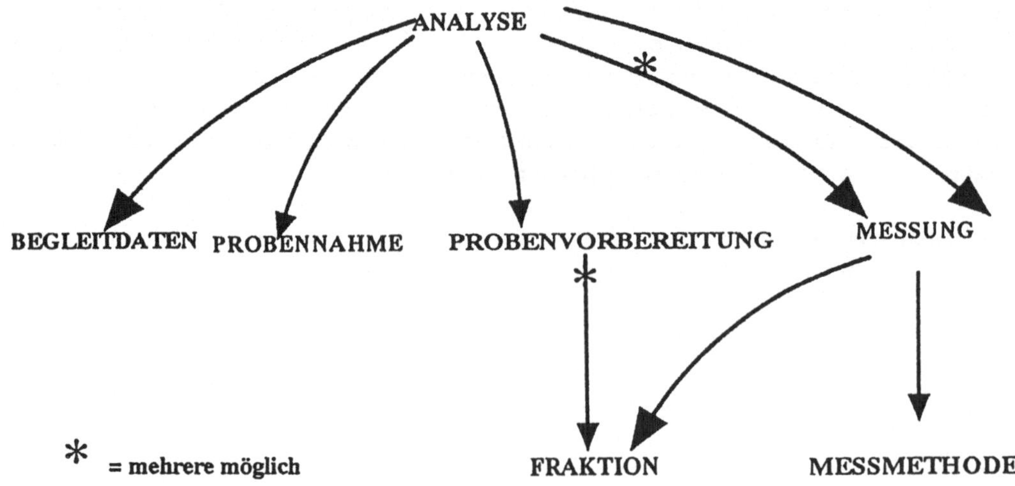

Abb. 3.3 Ausschnitt aus dem analytischen Basismodell

oben ausgeführten Konzepte der objektorientierten Programmierung unterstützt. Ein Ausschnitt aus der Repräsentation des analytischen Wissens ist in der Abb. 3.3 zu sehen.

Mit den beschriebenen Mitteln konnte der für WANDA relevante Bereich der organischen analytischen Chemie allgemein beschrieben werden. Die so entstandene Wissensbank nennen wir deswegen auch *analytisches Basismodell*. Durch Bildung von Unterklassen einiger Klassen des analytischen Basismodells und Instantiierung lassen sich bestimmte analytische Methoden beschreiben. Da die analytischen Methoden anwendungsspezifisch und laborabhängig sind, sind diese abgetrennt vom analytischen Basismodell als analytische Methodenbank angelegt. In so einer Methodenbank sind einzelne Schritte von Analysemethoden beschrieben, die der Anwender zu kompletten Analysenbeschreibungen zusammenstellen kann. Zu diesen Analysenbeschreibungen werden auch die Daten aus den chromatographischen Messungen gespeichert. Die kompletten Analysenbeschreibungen entsprechen den aktuellen Abläufen im Labor und werden wiederum auf Basis der Methodenbank beschrieben und als Probenwissensbank gespeichert. Das ganze System ist also in Schichten aufgebaut, wie die nachstehende Graphik verdeutlicht.

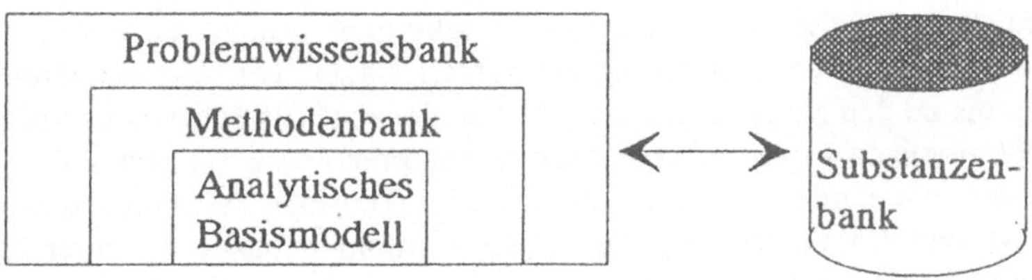

Abb. 3.4 Schichtenmodell der Wissensbanken in WANDA

Ergänzend zur analytischen Wissensbank befindet sich eine Substanzenbank im System. Der Aufbau erfolgte ebenfalls nach dem objektorientierten Paradigma, wobei von der multiplen Vererbung Gebrauch gemacht wird. Zusammengesetzte Objekte gibt es hier nicht. Die Klassifizierung der Substanzen im System entspricht der in der Chemie gebräuchlichen. Die Substanzenbank kann vom Fachexperten (Chemiker) selbst mittels einer Expertenschnittstelle gepflegt werden (s.u.). Um nun die Operationen in dem Modell verstehen zu können, sind einige Erläuterungen zur Verarbeitung unsicheren Wissens notwendig.

3.2.2   Verarbeitung unsicheren Wissens

Das Kernstück der Meßdateninterpretation ist die Zuordnung von Substanzen zu Peaks im Chromatogramm. Bei dieser Aufgabe sind zwei Teilaufgaben zu unterscheiden. Zum einen geht es darum, die Menge der in Frage kommenden Substanzen insgesamt einzuschränken, also den Suchraum für Substanzenzuordnungen zu minimieren. Zum anderen ist für jeden einzelnen Peak eine möglichst eindeutige Zuordnung zu finden. Die Beschränkung des

Suchraums resultiert vor allem aus Maßnahmen, die bei der Probennahme, der Probenvorbereitung und bei der Auswahl des analytischen Instrumentariums getroffen wurden. Diese Maßnahmen führen alle zu selektiven Effekten auf der Menge der prinzipiell analysierbaren Substanzen, kurz mögliche Substanzen genannt.

Die Zuordnung von Substanzen zu einzelnen Peaks geschieht zunächst aufgrund eines Vergleichs von Meß- mit Referenzdaten (s. Abschnitt 3.2.5). Dieser Vergleich ergibt i.a. keine eindeutige Zuordnung: Eine Substanz wird für mehrere benachbarte Peaks vorgeschlagen; zu einem Peak werden mehrere Substanzen vorgeschlagen. In WANDA beschränken wir uns auf das erste Problem.

Sowohl bei der Bestimmung der Menge in Frage kommender Substanzen als auch beim Zuordnen von Substanzen zu Peaks spielt unsicheres Wissen eine wichtige Rolle. Einerseits sind die selektiven Effekte der Analysenmethode nicht scharf. Die Wahl eines bestimmten Detektors schließt manche Substanzen von der Detektion sicher, manche aber nur in einer gewissen Anzahl von Fällen aus. Andererseits führt der Referenzvergleich bei einzelnen Peaks zu Substanzidentifizierungsvorschlägen, die abhängig von der "match quality" numerisch bewertet werden. Darum wurde in WANDA die Verarbeitung unsicheren Wissens integriert.

Ausgangspunkt der gewählten Methodik zur Verarbeitung unsicheren Wissens in WANDA bildet die Überlegung, daß alle messungsrelevanten Daten, von den Begleitdaten über die Methodendaten bis zu den Meßdaten selbst, als "Evidenzen" für Substanzen aufgefaßt werden können. Diese Evidenzen legen entweder das Vorkommen einer Substanz in einer Messung mehr oder weniger nahe, oder sie schließen dieses Vorkommen mehr oder weniger stark aus. Entscheidend ist, daß das Fehlen von Ausschlußinformation bezüglich einer Substanz nicht mit dem Vorhandensein von Nachweisinformation identisch ist. Die Situation ist ähnlich wie bei Zeugenaussagen in einem Kriminalfall: Fehlt jemandem ein Alibi, ist er noch nicht durch Indizien der Tat überführt (zu entsprechenden Modellen unsicheren Wissens vgl. [Spi 91]). Aus diesen Überlegungen folgt, daß Evidenzen auf zwei unterschiedlichen Verdachten operieren:

- dem *möglichen* Verdacht, der die Wahrscheinlichkeit bewertet, daß die Substanz in der Messung vorkommen sein kann oder nicht;

- dem *positiven* Verdacht, der die Wahrscheinlichkeit bewertet, daß die Substanz in der Probe nachgewiesen ist oder nicht.

Diese Beschreibung von Verdachten legt eine bestimmte Methodik zur Verarbeitung unsicheren Wissens nahe, nämlich die Dempster/Shafer Theorie (s. [Dem67], [Sha76], [Sha87], [Koh90], [Spi91]). In dieser Theorie arbeitet man mit Wahrscheinlichkeitsintervallen für Aussagen, so daß die beiden Klassen von Evidenzen (positiver und möglicher Verdacht) als Intervallgrenzen auftreten und somit unterschieden werden können (s. Abb.3.5).

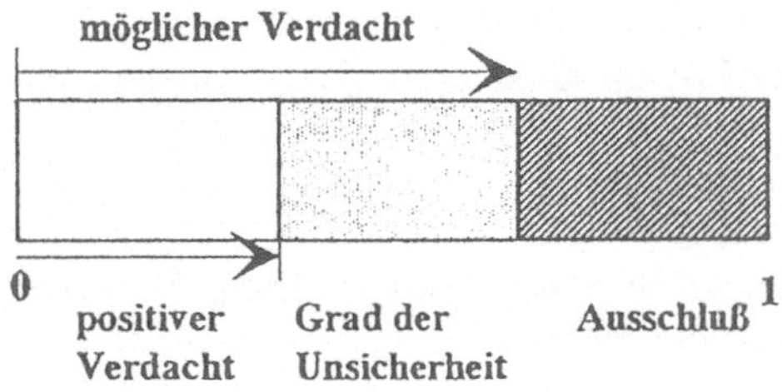

Abb. 3.5 Darstellung eines Verdachtsintervalls

Die Dempster/Shafer-Theorie bietet eine Regel zur Kombination von Evidenzen aus verschiedenen unabhängigen Quellen an, die gerade das beschreibt, was ein Chemiker tun sollte, wenn er die Meßdaten seiner Chromatogramme im Licht der Analysenmethoden und anderer selektiver Schritte interpretiert. Die Dempstersche Regel ist dabei lediglich eine Verallgemeinerung der Bayesschen Regel (s. [Koh90]), die in zahlreichen Diagnosesystemen Einsatz findet.

Da sich Evidenzen immer auf einzelne Substanzen beziehen (oder ihr Bezug so dargestellt werden kann), benutzen wir Dempster's Regel nur für Verdachte auf einzelne Substanzen. Wir erhalten dann für jede Substanz Verdachtsintervalle, die einem Abstimmungsbild mit den Stimmkategorien "Für-Unentschieden-Gegen" vergleichbar sind. Solche Abstimmungsbilder wurden von Baldwin [Bal86] und Spies [Spi89] bereits genutzt und machen die Verdachtsinterpretation anschaulich und verständlich (s. Abb. 3.6).

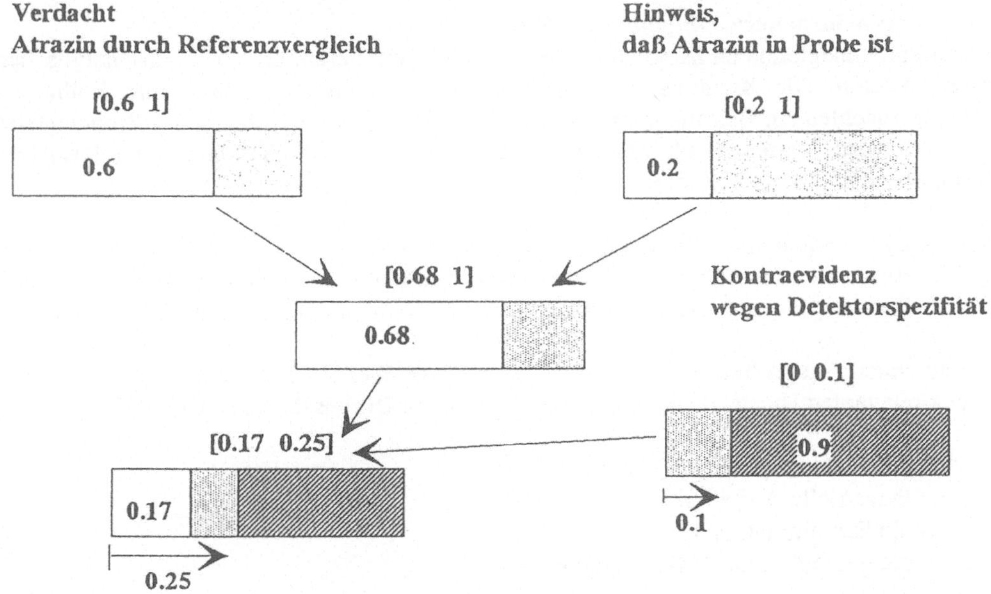

Abb. 3.6 Kombination von Verdachtsintervallen

Ein weiterer Vorteil von Verdachten, die sich auf Aussagen über das Vorkommen einzelner Substanzen beziehen, ist, daß sie analog zu unsicheren Bewertungen von Regeln eines regelbasierten Systems gesehen werden können. Dies wurde bereits in der Support Logic von Baldwin [Bal86] ausgenutzt. Im Prinzip können wir jeden Substanzverdacht als Regel ausdrücken:

WENN Analysenmethode A
DANN besteht Verdacht auf Substanz x mit positivem Verdacht $p(x)$ und
         möglichem Verdacht $m(x)$

Wir notieren dann für die Substanz x das Verdachtsintervall

$$[p(x), m(x)],$$

wobei immer $p(x) \leq m(x)$ gilt. Sowohl $p(x)$ als auch $m(x)$ liegen zwischen 0 und 1. Von der Möglichkeit, mit solchen Regeln Verdachte zu generieren, wird in WANDA für die Herleitung von Substanzverdachten aus Begleitdaten und Analysenmethodendaten Gebrauch gemacht (s.u.). Dabei operieren Begleit- und Meßdaten auf dem positiven Verdacht, Analysenmethodendaten auf dem möglichen Verdacht. Bei der Abarbeitung von Regeln der beschriebenen Art ist zu kontrollieren, daß keine Mehrfachableitung derselben Substanzen etwa durch vorwärtsverkettende Schlüsse zu einer Evidenzaussage stattfindet. Damit würde die Voraussetzung unabhängiger Substanzverdachte verletzt, die wir brauchen, um die Verdachte mit Dempster's Regel kombinieren zu können. Bevor die Kombination und Verwaltung von Verdachten besprochen wird, sollen erst einmal die verschiedenen Wissensquellen genauer betrachtet werden.

3.2.3 Verdachtsgenerierung aus Begleitdaten

Aus den Probenbegleitdaten lassen sich Vorverdachte generieren, die auf nicht-analytischem Wissen basieren. Die Kenntnis der Gegebenheiten am Probenort läßt eine Reihe von Substanzverdachten zur Belastung von Wässern zu, z.B. wenn die Nutzung des Probengebiets betrachtet wird. Die Verdachtsgenerierung aus Probenbegleitdaten berücksichtigt insbesondere die Wissensbereiche

- Gegebenheiten am Probenort,
- Einsatzempfehlungen von Pflanzenschutzmitteln im landwirtschaftlichen Anbau,
- Handelsprodukte zum Pflanzenschutz und ihre Wirkstoffzusammensetzungen.

In einem ersten Ansatz besitzt der Prototyp Kenntnisse über ein Probengebiet. Diese für die Analytik relevanten Umstände an einem geographischen Ort beschränken sich auf

- die landwirtschaftliche Nutzung
- industrielle Ansiedelungen
- die Bewohnung und
- die geologischen Gegebenheiten.

Bei einem weiteren Ausbau dieser Wissensquelle wäre der Einsatz eines Geographischen Informationssystems (GIS) sinnvoll. Die Einsatzempfehlungen von Pflanzenschutzmitteln sind in zugriffsoptimierter Weise in tabellenähnlicher Form gegeben und wurden dem

Pflanzenschutzmittelverzeichnis, herausgegeben von der Biologischen Bundesanstalt für Land- und Forstwirtschaft, entnommen [Bio89].

Bei der Anwendung des Prototypen wird jeder neuen Probe ein Probenbegleitschein zugeordnet, in dem alle relevanten Fakten wie Probenort, die Probenart (z.B. Grundwasser) oder das Datum der Probennahme verwaltet werden. Die Beziehung zwischen aktuellem Probenort, den bekannten Umständen an diesem Probenort und den Einsatzempfehlungen von Pflanzenschutzmitteln im landwirtschaftlichen. Anbau definiert eine *vorwärtsverkettende Regel*, die bei gegebenem geographischem Ort einer Probe für alle Anbauarten die verdächtigen Wirkstoffe ableitet.

Beispiel:

> **WENN** die landwirtschaftliche Nutzung am Probenort der aktuellen Probe der Anbau einer ?Frucht ist
>
> **DANN** besteht Verdacht auf alle empfohlenen Wirkstoffe zum Schutz dieser ?Frucht.

Die Regel ist in der Wissensbank so allgemeingültig formuliert, daß sie für beliebige Probenorte und Anbaufrüchte arbeitet. Das vorangestellte "?" in ?Frucht kennzeichnet in dieser Regel eine Variable, die in der Prämisse gesetzt (instantiiert) und deren Wert in der Konsequenz benutzt wird. An dieser Stelle ist die Regel natürlichsprachlich notiert und wird im System ähnlich, aber mit fester Syntax formuliert.

Über diesen direkten Verdacht hinaus lassen sich zusätzliche, bedingte *Folgeverdachte*, z.B. aus den Wirkstoffzusammensetzungen in Handelsprodukten, ableiten.

Beispiel:

> **WENN** eine bereits verdächtige Substanz in einer Wirkstoffkombination eines Handelsprodukts vorkommt
>
> **DANN** sind auch alle übrigen Wirkstoffe dieses Handelsprodukts verdächtig.

Bei den durch Begleitdaten generierten Verdachten handelt es sich um Evidenzen *für* das Vorkommen einer Substanz. Auch wenn zu diesem Zeitpunkt noch keine analytischen Daten vorliegen, sind dies Hinweise auf das Vorkommen von Substanzen und erzeugen deswegen einen (schwachen) positiven Verdacht.

3.2.4 Verdachtsgenerierung aus Meßdaten

Die erste Substanzidentifikation wird auch im WANDA-System durch einen "Match" von gemessenen Retentionszeiten mit Referenzen realisiert. Wie schon erwähnt, ist dieser Match mit Unsicherheiten behaftet und oft mehrdeutig, d.h. es gibt mehrere Kandidaten für einen Peak. Konventionelle Chromatographiedaten-Systeme begnügen sich meist damit, nach irgendeinem Algorithmus (z.B. kleinster Retentionszeitabstand zur Referenz) aus der Kandidatenmenge einen auszusuchen. Im WANDA-System wird eine "peakspezifische Verdachtsliste" angelegt, die zu jedem Peak eine Kandidatenliste anlegt. Im Gegensatz zu den konventionellen Systemen ist die Match-Qualität aber nur ein Identifizierungskriterium von vielen.

Die Kandidatenliste wird aus den Substanzen generiert, deren Referenz-Retentionszeit in einem definierten Fenster der gemessenen Retentionszeit liegt. Die Fenstergröße ist substanzabhängig eingestellt, da das Retentionsverhalten nicht für alle Substanzen und Analysenmethoden gleich ist. Die Match-Qualität wird aus der Nähe eines Peaks zu einer Referenz bestimmt und nimmt mit steigendem Abstand exponentiell ab. Aus der Match-Qualität wird schließlich durch Multiplikation mit einem Bewertungsfaktor ein positiver Verdacht berechnet. Jeder Substanzkandidat erhält diesen positiven Verdacht p in Form eines Unsicherheitsintervalls [p 1] (s.a. Kap. 3.2.2).

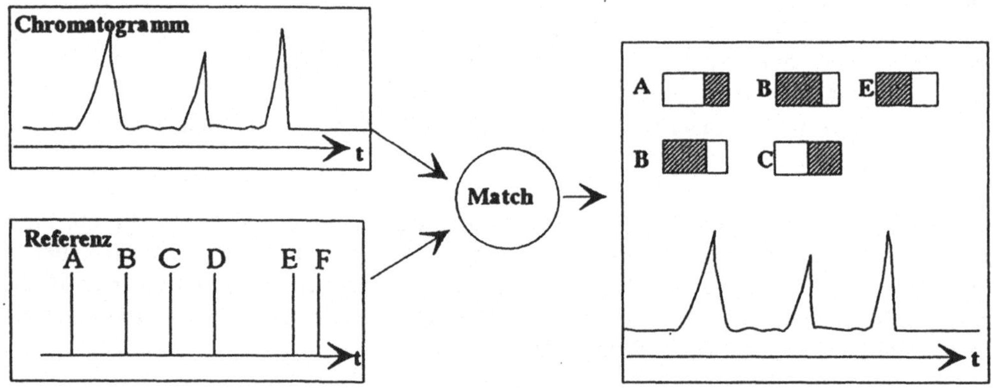

Abb. 3.7 Verdachtsgenerierung aus dem Vergleich von Meß- mit Referenzdaten

3.2.5 Verdachtsgenerierung aus Analysemethodedaten

Der Chemiker muß vor einer Analyse wissen, welche Substanzen er analysieren möchte, da es keine Universalanalysenmethode gibt. Demzufolge können mit der gewählten Methode nur bestimmte Substanzen überhaupt nachgewiesen werden. Dieser Aspekt wird beim Vergleich von Chromatogrammen mit Referenzen nur indirekt berücksichtigt, nämlich indem sehr spezifische Referenzchromatogramme benutzt werden, die nur genau für die eingesetzte Methode gelten. Trotzdem muß der Chemiker bei jeder Identifizierung überlegen, ob das Vergleichsergebnis methodenbedingt überhaupt *möglich*, also *plausibel* ist. Im WANDA-System wird die Plausibilisierung durch die Generierung von *möglichen Verdachten* (s. a. Kap. 3.2.2) unterstützt.

Die meisten Analysenschritte können die verschiedenen Substanzen nur zu einem Teil erfassen oder ausschließen. Mit der Generierung von möglichen Verdachten können graduelle Effekte von Analysenmethoden bei der Interpretation berücksichtigt und so das Verhalten einzelner Analysenschritte modelliert werden. Mit Regeln werden in den Prämissen die Details der verwendeten Analysenmethode abgefragt und in den Konsequenzen die Substanzen, die dadurch nur bedingt analysierbar sind mit einem eingeschränkten möglichen Verdacht versehen. Eine Regel kann z.B. lauten:

WENN die Gaschromatographie eingesetzt worden ist
DANN versehe alle Substanzen, die thermolabil sind mit dem möglichen
Verdacht 0.01

Da die Gaschromatographie mit hohen Temperaturen arbeitet, werden alle thermolabilen Substanzen zerstört und sind mit dieser Methode nicht nachweisbar. In diesem Beispiel ist die Restwahrscheinlichkeit, daß Teile der Substanz im Chromatogramm möglich sein können mit 1% angegeben. Wenn das Verdachtsintervall auf [0 0] gesetzt wird, bedeutet das den sicheren Ausschluß einer Substanz. In dem Vergleich zur Kriminalistik (s. Kap. 3.2.2) entspräche das einem hieb- und stichfestem Alibi, wodurch alle Indizien gegenstandslos werden. Das heißt aber auch, daß mit Berücksichtigung der Analysenmethode nur die (graduelle) Abwesenheit von Substanzen im Chromatogramm (nicht in der Probe!) prognostiziert werden kann. Substanzen, die mit der Methode 100%ig nachweisbar sind erhalten demnach das Verdachtsintervall [0 1] zugewiesen. Regeln mit dieser Konsequenz haben keinen Sinn, da ein solches Verdachtsintervall im Ergebnis nichts ändert: es gibt keinen Nachweis für die Substanz (positiver Verdacht = 0) und sie ist uneingeschränkt nachweisbar (möglicher Verdacht = 1). Demzufolge gibt es solche Regeln auch nicht in unserem System.

3.3 Plausibilisierung durch Kombination von Verdachten/Evidenzen aus verschiedenen Wissensquellen

Ziel der Kombination von Evidenzen ist es, Substanzverdachte aus den unterschiedlichen Quellen von Begleitdaten bis zu den Meßdaten zusammenzufügen und so für jede verdächtige Substanz zu einer plausiblen Gesamtbewertung zu kommen. Damit geht WANDA ein gutes Stück über die Möglichkeiten bisheriger Software zur Unterstützung der Interpretation chromatographischer Meßdaten hinaus. Wir sprechen hier auch von *Plausibilisierung* der Substanzindentifizierung als einer wesentlichen Leistung unseres Systems. Um Plausibilisierung sinnvoll durchführen zu können, müssen wir Verdachtslisten bilden, die jeweils die Effekte einzelner Evidenzen festhalten. So gibt es in WANDA

- eine Begleitdatenverdachtsliste,
- eine Probennahmeverdachtsliste,
- eine Probenvorbereitungsverdachsliste und
- eine Analysenmethodenverdachtsliste.

Diese Listen sind das Ergebnis der Auswertung aller relevanten Substanzverdachtsregeln zu jeweiligen Evidenzen. Die Listen werden modular in Attribut-Slots bei den Objekten gespeichert, die in der Wissensbank die entsprechende Wissenskomponente enthalten. So steht z.B. die Analysenmethodenverdachtsliste im Slot desjenigen Objektes, das der gerade vom Benutzer ausgewählten Analysenmethode entspricht. Die einschlägigen Regeln (related rules) zu jeder Methode werden dabei in der adäquaten Ebene der Objekthierarchie gespeichert. Dadurch stehen allgemeine Regeln in der Klassenhierarchie oben und werden durch die Vererbung von allen zugehörigen Objekten benutzt. Andererseits können spezielle Regeln allein den entsprechenden Unterklassen zuordnet werden. Das sichert uns die Möglichkeit, bei Auswahl einer Methode wirklich nur die Regeln auszuführen, die Effekte dieser Methode auf Substanzverdacht beschreiben. Allderdings müssen alle Regeln des Systems voneinander unabhängig sein. Dann dürfen die Ergebnisse verschiedener Regeln, die gleiche Substanzen betreffen, nach Dempster's Regel kombiniert werden.

Eine besondere Rolle bei den Verdachtslisten spielen die von den Meßdaten durch Referenzvergleich erzeugten Listen. Wir sprechen hier für jedes Chromatogramm von einer peakspezifischen Verdachtsliste. Sie gibt zunächst für jeden Peak infrage kommende Identifizierungen aufgrund des Referenzvergleichs an. Diese Liste enthält für jeden Peak eine in Verdachtsintervallen ausgedrückte Bewertung der Matchqualität für einige Substanzen. Andererseits fassen wir die Ergebnisse unserer Listen zu selektiven Effekten der Analysenmethode sowie zu den Begleitdaten in eine globale Verdachtsliste zusammen (s. Abb. 3.8).

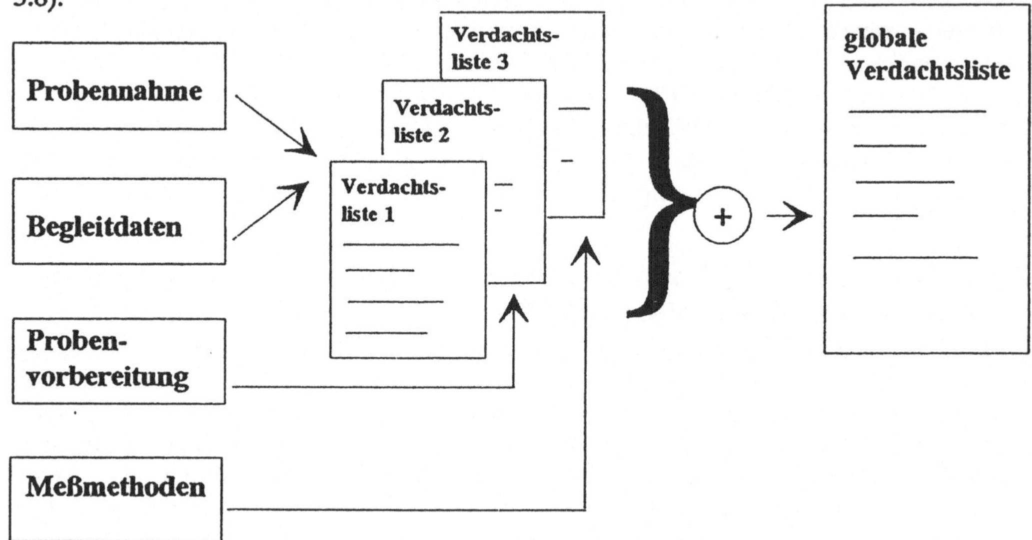

Abb. 3.8 Kombination von Verdachten aus verschiedenen Wissensquellen

Dann können wir den entscheidenden Plausibilisierungsschritt vornehmen, indem wir die hergeleiteten Globalverdachte mit den peakspezifischen Verdachten nach Dempster's Regel kombinieren.

Das Ergebnis ist die plausibilisierte peakspezifische Verdachtsliste. Sie gibt dem Benutzer knappe und konsolidierte Auskunft darüber, welche Substanzvorschläge für einen bestimmten Peak unter Berücksichtigung der übrigen Evidenzen plausibel sind. Dabei kann es je nach Qualität der Daten zu nahezu sicheren Identifizierungsvorschlägen für einzelne Peaks kommen. Es kann sich aber auch ergeben, daß ein Peak durch alle Referenzvorschläge schlecht beschrieben ist, so daß man es mit einer unvermuteten Substanz zu tun hat. Derartige Hinweise sind gerade für die Umweltanalytik besonders wertvoll.

3.4 Absicherung durch Mehrfachchromatographie

Oft reicht das Ergebnis einer Analyse zur Beurteilung der Probe nicht aus. Im Spurenbereich sind große Fehler nicht selten, vor allen Dingen, wenn man sich im Bereich der Nachweisgrenze bewegt. Ergebnisse werden dann durch Mehrfachmessungen mit unterschiedlichen Analysenmethoden abgesichert. Ein häufig verwendetes und deswegen auch in WANDA implementiertes Verfahren ist die Messung mit unterschiedlich selektiven Detektoren. Der Detektor mißt die beim chromatographischen Verfahren abgetrennten Substanzen, wenn diese Heteroatome enthalten, auf die der Detektor gemäß seiner bauartbedingten Selektivität reagiert. Die Stärke der Reaktion wird als Antwortverhalten oder Response bezeichnet und ist für jede Substanz eine charakteristische Kenngröße. Die Response drückt also das Verhältnis Peakhöhe/Substanzmenge aus, was bei der Identifizierung allein nicht hilft, da die Substanzmenge i.a. nicht bekannt ist, sondern erst bestimmt werden soll. Die substanzspezifische Response kann jedoch bei der Mehrfachchromatographie ausgenutzt werden.

Bei der Mehrfachchromatographie werden zwei gleichartige Messungen aber mit verschieden selektiven Detektoren durchgeführt. Man erhält zwei Chromatogramme, in denen sich eine Substanz folgendermaßen verhalten kann:

1. Die Substanz wird von beiden Detektoren gesehen, aber mit verschiedener
   Response (verschieden hohe Peaks an beiden Detektoren).

2. Die Substanz wird von einem der beiden Detektoren nicht gesehen (nur ein
   Peak in einem der Chromatogramme sichtbar).

3. Die Substanz wird von keinem Detektor gesehen (hypothetisch, da in
   beiden Chromatogrammen kein Peak sichtbar ist)

Im ersten Fall kann das Verhältnis beider Responses errechnet werden. Das System vergleicht nun die Responseverhältnisreferenzen der Substanzenvorschläge eines Peaks mit dem tatsächlichen Responseverhältnis. Je näher das tatsächliche Responseverhältnis an der Referenz eines Vorschlags liegt, desto größer wird der daraufhin generierte positive Verdacht für die Substanz. Im zweiten Fall wird geprüft, ob der Wegfall des Peaks in einem Chromatogramm dem erwarteten Verhalten eines Substanzvorschlags entspricht. Ist das der Fall, wird ein positiver Verdacht für diese Substanz generiert.

Jeder Substanzvorschlag von allen Peaks in der peakspezifischen Verdachtsliste wird auf diese Weise untersucht. Die gewonnenen Verdachtsintervalle werden, wie schon zuvor erläutert, mit den Substanzvorschlägen der Verdachtsliste mit dem Dempster/Shafer-Verfahren kombiniert. Die Substanzvorschläge für die einzelnen Peaks werden dem Benutzer nach positiven Verdachtswerten sortiert angezeigt, wodurch für jeden Peak meist eine haupt-verdächtige Substanz mit deutlichem Abstand ganz oben steht.

3.5 Wissenspflege durch den Anwender (Expertenschnittstelle)

Die z.Zt. existierende Expertenschnittstelle erlaubt es dem Chemiker, über eine graphische Benutzerschnittstelle Teile des chemisch/analytischen Wissens in einer ihm verständlichen Art und Weise zu pflegen und in die interne Wissensrepräsentationsform zu übersetzen. Folgende Wissensbereiche können mit ihrer Hilfe gewartet werden:

1. Chemische Substanzklassen und ihre allgemeingültigen Eigenschaften und
   Verhaltensweisen in analytischen Prozessen.

2. Chemische Substanzen als Mitglieder obiger Klassen
   (Substanzklassenzugehörigkeit) und ihre gegenüber den Klassen <u>besonderen</u>
   Eigenschaften und Verhaltensweisen.

3. Substanzverhalten in der jeweiligen analytischen Methode (z.B. Retentionszeit, Sensitivität o.ä. zum Aufbau von Referenztabellen).

Im Gegensatz zu den chemischen Substanzklassen und Substanzeigenschaften, die allgemein
gelten, sind die unter 3. genannten Substanzattribute nur für jeweils *eine* analytische Methode
gültig und daher vielmehr auch als Eigenschaften der Methode zu sehen. Aus diesem Grund
stellt sich die Bedienoberfläche der Expertenschnittstelle zweigeteilt dar (siehe Abb. 3.9). Sie
bietet dem Benutzer für jede zu editierende Substanz genau zwei Fenster an. Im ersten Fenster (linke Hälfte in Abb. 3.9) können Substanzen mit ihren Klassenzugehörigkeiten und
methodenunabhängigen Eigenschaften editiert werden (Substanzeneditor). Im zweiten
Fenster (rechte Hälfte in Abb. 3.9) werden jene Substanzeigenschaften, die nur in einer
analytischen Methode Gültigkeit besitzen, spezifiziert (Referenzeneditor). Genau wie
einzelne Substanzen können auch Substanzklassen kreiert, editiert und gelöscht werden. Jede
eingetragene Klasseneigenschaft vererbt sich auf alle Substanzen, die Mitglieder dieser
Klasse sind. Auf diese Weise läßt sich eine ganze Klasse neuer Substanzen sehr effizient
hinzufügen, da durch die spezifizierte Klassenzugehörigkeit alle in der Klasse bekannten
Attribute im Substanzeneditor für jede Mitgliedsubstanz bereits ausgefüllt sind.

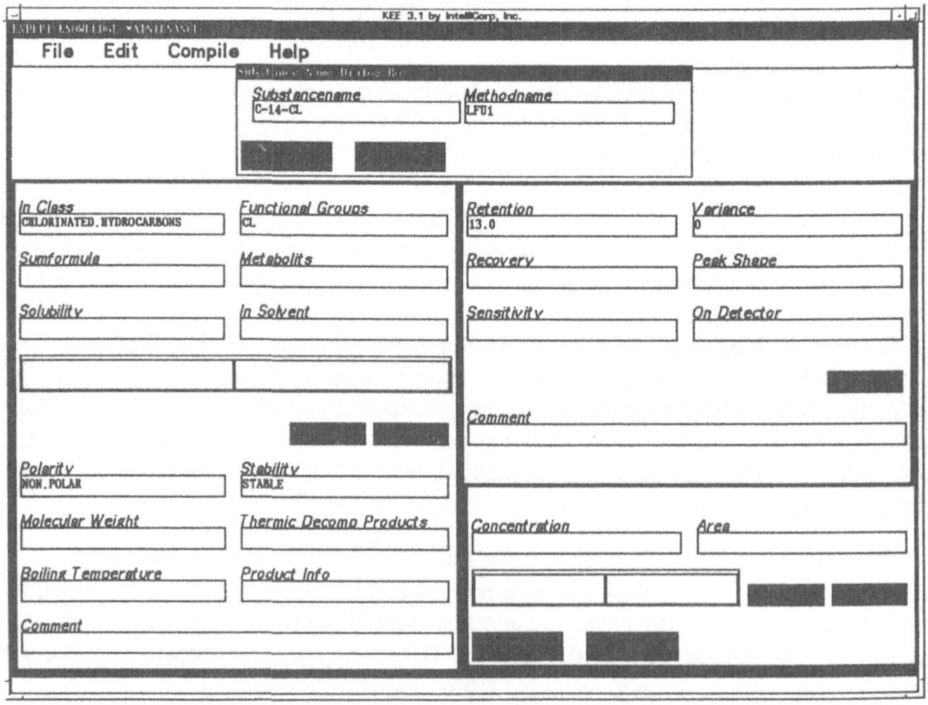

Abb. 3.9 Bedieneroberfläche der Expertenschnittstelle

Die Benutzeroberfläche unterstützt sowohl die substanzorientierte als auch die methodenorientierte Arbeitsweise. In substanzorientierter Arbeitsweise kann der Benutzer für *eine* bestimmte analytische *Methode* nacheinander beliebig viele Substanzen mit ihren allgemeinen und methodenabhängigen Attributen editieren. In methodenorientierter Arbeitsweise kann er nacheinander für *eine* bestimmte *Substanz* ihre methodenabhängigen Attribute für verschiedene analytische Methoden bekanntmachen. Die Methoden selbst sind jedoch von uns als Wissensingenieure nach Vorgaben von Chemikern implementiert worden und kann von diesen nicht selbständig modifiziert werden.

Kontrollfunktionen in der Benutzeroberfläche verhindern, daß denkbare Fehleingaben und daraus resultierende spätere Inkonsistenzen in der Wissenverarbeitung frühzeitig verhindert werden. Eine Inkonsistenz in der graduellen Bewertung von Substanzenverdachten läge z.B. dann vor, wenn in den Referenztabellen einzelne Substanzen mit ihrer Retentionszeit eingetragen sind, diese Substanzen aber nicht mit ihren allgemeinen Eigenschaften in der Wissensbank stehen. In diesem Fall würden keine einschränkenden möglichen Verdachte produziert werden können, da in der Wissensbank die zur Verdachtsgenerierung benötigten Substanzeigenschaften fehlen. Ein Verdacht aus Meßdaten kann dann nicht plausibilisiert werden, was zu zu hoch bewerteten Verdachten führt. Da so ein Fehler u.U. noch nicht einmal bemerkt werden würde, wird eine unvollständige Substanzeingabe von der Expertenschnittstelle verhindert.

Nach Aufruf des Expertendialogs, der Bekanntgabe eines Substanzennamens und des optionalen Methodennamens werden der Substanzeneditor und der Referenzeneditor aktiviert. Handelt es sich um eine in der Wissensbank bereits bekannte Substanz, so werden sämtliche Attribute aus ihr gelesen und in den Editoren dargestellt. Auf diese Weise ist es dem Chemiker auch möglich, Einblick in die interne Wissensstruktur zu gewinnen.

Folgende Attribute sind im Substanzeneditor änderbar:

Attribut	Beschreibung
In Class	Zugehörigkeit der Substanz in einer oder mehreren chemischen Substanzklassen
Functional Groups	Liste aller eindeutigen funktionellen Gruppen der Substanz
Sumformula	chemische Summenformel
Metabolits	Liste aller typischen Abbauprodukte (Metaboliten)
Solubility in Solvent	Liste von Wertetupeln bzgl. der Löslichkeit in einem Lösungsmittel
Polarity	kategoriale Einstufung der Polarität
Stability	thermische Stabilität
Thermic Decomp. Prod.	Aufzählung der typischen thermischen Zersetzungsprodukte
Molecular Weight	Molekulargewicht
Boiling Temperature	Siedepunkt
Product Info	Liste der Produktnamen, in denen die Substanz als Wirkstoff vorkommt
Comment	Kommentartext zur Substanz

Die obigen Substanzattribute werden sowohl für die Plausibilisierung als auch zur Generierung von bedingten Folgeverdachten verwendet.

Die nachstehenden Attribute sind im Referenzeneditor editierbar:

Attribut	Beschreibung
Retention	substanzspezifische Retentionszeit in der spezifizierten analytischen Methode
Variance	Streuung der Retentionszeit
Recovery	Wiederfindungsrate in %
Peak Shape	kategoriale Einstufung der Peak Form
Sensitivity on Detector	Wertetupel bzgl. des Responsefaktors an einem selektiven Detektor (der Detektor ist durch die gewählte analytische Methode implizit spezifiziert)
Comment	Kommentar zur Substanz in der Referenztabelle

Diese methodenabhängigen Substanzattribute werden für die Verdachtsgenerierung aus Meßdaten und für die Absicherung durch die Mehrfachchromatographie verwendet. Sollte das Wertetupel "Sensitivity on Detektor" nicht explizit vorliegen, kann der Wert aus den Kalibrierchromatogrammen ermittelt werden. Beim Kalibrieren werden mindestens zwei Chromatograme mit bekannten Substanzen aufgenommen. Die Substanzkonzentrationen sind in den Chromatogrammen aber verschieden. Jedes Kalibrierchromatogramm liefert einen Stützwert für die sich so ergebene Kalibrierkurve. Die Detektor-Antwort (Response) kann dann als Peakfläche über die Konzentration dargestellt werden. Der Chemiker kann die Stützpunkte für die einzelnen Substanzen dem System bekanntgeben:

Attribut	Beschreibung
Concentration, Area	Liste von Wertetupeln bzgl. Peakflächenantwort bezogen auf eine definierte Substanzkonzentration in einer Standardprobe

Hieraus wird mit Hilfe der linearen Regression automatisch eine Kalibriergerade bestimmt und eingetragen. Das Wertetupel "Sensitivity on Detektor" ist die Steigung dieser Geraden.

Nachdem eine Substanz vollständig editiert wurde, muß sie mit ihren Attributen in die interne Wissenrepräsentationsform übersetzt werden. Der Anwender kann die Übersetzung zu jeder Zeit interaktiv anfordern. Im ersten Teilschritt der Übersetzung werden

- die Syntax der Einträge
- ihre Semantik und
- kontextuelle Abhängigkeiten

geprüft und eventuelle Fehler dem Benutzer rückgemeldet. Im zweiten Teilschritt erfolgt der Eintrag in die Wissensbank. Nach fehlerfreier Übersetzung steht das neue Wissen intern zur Verfügung und wird in den nachfolgenden Anwendungsfällen berücksichtigt.

# 4.	Prototypische Implementierung

Der WANDA-Prototyp ist auf Unix-Rechnern von HP und IBM unter Verwendung der Expertensystementwicklungsumgebung KEE (Version 3.1) und der Programmiersprache Common Lisp implementiert worden. KEE bot uns einerseits eine gute Unterstützung die erarbeiteten Konzepte umzusetzen und frühzeitig Vorversionen des Prototypen von Anwendern testen zu lassen. Andererseits war aber der Einarbeitungsaufwand und der Ressourcenbedarf (CPU-Leistung, Plattenplatz, Hauptspeicher) beträchtlich. Auch wenn die mit KEE erstellten Prototypen nicht allen Erfordernissen der Praxis entsprachen, so konnten wir doch die Anwenderkritiken rechtzeitig einarbeiten und somit die Funktionalität praxisorientiert ausrichten. Eine wesentliche Rolle spielten dabei die Bedienfunktionen und Gestaltung der Benutzeroberfläche.

Der Benutzer findet eine leicht verständliche Oberfläche mit einer einheitlichen Bedienphilosophie vor, die sich an bekannte Standards (Microsoft Windows oder OSF/Motif) anlehnt, die auch im chemischen Labor zusehends mehr Verwendung finden. Die dem Analytiker vertrauten Abläufe sind so weit wie möglich auf das System abgebildet worden. Die Dateneingabe wurde möglichst einfach und effizient gestaltet, um einerseits die Bearbeitungszeit gering zu halten und andererseits fehlerhafte Eingaben zu minimieren. Der gesamte Benutzerdialog läßt sich durch Dateneingabe in Formulare und durch Auswahl von Aktionen aus Menüs bedienen. Eine graphische Oberfläche ermöglicht dem Chemiker zur Probe gehörende Chromatogramme am Bildschirm anzuzeigen und viele Bedienschritte mit der Maus zu tätigen. Die Bedienoberfläche weist ein einheitliches Paradigma auf, daß auf die speziellen Belange von WANDA abgestimmt ist und in einer heterogenen Hardwareumgebung (Unix-Workstations von HP und IBM) läuft. Ähnlich wie beim analytischen Modell (s.o) ist das hier ebenfalls durch ein Schichtenmodell erreicht worden [Str91]. Die Merkmale der Benutzeroberfläche lassen sich wie folgt zusammenfassen:

- generische Oberflächenelemente sind als Klassenbibliothek implementiert

- Anlehnung an bereits existierende Oberflächen wie Microsoft-Windows oder OSF/Motif für die Gestaltung der Menüs und der Mausbedienung

- Aufbau des Systems in modularen Schichten

- damit Implementation auf verschiedenen Hardwareplattformen möglich

- einheitliche Bedienung der Benutzerschnittstelle für alle Funktionen, z.B. Pull-Down- und Pop-Up-Menüs

- Berücksichtigung der speziellen Belange von WANDA bei der Gestaltung der Oberfläche

Eine Beschreibung der wichtigsten Elemente der Benutzeroberfläche gibt gleichzeitig einen Überblick der vorhandenen Systemfunktionen.

Die Bedienung von WANDA geht immer von einem Hauptbildschirm (Root Window) aus, auf dem der Bediener mittels einer Auswahlleiste, die verschiedenen Funktionen anwählen kann. Die ausgewählten Dialoge und Ausgabefenster werden dann in den Hauptbildschirm eingeblendet und nach Abschluß der Eingaben wieder geschlossen. Anschließend kann eine weitere Funktion angewählt werden.

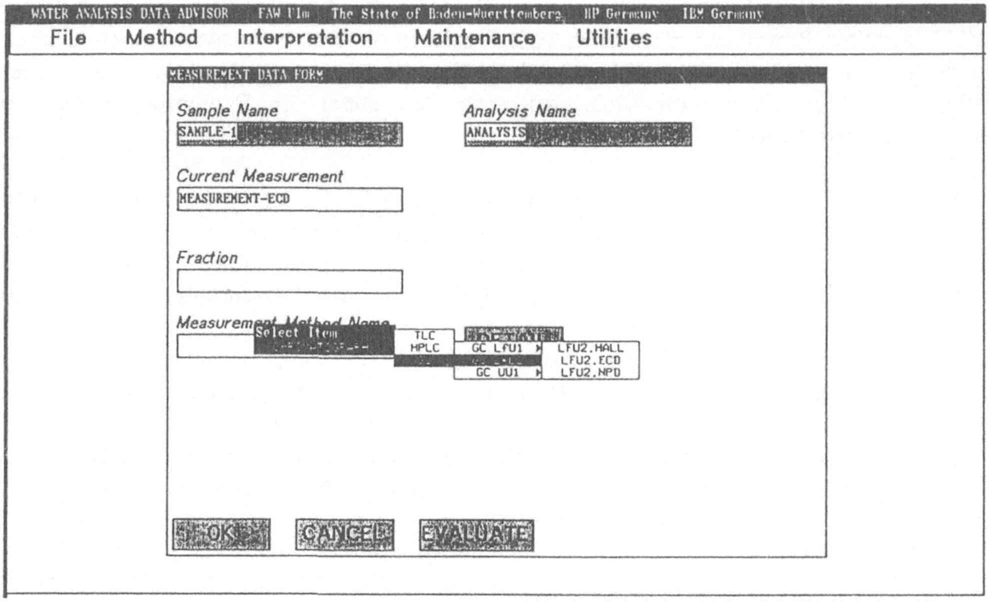

Abb. 4.1 Hauptbildschirm mit Meßmethodendialog

Die angebotenen Funktionen im Hauptbildschirm entsprechen weitestgehend dem Ablauf einer Analyse im Labor:

File:	Mit diesem Menü können Dateien zur Bearbeitung ausgewählt werden, die zur aktuellen Auswertung der Probe benötigt werden. Dies sind zum einen die gemessenen Chromatogrammdaten, zum anderen aber auch Analysemethodendaten. Diese Daten können dann vom Chemiker übernommen, verändert oder neu bestimmt werden. Damit kann die Menge über das **Methoden-Menü** (s.u.) einzugebenen Daten erheblich reduziert werden, zumal in der Routine nur noch die Chromatogramme eingelesen werden müssen.

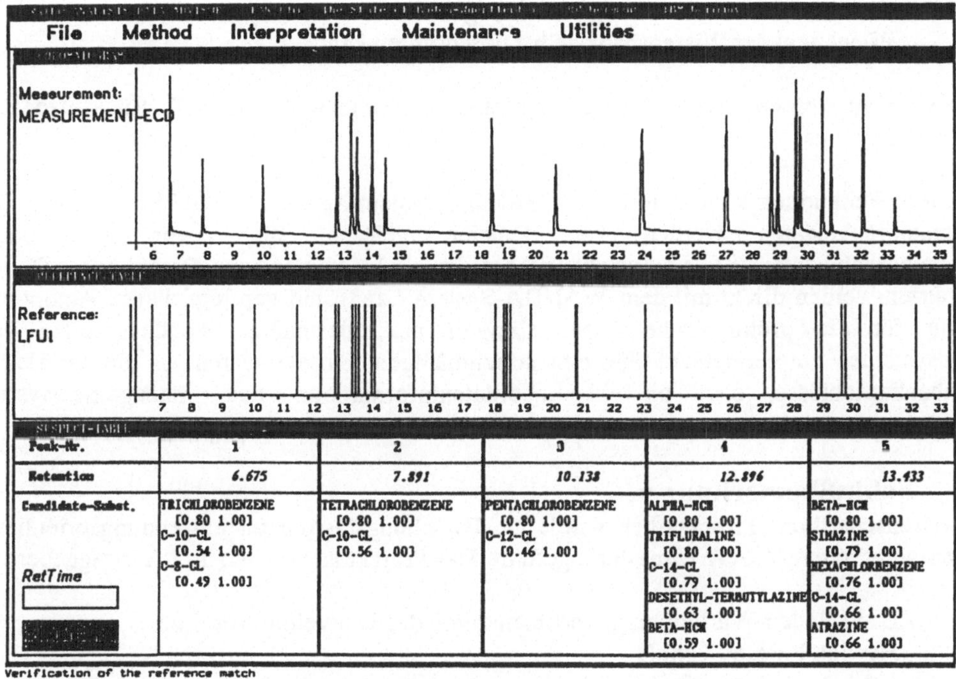

Abb. 4.2 Hauptbildschirm mit Interpretationssergebnis

Method: Hier werden Dialoge zum Beschreiben von Proebenbegleitdaten und Analysemethoden angeboten. Für die Analyse können die Schritte Probennahme, Aufbereitung und Meßmethode beschrieben werden, wobei die einzelnen Schritte jeweils aus der enthaltenen Methodenbank ausgewählt werden. Alle diese Angaben werden als aktuelle Daten in der Probenwissensbank gespeichert, die mit dem File-Menü gesichert oder wieder geladen werden kann. Die Auswirkung einzelner Methodenschritte auf Substanzen kann sich der Bediener ansehen, indem er die *Evaluate*-Funktion auslöst; es wird dann eine lokale Verdachtsliste angezeigt.

Interpretation: Hinter diesem Menüpunkt verbergen sich die Auswertungs-Funktionen des WANDA-Systems. Es können einfache Vergleiche von Chromatogrammen mit Referenzen angezeigt werden, Vergleichsergebnisse plausibilisiert werden sowie mehrere Chromatogramme, die mit unterschiedlichen Detektoren gemessen wurden, in Beziehung gesetzt werden. Die Plausibilisierung erfolgt durch Kombination der Peakverdachtsliste (s. Kap. 3.3) mit der globale Verdachtsliste, die wiederum aus dem Probenbegleitdaten und dem analytischen Wissen abgeleitet worden ist. Diese globale Verdachtsliste kann ebenfalls angezeigt werden.

Maintenance: Dieser Punkt umfaßt die Expertenschnittstelle. Es können der Wissensbank neue Substanzen zugefügt und entfernt werden, sowie deren Retentionsverhalten gegenüber den Chromatographiemethoden in der Wissensbank definiert werden. Die Benutzerführung wird durch detaillierte Eingabemasken erleichtert, so daß der

Chemiker ohne Mitwirkung eines Programmierers oder System-Experten Teile der Pflege von der Wissensbank selbst durchführen kann.

Utilities: Hier werden verschiedene Systemfunktionen angeboten, wie z.B. Rücksetzen des Systems.

Alle diese Funktionen können mit dem WANDA-System autonom ausgeführt werden. Die Chromatographiedaten werden von Dateien gelesen, die zuvor mit einem Chromatographiedatensystem aufgezeichnet worden sind. Alle anderen Daten, wie z.B. von Substanzen werden direkt mit dem WANDA-System erfaßt und gepflegt. Diese Autonomie ist nur für die prototypische Phase sinnvoll um übermäßige Abhängigkeiten von Fremdsystemen zu vermeiden. Für den serienmäßigen Einsatz wären an diesen Stellen Datenbankanschlüsse, etwa an ein Labordateninformations- und -managementsystem (LIMS), vorzusehen.

5. Schlußbemerkungen

Die wissenschaftliche Projektarbeit wurde am Forschungsinstitut für anwendungsorientierte Wissensverarbeitung (FAW Ulm) durchgeführt. Das Projekt ist von den drei Auftraggebern

- Land Baden-Württemberg, vertreten durch das Umweltministerium
- Hewlett Packard GmbH
- IBM Deutschland GmbH

finanziert worden. Das Projekt begann am 1. Januar 1989 und wurde am 30. September 1991 erfolgreich abgeschlossen. Der Prototyp ist in der letzten Projektphase an der Landesanstalt für Umweltschutz in Karlsruhe getestet worden. Im Laufe der Evaluierung wurde klar, daß das Konzept tragfähig ist, daß aber von Anwenderseite weitere Funktionen gewünscht werden. Das Land Baden-Württemberg und die Hewlett Packard GmbH haben sich deswegen entschlossen, ein Anschlußprojekt am FAW durchführen zu lassen.

Im Laufe des Projekts haben viele Personen zeitweise mitgearbeitet und wertvolle Beiträge geliefert, denen wir hiermit allen ausdrücklich danken möchten, auch wenn wir hier aus Platzgründen nur einige erwähnen können. Zunächst möchten wir Herrn A. Angelus von der Martin-Luther-Universität, Halle erwähnen, der während eines Forschungsaufenthalts am FAW u.a. Funktionen für die Mehrfachchromatographie entworfen und realisiert hat. Dann soll auch Herr R. Strehle genannt werden, der im Rahmen einer Diplomarbeit die generische Klassenbibliothek für die Benutzeroberfläche aufbaute.

Die chemiefachliche Unterstützung fanden wir insbesondere durch eine Kooperation mit der Abteilung "Analytische Chemie und Umweltchemie" der Universität Ulm. Dem Leiter dieser Abteilung, Prof. Dr. K. Ballschmiter, und seinen Mitarbeitern, insbesondere Dr. T. Class, möchten wir an dieser Stelle für die fachliche Beratung danken. Dank gebührt ebenfalls Dr. H. Lepper von der Landesanstalt für Umweltschutz (LfU), der unsere Prototypen evaluierte und uns durch viele Hinweise auf praktische Aspekte geholfen hat. Nicht zuletzt möchten wir besonders Frau Dr. S. Dmochewitz danken, die uns als Nichtchemikern die notwendigen Grundlagen vermittelte und vor allen Dingen bei der Wissensakquisition aktiv mitgewirkt hat. Es bleibt festzustellen, daß die starke Einbindung von Domänenexperten ein wichtiger Erfolgsfaktor war.

Literatur

[Bal86]   Baldwin, J.F.: Support Logic Programming; in: Jones, A. et al.: Fuzzy Sets Theory and Applications; D. Reidel Publishing Company, pp 133-170, 1986.

[Bio89]   Biologische Bundesanstalt für Land- und Forstwirtschaft: Pflanzenschutzmittel-Verzeichnis 1989; Teil 1 - 7, 37. Aufl., 1989

[Dem67]   Dempster, A. : Upper and Lower Probabilities Induced by a Multivalued Mapping; Ann. Math. Stat., 38, pp 325-339, 1967.

[Fre87]   Fresenius, W., Quentin, K.E., Schneider, W.: Water Analysis, A Practical Guide to Physicochemical, Chemical and Microbiological Water Examination and Quality Assurance; Springer-Verlag Berlin Heidelberg New York, 1987.

[Koh90]   Kohlhas, J.: Evidenztheorie: Ein Kalkuel mit Hinweisen; FAW Ulm, Technischer Bericht FAW-TR 90002.

[Mar88]   Marr, I. L., Cresser, M. S.: Umweltanalytik; Eine allgemeine Einführung; Georg Thieme Verlag, Stuttgart, 1988.

[Pag86]   Page, B.: Informatik im Umweltschutz; Anwendungen und Perspektiven; Oldenbourg Verlag, 1986.

[Sch90]   Scheuer, K., Spies, M., Verpoorten, U.: WANDA Projektbericht, FAW Ulm, FAW-B-90029, 1990.

[Sha76]   Shafer, G.: A Mathematical Theory of Evidence; Princeton, Princeton University Press, 1976.

[Sha87]   Shafer, G., Shenoy, P., Mellouli, K.: Propagating Belief Functions in Qualitative Markov Trees; Int. J. Approx. Reasoning, 1, pp 349-400, 1987.

[Spi89]   Spies, M.: Syllogistic Inference Under Uncertainty; Psychologie Verlagsunion, München, 1989.

[Spi91]   Spies, M.: Unsicheres Wissen; Verlag Spektrum der Wissenschaft, 1991.

[Str91]   Strehle, R.: Konzeption und Entwurf einer generischen Benutzeroberfläche für ein Expertensystem zur Unterstützung der chemischen Analytik; Diplomarbeit an der FH Ulm, 1991.

Ursprung umweltrelevanter Daten ist der analytische Prozess:
Analyse von Pestiziden in Wasser

Thomas J. Class

Abt. Analytische Chemie und Umweltchemie, Universität Ulm
D-7900 Ulm/Donau

Zusammenfassung

In dem Beitrag werden die Aufgaben und Zielsetzungen der Analytischen Chemie als Wissenschaftsdisziplin erläutert. In der Analytik dient der analytische Prozeß der Bearbeitung von Problemstellungen und der Beantwortung von Fragestellungen. Die Umweltanalytik beschäftigt sich mit dem stofflichen System Umwelt und wendet dabei die Methodik der organischen und anorganischen Spurenanalytik an. Die Fragestellung der Analyse von Pestiziden in Wasser wird unter Bezug auf das FAW-Projekt WANDA exemplarisch in das allgemeine Schema des analytischen Prozesses eingeordnet. Weiterhin wird auf die Möglichkeiten der Daten- und Wissensverarbeitung bei der Unterstützung der Analytischen Chemie bzw. der Umweltchemie eingegangen.

1 Gegenstand und Aufgabenbereiche der Analytik

Die Analytik als Wissenschaftsdisziplin dient der Gewinnung von Informationen über stoffliche Systeme. Diese stofflichen Systeme sind Untersuchungsobjekte der Analytik bei vorgegebener Problem- und Fragestellung. Informationen über stoffliche Systeme bestehen aus Art und Menge der Bestandteile, deren räumlicher Anordnung und Verteilung bzw. ihrer zeitlichen Veränderung. Für diese Aufgaben entwickelt und benützt die Analytik das dazu erforderliche Methodenarsenal.

1.1 Der analytische Prozeß

Der analytische Prozeß (Abbildung 1) ist methodischer Ansatz der Analytik zur Problemlösung. Er dient sowohl der Erzeugung analytischer Information über stoffliche Systeme (Informationsgewinnung) als auch der Interpretation und Bewertung von analytischer Information im Hinblick auf die vorgegebene Problem- und Fragestellung (Informationsverarbeitung). Kernstücke des analytischen Prozesses sind das Analysenverfahren, die Analysenmethode und das Analysenprinzip. Der Analytiker wird jedoch sowohl bei der Formulierung der Fragestellung als auch bei der Einordnung, Klassifikation und Interpretation der analytischen Ergebnisse immer mit einbezogen. Andernfalls besteht die Gefahr, daß entweder an der Fragestellung "vorbei analysiert" wird oder daß die an sich richtige analytische Information falsch interpretiert wird und falsche oder verfälschte Schlußfolgerungen gezogen werden.

Abbildung 1:

Der analytische Prozeß (nach DANZER, 1987) mit einer Veranschaulichung der Begriffe Analysenprinzip, Analysenmethode und Analysenverfahren.

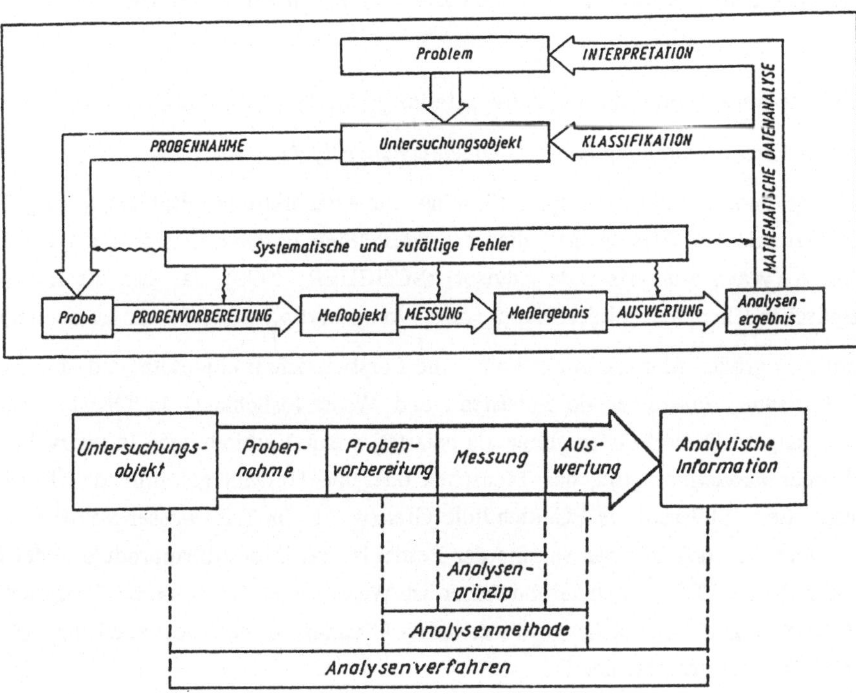

1.2 Fragestellungen und Untersuchungsobjekte der Umweltanalytik

Untersuchungsobjekte der verschiedenen Teilbereiche der Analytik sind unterschiedliche stoffliche Systeme (z.B. Erzladungen und Legierungen, Kristalle oder Biomoleküle, chemischer Reaktor oder lebende Zelle). Bei der Umweltanalytik ist die stoffliche Umwelt - also Luft, Wasser, Boden, Nahrungs- und Gebrauchsmittel, technische Prozesse und Abfall - im lokalen, regionalen oder auch globalen Umfang das Untersuchungsobjekt des Analytikers. Dabei werden durch analytische Untersuchungen im Rahmen des analytischen Prozesses Informationen als Funktionen verschiedener Kenngrößen gewonnen. Informationen über die Art der Bestandteile (...i, j...) des Untersuchungsobjektes werden durch die Identifizierung erhalten; die Menge oder Konzentrationen (...c_i, c_j...) sind Ergebnisse der Quantifizierung. Informationen über die Verteilung der Bestandteile beinhalten zusätzlich noch die Raumkoordinaten (x, y, z), zur Erfassung von Veränderungen und Prozessen kommt noch die Zeit als Kenngröße mit hinzu.

Der analytische Prozess dient somit der Beantwortung der Fragen nach dem WAS? (Identifizierung), nach dem WIEVIEL? (Quantifizierung), nach dem WO? (Verteilung) und dem WANN? (Veränderung) (BALLSCHMITER, 1979). Auch die Fragestellungen des WOHER? (Quellen) und WOHIN? (Senken, Transport) und nach dem WESHALB? (Ursachen, Zusammenhänge) können vom analytischen Prozess im weitesten Sinne beantwortet werden.

2 Beispiel für eine umweltanalytische Problemstellung: Analyse von Pestiziden in Wasser

2.1 Vom Problem zur Fragestellung und zum Untersuchungsobjekt

Ein anschauliches und relevantes Beispiel für eine umweltanalytische Problemstellung ist die Analyse von Pestiziden in Wasser. Mit dieser Fragestellung beschäftigt sich auch das FAW-Projekt WANDA (Water Analysis Data Advisor) (SCHEUER, 1990), das sich als Ziel gesetzt hat, den analytischen Chemiker bei der Interpretation von analytischen Meßdaten zu unterstützen.

Pestizide werden in großen Mengen in der Land- und Forstwirtschaft eingesetzt und können unter bestimmten Umständen (ausreichende Persistenz und Wasserlöslichkeit) in Oberflächen- und Grundwässer gelangen. Diese Wässer gelten als belastet, wenn Verbindungen in unerwünschten, toxikologisch oder ökotoxikologisch den Menschen oder die Umwelt gefährdenden Konzentrationen auftreten. Seit 1989 sind als EG-Richtlinie Grenzwerte für Trinkwasser von 0.1 μg/L je Einzelsubstanz und 0.5 μg/L für die Summe der Pestizide und ihrer Abbauprodukte oder Metabolite festgelegt. Neben Trink- und Grundwasser ist Wasser auch bei anderen Untersuchungsobjekten (Niederschläge, Oberflächengewässer oder Ozeane) in den verschiedenen Umweltkompartimenten Hauptmatrixbestandteil.

Damit ergibt sich als eine Fragestellung für die Umweltanalytik die Erfassung der Pestizidbelastung in verschiedenen Untersuchungsobjekten (Oberflächen-, Grund- und Trinkwasser, Niederschläge) im Spurenbereich (0.01 - 1 μg/L), wobei im Projekt WANDA eine wissensbasierte Unterstützung dieser Fragestellungen durch ein prototypisches Expertensystem entwickelt werden soll.

2.2 Vom Untersuchungsobjekt zum Meßobjekt

Ausgehend von der Fragestellung mit definiertem Untersuchungsobjekt stellt die Probenahme den ersten wichtigen Schritt im Analysenverfahren dar. Als Probenahmeorte kommen bei der Analyse von Pestiziden in Wasser verschiedene Stellen in Frage (Brunnen, Quellen, Oberflächengewässer, Wasserentnahmestellen oder -aufbereitungsanlagen). Die Probenahme bestimmt wesentlich die Aussagekraft der später gewonnenen analytischen Informationen. Aus diesem Grund sind Probenbegleitdaten (Zeit und Ort, Schüttung und Volumenfluß von Quellen, Brunnen und Gewässern, Probenahmetechnik und -geräte) und Hintergrundinformationen zur Probe (z.B. Nutzung und Beschaffenheit der Umgebung des Probenahmeortes, benachbarte oder mögliche Einleiter, landwirtschaftliche Nutzung, Vorgeschichte) für die spätere Interpretation von Analysenergebnissen von Interesse. Ebenso sollte an dieser Stelle die äußere Beschaffenheit der Probe (Temperatur, pH-Wert, Aussehen, Trübung, Geruch) und Maßnahmen zur Kennzeichnung, Lagerung und Haltbarmachung festgehalten werden.

Nach der Probenahme erfolgt die Probenvorbereitung. Sie beinhaltet die Matrixabtrennung des Wassers und der darin gelösten Salze durch Abfiltern der Partikel und durch Extraktion und Anreicherung der Analyten. Dies kann z.B. durch Flüssig-Flüssig-Verteilung, Festphasen-Extraktion oder durch Headspace- oder Ausblastechniken erfolgen. Anschließend ist eine Fraktionierung (Aufteilung) der Analyten in Gruppen nach verschiedenen Eigenschaften (z.B. unterschiedliche Polarität oder Molekülgröße, Möglichkeit der Dissoziation bei Säuren) oder auch eine Diskriminierung bzw. ein Ausschluß von Verbindungen möglich. Diese Schritte haben einen bestimmenden Einfluß auf das spätere Analysenergebnis und die daraus zu ziehenden Schlußfolgerungen. Nach den Probenvorbereitungen erfolgt die eigentliche Messung am Meßobjekt. Dieses ist in der Regel ein gereinigter, angereicherter, eventuell auch fraktionierter Probenextrakt.

2.3 Von der Messung zum Analysenergebnis

Die Messung besteht im Falle der Pestizidanalytik meist aus einer Trennung der Analyten durch Chromatographie (Dünnschicht-, Flüssig- oder Gaschromatographie: DC, HPLC, GC) mit anschließender Detektion (Signalerzeugung) durch universelle oder selektive Detektionstechniken. Das Meßergebnis einer chromatographischen Trennung ist ein Chromatogramm und stellt eine Auftragung der Detektorsignalintensität über eine Zeitachse (HPLC, GC: Retentionszeit) oder eine Laufstrecke (DC: Rf-Wert) dar. Die Retentionszeit (Abbildung 2) bzw. der Rf-Wert sind charakteristisch für eine bestimmte Substanz bei vorgegebenem Trennsystem. Sie erlauben, zusammen mit weiteren Informationen aus Probenvorbereitung, Vortrennung, Leistungsfähigkeit des Trennsystems und Selektivität des Detektionssystems, die Identifizierung einer Substanz. Die Auswertung von Chromatogrammen besteht damit aus der Zuordnung und Plausibilisierung der Signale. Dabei ordnet die Identifizierung einem chromatographische Signal (Peak) eine oder auch mehrere Substanzen zu. Ein Auschluß ist die Aussage, daß für gesuchte oder vermutete Substanzen keine Signale auftreten, diese Verbindung also nicht nachgewiesen wurde und in der untersuchten Probe nicht bzw. unterhalb der Nachweisgrenze (LOD: Limit of detection) vorhanden ist. Die Quantifizierung besteht aus der Auswertung von Signalintensitäten identifizierter Verbindungen zur Mengen- und Konzentrationsbestimmung mit Hilfe von Kalibrierfunktionen. Die Intensität der Blindwerte des Analysenverfahrens und des Detektorsystems geben dabei zusammen mit der Wiederfindungsrate die Nachweis- bzw. Bestimmungsgrenzen (LOQ: Limit of quantitation) vor.

Abbildung 2:

Gaschromatogramme: Mischung von Referenzverbindungen (a), Extrakt aus einer Brunnenprobe (b) und eines Klaranlagenauslaufs (c). Mit freundlicher Genehmigung von K. Hauff und M. Spleiß.

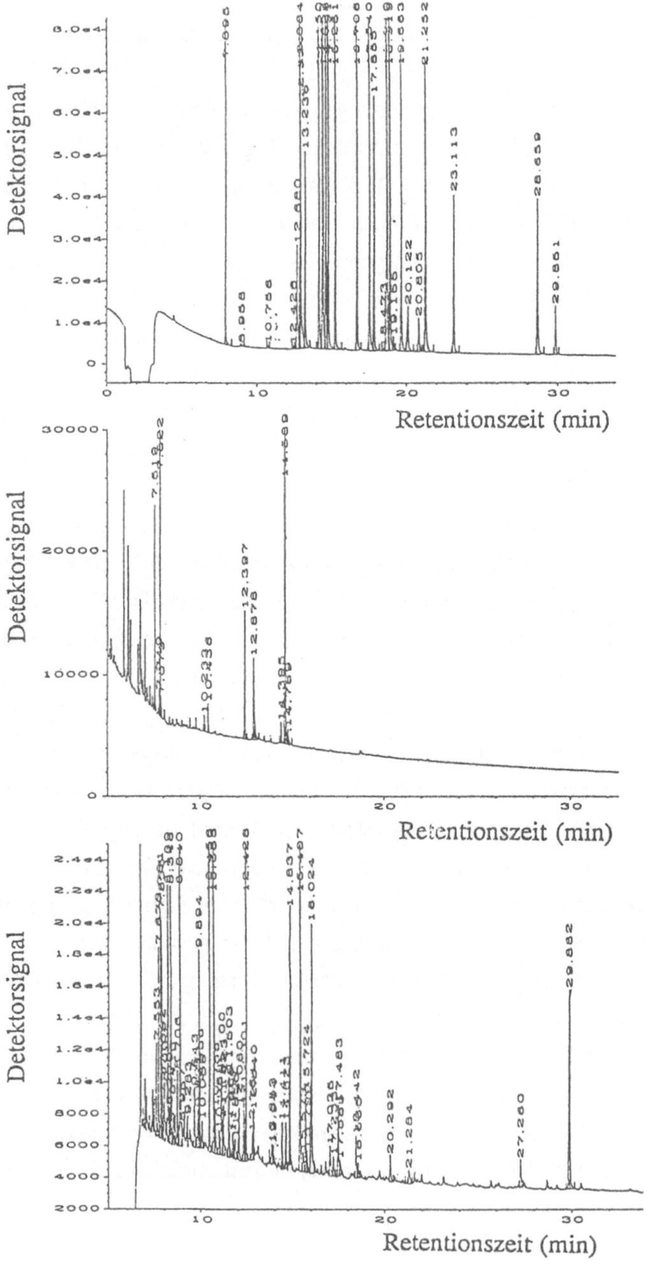

Als Analysenergebnis sind somit folgende Aussagen möglich:

- Substanz i ist mit einer Konzentration c_i bestimmt (c_i > LOQ);

- Substanz j ist nachgewiesen, wobei c_j zwischen der Nachweis- und der Bestimmungsgrenze liegt (LOD < c_j < LOQ);

- Substanz k ist nicht nachgewiesen (c_k < LOD).

2.3 Bewertung von Analysenergebnissen im Sinne der Problemstellung

Die Bewertung, Einordnung und Interpretation von Analysenresultaten - analytischen Informationen - im Sinne der vorgegebenen Problem- und Fragestellungen sollte immer in Zusammenarbeit von Analytiker und "Auftraggeber" bzw. "Problemsteller" erfolgen. Nur dadurch ist gewährleistet, daß korrekte Ergebnisse bei der Problemlösung bzw. bei der Beantwortung der Fragestellung erhalten werden. So muß die Identifizierungs- und Nachweisstärke des Analysenverfahrens bekannt sein und mitbewertet werden, ebenso müssen systematische und zufällige Fehler, die sich auf die Richtigkeit (accuracy) und Wiederholbarkeit (reproducibility) von Analysenergebnissen auswirken, mit in die Bewertung einbezogen werden. Anhand der erhaltenen Analysenergebnisse werden auch das Untersuchungsobjekt und die einzelnen Proben auf ihre Aussagekraft und Repräsentanz im Hinblick auf die vorgegebene Fragestellung eingeordnet ("Feed-back"). Daran anschließend erfolgt dann die Klassifikation des untersuchten Objektes z.B. als unbelastet, niedrig oder hoch belastet, bei Hinzunahme der Zeitkomponente kann eine Zu- oder Abnahme der Belastung erkannt werden. Die Interpretation analytischer Information im Hinblick auf eine Risikoabschätzung und einer möglichen Gefährdung mit Handlungsbedarf erfordert natürlich neben dem Expertenwissen des Analytikers um das Untersuchungsobjekt und der Aussagekraft der Analyse auch noch das Expertengrundwissen anderer Disziplinen (Toxikologie, Biologie, Ökologie usw.).

3. Daten- und Wissensverarbeitung in der Analytik

Im Rahmen der instrumentellen Umweltanalytik gewinnt die Unterstützung des Analytikers durch die Datenverarbeitung zunehmend an Bedeutung, wobei grob drei sich teilweise überschneidende Bereiche zu unterscheiden sind.

3.1 Automatisierung des Analysenverfahrens in der instrumentellen Analytik

Bei der Messung in den Bereichen der chromatographischen Detektion z.B. Diodenarray-UV-Detektion, massenspektrometrische Detektion (MSD), Fourier-Transform-IR-Detektion (FTIR), Atomemissionsdetektion (AED) und der spektroskopischen Techniken wie Kernresonanzspektroskopie (NMR) und FTIR, aber auch in der anorganischen und elektrochemischen Analytik ist die

Datenverarbeitung mit entsprechender Hard- und Software nicht mehr wegzudenken und größtenteils mit den Instrumenten integriert.

Auch die in der Umweltanalytik vorwiegend angewandte chromatograpische Trennung wird zunehmend durch Analysenautomaten, automatische Probengeber und Integratoren rechnergesteuert; Workstations und integrierte Labordatensysteme ermöglichen die automatisierte Untersuchung des Analysenextraktes mittels HPLC-UV, GC, GC-MS oder GC-AED. Sie übernehmen auch die Auswertung, d.h. die Identifizierung über Retentionszeiten oder einfache Mustererkennungsprogramme und über UV-, IR- und Massenspektrenvergleich sowie die Quantifizierung über externe oder interne Kalibrierung mit Kalibrierfunktionen unterschiedlicher Form.

Auch bei der Probenahme ist eine Automatisierung besonders bei fest installierten Luft- oder Wassermeßstellen mit kontinuierlicher oder diskontinuierlicher Probenahme möglich. Die großen Mengen an anfallenden Proben und Daten bei diesen Meßreihen sind hier ein Problem der Logistik.

Die Probenvorbereitung ist ebenfalls automatisierbar, wobei hier der Einsatz von Laborrobotern zunehmend effizienter wird und Arbeitzeiteinsparung durch Rationalisierung als Ziel hat.

3.2 Einsatz von EDV zur Labororganisation

Bei der Labororganisation übernimmt die EDV auch schon in kleineren Labors über bar-code-Lesegeräte die Probenverwaltung und die Überwachung der Bearbeitungswege. Auch die Datenhaltung (Rohdaten, reduzierte Daten, ausgewertete Analysenergebnisse) sowie die Dokumentation der Ergebnisse (Chromatogramme, Analysenresultate, Darstellungen von Meßreihen als Kurven- oder Balkendiagramme bzw. als Muster, statistische Auswertungen) erfolgt über den PC, das Labornetzwerk oder den Großrechner. Hier wird besonders das Reportwesen im Rahmen der Guten Labor Praxis (GLP) zunehmend von Netzwerken übernommen werden. Diese verbinden dann im "Unified Laboratory" die verschiedensten analytischen Systeme von der Analysenwaage bis zum Massenspektrometer. Eine Ergänzung dieses vernetzten Labors ist durch ein auf Methodenbanken zurückgreifendes Expertensystem zur Planung von Analysenverfahren nach der Modul-Technik bei einer vorgegebener Fragestellung denkbar.

3.3 Expertensysteme zur Unterstützung des analytischen Prozesses

Ein neuer und wohl auch zukunftsweisender Trend ist der Einsatz von Expertensystemen, bei denen unter Anbindung an die oben aufgeführten Systeme des automatisierten Analysenverfahrens und der Labororganisation vorhandenes Erfahrungs- und Expertenwissen mit analytischer Information (Analysenresultate) verknüpft wird.

Aufgaben dieses Expertensystems könnten sein:

- Absicherung und Validierung von Analysenergebnissen (Identifizierung oder Ausschluß) durch Verknüpfung mit Probenbegleitdaten, Geschichte und Hintergrundwissen um das Untersuchungsobjekt und die Untersuchungsmethode;

- bei nicht genügend abgesicherten Ergebnissen Vorschläge zum weiteren Vorgehen (ergänzende Analysenmethoden, Erfassung weiterer Begleitdaten);

- Plausibilisierung von Analysenergebnissen durch Vergleich mit ähnlichen Untersuchungsobjekten (Klassifikation) und durch Verknüpfung mit dem Expertenwissen zum Problem und zur Fragestellung;

- Analysenplanung über eine modulartig aufgebaute, durch den Benutzer erweiterbare Methodensammlung mit Beschreibung von Identifizierungs- und Nachweisstärke der Methoden;

- Interpretation von abgesicherten Analysenergebnissen mit Hilfe von Expertenwissen anderer Disziplinen;

- Problemlösungs- und Entscheidungsfindung durch Integration und Dialog von Experten und politischen Entscheidungs- und Handlungsebenen.

4. Schlußfolgerung

Umweltanalytik hat als Aufgabe die Informationsgewinnung und Informationsbearbeitung über das stoffliche System Umwelt. Dabei benützt sie den analytischen Prozeß um von Problemstellungen zu Problemlösungen zu gelangen.

Der analytische Prozeß kann an verschiedenen Stellen durch Daten- und Wissensverarbeitung unterstützt werden: Automatisierung von Analysenverfahren, Labordatensysteme bei der Datenverwaltung und Labororganisation, Expertensysteme bei der Interpretation und Bewertung von Ergebnissen und Problemstellungen.

Literatur

Ballschmiter, K. 1979. Nachr. Chem. Tech. Lab. 27, S. 542-546.
Danzer K., Than E., Molch D., Küchler L. 1987. Analytik: Systematischer Überblick. Wissenschaftliche Verlagsgesellschaft, Stuttgart.
Scheuer, K., Spieß, M., Verpoorten, U. 1990. FAW-Bericht 90002, Ulm.

Entwicklung eines wissensbasierten Systems zur verbesserten Pflanzenschutzberatung

U. Streit

Institut für Agrarinformatik an der Universität Münster
Robert-Koch-Straße 26-28, D-4400 Münster

J. Frahm

Institut für Pflanzenschutz, Saatgutuntersuchung und Bienenkunde
der Landwirtschaftskammer Westfalen-Lippe, Nevinghoff 40, D-4400 Münster

Zusammenfassung

Um den Einsatz von Pflanzenschutzmitteln auf ein Minimum zu reduzieren und damit zu einer umweltgerechteren Landwirtschaft beizutragen, entwickeln die Landwirtschaftskammer Westfalen-Lippe und die Universität Münster gemeinsam das Expertensystem PRO_PLANT. Dieses PC-gestützte Beratungssystem für Pilzinfektionen in Getreidebeständen soll dem Landwirt während der kritischen Infektionsphasen eine vor Ort verfügbare, schlagspezifische Entscheidungshilfe bieten.

Den Kern des PRO_PLANT - Systems bilden erregerspezifische Wissensbasen zur Diagnose von Pilzinfektionen und ein über diese Wissensbasen optimierendes Behandlungsmodul zur Beratung über (nicht) notwendige Fungizidanwendungen. Die Wissensbasen sind regelbasiert und beruhen auf phytomedizinischem Expertenwissen, langjährigen Feldversuchen und auf den praktischen Erfahrungen von Pflanzenschutzberatern. Während der Konsultation wird auf Datenbanken zugegriffen, in denen Informationen über Stamm- und Bewegungsdaten des jeweiligen Schlages, Sortenresistenzen, Beizmittel und Fungizide enthalten sind. Die erforderlichen Wetterdaten können wahlweise über eine automatische Klein-Wetterstation oder BTX/ISDN eingelesen werden. Die Koppelung der Datenbanken (OAW - Konzept) an den wissensbasierten Systemkern erfolgt homogen innerhalb der PROLOG-Programmierumgebung.

Der Prototyp von PRO_PLANT wird in der Vegetationsperiode 1990/91 zunächst von Pflanzenschutzberatern und erfahrenen Landwirten im täglichen Einsatz überprüft und soll ab 1992 zur Anwendung gelangen.

1 Pflanzenschutzberatung und Umweltschutz

Der intensive Einsatz von Pflanzenschutz- und Düngemitteln in der Landwirtschaft hat zu erheblichen Umweltbelastungen insbesondere im Boden und Grundwasser geführt. Einige Wirkstoffe von Pflanzenschutzmitteln treten im Grund- und Oberflächenwasser ackerbaulich genutzter Regionen in Konzentrationen auf, die zum Teil oberhalb der für Trinkwasser gültigen Grenzwerte liegen. Mit immer aufwendigeren Behandlungsverfahren müssen die Wasserwerke versuchen, durch eine nachträgliche "Wasserreparatur" diese Grenzwerte einzuhalten. Zwischen Toxikologen, Hydrochemikern und Ökologen ist die Festlegung einiger Werte der Trinkwasserverordnung zwar nicht unumstritten, jedoch hat sich in der Landwirtschaft weitgehend die Einsicht durchgesetzt, daß der Eintrag umweltgefährdender, schwer abbaubarer Pflanzenschutzmittel möglichst ganz vermieden werden muß. Ein sofortiger vollständiger Verzicht auf Pflanzenschutzmittel ist allerdings - trotz unbestreitbarer ökologischer Vorteile rein biologisch-organischer Anbaumethoden in Teilbereichen - für den Großteil der landwirtschaftlichen Nutzfläche aus ökonomischen Gründen auf absehbare Zeit nicht praktikabel.

Erfolgversprechender scheint eine schrittweise, die ökologischen Notwendigkeiten stärker berücksichtigende Umorientierung der Produktionsweise zu sein, bei der die zur Sicherung der Erträge unbedingt erforderlichen Pflanzenschutzmittel unter den Aspekten einer Minimierung der Wirkstoffmenge, einer Optimierung der gezielten Wirkung sowie insbesondere des raschen und möglichst vollständigen Abbaus im Ökosystem angewendet werden. Wegen der räumlichen Verflechtungen der Ökosysteme untereinander mit vielfältigen ober- und unterirdischen Transporten von Nähr- und Schadstoffen muß dabei neben der standortgerechten Problemlösung auch dem überregionalen Umwelt-Aspekt Rechnung getragen werden.

Notwendige Voraussetzung für den minimierten Einsatz von Pflanzenschutzmitteln ist eine fachlich kompetente, in kritischen Phasen stets verfügbare, auf die individuellen Verhältnisse vor Ort abgestimmte und zugleich möglichst flächendeckende Pflanzenschutzberatung. Dies ist zur Zeit aus personellen wie fachlichen Gründen in der Regel nicht gewährleistet. So sind z.B. im Bereich der Landwirtschaftskammer Westfalen-Lippe mit fast 30.000 landwirtschaftlichen Betrieben insgesamt 17, für jeweils eine Warndienstregion zuständige Pflanzenschutzberater tätig. Hinzu kommen 4 Pflanzenschutzexperten mit zentraler Funktion am Institut für Pflanzenschutz, Saatgutuntersuchung und Bienenkunde (IPSAB) der Landwirtschaftskammer in Münster, die telefonische Spezialberatungen durchführen. Seit einiger Zeit erscheinen zusätzlich stark regionalisierte Hinweise in schriftlicher Form oder über BTX mit ca. 1.800 Abonnenten.

Diese Form der Beratung kann allein schon auf Grund der personellen Ausstattung nicht optimal sein. Erschwerend kommt hinzu, daß Infektionsbedingungen der diversen pilzlichen Schaderreger von einem Schlag zum anderen aufgrund von Sortenwahl, Bodenart, Düngung, Windexposition usw. erhebliche Unterschiede aufweisen können und die komplexen Zusammenhänge zwischen Wirt und Erreger sowie schlagspezifische Randbedingungen bei fernmündlicher Beratung kaum zu berücksichtigen sind. Auch die regionalisierten Warnmeldungen des IPSAB können den Landwirten nur Anhaltspunkte für eine eventuelle Behandlung geben. In der Regel muß sich der Landwirt daher darauf beschränken, aufgrund beobachteter Symptome ohne Kenntnis der tatsächlichen Infektionsverläufe und ihres Schädigungspotentials in den wichtigen phänologischen Stadien Pflanzenschutzmittel auszubringen und im übrigen den Empfehlungen der Hersteller von Pflanzenschutzmitteln zu folgen.

Diese Art der Beratung, die wohl für weite Teile der Bundesrepublik charakteristisch ist, gewährleistet weder eine ökonomisch sinnvolle noch phytomedizinisch gezielte, geschweige denn ökologisch vertretbare Applikation von Pflanzenschutzmitteln.

2 Zielsetzungen des Beratungssystems PRO_PLANT

Um das Beratungsangebot für die Landwirtschaft entscheidend verbessern zu helfen und auf diesem Wege zu einer Minimierung des Pflanzenschutzmittel-Eintrages in die Umwelt beizutragen, führen die Landwirtschaftskammer Westfalen-Lippe und die Abteilung für Landschaftsökologie der Universität Münster in enger fachlicher und personeller Kooperation das Forschungs- und Entwicklungsprojekt PRO_PLANT mit finanzieller Unterstützung des Ministers für Umwelt, Raumordnung und Landwirtschaft des Landes Nordrhein-Westfalen durch. Auf der Grundlage fachwissenschaftlicher Erkenntnisse der Phytomedizin und Phytopathologie sowie praktischer Erfahrungen von Pflanzenschutzberatern und Landwirten soll mit Hilfe von Verfahren der Wissensverarbeitung ein entscheidungsunterstützendes Beratungssystem für die Bekämpfung von Pilzinfektionen in Getreidebeständen konzipiert und zunächst prototypisch realisiert werden. In der zweiten Projektphase ab 1992 soll PRO_PLANT auf weitere Feldfrüchte (Raps, Mais, Kartoffeln, etc.) ausgedehnt sowie um Beratungsmodule für den minimierten Einsatz von Herbiziden, Insektiziden und Wachstumsreglern erweitert werden.

Mit der Entwicklung und Anwendung des PRO_PLANT-Systems soll für den Bereich des Pflanzenschutzes ein wesentlicher Beitrag zu einer umweltschonenderen und standortgerechten Landwirtschaft geleistet werden:

1. Aus Unwissen oder Unsicherheit der Landwirte vorgenommene 'Sicherheitsspritzungen', die häufig überflüssig, jedoch umweltbelastend sind, werden vermieden; stattdessen empfiehlt das Beratungssystem nur bei kritischer Befallssituation und Überschreitung von Schwellenwerten eine gezielte, bei Mehrfach-Befall auch eine kombinierte Behandlung.

2. Durch die schlagbezogene, also lokale Optimierung von Anwendungstermin und Wirkstoffauswahl können das fungizidspezifische Potential der Präparate voll ausgeschöpft und damit Anwendungshäufigkeit und Wirkstoffmenge minimiert werden.

3. Da bei der Auswahl der systemseitig empfohlenen Fungizide deren spezifische Eigenschaften wie Verdampfungsverhalten, Regenbeständigkeit und Eindringgeschwindigkeit berücksichtigt werden, läßt sich der Wirkungsgrad einer eventuellen Applikation wesentlich verbessern.

4. Beim Auswahlverfahren werden B(ienen)- und W(asserschutz)-Auflagen, Anwendungszeiträume und Wartezeiten bis zur Ernte streng beachtet, nützlingsschonende Präparate vorrangig empfohlen sowie auf weitere Umweltschutzauflagen (z.B. Mindestabstände zu Gewässern, Entsorgung von Spritzmittelresten) und Selbstschutzmaßnahmen hingewiesen.

Insgesamt soll damit eine mengenmäßige Verminderung der ausgebrachten Wirkstoffe, eine Vermeidung wassergefährdender Einträge und eine Verringerung der öko-toxikologischen Folgewirkungen für die Umwelt erreicht werden (STREIT & FRAHM 1990; FRAHM & STREIT 1991).

Dieses für Landwirte, Lohnunternehmer, aber auch Pflanzenschutzberater konzipierte Expertensystem kann die eigenverantwortliche Entscheidung der Anwender selbstverständlich nicht ersetzen; jedoch soll es die Beratungs- und Entscheidungsabläufe durch Bereitstellen wissenschaftlicher Erkenntnisse wie auch praktischer Erfahrungen wirkungsvoll unterstützen. Denn eine wirksame und dauerhafte Minimierung von Umweltbeeinträchtigungen beim Einsatz von Pflanzenschutzmitteln läßt sich nur dann erreichen, wenn der Kenntnisstand der Landwirte über die komplexen Zusammenhänge zwischen dem epidemiehaften Auftreten von Pflanzenkrankheiten einerseits und

- der schlagspezifischen Situation (z.B. Boden, Bestandsklima),
- den Umfeldeffekten (z.B. Infektionsdruck, landschaftsökologische Struktur),
- der gewählten Fruchtfolge,
- dem verwendeten Saatgut (z.B. Beizung, Resistenz-Gene)
- den aufgewandten Düngemitteln (Art und Menge)
- Art und Zeitpunkt bereits erfolgter Fungizidbehandlungen und
- den betrieblichen Bedingungen des Landwirtes (z.B. Ertragserwartung, Anwendungstechnik)

andererseits verbessert wird.

Deshalb stellt PRO_PLANT zusätzlich zur eigentlichen Beratungsfunktion eine umfangreiche Informations- und Erklärungskomponente zur Verfügung. Sie soll nicht nur das Nachvollziehen von Verlauf und Resultat der jeweiligen Konsultation ermöglichen, sondern dem Anwender vor allem ein vertieftes Verständnis der phytopathologisch-ökologischen Zusammenhänge vermitteln und gegebenenfalls Handlungsalternativen (z.B. standortgerechtere Anbauplanung, Sortenwahl und Düngeplanung) aufzeigen.

Generell kann also festgestellt werden, daß das erforderliche umfangreiche Wissen für eine umweltschonende Pflanzenschutzberatung zwar vorhanden, aber in der Regel nicht an den erforderlichen Orten und zu den kritischen Zeitenpunkten gerade verfügbar ist. Ein vordringliches Ziel des PRO_PLANT-Projektes ist es daher, die wissenschaftlichen Kenntnisse und den Erfahrungsschatz der Pflanzenschutzberater möglichst vielen Rat suchenden Landwirten zur rechten Zeit (bei möglichen Infektionsschüben) am rechten Ort (d.h. im Prinzip schlagspezifisch) verfügbar zu machen.

Da eine Vervielfachung des Personalbestandes an Pflanzenschutzberatern weder von der Ausbildungslage noch von der Kostenseite her möglich ist, müssen zur Erreichung dieses Zieles die in der Landwirtschaft rasch an Bedeutung gewinnenden computergestützten Verfahren der Informations- und Kommunikationstechnologie genutzt werden (DLG 1989; ENZIAN et al. 1989; HOFFMANN & STEPHAN 1989). Dabei wird hier eine eher dezentrale Lösung verfolgt, die den auf ihre Selbständigkeit und Unabhängigkeit bedachten Landwirten eine niedrigere Einstiegs-Schwelle bietet als Konzepte mit Zentralrechner-Arbeitsplatzrechner - Verbund.

Das PRO_PLANT-System wird daher als 'stand alone' - Version entwickelt, die auf der in einigen landwirtschaftlichen Betrieben bereits vorhandenen low-cost-hardware (PC unter MS-DOS) ablauffähig ist und Schnittstellen zu anderen Anwenderprogrammen in der Landwirtschaft (z.B. Programmsystemen für Betriebsführung und Produktionsplanung) besitzen soll.

Ein weiteres wichtiges Ziel liegt in der möglichst vollständigen Erhaltung des aktuellen fachlichen, insbesondere aber praktischen und regionalspezifischen Wissens der Pflanzenschutzberater. Dieses Wissen kann dann leichter und vollständiger als bisher an nachfolgende Beratergenerationen weitergegeben werden. Eingebunden in das PRO_PLANT-Projekt sind also auch Zielsetzungen im Bereich von beruflicher Aus- und Weiterbildung.

3 Konzeption des PRO_PLANT-Systems

Für die Entscheidung, die aufgezeigten Ziele mit Hilfe eines Expertensystems zu erreichen, sind folgende Gründe maßgebend:

1. Das pflanzenschutzspezifische Wissen läßt sich nicht hinreichend umfassend bzw. nicht in optimaler Form rein algorithmisch repräsentieren. Neben 'harten' quantitativen Meßdaten (z.B. Wetterdaten) spielen 'weiche' qualitative Informationen eine wesentliche Rolle, die von den Pflanzenschutzberatern häufig als Erfahrungsregeln in "wenn-dann" - Form formuliert werden. Auch fehlende und unscharfe Informationen (Vermutungen, wahrscheinlichkeitsbezogene Aussagen, Daumenregeln) können mit Ansätzen der wissensbasierten Programmierung relativ leicht berücksichtigt werden.

2. Mit Hilfe einer Erklärungskomponente können Konsultationsverläufe und Entscheidungsvorschläge für den Anwender transparent und nachvollziehbar gestaltet werden. Mittels einer "intelligenten" Steuerungskomponente, die methodisches und strukturelles Wissen über den Konsultationsverlauf beinhaltet, kann das wissensbasierte System so komfortabel und bedienungssicher gestaltet werden, daß es auch ohne DV-Kenntnisse nutzbar ist. Dies ist eine wesentliche Voraussetzung für die breite Akzeptanz des Beratungssystems bei den Landwirten.

3. Durch konsequente Trennung von Wissensbasen und Inferenzmodulen kann die ständige Aktualisierung und notwendige Erweiterung des Wissens, also die inhaltliche Pflege wesentlich erleichtert werden.

4. Insgesamt entspricht die dialog-orientierte Konsultation eines Expertensystems am besten der im praktischen Pflanzenschutz gängigen Beratungspraxis.

3.1 Phytomedizinische Grundlagen

Als phythomedizinische Wissensgrundlage dienen langjährige Erfahrungen der Pflanzenschutzexperten an der Landwirtschaftskammer Westfalen-Lippe aus Mittelprüfversuchen zu allen im Beratungsgebiet auftretenden Krankheiten (FRAHM 1988), Bonituren von Landessortenversuchen sowie die Resultate spezieller phytomedizinischer Untersuchungen (FRAHM & KNAPP 1986; VOLK & FRAHM 1989). Flächenhafte Erhebungen von Infektionsverläufen über 10 Jahre führten 1987 zu einer Regionalisierung des Versuchswesens sowie der Warndiensthinweise und erlauben eine verfeinerte Bewertung der regionalen und saisonalen Bedeutung einzelner Krankheitserreger. Zahlreiche Terminspritzversuche haben Aufschlüsse darüber erbracht, wann optimale Bekämpfungen möglich sind.

Für die im Beratungsgebiet nicht dominierenden pilzlichen Erreger wurden Erfahrungen von Pflanzenschutzexperten aus benachbarten Regionen herangezogen sowie ergänzende Literaturauswertungen vorgenommen (z.B. ZADOKS & SCHEIN 1979; SCHRÖDTER 1987; VERRETT & HOFFMANN 1989).

Ergänzend zu den wissenschaftlichen Kenntnissen wurden die langjährigen praktischen Erfahrungen von

Pflanzenschutzberatern und in einzelnen Fällen auch von berufserfahrenen Landwirten als sehr wertvolles, wenn auch nicht immer leicht strukturierbares und formalisierbares Erfahrungswissen einbezogen. Dies soll sicherstellen, daß mit PRO_PLANT ein auf die Bedürfnisse der täglichen Praxis in den landwirtschaftlichen Betrieben abgestimmtes Beratungssystem entsteht; denn die breite Akzeptanz des Systems ist eine wesentliche Voraussetzung für die angestrebte landesweite Minimierung von Pflanzenschutzmitteleinträgen in die Umwelt.

Die zu entwickelnden Wissensbasen repräsentieren damit pflanzenschutzspezifische Kenntnisse insbesondere aus folgenden Wissensdomänen:

- Wissen über die Kulturpflanzen, deren spezifische Wachstumsbedingungen, Resistenzen, Infektionsanfälligkeiten in Abhängigkeit von biotischen und abiotischen Umweltfaktoren.
- Wissen über die Schaderreger, deren biologische Strukturen, Funktionen und Entwicklungszyklen.
- Wissen über die ökologischen Beziehungen im Wirt-Erreger-Komplex und die epidemiologischen Prozesse.
- Wissen über die spezifischen Merkmale des betrachteten Schlages (z.B. Bodenart, Exposition, Fruchtart und Vorfrucht, Düngereinsatz) sowie sein näheres und weiteres Umfeld (Befallsdruck, Regionalklima, landschaftsökologische Situation).
- Wissen über die aktuelle Ausprägung und pflanzenschutzrelevante Bedeutung der lokalen Wetterverhältnisse und des schlagspezifischen Bestandsklimas (VOLK & FRAHM 1991, VOLK 1991)
- Wissen über die Abhängigkeit des Eintrittes, Verlaufes und Schadbildes aller wesentlichen Pilzinfektionen von Befallsdruck, pedologischen und meteorologischen Verhältnissen, Fruchtart, Entwicklungsstand etc.
- Wissen über Pflanzenschutzmittel, deren Wirkstoffe und Wirkungsweise, Nebenwirkungen, Anwendungsauflagen und Umweltbeeinträchtigungen.

In all diesen Wissensdomänen muß das phytomedizinische wie beratungspraktische Wissen ständig überprüft und aktualisiert werden, da z.B. die regionalen Virulenzspektren, das Resistenzverhalten von Sorten, die Resistenzbildung gegen Wirkstoffgruppen sowie die Liste der zugelassenen Pflanzenschutzmittel mit entsprechenden Umweltauflagen relativ raschen zeitlichen Änderungen unterworfen sind. Eine ausführlichere Darstellung der phytomedizinischen und pflanzenschützerischen Grundlagen des PRO_PLANT-Konzeptes findet sich in FRAHM, VOLK & STREIT (1990).

3.2 Systementwurf

PRO_PLANT ist vom Problemlösungstyp her gesehen im Prinzip als ein diagnostisches System (PUPPE 1988) konzipiert, bei dem die Lösung des Problems (d.h. hier: das Erkennen eines Gefährdungspotentials und die Art der Behandlung bei Überschreiten der Schadschwelle) aus einer beschränkten Menge von Situations- und Aktions-Alternativen besteht.

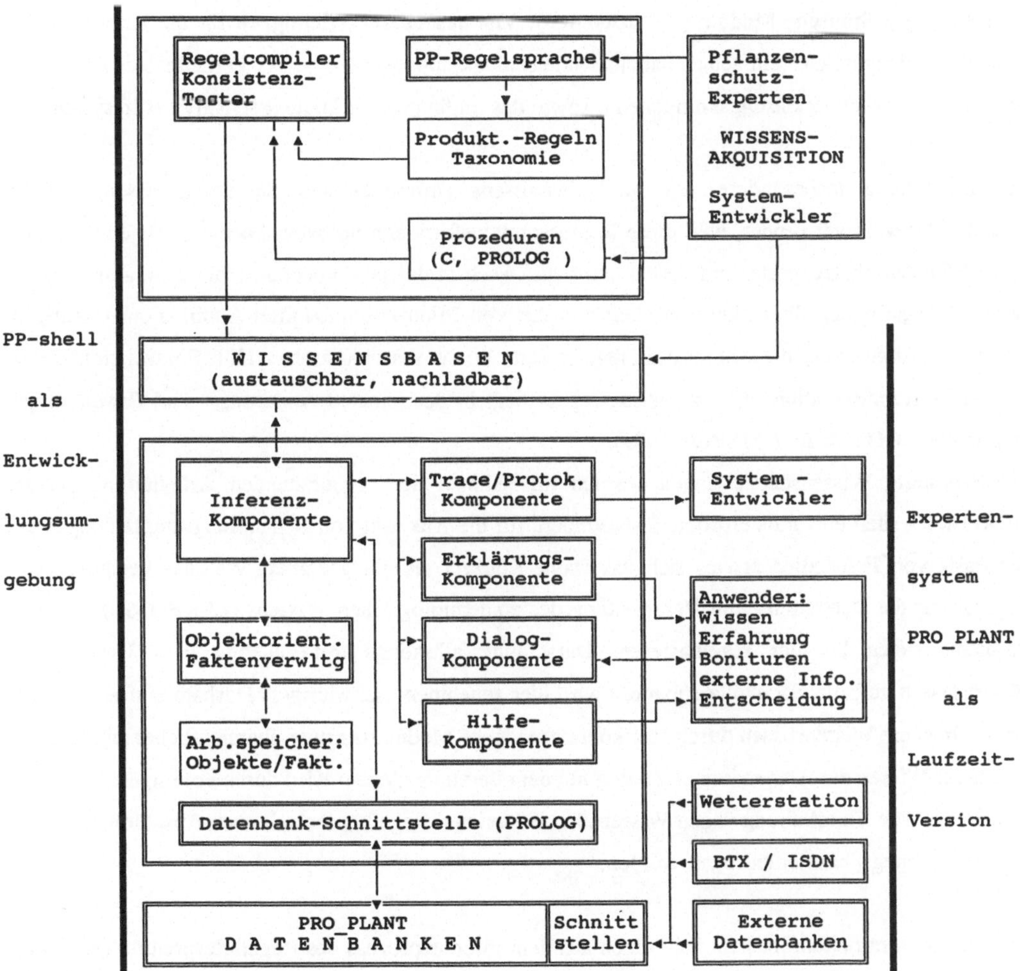

Abbildung 1:   Systementwurf des PRO_PLANT - Expertensystems

Der Systementwurf für PRO_PLANT (Abbildung 1) besitzt alle charakteristischen Merkmale eines Expertensystems: Phytomedizinisches und beratungspraktisches Wissen sind in modularen Wissensbasen enthalten, die mit Hilfe der Inferenzkomponente zielgesteuert interpretiert werden. Erwerb und ständige Pflege der Wissenselemente erfolgen über die Akquisitionskomponte einer speziellen PRO_PLANT - shell. Große Teile des Faktenwissens (z.B. Wetterdaten) sind in internen PRO_PLANT-Datenbanken abgelegt, die zwecks Aktualisierung mit externen Datenbanken, digitalen Meßwertgebern (automatische Wetterstation) und Datenfernübertragungseinrichtungen gekoppelt werden können (PFEIFFER 1991). Für spezielle Aufgaben (Pflanzenentwicklungs-Modell, Wetterdatenanalyse) besitzt das Expertensystem auch rein algorithmische Module (C-Prozeduren). Von besonderer Wichtigkeit für die Akzeptanz des Systems ist die möglichst einfach zu handhabende Dialogkomponente, eine das Verhalten des Beratungssystems erläuternde Erklärungskomponente sowie das umfangreiche kontext-sensitive Hilfesystem.

Zur Darstellung insbesondere des Methodenwissens (Inferenz- und Steuerungswissen) werden Produktionsregeln verwendet, weil diese Repräsentationsform den verbalen Formulierungen der beteiligten Pflanzenschutzexperten am besten entpricht. Auch in der phytomedizinischen Literatur wird die Entscheidungsfindung über Notwendigkeit und Art von Pflanzenschutzmittel-Applikationen häufig in Baum-Form dargestellt, die sich leicht in regelbasierte Wissensbasen umsetzen läßt. Ein weiterer Vorteil der Wissensrepräsentation mit Produktionsregeln liegt in der leichten Änderungs- und Erweiterungsmöglichkeit (COY & BONSIEPEN 1989).

Frame-basierte Wissensdarstellungen wurden im Rahmen der vorbereitenden Arbeiten mittels der NEXPERT - shell ebenfalls erprobt. Insbesondere für die Auswahl von Behandlungsempfehlungen auf der Basis von Fallstudien erwies sich das frame-Konzept als gut geeignet. Weniger geeignet ist es dagegen für die Darstellung und Verarbeitung des epidemiologischen Wissens (EPKE 1990).

Probleme treten bei der regelbasierten Darstellung allerdings mit zunehmendem Umfang der Wissensbasen auf; die Nachvollziehbarkeit wird hier zunehmend schwieriger. Deshalb wurde versucht, umfangreichere Wissensbasen durch eine kontextbezogene Modularisierung übersichtlicher zu gestalten. Fehlendes Wissen des Anwenders im Dialog mit dem Beratungssystem wird durch voreingestellte Werte überbrückt. Die Verarbeitung vagen Wissens bei Fakten und Regelköpfen soll nach Abschluß der ersten Praxiserprobungsphase einbezogen werden.

Die Wissensverarbeitung besteht zum einen aus dem Inferenzprozess des Regelinterpreters, der mittels Resolutionsverfahren (Unifikation mit backtracking) die Zielformel zu verifizieren sucht. Für die globale Ablaufsteuerung werden - wie bei diagnostischen Expertensystemen mit nur wenigen Aktionsalternativen üblich - die zielgesteuerte Rückwärtsverkettung mit Tiefensuche verwendet. Um die Effizienz des Inferenzprozesses durch Einengung des Suchraumes zu steigern, werden beratungsspezifische Heuristiken in Form von Metaregeln zur lokalen Ablaufkontrolle hinzugefügt (z.B. THUY & SCHNUPP

1989).

Nicht-monotones Schließen ist zur Zeit nur in einer rudimentären Form möglich (Rücknahme von Anwender-Antworten löst Löschen der spezifischen Falldaten und internes Rücksetzen der Konsultation aus).

Den Systemkern des stark modularisierten PRO_PLANT - Konzeptes bilden 9 krankheitsspezifische Wissensbasen zur detaillierten Analyse des Gefährdungspotentials im jeweiligen Schlag in Abhängigkeit unter anderem vom Witterungsverlauf (FRAHM 1989). Jede dieser krankheitsspezifischen Wissensbasen enthält ihrerseits mehrere Teil-Module zur Feststellung von Behandlungsnotwendigkeiten in allen beratungsrelevanten EC-Stadien der Pflanzenentwicklung (zwischen 1-Knoten-Stadium EC 31 und Beginn der Blüte EC 61). Dabei müssen u.a der Stickstoffstatus und die Wachsschicht-Ausbildung der Pflanzen berücksichtigt werden, die in separaten Wissensbasen bzw. Funktionen erschlossen werden. Um die Anzahl der zu konsultierenden erregerspezifischen Wissensbasen pro Schlag möglichst klein zu halten, wurde ein Grobdiagnose-Modul vorgeschaltet, das die in der aktuellen Beratungssituation (infolge geringen Erregerpotentials, hoher Sortenresistenz, längerer Inkubationszeit oder anwenderspezifischer Ertragserwartung) unkritischen Erreger von der weiteren Analyse ausschließt.

Im anschließenden Behandlungsmodul wird im Rahmen einer Dominanzanalyse anhand der nun vorliegenden Einzeldiagnosen überprüft, welche Erreger vorrangig bzw. nachrangig zu bekämpfen sind. In einem mehrstufigen Selektionsprozess kann daraus unter Berücksichtigung insbesondere von Umweltauflagen (z.B. Wasserschutz-Auflagen, Bienenschutz-Auflage) und Wirkungsspektren (Wirkung gegen mehrere Erreger) eine Liste empfohlener Pflanzenschutzmittel abgeleitet werden. Aus dieser Empfehlungsliste wählt der Landwirt dann dasjenige Präparat aus, das ihm unter preislichen und betrieblichen Aspekten geeignet erscheint. Dazu erhält er systemseitig zusätzliche Informationen über den optimalen Behandlungszeitraum, die erforderliche Aufwandmenge, einzuhaltende Abstände zu angrenzenden Gewässern sowie Hinweise zum Selbstschutz und zur umweltfreundlichen Entsorgung von Spritzmittelresten. Abschließend bekommt der Anwender eine Empfehlung für den nächsten Konsultationstermin des Beratungssystems.
Die Schläge eines Betriebes werden vom System entsprechend der Notwendigkeit weiterer Konsulationen in Prioritätsstufen eingeordnet, damit der Landwirt jederzeit den Überblick über seine Schläge behält. Vor Beginn einer Folge-Konsultation für einen Schlag prüft ein Erfolgskontrolle-Modul zunächst die Wirksamkeit zuvor eventuell durchgeführter Pflanzenschutzmittel-Maßnahmen.
Alle zum Konsultationszeitpunkt erforderlichen aktuellen Fakten über schlagspezifische Stamm- und Bewegungsdaten, den Witterungsverlauf und Sorteneigenschaften werden in speziellen Datenbanken vor-gehalten und über Kommunikations- und Protokoll-Module dem Inferenzprozess zur Verfügung gestellt.
Über die Dialogkomponente wird der Anwender mit seinem Erfahrungswissen und seinen Feldbefunden

in die Entscheidungsfindung eingebunden.

Das in PRO_PLANT verfolgte Datenbankkonzept soll im folgenden Abschnitt etwas ausführlicher dargestellt werden.

3.3 Datenbankkonzept

Das PRO_PLANT - Datenbanksystem (Abbildung 2) besteht aus

- den Datenbanken Wetter, Schlag, Sorten, Beizmittel und Pflanzenschutzmittel; die Datenbanken unterscheiden sich erheblich bzgl. Inhalt, Größe (Zahl der Attribute, Einträge), Zugriffsmöglichkeit durch den Anwender und Zugriffshäufigkeit.
- einem aus Zugriffs-Primitiven und datenbankspezifischen Methoden aufgebauten Datenbankverwaltungssystem auf der Basis von Prolog-Datenbank-Prädikaten.

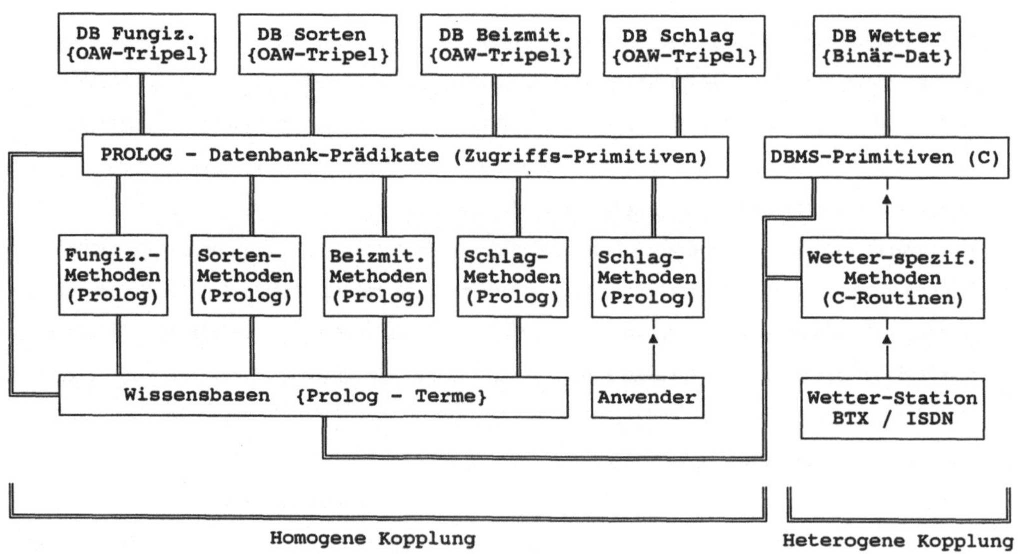

Abbildung 2:   Das PRO_PLANT - Datenbankkonzept

Nach der Einteilung der Kopplungsansätze von Expertensystemen mit Datenbanken von TISCHENDORF (1989) handelt es sich hier (mit Ausnahme der Datenbank Wetter) um einen "homogenen" Ansatz, weil die deduktiven Funktionen von PRO_PLANT durch Prädikate zur Datenbank-Verwaltung in der gleichen Programmierumgebung (PDC-Prolog) erweitert wurden. Speziell kann mit TISCHENDORF von einem "erweiterten deduktiven" Datenbanksystem mit Hintergrund-Speicherverwaltung und B-Baum als Zugriffssystem gesprochen werden.

Grundlage sind die als Datenbank-Prädikate in PDC-PROLOG implementierten Zugriffs-Primitiven zur Verwaltung einer "externen" Prolog-Datenbank. Auf diese wurden eigene komplexere Zugriffsprädikate aufgesetzt, um eine bestmögliche Anbindung der Datenbanken an die PRO_PLANT - shell zu erreichen.

Als Vorteile dieses "homogenen" Koppelungs-Konzeptes werden angesehen:

- Keine zusätzlichen Lizenz-Kosten eines Fremd-DBMS für den Landwirt, da PDC PROLOG-files lizenzfrei weitergegeben werden können.

- Relativ einfache Realisierung, da DBMS-Prädikate in der verwendeten Prolog-Version bereits weitgehend vorhanden sind.

- Einheitliche Programmierumgebung erleichtert Erstellung und Pflege der Datenbanken.

Der Nachteil der homogenen Kopplung liegt vor allem in der relativen Abgeschlossenheit, die eine Anbindung an andere externe Datenbanksysteme erschweren kann.

Das homogene Kopplungskonzept erscheint dennoch hier als sinnvolle Lösung, da PRO_PLANT ein weitgehend selbständiges System ohne unbedingte Notwendigkeit zum Datenaustausch mit anderen Datenbanksystemen ist. Die Datenbanken für Sorten, Beizmittel, Fungizide müssen ohnehin zentral angelegt und fortgeschrieben werden und erlauben auch keine Schreibzugriffe durch den Anwender. Nur die PRO_PLANT-eigene Schlag-Datenbank ist vom Anwender selbst zu pflegen. Hier kann der Wunsch nach Anbindung einer fremden Schlag-Datenbank bestehen, die gegebenenfalls um pflanzenschutz-spezifische Informationen erweitert werden müßte.

Die sehr einfach strukturierte und in der Regel (d.h. bei Existenz einer automatischen Klein-Wetterstation bzw. BTX/ISDN-Anbindung) automatisch fortgeführte Wetter-Datenbank ist - wie unten näher erläutert - vom homogenen Kopplungskonzept ausgenommen.

Das formale Datenbank-Modell von PRO_PLANT basiert auf OAW-Tripeln (Objekt, Attribut, Wert). Die Objekte mit gemeinsamer Attributmenge werden zu Entity-Typen (z.B. SCHLAGETER & STUCKY, 1983) zusammengefaßt; zum Beispiel enthält der Entity-Typ "Fungizid" alle Pflanzen-schutzmittel mit den Attributen Bienenschutzauflage, Wasserschutzauflage, usw. Um Beziehungen zwischen zwei Entity-Typen modellieren zu können, werden Beziehungs-Typen (z.B.: Mittel hat Wirk-stoff) und darauf aufbauend Kett-Records gebildet. Die Kett-Records können als Entity-Typen aufgefaßt werden, deren Entities nunmehr zusammengesetzte Objekte (z.B.: Mittel.Wirkstoff) sind; ihre

Eigenschaften können wiederum durch OAW-Tripel dargestellt werden (WINTER 1991).

Diese einfache Form der Speicherung (anstelle zum Beispiel von n-Tupeln des relationalen Modells) wurde für den Prototyp gewählt, weil im Hinblick auf die noch nicht abgeschlossene Wissensakquisition mit einer häufigen Änderung bzw. Ergänzung von Attributen, mithin also mit Änderungen des konzeptuellen Datenmodells in den verschiedenen Wissensdomänen zu rechnen ist. Die elementare Form der OAW-Tripel läßt nachträgliche Änderungen leicht zu.

Die Verarbeitung solcher OAW-Tripel wird von Standard-Datenbank-Prädikaten in PDC-Prolog unterstützt. Der Datenaustausch zwischen der PRO_PLANT - shell und den verschiedenen Datenbanken kann damit stark normiert und vereinfacht werden.

Die Verwendung von OAW-Tripeln anstelle allgemeiner Prolog-Terme bringt aber auch Nachteile:

- Bei größerer Attribut-Anzahl wird die betreffende OAW-Datei rasch sehr groß.
- Der für die Zugriffsoptimierung aufzubauende B-tree wird stark aufgebläht, weil mit mehrstelligen Schlüsseln gearbeitet werden muß und die Zahl der Einträge sehr groß ist.
- Die Anzahl der Platten-Zugriffe erhöht sich daher stark, so daß Laufzeitprobleme resultieren können.

Das OAW-Konzept hat sich bei den bisherigen Arbeiten am Prototyp wegen seiner Flexibilität als sehr sinnvoll erwiesen. Bei der Wetter-Datenbank, in der pro Tag 59 Attributwerte verwaltet werden, führt es allerdings zu vergleichsweise großen Dateien und längeren Zugriffszeiten. Hier wurde deshalb vom Prinzip der homogenen Datenbank-Kopplung abgewichen und eine reine Binärdatei als Speicherungsform gewählt. Zugriff und automatische Aktualisierung erfolgen über C-Routinen, da die Berechnung der Wetterparameter eine rein algorithmische Aufgabe ist, die in Prolog nur umständlich zu lösen wäre. Durch die kompakte Speicherungsform (ca. 35 KB/Jahr) kann die Wetter-Datenbank zwecks Aktualisierung komplett in den Hauptspeicher geladen werden.

Nach Abschluß der Prototyp-Phase, also mit endgültiger Festlegung des konzeptuellen Modells, soll das formale Modell des PRO_PLANT - Datenbanksystems auf ein relationales Konzept umgestellt werden. Das relationale Datenbank-Konzept bietet gegenüber dem bei der Prototyp-Entwicklung verwendeten flexibleren OAW-Konzept einige Vorteile:

- kleinere Datenbanken und B-Bäume bei Speicherung von n-Tupeln
- weniger Platten-Zugriffe, damit besseres Laufzeitverhalten
- einfachere, besser verständliche Struktur der Datenbanken

Der Übergang vom OAW-Konzept zum (ausschließlich auf Entity-Typen fußenden) Relationen-Modell dürfte theoretisch keine Probleme bereiten, da die Kett-Records als Entity-Typen aufgefaßt werden können. Zur internen Speicherung bieten sich unter dem Aspekt der Speicherplatz- und Laufzeit-

Optimierung nun n-stellige Prolog-Terme als "Zeilen" der betr. "Tabelle" an. Wie erste Versuche mit der Pflanzenschutzmittel-Datenbank zeigen, ist dies wegen der unterschiedlichen Anzahl der erforderlichen Term-Argumente mit einem etwas höheren Verwaltungsaufwand für die Schnittstelle zwischen Expertensystem und Datenbanksystem verbunden.

3.4 Erklärungskomponente und Hilfe-System

Von besonderer Bedeutung für die Transparenz und Akzeptanz des Beratungssystems ist neben der "intelligenten" Oberfläche und dem kontext-sensitiven Hilfe-System eine auf Abruf zur Verfügung stehende systemseitige Erklärungskomponente. Sie ist in der Lage, zu jedem Zeitpunkt der Konsultation die folgenden Anwender-Fragen zu beantworten: Warum ist die Beantwortung dieser Frage an den Anwender im momentanen Stadium der Konsultation von Bedeutung? Wie ist das System zu der gestellten Diagnose bzw. empfohlenen (Nicht-) Behandlung gelangt?

Die "Warum" - Erklärungskomponente wird in drei Ausbaustufen verfügbar sein:

a) Rückverfolgung des Regel-trace (textlich und grafisch) mit expliziter Darstellung der Regeln in PRO_PLANT - Regelsprache; dies dient in erster Linie dem Austesten des Systems durch die Entwicklergruppe.

b) Rückverfolgung des Regel-trace mit kurzer textlicher Beschreibung der Regelinhalte durch automatisch zusammengefügte Text-Bausteine; diese Form der Erklärungskomponente ist insbesondere für Pflanzenschutz-Berater und andere fachkundige Anwender gedacht.

c) Ausgabe vorgefertigter Text- und Grafikbildschirme an wichtigen Knoten des Entscheidungsbaumes mit allgemein verständlichen Erläuterungen und Möglichkeiten der zusätzlichen Nutzung des Hilfe-Systems; diese Form dürfte für den normalen Anwender (Landwirt) in der Regel ausreichend sein. Der Nachteil dieser "statischen" Erklärungskomponte liegt in einer gewissen Inflexibilität und im erhöhten Aufwand bei der Änderung und Aktualisierung der Wissensbasen.

Die Beantwortung der "Wie" - Frage ist vor allem für die Entwicklergruppe bei den Systemtests von Interesse: Hierzu können alle verfizierten bzw. falsifizierten Regeln und alle systemseitigen Anfragen und Anwenderantworten ausgegeben werden.

4 Entwicklungsstand des Beratungssystems PRO_PLANT

Zur Akquisition und adäquaten Repräsentation des vielschichtigen Wissens und dessen Einbindung in ein ablauffähiges Gesamtsystem ist eine interdisziplinäre Kooperation zwischen Wissenschaftlern und Praktikern verschiedener Fachrichtungen erforderlich. Durch die Zusammensetzung der Projektgruppe aus Mitarbeitern der Landwirtschaftskammer Westfalen-Lippe und der Universität Münster sowie Einbindung erfahrener Pflanzenschutzpraktiker wurde versucht, diesen Erfordernissen Rechnung zu tragen.

Die DV-Arbeiten am PRO_PLANT-Projekt haben nach einer vorbereitenden Problemanalyse (EPKE et al. 1989) im September 1989 mit dem ersten Systementwurf begonnen. Im Unterschied zum üblichen Phasenkonzept des software-engineering erfolgt im Hinblick auf ein möglichst frühzeitiges Überprüfen der diversen Wissensbasen auf Vollständigkeit und Konsistenz eine weitgehend synchrone Entwicklung aller System-Module nach dem Prinzip des evolutorischen prototyping.

So wurde ein Teil der Wissensbasen während der ersten Entwicklungsphase mit Hilfe einer kommerziellen Expertensystem-shell (NEXPERT OBJECT) aufgebaut. Dies ermöglichte ein rasches Überprüfen auf Vollständigkeit und logische Konsistenz sowie eine Optimierung der Wissensrepräsentation und Schluß-Strategie. Für den Endanwender ist eine derartige Expertensystem-shell (auch als run time - Version) allerdings kaum geeignet, da sie hinsichtlich Speicherplatzbedarf, Laufzeitverhalten, kontextsensitiver Hilfe und Bedienungskomfort einer problemspezifischen Programmierung unterlegen ist.

Parallel dazu wurde daher eine auf PDC-Prolog basierende eigene PRO_PLANT-shell (vgl. auch Abbildung 1) entwickelt (VOGES 1989; VOGES et al. 1989), die

- den speziellen Erfordernissen der Entwicklung und weiteren Pflege des Beratungssystems bestmöglich entspricht;
- eine einheitliche, für alle Projekt-Mitarbeiter benutzbare Entwicklungsumgebung mit standardisierten Werkzeugen (z.B. Masken, Datenbank-Prädikaten) zur Verfügung stellt;
- den im Umgang mit Prolog wenig erfahrenen Entwicklern der diversen Wissensbasen eine sehr einfach strukturierte Regelsprache zur Verfügung stellt.

In diese speziell auf die PRO_PLANT-Bedürfnisse abgestimmte Regelsprache wurden auch die inhaltlich bereits geprüften NEXPERT-Wissensbasen überführt. Von der PRO_PLANT-shell werden dies mit Hilfe eines speziellen Übersetzers in PDC-Prolog umgesetzt und gemeinsam mit den anderen Komponenten zu einer ausführbaren Laufzeitversion compiliert, wobei wegen des beschränkten Hauptspeicherplatzes mit overlays gearbeitet werden muß.

Diese mehrstufige Vorgehensweise bei der Realisierung des Expertensystems bis hin zur Anwender-Version ist erforderlich, weil

- an der Entwicklung der diversen Wissensbasen Fachwissenschaftler und Pflanzenschutz-Praktiker mit sehr unterschiedlichen Programmierkenntnissen teilnehmen,

- das fertige Beratungssystem auf üblichen PCs (Standardkonfiguration: 640 KB RAM, Festplatte) unter dem Betriebssystem MS-DOS mit akzeptablen Ausführungszeiten lauffähig sein soll und

- dem Landwirt keine zusätzlichen Kosten durch Ankauf kommerzieller software (shells, interpreter, Datenbank-Verwaltungssysteme etc.) entstehen sollten.

Die ersten praktischen Tests der einzelnen Module des PRO_PLANT-Systems in Zusammenarbeit mit Pflanzenschutzberatern an den Kreisberatungsstellen des Kammerbezirkes der Landwirtschaftskammer Westfalen-Lippe und erfahrenen Landwirten aus den regionalen Arbeitskreisen sind zwischenzeitlich erfolgreich abgeschlossen. Umfangreichere Praxiserprobungen des Gesamtsystems im täglichen Routinebetrieb sollen mit Beginn der Vegetationsperiode 1992 landesweit in Nordrhein-Westfalen folgen. Der Ausbau von PRO_PLANT zu einem integrierten Pflanzenschutz-Beratungssystem mit speziellen Komponenten für Herbizide, Insektizide und Wachstumsregler unter Berücksichtigung aller wichtigen Feldfrüchte im Ackerbau hat bereits begonnen.

Dank: Für die Förderung dieses Forschungs- und Entwicklungsprojektes wird dem Minister für Umwelt, Raumordnung und Landwirtschaft des Landes Nordrhein-Westfalen gedankt.

Literatur

COY, W.; L. BONSIEPEN (1989):
Erfahrung und Berechnung. Kritik der Expertensystemtechnik. Informatik-Fachberichte 229. Springer, Berlin; 208 S.

DLG (1989):
Internationaler DLG-Computerkongress: Wissensbasierte Systeme in der Landwirtschaft, Deutsche Landwirtschafts-Gesellschaft (Hrsg.), Frankfurt.

ENZIAN, S., K. RÖDER & V. GUTSCHE (1989):
PC-Anwendung für Überwachung und Prognose im Pflanzenschutz. In: Nachrichtenblatt für den Pflanzenschutz in der DDR, Heft 2(3), 27-29.

EPKE, K., R. PFEIFFER, U. STREIT & K. WINTER (1989):
Entwicklung eines wissensbasierten Konzeptes für den umweltschonenden Einsatz von Pflanzenschutz-

mitteln in der Landwirtschaft. Werkstatt-Bericht Umweltinformatik, H. 1. Abtlg. Landschaftsökologie, Univ. Münster.

EPKE, K. (1990):
Formen der Wissensrepräsentation für ein Beratungssystem zum umweltschonenden Einsatz von Pflanzenschutzmitteln - dargestellt mittels der Expertensystem-Shell NexpertObject am Beispiel einer Wissensbasis für Puccinia recondita. Diplomarbeit am Fachbereich Geowissenschaften der Univ. Münster; 106 S. (unveröffentlicht).

FRAHM, J. & A. KNAPP (1986):
Ein einfaches Modell zur Optimierung von Fungizidbehandlungen gegen Pseudocercosporella herpotrichoides in Weizen. In: Gesunde Pflanzen 38(4), 139-150.

FRAHM, J. (1988):
Vor- und Nachteile von Kombinationspräparaten. In: Gesunde Pflanzen 40(4), 142-150.

FRAHM, J. (1989):
Die elektronische Wetterstation als Hilfsmittel für den Pflanzenschutz. In: Pflanzenschutz-Praxis 1, 41-43.

FRAHM, J.; TH. VOLK; U. STREIT (1990):
Konzeption eines Expertensystems für die Pflanzenschutzberatung der Landwirtschaftskammer Westfalen-Lippe. In: Reiner,L., Geidel,H., A. Mangstl (Hrsg.): Agrarinformatik, Bd. 18., Ulmer, Stuttgart; 143 - 153.

FRAHM, J. & U. STREIT (1991):
Chancen zur Minimierung des Einsatzes von Pflanzenschutzmitteln durch bessere Beratungskonzepte: Das PRO_PLANT - Projekt. In: ERNST, W.; HOPPE, W. & R. THOSS (Hrsg.): Gewässerschutz in urbanen und ländlichen Räumen; Materialien zum Siedlungs- und Wohnungswesen und zur Raumplanung, Bd 31; Münster; 121 - 136.

HOFFMANN, G.M. & V. STEPHAN (1989):
Entwicklung eines Expertensystems: "Bekämpfung des Echten Mehltaus an Winterweizen" In: Gesunde Pflanzen 41(10); 344-349.

PFEIFFER, R. (1991):
Einsatz automatischer Wetterstationen im Pflanzenschutz-Beratungssystem PRO_PLANT. Diplomarbeit am Fachbereich Geowissenschaften der Univ. Münster (unveröffentlicht).

PUPPE, F. (1988):
Einführung in Expertensysteme. Studienreihe Informatik, Springer, Berlin; 208 S.

SCHLAGETER, G. & W. STUCKY (1983):
Datenbanksysteme: Konzepte und Modelle. Teubner Studienbücher Informatik; Stuttgart; 368 S.

SCHRÖDTER, H. (1987):
Wetter und Pflanzenkrankheiten. Biometeorologische Grundlagen der Epidemiologie., Springer, Hamburg.

STREIT, U.; J. FRAHM (1990):
PRO_PLANT - Ein wissensbasiertes Beratungssystem für den umwelt-schonenden Einsatz von Pflanzenschutzmitteln in der Landwirtschaft. In: Workshop Umweltschutz-Technologie 15.3.90 in Leipzig; S. 197 - 222.

THUY, N.H.C.; P SCHNUPP (1989):
Wissensverarbeitung und Expertensysteme. Handbuch der Informatik Bd. 6.1; Oldenbourg, München; 304 S.

TISCHENDORFF, M. (1989):
Möglichkeiten der Kontrolle und Analyse von Umweltdatenbanken durch Kopplung von Datenbank- und Expertensystemen. Informatik-Fachberichte Nr. 228; S. 377-384.

VERRETT, J.C. & G.M. HOFFMANN (1989):
Schwellenorientiertes Entscheidungsschema für eine epidemiebezogene Bekämpfung von Septoria nodorum (Berk.) an Weizen. In: Gesunde Pflanzen 41(4), 147-159.

VOGES, U. (1989):
Konzeption einer Micro - shell als Entwicklungswerkzeug für das wissensbasierte System PRO_PLANT. Werkstattbericht Umwelt-Informatik; Abteilung Landschaftsökologie des Institutes für Geographie der Univ. Münster.

VOGES, U., M. RUCKERT & J. FRAHM (1989):
WIFEX - Winterweizen Fungizid Experte. Ein wissensbasiertes System zur Ermittlung des Einsatz-zeitpunktes von Fungiziden gegen die Halmbrucherkrankung in Winterweizen. In: Reiner,L., H.Geidel & A.Mangstel: Agrarinformatik. Informationsverarbeitung Agrarwissenschaft Bd. 16, Ulmer, Stuttgart; 207-220.

VOLK, T. & J. FRAHM (1989):
Gezielter Fungizideinsatz gegen Rhynchosporium-Blattflecken an Wintergerste. In: Gesunde Pflanzen 41, 338-343.

VOLK, T. (1991):
Bekämpfen nach Befall und Witterung. DLG-Mitteilungen 4; 30-32.

VOLK, T. & FRAHM, J. (1991):
System PRO_PLANT: Wetterdaten auswerten. Die Landwirtschaftliche Zeitschrift für Produktion - Technik - Management (dlz) 3; 16-20

WINTER, K. (1991):
Entwicklung eines Beratungs-Moduls zur optimierten Auswahl von Fungiziden für Wintergetreide unter besonderer Berücksichtigung der Kopplung wissensbasierter und datenbankbezogener Verfahren. Diplomarbeit am Fachbereich Geowissenschaften der Univ. Münster; 149 S. (unveröffent-licht).

ZADOKS, J.C. & R.D. SCHEIN (1979):
Epidemiology and plant disease mangement. University Press, Oxford.

Anforderungen an wissensbasierte Systeme
im Gewässerschutz

Uwe Arnold
IKW Beratungsinstitut für Kommunalwirtschaft GmbH
Maximilianstraße 28b, D-5300 Bonn 1

Gerhard Rouvé
Institut für Wasserbau und Wasserwirtschaft (IWW),
Rheinisch-Westfälische Technische Hochschule Aachen (RWTH),
Mies-van-der-Rohe-Str. 1, D-5100 Aachen

KURZFASSUNG: Im Rahmen eines vom BMFT angeregten Forschungsprojektes wurde das Anwendungspotential wissensbasierter Systeme (WBS) in der wasserwirtschaftliche Planungs- und Verwaltungspraxis - speziell im Arbeitsgebiet "Gewässerschutz" - untersucht. Zum Arbeitsprogramm gehörten u.a. eine Systemanalyse, eine Bedarfs- und Machbarkeitsanalyse und die Erarbeitung eines computertechnischen Grundkonzepts. Als Ergebnis einer breit angelegten Umfrage und 30 detaillierter Interviews mit Fachexperten wurden insgesamt mehr als 30 potentielle Einsatzszenarien identifiziert. Darüber hinaus wurde festgestellt, daß Erfahrungswissen häufig in der Praxis eher implizit in Form von Fallmustern und Modellvorstellungen als explizit in Form heuristischer Regeln vorliegt. Die Entwicklung wissensbasierter Musterverarbeitungsmethoden und eine effiziente Integration modellgestützter Verfahren scheinen daher wesentliche Erfolgsschlüssel für die Anwendung der Wissensverarbeitungstechnologie in der Gewässerschutzpraxis darzustellen. Das auf der Grundlage der Einsatzszenarien und Anforderungsmerkmale entwickelte technische Sollkonzept sieht eine generische Wissensbasis für wasserwirtschaftliche Problemstellungen vor sowie objektorientierte Lösungsansätze für die Verknüpfung wissensbasierter Softwarekomponenten mit einem Geoinformationssystem (GIS), einer interaktiv-graphischen Systemoberfläche und externen Datenbanken. Die technische und organisatorische Machbarkeit eines objekt-orientierten hybriden Informationssystems wurde auf der Grundlage verfügbarer computertechnischer Erzeugnisse positiv beurteilt.

ABSTRACT: The main goal of a recently finished joint research project was to identify domains of high application potential for knowledge based systems (KBS) in water resources planning and management for the benefit of water resources protection. The project´s scope included a state-of-the-art review, a system analysis, a rigorous demand investigation and a feasibility study. In addition, a basic system concept (hardware and software) for fulfilling the requirements of the application domain was outlined. To analyse the demand for KBS in the water resources field, about 2000 questionnaires were distributed, and 30 in-depth interviews were carried out with experts in the field. This lead to the identification of more than thirty possible application scenarios. Moreover, it was found that field expertise very often consists of case and pattern knowledge rather than of heuristic rules. Therefore, a key to successful application of knowledge processing seems to lie in the development of knowledge based pattern recognition mechanisms and in the integration of model based methods. Consequently, the basic system concept, as outlined according to the demand profiles of the application scenarios, features a generic knowledge base for water resources problems and object-oriented methods for linking the KBS-components with a GIS, external data bases and interactive graphics user interfaces. Taking into account available software products and current developments, the feasibility of an object-oriented hybrid information system was judged positive.

1 Einleitung, Motivation

Der Gewässerschutz als wichtiges Teilgebiet wasserwirtschaftlicher Tätigkeiten umfaßt ein höchst umfangreiches Aufgabenspektrum, das von der Erhaltung und schrittweisen Qualitätsverbesserung der Gewässer und ihrer umgebenden Landschaften bis hin zur Sicherung verschiedener und häufig konkurrierender Nutzungen durch den Menschen reicht (s. Abb. 1). Vor allem gehört hierzu die zuverlässige Überwachung der Gewässer und ihrer Umgebung sowie die Verhinderung oder zumindest Minimierung von Schäden. Häufige Schadensursachen sind eine zu starke Wasserentnahme oder Schmutzstoffzugabe aus kommunalen, gewerblichen, industriellen und landwirtschaftlichen Quellen.

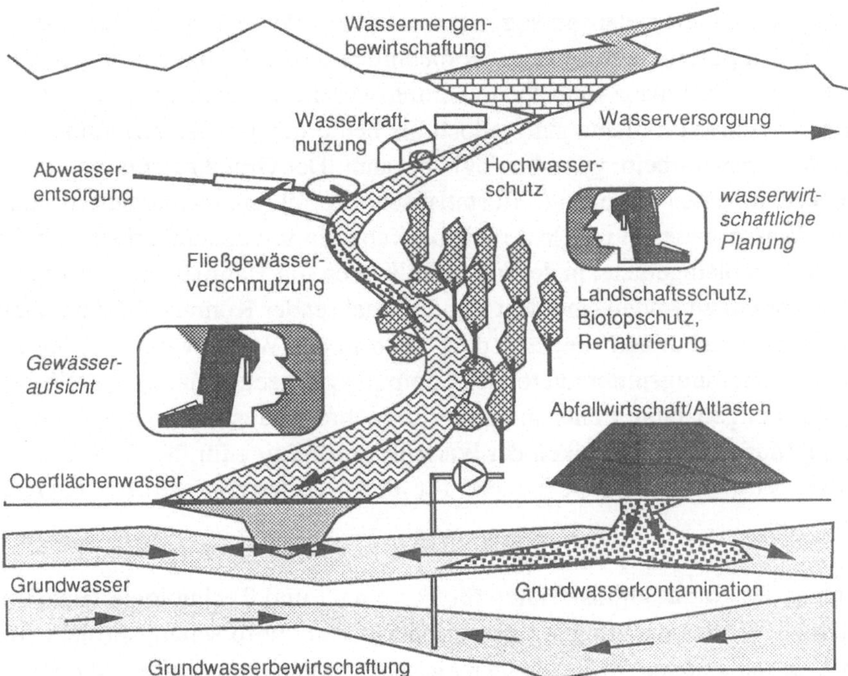

Abb. 1: Gewässerschutz im Spannungsfeld konkurrierender Wassernutzungen und hydraulisch/hydrologischer Wechselwirkungen

Der Gewässerschutz zählt zu den lebenswichtigsten Aufgaben wasserwirtschaftlicher Planungs- und Verwaltungsinstitutionen. Bereits jetzt stößt die Erhaltung der Gewässerlandschaften als hochwertige natürliche Lebensräume und die Sicherung der Trink- und Brauchwasserversorgung unserer Industrie-Gesellschaft auf erhebliche Probleme. Für die nahe Zukunft wird ein Anstieg dieser Probleme in bisher unbekannte Größenordnungen prognostiziert. Es ist zu erwarten, daß die Anforderungen an die informationstechnischen

Hilfsmittel im Gewässerschutz gleichermaßen steigen werden. Eine computertechnische "Sättigung" des Arbeitsfeldes "Gewässerschutz" ist daher nicht in Sicht.

Die Technologie der *Wissensverarbeitung* stellt eine der verfügbaren, für den Gewässerschutz jedoch weitgehend noch nicht genutzten informationstechnischen Innovationsressourcen dar. Gegenüber konventionellen DV-Systemen zeichnen sich *wissensbasierte* Systeme (WBS) durch eine wesentlich höhere Flexibilität im Umgang mit veränderlichen Wissenskomponenten, unvollständigen oder vagen Informationen und interdisziplinär feststellbaren Kausalzusammenhängen aus. Gerade diese unscharfen Grundlagen für die Entscheidungsfindung sind häufig mangels abgesicherter Daten oder exakter Berechnungsmethoden maßgeblich für Problemlösungen in der Gewässerschutz-Praxis.

Seit Mitte der 80´er Jahre gelangen sog. *wissensbasierte Systeme* (z.B. *Expertensysteme*) zunehmend in den praktischen Einsatz - vornehmlich in den Gebieten: Informationstechnik, Medizin, Chemie, Finanz- und Versicherungswesen, Maschinenbau usw. Im Bereich wasserwirtschaftlicher Probleme sind jedoch bis heute nur wenige erfolgreiche Anwendungen der Wissensverarbeitungstechnologie bekannt. Der Grund hierfür mag darin bestehen, daß algorithmische Methoden (z.B. statistische Verfahren, mathematisch-numerische Modelle) im Wasserwesen für viele Arbeitsbereiche ein unverzichtbares Hilfsmittel darstellen und daß Problemgebiete, in denen ausschließlich mit Heuristiken gearbeitet werden kann, hier nur selten zu finden sind. Mit ständig wachsender Komplexität und Vielschichtigkeit der Problemstellungen stiegen jedoch auch in der Wasserwirtschaft die Anforderungen an entscheidungsunterstützende Computerwerkzeuge und ihre Einsatzfunktionalität. Vor einigen Jahren entstand daher in mehreren Institutionen der Forschungsförderung die Motivation, Techniken der *Wissensverarbeitung* für das Anwendungsgebiet "Wasserwirtschaft" und hier besonders für den *Gewässerschutz* nachhaltig zu erschließen.

Auf Anregung des Bundesministeriums für Forschung und Technologie (BMFT) wurde daher Anfang 1989 das nachfolgend beschriebene Verbundforschungsprojekt *(Anforderungen an Expertensysteme im Gewässerschutz)* begonnen, das als Vorstudie für später zu spezifizierende Forschungs- und Entwicklungsvorhaben konzipiert war. Diese Vorstudie diente der Bedarfsermittlung und Machbarkeitsprüfung für wissensbasierte Systeme im Anwendungsfeld "Gewässerschutz". Partner in diesem Verbundforschungsprojekt waren: das *Institut für Wasserbau und Wasserwirtschaft,* das *Institut für Siedlungswasserwirtschaft* und das *Lehrgebiet für Wasser-Energie-Wirtschaft,* jeweils an der *Rheinisch-Westfälischen Technischen Hochschule Aachen (RWTH)* sowie die Firma *Infovation, Gesellschaft für innovative Informationssysteme mbH, Bonn.* Die Koordination des Projekts lag beim Institut für Wasserbau und Wasserwirtschaft. Die Laufzeit des Projekts erstreckte sich von Mai 1989 bis März 1990.

2 Aufgabenstellung

Das gemeinsame Ziel der Verbundpartner im Forschungsprojekt war es, durch eine systematische Bedarfs- und Machbarkeitsanalyse geeignete Einsatzszenarien für die Integration wissensbasierter Techniken in die wasserwirtschaftliche Planungs- und Verwaltungspraxis zu ermitteln (s. Abb. 2). Ein gewünschtes Ergebnis der Bedarfsanalyse sollte außerdem in cinem Überblick über den Methodeneinsatz und über computertechnische Technologiedefizite im Bereich des Gewässerschutzes bestehen, um künftige Forschungs- und Entwicklungstätigkciten gezielter an den Bedürfnissen der Anwender ausrichten zu können.

Ein weitergehendes wichtiges Ziel des Verbundvorhabens bestand darin, konzeptionelle Grundlagen für die Koordination und Bedarfsanpassung der späteren Entwicklung konkreter WBS für den Gewässerschutz zu schaffen. Auf der Anwendungsseite war hierfür ein Rahmen zur Festlegung der fachrelevanten Begriffswelt (taxonomischer Rahmen) zu erstellen. Auf der Technologieseite sollte eine weitgreifende Machbarkeitsstudie durchgeführt werden. Hierzu gehörten a) die "Übersetzung" der in den Einsatzszenarien festgelegten anwendungsspezifischen Erfordernisse in technische Systemanforderungen, b) die Durchführung einer aktuellen Marktstudie und c) die Überprüfung der WBS-spezifischen Methoden und Werkzeuge im Hinblick auf ihre Adäquatheit und mögliche Effizienz für die Behandlung wasserwirtschaftlicher Probleme. Zur Beurteilung der Machbarkeit wissensbasierter Systeme für Teilbereiche des Gewässerschutzes waren in diesem Zusammenhang sowohl die verfügbare Technologiebasis als auch eventuelle Technologiedefizite zu ermitteln.

Aufbauend auf den Ergebnissen der Bedarfs- und Machbarkeitsanalyse sollte schließlich ein geeignetes computertechnisches Grundkonzept (Soll-Konzept) formuliert werden, das die vielfältigen Anforderungen des Anwendungsgebiets "Gewässerschutz" erfüllt, weitestgehend das Angebot marktverfügbarer Produkte ausnutzt und das den bereits erkennbaren Trends der technologischen Fortentwicklung durch eine entsprechend offene und innovationssichere Gestaltung Rechnung trägt.

Zum Aufgabenumfang des Verbundvorhabens gehörte letztendlich auch die Konkretisierung geplanter Folgeaktivitäten zur Umsetzung der Untersuchungsergebnisse in Anwendersysteme. Falls es die Ergebnisse der Bedarfs- und Machbarkeitsanalyse erlaubten, sollten hierzu einige besonders erfolgversprechende und thematisch zusammenhängende Einsatzszenarien gemeinsam mit kooperationsbereiten Anwendern als "Pilotanwendungsgebiete" ausgewählt werden. Am Beispiel dieser Pilot-Szenarien war die Eignung des Sollkonzepts zu überprüfen sowie der mögliche Aufwand und Nutzen einer technischen Systemrealisation darzustellen.

Abbildung 2 veranschaulicht die Aufgabenstellung des Verbundvorhabens, die daraus resultierenden Arbeitsblöcke und deren wechselseitige Bezüge.

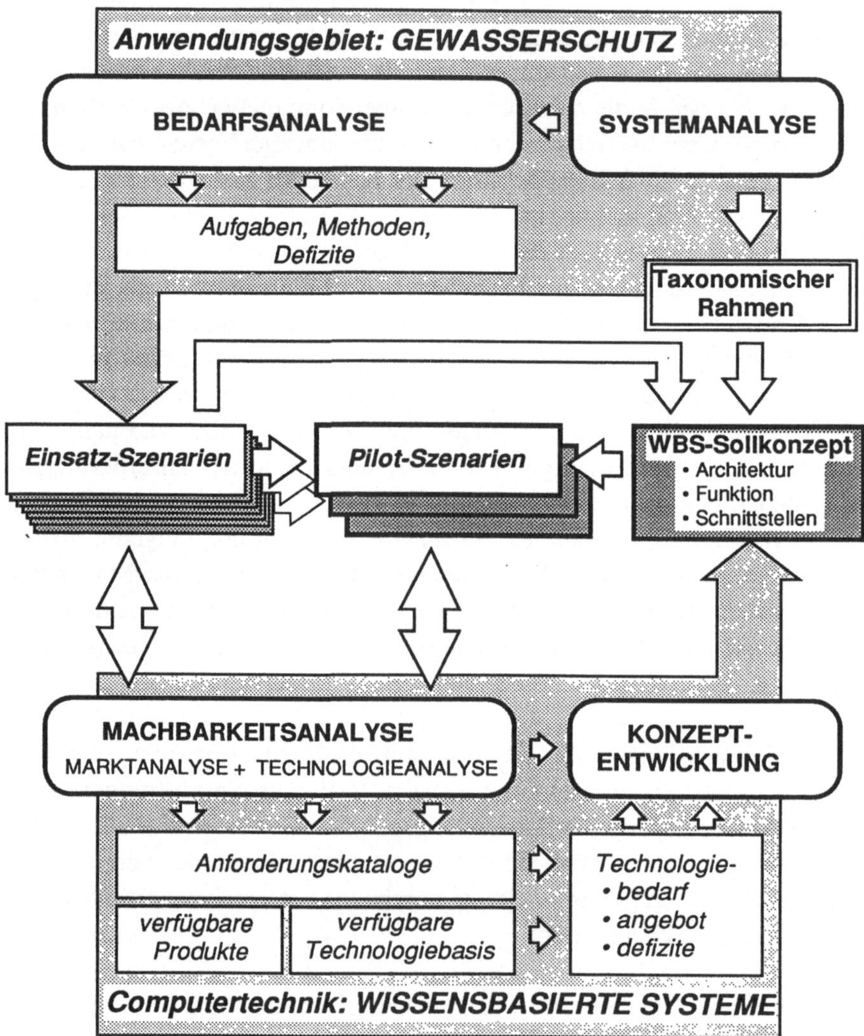

Abb. 2:   Projektübersicht: Aufgabenstellung, Zusammenhänge zwischen den einzelnen Arbeitsblöcken und angestrebte Ergebnisse

3 Ergebnisse

Eine detaillierte Darstellung der Ergebnisse des Verbundforschungsprojekts wurde 1991 in Buchform veröffentlicht [ARNOLD et al., 1991]. Nachfolgend werden die Ergebnisse der Untersuchungen zusammenfassend dargestellt. Hierbei wird unterschieden zwischen folgenden Arbeitsabschnitten des Projekts (s. Abb. 2): Systemanalyse, Bedarfsanalyse, Darstellung und Untersuchung von Einsatzszenarien, Systemkonzept-Entwicklung, Machbarkeitsanalyse incl. einer Darstellung möglicher Konsequenzen für Folgeaktivitäten. Ein weiteres Resultat der Arbeiten bestand in einer anwendungsorientierten Erläuterung der wissenschaftlich/technischen Grundlagen wissensbasierter Systeme und in einer zusammenfassenden Darstellung bisheriger WBS-Anwendungen im Bereich wasserwirtschaftlicher bzw. umweltbezogener Problemstellungen (55 identifizierte themenbezogene Systeme bzw. Projekte).

3.1 Systemanalyse

Das gewünschte Ergebnis der Systemanalyse bestand in der Entwicklung eines taxonomischen Rahmens wasserwirtschaftlicher Begriffe, d.h. einer systematischen Ordnung der Begriffe in übergeordnete Kategorien. Damit einhergehend sollte eine Festlegung der Begriffsinhalte sowie der Bezüge zwischen den Begriffen erfolgen.

Der taxonomische Rahmen sollte dazu beitragen, die im Bereich der Wasserwirtschaft gebräuchlichen Fachbegriffe zu vereinheitlichen, um eine Grundlage für die begrifflich-logische Kompatibilität der Wissensbasen bei Parallelentwicklung unterschiedlicher Anwender-WBS zu schaffen. Mit Rücksicht auf die Akzeptanz der zu entwickelnden Anwender-WBS bestand jedoch eine weitere Forderung darin, die Sichtweise und Terminologie der Anwender in speziellen wasserwirtschaftlichen Arbeitsbereichen möglichst realitätsnah nachzubilden (Forderung einer starken Praxisorientierung). Diese beiden Forderungen widersprechen einander. In Gesprächen mit Vertretern der wasserwirtschaftlichen Praxis und nach vergleichender Untersuchung der Informationsstrukturmodelle verschiedener wasserwirtschaftlicher Datenbanken erwies es sich, daß dieser Widerspruch und die daraus resultierenden Probleme wesentlich größer als ursprünglich erwartet sind.

Dies äußert sich vor allem dann, wenn eine einheitliche Begriffswelt von mehreren Anwendergruppen akzeptiert werden soll, die es gewohnt sind, mit unterschiedlichen Datenbanken zu arbeiten. Die Begriffs- und Bezugskonventionen einer Datenbank werden durch ihr logisches Datenmodell festgelegt. Anhand von Beispielen konnte gezeigt werden, daß die Unterschiede der logischen Datenmodelle verschiedener in der Wasserwirtschaft genutzter Datenbanken z.T. erheblich sind. Eine allgemein gültige Begriffs-"Normung" wäre hier nur zu erreichen, wenn die Informationsstrukturmodelle der existierenden Datenbanken an einen vorgegebenen Standard angepaßt würden. Angesichts des damit verbundenen Aufwandes ist diese Möglichkeit als völlig unrealistisch einzustufen.

Ein allgemeingültiger taxonomischer Rahmen konnte daher nur auf einer sehr abstrakten, übergeordneten Begriffsebene formuliert werden. Um trotz dieser Schwierigkeiten zu einer begrifflichen Kompatibilität zwischen unterschiedlichen Anwender-WBS zu gelangen, wurden Methoden für die Begriffsstrukturierung und -verzeigerung grob konzeptionell entwickelt. Gegenstand dieser Methoden ist es, bestehende Informationsstrukturmodelle (z.B. wasserwirtschaftlicher Datenbanken) in eine objektorientierte Repräsentation (Wissensrepräsentation mittels sog. "Frames") der Begriffs- bzw. Wissensstruktur zu "übersetzen". Datenbankspezifische Hilfsobjekte dienen hierbei dazu, logische Schnittstellen zwischen der Wissensbasis und mehreren externen Datenbanken implementieren zu können. Diese Konzepte werden in [ARNOLD et al., 1991] näher erläutert. Der wissensbasierte Zugriff auf externe Datenbanken und deren logische Verknüpfung stellt bereits ein besonders aussichtsreiches Anwendungsgebiet für die Verwendung wissensbasierter Systeme im Gewässerschutz dar und wird u.a. im Forschungsprojekt WINHEDA des FAW Ulm intensiv bearbeitet.

3.2 Bedarfsanalyse

Für die Durchführung der Bedarfsanalyse wurden zwei unterschiedliche Methoden eingesetzt: einerseits eine Umfrage, in der ca. 2000 Fragebögen verschickt wurden, und andererseits detaillierte Interviews mit Vertretern von Institutionen, die Aufgaben im Bereich des Gewässerschutzes erfüllen. Während die Umfrage darauf abzielte, einen möglichst breiten Überblick über in der Praxis eingesetzte EDV-Techniken, Probleme und Erwartungen zu erlangen, dienten die Interviews dazu, WBS-Einsatzszenarien zu identifizieren und vertiefte Informationen zu diesen Anwendungsgebieten zu erhalten. Der gewünschte "Breiten"- und "Tiefen"-Effekt konnte durch Kombination der genannten Methoden erreicht werden.

3.2.1 Umfrage

Vor der Versendung der Fragebögen wurden zunächst zwei Test-Umfragen durchgeführt, um praktische Probleme und eventuelle Unzulänglichkeiten in der Gestaltung des Fragebogens frühzeitig zu erkennen. Anschließend wurden ca. 2000 Exemplare eines sechsseitigen Fragebogens an Vertreter von Behörden, Wasserverbänden, Ingenieur- und Industrieunternehmen und Forschungsinstitutionen verschickt. Ca. 330 Fragebögen wurden ausgefüllt von den Befragten zurückgesandt. Dies entspricht einer für ähnliche Umfrageaktionen erstaunlich hohen Rücksendequote von mehr als 16%, die als Indiz für ein hohes Interesse der Anwender an der angesprochenen Thematik gewertet werden kann. Die Autoren weisen jedoch deutlich darauf hin, daß eine nach statistischen Gesetzen abgesicherte repräsentative Erhebung über die Verhältnisse im Arbeitsfeld "Wasser und Boden" weder beabsichtigt noch möglich war. Die Ergebnisse der Umfrage sind daher nur für den durch die Rücksendung der Fragebögen zufällig erfaßten Personenkreis aussagekräftig.

Die größte Zahl (ca. 28%) der Teilnehmer an der Umfrage entstammte dem Bereich der Ingenieurunternehmen (beratende Ingenieurbüros u.ä.). Ebenfalls stark vertreten (24%) waren Vertreter von Forschungsinstitutionen (z.B. Universitäten). Fachleute aus dem behördlichen Bereich stellten zusammengenommen etwa 23% der Umfrageteilnehmer. 10,3% entfielen auf Mitarbeiter in Industrieunternehmen, 7,3% auf den Bereich der Verbände, 0,9% auf Informationsdienste, und 18,5% der Umfrageteilnehmer ordneten sich der Kategorie "Sonstiges" zu. Mehr als die Hälfte aller Teilnehmer (56,5%) gab an, in leitender Stellung tätig zu sein.

Etwa drei Viertel der Teilnehmer nannten als Arbeitsgebiet ihrer Institution den Bereich "Oberflächengewässer", ca. 60% den Bereich "Grundwasser" und über die Hälfte (53,8%) den bereich "Abwasser". Auf die Arbeitsgebiete Trinkwasser, Boden und Abfall entfielen jeweils 45,6%, 46,5% und 38,9% (Mehrfachnennungen waren selbsverständlich möglich). Auf die Frage nach den Aufgabenbereichen der vertretenen Institution gaben zwei Drittel der Teilnehmer die Antwort "Planung und Beratung", gefolgt von "Überwachung" mit 36,5%. Die von den Umfrageteilnehmern selbst bzw. im Rahmen ihrer Abteilung bearbeiteten Fragestellungen wurden an anderer Stelle des Fragebogens konkreter ermittelt. Über die Hälfte (53,5%) der positiven Antworten entfiel hierbei auf die Kategorie "Wasserqualität/Gewässergüte", gefolgt von den Kategorien "Gewässerausbau usw." (51,4%), "Genehmigungsverfahren/UVA" (39,5%), "Wasserwirtschaftliche Rahmenplanung" (39,2%), Abwasserbehandlung/Kläranlagen" (38,9%) und "Altlastenbewertung/-sanierung" (35,3%). Eine direkte Tätigkeit im Aufgabenfeld "Störfallmanagement" war nur in 15,5% der zurückgesandten Fragebögen vermerkt worden.

Hinsichtlich der Einführung informationstechnischer Hilfsmittel sind u.a. die folgenden Einzelergebnisse bemerkenswert: Fast alle Teilnehmer (96,4%) bejaten die Frage, ob in ihrem Verantwortungsbereich Computer eingesetzt werden. Überwiegend (von ca. 90% der Computerbenutzer angekreuzt) sind dies jedoch im Bürobereich mit Standard-Software betriebene Kleinrechner (PCs). Auf Großrechenanlagen und Mehrplatzsysteme hatten weniger als die Hälfte Zugriff (jeweils ca. 41%), auf Workstations sogar nur etwa ein Viertel (25,2%). Bei Antworten auf die Frage nach häufig genutzter Software lagen übliche Bürosoftwarekategorien erwartungsgemäß an der Spitze (Textverarbeitung: ca. 79%, Graphiksoftware: 53%, Tabellenkalkulationsprogramme: ca. 40%), Datenbanken werden von ca. 44% der Umfrageteilnehmer genutzt. Für das wasserwirtschaftliche Arbeitsfeld charakteristisch ist darüber hinaus offensichtlich auch die relativ häufige Benutzung von Meßdatenverarbeitungssoftware (ca. 34%) und von Simulationsprogrammen (ca. 31%). Ca. die Hälfte der Teilnehmer gab an, daß Probleme bei der Informations- und Datenbeschaffung existieren. Fast ein Drittel (30,1%) bestätigte, daß Probleme bei der Benutzung von EDV-Werkzeugen auftreten, wobei ein relativ verbreitetes Problem in Schwierigkeiten bei der Benutzung von Datenbanken zu liegen scheint (25% aller Teilnehmer).

Mehr als der Hälfte aller Umfrageteilnehmer waren die Begriffe "Expertensysteme" und "Wissensbasierte Systeme" geläufig. Von diesen (Bezugsbasis) wurden als mögliche Einsatzbereiche für wasserwirtschaftliche WBS die folgenden favorisiert: Altlastenbewertung

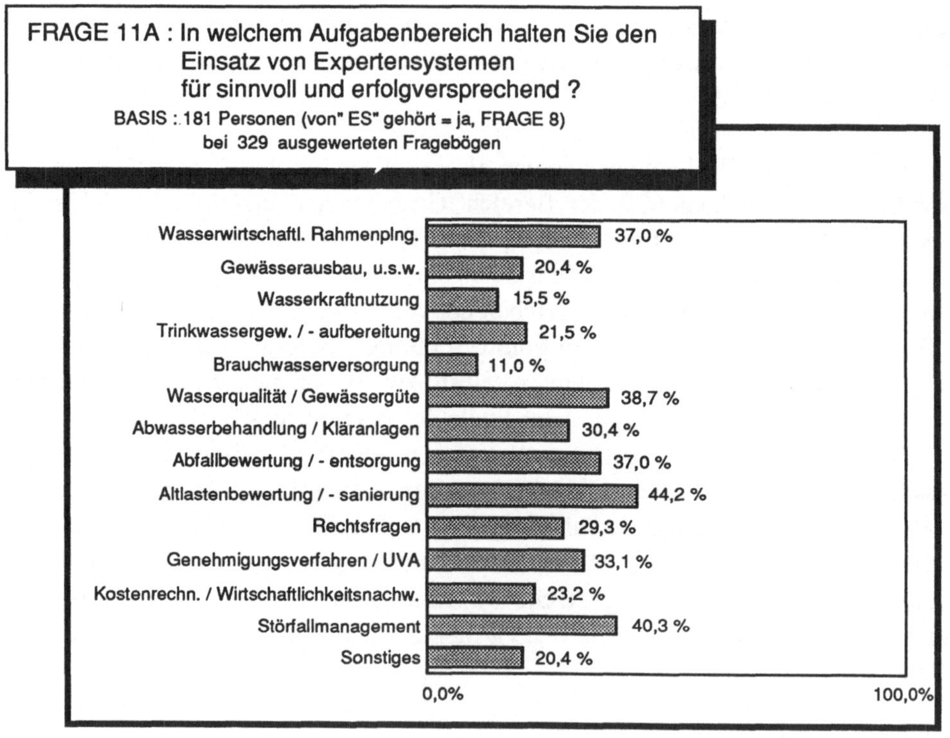

Abb. 3: Verteilung der positiven Antworten zur Frage nach möglichen wasserwirtschaftlichen Einsatzfeldern wissensbasierter Systeme.

und -sanierung (44%), Störfallmanagement (40%), Wasserqualität/Gewässergüte (39%), Abfallbewertung/-entsorgung (37%) sowie wasserwirtschaftliche Rahmenplanung (37%).

Besonders positiv wurden die Einsatzmöglichkeiten wissensbasierter Systeme von Vertretern der Ingenieur- und Industrieunternehmen sowie der Forschungsinstitutionen beurteilt. Teilnehmer, die aus dem Behörden- und Verbandswesen stammten, waren deutlich zurückhaltender. Der Altlastenbereich wurde von allen Teilnehmern unabhängig von Arbeitsstelle und Tätigkeitsgebiet eindeutig bevorzugt. Überdurchschnittlich hohe Prozentzahlen erhielt dieser WBS-Einsatzbereich unter Teilnehmern, die im Arbeitsgebiet "Grundwasser" (53,9%), "Boden" (59,3%) und "Abfall" (67,6%) tätig waren. Im gleichen Teilnehmerkreis erzielte der themenverwandte Aufgabenbereich "Abfallbewertung/-entsorgung" ebenfalls überdurchschnittlich hohe Prozentzahlen (39,4%, 46,5% und 56,3%). Die im Bereich der Abwasserbehandlung/Kläranlagentechnik und allgemein mit Oberflächengewässerfragen Beschäftigten favorisierten nach der Altlastenthematik vor allem die Fachbereiche "Wasserqualität/Gewässergüte" und "Störfallmanagement" (41% bis 49%). Unter Vertretern von Ingenieurunternehmen war das "Störfallmanagement" sogar das am häufigsten genannte potentielle WBS-Einsatzgebiet (58,7%).

Vergleicht man diese Zahlen mit den Ergebnissen der Frage nach den eigenen Aufgabengebieten, so nimmt die bevorzugte Auswahl des Bereichs "Störfallmanagement" eine gewisse Sonderstellung ein: Obwohl nur 15,5% aller Befragten angaben, beruflich mit Fragen des Störfallmanagements beschäftigt zu sein, waren mehr als 40% aller derjenigen, die bereits von "Expertensystemen" gehört hatten, der Meinung, das Aufgabengebiet "Störfallmanagement" eigne sich besonders für den Einsatz der Wissensverarbeitungstechnik. In etwas geringerer Deutlichkeit trifft der Umstand der überproportionalen Nennung als Zielgebiet für wissensbasierte Systeme auch für Altlasten-, Abfall- und Rechtsfragen zu. Auch wenn die Bezugsbasis der Prozentzahlen zu Frage 11a nur etwas mehr als die Hälfte der Gesamtzahl aller Teilnehmer beträgt, so deuten die o.g. Besonderheiten dennoch darauf hin, daß hier von den Umfrageteilnehmern nicht ausschließlich die Aufgabengebiete des eigenen Verantwortungsbereichs in Betracht gezogen wurden.

Mit der folgenden Frage wurde versucht, Hinweise auf die Erwartungen der Anwender bezüglich Nutzen und Zweckbestimmung gewünschter wissensbasierter Systeme zu erhalten. Sechs Problemkategorien wurden von jeweils mehr als einem Viertel der Bearbeiter dieser Frage quasi als "Zielbereiche für Verbesserungen durch Einsatz der Wissensverarbeitung" genannt: 1. Auswahl geeigneter Verfahren (42%), 2. Informations- und Datenbeschaffung" (ca. 41%), 3. mangelnde Verfügbarkeit von Spezialwissen (35,4%), 4. Parameterschätzung (32%), 5. Weitergabe von Informationen/Arbeitsergebnissen (29,3%) und 6. Zugriff auf Datenbanken (26%).

Die Auswahl der "Spitzenreiter" 1, 3 und 4 ist hierbei nicht ungewöhnlich. Die Erhöhung der Verfügbarkeit von Spezialwissen stellt eine der dedizierten Zweckbestimmungen von Expertensystemen dar. Sie wird in vielen Publikationen zur Einführung in die Besonderheiten und Vorzüge dieser Technologie immer wieder hervorgehoben, so daß sich diese Erwartung beim Anwender unmittelbar mit dem Begriff Expertensysteme verbinden muß. Die Aufgaben "Verfahrensauswahl" und "Parameterschätzung" eignen sich besonders für assoziativ diagnostische Problemlösungsverfahren und wurden daher in zahlreichen Publikationen als besonders vielversprechende Einsatzgebiete für Expertensysteme klassifiziert.

Bemerkenswert erscheint die häufige Nennung der Problemgebiete "Informations- und Datenbeschaffung", "Weitergabe von Informationen und Arbeitsergebnissen" und "Zugriff auf Datenbanken". Schwierigkeiten in diesen Bereichen sind i.a. zunächst ein starker Antrieb für die Einführung leistungsfähiger Daten- und Informationsverwaltungssysteme (DBMS), wobei hier seit einigen Jahren vor allem Geo-Informationssysteme (GIS) eine ständig steigende Beachtung erfahren. Für wissensbasierte Komponenten werden in diesem Zusammenhang erst seit relativ kurzer Zeit vielversprechende Einsatzpotentiale

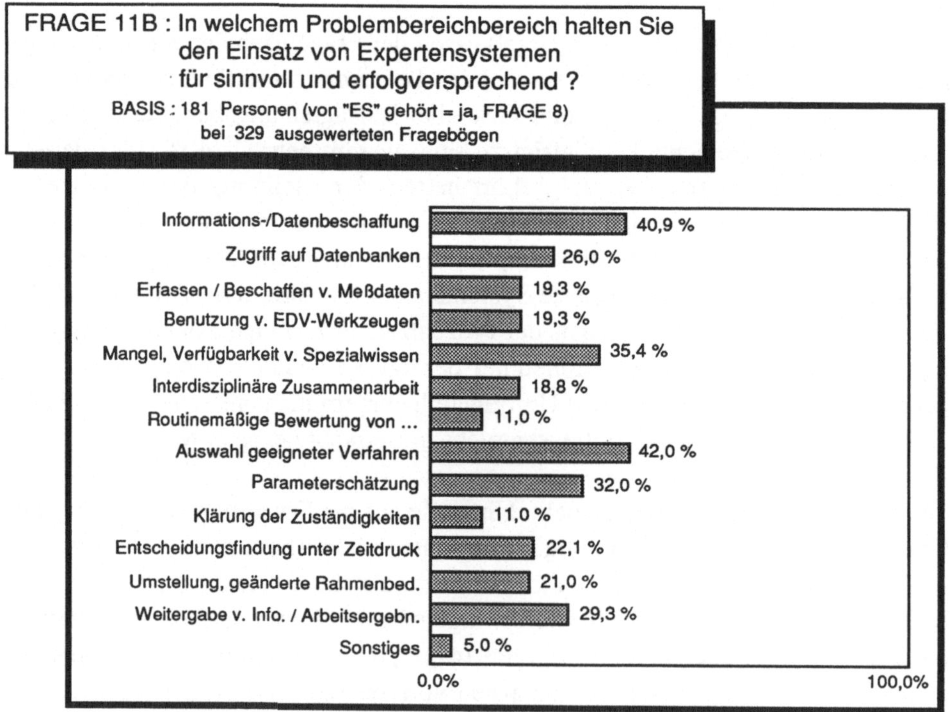

Abb. 4: Verteilung der positiven Antworten zur Frage nach dem erwarteten Problemlösungsbeitrag wissensbasierter Systeme.

gesehen, da die computertechnischen Voraussetzungen hierfür noch nicht lange erfüllt sind. Im Bereich des Daten- und Informationsmanagements sind weniger das "klassische Expertensysteme" als vielmehr in integrierte Informationssysteme eingebundene wissensbasierte Komponenten von Interesse (Stichworte: intelligente Informationssysteme, objektorientierte Datenbanken).

3.2.2 Interviews

Im Verlauf der Projektbearbeitung wurden insgesamt 30 Interviews mit potentiellen Anwendern durchgeführt. Die Interviews nahmen i.a. mehrere Stunden pro Sitzung in Anspruch und lieferten erwartungsgemäß wesentlich tiefgreifendere Informationen als die Umfrage. Um eine zusammenfassende Auswertung zu unterstützen, wurden die Interviews nach einem festgelegten Schema (6 Fragenkomplexe) durchgeführt und protokolliert (1: Charakterisierung des Interviewpartners und der vertretenen Institution, 2: Erfassung der bisher im Verantwortungsbereich des Interviewpartners vorhandenen und genutzten EDV-Infrastruktur bzw. Hardware/Software, 3: fachliche Aufgaben- und Problembereiche, 4: Erfassung der Kenntnisse über die Computertechnik wissensbasierter Systeme, ggf. Erläuterung, 5: Ermittlung potentieller WBS-Anwendungsgebiete im Arbeitsbereich des Interviewpartners, 6: Ermittlung der Kooperationsbereitschaft). Die Interviews zeigten, daß unter den potentiellen Anwendern wissensbasierter Systeme großes Interesse an dieser Technologie existiert und daß in aussichtsreichen Einsatzgebieten die Bereitschaft zu konkretem Engagement besteht. Als Ergebnis der Interviews wurden mehr als 30 Einsatzszenarien identifiziert (tabellarische Übersicht aller Szenarien und Kurzdarstellung der Szenarien incl. Beschreibung der Zielgruppe, des Anwendungshintergrunds, der WBS-Funktionsanforderungen und Entwicklungsrandbedingungen s. [ARNOLD et al., 1991]).

Eine der am häufigsten von den Interviewpartnern genannten Bedingungen für die praktische Verwendbarkeit wissensbasierter Systeme besteht in der Integrationsfähigkeit. Die zu entwickelnden neuartigen Computerwerkzeuge sind i.a. nur dann für den Anwender in der wasserwirtschaftlichen Praxis attraktiv, wenn sie sich in das bestehende Instrumentarium bewährter Datenverarbeitungstechniken effizient einbinden lassen. Sehr häufig wird hierbei die Integration in eine graphische Benutzerumgebung gewünscht, die Merkmale eines Geo-Informationssystems (GIS) und neuerer Hypermedia-Oberflächen aufweist. Immer wieder genannte Stichworte bei der Formulierung der Anwendererwartungen sind die Forderungen nach hoher Benutzerfreundlichkeit und nach hohem Bedienungskomfort. Zu letzterem gehört auch die Forderung, daß sich die zunächst mit umfangreichen Erklärungs- und Leitfunktionen ausgestattete Systemoberfläche schrittweise an den Fortschritt der Benutzererfahrung anpassen läßt, um die "lästige" Abarbeitung nicht mehr benötigter Dialogsequenzen bei Bedarf auszuschließen.

Der "Einstieg in die neue Technologie" soll nach Vorstellung vieler Interviewpartner zunächst am Beispiel eines eng umgrenzten Teilaufgabengebietes mit relativ geringem Hard- und Softwareaufwand (i.a. auf Mikrorechnern, vereinzelt bereits Bereitschaft zum Einsatz von Workstations) möglich sein. Bei Praxis-Bewährung und Erweiterung des Systems für komplexere Aufgaben- und Problemgebiete müssen jedoch die mit der "Einstiegsversion" gewonnenen Ergebnisse (z.B. bereits erstellte Wissensbasen) weiterhin genutzt werden können (Motiv: Zukunftsicherheit der Investitionen bei Einstieg in die Wissensverarbeitungstechnologie). Die Integrationsfähigkeit, gegenseitige Verknüpfbarkeit und modulare Erweiterbarkeit wissensbasierter Systeme für den Gewässerschutz stellt an den Entwickler höchste Ansprüche. Die Erfüllung dieser Ansprüche setzt ein von Anfang an koordiniertes und mit einheitlichem Gesamtkonzept abgestimmtes Vorgehen voraus.

Es ist bekannt, daß der Haupaufwand bei der Erstellung wissensbasierter Systeme für praktische Problemstellungen i.a. im Bereich der Wissensakquisition und -strukturierung entsteht. Im Rahmen der Interviews wurde daher auch versucht zu ermitteln, unter welchen Rahmenbedingungen eine eventuelle Wissensakquisitionstätigkeit stattfinden würde. In vielen Interviews konnte dabei ein grundsätzliches Problem festgestellt werden. Auf die Frage, wie hoch der auf Erfahrungswissen begründete Anteil der im Berufsalltag zu treffenden Entscheidungen einzuschätzen sei, lautete die typische Antwort: "Fast 100%". Die nächste Frage, ob denn aus der Berufserfahrung "Faustregeln" entstanden seien (z.B. *"Wenn Bedingung A und Bedingung B oder Bedingung C zutreffen, dann folgt Sachverhalt D...."*) wurde dagegen sehr häufig verneint. Die Berufserfahrung äußerte sich stattdessen vielfach in der Kenntnis typischer Fälle, Situationsmuster und bereits betreuter vergangener Projekte. Ausgehend von Faktenwissen über die gegebene Aufgabenstellung und den Aufgabenkontext folgt die übliche Strategie der Problemlösung offenbar häufig dem "Pfad", zunächst eine "Vorlage", d.h. ein vergleichbares bekanntes Fallmuster zur vorliegenden Problemstellung, zu finden, identische und unterschiedliche Fallmerkmale zu differenzieren und die aus dem Analogieschluß resultierenden Handlungsempfehlungen entsprechend anzupassen. Der schnelle assoziative Zugriff auf erlernte typische Fallmuster scheint im beruflichen Alltag daher eine sehr wichtige und unmittelbare Rolle in der Nutzung von Erfahrungswissen zu spielen, während die induktive oder deduktive Verarbeitung expliziter Heuristiken wohl erst nach geeigneter Abstraktion und Formalisierung möglich wird. Hinzu kommt, daß die im Bereich des Gewässerschutzes tätigen Fachexperten für die Beurteilung von Sachverhalten vielfach auf ein profundes (intuitives) Verständnis für die zeitliche Dynamik und räumliche Struktur wasserwirtschaftlicher Systeme zurückgreifen müssen, d.h. auf Modellvorstellungen, die informationstechnisch wohl am ehesten mit Hilfe von Simulationsmodellen abgebildet werden können.

3.3 Einsatzszenarien

Die im Rahmen der Interviews identifizierten Einsatzszenarien wurden tabellarisch gegenübergestellt und nach einem einheitlichen Schema näher beschrieben (Arbeitstitel, Funktionstyp, Fachbereich, Zielgruppe, Aufgabenstellung, funktionale WBS-Spezifikation, Entwicklungs-Randbedingungen und Hinweise auf Literatur und themenverwandte Forschungsvorhaben). Auf eine Einzeldarstellung muß im Rahmen dieses Beitrags verzichtet werden (s. hierzu [ARNOLD et al., 1991]. Bei der Vielzahl der unterschiedlichen Einsatzszenarien sind die folgenden Szenarienklassen besonders häufig vertreten:

A   <u>Unterscheidung nach Gegenstand und Wissensdomäne:</u>

Am häufisten vertreten sind hier direkte Zuordnungen (14) zur Funktionsgruppe "Unterstützung der Auswahl, Konfigurierung, Bedienung und Beurteilung von EDV- oder Meßsystemen bzw. -werkzeugen". Einerseits gehören hierzu Szenarien, die im Zusammenhang mit dem Zugriff und der Nutzung von Datenbanken bzw. Informationssystemen stehen. Andererseits fallen in diesen Funktionsbereich auch WBS-Anwendungen zur Auswahl, Initialisierung und fachgerechten Anwendung von Softwareerzeugnissen und Meßwerkzeugen .

Unter den gewässerbezogenen Einsatzklassen überwiegt die Anzahl der Szenarien, die dem Oberflächengewässerbereich direkt zuzuordnen sind (12), wobei hier sowohl fließgewässer- als auch stauanlagenbezogene Themen und sowohl Mengen- als auch Qualitätsaspekte zusammengefaßt wurden.

Die dritthäufigste Gruppe (7 direkte Zuordnungen) betrifft den Bereich "Abwasser-, Kanalisation, Kläranlagen". Hier wurden ebenfalls mehrere Aspekte, beginnend beim Einleiter über das Kanalnetz bis hin zu Kläranlage und der Schnittstelle zum Vorfluter, zusammengezogen.

B   <u>Unterscheidung nach dem Funktionstyp:</u>

Mit deutlichem Abstand vor allen anderen Funktionstypen (26 direkte Zuordnungen) dominiert hier der WBS-Einsatz für die Beratung-, Auskunfterteilung, Anwenderführung und Bedienungsanleitung (WBS als komfortable computergestützte "Gebrauchsanweisung"). Allerdings ist diese Funktionsbeschreibung so allgemein gefaßt, daß sie zusammen mit einer anderen Kategorie in den meisten Fällen zutrifft. Die o.g. allgemeine Funktionsbeschreibung des Beratungssystems entspricht dem Grundwunsch fast aller Anwender, durch das WBS Hilfe und Entscheidungsunterstützung zu erhalten, jedoch nicht dem WBS "ausgeliefert" zu sein (maschineneigene Kontrollfunktion und Entscheidungskompetenz).

Am zweithäufigsten vertreten (13 direkte Zuordnungen) ist der "echte" WBS-Anwendungstyp der Analyse-Systeme. WBS werden also im Bereich des Gewässerschutzes häufig zur Unterstützung von Bewertungs- bzw. Beurteilungsaufgaben gewünscht, insbesondere wenn diese Aufgaben im Rahmen zeitkritischer Situationen (z.B. Störfallmanagement) oder komplexer Zusammenhänge (z.B. Gewässerüberwachung, Wasserqualität und -güte) auftreten.

Der dritthäufigste Funktionsbereich (10 direkte Zuordnungen) fällt z.T. in den allgemeinen Bereich der Analyse-Systeme, z.T. ebenfalls in den Bereich der Synthese-Systeme: Methodenauswahl und Parameterschätzung. Dieses schon fast "klassische" WBS-Einsatzgebiet ist im Bereich des Gewässerschutzes aufgrund der häufigen Verwendung von Berechnungs- und Simulationsmodellen und infolge komplexer Aufgaben im Bereich der Meßdatenerfassung und Wasseranalytik ebenfalls relativ bedeutend.

Bemerkenswert ist schließlich der Wunsch vieler Anwender in unterschiedlichsten Arbeitsgebieten durch ein WBS Unterstützung in der Beantwortung folgender Fragen zu erlangen: *"Wer macht was?"* (Kontext- und Kompetenzsuche im fach- und problembezogenen Arbeitsbereich). *"Welche Fälle bzw. Projekte mit Bezug zur gegenwärtigen Aufgabe sind in der Vergangenheit aufgetreten bzw. bearbeitet worden?"* (Fallsuche). *"Sind Merkmale vergangener Fälle auf die gegenwärtige Situation übertragbar?"* (Mustervergleich). *"Welche Schlußfolgerungen können aus ähnlichen Fällen der Verganheit für das gegenwärtig behandelte Problem gezogen werden?"* (Auswertung, Analogieschlüsse). Die hierfür benötigten Funktionen der wissensbasierten Fallmustererfassung, -strukturierung, · verarbeitung und -auswertung können zusammenfassend als Funktionalität eines "intelligenten Fallmusterarchivs" bezeichnet werden (vergleichbarer WBS-Einsatztrend in der Wirtschaft: corporate knowledge/document management).

Aus der Gesamtzahl der Einsatzszenarien wurden drei "Pilot-Szenarien" für die engere Betrachtung ausgewählt und näher spezifiziert. Entscheidend für die Auswahl waren neben einer Reihe von für die Relevanz und technische Machbarkeit wichtigen Merkmalen vor allem die Kriterien der zu erwartenden Unterstützung durch die betroffenen Anwender und der gewünschte inhaltliche Zusammenhang zwischen den Einzelszenarien. Es wurden daher die folgenden Pilot-Szenarien gewählt:

- *Wissensbasierte Nutzung von Umwelt-Datenbanken*

- *Wissensbasierte Gewässerüberwachung und Störfallbearbeitung*

- *Wissensbasiertes Störfallmanagement auf Kläranlagen*

Die inhaltlichen Schnittstellen dieser Szenarien bestehen in den folgenden Punkten: Informationen zum Emissions- und Immissionsgeschehen an Gewässern werden von den zuständigen Aufsichtsbehörden zur Wahrnehmung ihrer Gewässerschutzaufgaben benötigt, wobei zunehmend Datenbanken (Umweltdatenbanken) und Informationssysteme für die Strukturierung und Auswertung dieser Informationen eingesetzt werden. Der Zugriff auf diese Datenbanken ist andererseits eine wichtige Voraussetzung für die zuverlässige Beurteilung von Ausnahmesituationen, z.B. Störfallen. Zur Vermeidung oder Minimierung von Schäden durch Störungen, z.B. in Kläranlagen, muß die Situation sowohl von der "Emissionsseite" (Kläranlage) als auch von "Immissionsseite" (Gewässer) aus beurteilt werden. Hierbei ist der Zugriff auf bekannte Situationsmuster aus der Vergangenheit eine wesentliche Entscheidungshilfe für die Verantwortlichen. Die Technik der wissensbasierten Mustererkennung und -auswertung kann sowohl im zweiten als auch im dritten Pilot-Szenario genutzt werden. Für die Erarbeitung der dazu erforderlichen Werkzeuge wie auch für die Entwicklung wissensbasierter Datenbank-"Assistenten" bietet sich daher der Forschungsverbund an.

3.4 Computertechnisches Sollkonzept

3.4.1 Leitorientierung

Das übergreifende Ziel der langfristigen Forschungsaktivitäten, in die das hier beschriebene Verbundvorhaben einzuordnen ist, besteht darin, die Einführung und sinnvolle Anwendung neuartiger Computertechniken, wie z.B. wissensbasierter Systeme, in die wasserwirtschaftliche Praxis entscheidend zu unterstützen. Mit Rücksicht auf die vielfältigen Wechselbeziehungen zwischen Teilproblemen des Gewässerschutzes sollte dieser gewünschte Technologietransfer nicht als reiner Zufallsprozess ablaufen. Im Hinblick auf die Mächtigkeit der Anwendungsdomäne und auf den hier i.a. vorherrschenden Problemlösungsdruck muß die Forderung nach möglichst wirtschaftlichem Einsatz der verfügbaren Forschungs- und Entwicklungsresourcen mit besonderem Nachdruck gestellt werden. Für technische F&E-Produkte folgt hieraus, daß Teilergebnisse wechselseitig kompatibel, modular ausbaufähig und langfristig wiederverwendbar sein sollten (F&E-Recycling).

In Bezug auf die langfristige Einführung wissensbasierter Systeme in die Praxis des Gewässerschutzes entwickelten die Verbundpartner des Vorhabens daher die hier kurz umrissenen Lösungsansätze:

1. Gewährleistung der Kompatibilität und logischen Integrität der einzelnen im Forschungsverbund erzeugten Wissensbasen und der zugehörigen Systemkomponenten mit Hilfe einer gemeinsamen Entwicklungsbasis, die die Erstellung wasserwirtschaftlicher WBS durch weitestgehende Anpassung an die Bedürfnisse der Anwender unterstützt und beschleunigt. Der Katalog der Anforderungen an das Entwicklungssy-

stem resultiert aus den Ergebnissen der Bedarfsanalyse, d.h. er ist nicht allein für ein einzelnes Anwendungs- und Problemgebiet im Bereich des Gewässerschutzes relevant sondern möglichst für die Gesamtheit der ermittelten Einsatzszenarien.

2. Entwicklung von Werkzeugen und Methoden, die eine effiziente Integration wissensbasierter Systeme in das bestehende wasserwirtschaftliche EDV-Instrumentarium ermöglichen. Dies betrifft vor allem die Ankopplung an wasserwirtschaftliche Datenbanken und Informationssysteme. Hierbei werden objektorientierte Lösungsansätze favorisiert und besonderes Gewicht auf die Implementation von interaktiv-grafischen Mensch/Maschine-Schnittstellen gelegt.

3. Einsatz und Eignungsprüfung des o.g. Entwicklungswerkzeugs in der Erarbeitung operationsfähiger Expertensysteme für Pilotanwendungen im "Gewässerschutz". Zunächst sollen hierzu gemeinsam mit den betroffenen Anwendern einzelne separat funktionstüchtige WBS-Prototypen für den jeweiligen Problembereich entwickelt werden. Nach erfolgreicher Praxisimplementation, schrittweiser Verbesserung der Pilotsysteme und entsprechender Anpassung des Entwicklungssystems soll schließlich die Kopplung der Teilsysteme im Rahmen eines wissensbasierten Informationssystems realisiert werden.

Aus der Sicht der betroffenen Anwendergruppe besteht der Hauptnutzen einer praxisorientierten Forschungs- und Entwicklungstätigkeit auf dem Gebiet wasserwirtschaftlicher WBS in der möglichst schnellen Realisation des gewünschten wissensbasierten Systems zur Unterstützung einer speziellen Gewässerschutzaufgabe. Je geringer hierbei der Entwicklungsaufwand und die Ergebniskomplexität sind, desto höher kann die Aussicht auf eine erfolgreiche Praxis-Implementation eingeschätzt werden. Sinnvollerweise wird die hierfür erforderliche Wissensbasis in enger Zusammenarbeit mit den Fachexperten auf den für die Spezialaufgabe unbedingt erforderlichen Umfang beschränkt.

Dennoch muß hierin kein direkter Widerspruch zum o.g. problemübergreifenden Lösungsansatz bestehen, wenn bei der Planung und Entwicklung dieser speziellen Anwendersysteme auf ein einheitliches Systemkonzept und vor allem auf einheitliche Schnittstellen sowohl zur "Außenwelt" als auch zwischen den anwendungsspezifischen Teil-Wissensbasen Wert gelegt wird.

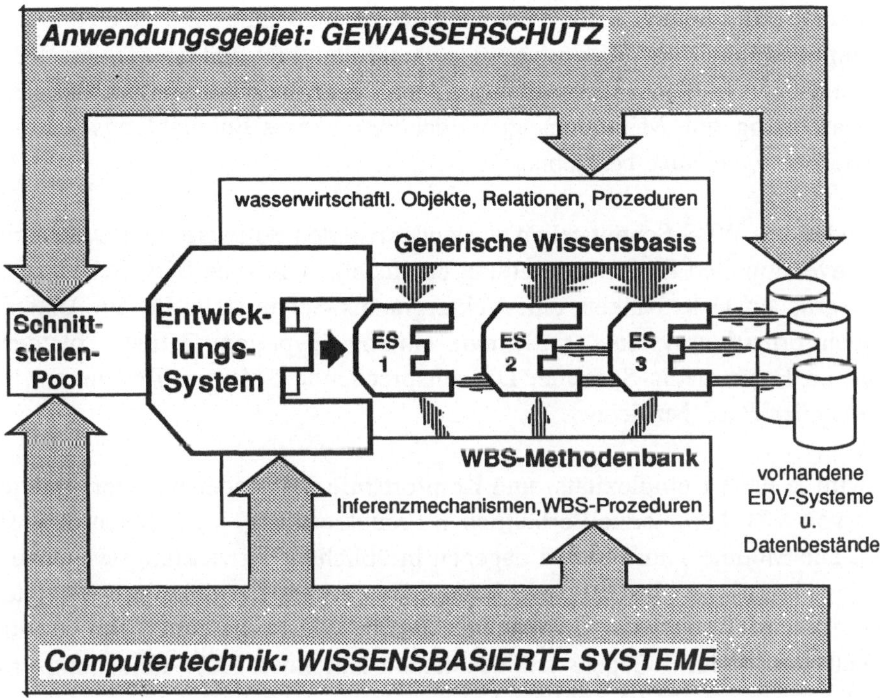

Abb. 5: Prinzipschema: Einsatz des wasserwirtschaftlichen WBS-Entwicklungssystems und seiner Software-Resourcen zur Erzeugung von Anwender-WBS für konkrete Teilaufgaben des Gewässerschutzes.

3.4.2 Systemkonzept, Entwicklungssystem

Die Einhaltung eines einheitlichen Systemkonzepts, einheitlicher Schnittstellen und einer einheitlichen Logik wird, vor allem innerhalb einer Vielzahl von verschiedenen Entwicklergruppen, kaum erreichbar sein ohne geeignete Unterstützung. Der oben beschriebene Lösungsansatz sieht als Koordinationswerkzeug ein sog. WBS-Entwicklungssystem (Hardware- + Software-Basis) für die wasserwirtschaftliche Anwendungsdomäne vor. Die erforderlichen Resourcen können in drei Module unterteilt werden:

1. ein Modul zur allgemeinen Beschreibung und Modellierung der relevanten, problemübergreifenden Objekteigenschaften und Sachverhalte im Arbeitsbereich "Gewässerschutz". Dieses Modul wird als *generische Wissensbasis* bezeichnet.

2. ein Modul zur Bereitstellung der WBS-spezifischen Verarbeitungssoftware. Hierzu gehören z.B. Mechanismen der Wissensrepräsentation und -strukturierung, Inferenz-

Methoden, Algorithmen zur Verarbeitung unsicheren Wissens usw., die benötigt werden, um den Inhalt von Wissensbasen zu verarbeiten und funktionsfähige WBS-Anwendungen zu erstellen. Insbesondere sollten Algorithmen der wissensbasierten Musterverarbeitung zum Methodenangebot gehören. Dieses Entwicklungs-Modul wird als *WBS-Methodenbank* bezeichnet.

3. ein Modul, das WBS-Schnittstellen zu standardisierten Software- und Datenformaten der konventionellen Datenverarbeitung bereitstellt, z.B. eine SQL-Schnittstelle für den Zugriff auf Datenbanken, eine Vektorgraphik-Schnittstelle für die Ankopplung an Geoinformationssysteme (GIS), evtl. ein sog. Hypertext-Gateway für den Anschluß an Hypermedia-Systeme. Die entsprechende Software-Resource wird als *Schnittstellen-Pool* bezeichnet.

Modul 2 wird je nach Komplexitäts- und Komfortstufe mehr oder weniger stark ausgeprägt auch von z.Zt. kommerziell erhältlichen Produkten (sog. ES-Schalen bzw. shells) angeboten. Die Module 1 und 3 sind dagegen in üblichen Entwicklungssystemen nicht enthalten. Sie unterstützen die Erfüllung der o.g. besonderen Koordinations- und Integrationserfordernisse im Bereich der Anwendungsdomäne "Gewässerschutz". Im wesentlichen ist der Inhalt von Modul 3 Gegenstand des derzeit laufenden FAW-Forschungsprojekts WINHEDA.

Das angestrebte WBS-Entwicklungssystem operiert ähnlich einer anwendungsorientierten Programmierumgebung auf den o.g. drei Resourcen (Module 1 bis 3) und unterstützt hierdurch die Erstellung spezieller WBS-Anwendungen für die Lösung konkreter Problemstellungen der Gewässerschutz-Praxis (s. Abb. 5).

Das Entwicklungssystem soll so gestaltet werden, daß es in seinen Teilmodulen u.a. die folgenden Merkmale aufweist:

<u>Generische Wissensbasis</u>

* Die in der Wasserwirtschaft üblichen Objekt- und Informationstypen sollen in einer für WBS direkt verarbeitbarer Form bereitgestellt werden. Dieser Vorgang ist vergleichbar mit einer externen softwaregestützten Bibliothek wasserwirtschaftlicher Objekttypen, von denen jeweils nur der benötigte Teil in die Wissensbasen konkreter Expertensysteme eingeladen und dort weiterverarbeitet wird.

* Die generische Wissensbasis soll Objektbeschreibungen nur in verallgemeinerter Form aufnehmen, z.B. den Namen eines wasserwirtschaftlichen Objekttyps, seine charakterisierenden Attribute und Bezüge zu anderen Objekttypen, nicht jedoch die Wertzuwei-

sungen, die benötigt werden, um ein individuell ausgeprägtes Objekt *(Instanz)* für eine konkrete Anwendung zu kennzeichnen *(Instanziierung)*.

- Im Gegensatz zum Faktenwissen über individuelle Instanzen, das nur im Rahmen der entsprechenden Anwendung interessiert, ist das Wissen über die zugehörigen Begriffe und ihre Zusammenhänge aufgrund des höheren Abstraktionsgrades für Erstellung der Wissensbasen neuer WBS-Anwendungen problemlos wiedereinsetzbar. Dieses die Objektklasse bzw. -gattung (genus) betreffende Wissen wird *generisches Wissen* genannt, daher die Bezeichnung *"generische Wissensbasis"*.

- Die generische Wissensbasis muß zusätzlich zum o.g. Inhalt geeignete Mechanismen zur Verfügung stellen, die folgende Operationen unterstützen:

  a) die in Datenbankverwaltungssystemen üblichen "Navigations"-, Such- und Strukturierungsoperationen (Wissensbank-Management),

  b) die Entnahme der für eine WBS-Anwendung benötigten verallgemeinerten Objekte, Relationen und Prozeduren sowie deren Spezialisierung (Down-Load),

  c) die Erweiterung der generischen Wissensbasis um neue verallgemeinerte Objekttypen aus den Wissensbasen von Anwender-Systemen (Upgrade),

  d) die Verteilung aktualisierter Versionen an die verschiedenen Entwickler über geeignete Datenträger, z.B. CD-ROM (Distribute and Update).

<u>WBS-Methodenbank</u>

- Die für das Anwendungsgebiet "Gewässerschutz" geeigneten *Schließ- und Verarbeitungsmechanismen* (Inferenzmethoden) sollen in Form funktionsfähiger Softwaremodule zur Verfügung stehen. Hierzu gehören ebenfalls Verfahren zur Verarbeitung unsicheren Wissens sowie Methoden zur Aktivierung von Prozeduren, die im "Vorder-" oder "Hintergrund" des WBS ablaufen können.

- Spezielle Funktionen bzw. Speicher-Strukturen der Wissensbasis sollen eine größtmögliche Modularität der Anwender-ES gewährleisten: Die Wissensbasis soll so aufgebaut sein, daß abgesehen von einer für alle Problemstellungen erforderlichen Grundinformationsstruktur jeweils nur das für die aktuelle Problembearbeitung benötigte Spezialwissen in Form kontextabhängiger Teilwissensbasen aktiviert wird (kleine und schnell zu verarbeitende Suchräume, *Arbeitsspeicher-Konzept*). Hierdurch soll erreicht werden, daß das Entwicklungswerkzeug sowohl für eng umgrenzte Teilprobleme als auch für die inkrementelle Erweiterung eines übergreifenden wissensbasierten Informationssystems eingesetzt werden kann. Zur Unterstützung dieser WBS-

Betriebsmöglichkeiten wird eine *virtuelle Wissensspeicherverwaltung* benötigt, deren Mechanismen in der Methodenbank zu verankern sind.

- Zur Erfassung, Abspeicherung und Verwaltung von Situationsmustern (Fallbeispielen) und Implementation von Methoden der *wissensbasierten Mustererkennung* werden adäquate Such- und Verarbeitungsprozeduren benötigt: Durch Mustererfassungs- und -erkennungsmethoden kann der Arbeitsaufwand der Wissensakquisition beim Aufbau von Anwender-ES wesentlich reduziert werden, insbesondere, wenn es sich um ein Problemgebiet handelt, wo die Problemlösung entscheidend von der Kenntnis typischer Fallbeispiele abhängt (assoziativ-diagnostisches Problemlösen). Dies trifft auf zahlreiche Verwaltungs- und Entscheidungsprobleme im Gewässerschutz zu. Überlegungen zur kombinierten Verwendung wissensbasierter Musterverarbeitung und mathematisch numerischer Simulationsmodelle für Zwecke der Störfallfrüherkennung und des präventiven Störfallmanagements sind z.B. in [ARNOLD et al. 1989a und 1989b] enthalten.

Schnittstellen-Pool

- Die Offenheit und Integrierbarkeit des Systems bezüglich der in der Wasserwirtschaft bereits etablierten EDV-Techniken hängt entscheidend von der Leistungsfähigkeit und Vielfalt der *peripheren System-Schnittstellen* ab: Der Informationsaustausch mit konventionellen EDV-Instrumenten über die WBS-Schnittstellen soll möglichst über die Minimallösung, d.h. den ausschließlichen Transfer von ASCII-Dateien hinausgehen. Ein effizienter Systemverbund setzt voraus, daß neben Daten auch Befehlssequenzen und Adressierungsspezifikationen ausgetauscht werden können. Der "Inselbetrieb" wasserwirtschaftlicher Expertensysteme soll zwar möglich sein. In der Regel wird jedoch der Einsatz als wissensbasierte Komponente in einem "gemischten" Systemverbund gewünscht.

- Die Installation reiner "Schnittstellentreiber" (Konvertierungsprogramme) in die WBS-Umgebung wird häufig für die gewünschte Integrationstiefe nicht ausreichen. Die Standardschnittstellen und die dazugehörigen Zielsysteme der konventionellen EDV müssen darüber hinaus auch als Objektbeschreibung in die Struktur der Wissensbasis eingefügt werden können, um Kriterien des WBS-externen Informationsbedarfs und - dargebots in den Schließprozessen der Wissensverarbeitung berücksichtigen zu können. In besonderem Maße trifft dies für die Schnittstellen zu externen Datenbanken zu.

- Der Katalog der insgesamt erforderlichen Schnittstellen folgt u.a. aus dem in der Bedarfsanalyse ermittelten Spektrum der in der Praxis häufig genutzten EDV-Instrumente. Bei der Schnittstellenentwicklung sind jedoch möglichst Softwarestandards (Dateiformate, Befehlssyntax) verbreiteter Produkte (z.B. Datenbanken, Netzwerke, spreadsheets, Vektorgraphik, CAD- u. GIS-Programme) zu unterstützen, falls eine Auswahl unter mehreren konkurrierenden Zielsystemen getroffen werden muß.

- *Klarheit und Komfort der Benutzeroberfläche des Systems* sind mitentscheidend für den späteren Nutzen in der Anwendung. Die Bedienung des Entwicklungssystems soll intuitiv verständlich und dadurch schnell und leicht erlernbar sein. Das äußere Erscheinungsbild der Computeroperationen ist daher optimal an die für den Anwenderkreis gewohnte Symbol- und Funktionswelt anzupassen. Hierzu sind geeignete Techniken der interaktiv-graphischen Benutzerführung, graphischen Informationsdarstellung und Programmierung einzubinden.

3.4.3   Entwurf einer Systemarchitektur

Aufbauend auf den Ergebnissen der Bedarfsanalyse und den Einsatzszenarien wurden Anforderungen an den Aufbau, die Funktionalität und Implementation der generischen Wissensbasis abgeleitet. Ergänzend hierzu wurden die Anforderungen der Pilot-Anwendungen (WBS für die Pilot-Szenarien) spezifiziert. Neben der erforderlichen Struktur der Wissensbasis und dem Problemlösungstyp wurden hierbei auch die Anforderungen an die Benutzeroberfläche und an die Schnittstellen zu existierenden EDV-Systemen berücksichtigt. Aus diesem Anforderungskatalog und den in Abschnitt 3,4.2 beschriebenen allgemeinen Zielvorstellungen resultiert der Entwurf einer geeigneten Architektur des Gesamtsystems.

Dieses Architekturkonzept zeichnet sich durch die Verwendung objektorientierter Techniken der Wissens- und Datenrepräsentation aus sowie durch weitestgehende Modularität der Wissensspeicherungs- und -verarbeitungskomponenten aus. Das Zielprodukt der Entwicklungen besteht in der Kopplung eines *objektorientierten Geo-Informationssystems* (GIS), das auf einer *objektorientierten Datenbank* (OODB) aufbaut, und eines WBS mit *frame-gestützter Wissensrepräsentation*. Zur Unterstützung einer "Top-Down"-Entwicklung des Informationssystems in enger Zusammenarbeit mit dem Anwenderkreis ist die weitgehende Nutzung von *Hypermedia-Komponenten* vorgesehen. Dieses Zielprodukt wird vereinfachend als *"Wissensbasiertes Geo-Informationssystem für den Gewässerschutz"* (WIGIS) bezeichnet. (Näheres hierzu s. [ARNOLD et al., 1991]). WIGIS stellt ein objekt-orientiertes hybrides Informationssystem dar, da hier sowohl konventionell prozedurale als auch wissensverarbeitende Systemkomponenten durch Methoden der objekt-orientierten Programmierung integriert werden sollen.

3.5 Machbarkeitsanalyse

Das o.g. Sollkonzept eines umfassenden Entwicklungssystems für wasserwirtschaftliche Expertensysteme und dessen Anwendung in den Pilotszenarien sollten unter technischen und methodischen Machbarkeitsgesichtspunkten geprüft werden. Zunächst wurde hierfür die Machbarkeit der generischen Wissensbasis und der drei Pilot-Anwendungen der Reihe nach anhand von Kenntnissen zum Stand der Forschung und Technik beurteilt. Darüber hinaus wurde eine kurze Marktanalyse der verfügbaren Hardware- und Softwareprodukte durchgeführt.

Für die Entwicklung der generischen Wissensbasis und der Anwendungs-WBS ergaben sich mehrere geeignete Hardware-/Software-Plattformen, die unter Leistungs-Gesichtspunkten verglichen wurden. Verfügbare Produkte existieren z.B. für die folgenden Softwarekategorien: objekt-orientierte GIS, objekt-orientierte Datenbanken, Hypermedia. Deutlicher Forschungs- und Entwicklungsbedarf existiert jedoch vor allem im Bereich der modell-basierten Wissensrepräsentation, auf dem Gebiet der wissensbasierten Musterverarbeitung und bei der "Übersetzung" unterschiedlicher Informations- und Wissensstrukturmodelle. Um eine Machbarkeitsprüfung auch unter Aufwandsgesichtspunkten zu betreiben, wurde ein grober Zeit- und Resourcenplan für die Realisierung eines einsatzfähigen Prototyps von WIGIS einschließlich der drei Pilot-Anwendungen auf der Grundlage grober Schätzungen aufgestellt.

Zusammenfassend wurde die Machbarkeit des WIGIS-Konzepts und seiner Nutzung in den ausgewählten Pilot-Anwendungen grundsätzlich positiv beurteilt, da die für die Schaffung eines objekt-orientierten hybriden Informationssystems erforderlichen computertechnischen Werzeuge verfügbar sind, da das WIGIS-Konzept als zukunftssicher und innovativ angesehen wird und da ein starkes Anwender-Interesse vor-liegt. Für das Erreichen des vollen Funktionsumfangs und die vollständie Erfüllung der in den Einsatzszenarien ermittelten Anforderungen wird jedoch erheblicher Aufwand z.B. in die Entwicklung wissensbasierter Musterverarbeitung und modellbasierter Wissensverarbeitung zu investieren sein.

4 Schlußbemerkung

Im Rahmen dieses Beitrags wurden die Ergebnisse eines Verbundforschungsprojektes zum Thema "Anforderungen an Expertensyteme (allgemeiner: wissensbasierte Syteme) im Gewässerschutz" vorgestellt. Festzuhalten ist, daß auch in der Wasserwirtschaft nach einer anfänglichen "KI-Euphorie" zu Beginn der 80´er Jahre und nach der anschließenden Phase der Ernüchterung, die von manchen Beobachtern sogar als "KI-Winter" bezeichnet wurde, nunmehr eine Normalisierung stattfindet und eine kritisch offene Einstellung gegenüber der Wissensverarbeitungstechnologie vorherrscht Es ist damit zu rechnen, daß *"wissensbasierte Systeme"* auch im Arbeitsbereich "Gewässerschutz" in absehbarer Zukunft nur noch als bedarfsangepaßte Komponenten anwendungsspezifischer Programme identifiziert werden können und daß die Technologie der Wissensverarbeitung ihren Nimbus des "Außerordentlichen" langsam aber sicher verlieren wird.

Die Anwenderforderung nach voller Kompatibilität dieser Komponenten zu dem bisher verfügbaren EDV-Instrumentarium ist kurzfristig aufgrund wirtschaftlicher Überlegungen sinnvoll, langfristig muß sie jedoch kritisch betrachtet werden. Eine Einschränkung der Möglichkeiten künftiger (integrierter) Systeme durch allzu langes Festhalten am gegenwärtig Erreichtem (sog. "Downward"-Kompatibilität) hat bereits mehr als einmal nachhaltige Qualitätssprünge vereitelt.

Das in diesem Beitrags vorgestellte Forschungsprojekt wurde vom Bundesministerium für Forschung und Technologie (BMFT) unter dem Kennzeichen 02 WA 89 320 gefördert. Die Verantwortung für den Inhalt dieser Veröffentlichung liegt bei den Autoren.

5 Literaturhinweise

ARNOLD, U.; RITTERBACH, E.; ROUVE, G. (1989a): "Expert systems for flood damage prevention"; Proc. United Nations Centre for Regional Development, Proc. 3rd Int. Research and Training Seminar on Regional Development Planning for Disaster Prevention, Nagoya (Japan), Sept. 5-7,

ARNOLD, U. (1989b): Intelligente Informationssysteme; 2. DVWK-Fortbildungslehrgang Wasserwirtschaft - EDV in der wasserwirtschaftl-ichen Planungs- und Verwaltungspraxis, Aachen, Sept. 25-29

ARNOLD, U.; unter Mitarbeit von: BUNGERS, D.; HEMMANN, T.; HONERT, R.; OTTERPOHL, R. (1991): "Anforderungen an Expertensysteme für den Gewässerschutz - Bedarfsanalyse, Systemkonzept und Machbarkeitsstudie"; Herausgeber: ROUVE, G.; DOHMANN, M.; ROHDE, F.; BUNGERS, D., 240 Seiten, Deutscher Universitätsverlag GmbH, Wiesbaden 1991

Integration von Problemlösungsmethoden in ein Expertensystem zur Herbizidberatung (HERBASYS)

J. Zhao[*], K. Wang[*], M.-B. Wischnewsky[*], B. Gottesbüren[**] und W. Pestemer[**]

[*] Universität Bremen, KI-Labor, Fachbereich Mathematik/Informatik, Bibliothekstr., D-2800 Bremen 33

[**] Biologische Bundesanstalt für Land- und Forstwirtschaft, Institut für Unkrautforschung, Messeweg 11/12, D-3300 Braunschweig

1. Einleitung

Unter den derzeitigen ökonomischen Rahmenbedingungen intensiver Pflanzenproduktion kann auf den Einsatz von Pflanzenschutzmitteln (PSM) in der Landwirtschaft kaum verzichtet werden. Aus ökologischen und ökonomischen Gesichtspunkten ist eine bestimmungsgemäße und sachgerechte Anwendung von PSM gefordert, um die Ertragsleistungen der Landwirtschaft sicherzustellen und zugleich mögliche Nebenwirkungen auf den Naturhaushalt, eine Schädigung von Nachbaukulturen oder einen potentiellen Eintrag in das Grundwasser zu verhindern. Ausgehend von dieser Situation wurde ein computergestütztes Expertensystem zur Herbizidberatung HERBASYS (**H**erbizid-**B**eratungssystem), entwickelt (GOTTESBÜREN et al. 1990a und 1990b, GOTTESBÜREN et al. 1991a, PESTEMER et al. 1990), das Hilfen zu Auswahl und Einsatz von Herbiziden und zur Beurteilung des Abbau- und Einwaschungsverhaltens sowie Auswirkungen der Rückstände im Boden auf Nachbaukulturen geben soll.

Der für eine richtige Entscheidung erforderliche Kenntnisstand und die Datenfülle können zu einer Überforderung des Landwirts aber auch der landwirtschaftlichen Beratung führen und Unsicherheiten bei der Entscheidungsfindung zur Folge haben. Um die erforderliche Vielzahl von Einzelinformationen unter Berücksichtigung der relevanten Einflußgrößen und deren Wechselwirkungen effektiv zu verarbeiten, wurde in den letzten Jahren eine Reihe von computergestützten Entscheidungsmodellen, insbesondere auch für den Herbizideinsatz in der Landwirtschaft entwickelt (vgl. AARTS et al. 1984, ADNER 1984, GEROWITT 1987, KÜBLER 1988, EDWARDS-JONES et al. 1989, POHLMANN 1989, FERRIS et al. 1991). In der vorliegenden Arbeit werden die Modellierung und Simulation des Herbizidabbaus, verschiedene Problemlösungsmethoden und deren Integration in das Expertensystem HERBASYS dargelegt.

2. Modellbildung und Simulation

Abbaumodell

Die Prognose des Herbizidabbaus erfolgt mit dem von WALKER und BARNES (1981) beschriebenen PSM-Abbausimulationsmodell. Die Modellbildung beruht darauf, daß sich der zeitliche Verlauf der Konzentrationen vieler PSM im Boden häufig durch relativ einfache mathematische Beziehungen beschreiben läßt. Unter konstanten äußeren Bedingungen werden viele PSM in erster Näherung exponentiell abgebaut. Das hier verwendete Abbaumodell geht davon aus, daß die Verlustrate eines Herbizids im Boden mit einer Abbaufunktion 1.Ordnung hinreichend beschrieben werden kann. Dabei stehen Abbaugeschwindigkeit k und Wirkstoffkonzentration C zeitlich in einem linearen Verhältnis. In dem Modell von WALKER und BARNES (1981) wird die Abbaurate k durch Abbauparameter bestimmt, die die Abhängigkeit des Herbizidabbaus von der Temperatur mit Hilfe der Aktivierungsenergie (E_a) nach Arrhenius-Gleichung und den Einfluß der Bodenfeuchtigkeit auf die Abbaurate mit den Parametern A und B nach der von WALKER (1974) ermittelten empirischen Beziehungen (Halbwertzeit = $A*\text{Feuchtigkeit}^{-B}$) charakterisieren (Formel 1):

$$k = k(E_a, A, B, T(t), F(t)) \tag{1}$$

Dabei werden Bodentemperatur $T(t)$ und die Bodenfeuchtigkeit $F(t)$ als wichtigste Einflußfaktoren für biotische sowie abiotisch chemische Abbauvorgänge eines Herbizides im Boden angesehen.

Die Ermittlung der Abbauparameter von Herbiziden im Boden erfolgt zumeist durch Laborabbaustudien bei verschiedenen Temperatur- und Feuchtestufen (WALKER 1974). Als weitere Ansätze zur Ermittlung der Abbauparameter können iterative Schätzverfahren mit dem Simulationsmodell mit Hilfe von Freilandabbauwerten, Boden- und Witterungsdaten eingesetzt werden (GOTTESBÜREN et al. 1991) oder bei Vorliegen einer genügenden Anzahl von Datensätzen eine regressionsanalytische Ableitung aus Bodenparametern (PESTEMER et al. 1984) erfolgen.

Die zur Herbizidabbausimulation benötigten täglichen Bodenfeuchtigkeits- und Temperaturwerte werden aus Witterungs- und Bodendaten abgeleitet. Es können Wetteraufzeichnungen der dem Standort am nächsten gelegenen Wetterstation (Tagesminimum-, Tagesmaximum-, Tagesmitteltemperatur, Niederschläge, Wasserdampfsättigungsdefizit der Luft) bzw. vom Benutzer selbst erhobene Daten (Tagesminimum-, Tagesmaximumtemperatur, Niederschläge), die in einem eigenen Hilfsprogramm einzugeben sind, verwendet werden. Zur korrekten Ermittlung der Bodenfeuchtigkeit, die nach dem Modellansatz einen großen Einfluß auf die Abbausimulation hat (GOTTESBÜREN et al. 1990b) erfolgt in Modifikation des für unbewachsenen Boden konzipierten Modells von WALKER und BARNES (1981) die Berechnung der Verdunstungsrate mit den für die jeweilige Kulturpflanzenart spezifischen Verdunstungsfaktoren nach HAUDE (1955). Die für die Simulation des Wasserhaushaltes benötigte Feldkapazität des Bodens wird vom Expertensystem anhand von Angaben des Benutzers zur Zusammensetzung des Bodens ermittelt und aus Kenndaten der bodenkundlichen Kartieranleitung abgeleitet (AG BODENKUNDE 1982).

Für die Abbausimulation ergibt sich aus der Formel (1)

$$dy/dt = f(y,t)$$

$$y(0) = y_0 \tag{2}$$

$$f(t,y) = -k(E_a, A, B, T(t), F(t))\, y$$

wobei y den jeweiligen Rückstandsgehalt eines PSM angibt.

Die Formel (2) ist ein Anfangswertproblem einer linearen Differentialgleichung. Die Linearität besagt, daß die Multiplikation eines konstanten Faktors c mit dem Systeminput y_0 auch zu einer Veränderung des Outputs um den gleichen Faktor führt. Diese Eigenschaft wird bei mehreren Input (I)/Output (O)-Mustern verwendet (siehe Abschnitt 3).

Die Funktion k ist nicht in einer analytischen Form angegeben, sondern wird mit Hilfe eines Computerprogramms deterministisch beschrieben. Zur Berechnung des k-Wertes am Zeitpunkt $t = t_n$ werden ausschließlich die Werte am Zeitpunkt $t = t_{n-1}$ benötigt, d. h. es wird eine Einschrittiteration mit dem folgenden Algorithmus durchgeführt.

Algorithmus für die Abbausimulation

N = Iterationsanzahl an einem Tag;
DeltaT = 1/N;
FOR TAG:= Applikationstermin TO Nachbautermin DO
      BEGIN
            t_0 = TAG;

```
Ermittlung und Auswertung der Wetterdaten;
FOR i:= 1 TO N DO
    BEGIN
        tn = t n-1 + DeltaT;
        Berechnung der Bodenfeuchtigkeit F(tn);
        Berechnung der Bodentemperatur in der bestimmten
        Bodentiefe und Zeit T(tn);
        Berechnung der Abbaurate kn = k(Ea,A,B,T(tn),F(tn));
        Bestimmung der Herbizidkonzentration an tn
        yn+1 = yn + kn *DeltaT;
    END
    Dokumentiere das Geschehen an dem TAG in eine externe Datei;
END
```

Die vom Simulationsmodell errechneten Rückstandsgehalte, in % der applizierten Menge bzw. nach Multiplikation mit der Aufwandmenge in g Wirkstoff/ l Boden in der obersten Bodenschicht (0-10 cm), die errechneten Bodenfeuchtigkeits- und Bodentemperaturwerte werden für jeden Tag des Simulationszeitraumes in einer externen Datei gespeichert und können vom Benutzer über die verschiedenen Output-Optionen von HERBASYS ausgegeben werden.

3. Systemstruktur und Problemlösungsmethoden

Entsprechend möglicher Probleme in der landwirtschaftlichen Praxis beinhaltet HERBASYS vier Module:

HERBASEL zur sachgerechten Auswahl von Herbiziden, **ANPROG** zur Prognose des Abaus von Herbiziden und einer möglichen Schädigung von Nachbaukulturen, **CHEMPROG** zur standortspezifischen Abschätzung der potentiellen Grundwassergefährdung und **VARLEACH** für die Berechnung der Verteilung im Bodenprofil.

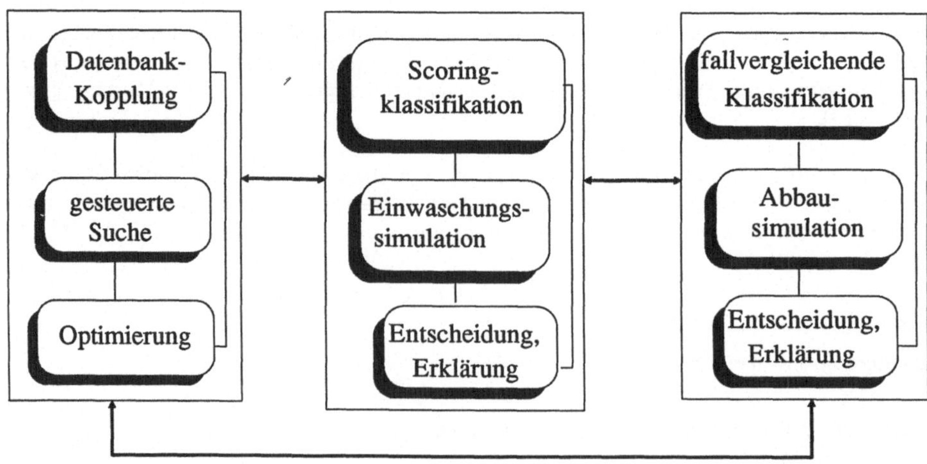

Abb. 1: Wissenstransfer zwischen den beteiligten Problemlösungsmethoden in HERBASYS

Bei der wechselseitigen Ergänzung der Problemlösung wird der *kooperierende Ansatz* gewählt, d. h. nach PUPPE (1990) zerfällt das "Gesamtsystem in unterschiedliche Teilprobleme, die am zweckmäßisten mit verschiedenartigen Problemlösungsmethoden (regelbasiert, modellbasiert,...) gelöst werden sollten", die miteinander vernetzt werden.

Dieser Ansatz gilt teilweise auch für verschiedene Problemlösungsphasen innerhalb einer Hauptproblemklasse z. B. wenn bei der Klassifikation die Verdachtsgenerierung heuristisch und die Verdachtsüberprüfung modellbasiert erfolgt und vor allem zwischen den Hauptproblemklassen (z. B. Herbizidauswahl durch Optimierungsmethoden, Herbizidüberprüfung mit Simulationsmethoden). Aus den Resultaten einer Problemlösungsstrategie ergeben sich häufig die Eingangsdaten für die nachfolgende Problemlösungsphase.

Das *Herbizid-Selektionsmodul* HERBASEL bietet dem Landwirt nach seinen speziellen Anforderungen (Suchbedingungen) eine Liste von zugelassenen Präparaten, Tankmischungen und Splitting-Verfahren zur Auswahl an. Die Suchbedingungen können z. B. die Kultur, Anwendungszeiten, Einschränkungen (z. B. Wasserschutzgebiet), zu bekämpfende Unkräuter, aber auch eine allgemeine Strategie beinhalten. Die Herbiziddaten werden in einer relationalen Datenbank gespeichert und zur Aktualisierung von fachspezifischen Experten (Herbologen) verwaltet. Alle wichtigen fachkundigen Informationen (Eigenschaften) über ein Herbizid werden in entsprechenden Feldern repräsentiert. Diese Datenbank dient zur effizienten Repräsentation von Faktenwissen über Herbizide, und gleichfalls als Schnittstelle zu anderen Anwendungen. Das zentrale Problem ist die Kopplung dieser Datenbank mit Inferenzmechanismen. Die in HERBASEL benötigte Inferenzstrategie besteht hauptsächlich aus einer unifikationsbasierten Rückwärtsverkettung. Hier wird die Aufgabe für die Unifikationen von dem Pattern-Match in der Datenbank übernommen. Zur Effizienzsteigerung werden einige Felder in der Datenbank indiziert, damit bei der Datenbank-Kopplung die Inferenzzeit nicht zu sehr belastet wird.

Zur Situationsunterscheidung dient die *gesteuerte Suche*, d. h. die Suche nach Herbiziden kann durch verschiedene Strategien gesteuert werden.

Beispiele: verschiedene Suchstrategien

- Zur Suche nach ähnlich wirkenden Herbiziden, müssen alle wichtigen Eigenschaften der Präparate verglichen werden.

- Zur Suche nach Präparaten, die die vom Benutzer vorgegebnen Restriktionen erfüllen, müssen diese Restriktionen bei der Suche strikt eingehalten werden.

Nach der Situationserkennung wird jeweils ein zutreffender Suchalgorithmus aktiviert. □

Die Auswahl von Präparaten bzw. der Kombinationen, die die Unkräuter am effizientesten bekämpfen wurde mit Hilfe der Technik einer *kombinatorischen Optimierung* realisiert. Dabei wurde das Wissen über die Bekämpfungseffizienz von Herbiziden gegenüber verschiedenen Unkräutern in Form einer Präparate/Bekämpfungsgrade-Matrix mit dem normierten Wertbereich [0,1] repräsentiert. Die Matrixelemente bilden die Bekämpfungskoeffizienten. Die Zielfunktion ist die Effizienzsumme der gesuchten Herbiziden zur Bekämpfung der angegebenen Unkräuter.

Beispiel: Herbizidauswahl
Die Suchbedingungen werden durch die Einschränkungen definiert:

Kultur: **Winterweizen**

Anwendungszeit: **Nachauflauf**

Einschränkungen: **237** (Keine Anwendung in Zuflußbereichen von Grund- und Quellwassergewinnungsanlagen, Heilquellen und Trinkwassersperren sowie sonstigen grundwasserempfindlichen Bereichen.)

Zu bekämpfende Unkräuter: Windhalm, Kamille
Mit der Berücksichtigung des Schadenschwellenprinzips wird eine nach Bekämpfungseffizienzen angeordnete Präparate-Liste erzeugt. **Tolkan Super (X)** steht an der Spitze.☐

Das Modul CHEMPROG führt für die ausgewählten Herbizide eine Abschätzung der potentiellen Grundwassergefährdung durch. Die Bewertung erfolgt durch eine *Scoring-Klassifikation*, d. h. Symptome oder Merkmale - in diesem Fall physikalisch-chemische Kenndaten der Wirkstoffe und deren Verhalten im Boden - werden den Auswertungspunkten zugeordnet. Diese Punkte werden zur Diagnose durch die jeweiligen Bewertungsverfahren verwendet, die mittels Klassifikationsregeln repräsentiert sind.

Die Scoring-Klassifikation eignet sich für Klassifikationsprobleme, bei denen fundiertes (statistisches) Erfahrungswissen verfügbar ist.

Zur Überprüfung bzw. Verfeinerung der Diagnose wird die Scoring-Klassifikation in CHEMPROG durch eine Simulation des Einwaschungsverhaltens von Herbiziden mit dem von WALKER (1987) modifizierten Einwaschungsmodell (CALF, **C**alculation **F**low) von NICHOLLS et al. (1982) ergänzt (VARLEACH). Dieses Leaching-Modell ermöglicht eine numerische Berechnung der zeitlichen und vertikalen Rückstandverteilung von Herbiziden im Bodenprofil.

Im Modul ANPROG wird eine *fallvergleichende Klassifikation* für die Auswahl der für die Abbausimulation notwendigen Parameter verwendet, d. h. die bekannten Fälle enthalten jeweils Merkmalsausprägungen und die zugehörige Lösung. Entsprechend den Merkmalausprägungen wird mittels einer Distanzfunktion mit einem Matching-Verfahren der ähnlichste Fall in der Datenbank gesucht und dessen Wert zur Lösung des anstehenden Problems (z. B. geeignete Simulationsparameter) übernommen. Zur Festlegung der Ähnlichkeit ist ein Ähnlichkeitsmaß und im allgemeinen Zusatzwissen erforderlich.

> *Die fallvergleichende Klassifikation unterscheidet sich prinzipiell von allen anderen Wissensarten, da ihr Wissen weniger auf einer Abstraktion von Fallwissen beruht, sondern ein neuer Fall direkt mit abgespeicherten Fällen einer Datenbank verglichen wird (PUPPE 1990).*

Bei der fallvergleichenden Klassifikation ist ein Optimierungsprozeß eingebettet, denn das Ähnlichkeitsmaß induziert eine zu optimierende Zielfunktion, die die Lösungsmöglichkeiten anordnet.

Beispiele: Parameterwahl in ANPROG
Aus den Literaturdaten (z. B. WALKER 1978, WALKER et al. 1983, PESTEMER und AUSPURG 1987) sowie eigenen Untersuchungen wurden bisher für ca. 30 Herbizide bei mehr als 90 verschiedenen Herbizid-Bodenkombinationen Abbauparameter (E_a, **A, B**) für das Simulationsmodell zusammengestellt. Mit den wichtigsten Daten über Eigenschaften und Zusammensetzung der Böden (Gehalt an organischem Kohlenstoff [C_{org}], pH-Wert [pH], Tongehalt [Ton]) in denen die Abbauparameter ermittelt wurden, (vgl. HURLE und WALKER 1980, WALKER und ALLEN 1984), sind die Abbauparameter in einer Datei in Faktenform

EAB(Herbizid, C_{org}, Ton, pH, E_a, A, B)

gespeichert.

Liegen mehrere Abbaukonstanten für ein Herbizid vor, werden anhand der Bodenparameter aus dem vorhandenen Datensatz die E_a-, A- und B-Parameter der entsprechenden Herbizid-Bodenkombination ausgewählt, bei der sich die Böden - in dem die Konstanten ermittelt wurden und für den die Simulation durchgeführt werden soll - am ähnlichsten sind.

Bei der Auswahlstrategie wird zunächst eine Teilmenge aus dem Datensatz der Wissensbasis - orientiert am Herbizidwirkstoff - gebildet:

Teilmenge = {EAB(H[Herbizid], C[C_{org}], T[Ton], P[pH-Wert], E_a, A, B)| H = Wirkstoff}.

Mittels einer gewichteten Distanzfunktion, bei der der Tongehalt und der Gehalt des Bodens an organischem Kohlenstoff als wichtigste Auswahlgrößen definiert sind, werden die Abbaukonstanten nach dem Kriterium der geringsten Abweichung der Parameter (C_{org}, Ton, pH) ausgewählt:

Minimum [d((C_{org}, Ton, pH), (C, T, P))

= 0,3 * abs((C_{org} - C)/C) + 0,6 * abs((Ton - T)/T) + 0,1 * abs((pH - P)/P)].

Mit unterschiedlichen Gewichtungsfaktoren wird die gleiche Methode auch bei der Auswahl von Sorptionskonstanten (*K_d-Werten*) angewendet, aus denen die potentielle Pflanzenverfügbarkeit der Herbizidrückstände abgeleitet wird.□

Im Modul ANPROG ist die Simulation des Herbizidabbaus der Hauptbestandteil des Inferenzprozesses. Die Anbindung der Simulation erfolgt durch *sequentielle Integration*, d. h. der Informationsfluß ist nur in einer Richtung möglich. Die wissensbasierte Komponente, d. h. *fallvergleichende Klassifikation* generiert die Daten, die dann von der Simulationskomponente als Inputdaten aufgenommen werden. Die Simulationsergebnisse werden ihrerseits zur *Erklärungskomponente* weitergegeben. Diese Komponente dient zur *qualitativen Erklärung*, die die Simulationsergebnisse in fachkundige Umgangsprache umwandelt (numerische Daten werden in qualitative Fachausdrücken abgebildet) zusätzlich wird die Abbaukurve zur *numerischen Erklärung* in Form einer Text- und Graphikdarstellung repräsentiert. Im allgemeinen sollte die Erklärungskomponente bei kooperierenden Problemlösungsmethoden die Übernahme von Ergebnissen einer Problemlösungsmethode als Eingangsdaten für eine andere Problemlösungsmethode transparent machen können (PUPPE 1990).

Neben der sequentiellen Integration wurde für das Problem der Parameteridentifikation eine *parallele Integration* des Simulationsmodells eingesetzt. Dabei sind eine wissensbasierte Komponente und eine Simulationskomponente beteiligt. Die zwei Komponenten transferieren Wissen nach Bedarf hin und zurück, um Faktenwissen einzufügen oder numerische Ergebnisse zu generieren.

Beispiel:
Wissensbasierte Parameterabschätzung für die Abbauparameter E_a, A und B mit Hilfe des Abbaumodells. Da die Ermittlung der Abbaukonstanten E_a, A und B in Laborversuchen zeitaufwendig und kostenspielig ist, stehen für viele Herbizide diese Parameter in HERBASYS nicht zur Verfügung. Ziel war in einer "quasi umgekehrten" Vorgehensweise die fehlenden Parameter anhand von Freilandmessungen mit dem Simulationsmodell zu gewinnen und sie für spätere Anwendungen in HERBASYS zur Verfügung stellen zu können (GOTTESBÜREN et al. 1991b).

Die Problemstellung gehört zur Problemklasse "Konstruktion". Zur Problemlösung wurde die Methode *Vorschlagen-und-Verbessern* (Hill-Climbing + wissensbasiertes Rücksetzen) verwendet: Mit heuristischen Regeln oder Prozeduren wird dabei immer die lokal **beste** Alternative, bei der die simulierte Abbaukurve am wenigsten von den Meßwerten abweicht, vorgeschlagen und als zu optimierende Zielfunktion das modifizierte Bestimmheitsmaß eines Abbaukurven-Anpassungsprogramms nach TIMME et al. (1986) verwendet. Zur Vermeidung redundanter Iterationen wird bei "Sackgassen" mit heuristischen Regeln oder Prozeduren ein geeigneter Verbesserungsvorschlag ermittelt. Die heuristischen Regeln bei der Parameterabschätzung basieren auf der partiellen Monotonie der Outputfunktion des Modells, d. h.

$E_a{}' < E_a{}''$ und mit gleichen A, B => Kurve für $E_a{}'$ >$_{auf}$ Kurve für E_a. (>$_{auf}$ heißt, die linke Kurve liegt ganz auf der rechten Kurve).

Für A und B bestehen gleichfalls die partiellen Monotonitäten.

Mit Hilfe der partiellen Monotonitäten des Modells wird die Automatisierung von Konstruktion und Rücksetzen der vorgeschlagenen Schätzwerte in Form von Regeln realisiert. Die Simulation spielt dabei die Rolle der Bewertung für die vorgeschlagenen Werte.□

Vorgabe	Antwort
feste Vorgabe: Herbizidwahl Applikationsdatum	
Aufwandmenge Nachbautermin Nachbaukultur →	Nachbauprognose Ertragssicherheit
Aufwandmenge Nachbaukultur →	Prognose des frühest möglichen Nachbaus, Berücksichtigung der Praxisanbautermine
Aufwandmenge Nachbautermin →	Auswahl der zu diesem Zeitpunkt sicher anzu- bauenden Kulturen
Aufwandmenge →	Angabe der sicheren Nachbautermine für die verschiedenen Nachbau- kulturen, Berücksich- tigung der Praxisanbau- termine
Nachbautermin Nachbaukultur →	Verringerte Aufwand- menge, bei der keine Schädugung zu erwarten ist.
Nachbautermin →	Nur Abbausimulation ohne Nachbauprognose

Abb. 2: I/O- Muster vom Abbaumodell

Im Vergleich zu allgemeinen Simulatoren hat ein linearer Simulator mehrfache I/O-Muster. Die im Modul ANPROG möglichen I/O-Muster werden in der Abb. 2 gezeigt.

Der Benutzer hat die Option, bei von ihm festgelegter Vorgabe von Herbizid und Applikationsdatum, mit den sich aus den Eingabengrößen Aufwandmenge, Nachbautermin und Nachbaukultur ergebenden Kombinationsmöglichkeiten, Anfragen an das System zu stellen.

Beispiel: Vielfalt von I/O-Mustern
Vorgegeben sind der Nachbautermin und die Nachbaukultur. Die Anfrage lautet, welche Aufwandmenge (in kg/ha) des Herbizids appliziert werden darf, ohne die Nachbaukultur zu schädigen. Zur Aktivierung der Abbausimulation ist die Aufwandmenge als Anfangswert y_0 notwendig. In diesem Fall wird eine künstliche Annahme von $y_0 = 1$ gemacht, die Simulation gestartet und eine Verlaufskurve erzeugt. Der Endwert von y an Zeit t = Nachbautermin wird mit dem Konzentrationsgrenzwert im Boden, bei dem keine Schädigung der jeweiligen Kulturpflanze zu erwarten ist (No-Observable-Effect-Level, NOEL) verglichen, der aus der Datenbank für Dosis-Wirkungs-Beziehungen ausgewählt wurde. Der Faktor NOEL/y(Nachbautermin) ist wegen der Annahme $y_0 - 1$ und der Linearität des Modells die geforderte Antwort, nämlich die höchste Aufwandmenge, bei der keine Schädigung zu erwarten ist. $\square$

4. Anmerkung zu den verwendeten Programmierkonzepten

Das Expertensystem HERBASYS gehört zur Klasse sogenannter wissensbasierter Simulationssysteme, in der mathematische Simulationsmodelle und wissensbasierte Programmiertechniken verknüpft werden. Derartige Hybridmodelle, die Datenbanken, wissensbasierte Komponenten und Algorithmen kombinieren, können in der Praxis die Anwendbarkeit von Prognosenmodellen z. B. in der landwirtschaflichen Beratung gewährleisten (JONES et al. 1987, PESTEMER et al. 1990).

HERBASYS wurde in den Programmiersprachen Prolog und C geschrieben.

Die Wissensbasis in HERBASYS beinhaltet Fakten, Regeln und prozedurales Wissen (Integrator einer Differentialgleichung). Das Regelwissen läßt sich mit Hilfe der deklarativen Programmiersprache Prolog gut repräsentieren. Die Fakten dagegen wurden in externen Datenbanken abgelegt. Hierbei ist auf die möglichen Kopplungsarten der Datenbanken mit den Inferenzmechanismen zu achten ("lose" oder "enge" Kopplungen). Das Simulationsmodell in HERBASYS ist im Gegensatz zu den oben genannten Wissensobjekten typisch prozedurales Wissen von algorithmischer Natur. Dieses läßt sich mit einer prozeduralen Programmiersprache wie C einfacher und zeit- und raumeffizienter realisieren. Da das gleiche Modell mehrere I/O-Muster haben kann, wurden diese in mehreren, bis auf die Suffixnumerierung, gleichnamigen C-Funktionen geschrieben und beim Linken zu Prolog-Objekten als globale Prolog-Prädikate deklariert. Somit verhält sich das Simulationsmodell wie ein Prolog-Prädikat.

Die Benutzung der Sprache Prolog und C sowie zusätzlich die Verwendung einer Datenbankabfragesprache spiegelt unsere Überzeugung wider, daß ein unter den vielfältigen Umwelteinflüßen in der landwirtschaftlichen Praxis funktionierendes Expertensystem normalerweise sowohl (oft heuristisches) Regelwissen (oder auch als Oberflächenwissen bezeichnet) als auch prozedurales Wissen (oder auch Tiefenwissen genannt) enthalten muß. Biologische Prozesse zu beschreiben ist aufgrund von Wissenslücken über die Vorgänge in der Natur immer mit Unsicherheiten behaftet, die nur durch Abschätzungen von Experten in einem derartigen System zu repräsentieren sind.

Damit sind zwangsläufig eine breite Palette von Programmiersprachen, Wissensrepräsentationsmechanismen aber auch eine umfangreiche Sammlung von technisch aufwendigen Konzepten (Beispiel: Kopplung von Inferenzmechanismen und externen Datenbanken) anzuwenden. Für die Qualität und Seriosität des durch das System repräsentierten Wissens ist letztendlich die Verwendung kalibrierter und validierter Verfahren entscheidend.

Literatur

AARTS, H.F.M., H. DRENTH, N. BRUIN 1984: Computermodellen als hulpmiddel bij geleide onkruidbe-strijding.- Bedrijfsontwikkeling 15, 335-339.

AG BODENKUNDE 1982: Bodenkundliche kartieranleitung.- 3. Aufl., Hannover.

ADNER, A. 1984: Ein Simulationsmodell zur Unterstützung von Pflanzenschutzentscheidungen im Agro-Ökosystem Winterweizen.- Dissertation Giessen.

EDWARDS-JONES, G., J.D. MUMFORD, G.A. NORTON, R. TURNER, G.H. PROCTOR, M.J. MAY 1989: A computerised decision support system for sugar beet herbicide selection.- Proceedings of the Brighton Crop Protection Conference - Weeds, 1989, 561-566.

FERRIS, J.G., T.C. FRECKER, B.M. HAIGH, S.DURRANT 1991: Herbicide adviser: a decision support system to optimize atrazine and chlorsulfuron activity and crop safety.- Computer & Electronics in Agriculture.

GEROWITT, B. 1987: Unkrautbekämpfung nach Schadenschellen im Wintergetreide - Überprüfung und Weiterentwicklung des Konzepts mit Hilfe einer bundesweiten Versuchsserie und Erarbeitung eines computergesttüzten Entscheidungsmodelles.- Dissertation Göttingen.

GOTTESBÜREN, B., W. PESTEMER, K. WANG, M.-B. WISCHNWSKY und J. ZHAO 1990a: Aufbau und Arbeitweise des Expertensystems HERBASYS (Herbizid-Beratungssystem),- Agrarinformatik, 18, 163-174.

GOTTESBÜREN, B., W. PESTEMER, K. WANG, M.-B. WISCHNEWSKY und J. ZHAO 1990b: Prognose der Persistenz von Herbiziden und deren Auswirkungen auf Nachbaukulturen mit Hilfe des computergestützten Expertensystems HERBASYS.- Zeitschrift für Pflanzenkrankheiten und Pflanzenschutz, 97, 349-414.

GOTTESBÜREN, B., W. PESTEMER, K. WANG, M.-B. WISCHNEWSKY und J. ZHAO 1991a: Concept, structure and validation of the expert system HERBASYS (Herbicide Advisory System) for selection of herbicides, prognosis of persistence and effects on succeeding crops.- in: Pesticides in soils and water, BCPC Monograph, No. 47, 129-138.

GOTTESBÜREN, B., J. ZHAO, W. PESTEMER, K. WANG, und M.-B. WISCHNEWSKY 1991b: Iterative estimation of degradation parameters for a herbicide simulation model from field residue and weather data.- in Vorbereitung.

HAUDE, W. 1955: Zur Bestimmung der Verdunstung auf möglichst einfache Weise.- Mittelungen des Deutschen Wetterdienstes, 2, 1-23.

HURLE, K., A. WALKER 1980: Persistence and its prediction.- in: HANCE, R.J.(ed.), Interactions between herbicides and the soil, 85-121, Academic Press, London.

KÜBLER, I. 1988: HERBY - ein Modell zur Herbizidauswahl bei Winterweizen.- Zeitschrift für Pflanzen-krankheiten und Pflanzenschutz, Sonderheft XI, 155-160.

JONES, J.W., P. JONES, P.A. EVERETT 1987: Combining expert systems and agricultural models: a case study.- Transactions of the ASAE 30, 1308-1314.

NICHOLLS, P., A. WALKER, R.J. BAKER 1982: Measurement and simulation of the movement and degradation of atrazine and metribuzin in a fallow soil.- Pesticide Science, 12, 484-494.

PESTEMER, W. 1983: Methodenvergleich zur Bestimmung der Pflanzenverfügbarkeit von Bodenherbiziden.- Berichte Fachgebiet Herbologie, 24, 85-96.

PESTEMER, W., V. RADULESCU, A. WALKER, L. GHINEA 1984: Residualwirkung von Chlortriazin-Herbiziden im Boden an drei rumänischen Standorten. Teil I: Prognose der Persistenz von Simazin und Atrazin im Boden.- Weed Research, 24, 359-369.

PESTEMER, W., B. AUSPURG 1987: Prognosc-Modell zur Erfassung des Rückstandsverhaltens von Metribuzin und Methabenzthiazuron im Boden und deren Auswirkungen auf Folgekulturen.- Weed Research, 27, 275-286.

PESTEMER, W., B. GOTTESBÜREN, B., K. WANG, M.-B. WISCHNEWSKY und J. ZHAO 1990: Anwendungsmöglichkeiten des Expertensystems HERBASYS (Herbizid-Beratungssystem).- Zeitschrift für Pflanzenkrankheiten und Pflanzenschutz, Sonderheft XII, 179-190.

PUPPE, F. 1990: Problemlösungsmethoden in Expertensystemen.- Springer-Verlag 1990.

POHLMANN, J.M. 1989: "HERB-OPT", ein Expertensystem zum umweltgerechten Einsatz von Herbiziden.- Agrarinformatik, 16, 293-301.

TIMME, G., H. FREHSE, V. LASKA 1986: Zur statistischen Interpretation und graphischen Darstellung des Abbauverhaltens von Pflanzenschutzmittel-Rückständen. II.- Pflanzenschutz-Nachrichten BAYER, 39, 188-204.

WALKER, A. 1974: A simulation model for prediction of herbicide persistence.- Journal of Environmental Quality, 3, 396-401.

WALKER, A. 1978: Simulation of herbicide persistence of eight soil applied herbicides.- Weed Research, 18, 305-313.

WALKER, A. 1987: Evaluation of a simulation model for prediction of herbicide movement and persistence in soil.- Weed Research, 27, 143-152.

WALKER, A., A. BARNES 1981: Simulation of herbicide persistence in soil: a revised computer model.- Pesticide Science, 12, 123-132.

WALKER, A., R.J. HANCE, J.G. ALLEN, G.G. BRIGGS, Y.-L. CHEN, J.D. GAYNOR, E.J. HOGUE, A. MALQUORI, K. MOODY, J.R. MOYER, W. PESTEMER, A. RAHMAN, A.E. SMITH, J.C. STREIBIG, N.T.L. TORSTENSSON, L.S. WIDYANTO, R. ZANDVOORT 1983: EWRS herbicide-soil working group: Collaborative experiment on simazine persistence in soil.- Weed Research, 23, 373-383.

WALKER, A., R. ALLEN 1984: Influence of soil and environmental factors on pesticide persistence.- BCPC Monograph No. 27, 89-100.

A Sales Assistant for Chemical Measurement Equipment

(SEARCHEM)

Mina-Jaqueline Schachter-Radig
Diederich Wermser

NTE NeuTech
Neue Technologien Entwicklungsgesellschaft
Dachauerstr. 44a, D- 8000 München 2

Abstract

SEARCHEM is a KBS sales assistant for equipment measuring chemicals that has been developed under clearly commercial conditions. The system is in use now and evaluated in a field-test in order to adequately focus future extensions. Complex knowledge including a fairly large taxonomy of chemicals is used to identify measurement problems of customers and to select appropriate equipment. SEARCHEM elaborates recommendations even for chemicals that are not contained in the list of chemicals presently known to be measurable by the equipment available. Task and problems of selling assistants in general are outlined before concentrating on concept and implementation of SEARCHEM in detail.

1.   Introduction

The more complex the spectrum of products offered by a company becomes the higher are the expectations of potential customers concerning qualified advice in selecting the appropriate (combination of) products for their particular needs. In several domains, like in the domain of chemical measurement equipment stressed here, members of the sales staff need deep knowledge on the topic acquired in an academic education as well as a considerable amount of experience and overview on applications of customers, products available etc. to meet the demands of their job. Systems like the Sales Assistant described here may serve as a useful aid in this context. In particular they can meet typical goals of sales departments like

-   improving the quality of advice given

-   ensuring the completeness and consistency of information on products available

-   making recommendations given more independent of individual education, experience and preferences

-   releaving sales staff of searching through large catalogues, manuals etc., and thus

-   enabling sales staff to actively address customers concerning their potential needs

-   ensuring consideration of sales strategies in the selection of equipment recommended

-   collecting, structuring and making available all knowledge within the company on the properties of the products offered and the potential applications of these products

-   releaving specialized staff in the development department at least partially from requests of sales staff

SEARCHEM as described below exemplifies a KBS sales assistant. The domain "measurement of chemicals" is of high complexity on one hand and on the other hand products sold for this purpose are comparably cheap. Thus having specialist sales staff in all branch offices is inadequate. This situation lead to an urgent need for a sales assistant system, that resulted in the development of SEARCHEM.

2. Task of a Sales Assistant

The task of selling basically comprises two main activities: Identification of a customers needs and determination (and eventually configuration) of the appropriate available products to meet these needs.

Identification of a customers needs can be a difficult task, depending on the particular spectrum of products offered. Frequently customers do not (exactly) know their needs, but expect the sales staff to help identifying their needs. Thus a cooperative sales person will either

- put questions that directly focus on the needs of a customer or

- ask for the context that lead to the inquiry for equipment and infer the needs on the background of a customer's application or if none of this works

- will suggest appropriate actions to identify the needs.

Determination of an appropriate configuration of products typically includes tasks like selection and configuration. Various aspects ranging for instance from education of the particular users of products delivered to specific national regulations may be relevant for this task besides properties of available products and specific sales strategies.

3. Aims and Tasks of SEARCHEM

The aims that lead to the development of SEARCHEM comprise all of the goals named above for sales assistants in general, with a particular emphasis on improvement of the quality of advice given.

Some important characteristics of the task and domain of SEARCHEM are:

Product spectrum

- More than 300 available products having complex properties
- Products are not specific to single chemicals, i.e. they measure different chemicals or groups of chemicals
- Usability of products may be inhibited by other chemicals
- Most products work only for limited ranges of concentration
- Depending on environmental conditions, additional products for adaption may be necessary

Identification of measurement problem

- A complete definition of a measurement problem comprises besides the chemical to be measured aspects like concentration expected, other chemicals potentially occurring in the environment, temperature, etc.
- More than 1000 chemicals relevant
- Different units of concentration in use
- Several 100 processes relevant
- etc.

Selection and configuration of products

- Adequate recommendation even on the basis of incomplete definition of measurement problem required
- In some cases recommendation of a configuration of products necessary to allow for a specific measurement
- Simplicity of handling and evaluation of results is an important criterion for selection and configuration

4.   Requirements

Beyond the task described above, there are several additional requirements SEARCHEM has to consider, which mainly result from the environment SEARCHEM will be used in. The most important of these are:

Easy to use:

- maximum of two hours for learning how to use the system for people being unskilled in using computers
- usable with one hand to enable members of the sales staff to simultaneously communicate with customers using a telephone

Adequate for users having different levels of education and experience:

- explanation of relevant properties of chemicals required
- explanation on other relevant terms required

Integration:

Besides SEARCHEM the sales staff uses further EDP-Systems to process orders of customers etc. Integration is necessary.

Portability:

Different hardware used at different sites of the company may cause a need to run SEARCHEM on different hardware.

Extendibility:

SEARCHEM as developed so far covers the most urgent needs, but the concept should hold for qualitative and quantitative extension of its abilities.

5.   Conceptual Model

A model of the knowledge necessary to give advice in this domain (Conceptual Model) serves as a basis for design and implementation of SEARCHEM. The Conceptual Model (Breuker 85) is a result of knowledge acquisition on the basis of written documentation and cooperation with specialists. It is structured considering the ideas of the KADS-Methodology (Schachter 87).

The knowledge comprised by the conceptual model for SEARCHEM has not been acquired by simply asking one specialist. It rather is the result of a synthesis process that besides providing the conceptual model created new insights in relevant features and interdependencies of products, approaches for decision making etc.

Figure 1 demonstrates a simplified version of the inference structure of the Conceptual Model. The idea of the inference structure (Breuker 87) is to specify knowledge sources (ellipsoids), that comprise bunches of knowledge available for identifying the needs and configuring appropriate products to satisfy those needs. The metaclasses (rectangles) indicate, which input is necessary for a knowledge source and what can be determined by a knowledge source. An inference structure does *not* specify which knowledge source to apply in a particular situation of the problem solving process but simply which knowledge sources are available. Strategies how to use the knowledge sources in order to give appropriate advice are represented in different layers of the conceptual model, that will not be presented here.

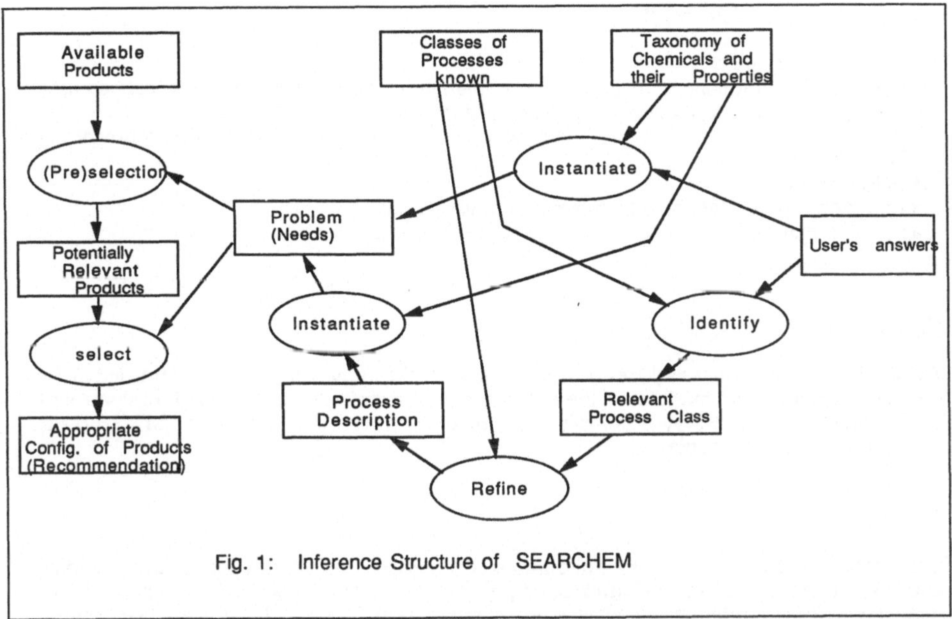

Fig. 1:   Inference Structure of SEARCHEM

Knowledge sources for identification of the needs allow for an instantiation of a problem model either by interpreting answers of a customer directlv concerning his needs or by identifying and subsequently refining a description of the customer's process and infering indirectly on his needs. Establishing of a recommendation includes a preselection of products in order to reduce the considerable work necessary to assess and compare alternatives. The knowledge source "select appropriate configuration of products" models an hypothesis driven selection process. Configurational aspects are in this domain restricted to the selection of additional products, which are selected only if necessary to compensate deficiencies of products selected before.

Concepts identified in an analysis of this domain range from (chemical) processes - having subprocesses, different kinds of technical equipment used etc. - to characterization of the products available. Of particular importance is a taxonomy of chemicals having a considerable size. This taxonomy on one hand is a basis for "reasonable" statements in communication with users and on the other hand serves as a basis for inferences concerning measurement of chemicals not yet known to be measurable by the products available.

6.   Design

A basic idea in the concept of SEARCHEM is a clear delimitation of the three components man machine interface, KBS-kernel and database (Fig. 2). In the KBS-kernel the entire knowledge on how to identify needs and how to select and configure appropriate products is implemented, whereas the MMI enables the user to communicate with this problem-solving machine. The database stores all basic data of the domain and models complex relations between these data that go beyond abilities of relational databases and the corresponding query languages.

MMI

The user screen of SEARCHEM has a fixed segmentation into areas for user dialog, for results, for explanation on how to operate the system in a particular situation and for meta-communication (interruption of session, help). With a few exceptions the user can operate the system only using a mouse. Facilities for answering questions and operating the system, like menus, buttons etc., are offered to the user depending on the particular situation.

Important modules of the MMI are

- the screen-manager,
- an explanation component, that generates explanations on products and chemicals on user request, therefore directly accessing the database,
- a dialog manager that poses appropriate questions to the user to satisfy the information needs of the KBS-kernel
- a help facility
- a module for presentation and explanation of result and
- a module, that initializes, controls and breaks off sessions

KBS-Kernel

The KBS-kernel comprises a "one-to-one mapping" of the knowledge sources identified in the inference structure into modules of the KBS-kernel. The strategy implemented for control of these modules is oriented towards a minimization of information requests to the MMI, i.e. the user, aiming at a concise dialog.

Database

The database on one hand stores the huge amount of data necessary for this domain in a relational database. In order to allow modelling of complex relations that go beyond the capabilities of query languages for relational databases, as necessary for instance for handling of taxonomies, an additional module is provided (For a discussion of problems of coupling KBS and relational databases see for instances Gray 85 or Härder 87).

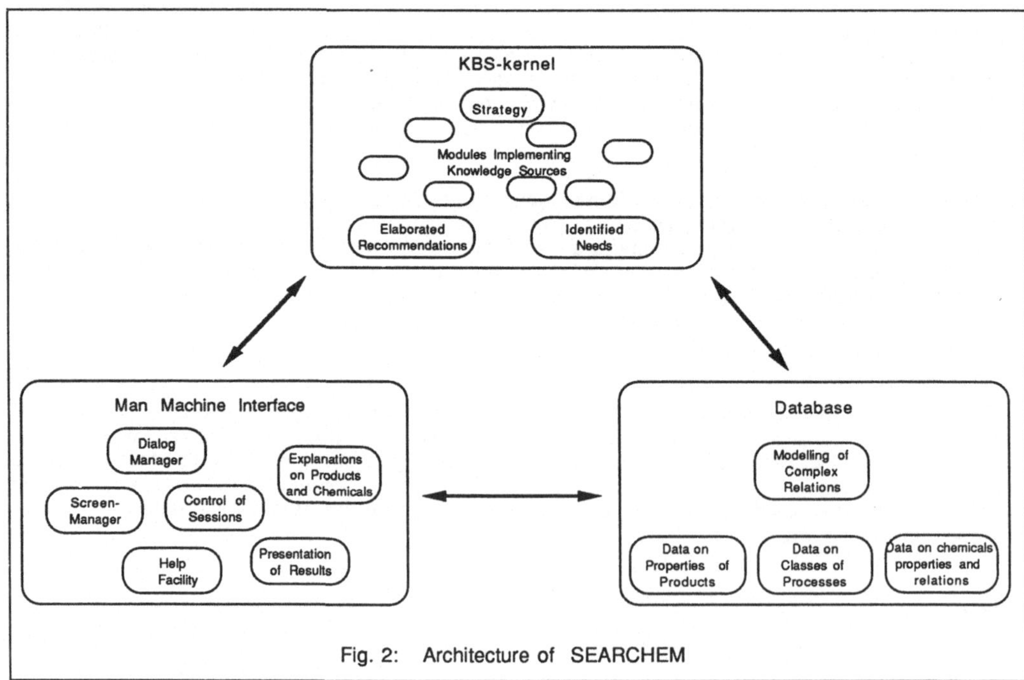

Fig. 2:   Architecture of SEARCHEM

7.   Implementation

With respect to the integration of SEARCHEM in an existing EDP-environment and to general regulations on hardware to be used within the company the IBM RT work- station (also known as IBM 6150) is selected for implementation. Important criteria for the decision on software-tools are portability, flexibility with respect to modelling and knowledge representation as well as reliability and support. Therefore the following tools were selected:

Prolog

is used for implementation of the KBS-kernel, the man machine interface except for the screen-management and the "intelligent" part of the database (The implementation of Prolog delivered by Quintus is used). To allow for sophisticated knowledge representation and in order to provide additional control elements a dedicated framesystem including different kinds of demons is implemented on top of Prolog.

SQL Relational Database

is used for Storage of data on properties of products, taxonomy of chemicals and their properties, classes of processes and their properties.

X-Windows

is used for screen-management. Programs interfacing Prolog and X-Window are written in C.

The screen-manager is running as a separate process in order to enable the KBS-Kernel to continue inferencing during waiting for user actions.

8.   Operational Use of SEARCHEM

SEARCHEM as described here is in use now since several months. Due to the quality of recommendations given it is accepted by the company it is developed for as a useful aid for recommending appropriate products. The system several times offered solutions that even specialists were not aware of. It has introduced ideas and plans to develop further systems to give support for other groups of products and to integrate this system with sophisticated systems supporting other tasks relevant in a sales environment.

An applicability test carried out currently will answer questions like "Does the system offer the kind of support that is needed by its users?" and "Is (the man machine interface of) this system adequate for its users?" in detail and thus help to orient the further development of SEARCHEM even more towards its users and in the same time ensure acceptance for the system.

9.   Future Extensions

Relevant aspects for extensions of SEARCHEM are an improvement of capabilities in identification of needs and a more sophisticated reasoning about properties of chemicals to allow for a better assessment of possibilities to measure chemicals, which not yet are known to be measurable. Moreover a component for generation of plans, how to proceed if needs can't be identified using the knowledge on processes available is a useful extension.

10.   Acknowledgements

Several colleagues have contributed to the implementation of SEARCHEM. Without their contribution the system could not have been made operational. Especially we would like to thank the contractual partners of the company SEARCHEM is developed for, who in a productive cooperation determined the environmental requirements for SEARCHEM and made the expertise necessary for SEARCHEM available.

11. References

Breuker 86

Breuker, J.A.; Wielinga,B.: Models of Expertise. In: Proceedings of the ECAI 86, North Holland, Amsterdam, 1986.

Breuker 87

Breuker,J.A (editor):   Model Driven Knowledge Acquisition, Interpretation Models. Deliverable D1 of ESPRIT P1098, University of Amsterdam, STL, Stevenage U.K. (unpublished).

Gray 85

Gray, P.M.D.: Efficient Prolog Access to CODASYL and FDM Databases. In: Proceedings of ACM-SiGMOD 1985, ACM, 1985.

Härder 87

Härder,T.; Mattos,N.; Puppe,F.: Zur Koppelung von Datenbank- und Expertensystemen. In: State of the Art 3, Oldenbourg-Verlag, München 1987.

Schachter 87

Schachter-Radig, M.-J.: Modellgesteuerte Problemanalyse - Grundlage für den Lebenszyklus Wissensbasierter Systeme. In: Informatik Fachbericht 155, Hrsg: Brauer, W., Wahlster, W., Springer-Verlag, Berlin Heidelberg 1987.

XHMA, Altlasten im Griff

Institut für Umweltinformatik an der
Hochschule für Technik und Wirtschaft des Saarlandes
H. GROH - R. GÜTTLER
Saarbrücken, im Oktober 1990

1. Zusammenfassung: Was ist XHMA?

XHMA ist ein Softwarewerkzeug für die regionale Behandlung von Altlasten. Adressaten sind die Mitarbeiter von <u>Gebietskörperschaften</u> und Ingenieurbüros, die mit Altlasten befaßt sind. XHMA macht dem Benutzer das <u>Wissen</u> und die <u>Erfahrung</u> zugänglich, die beim Forschungsprojekt "Handlungsmodell Altlasten" (HMA) zusammengetragen wurden. Dieses Projekt führt der <u>Stadtverband Saarbrücken</u> (SVS) durch. Das Projekt wird u.a. vom Bundesminister für Forschung und Technologie (BMFT) gefördert. Es wurden 2.500 kontaminationsverdächtige Standorte erfaßt und vorbewertet. Der Kontaminationsverdacht resultiert aus ca. 4.200 verschiedenen Verursachern. Die Hauptbewertung dieser Daten läuft gerade an, die Sanierungsplanung wird folgen.

Das Werkzeug XHMA ist für die regionale Erfassung und Vorbewertung von Altlastenverdächtigen Flächen im letzten Quartal 1990 einsatzbereit. Die weiteren Moduln "Hauptbewertung" und "Sanierung" werden 1991 erstellt. XHMA wird auch Verwaltungsaufgaben bei der Behandlung von Altlasten unterstützen. Desweiteren wird XHMA juristische und technische Informationen bereitstellen. Technisch gesehen ist XHMA ein wissensbasiertes System mit einer Datenbank und einem geografischen Basismodul.

2. Leistungsumfang: Was unterstützt XHMA?

XHMA basiert auf der Methodik, die der Stadtverband Saarbrücken beim Projekt HMA unter Berücksichtigung der vorliegenden Forschungsergebnisse und in Kooperation mit anderen Institutionen erarbeitet hat. Diese Methodik repräsentiert das Wissen und die Erfahrung, die in einer bisher dreijährigen Arbeit entstanden sind.

Der Benutzer kann die im System enthaltene Methodik an den jeweiligen regionalen Gegebenheiten, politischen Vorgaben und finanziellen Restriktionen anpassen. XHMA berücksichtigt die vom Benutzer eingegebenen Rahmenbedingungen. Es berät den Benutzer, läßt ihm aber die Freiheit der Entscheidung.

Außer der Beratung hinsichtlich der Vorgehensweise unterstützt XHMA die Erfassung und den Aufbau eines Katasters altlast- und kontaminationsverdächtiger Flächen. Die jeweiligen Inhalte der Datenbank können geographisch visualisiert werden. Dabei können im Hintergrund z.B. die regionalen Oberflächengewässer, Verwaltungsgrenzen, Wasserschutzgebiete o.ä. angezeigt werden. XHMA hilft auf diese Weise dem Sachbearbeiter ebenso wie dem politischen Entscheidungsträger. Die Beteiligung der Öffentlichkeit kann mit XHMA einfacher und effizienter realisiert werden.

3. Methodik: Wie geht XHMA vor?

Die Methodik von XHMA basiert auf folgenden Prinzipien:

1. Verdacht generieren und dann einschränken,

2. bei jedem Schritt nur den begrenzten Aufwand betreiben, der zur Identifikation der folgenden Schritte erforderlich ist,

3. schrittweise die Anzahl der Verdachtsflächen reduzieren, für die im nächsten Schritt weitere Untersuchungen durchgeführt werden sollen (z.B. chemische Analysen).

Diese Prinzipien werden in allen Phasen der Altlastenbehandlung angewandt. In jeder Phase wird die Anzahl der weiter zu behandelnden Verdachtsflächen aufgrund der jeweils vorliegenden Erkenntnisse geringer.

Die einzelnen Phasen von XHMA sind:

- Identifikation und Lokalisierung von Verdachtsflächen durch Auswertung von Informationsquellen,

- Vorbewertung und Klassifizierung ohne Beprobung,

- Hauptbewertung basierend auf vertiefter Auswertung von Informationsquellen sowie exemplarische Beprobung von repräsentativen Standorten innerhalb bestimmter Klassen,

- eingehende Untersuchungen sanierungsbedürftiger Standorte mit Beprobung und Analysen, Ermittlung eines maximalen und eines finanzierbaren Handlungsbedarfs,

- Auswahl einer für die jeweilige Altlast geeigneten Sanierungstechnik (optimales Preis-Wirkungsverhältnis),

- Sanierung und Überwachung.

In jeder Phase werden zusätzliche Informationen erfasst. Das System ist darauf ausgerichtet, in jeder Phase mit möglichst wenig Daten auszukommen. Dazu ist phasenbezogen ein minimaler Datensatz definiert. Der Erfassungsaufwand wird dadurch minimiert.

4. Ziele: Was soll erreicht werden?

Die Ziele von XHMA sind:

- Wissen und Erfahrungen von Experten zusammentragen und abrufbar machen,

- auf ein möglichst einheitliches und für den Bürger transparentes Verfahren hinwirken,

- politische Entscheidungen konsensfähig machen,

- auch den nicht routinierten Benutzern effektives Handeln ermöglichen.

Zur Erreichung dieser Ziele waren günstige Voraussetzungen gegeben. Die in HMA mitwirkenden Experten konnten unmittelbar bei ihrer Arbeit beobachtet werden. Es war also nicht notwendig, das Wissen und die Erfahrungen der Experten im Nachhinein durch zeitraubende Interviews zu ermitteln.

5. Realisierung: Wie funktioniert das?

XHMA besteht aus verschiedenen Moduln. Es existiert hierzu ein detaillierter Strukturplan, der aus Platzgründen hier nicht enthalten ist.

XHMA hält den Benutzer dazu an, vor der Datenerfassung den Datenumfang festzulegen. Er macht ihm dazu Vorschläge um unangemessenen Erfassungsaufwand und Datenfriedhöfe zu vermeiden.

XHMA enthält die Informationsquellen, die bei der Identifizierung und Lokalisierung von Verdachtsflächen ausgewertet werden können. Es gibt dem Benutzer Auskunft,

- welche Daten er in der jeweiligen Quelle vorfindet,

- für welche Zeiträume sie zuverlässige Auskünfte enthält,

- in welcher Reihenfolge er die Quellen auswerten soll,

- welche Zuverlässigkeit die Quellen haben.

Dabei berücksichtigt das System die vom Benutzer vorzugebende Zielrichtung der Erfassung z.B. hinsichtlich bestimmter Branchen, bestimmter Gefährdungen, bestimmter Zeiträume. Zu den einzelnen Standorten werden die Emmissionsparameter (quellen), der Transmissionsmechanismus sowie die Immissionspunkte (schutzwürdige Güter) im System erfaßt.

In der Vorbewertung führt das System u.a. eine Raumverträglichkeitsanalyse durch. Sie berücksichtigt die

- Siedlungsverteilung,

- Infrastruktureinrichtungen,

- geologische Formationen,

- Nutzungsstrukturen.

Ergebnis dieser Raumanalyse und der Vorbewertung ist insgesamt eine Klassifizierung nach folgenden Gesichtspunkten:

- es besteht aktueller Handlungsbedarf,

- es besteht Bedarf an vertiefender Untersuchung,

- es besteht kein aktueller Handlungsbedarf.

Bei der letzten Kategorie wird noch unterschieden, ob eine kontinuierliche Beobachtung erforderlich ist oder nicht. Innerhalb der einzelnen Klassen erfolgt eine Priorisierung.

6. Ergebnisse: Was hat der SVS erreicht?

Der Stadtverband Saarbrücken ist aufgrund der von ihm entwickelten Methodik nach ca. dreijähriger Arbeit in der Lage, für die zehn Kommunen seines Gebietes anzugeben:

- welche Bebauungspläne vom Altlastverdacht betroffen sind,

-   welche Baulücken vor einer Bebauung chemisch-analytisch untersucht werden müssen,

-   welche kontaminationsverdächtigen Flächen vorrangig zu untersuchen sind, um Gefahren aus Altlasten abzuwehren.

In das Verzeichnis kontaminationsverdächtiger Flächen (KV-Atlas) kann beim Stadtverband Saarbrücken eingesehen werden, um schon beim Grundstückskauf Fehlinvestitionen auszuschließen.

In dem derzeit aufgestellten Flächennutzungsplan sind diese Erkenntnisse berücksichtigt, so daß er keine neuen Bauflächen mit Kontaminationsverdacht enthält, sondern solche Gebiete als sanierungs- bzw. untersuchungsbedürftig kennzeichnet.

Der Stadtverband Saarbrücken ist damit in der Lage, zwei Hauptforderungen aus der Altlastthematik zu erfüllen:

1. künftige Planungsfehler auszuschließen und

2. die wenigen altlastverdächtigen Flächen zu benennen, an denen vorrangig untersucht werden muß, ob es durch Bodenverunreinigungen zu Gesundheits- und Umweltgefährdungen gekommen ist, d.h. Sanierungsprioritäten zu ermitteln.

XHMA bildet diese Methodik in der Form eines Expertensystems ab und dürfte damit für all Diejenigen, die für Bodenschutz und Altlastensanierung verantwortlich sind, von Interesse sein.

7. Hardware und Software: Was braucht man?

XHMA ist unter SINIX, Version 5.21, mit einer ORACLE-Datenbank, Version 6.026.9.3, lauffhähig. Zusätzlich wird PROLOG (SINIX), Version 1.0B, und die Schnittstelle IF-PRO-LOG zu ORACLE, IF-PROLOG, Version 4.0.4, benötigt.

Wahlweise kann eine PC-Version benutzt werden. Sie enthält einen Erfassungs- und einen Vorbewertungsmodul und die Grafik. Der Beratungsteil fehlt in dieser PC-Version.

Für die PC-Version als auch für die grafische Anbindung zu XHMA ist ein IBM-kompatibler PC mit MS-DOS, Version 3.30, 640 Kilobyte Hauptspeicher, Festplatte (empfohlene Kapazität 40 Megabyte), Maus und VGA-Grafik bzw. EGA-Grafik notwendig. Der PC muß mit einer Mausschnittstelle und einer seriellen Schnittstelle (gilt nur für SINIX-Lösung) ausgerüstet sein.

Die Implementierung des Beratungsteils auf IBM-kompatiblen PC ist vorgesehen.

8. XHMA: Wie arbeitet man damit?

<u>Systemeinstieg</u>

Die Systemarbeit beginnt mit der Anforderung eines Benutzernamens, unter dem der Vorgang der Erfassung läuft. Es ist jederzeit möglich, die Konsultation unter diesem Namen abzuspeichern. Bei erneutem Systemstart und Eingabe des Benutzernamens wird die Konsultation an der Stelle wieder aufgenommen, an der sie beendet und gespeichert wurde.

Der Benutzer gibt menügeführt die erforderlichen Informationen ein (Dialogkomponente). Die Bedienung der gesamten Dialogkomponente ist selbsterklärend, d.h., der Benutzer kann sich jederzeit anzeigen lassen, wie das System im momentanen Zustand bedient wird.

Das System bietet kontextsensitive Hilfen an. In den Texten auf dem Bildschirm sind bestimmte Worte, Wortgruppen bzw. Begriffe unterstrichen. Sie können mit der Schreibmarke selektiert werden. Der Benutzer erhält dann

- eine Erklärung des Begriffes,

- eine Quellenangabe der Aussagen.

Diese Erklärungen selbst als auch die Quelltexte können wieder solche Hilfen enthalten.

Bereits getroffene Entscheidungen können wieder rückgängig gemacht werden, indem man dorthin zurückgeht, wo diese Entscheidung getroffen wurde, und sie neu fällt.

Das System unterstützt den Benutzer bei der

- Festlegung des Umfangs der Erhebung,

- Vorbereitung der Erhebung,

- Durchführung der Erhebung,

- Datenerfassung.

<u>Festlegung des Umfanges der Erhebung</u>

Das System bietet dem Benutzer die Möglichkeit, eine Abgrenzung der Erhebung vorzunehmen. Die räumliche Abgrenzung der Erhebung wird durch die Anzeige der empfohlenen Vorgehensweise unterstützt. Die branchenspezifische Abgrenzung wird durchgeführt, indem sämtliche Branchen aufgelistet und bei Selektion aus der Liste der zu erfassenden Branchen eliminiert werden. Diese Abgrenzung beeinflußt den weiteren Konsultationsverlauf.

<u>Vorbereitung der Erhebung</u>

Das System bietet einen Überblick über die Branchen, von denen ein Kontaminationsverdacht ausgehen kann. Die z.Zt. im System enthaltenen Branchen sind die vom SVS erfaßten kontaminationsverdächtigen Nutzungen. Das System informiert über die Literaturquellen, die ausgewertet werden können.

Es macht Angaben über:

- Herkunft der Quelle (Wo beschaffen?),

- Daten (Welche Informationen, wie sicher sind die Daten?),

- Historie,

- Auswertung (Vorgehensweise bei der Auswertung).

<u>Durchführung der Erhebung</u>

Die systematische Abarbeitung dieser Quellen wird wie folgt gesteuert:

Zunächst unterstützt das System bei der Lokalisierung der kontaminationsverdächtigen Standorte. Es gibt Literaturquellen an, die leicht zugänglich sind und mit nicht zu hohen Kosten ausgewertet werden können. Laut SVS werden durch systematische Auswertung dieser Quellen der überwiegende Teil der in dem zu erfassenden Gebiet vorhandenen kontaminationsverdächtigen Standorte lokalisiert.

Wurden die Standorte nahezu vollständig lokalisiert, so werden in einem nächsten Schritt die Quellen, die zur Vervollständigung der Daten (Emissions-, Transmissions-, Immissionsdaten) der bereits erfaßten kontaminationsverdächtigen Standorte dienen, bearbeitet.

Der Anwender muß nicht zwangsläufig die vom System angebotene Strategie anwenden. Er kann sich auch sämtliche dem System bekannten Quellen auflisten lassen und diese nach eigener Wahl abarbeiten.

<u>Datenerfassung</u>

Die Erfassung der Daten wird dahingehend unterstützt, daß das System jeweils eine auf die gerade abzuarbeitende Quelle zugeschnittene Eingabemaske zur Verfügung stellt. Die Gesamt-Eingabemaske wird z.Zt. an den Erfassungsbogen des Stadtverbandes Saarbrük-ken angelehnt. Der Vorteil dieser angepaßten Eingabemasken besteht darin, daß der Benutzer nicht selbst ermitteln muß, für welche Felder Informationen in den entsprechenden Quellen vorliegen.

Dem Benutzer wird jedoch die Möglichkeit geboten, sich seinen Erfassungsbogen selbst zu definieren.

Für bestimmte Felder, wie z.B. kontaminationsverdächtige Nutzung oder Hauptbodentyp, erfolgt die Eingabe über Schlüssel. In einem Hilfetext können die möglichen Schlüssel und ihre Bedeutung für jedes Schlüsselfeld angezeigt werden und bei der Eingabe der Schlüssel erscheint rechts daneben zur Bestätigung der Klartext.

Die vom System z.Zt. benutzten Schlüssel sind die des SVS.

<u>Geografisches Basismodul</u>

Es existiert eine Schnittstelle. mit deren Hilfe das System auf einer digitalen Karte der zu erfassenden Region Informationen darstellen kann. Mit Hilfe dieser PC-Grafik kann der Benutzer sich u.a. einen optischen Überblick über die erfaßten kontaminationsverdächtigen Standorte verschaffen.

Der Benutzer sieht z.B.:

- wo liegen kontaminationsverdächtige Standorte z.B. in Wasserschutzgebieten, Überschwemmungsgebieten, Wohngebieten,

- wo treten kontaminationsverdächtige Standorte geballt auf?

Weiterhin hat er die Möglichkeit, sich Informationen zu den Standorten anzeigen zu lassen.

EXCEPT – Ein Expertensystem zur Unterstützung und Dokumentation von Bewertungsvorgängen in der Umweltverträglichkeitsprüfung *

Martin Hübner
TU Hamburg-Harburg
Kasernenstr. 10
2100 Hamburg 90

Zusammenfassung

Der Schwerpunkt des Expertensystems EXCEPT (Expert system for Computer-aided Environmental Planning Tasks) liegt auf der Unterstützung der Umweltbewertung, insbesondere unter dem Aspekt einer transparenten und nachvollziehbaren Dokumentation der Bewertungsvorgänge und -ergebnisse. Der vorliegende Prototyp des Systems implementiert ein auf diese Anforderungen ausgerichtetes, generisches Repräsentationsmodell für Umweltbewertungsmethoden. Basierend auf diesem Modellierungsansatz werden vom System ein 'Wissenseditor', eine blackboard-basierte Inferenzkomponente zur Bewertungsdurchführung, verschiedene Erklärungskomponenten und eine Komponente zur Generierung von Dokumentationen zur Verfügung gestellt. Das Repräsentationsmodell und die grundsätzliche Struktur der Systemkomponenten des EXCEPT – Systems werden in dieser Arbeit beschrieben.

1   Einleitung

In Umweltverträglichkeitsprüfungen spielt - entsprechend ihrer Definition (z.B. [Summerer 1989]) - die **Bewertung** von aktuellen oder prognostizierten Umweltsituationen eine herausragende Rolle. Eine umweltverträgliche kommunale Planung kann nur auf der Grundlage einer Identifikation schutzwürdiger Bereiche, die ihrerseits auf Bewertungen beruht, und durch eine Bewertung von Vorhabenauswirkungen und -risiken auf die Umwelt erlangt werden.

Theoriedefizite in der Umweltplanung und speziell Defizite bei Bewertungen in Umweltverträglichkeitsprüfungen (UVP'en) machen qualitative Verbesserungen der UVP-Methodik und die Unterstützung der Bearbeitung von UVP'en erforderlich. Sowohl zur Unterstützung der UVP-Bearbeiter als auch zur Akzeptanzsteigerung seitens aller UVP-Beteiligten ist eine transparente Darstellung der Bewertungsschritte und der Bewertungsergebnisse erforderlich, vor allem, da Bewertungen von Umweltqualitäten auf der Grundlage unterschiedlicher Werthaltungen durchgeführt werden können und somit diskutierbar präsentiert werden müssen.

---

*Diese Arbeit entstand im Rahmen eines interdisziplinären Forschungsprojekts als Kooperationsprojekt zwischen der TU Hamburg-Harburg und der IBM Deutschland und wurde durch viele anregende Diskussionen mit Ulrike Weiland, Kai v. Luck, Jürgen Pietsch und Jochen Schwarz maßgeblich beeinflußt

Die Aufgaben des EXCEPT-Systems sind:

- die Bereitstellung von Methoden- und Faktenwissen für den UVP-Bearbeiter

- die Unterstützung der Erweiterung / Änderung des Wissens (auch der Methoden)

- die Anwendung des Wissens für Bewertungsvorgänge innerhalb einer UVP. Gleichzeitig soll die Auswahl von Bewertungsmethoden und zu erhebenden Informationen (Datenbedarfsanalyse) unterstützt werden.

- die Erklärung der verwendeten Bewertungsmethoden und die Dokumentation der erfolgten Bewertungsvorgänge und deren Ergebnisse.

Das EXCEPT-System soll keinen starren, fest vorgegebenen Ablauf eines UVP-Verfahrens implizieren. Es ist vielmehr an ein Werkzeug gedacht, das in verschiedenen Phasen des UVP-Verfahrens eingesetzt werden kann.

Die folgenden Kapitel beschreiben das zugrundeliegende Modell zur Repräsentation von Bewertungswissen sowie das vorliegende Expertensystem als Operationalisierung des Ansatzes; einige Informationen zur bisherigen Implementierung und ein Ausblick auf die geplanten weiteren Arbeiten schließen sich an.

2 Ein Repräsentationsmodell für Bewertungsmethoden

Das EXCEPT – System soll Bewertungsmethoden nicht nur (in einer Art "Nachschlagewerk") bei Bedarf zur Verfügung stellen, sondern diese Methoden auch maschinell für aktuelle Fälle anwenden können, da nur dieses eine Unterstützung des Anwenders gemäß der Zielsetzung des Projekts darstellt. Somit ist eine rein textuelle Speicherung verbaler Beschreibungen verschiedener Bewertungsmethoden nicht angemessen. Statt dessen muß eine echte *Aufbereitung* der Methoden erfolgen, die diese für einen maschinellen Interpreter ausführbar macht.

Innerhalb der UVP ist im Augenblick kein allgemeingültiger Konsens über die zu verwendenden Bewertungsmethoden feststellbar (vgl. [Hübler 1989]). Somit muß ein System, das den Anspruch erhebt, Bewertungsvorgänge innerhalb der UVP zu unterstützen, die Möglichkeit sowohl zur einfachen Veränderung von vorhandenen Bewertungsmethoden als auch zur Definition neuer Methoden vorsehen. Daher wurde zunächst zur generischen, d.h. *formal* einheitlichen Repräsentation von Bewertungsmethoden ein Repräsentationsmodell entwickelt.

2.1 Vorgehensweise bei der Modellentwicklung

Grundidee des Modells ist die Trennung formaler und inhaltlicher Aspekte in Verbindung mit einer weitestgehenden Strukturierung des Wissens durch Modularisierung. Da eine wichtige Anforderung an das Modell war, *jeden* Bewertungsschritt nachvollziehbar darzustellen, bestand die Modellentwicklung zum einen in der Ermittlung 'atomarer' Bewertungsschritte, nämlich:

- Bewertung von Einzelkriterien (*Indikatoren*)

- Aggregation von Bewertungen.

Zum zweiten erfolgte eine Zusammenstellung der dabei verwendeten algorithmischen Verfahren:

- eindimensionale mathematische Funktionen (diskret/reell),...

- logische Verknüpfungen (Wenn-Dann-Regeln), Matrizen, Summenbildung,...

Dies führte zur Definition von **Bewertungsmodultypen** als Konzept zur Repräsentation eines atomaren Bewertungsschritts in Verbindung mit einem algorithmischen Verfahren. Ein Bewertungsmodul stellt somit *einen* Bewertungsschritt *einer* Bewertungsmethode dar; durch Kombination von Bewertungsmodulen sind beliebig komplexe Bewertungsmethoden transparent und flexibel repräsentierbar.

Zur Vervollständigung des Modells und zur Erfüllung der Anforderungen an die Repräsentation der Bewertungsmethoden sind darüber hinaus eine Reihe weiterer elementarer Modellelemente (wie z.B. 'Bewertungsgegenstände') notwendig. Das zugrundeliegende Prinzip eines Bewertungsvorgangs ist dabei, *Bewertungsmethoden* (repräsentiert durch Bewertungsmodule) auf *Bewertungsgegenstände* anzuwenden und so *Bewertungen* zu erzeugen (siehe Abb. 1).

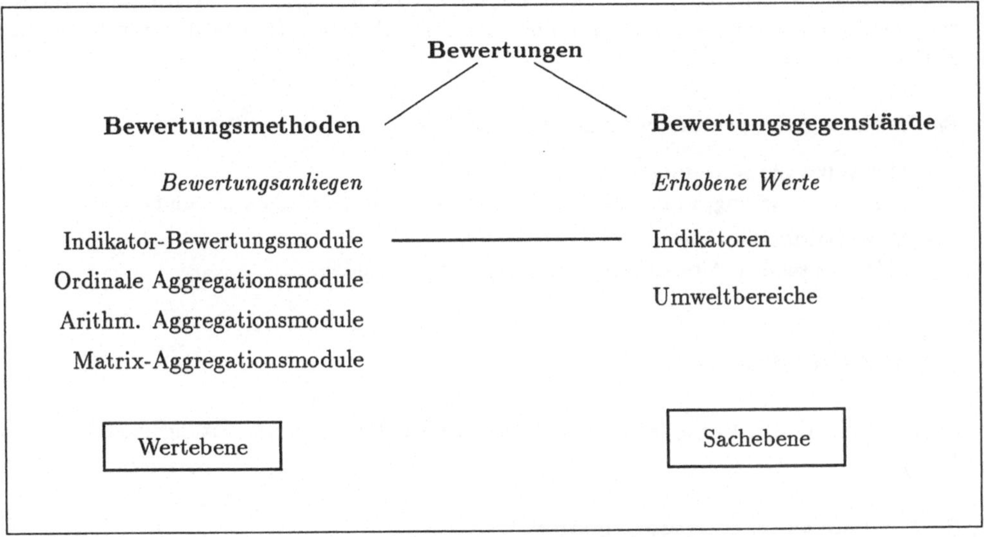

Abbildung 1: Das Grundschema der Bewertung

2.2 Elementare Modellelemente

- **Umweltbereiche**
  dienen zur Strukturierung der übrigen Modellelemente auf der Sachebene (Abbildung der Realität); sie umfassen sowohl Umweltmedien (Boden, Wasser, Luft, ...) als auch Teilaspekte der belebten Umwelt (Pflanzen, bebaute Umwelt, ...).

- **Bewertungsgegenstände**
sind reale Teilbereiche der Umwelt (ein Biotop, ein Boden, ...), die einem Umweltbereich zugeordnet werden können. In der Regel sollte sowohl eine räumliche wie auch zeitliche Identifikation des Bewertungsgegenstands möglich sein, d.h. ein Bewertungsgegenstand repräsentiert einen realen Teilbereich der Umwelt zu einem bestimmten Zeitpunkt/Zeitraum (z.B. Gebiet xy / 1989).

- **Indikatoren**
stellen eindimensionale Größen zur Charakterisierung von Bewertungsgegenständen dar (z.B. Bleigehalt des Schwebstaubs, Cadmiumgehalt eines Bodens, Natürlichkeit eines Biotops). Indikatoren können daher als 'Einzelkriterien' für Bewertungsvorgänge herangezogen werden (vgl. [Pietsch 1983]).

- **Erhobene Werte**
repräsentieren sowohl Meßwerte als auch Schätzwerte für einen Indikator bzgl. eines Bewertungsgegenstands.

- **Bewertungsanliegen**
repräsentieren die einer Bewertung zugrundeliegende Werthaltung (Beispiele: Vorbelastung der menschlichen Gesundheit, Empfindlichkeit des Bodens, Eignung des Standorts, Schutzwürdigkeit des Biotops, ...). Der Begriff *Bewertungsanliegen* wurde hier dem Begriff *Bewertungsziel* vorgezogen, um eine Einschränkung auf positive Formulierungen (wie sie der Begriff *Ziel* nahelegt) zu vermeiden.

Ein Bewertungsanliegen ist wiederum aufgebaut aus

- **Umweltwahrnehmungsart**
  (z.B. Vorbelastung, Empfindlichkeit, Eignung, Schutzwürdigkeit,...) und
- **Bewertungsbereich**
  (z.B. menschliche Gesundheit, Standort, Biotope, Boden, ...)

2.3 Bewertungsmodule

Der vorliegende EXCEPT-Prototyp stellt fünf verschiedene Typen für Bewertungsmodule zur Verfügung:

1. **Skala – Indikatorbewertungsmodule**
   zur Bewertung eines einzelnen Indikators hinsichtlich eines Bewertungsanliegens durch eine eindimensionale *reelle* Funktion.

   Die Bewertung geschieht hier durch eine eindimensionale mathematische Bewertungsfunktion mit reellem Definitionsbereich ('Skala'), angewendet auf erhobene Meß- oder Schätzwerte eines bestimmten Typs. Eine Bewertungsfunktion kann als eine mathematische Abbildung aufgefaßt werden, welche einem erhobenen Wert (Sachaussage) eine Wertstufe (Wertaussage) zuordnet. Ein Beispiel für eine reelle Bewertungsfunktion nach [Heidbreder, Weiland 1984] findet sich in Abb. 2.

   Dabei wird eine Bewertung des Indikators 'Blei-Gehalt des Schwebstaubs' hinsichtlich des Bewertungsanliegens 'Vorbelastung der Gesundheit' vorgenommen. Eine andere Werthaltung, d.h. die Angabe anderer Wertstufengrenzen für denselben Indikator hinsichtlich desselben Bewertungsanliegens kann in das EXCEPT–System durch die Definition eines anderen Indikator-Bewertungsmoduls (unter Angabe des Autors) auf einfache Weise eingebracht werden.

Blei	$[\mu g/m^3]$	*Wertstufe*	*Begründung*
x =	0,0	unbelastet	nicht gesundheitsschädigend
0,0 < x ≤	1,0	belastet	Gesundheitsschädigungen sind möglich
x >	1,0	hoch belastet	Gesundheitsschädigungen sind zu erwarten

Abbildung 2: Die Bewertungsfunktion des Skala-Indikatorbewertungsmoduls 'Blei-Gehalt des Schwebstaubs hinsichtlich der Vorbelastung der Gesundheit'

Die explizite Angabe des Bewertungsanliegens ermöglicht eine systemunterstützte Strukturierung und Anwendung von Indikator-Bewertungsmodulen bei gleichzeitiger Berücksichtigung von Wechselwirkungen zwischen Umweltbereichen (so könnte z.B. der Blei-Gehalt des Schwebstaubs ebenso hinsichtlich der Empfindlichkeit von Kulturgütern bewertet werden).

Wertstufen können ebenso in *numerischer* Form angegeben werden (z.B. 1, 2, 3, ...), falls eine Interpretation der Wertstufen als Kardinalzahlen (zur weiteren Verrechnung) beabsichtigt ist.

2. Tabellen – Indikatorbewertungsmodule

zur Bewertung eines einzelnen Indikators hinsichtlich eines Bewertungsanliegens durch eine eindimensionale *diskrete* Funktion.

Der Unterschied zu Skala-Indikatorbewertungsmodulen besteht in der Verwendung von Bewertungsfunktionen mit *diskretem* Definitionsbereich. Die Wertstufenbildung erfolgt hier durch Aufzählung derjenigen Werte, welche eine Wertstufe (oder Klasse) bilden.

Tabellen – Indikatorbewertungsmodule kommen zur Anwendung, wenn

- keine *reellen* Werte vorliegen oder

- keine *Einzelwerte* angegeben werden können und daher auf die Angabe von Intervallen ausgewichen werden muß.

Ein Beispiel für ein Tabellen – Indikatorbewertungsmodul aus dem Bereich Biotopschutz ist in Abb. 3 gegeben (aus [Weiland et al. 1991]).

Gesetzlicher Schutzanspruch	*Wertstufe*
keine gesetzliche Schutzausweisung	nicht gegeben
Landschaftsschutzgebiet	hoch
Naturschutzgebiet, Naturdenkmal, Geschützter Landschaftsbestandteil, Geschützter Baumbestand nach Baumschutzsatzung, Geschütztes Biotop nach §20c BNatSchG	außerordentlich hoch

Abbildung 3: Die Bewertungsfunktion des Tabellen - Indikatorbewertungsmoduls 'Gesetzlicher Schutzanspruch hinsichtlich der Schutzwürdigkeit des Biotops'

3. Ordinale Aggregationsmodule

zur Bewertung eines Bewertungsanliegens durch Aggregation von Bewertungsmodulen mittels aussagenlogischer Verknüpfungen.

Ein ordinales Aggregationsmodul dient der Zusammenfassung von Bewertungen niederer Abstraktionsebenen durch aussagenlogische Verknüpfung von Wertstufen (WENN - DANN – Regeln), wie sie z.B. in der Ökologischen Risikoanalyse (nach [Bachfischer et al. 1977]) verwendet werden. Die möglichen Ergebnisse solch einer Aggregation sind hier Wertstufen, die eine Rangfolge implizieren (*ordinale* Wertaussagen).

Als ein Beispiel ist eine Bewertung der Vorbelastung der Gesundheit durch lungengängige Schwermetalle (1. Aggregationsstufe, Werthaltung: vorsorge-orientiert) anhand der Aggregationsregel für die Wertstufe *zu erwarten* in Abb. 4 gegeben (mögliche Wertstufen: *auszuschließen, nicht auszuschließen, zu erwarten*).

<table>
<tr><td>Wenn</td><td>der Blei-Gehalt des Schwebstaubs hinsichtlich der Vorbelastung der Gesundheit als hoch belastet eingestuft ist</td></tr>
<tr><td>oder</td><td>der Cadmium-Gehalt des Schwebstaubs hinsichtlich der Vorbelastung der Gesundheit als hoch belastet eingestuft ist</td></tr>
<tr><td>dann</td><td>ist die Vorbelastung der Gesundheit durch lungengängige Schwermetalle (vorsorge-orientiert) zu erwarten.</td></tr>
</table>

Abbildung 4: Eine Aggregationsregel für die Vorbelastung der Gesundheit durch lungengängige Schwermetalle (1. Aggregationsstufe, Werthaltung: vorsorge-orientiert)

4. Arithmetische Aggregationsmodule

zur Bewertung eines Bewertungsanliegens durch Aggregation von Bewertungsmodulen mit numerischen Wertstufen mittels mehrdimensionaler arithmetischer Bewertungsfunktionen mit diskretem Wertebereich.

Neben den *ordinalen* Aggregationsmodulen wird in einem zweiten Modultyp, den *arithmetischen* Aggregationsmodulen, eine Möglichkeit zur Verfügung gestellt, eine Aggregation durch Anwendung arithmetischer Funktionen oder Prädikate (z.B. Summe, Mittelwert, Größenvergleich etc.) vorzunehmen, wenn die zu aggregierenden Bewertungsmodule keine ordinalen, sondern numerische Wertstufen liefern. Voraussetzung hierfür ist neben der Verwendung numerischer Wertstufen eine 'Rundungs'-Funktion, um ganzzahlige Bewertungsergebnisse und damit eine diskrete Menge von Wertstufen zu gewährleisten.

Der Modultyp der arithmetischen Aggregationen ist in der Anwendung als 'Notlösung' gedacht für den Fall, daß keine *inhaltlich* begründeten Bewertungsregeln formuliert werden können, mithin auf starre mathematische Methoden zurückgegriffen werden muß. Durch die Angabe von numerischen Wertstufen innerhalb der Prämissen sowie der Konklusion von ordinalen Aggregationsregeln wird jedoch eine Integration dieser Bewertungen in ordinale Regeln ermöglicht.

5. Matrix-Aggregationsmodule

zur Bewertung eines Bewertungsanliegens durch Aggregation von zwei Bewertungsmodulen mittels Angabe einer Verknüpfungsmatrix.

Zur Darstellung diskreter Funktionen (auf welchen alle hier vorgestellten Aggregationsmodule aufgrund der Verknüpfung diskreter Wertstufen beruhen) bietet sich die Verwendung der Matrixform an, falls genau zwei Argumente (hier: Bewertungsmodule) vorliegen. Da 'Verknüpfungsmatrizen' bereits vielfältige Verwendung in existierenden Bewertungsverfahren (vgl. [Bachfischer et al. 1977]) erfahren haben, sollte das Modell in der Lage sein, Bewertungsschritte in Matrixform zu repräsentieren.

Die Wertstufen der zu aggregierenden Module können dabei beliebig gewählt werden; die Integration in ordinale Aggregationsregeln ist in jedem Falle, diejenige in arithmetische Aggregationsregeln im Falle numerischer Wertstufen gegeben.

3 Das Expertensystem EXCEPT

Die Konzeption des vorliegenden Expertensystems ergibt sich sowohl aus den oben genannten Zielen des Systems als auch aus der Struktur des Repräsentationsmodells.

3.1 Wissenseditor

Für die Inspektion, Modifikation und Erweiterung des im System enthaltenen Wissens stellt das EXCEPT-System einen *Wissenseditor* zur Verfügung. Das Konzept des Wissenseditors setzt voraus (nach [Wielinga et al. 1988]), daß die Struktur der Wissensbasen (d.h. der maschinellen Repräsentation) vordefiniert und für Fachexperten verständlich ist. Der Wissenseditor selbst ist ein Programm, welches die Eingabe bzw. Änderung des Wissens durch einen Fachexperten (nicht unbedingt den Programmentwickler) ermöglicht.

Da die Wissensrepräsentation im EXCEPT-System auf dem oben skizzierten Modell basiert, werden u.a. folgende Arten von Wissensbasen unterschieden:

- **Methoden**, d.h. Wissen zur Definition von Umweltbewertungsmethoden:
  Umweltbereiche, Indikatoren, Wertstufenlisten, Einheiten, Umweltwahrnehmungsarten, Bewertungsbereiche, Indikator-Bewertungsmodule, Aggregationsmodule

- **Daten**, d.h. fallbezogenes Wissen:
  Bewertungsgegenstände (z.B. Gebietsdaten), erhobene Werte (z.B. Meßwerte)

- **Bewertungen** (anhand eines Methodenmoduls für einen Bewertungsgegenstand), d.h. abgeleitetes Wissen

Im Rahmen des Wissenseditors bietet das System dem Benutzer Funktionen zur Erzeugung und Veränderung von konkreten Objekten dieser Art an (Definieren, Verändern, Kopieren, Anzeigen, Umbenennen, Löschen) (vgl. das Konzept der *abstrakten Datentypen*, u.a. in [Balzert 1986]). Weitere Eigenschaften sind die vom System durchgeführten Konsistenzprüfungen (z.B. Verhinderung von Löschanomalien, Namensverwaltung) sowie Unterstützung des 'information retrieval' (z.B. Aufbau von Menüs mit allen Bewertungsmodulen hinsichtlich desselben Bewertungsanliegens).

Das dabei zugrundeliegende Prinzip ist das des 'guided dialogue'. Dies bedeutet, daß – soweit möglich – Benutzereingaben als Auswahlentscheidung aus bereits im System vorhandenen Komponenten realisiert werden. Basis-Hilfsmittel sind hierfür Menüs, welche sich dynamisch aus dem aktuellen Systemwissen aufbauen, und Masken, die die Integration von Menüs und eines Texteditors ermöglichen.

Um eine weitreichende Benutzerunterstützung bei der Formulierung bzw. Änderung der ordinalen Aggregationsregeln (WENN - DANN) zu gewährleisten, wurde bei der Realisierung des EXCEPT - Systems die *Disjunktive Normalform* (mit ODER verknüpfte Konjunktionen) als Regelstruktur gewählt. Außerdem wurde aus Gründen der Nachvollziehbarkeit des Systemverhaltens auf die Möglichkeit der *Variablenbindung* innerhalb der Aggregationsregeln verzichtet. Auf diese Weise ist das System in der Lage, die benötigte Anzahl an Regeln (= Anzahl Wertstufen) automatisch zu erzeugen und die Eingabe / Änderung der Regelvorbedingungen durch einen einfach zu bedienenden graphischen 'Regeleditor' zu unterstützen (siehe Abb. 5).

Bewertungsgegenstände können (in bestimmten Umweltbereichen) zusätzlich klassifiziert werden. Dies geschieht durch Auswahl der zugehörigen Klasse (z.B. des Biotoptyps) aus einer Klassifikationswissensbasis. Die für die Klasse verfügbaren Informationen werden dabei 'vererbt', wobei auch eine Vererbung von Bewertungen (z.B. der Natürlichkeit eines Biotoptyps) stattfinden kann.

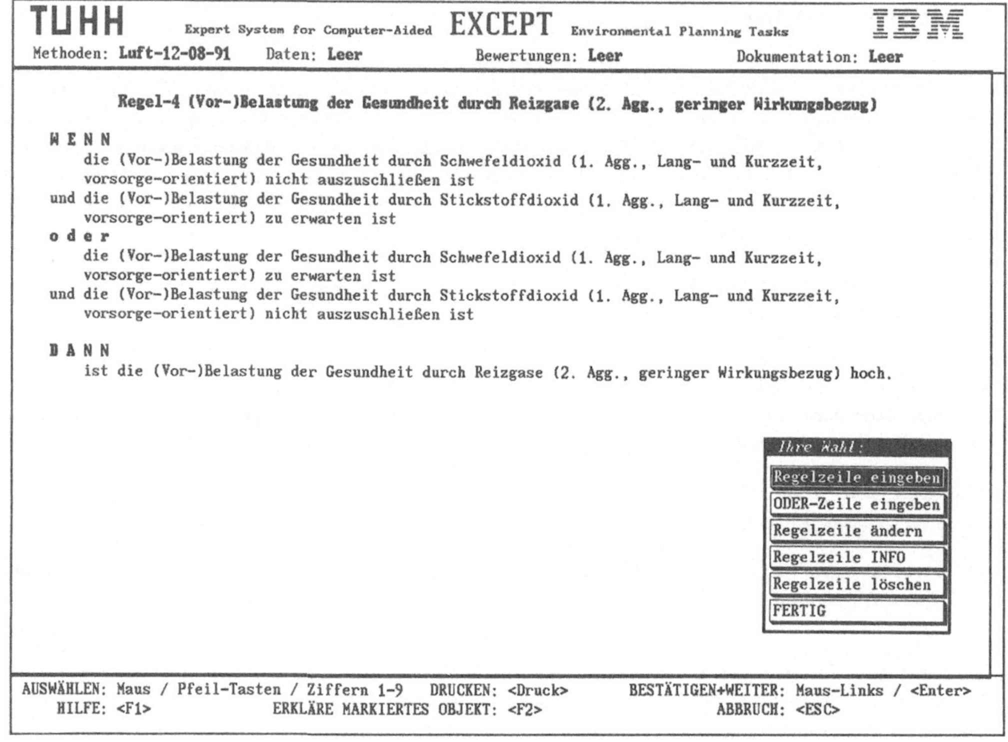

Abbildung 5: Der 'Regel-Editor' als Hilfsmittel zur Wissensakquisition

3.2 Durchführung von Bewertungsvorgängen

Zur Durchführung von Bewertungsvorgängen wertet das EXCEPT – System die zur Verfügung stehenden Bewertungsmodule zur Anfragezeit aus, falls die gewünschten Bewertungen noch nicht existieren (z.B. aufgrund einer Klassifikation des Bewertungsgegenstandes).

Grundlage der Bewertung eines Indikator-Bewertungsmoduls ist dabei ein erhobener Wert, der vom System erfragt wird (s.u.), falls er nicht bereits in der 'Datenbank' (siehe Abschnitt 3.1) vorliegt. Das Ergebnis der Bewertung wird vom System durch Anwendung der Bewertungsfunktion des ausgesuchten Indikator-Bewertungsmoduls ermittelt. Die Bewertung des Indikators bzgl. des Bewertungsanliegens für den Bewertungsgegenstand anhand des ausgewählten Indikator-Bewertungsmoduls wird (einschließlich Ergebnis) in der Wissensbasis 'Bewertung' gespeichert und ist jederzeit verfügbar (u.a. auch für Aggregationsmodule und Erklärungskomponenten).

Im Falle einer Bewertung anhand eines Aggregationsmoduls verhält sich das EXCEPT-System wie ein regelinterpretierendes System mit rückwärtsverkettender Inferenzmaschine. Durch die Aggregation über mehrere Abstraktionsebenen ergibt sich eine Baumstruktur, in die der Benutzer an beliebiger Stelle 'einsteigen' kann, d.h. er kann die Bewertung von Aggregationsmodulen erfragen, denen die dazu notwendigen Teilbewertungen noch fehlen. Zur Überprüfung dieser Teilbewertungen muß das System evtl. über mehrere Ebenen 'hinabsteigen', bis es zu eindeutigen Bewertungen (evtl. nach Rückfrage an den Benutzer) kommen kann.

Die in solchen Regelsystemen auftretenden Probleme der Auswahl einer nächsten Regel bei mehreren im Augenblick anwendbaren ('Konfliktresolutionsprobleme') werden in EXCEPT nicht (wie üblich) durch festverdrahtete Heuristiken gelöst, sondern durch 'Metaregeln', die Auswertungsstrategien repräsentieren. Die Entscheidung für die explizite und deklarative Repräsentation ergab sich aus einer Reihe von Anforderungen wie z.B.:

- Im Falle der Überbestimmtheit des Regelsatzes (mehrere Aggregationsregeln sind anwendbar, führen jedoch zu unterschiedlichen Bewertungsergebnissen) muß eine eindeutige Konfliktresolutionsstrategie vorliegen, die *inhaltlich* und nicht syntaktisch motiviert ist und somit auch als Teil der Erklärung des Systemverhaltens zur Verfügung steht (s.a. Abschnitt 3.3).

- Das System muß in der Lage sein, trotz unvollständiger Datengrundlage die Ableitung eines Bewertungsergebnisses zu unterstützen (Datenbedarfsanalyse). Konkret bedeutet dies, für eine Vielzahl von möglichen Informationen (Meßwerten oder Bewertungen) eine "intelligente" Reihenfolge der Erhebung zu bestimmen.

Die explizite Repräsentation der Konfliktresolutionsstrategien wird im EXCEPT System durch einen *Blackboard*-Ansatz realisiert (siehe Abschnitt 4), bei dem das Systemverhalten durch eine Verbindung dieser Strategien mit Entscheidungszielen gesteuert wird. Die Strategien und Entscheidungsziele des vorliegenden EXCEPT–Prototypen sind zur Zeit u.a.:

- Strategie: Regelanalyse
  mit Entscheidungszielen

  - Minimiere die Anzahl der zu erhebenden Informationen
  - Optimiere die Umweltvorsorge, d.h. wähle im Konfliktfall die Wertstufe für den 'schlechtesten' Umweltzustand

- Strategie: Benutzer-Dialog
  mit Entscheidungszielen

  - Priorisiere Fragen zu Bewertungen niedriger Aggregationsebenen
  - Priorisiere Informationen, die i.a. 'leichter' zu erheben sind

Im Rahmen der Strategie **Benutzer-Dialog** werden dem Benutzer Fragen gestellt, deren Beantwortung die Eingabe eines Meß- / Schätzwertes bzw. einer Bewertung erfordert. Dabei hat er jederzeit die Möglichkeit, die Beantwortung einer Frage zu verweigern ("Weiß ich nicht!"), sich einen Überblick über vorhandene Informationen / Bewertungen zu verschaffen oder den Grund für eine Frage vom System zu erfragen. Eine Beispiel für eine vom System gestellte Frage findet sich in Abb. 6 ('R 9612 H 5613' bestimmt einen fiktiven Quadratkilometer durch Rechts- und Hochwertangabe). Außerdem besteht die Möglichkeit, sich zu Beginn der Bewertungsdurchführung über alle evtl. auftretenden Systemfragen einen tabellarischen Überblick zu verschaffen und bereits vorab die bekannten Informationen einzugeben.

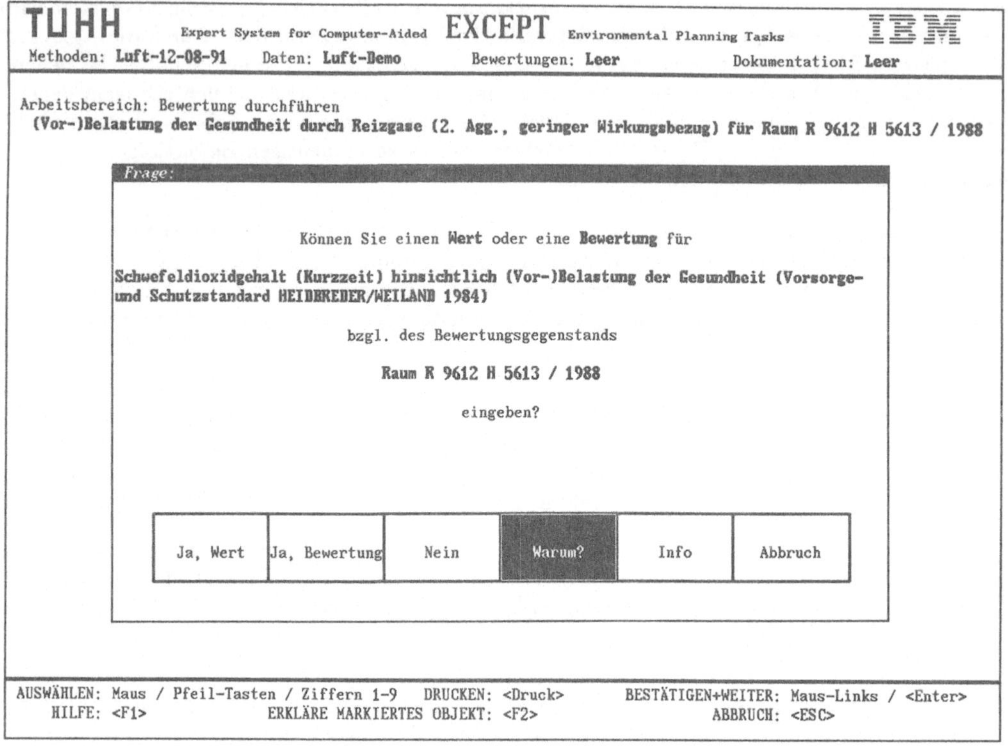

Abbildung 6: Bildschirmausdruck einer Systemfrage im Rahmen der Strategie 'Benutzer-Dialog'

3.3 Die Erklärungskomponenten

Eines der Hauptmerkmale für Expertensysteme ist die Erklärbarkeit der durch das System gezogenen Schlußfolgerungen (Inferenzen).

In der allgemeinen Diskussion werden hierbei aber mit dem Begriff 'Erklärungskomponente' unterschiedlichste Systemeigenschaften bezeichnet, die diesen Begriff schon fast inhaltsleer gemacht haben. Im folgenden werden daher verschiedene Eigenschaften des EXCEPT – Systems skizziert, die eine *Transparenz* des System (wenigstens in wesentlichen Teilen) ermöglichen und damit die vom System vorgeschlagenen Bewertungen nachvollziehbar und damit ggf. akzeptierbar machen.

- **Hilfe – Funktionen:**

   Als einfachste Eigenschaft eines Systems, das für den Dialog ausgelegt ist, gelten Funktionen, die für jeden Zustand des Dialogs eine passive, d.h. auf Anforderung zur Verfügung gestellte Hilfestellung anbieten.

   Im EXCEPT – System stehen dem Benutzer über festgelegte Funktionstasten jederzeit zwei Arten von 'Hilfe' – Funktionen zur Verfügung:

– *Globale Hilfe* zur Beantwortung der Frage: *Was ist zu tun?*

– *Lokale Hilfe* zur Beantwortung der Frage: *Was passiert, wenn ...?*

Das System benutzt für die direkten Hilfe–Funktionen sowohl vordefinierte Texte als auch das aktuell im System befindliche Wissen.

- **Darstellung der Bewertungsmethoden:**

Der Benutzer kann die Darstellung der im System befindlichen Bewertungsmethoden sowohl unter dem zusammenfassenden Arbeitsbereich 'Information' als auch im Rahmen des Wissenseditors (vgl. 3.1) abrufen. Hierbei werden zur ausführlichen Dokumentation des Wissens nicht nur die internen Strukturen der Wissensbasen hinzugezogen, sondern auch die bei der Definition / Modifikation der Modellelemente eingegebenen Kommentare, Begründungen u.ä.

- **Erklärung des Systemverhaltens:**

Der EXCEPT-Prototyp bietet zur Erklärung des Systemverhaltens bei der Regelauswertung die Möglichkeit der 'Warum'-Frage ('*Warum* stellst Du diese Frage?', siehe Abb. 6). Zur Beantwortung werden dem Benutzer alle Regel-Vorbedingungen, die durch die Beantwortung der Frage verifiziert oder falsifiziert werden könnten, erläutert. Fragt das System nach der Bewertung für ein Aggregationsmodul, so ermöglicht es die Beantwortung der Frage '*Warum* konnte diese Bewertung bisher *nicht* abgeleitet werden?', indem es die in Frage kommenden Regeln und die einer Anwendung widersprechenden Fakten aufzeigt.

Diese 'klassische' Erklärungskomponente (zurückgehend auf das MYCIN-System, beschrieben in [Shortliffe 1976] oder [Moore, Swartout 1988]) bietet Erklärungen während eines Auswertungslaufs und kann im EXCEPT-Ansatz durch die Erläuterung der verwendeten Strategien bzw. Entscheidungsziele einschließlich der vom System vorgenommenen Regel-Bewertungen zur Reihenfolgefeststellung erweitert werden.

- **Erklärung der abgeleiteten Bewertungen:**

Neben den Erklärungen während eines Auswertungslaufs sind Erklärungen nach Abschluß eines Laufes als Erklärung der abgeleiteten Bewertungen wichtige Beiträge zur Transparenz des Systemverhaltens. Diese Erklärungen erfolgen zum einen quasi-umgangssprachlich (durch die Verwendung von 'Templates') sowie im Falle von erfolgten Aggregationen durch graphische Anzeige der Baumstruktur der aggregierten Teilbewertungen.

Das System benutzt hierbei insbesondere die Kommentare und Dokumentationen der Wissensbasen (s.o.) zum gezielten Aufbau von quasi-umgangssprachlichen Erläuterungen. Mögliche Erklärungen der Beispiel-Bewertungen sind in Abb. 7 und 8 zu finden.

3.4 Generierung von Dokumentationen

Die Dokumentation der Bewertungsvorgänge kann als das Problem aufgefaßt werden, eine Vielzahl von Informationen (Bewertungen, Begründungen, Hintergrundinformationen etc.) zu Dokumenten zusammenzustellen. Die Ergebnisse einer UVP müssen verschiedenen Gruppen (z.B. Stadtrat, Umweltverbände, Projektträger, Gerichte, Gutachter, Industrieverbände etc.), deren Mitglieder sich u.a. hinsichtlich des Vorwissens und der Intentionen i.a. stark unterscheiden, zur Verfügung gestellt werden. Daher müssen bei der maschinellen Dokumentation der Bewertungsvorgänge unterschiedliche Zielgruppen berücksichtigt werden.

Die maschinelle Erzeugung zusammenhängender Texte, verstanden als Generierung natürlicher Sprache (siehe z.B. [McKeown 1985]), scheint im Falle größerer Dokumente sowohl technisch kaum realisierbar als auch hinsichtlich Transparenz und Nachvollziehbarkeit fragwürdig zu sein (vgl. die

> Der Bleigehalt des Schwebstaubs hinsichtlich Vorbelastung Gesundheit wurde für R 9612 H 5613 als <hoch belastet> eingestuft (Gesundheitsschädigungen sind zu erwarten) aufgrund des von Hübner angegebenen Wertes 1.2 [ug/cbm] (Erhebungsort: R 9612 H 5613, Erhebungsdatum: 3.12.89, Erhebungsinstitution: LIS Essen).
>
> Der Cadmiumgehalt des Schwebstaubs hinsichtlich Vorbelastung Gesundheit wurde für R 9612 H 5613 als <unbelastet> eingestuft (nicht gesundheitsschädigent) aufgrund des von Hübner angegebenen Wertes 0 [ng/cbm] (Erhebungsort: R 9612 H 5613, Erhebungsdatum: 5.12.89, Erhebungsinstitution: LIS Essen).

Abbildung 7: Vom EXCEPT-System erzeugte Erklärungen von Bewertungen, die anhand von Indikator-Bewertungsmodulen abgeleitet wurden

> Die Vorbelastung der Gesundheit durch lungengängige Schwermetalle (vorsorge-orientiert) wurde für R 9612 H 5613 als <zu erwarten> eingestuft aufgrund der Regel
>
> Regel-3 Vorbelastung der Gesundheit durch lungengängige Schwermetalle (vorsorge-orientiert)
>
> mit der Bedingung
>
> W E N N
> der Bleigehalt des Schwebstaubs hinsichtlich Vorbelastung Gesundheit als hoch belastet eingestuft ist
> D A N N
> ist die Vorbelastung der Gesundheit durch lungengängige Schwermetalle (vorsorge-orientiert) zu erwarten.

Abbildung 8: Vom EXCEPT-System erzeugte Erklärung der Bewertung der Vorbelastung der Gesundheit bei vorsorge-orientierter Werthaltung

Probleme verbal-argumentativer Bewertungsverfahren, z.B. in [Hübler 1989]). Daher wurde für das EXCEPT-System wiederum der Ansatz gewählt, komplexe Dokumentationen aus einzelnen Bausteinen, hier *Formblätter* genannt, individuell zusammenzustellen. Die vom System angebotenen Formblatt-Typen unterscheiden sich hinsichtlich

- Detaillierungsgrad:

    - niedrig [tabellarische Übersichten]

    - hoch [Einzelinformationen]

- Bezugsebene:

    - Wertebene

    - Sachebene

- Art des dokumentierten Wissens:

- generisches Wissen [Bewertungsmethoden, Klassifikationen]
- fallbezogenes Wissen [Bewertungsgegenstände, erhobene Werte]
- abgeleitetes Wissen [Bewertungen].

Zur Erzeugung einer Dokumentation hat der Benutzer die Möglichkeit, sowohl die gewünschten Formblatt-Typen als auch die zu dokumentierenden Bewertungen auszuwählen. Anschließend können die vom System erzeugten Formblätter ausgedruckt und beliebig kombiniert werden (z.B. als Anlage zu einer Stellungnahme).

4 Implementierung des EXCEPT-Systems

Das EXCEPT – System wurde entwickelt auf einer 6150-IBM RT Workstation mit dem Betriebssystem AIX (ein UNIX-Derivat) unter Verwendung der Programmiersprache Common LISP. Da sämtliche Systemkomponenten (einschließlich Wissensrepräsentationsystem und Inferenzmaschine) Eigenentwicklungen darstellen, können als Ablaufumgebung nahezu alle UNIX und Common LISP unterstützenden Hardwaresysteme eingesetzt werden.

Die verwendete Wissensrepräsentationstechnologie beruht auf einem objekt-orientierten Ansatz (KEE-Philosophie [Fikes, Kehler 1985]). Grundidee ist hierbei die Repräsentation von Begriffen, Konzepten oder auch Elementen der realen Welt durch sogenannte **Objekte**, wobei jedes Objekt durch die Angabe von Eigenschaften (**Attributen**) und deren konkrete Werte beschrieben werden kann. Die zwischen Objekten bestehenden Beziehungen (**Relationen**) werden hier wiederum über Attributwerte realisiert, wobei über die Relationen 'ist-Unterklasse-von' und 'ist-Mitglied-der-Klasse-von' Attribute und deren Werte **vererbt** werden können.

So werden im EXCEPT – System von der Klasse *Bewertungsmodule* die Attribute *Bewertungsbereich* und *Wahrnehmungsart* an alle Unterklassen (*Indikator-Bewertungsmodule* und *Aggregationsmodule*) und deren Mitglieder vererbt, wobei die Unterklasse *Indikator-Bewertungsmodule* darüber hinaus die Attribute *Bewertungsfunktion* und *Indikator* an ihre Klassenmitglieder weitergibt. Die Klassenmitglieder stellen über diese Attribute Beziehungen zu anderen Objekten (z.B. *Umweltbereiche* etc.) her.

Als Inferenzmaschine zur Auswertung der Aggregationsregeln kommt ein Blackboard-System [Engelmore, Morgan 1988] zur Anwendung, welches ausgehend von [Hayes-Roth 1985] und [Isenberg, Hübner 1990] entwickelt wurde.

Eine ausführlichere Darstellung der Implementierung findet sich in [Hübner et al. 1990].

5 Ausblick

Bei der Weiterentwicklung des Systems sind folgende Schwerpunkte geplant:

- Erweiterung der Methodenwissensbasen Luft, Boden, Biotope, Wasser (zur inhaltlichen Beschreibung siehe [Weiland et al. 1991])

- Ausbau der Dokumentationsgenerierungskomponente

- Portierung des Systems auf eine IBM RS/6000 Workstation

- Untersuchung der Übertragbarkeit des Ansatzes auf Bewertungsprobleme in anderen Bereichen

Der in dieser Arbeit vorgestellte EXCEPT-Prototyp hat sich jedoch bereits jetzt als Realisierung eines Forschungsansatzes, der die Bereitstellung, Anwendung und Dokumentation von *Bewertungswissen für die Umweltplanung* zum Ziel hat, als Werkzeug sowohl zur interdisziplinären Diskussion als auch zur experimentellen Validierung des Ansatzes bewährt.

Literatur

[Bachfischer et al. 1977] Bachfischer, David, Kiemstedt, Aulig. Die ökologische Risikoanalyse als regionalplanerisches Entscheidungsinstrument in der Industrieregion Mittelfranken. *Landschaft + Stadt*, 4:145–161, 1977.

[Balzert 1986] H. Balzert. *Die Entwicklung von Software-Systemen*. Bibliographisches Institut, Mannheim, 1986.

[Engelmore, Morgan 1988] Robert Engelmore, Tony Morgan (Hrsg). *Blackboard Systems*. Addison-Wesley, Reading, Mass., 1988.

[Fikes, Kehler 1985] Richard Fikes, Tom Kehler. The Role of Frame-based Representation in Reasoning. *Communications of the ACM*, 28(9):904–920, 1985.

[Hayes-Roth 1985] Barbara Hayes-Roth. A blackboard architecture for control. *Artificial Intelligence Journal*, 26:251–321, 1985.

[Heidbreder, Weiland 1984] Barbara Heidbreder, Ulrike Weiland. *Bewertungssystem für Luftschadstoffe auf der Grundlage medizinischer Wirkungsuntersuchungen*. Diplomarbeit, Universität Essen, 1984.

[Hübler 1989] Karl Hermann Hübler. Bewertungsverfahren zwischen Qualitätsanspruch, Angebot und Anwendbarkeit. In K. H. Hübler, K. Otto-Zimmermann (Hrsg), *Bewertung der Umweltverträglichkeit*, Taunusstein, Eberhard Blottner Verlag, 1989.

[Hübner et al. 1990] Martin Hübner, Kai v. Luck, Ulrike Weiland. Ein Expertensystem zur Unterstützung der Bewertung in Umweltverträglichkeitsprüfungen. In W. Pillmann (Hrsg), *5. Symposium Informatik für den Umweltschutz*, Wien, Springer-Verlag, Sept. 1990. Erschienen als 'Informatik-Fachberichte 256'.

[Isenberg, Hübner 1990] Randolf Isenberg, Martin Hübner. A combined object oriented and Blackboard based system for the simultaneous optimisation of lateness, lead time, utilization and inventory in CIM. In Lasker, Hough (Hrsg), *Advances in Support Systems Research*, Windsor (Canada), International Institute for Advanced Studies in Systems Research and Cybernetics, July 1990. (Proceedings of the 2nd International Symposium on Systems Research, Informatics and Cybernetics, Baden-Baden, Aug. 1989).

[McKeown 1985] Kathleen R. McKeown. *Text generation - Using discourse strategies and focus constraints to generate natural language text*. Cambridge University Press, Cambridge, England, 1985.

[Moore, Swartout 1988] Johanna D. Moore, William R. Swartout. *Explanation in Expert Systems: A Survey*. Research Report ISI/RR-88-228, ISI, University of Southern California, Dez. 1988.

[Pietsch 1983] Jürgen Pietsch. *Bewertungssystem für Umwelteinflüsse.* Wissenschaftliche Verlagsgesellschaft, Köln, 1983.

[Shortliffe 1976] Edward H. Shortliffe. *Computer Based Medical Consultations: MYCIN.* North-Holland, Amsterdam, Holland, 1976.

[Summerer 1989] S. Summerer. Der Begriff 'Umwelt'. In Storm, Bunge (Hrsg), *Handbuch der Umweltverträglichkeitsprüfung*, Berlin, 1989. Loseblattausgabe, Nr. 0210.

[Weiland et al. 1991] Ulrike Weiland, Jürgen Pietsch, Jochen Schwarz. *Umweltbewertung mit EXCEPT aus ökologischer Sicht.* Bericht, IWBS, IBM Deutschland, Stuttgart, 1991. Im Druck.

[Wielinga et al. 1988] B.J. Wielinga, B. Bredeweg, J.A. Breuker. Knowledge Acquisition for Expert Systems. In R.T. Nossum (Hrsg), *Advanced Topics in Artificial Intelligence*, Seiten 96–124, Springer Lecture Notes in Computer Science 345, 1988.